科学出版社“十四五”普通高等教育本科规划教材

新工科系列教材

高等数学（理、工类）学习指导

房少梅　郭　军　总主编

周裕中　邱　华　方　平　主　编

科学出版社

北京

内 容 简 介

本书作为《高等数学（理、工类）》教材配套的学习指导书，其内容紧扣教材要求，突出教材内容的系统梳理，对重点难点进行归纳整理，强化一题多解训练，揭示错解原因。各章均由知识结构图与学习要求、内容提要、典型例题解析、自我测试题等部分组成。书后附有一些常用的基本公式及自我测试题的参考答案。

本书叙述详细，结构严谨，逻辑清晰，通俗易懂；选题由易到难，便于自学。本书典型例题突出一题多解、分析归纳、错解分析；自我测试题分为A级和B级，A级自我测试题是本科生必须掌握的内容，主要考查学生的基本知识和基本技能；B级自我测试题适合学有余力及考研的学生，主要考查学生的综合分析能力及应用能力。

本书适合高等院校理、工、农、医、经济类等本科专业使用，也可供高校教师教学参考。

图书在版编目（CIP）数据

高等数学（理、工类）学习指导 / 周裕中等主编. —北京：科学出版社，2018.7

科学出版社“十四五”普通高等教育本科规划教材. 新工科系列教材

ISBN 978-7-03-057564-7

Ⅰ. ①高… Ⅱ. ①周… Ⅲ. ①高等数学–高等学校–教学参考资料 Ⅳ. ①O13

中国版本图书馆CIP数据核字（2018）第112475号

责任编辑：郭勇斌 邓新平 / 责任校对：彭珍珍
责任印制：霍 兵 / 封面设计：蔡美宇

科学出版社出版

北京东黄城根北街16号
邮政编码：100717
http://www.sciencep.com

石家庄继文印刷有限公司印刷

科学出版社发行 各地新华书店经销

*

2018年7月第 一 版 开本：720 × 1000 1/16
2024年8月第七次印刷 印张：28
字数：552 000

定价：56.00元

（如有印装质量问题，我社负责调换）

《高等数学（理、工类）学习指导》编委会

主　　编　周裕中　邱　华　方　平
副 主 编　张　昕　朱艳科
编　　者（以姓氏笔画排名）
万　敏　王雪琴　邓新纳　刘　丹
阳红英　李晓波　张　峰　陈　羽
赵　峰　袁利国

目　　录

第 1 章　函数与极限

1.1　知识结构图与学习要求

1.1.1　知识结构图

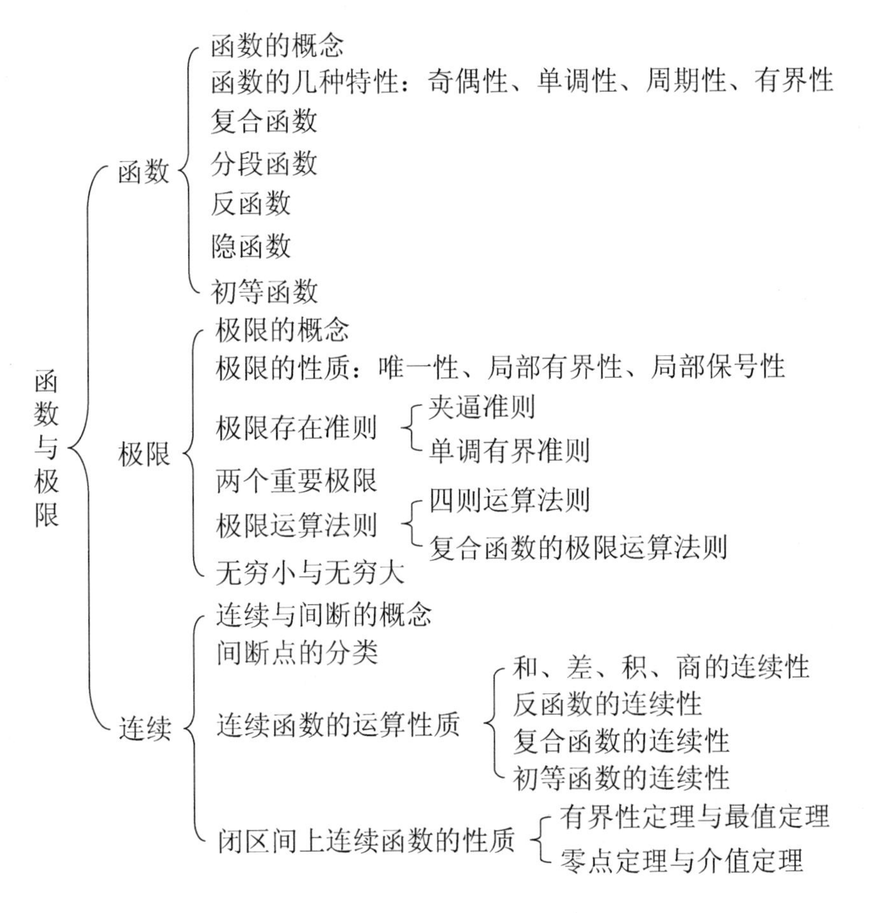

1.1.2　学习要求

（1）理解函数的概念，掌握函数的表示法，并会建立简单应用问题中的函数关系式.

（2）了解函数的单调性、奇偶性、有界性和周期性.

（3）理解复合函数及分段函数的概念，了解反函数及隐函数的概念.

（4）掌握基本初等函数的性质及其图形，了解初等函数的概念.

（5）理解极限的概念，理解函数左极限与右极限的概念，以及函数极限存在与左、右极限之间的关系. 掌握极限的性质及四则运算法则.

（6）掌握极限存在的两个准则，并会利用它们求极限，掌握利用两个重要极限求极限的方法.

（7）理解无穷小、无穷大的概念，掌握无穷小的比较方法，会用等价无穷小求极限.

（8）理解函数连续性的概念（含左连续与右连续），会判别函数间断点的类型.

（9）了解连续函数的性质和初等函数的连续性，理解闭区间上连续函数的性质（有界性定理、最大值和最小值定理、零点定理与介值定理）并会应用这些性质.

1.2　内 容 提 要

1.2.1　函数

1. 函数概念

函数是微积分学研究的对象，它具有两个要素（定义域与对应法则），函数与自变量及因变量选用字母无关. 另外，两个函数相等指其对应两个要素相同.

2. 函数的奇偶性、单调性、周期性和有界性

（1）奇函数与偶函数的定义域均关于坐标原点对称，并且奇函数对应的图形关于坐标原点对称，偶函数对应的图形关于 y 轴对称.

（2）函数的单调性是在其相关定义区间上讨论的，研究函数的单调性既可以用单调性定义的方法，也可以采用将在第 3 章介绍的方法.

（3）周期函数的定义域是无界集，其周期通常指最小正周期，但并非每个周期函数都有最小正周期.

（4）函数的有界性依赖于所讨论的区间. 函数在区间 I 上有界的充要条件是既有上界又有下界.

3. 复合函数

多个函数能否复合成一个函数要满足一定条件，得到的复合函数的定义域可能减小. 另外，复合函数可分解为形式较简单的函数. 复合函数是微积分研究的主要对象之一，读者应熟练掌握函数的复合与分解的方法.

4. 分段函数

在定义域内的若干部分定义域上分别给出不同表达式的一个函数称之为分段函数. 常见分段函数表示如下.

（1）分段表示的函数. 如

$$f(x)=\begin{cases} x\sin\dfrac{1}{x}, & x\neq 0, \\ 0, & x=0, \end{cases} \quad \operatorname{sgn} x=\begin{cases} 1, & x>0, \\ 0, & x=0, \\ -1, & x<0 \end{cases} \text{(符号函数)等.}$$

（2）含有绝对值符号的函数, 也是分段函数. 如

$$f(x)=|x|=\begin{cases} x, & x\geqslant 0, \\ -x, & x<0. \end{cases}$$

（3）含参变量的极限式表示的函数. 如

$$f(x)=\lim_{n\to\infty}\frac{x^{2n+1}+1}{x^{2n+1}-x^{n+1}+x}, \quad |x|>0$$

等, 此类函数应当通过求极限把函数写成分段表示式: $f(x)=\begin{cases} \dfrac{1}{x}, & 0<|x|<1, \\ 0, & x=-1, \\ 2, & x=1, \\ 1, & |x|>1. \end{cases}$

（4）其他形式的分段函数, 如

$$f(x)=\sqrt{1-\sin 4x}, \ 0\leqslant x\leqslant \frac{\pi}{2};$$

$$g(x)=\min\{2,x^2\}, \ -3\leqslant x\leqslant 2;$$

$$h(x)=\frac{[x]}{x}, \ x>0$$

等. 这些函数实际上也是分段函数, 均可改写成分段表示式

$$f(x)=\sqrt{(\sin 2x-\cos 2x)^2}=\begin{cases} \cos 2x-\sin 2x, & 0\leqslant x\leqslant \dfrac{\pi}{8}, \\ \sin 2x-\cos 2x, & \dfrac{\pi}{8}\leqslant x\leqslant \dfrac{\pi}{2}, \end{cases}$$

$$g(x)=\begin{cases} 2, & x\in[-3,-\sqrt{2})\cup(\sqrt{2},2], \\ x^2, & x\in[-\sqrt{2},\sqrt{2}], \end{cases}$$

$$h(x)=\begin{cases} 0, & 0<x<1, \\ \dfrac{n}{x}, & n\leqslant x<n+1, n\in\mathbf{N}. \end{cases}$$

后面将对分段函数的极限、连续等问题分别进行讨论.

5. 反函数

在同一坐标系下，$y=f(x)$ 与其反函数 $y=f^{-1}(x)$ 的图形关于直线 $y=x$ 对称；另外，$y=f(x)$ 的定义域为 $y=f^{-1}(x)$ 的值域；$y=f(x)$ 的值域为 $y=f^{-1}(x)$ 的定义域. 利用两者的这一关系，有时可用来求函数的定义域与值域.

6. 隐函数

通过方程式 $F(x,y)=0$ 给出的两个变量 x 和 y 之间的函数关系称为隐函数.

从 $F(x,y)=0$ 中解出 $y=f(x)$ 或 $x=g(y)$ 这一过程称为隐函数的显化. 并非所有的隐函数都可以显化，比如，$xy=\mathrm{e}^{x+y}$ 就不能显化.

7. 基本初等函数和初等函数

（1）基本初等函数共有五类：幂函数、指数函数、对数函数、三角函数、反三角函数. 读者应熟练掌握基本初等函数的定义域、值域及它们的图形与性质.

（2）初等函数是由常数和基本初等函数经过有限次的四则运算和有限次的函数复合步骤所构成并可用一个式子表示的函数.

1.2.2 极限

1. 极限的定义

（1）$\lim\limits_{n\to\infty}x_n=A \Leftrightarrow \forall\varepsilon>0,\exists N>0$，使得当 $n>N$ 时，有 $|x_n-A|<\varepsilon$.

（2）$\lim\limits_{x\to x_0}f(x)=A \Leftrightarrow \forall\varepsilon>0,\exists\delta>0$，当 $0<|x-x_0|<\delta$ 时，有 $|f(x)-A|<\varepsilon$.

（3）$\lim\limits_{x\to x_0^+}f(x)=A \Leftrightarrow \forall\varepsilon>0,\exists\delta>0$，当 $x_0<x<x_0+\delta$ 时，有 $|f(x)-A|<\varepsilon$.

（4）$\lim\limits_{x\to x_0^-}f(x)=A \Leftrightarrow \forall\varepsilon>0,\exists\delta>0$，当 $x_0-\delta<x<x_0$ 时，有 $|f(x)-A|<\varepsilon$.

（5）$\lim\limits_{x\to\infty}f(x)=A \Leftrightarrow \forall\varepsilon>0,\exists X>0$，当 $|x|>X$ 时，有 $|f(x)-A|<\varepsilon$.

（6）$\lim\limits_{x\to+\infty}f(x)=A \Leftrightarrow \forall\varepsilon>0,\exists X>0$，当 $x>X$ 时，有 $|f(x)-A|<\varepsilon$.

（7）$\lim\limits_{x\to-\infty}f(x)=A \Leftrightarrow \forall\varepsilon>0,\exists X>0$，当 $x<-X$ 时，有 $|f(x)-A|<\varepsilon$.

2. 数列与函数极限的性质

（1）唯一性；

（2）有界性（或局部有界性）；

（3）保号性（或局部保号性）；

（4）数列极限与函数极限的关系.

3. 函数极限存在的充要条件

（1）$\lim\limits_{x\to x_0} f(x)=A \Leftrightarrow \lim\limits_{x\to x_0^+} f(x)=\lim\limits_{x\to x_0^-} f(x)=A$.

（2）$\lim\limits_{x\to\infty} f(x)=A \Leftrightarrow \lim\limits_{x\to+\infty} f(x)=\lim\limits_{x\to-\infty} f(x)=A$.

4. 两个准则与两个重要极限

（1）夹逼准则：在自变量 x 的同一变化过程中，$g(x)\leqslant f(x)\leqslant h(x)$. 若

$$\lim g(x)=\lim h(x)=A,$$

则 $\lim f(x)=A$.

使用该准则时，将函数（或数列）放大与缩小成一个新的函数（或数列），而新的函数（或数列）与原来的函数（或数列）只相差一个无穷小量.

（2）单调有界准则：单调有界数列必有极限.

使用该准则时，通常是用如下两个结论之一：

a. 单调递增且有上界则极限存在；

b. 单调递减且有下界则极限存在.

有界性的证明通常采用数学归纳法，而证明单调性则用作差或作商的方法. 一般地，利用该准则时，先证明有界性，后证明单调性.

（3）两个重要极限：

$$\lim_{x\to 0}\frac{\sin x}{x}=1;$$

$$\lim_{n\to\infty}\left(1+\frac{1}{n}\right)^n=\mathrm{e}$$

或

$$\lim_{x\to\infty}\left(1+\frac{1}{x}\right)^x=\mathrm{e}.$$

另外，有以下常用推广形式：设自变量 x 在同一变化趋势下，如果 $\lim f(x)=0$，并且 $f(x)\neq 0$，则有

$$\lim\frac{\sin f(x)}{f(x)}=1$$

与

$$\lim[1+f(x)]^{\frac{1}{f(x)}}=\mathrm{e}.$$

5. 极限四则运算法则

在自变量 x 的同一变化过程中，如果 $\lim f(x)=A$，$\lim g(x)=B$，则

（1）$\lim[f(x)\pm g(x)]=\lim f(x)\pm\lim g(x) = A\pm B$；

（2）$\lim[f(x)\cdot g(x)]=\lim f(x)\cdot\lim g(x) = A\cdot B$；

（3）$\lim\dfrac{f(x)}{g(x)}=\dfrac{\lim f(x)}{\lim g(x)} = \dfrac{A}{B}$，其中 $B\neq 0$.

6. 复合函数的极限运算法则

设 $y=f[g(x)]$ 是由 $y=f(u)$ 与 $u=g(x)$ 复合而成，$f[g(x)]$ 在点 x_0 的某空心邻域内有定义. 若 $\lim\limits_{x\to x_0} g(x)=u_0$，$\lim\limits_{u\to u_0} f(u) = A$ 且存在 $\delta_0>0$，当 $x\in \mathring{U}(x_0,\delta_0)$ 时，有 $g(x)\neq u_0$，则

$$\lim_{x\to x_0} f[g(x)]=\lim_{u\to u_0} f(u) = A.$$

该命题表明：如果 $f(u)$ 和 $g(x)$ 满足相应的条件，那么作代换 $u=g(x)$ 可把求 $\lim\limits_{x\to x_0} f[g(x)]$ 化为求 $\lim\limits_{u\to u_0} f(u)$，这里 $u_0=\lim\limits_{x\to x_0} g(x)$.

7. 幂指函数的极限

在自变量 x 的同一变化过程中，对于极限 $\lim u(x)^{v(x)}$，其中 $u(x)>0$ 且 $u(x)$ 不恒等于 1，有以下情形：

（1）当 $\lim u(x)=a$，$\lim v(x)=b$，并且 a，b 有限时，则有

$$\lim u(x)^{v(x)}=a^b.$$

（2）当 $\lim u(x)=1$，$\lim v(x)=\infty$（或 $-\infty$，或 $+\infty$）时，则有

$$\lim u(x)^{v(x)} = \lim\{1+[u(x)-1]\}^{\frac{1}{u(x)-1}\cdot v(x)\cdot[u(x)-1]} = \exp\{\lim v(x)\cdot[u(x)-1]\},$$

或利用恒等式 $\exp\ln x=x$，则有

$$\lim u(x)^{v(x)} = \lim\exp\ln u(x)^{v(x)} = \exp[\lim v(x)\cdot\ln u(x)].$$

8. 无穷小与无穷大

（1）在自变量的某一变化过程中，如果 $\lim f(x)=0$，则称 $f(x)$ 为无穷小；如果 $\lim f(x)=\infty$，则称 $f(x)$ 为无穷大.

（2）无穷小与无穷大的讨论必须指出自变量的变化过程. 理解无穷小与很小的数及无穷大与很大的数之间的差别. 无穷小、无穷大不是数. 零是唯一可以作为无穷小的常数.

（3）无穷小与无穷大的关系：在自变量x的同一变化过程中，如果$f(x)$为无穷大，则$\frac{1}{f(x)}$为无穷小；反之，如果$f(x)$为无穷小且$f(x)\neq 0$，则$\frac{1}{f(x)}$为无穷大.

（4）无穷大与无界的关系：无穷大量一定无界. 反之，则不一定.

（5）无穷小与函数极限的关系：设在自变量x的同一变化过程中，

$$\lim f(x)=A \Leftrightarrow f(x)=A+\alpha,$$

其中$\lim\alpha=0$.

（6）无穷小的比较：设在自变量的同一变化过程中，α和β均为无穷小，则

a. 若$\lim\frac{\alpha}{\beta}=0$，称$\alpha$是比$\beta$高阶的无穷小. 记为$\alpha=o(\beta)$. 显然$\lim\frac{o(\beta)}{\beta}=0$.

b. 若$\lim\frac{\alpha}{\beta}=\infty$，称$\alpha$是比$\beta$低阶的无穷小. 从而$\beta$比$\alpha$高阶.

c. 若$\lim\frac{\alpha}{\beta}=c$且$c\neq 0$，则称$\alpha$与$\beta$是同阶无穷小.

d. 若$\lim\frac{\alpha}{\beta^k}=c$且$c\neq 0$，$k>0$，则称$\alpha$是$\beta$的$k$阶无穷小.

e. 若$\lim\frac{\alpha}{\beta}=1$，称$\alpha$与$\beta$是等价无穷小. 记为$\alpha\sim\beta$.

根据如上定义，显然有如下结论成立：

f. 若$\alpha\sim\beta$且$\beta\sim\gamma$，则有$\alpha\sim\gamma$.

g. $\alpha\sim\beta\Leftrightarrow\beta=\alpha+o(\alpha)$

h. 当$x\to 0$时，

$$k\cdot o(x)=o(x),\ o(x)+ko(x)=o(x),\ \alpha\cdot o(x)=o(x),$$

其中$\lim\limits_{x\to 0}\alpha=0$，$k$为常数.

（7）无穷小的运算：在同一极限过程中，有如下常用结论：

a. 有限个无穷小的代数和仍为无穷小.

b. 有限个无穷小的乘积仍为无穷小.

c. 有界量与无穷小的乘积仍为无穷小.

（8）利用等价无穷小的代换求极限.

a. 替换定理：在自变量x的某一变化过程中，α，α_1，β，β_1均为无穷小，并且$\alpha\sim\alpha_1$，$\beta\sim\beta_1$. 则

$$\lim \frac{\alpha}{\beta} = \lim \frac{\alpha_1}{\beta_1}.$$

b. 当 $x \to 0$ 时，常用等价无穷小：

$x \sim \sin x$，　$x \sim \tan x$，

$x \sim \arcsin x$，　$x \sim \arctan x$，

$x \sim e^x - 1$，　$x \sim \ln(1+x)$，

$a^x - 1 \sim x \ln a$，　$(1+x)^\alpha - 1 \sim \alpha x$，

$1 - \cos x \sim \dfrac{x^2}{2}$.

注　上述等价关系中的 x 可换成任一无穷小量.

1.2.3　连续

1. 函数的连续性

（1）函数 $y = f(x)$ 在某点 x_0 处连续有如下几种形式的等价定义：

定义 1.1　设 $y = f(x)$ 在点 x_0 的某一邻域（包括 x_0）内有定义. 如果

$$\lim_{\Delta x \to 0} \Delta y = \lim_{\Delta x \to 0} [f(x_0 + \Delta x) - f(x_0)] = 0,$$

则称函数 $y = f(x)$ 在点 x_0 处连续.

定义 1.2　设 $y = f(x)$ 在点 x_0 的某一邻域（包括 x_0）内有定义. 如果

$$\lim_{x \to x_0} f(x) = f(x_0),$$

则称函数 $y = f(x)$ 在点 x_0 处连续.

注 1　上述函数 $y = f(x)$ 在某点 x_0 处连续的定义可用"$\varepsilon - \delta$"语言来表述：$y = f(x)$ 在点 x_0 处连续 $\Leftrightarrow \forall \varepsilon > 0$，$\exists \delta > 0$，当 $|x - x_0| < \delta$ 时，恒有

$$|f(x) - f(x_0)| < \varepsilon.$$

注 2　函数 $y = f(x)$ 在点 x_0 处连续须具备三个条件：

a. 函数 $y = f(x)$ 在点 x_0 处要有定义；

b. 极限 $\lim\limits_{x \to x_0} f(x)$ 存在；

c. $\lim\limits_{x \to x_0} f(x) = f(x_0)$.

注 3　当 $y = f(x)$ 在点 x_0 处连续时，不能认为 $y = f(x)$ 在 x_0 的某一邻域内都连续. 例如，函数 $f(x) = \begin{cases} 0, & x \in \mathbf{Q} \\ x^2, & x \in \mathbf{R} \setminus \mathbf{Q} \end{cases}$，仅在点 $x = 0$ 处连续，而在其他点尽管有定义，但不连续.

（2）函数 $y = f(x)$ 在某点 x_0 处的单侧连续：

a. 若 $\lim\limits_{x\to x_0^-} f(x)=f(x_0)$，称函数 $y=f(x)$ 在点 x_0 处左连续；

b. 若 $\lim\limits_{x\to x_0^+} f(x)=f(x_0)$，则称函数 $y=f(x)$ 在点 x_0 处右连续.

c. 单侧连续与函数连续有如下关系：

$y=f(x)$ 在点 x_0 处连续 $\Leftrightarrow$ $f(x)$ 在点 x_0 处既要左连续又要右连续. 即

$$f(x_0^-)=f(x_0^+)=f(x_0).$$

（3）函数 $y=f(x)$ 在区间上的连续性：

如果函数 $y=f(x)$ 在开区间 (a,b) 内的每一点都连续，则称函数 $y=f(x)$ 在开区间 (a,b) 内连续；如果函数 $y=f(x)$ 在闭区间 $[a,b]$ 上有定义，在开区间 (a,b) 内连续，并且在点 $x=a$ 处右连续，在点 $x=b$ 处左连续，则称函数 $y=f(x)$ 在闭区间 $[a,b]$ 上连续.

2. 函数的间断点

（1）定义：

若函数 $y=f(x)$ 在点 x_0 的某空心邻域内有定义（在点 x_0 处有无定义均可），而 $y=f(x)$ 在点 x_0 处不连续，即 $y=f(x)$ 在点 x_0 无定义或者 $\lim\limits_{x\to x_0} f(x)$ 不存在或者 $\lim\limits_{x\to x_0} f(x)\neq f(x_0)$，则称 x_0 为 $y=f(x)$ 的间断点.

（2）间断点的分类：

- 第一类间断点（在x_0处的左、右极限均存在）
  - 可去间断点（左极限=右极限）
  - 跳跃间断点（左极限≠右极限）
- 第二类间断点：在x_0处的左右极限至少有一个不存在（常见的有振荡间断点和无穷间断点）.

3. 连续函数的运算

（1）设函数 $f(x)$ 和 $g(x)$ 在点 x_0 处连续，则 $f(x)\pm g(x)$，$f(x)\cdot g(x)$，$\dfrac{f(x)}{g(x)}$（当 $g(x_0)\neq 0$ 时）均在点 x_0 处连续.

（2）设函数 $f(u)$ 在点 u_0 处连续，函数 $u=g(x)$ 在点 x_0 处连续，并且 $u_0=g(x_0)$，则复合函数 $y=f[g(x)]$ 在点 x_0 处连续.

（3）基本初等函数在其定义域内均连续；初等函数在其定义区间（即定义域内的区间）内是连续的.

4. 闭区间上连续函数的性质

定理 1.1（最大与最小值定理）　若函数 $f(x)$ 在闭区间 $[a,b]$ 上连续，则函数 $f(x)$ 在 $[a,b]$ 上一定能取得最大值与最小值.

推论 1.1　若函数 $f(x)$ 在闭区间 $[a,b]$ 上连续，则函数 $f(x)$ 在 $[a,b]$ 上一定有界.

定理 1.2（介值定理）　设函数 $f(x)$ 在闭区间 $[a,b]$ 上连续，并且 $f(a)=A$，$f(b)=B$，$A\neq B$，那么对于 A 与 B 之间的任意一个数 C，在开区间 (a,b) 内至少存在一点 ξ，使得 $f(\xi)=C$.

推论 1.2　在闭区间上连续的函数必能取得介于最大值与最小值之间的任何值.

推论 1.3（零点定理）　设函数 $f(x)$ 在闭区间 $[a,b]$ 上连续，并且 $f(a)\cdot f(b)<0$，那么在开区间 (a,b) 上至少存在一点 ξ，使得 $f(\xi)=0$.

1.3　典型例题解析

例 1.1　已知 $f(x)=\sin x$，$f[\varphi(x)]=1-x^2$，求 $\varphi(x)$ 的解析式及其定义域.

解　依题意得

$$\sin\varphi(x) = 1-x^2,\ \varphi(x) = \arcsin(1-x^2).$$

由 $-1\leqslant 1-x^2\leqslant 1$ 可知 $-\sqrt{2}\leqslant x\leqslant\sqrt{2}$. 故

$$\varphi(x) = \arcsin(1-x^2),\ x\in[-\sqrt{2},\sqrt{2}].$$

例 1.2　设 $f(x)=\begin{cases}1-x, & x\leqslant 0,\\ x+2, & x>0,\end{cases}$ $g(x)=\begin{cases}x^2, & x<0,\\ -x, & x\geqslant 0.\end{cases}$ 求 $f[g(x)]$.

解　（1）由 $g(x)\leqslant 0$ 得 $g(x)=-x\leqslant 0$ 即 $x\geqslant 0$，所以 $x\geqslant 0$ 时 $f[g(x)] = 1+x$.

（2）由 $g(x)>0$ 即 $g(x)=x^2>0$ 得 $x<0$. 所以 $x<0$ 时，$f[g(x)] = x^2+2$.

故 $f[g(x)]=\begin{cases}x^2+2, & x<0,\\ 1+x, & x\geqslant 0.\end{cases}$

例 1.3　设 $\varphi(x)=\begin{cases}1, & |x|\leqslant 1,\\ 0, & |x|>1,\end{cases}$ $\phi(x)=\begin{cases}2-x^2, & |x|\leqslant 1,\\ 2, & |x|>1.\end{cases}$ 试求 $\varphi[\phi(x)]$，$\varphi\{\varphi[\varphi(x)]\}$.

解　（1）由于

$$\varphi[\phi(x)]=\begin{cases}1, & |\phi(x)|\leqslant 1,\\ 0, & |\phi(x)|>0,\end{cases}$$

当且仅当 $|x|=1$ 时，$\phi(x)=1$；$|x|\neq 1$ 时，$1<\phi(x)\leqslant 2$. 则

$$\varphi[\phi(x)]=\begin{cases}1, & |x|=1,\\ 0, & |x|\neq 1.\end{cases}$$

（2）当 $x\in(-\infty,+\infty)$ 时，$0\leqslant\varphi(x)\leqslant 1$. 故 $\varphi[\varphi(x)]\equiv 1$，$x\in(-\infty,+\infty)$. 于是

$$\varphi\{\varphi[\varphi(x)]\}\equiv 1,\ x\in(-\infty,+\infty).$$

注　函数复合类似“代入”，但应注意定义域的变化. 复合后要写下复合函数的定义域. 由于复合函数是微积分研究的主要对象之一，读者应熟练掌握复合函数的概念.

例 1.4　设 $f(x)$，$\varphi(x)$，$\phi(x)$ 均为单调递增函数，并且 $\varphi(x)\leqslant f(x)\leqslant \phi(x)$. 证明：

$$\varphi[\varphi(x)]\leqslant f[f(x)]\leqslant \phi[\phi(x)].$$

证明　由题设可知

$$\varphi[\varphi(x)]\leqslant \varphi[f(x)]\leqslant f[f(x)],$$

$$f[f(x)]\leqslant \phi[f(x)]\leqslant \phi[\phi(x)],$$

则由上述不等式可得

$$\varphi[\varphi(x)]\leqslant f[f(x)]\leqslant \phi[\phi(x)].$$

注　此处多次利用函数单调性的定义.

例 1.5　下述说法中与 $\lim\limits_{n\to\infty}x_n=a$ 的定义等价的是（　　）.

A. $\forall\varepsilon\in(0,1),\exists N$，当 $n\geqslant N$ 时，有 $|x_n-a|\leqslant 100\varepsilon$

B. $\forall\varepsilon>1,\exists N$，当 $n>N$ 时，有 $|x_n-a|<\varepsilon$

C. $\forall N,\exists\varepsilon>0$，当 $n>N$ 时，有 $|x_n-a|<\varepsilon$

D. $\exists N,\forall\varepsilon>0$，当 $n>N$ 时，有 $|x_n-a|<\varepsilon$

解　$\lim\limits_{n\to\infty}x_n=a$ 的定义：对于数列 x_n，存在常数 a，使得对于任意给定的正数 ε（不论它多么小），存在自然数 N，使当 $n>N$ 时，不等式 $|x_n-a|<\varepsilon$ 恒成立.

A 与上述定义等价，因为 $\varepsilon>0$ 具有任意性，100ε 也具有任意性.

B 因为 $\varepsilon>1$ 不能保证 ε 为任意小，从而由 $|x_n-a|<\varepsilon$ 不能保证 x_n 与 a 无限接近.

C 中的 ε 是存在性，与定义不符.

D 如果存在自然数 N，使对 $\forall\varepsilon>0$，当 $n>N$ 时有 $|x_n-a|<\varepsilon$，这说明数列 x_n 有极限 a，说明 D 是上述定义的充分条件. 但反之如果 $\lim\limits_{n\to\infty}x_n=a$，不一定能找到那样的 N（它可能与 ε 无关. 这一要求比 N 与 ε 有关的要求更高），使对任意 $\varepsilon>0$，当 $n>N$ 时，都有 $|x_n-a|<\varepsilon$，因为在定义中 N 是依赖于 ε 的给定而确定的. 因此 D 不是上述定义的必要条件. 故选 A.

例 1.6　设$\{a_n\}$、$\{b_n\}$、$\{c_n\}$均为非负数列，并且

$$\lim_{n\to\infty} a_n = 0,\ \lim_{n\to\infty} b_n = 1,\ \lim_{n\to\infty} c_n = \infty,$$

则必有（　　）.

A. $a_n < b_n$对任意n成立　　B. $b_n < c_n$对任意n成立

C. $\lim_{n\to\infty} a_n c_n$不存在　　D. $\lim_{n\to\infty} b_n c_n$不存在

解法 1　由数列极限的定义，数列$\{a_n\}$的极限关心的是a_n在某个N（足够大）之后的性质，前面的有限多项则无关紧要. 因此 A、B 中“任意n”的条件显然不成立. “$0\cdot\infty$”型的极限是未定式, C 不成立，故选 D.

事实上，当$\lim_{n\to\infty} b_n = b \neq 0$，$\lim_{n\to\infty} c_n = \infty$时，由无穷大量的定义得到$\lim_{n\to\infty} b_n c_n = \infty$.

解法 2　举反例：取$a_n = \dfrac{2}{n}$，$b_n = 1$，$c_n = \dfrac{n}{2}$，则可以直接排除 A、B、C.

例 1.7　当$x \to 1$时，函数$\dfrac{x^2-1}{x-1}e^{\frac{1}{x-1}}$的极限（　　）.

A. 2　　B. 0　　C. ∞　　D. 不存在且不为∞

分析　左、右极限存在且相等，是函数极限存在的充要条件. 本题中函数$\dfrac{x^2-1}{x-1}e^{\frac{1}{x-1}}$为两个因式的乘积，易求出$\lim_{x\to 1}\dfrac{x^2-1}{x-1} = 2$，所以解本题的关键是因式$e^{\frac{1}{x-1}}$.

解　因$\lim_{x\to 1}\dfrac{x^2-1}{x-1} = 2$，而$\lim_{x\to 1^+} e^{\frac{1}{x-1}} = +\infty$，$\lim_{x\to 1^-} e^{\frac{1}{x-1}} = 0$. 故

$\lim_{x\to 1^+}\dfrac{x^2-1}{x-1}e^{\frac{1}{x-1}} = +\infty$，$\lim_{x\to 1^-}\dfrac{x^2-1}{x-1}e^{\frac{1}{x-1}} = 0$. 所以选 D.

例 1.8　求$\lim_{n\to\infty}(\sqrt{n+3\sqrt{n}} - \sqrt{n-\sqrt{n}})$.

分析　所求极限中有根式. 通常需要对分子或分母有理化. 有时甚至需要对分子分母同时有理化. 本题需对分子有理化.

解

$$\begin{aligned}\lim_{n\to\infty}(\sqrt{n+3\sqrt{n}} - \sqrt{n-\sqrt{n}}) &= \lim_{n\to\infty}\frac{(n+3\sqrt{n})-(n-\sqrt{n})}{\sqrt{n+3\sqrt{n}}+\sqrt{n-\sqrt{n}}} \\ &= \lim_{n\to\infty}\frac{4\sqrt{n}}{\sqrt{n+3\sqrt{n}}+\sqrt{n-\sqrt{n}}} \\ &= \lim_{n\to\infty}\frac{4}{\sqrt{1+\frac{3}{\sqrt{n}}}+\sqrt{1-\frac{1}{\sqrt{n}}}} = 2.\end{aligned}$$

例 1.9　求$\lim_{x\to 0}\dfrac{\sqrt{1+x}-\sqrt{1-x}}{\sqrt[3]{1+x}-\sqrt[3]{1-x}}$.

解法 1　分子分母有理化. 则有

$$\lim_{x\to0}\frac{\sqrt{1+x}-\sqrt{1-x}}{\sqrt[3]{1+x}-\sqrt[3]{1-x}}=\lim_{x\to0}\frac{[(1+x)-(1-x)][(1+x)^{\frac{2}{3}}+(1+x)^{\frac{1}{3}}(1-x)^{\frac{1}{3}}+(1-x)^{\frac{2}{3}}]}{[(1+x)-(1-x)](\sqrt{1+x}+\sqrt{1-x})}$$

$$=\lim_{x\to0}\frac{(1+x)^{\frac{2}{3}}+(1-x^2)^{\frac{1}{3}}+(1-x)^{\frac{2}{3}}}{\sqrt{1+x}+\sqrt{1-x}}=\frac{3}{2}.$$

解法 2　注意到该极限属于 $\frac{0}{0}$ 型, 可用洛必达（L'Hospital）法则, 从而

$$\lim_{x\to0}\frac{\sqrt{1+x}-\sqrt{1-x}}{\sqrt[3]{1+x}-\sqrt[3]{1-x}}=\lim_{x\to0}\frac{\frac{1}{2}(1+x)^{-\frac{1}{2}}-\frac{1}{2}(1-x)^{-\frac{1}{2}}\cdot(-1)}{\frac{1}{3}(1+x)^{-\frac{2}{3}}-\frac{1}{3}(1-x)^{-\frac{2}{3}}\cdot(-1)}$$

$$=\frac{\frac{1}{2}(1+0)^{-\frac{1}{2}}-\frac{1}{2}(1-0)^{-\frac{1}{2}}\cdot(-1)}{\frac{1}{3}(1+0)^{-\frac{2}{3}}-\frac{1}{3}(1-0)^{-\frac{2}{3}}\cdot(-1)}=\frac{3}{2}.$$

注　解法 2 用到的洛必达法则属于第 3 章的内容.

例 1.10　求 $\lim\limits_{x\to-\infty}\frac{\sqrt{4x^2+x-1}+x+1}{\sqrt{x^2+\sin x}}$.

分析　所求极限中分子与分母都有根式, 通常需要有理化, 但本题如果对分子分母同时有理化则很难求解, 注意到该极限属于 $\frac{\infty}{\infty}$ 型. 考虑分子分母同时除以 x 的最高次幂.

解法 1　由于 $x\to-\infty$, 则 $\sqrt{x^2}=|x|=-x$. 函数的分子分母同时除以 $-x$ 得

$$\lim_{x\to-\infty}\frac{\sqrt{4x^2+x-1}+x+1}{\sqrt{x^2+\sin x}}=\lim_{x\to\infty}\frac{\sqrt{4+\frac{1}{x}-\frac{1}{x^2}}-1-\frac{1}{x}}{\sqrt{1+\frac{\sin x}{x^2}}}=1.$$

解法 2　运用变量代换, 令 $x=-t$, 则

$$\lim_{x\to-\infty}\frac{\sqrt{4x^2+x-1}+x+1}{\sqrt{x^2+\sin x}}=\lim_{t\to+\infty}\frac{\sqrt{4t^2-t-1}-t+1}{\sqrt{t^2-\sin t}}=\lim_{t\to+\infty}\frac{\sqrt{4-\frac{1}{t}-\frac{1}{t^2}}-1+\frac{1}{t}}{\sqrt{1-\frac{\sin t}{t^2}}}=1.$$

错误解答　$\lim\limits_{x\to-\infty}\dfrac{\sqrt{4x^2+x-1}+x+1}{\sqrt{x^2+\sin x}}=\lim\limits_{x\to-\infty}\dfrac{\sqrt{4+\frac{1}{x}-\frac{1}{x^2}}+1+\frac{1}{x}}{\sqrt{1+\frac{\sin x}{x^2}}}=3$.

错解分析　错误的原因在于没有注意 x 的变化过程, 而将被求极限函数分子分母同时除以 x 导致错误出现. 在解题过程中, 建议用解法 2 可避免出错.

例 1.11　已知 $\lim\limits_{x\to+\infty}(5x-\sqrt{ax^2-bx+c})=1$. 试求常数 a, b, c 中的 a 和 b.

分析　本题极限中出现根式可优先考虑有理化. 然后利用极限运算性质来分析极限运算过程, 尤其是无穷小与无穷大的相关运算性质, 即可解决问题.

解法 1　分子有理化可得

$$\lim_{x\to+\infty}(5x-\sqrt{ax^2-bx+c})=\lim_{x\to+\infty}\frac{(25-a)x^2+bx-c}{5x+\sqrt{ax^2-bx+c}}=\lim_{x\to+\infty}\frac{(25-a)x+b-\frac{c}{x}}{5+\sqrt{a-\frac{b}{x}+\frac{c}{x^2}}}=1,$$

如果 $a\neq 25$, 则

$$\lim_{x\to+\infty}\left[(25-a)x+b-\frac{c}{x}\right]=\infty,$$

故要使

$$\lim_{x\to+\infty}(5x-\sqrt{ax^2-bx+c})=1,$$

必须有 $a=25$. 于是 $\dfrac{b}{5+\sqrt{a}}=1$, 得 $a=25$, $b=10$.

解法 2　由题意有 $\lim\limits_{x\to+\infty}x\cdot\left(5-\sqrt{a-\frac{b}{x}+\frac{c}{x^2}}\right)=1$. 当 $x\to+\infty$ 时, 由于

$$\lim_{x\to+\infty}\left(5-\sqrt{a-\frac{b}{x}+\frac{c}{x^2}}\right)=5-\sqrt{a},$$

若 $5-\sqrt{a}\neq 0$, 则

$$\lim_{x\to+\infty}x\cdot\left(5-\sqrt{a-\frac{b}{x}+\frac{c}{x^2}}\right)=\infty\neq 1.$$

所以 $5-\sqrt{a}=0$, 即 $a=25$. 由

$$\lim_{x\to+\infty}(5x-\sqrt{ax^2-bx+c})=1\Rightarrow\lim_{x\to+\infty}\frac{b-\frac{c}{x}}{5+\sqrt{25-\frac{b}{x}+\frac{c}{x^2}}}=1,$$

可得 $\dfrac{b}{10}=1$. 所以 $a=25$, $b=10$.

例 1.12　求 $\lim\limits_{n\to\infty}(\sin\sqrt{n+1}-\sin\sqrt{n})$.

分析　当 $n\to\infty$ 时，$\sin\sqrt{n+1}$ 与 $\sin\sqrt{n}$ 的极限都不存在. 尽管出现了根式，但无法直接有理化. 应先利用三角函数的和差化积，然后再求解.

解　因为

$$\sin\sqrt{n+1}-\sin\sqrt{n}=2\sin\frac{\sqrt{n+1}-\sqrt{n}}{2}\cos\frac{\sqrt{n+1}+\sqrt{n}}{2},$$

又 $\left|2\cos\frac{\sqrt{n+1}+\sqrt{n}}{2}\right|\leqslant 2$，即 $2\cos\frac{\sqrt{n+1}+\sqrt{n}}{2}$ 为有界量. 并且

$$\lim_{n\to\infty}\sin\frac{\sqrt{n+1}-\sqrt{n}}{2}=\lim_{n\to\infty}\sin\frac{1}{2(\sqrt{n+1}+\sqrt{n})}=\lim_{n\to\infty}\frac{1}{2(\sqrt{n+1}+\sqrt{n})}=0,$$

即 $\sin\frac{\sqrt{n+1}-\sqrt{n}}{2}$ 为 $n\to\infty$ 时的无穷小量. 根据有界量与无穷小的乘积仍为无穷小这一性质可知：$\lim\limits_{n\to\infty}(\sin\sqrt{n+1}-\sin\sqrt{n})=0$.

例 1.13　求下列极限：

（1）$\lim\limits_{x\to0}\frac{\sin x}{x}$；　　（2）$\lim\limits_{x\to0}x\cdot\sin\frac{1}{x}$；

（3）$\lim\limits_{x\to\infty}\frac{\sin x}{x}$；　　（4）$\lim\limits_{x\to\infty}x\cdot\sin\frac{1}{x}$；

（5）$\lim\limits_{x\to\infty}\frac{1}{x}\cdot\sin\frac{1}{x}$；　　（6）$\lim\limits_{x\to0}\frac{1}{x}\cdot\sin\frac{1}{x}$.

解　（1）由重要极限知 $\lim\limits_{x\to0}\frac{\sin x}{x}=1$.

（2）$x\to0$ 时，$\sin\frac{1}{x}$ 为有界量. 故 $\lim\limits_{x\to0}x\cdot\sin\frac{1}{x}=0$.

（3）$x\to\infty$ 时，$\frac{1}{x}$ 为无穷小量，$\sin x$ 为有界变量. 故 $\lim\limits_{x\to\infty}\frac{\sin x}{x}=0$.

（4）**解法 1**　$x\to\infty$ 时，$\sin\frac{1}{x}\sim\frac{1}{x}$. 故 $\lim\limits_{x\to\infty}x\cdot\sin\frac{1}{x}=1$.

解法 2　令 $x=\frac{1}{t}$，则由 $x\to\infty$ 知 $t\to0$. 故 $\lim\limits_{x\to\infty}x\cdot\sin\frac{1}{x}=\lim\limits_{t\to0}\frac{\sin t}{t}=1$.

（5）**解法 1**　$x\to\infty$ 时，$\frac{1}{x}\to0$，$\sin\frac{1}{x}$ 为有界量. 故 $\lim\limits_{x\to\infty}\frac{1}{x}\cdot\sin\frac{1}{x}=0$.

解法 2　$x\to\infty$ 时，$\frac{1}{x}\to0$. $\sin\frac{1}{x}\sim\frac{1}{x}$. 故 $\lim\limits_{x\to\infty}\frac{1}{x}\cdot\sin\frac{1}{x}=0$.

（6）$x\to0$ 时，$\frac{1}{x}\to\infty$. $\sin\frac{1}{x}$ 不定. 取子列 $x_n=\frac{1}{2n\pi}$，则 $n\to\infty$ 时

$$x_n \to 0,\ \frac{1}{x_n}\cdot\sin\frac{1}{x_n}=0.$$

另取子列 $y_n=\dfrac{1}{2n\pi+\dfrac{\pi}{2}}$，则 $n\to\infty$ 时，$y_n\to 0$，$\dfrac{1}{y_n}\cdot\sin\dfrac{1}{y_n}=2n\pi+\dfrac{\pi}{2}\to\infty$.

故 $\lim\limits_{x\to 0}\dfrac{1}{x}\cdot\sin\dfrac{1}{x}$ 不存在.

注　在求极限时，一看自变量的变化过程，二看函数的变化趋势，准确判断极限类型，正确使用重要极限公式，充分利用有界量与无穷小的乘积仍为无穷小这一性质，对解题将大有帮助.

例 1.14　求下列极限：

（1）$\lim\limits_{x\to 0}\dfrac{\tan x-\sin x}{x^3}$；　　（2）$\lim\limits_{x\to 0}\dfrac{1+\sin x-\cos x}{1+\sin px-\cos px}$，其中 p 为常数且 $p\neq 0$；

（3）$\lim\limits_{x\to 0^+}\dfrac{1-\sqrt{\cos x}}{x(1-\cos\sqrt{x})}$.

分析　极限若为 $\dfrac{0}{0}$ 型，并且含有三角函数或反三角函数，可尝试运用重要极限

$$\lim_{x\to 0}\frac{\sin x}{x}=1.$$

解　（1）**解法 1**　运用重要极限 $\lim\limits_{x\to 0}\dfrac{\sin x}{x}=1$.

$$\begin{aligned}\lim_{x\to 0}\frac{\tan x-\sin x}{x^3}&=\lim_{x\to 0}\frac{\tan x(1-\cos x)}{x^3}\\&=\lim_{x\to 0}\frac{\sin x\cdot 2\sin^2\dfrac{x}{2}}{x^3\cos x}=\lim_{x\to 0}\frac{\sin x}{x}\cdot\left(\frac{\sin\dfrac{x}{2}}{\dfrac{x}{2}}\right)^2\cdot\frac{1}{2\cos x}=\frac{1}{2}.\end{aligned}$$

解法 2　$\lim\limits_{x\to 0}\dfrac{\tan x-\sin x}{x^3}=\lim\limits_{x\to 0}\dfrac{\tan x(1-\cos x)}{x^3}=\lim\limits_{x\to 0}\dfrac{x\cdot\dfrac{x^2}{2}}{x^3}=\dfrac{1}{2}$.

解法 3　运用洛必达法则，则

$$\begin{aligned}\lim_{x\to 0}\frac{\tan x-\sin x}{x^3}&=\lim_{x\to 0}\frac{\sec^2 x-\cos x}{3x^2}=\lim_{x\to 0}\frac{1-\cos^3 x}{3x^2\cdot\cos^2 x}=\frac{1}{3}\cdot\lim_{x\to 0}\frac{1-\cos^3 x}{x^2}\\&=\frac{1}{3}\cdot\lim_{x\to 0}\frac{-3\cos^2 x\cdot(-\sin x)}{2x}=\frac{1}{2}\cdot\lim_{x\to 0}\frac{\cos^2 x\cdot\sin x}{x}=\frac{1}{2}.\end{aligned}$$

错误解答　$x \to 0$ 时，$\tan x \sim x \sim \sin x$，故 $\lim\limits_{x \to 0} \dfrac{\tan x - \sin x}{x^3} = \lim\limits_{x \to 0} \dfrac{x - x}{x^3} = 0$.

错解分析　错误原因在于错误地使用了等价代换. $\tan x - \sin x$ 并不与 $x - x$ 等价，而是与 $\dfrac{x^3}{2}$ 等价. 在极限的和差运算中要慎重使用等价代换，一定要确保所作代换是等价代换.

（2）**解法 1**　运用重要极限 $\lim\limits_{x \to 0} \dfrac{\sin x}{x} = 1$.

$$\lim_{x \to 0} \frac{1 + \sin x - \cos x}{1 + \sin px - \cos px} = \lim_{x \to 0} \frac{\dfrac{\sin x}{x} + \dfrac{1 - \cos x}{x}}{\dfrac{\sin px}{x} + \dfrac{1 - \cos px}{x}} = \lim_{x \to 0} \frac{\dfrac{\sin x}{x} + \dfrac{2\sin^2 \dfrac{x}{2}}{x}}{\dfrac{\sin px}{px} \cdot p + \dfrac{2\sin^2 \dfrac{px}{2}}{x}}$$

$$= \lim_{x \to 0} \frac{\dfrac{\sin x}{x} + \left(\dfrac{\sin \dfrac{x}{2}}{\dfrac{x}{2}} \right)^2 \cdot \dfrac{x}{2}}{\dfrac{\sin px}{px} \cdot p + \left(\dfrac{\sin \dfrac{px}{2}}{\dfrac{px}{2}} \right)^2 \cdot \dfrac{p^2 x}{2}} = \frac{1 + 0}{p + 0} = \frac{1}{p}.$$

解法 2　利用无穷小的等价替换：$x \to 0$ 时，$\sin x \sim x$，$1 - \cos x \sim \dfrac{x^2}{2}$.

$$\lim_{x \to 0} \frac{1 + \sin x - \cos x}{1 + \sin px - \cos px} = \lim_{x \to 0} \frac{\dfrac{\sin x}{x} + \dfrac{1 - \cos x}{x}}{\dfrac{\sin px}{x} + \dfrac{1 - \cos px}{x}} = \frac{\lim\limits_{x \to 0} \dfrac{\sin x}{x} + \lim\limits_{x \to 0} \dfrac{1 - \cos x}{x}}{\lim\limits_{x \to 0} \dfrac{\sin px}{x} + \lim\limits_{x \to 0} \dfrac{1 - \cos px}{x}}$$

$$= \frac{\lim\limits_{x \to 0} \dfrac{x}{x} + \lim\limits_{x \to 0} \dfrac{\dfrac{x^2}{2}}{x}}{\lim\limits_{x \to 0} \dfrac{px}{x} + \lim\limits_{x \to 0} \dfrac{\dfrac{(px)^2}{2}}{x}} = \frac{1 + 0}{p + 0} = \frac{1}{p}.$$

解法 3　利用 $\alpha \sim \beta \Leftrightarrow \beta = \alpha + o(\alpha)$.

由于当 $x \to 0$ 时，$x \sim \sin x$，$1 - \cos x \sim \dfrac{x^2}{2}$ 从而有

$$\sin x = x + o(x)\text{，}\sin px = px + o(px)\text{，}1 - \cos px = \frac{(px)^2}{2} + o\left(\frac{p^2x^2}{2}\right).$$

$$\lim_{x\to 0}\frac{1+\sin x-\cos x}{1+\sin px-\cos px}=\lim_{x\to 0}\frac{x+o(x)+\dfrac{x^2}{2}+o\left(\dfrac{x^2}{2}\right)}{px+o(px)+\dfrac{p^2x^2}{2}+o\left(\dfrac{p^2x^2}{2}\right)}$$

$$=\lim_{x\to 0}\frac{1+\dfrac{o(x)}{x}+\dfrac{x}{2}+\dfrac{o\left(\dfrac{x^2}{2}\right)}{x}}{p+\dfrac{o(px)}{x}+\dfrac{p^2x}{2}+\dfrac{o\left(\dfrac{p^2x^2}{2}\right)}{x}}=\frac{1+0+0+0}{p+0+0+0}=\frac{1}{p}.$$

解法 4　用洛必达法则.

$$\lim_{x\to 0}\frac{1+\sin x-\cos x}{1+\sin px-\cos px}=\lim_{x\to 0}\frac{0+\cos x+\sin x}{0+p\cos px+p\sin px}=\frac{1}{p}.$$

（3）**解法 1**　运用重要极限 $\lim\limits_{x\to 0}\dfrac{\sin x}{x}=1$.

$$\lim_{x\to 0^+}\frac{1-\sqrt{\cos x}}{x(1-\cos\sqrt{x})}=\lim_{x\to 0^+}\frac{(1+\cos\sqrt{x})(1-\cos x)}{x(1-\cos^2\sqrt{x})(1+\sqrt{\cos x})}=\lim_{x\to 0^+}\frac{1+\cos\sqrt{x}}{1+\sqrt{\cos x}}\cdot\frac{2\sin^2\dfrac{x}{2}}{x\cdot\sin^2\sqrt{x}}$$

$$=\lim_{x\to 0^+}\frac{1+\cos\sqrt{x}}{1+\sqrt{\cos x}}\cdot\lim_{x\to 0^+}\frac{\left(\dfrac{\sin x/2}{x/2}\right)^2\cdot\dfrac{x^2}{2}}{\left(\dfrac{\sin\sqrt{x}}{\sqrt{x}}\right)^2\cdot x^2}=\frac{1}{2}.$$

解法 2　利用等价无穷小的替换定理.

$$\lim_{x\to 0^+}\frac{1-\sqrt{\cos x}}{x(1-\cos\sqrt{x})}=\lim_{x\to 0^+}\frac{-[\sqrt{1+(\cos x-1)}-1]}{x\dfrac{(\sqrt{x})^2}{2}}=\lim_{x\to 0^+}\frac{-\dfrac{(\cos x-1)}{2}}{\dfrac{x^2}{2}}=\lim_{x\to 0^+}\frac{\dfrac{x^2}{2}}{x^2}=\frac{1}{2}.$$

解法 3　利用分子有理化和等价无穷小的替换定理.

$$\lim_{x\to 0^+}\frac{1-\sqrt{\cos x}}{x(1-\cos\sqrt{x})}=\lim_{x\to 0^+}\frac{1-\cos x}{x(1-\cos\sqrt{x})(1+\sqrt{\cos x})}=\lim_{x\to 0^+}\frac{1}{1+\sqrt{\cos x}}\cdot\lim_{x\to 0^+}\frac{\dfrac{x^2}{2}}{x\cdot\dfrac{(\sqrt{x})^2}{2}}=\frac{1}{2}.$$

解法 4　分母先作等价替换，然后用洛必达法则.

$$\lim_{x\to0^+}\frac{1-\sqrt{\cos x}}{x(1-\cos\sqrt{x})}=\lim_{x\to0^+}\frac{1-\sqrt{\cos x}}{x\dfrac{(\sqrt{x})^2}{2}}=\lim_{x\to0^+}\frac{-\dfrac{1}{2}(\cos x)^{-\frac{1}{2}}(-\sin x)}{x}$$

$$=\lim_{x\to0^+}\frac{-\dfrac{1}{2}(\cos x)^{-\frac{1}{2}}(-x)}{x}=\frac{1}{2}.$$

注　一般地，能够用重要公式 $\lim\limits_{x\to0}\dfrac{\sin x}{x}=1$ 来解决的问题，一般也可以通过恒等变形后作等价替换，在求极限时能用多种方法综合求解时多种方法一起使用，往往能使计算非常简便.

例 1.15　求 $\lim\limits_{x\to0}\left(\dfrac{2+\mathrm{e}^{\frac{1}{x}}}{1+\mathrm{e}^{\frac{4}{x}}}+\dfrac{\sin x}{|x|}\right)$.

分析　求带有绝对值的函数的极限一定要注意考虑左、右极限.

解　因为

$$\lim_{x\to0^+}\left(\frac{2+\mathrm{e}^{\frac{1}{x}}}{1+\mathrm{e}^{\frac{4}{x}}}+\frac{\sin x}{|x|}\right)=\lim_{x\to0^+}\left(\frac{2\mathrm{e}^{-\frac{4}{x}}+\mathrm{e}^{-\frac{3}{x}}}{\mathrm{e}^{-\frac{4}{x}}+1}+\frac{\sin x}{x}\right)=0+1=1,$$

$$\lim_{x\to0^-}\left(\frac{2+\mathrm{e}^{\frac{1}{x}}}{1+\mathrm{e}^{\frac{4}{x}}}+\frac{\sin x}{|x|}\right)=\lim_{x\to0^-}\left(\frac{2+\mathrm{e}^{\frac{1}{x}}}{1+\mathrm{e}^{\frac{4}{x}}}-\frac{\sin x}{x}\right)=2-1=1,$$

所以 $\lim\limits_{x\to0}\left(\dfrac{2+\mathrm{e}^{\frac{1}{x}}}{1+\mathrm{e}^{\frac{4}{x}}}+\dfrac{\sin x}{|x|}\right)=1$.

错误解答　因为 $\lim\limits_{x\to0}\dfrac{2+\mathrm{e}^{\frac{1}{x}}}{1+\mathrm{e}^{\frac{4}{x}}}$ 和 $\lim\limits_{x\to0}\dfrac{\sin x}{|x|}$ 均不存在，故原来的极限不存在.

错解分析　如果 $\lim\limits_{x\to a}f(x)$ 和 $\lim\limits_{x\to a}g(x)$ 均不存在，但 $\lim\limits_{x\to a}[f(x)+g(x)]$ 可能存在. 用极限的四则运算来求极限时要注意条件，即参与极限四则运算的各部分的极限均要存在.

例 1.16　设 $\lim\limits_{x\to\infty}\left(\dfrac{x+2a}{x-a}\right)^x=8$. 求 a 的值.

分析　所求极限的函数为幂指函数. 可用幂指函数的极限求法来求解. 关于幂指函数 $\lim u(x)^{v(x)}$ 的极限的求法参见 1.2 节.

解法 1　运用重要极限 $\lim\limits_{x\to\infty}\left(1+\dfrac{1}{x}\right)^x=\mathrm{e}$.

$$\lim_{x\to\infty}\left(\frac{x+2a}{x-a}\right)^x=\lim_{x\to\infty}\left(1+\frac{x+2a}{x-a}-1\right)^x=\lim_{x\to\infty}\left(1+\frac{3a}{x-a}\right)^{\frac{x-a}{3a}\cdot\frac{3a}{x-a}\cdot x}=\mathrm{e}^{\lim\limits_{x\to\infty}\frac{3ax}{x-a}}=\mathrm{e}^{3a},$$

得 $\mathrm{e}^{3a}=8$，故 $a=\ln 2$.

解法 2　$\lim\limits_{x\to\infty}\left(\dfrac{x+2a}{x-a}\right)^x=\lim\limits_{x\to\infty}\dfrac{\left(1+\dfrac{2a}{x}\right)^x}{\left(1-\dfrac{a}{x}\right)^x}=\dfrac{\lim\limits_{x\to\infty}\left(1+\dfrac{2a}{x}\right)^x}{\lim\limits_{x\to\infty}\left(1-\dfrac{a}{x}\right)^x}=\dfrac{\mathrm{e}^{2a}}{\mathrm{e}^{-a}}=\mathrm{e}^{3a}=8$，故 $a=\ln 2$.

解法 3

$$\lim_{x\to\infty}\left(\frac{x+2a}{x-a}\right)^x=\lim_{x\to\infty}\exp\ln\left(\frac{x+2a}{x-a}\right)^x=\exp\left(\lim_{x\to\infty}x\ln\frac{x+2a}{x-a}\right)$$

$$=\exp\left[\lim_{x\to\infty}x\ln\left(1+\frac{3a}{x-a}\right)\right]=\exp\left(\lim_{x\to\infty}x\cdot\frac{3a}{x-a}\right)=\mathrm{e}^{3a}=8,$$

故 $a=\ln 2$.

例 1.17　求 $\lim\limits_{x\to\infty}\left(\sin\dfrac{2}{x}+\cos\dfrac{1}{x}\right)^x$.

解法 1　$\lim\limits_{x\to\infty}\left(\sin\dfrac{2}{x}+\cos\dfrac{1}{x}\right)^x=\lim\limits_{x\to\infty}\left[1+\left(\sin\dfrac{2}{x}+\cos\dfrac{1}{x}-1\right)\right]^{\frac{1}{\sin\frac{2}{x}+\cos\frac{2}{x}-1}\cdot x\left(\sin\frac{2}{x}+\cos\frac{1}{x}-1\right)}$，

又因为

$$\lim_{x\to\infty}x\cdot\left(\sin\frac{2}{x}+\cos\frac{1}{x}-1\right)=\lim_{x\to\infty}\frac{\sin\frac{2}{x}+\cos\frac{1}{x}-1}{\frac{1}{x}}=\lim_{x\to\infty}\left(\frac{\sin\frac{2}{x}}{\frac{1}{x}}+\frac{\cos\frac{1}{x}-1}{\frac{1}{x}}\right)=2+0=2,$$

故 $\lim\limits_{x\to\infty}\left(\sin\dfrac{2}{x}+\cos\dfrac{1}{x}\right)^x=\mathrm{e}^2$.

解法 2

$$\lim_{x\to\infty}\left(\sin\frac{2}{x}+\cos\frac{1}{x}\right)^x=\lim_{x\to\infty}\exp\left[\ln\left(\sin\frac{2}{x}+\cos\frac{1}{x}\right)^x\right]=\exp\left[\lim_{x\to\infty}x\ln\left(\sin\frac{2}{x}+\cos\frac{1}{x}\right)\right]$$

$$=\exp\left[\lim_{x\to\infty}\frac{\ln\left(\sin\frac{2}{x}+\cos\frac{1}{x}\right)}{\frac{1}{x}}\right]$$

$$=\exp\left[\lim_{t\to0}\frac{\ln(\sin 2t+\cos t)}{t}\right]\left(令t=\frac{1}{x}\right)$$

$$=\exp\left[\lim_{t\to0}\frac{\ln(1+\sin 2t+\cos t-1)}{t}\right]=\exp\left(\lim_{t\to0}\frac{\sin 2t+\cos t-1}{t}\right)$$

$$=\exp\left(\lim_{t\to0}\frac{\sin 2t}{t}+\lim_{t\to0}\frac{\cos t-1}{t}\right)=\mathrm{e}^2.$$

解法 3　$\lim\limits_{x\to\infty}\left(\sin\dfrac{2}{x}+\cos\dfrac{1}{x}\right)^{x}=\lim\limits_{x\to\infty}\exp\left[\ln\left(\sin\dfrac{2}{x}+\cos\dfrac{1}{x}\right)^{x}\right]=\exp\left[\lim\limits_{x\to\infty}x\ln\left(\sin\dfrac{2}{x}+\cos\dfrac{1}{x}\right)\right]$

$$=\exp\left[\lim_{x\to\infty}\frac{\ln\left(\sin\dfrac{2}{x}+\cos\dfrac{1}{x}\right)}{\dfrac{1}{x}}\right]$$

$$=\exp\left[\lim_{t\to 0}\frac{\ln(\sin 2t+\cos t)}{t}\right]\left(令 t=\frac{1}{x}\right)$$

$$=\exp\left(\lim_{t\to 0}\frac{2\cos 2t-\sin t}{\sin 2t+\cos t}\right)=\mathrm{e}^{2}.$$

例 1.18　$\lim\limits_{x\to 0}(\cos x)^{\frac{1}{\ln(1+x^2)}}=$__________.

分析　极限属于1^{∞}的类型，既可用重要极限，又可用求幂指函数的极限的方法.

解法 1　用等价代换.

$$\lim_{x\to 0}(\cos x)^{\frac{1}{\ln(1+x^2)}}=\exp\left[\lim_{x\to 0}\frac{1}{\ln(1+x^2)}\ln(\cos x)\right],$$

而

$$\lim_{x\to 0}\frac{\ln(\cos x)}{\ln(1+x^2)}=\lim_{x\to 0}\frac{\ln(1+\cos x-1)}{x^2}=\lim_{x\to 0}\frac{\cos x-1}{x^2}=\lim_{x\to 0}\frac{-\dfrac{x^2}{2}}{x^2}=-\frac{1}{2},$$

故 $\lim\limits_{x\to 0}(\cos x)^{\frac{1}{\ln(1+x^2)}}=\dfrac{1}{\sqrt{\mathrm{e}}}$.

解法 2　先用等价代换，然后用洛必达法则.

$$\lim_{x\to 0}(\cos x)^{\frac{1}{\ln(1+x^2)}}=\exp\left[\lim_{x\to 0}\frac{1}{\ln(1+x^2)}\ln(\cos x)\right],$$

而

$$\lim_{x\to 0}\frac{\ln(\cos x)}{\ln(1+x^2)}=\lim_{x\to 0}\frac{\ln\cos x}{x^2}=\lim_{x\to 0}\left(-\frac{\dfrac{\sin x}{\cos x}}{2x}\right)=-\frac{1}{2},$$

故 $\lim\limits_{x\to 0}(\cos x)^{\frac{1}{\ln(1+x^2)}}=\dfrac{1}{\sqrt{\mathrm{e}}}$.

例 1.19　求 $\lim\limits_{x\to+\infty}\left(\dfrac{a_1^{\frac{1}{x}}+a_2^{\frac{1}{x}}+\cdots+a_n^{\frac{1}{x}}}{n}\right)^{nx}$，其中 $a_1,a_2,\cdots,a_n$ 均为正实数.

分析　该极限属于1^{∞}型，可采用例 1.16 的解法 1 与解法 3.

解法 1　$\lim\limits_{x\to+\infty}\left(\dfrac{a_1^{\frac{1}{x}}+a_2^{\frac{1}{x}}+\cdots+a_n^{\frac{1}{x}}}{n}\right)^{nx}$

$$=\lim_{x\to+\infty}\left(1+\frac{a_1^{\frac{1}{x}}+a_2^{\frac{1}{x}}+\cdots+a_n^{\frac{1}{x}}}{n}-1\right)^{nx}$$

$$=\lim_{x\to+\infty}\left(1+\frac{a_1^{\frac{1}{x}}+a_2^{\frac{1}{x}}+\cdots+a_n^{\frac{1}{x}}-n}{n}\right)^{\frac{n}{a_1^{\frac{1}{x}}+a_2^{\frac{1}{x}}+\cdots+a_n^{\frac{1}{x}}-n}\cdot\frac{a_1^{\frac{1}{x}}+a_2^{\frac{1}{x}}+\cdots+a_n^{\frac{1}{x}}-n}{n}\cdot nx}$$

$$=\exp\left(\lim_{x\to+\infty}\frac{a_1^{\frac{1}{x}}+a_2^{\frac{1}{x}}+\cdots+a_n^{\frac{1}{x}}-n}{n}\cdot nx\right)$$

$$=\exp\left[\lim_{x\to+\infty}\frac{\left(a_1^{\frac{1}{x}}-1\right)+\left(a_2^{\frac{1}{x}}-1\right)+\cdots+\left(a_n^{\frac{1}{x}}-1\right)}{\frac{1}{x}}\right]$$

$$=\exp\left(\lim_{x\to+\infty}\frac{a_1^{\frac{1}{x}}-1}{\frac{1}{x}}+\lim_{x\to+\infty}\frac{a_2^{\frac{1}{x}}-1}{\frac{1}{x}}+\cdots+\lim_{x\to+\infty}\frac{a_n^{\frac{1}{x}}-1}{\frac{1}{x}}\right)$$

$$=\exp\left(\lim_{x\to+\infty}\frac{\frac{1}{x}\ln a_1}{\frac{1}{x}}+\lim_{x\to+\infty}\frac{\frac{1}{x}\ln a_2}{\frac{1}{x}}+\cdots+\lim_{x\to+\infty}\frac{\frac{1}{x}\ln a_n}{\frac{1}{x}}\right)$$

$$=\exp(\ln a_1+\ln a_2+\cdots+\ln a_n)=a_1\cdot a_2\cdot\cdots\cdot a_n.$$

解法 2　$\lim\limits_{x\to+\infty}\left(\dfrac{a_1^{\frac{1}{x}}+a_2^{\frac{1}{x}}+\cdots+a_n^{\frac{1}{x}}}{n}\right)^{nx}$

$$=\lim_{x\to+\infty}\exp\left(nx\cdot\ln\frac{a_1^{\frac{1}{x}}+a_2^{\frac{1}{x}}+\cdots+a_n^{\frac{1}{x}}}{n}\right)$$

$$=\exp\left(\lim_{x\to+\infty}nx\cdot\ln\frac{a_1^{\frac{1}{x}}+a_2^{\frac{1}{x}}+\cdots+a_n^{\frac{1}{x}}}{n}\right)$$

$$=\exp\left\{\lim_{x\to+\infty}nx\cdot\ln\left[\left(\frac{a_1^{\frac{1}{x}}+a_2^{\frac{1}{x}}+\cdots+a_n^{\frac{1}{x}}}{n}-1\right)+1\right]\right\}$$

$$=\exp\left[\lim_{x\to+\infty}nx\cdot\left(\frac{a_1^{\frac{1}{x}}+a_2^{\frac{1}{x}}+\cdots+a_n^{\frac{1}{x}}}{n}-1\right)\right]$$

$$=\exp\left\{\lim_{x\to+\infty}x\cdot\left[\left(a_1^{\frac{1}{x}}-1\right)+\left(a_2^{\frac{1}{x}}-1\right)+\cdots+\left(a_n^{\frac{1}{x}}-1\right)\right]\right\}$$

$$=\exp(\ln a_1+\ln a_2+\cdots+\ln a_n)=a_1\cdot a_2\cdot\cdots\cdot a_n.$$

例 1.20　求 $\lim\limits_{n\to\infty}\left(\frac{1}{\sqrt{n^6+n}}+\frac{2^2}{\sqrt{n^6+2n}}+\cdots+\frac{n^2}{\sqrt{n^6+n^2}}\right)$.

分析　此类和式极限, 不容易求出它的有限项的和的一般式, 可考虑用夹逼准则.

解　由于

$$\frac{1}{\sqrt{n^6+n^2}}\leqslant\frac{1}{\sqrt{n^6+kn}}\leqslant\frac{1}{\sqrt{n^6+n}},\ k=1,2,\cdots,n.$$

得

$$\sum_{k=1}^{n}\frac{k^2}{\sqrt{n^6+n^2}}\leqslant\sum_{k=1}^{n}\frac{k^2}{\sqrt{n^6+kn}}\leqslant\sum_{k=1}^{n}\frac{k^2}{\sqrt{n^6+n}},\ k=1,2,\cdots,n.$$

又

$$\lim_{n\to\infty}\sum_{k=1}^{n}\frac{k^2}{\sqrt{n^6+n^2}}=\lim_{n\to\infty}\frac{\frac{1}{6}n(n+1)(2n+1)}{\sqrt{n^6+n^2}}=\frac{1}{3}.$$

同理 $\lim\limits_{n\to\infty}\sum\limits_{k=1}^{n}\frac{k^2}{\sqrt{n^6+n}}=\frac{1}{3}$.

所以由夹逼准则得

$$\lim_{n\to\infty}\left(\frac{1}{\sqrt{n^6+n}}+\frac{2^2}{\sqrt{n^6+2n}}+\cdots+\frac{n^2}{\sqrt{n^6+n^2}}\right)=\frac{1}{3}.$$

例 1.21　求极限 $\lim\limits_{n\to\infty}(a_1^{\ n}+a_2^{\ n}+\cdots+a_k^{\ n})^{\frac{1}{n}}$, 其中 $a_1,a_2,\cdots,a_k$ 均为正实数, k 为自然数.

解　记 $a=\max\{a_1,a_2,\cdots,a_k\}$, 则

$$(a^n)^{\frac{1}{n}}\leqslant(a_1^{\ n}+a_2^{\ n}+\cdots+a_k^{\ n})^{\frac{1}{n}}\leqslant(ka^n)^{\frac{1}{n}}.$$

而 $\lim\limits_{n\to\infty}k^{\frac{1}{n}}=1$, $\lim\limits_{n\to\infty}(a^n)^{\frac{1}{n}}=a$. 所以 $\lim\limits_{n\to\infty}(a_1^{\ n}+a_2^{\ n}+\cdots+a_k^{\ n})^{\frac{1}{n}}=a=\max\{a_1,a_2,\cdots,a_k\}$.

例 1.22　$[x]$ 表示 x 的取整函数. 试求 $\lim\limits_{x\to0}x\cdot\left[\frac{1}{x}\right]$.

分析　充分利用不等式 $x-1<[x]\leqslant x$ 是求解本题的关键.

解 对任一 $x\in\mathbf{R}$，有 $x-1<[x]\leqslant x$，则当 $x\neq 0$ 时有 $\frac{1}{x}-1<\left[\frac{1}{x}\right]\leqslant\frac{1}{x}$．于是

（1）当 $x>0$ 时，$x\left(\frac{1}{x}-1\right)<x\cdot\left[\frac{1}{x}\right]\leqslant x\cdot\frac{1}{x}$，由夹逼准则得 $\lim\limits_{x\to 0^+}x\cdot\left[\frac{1}{x}\right]=1$；

（2）当 $x<0$ 时，$x\cdot\frac{1}{x}\leqslant x\cdot\left[\frac{1}{x}\right]<x\left(\frac{1}{x}-1\right)$，由夹逼准则得 $\lim\limits_{x\to 0^-}x\cdot\left[\frac{1}{x}\right]=1$．

所以 $\lim\limits_{x\to 0}x\cdot\left[\frac{1}{x}\right]=1$．

例 1.23 设 $x_1=10$，$x_{n+1}=\sqrt{6+x_n}$，其中 $n=1,2,\cdots$．试证数列 $\{x_n\}$ 极限存在，并求此极限.

分析 用单调有界准则来证明，先证明单调性，再证明有界性.

解 用数学归纳法证明此数列的单调性．由 $x_1=10$ 及 $x_2=\sqrt{6+x_1}=4$ 可得 $x_1>x_2$．

假设 $n\in\{1,2,\cdots\}$，有 $x_n>x_{n+1}$，则

$$x_{n+1}=\sqrt{6+x_n}>\sqrt{6+x_{n+1}}=x_{n+2}.$$

由数学归纳法知，对一切 $n\in\mathbf{N}$ 都有 $x_n>x_{n+1}$．即数列 $\{x_n\}$ 单调递减．又 $x_n>0(n=1,2,\cdots)$ 显然成立，即 $\{x_n\}$ 有下界，由单调有界准则知 $\{x_n\}$ 存在极限，设 $\lim\limits_{n\to\infty}x_n=A$，对

$$x_{n+1}=\sqrt{6+x_n}$$

两边取极限，有 $A=\sqrt{6+A}$，即 $A^2-A-6=0$．所以 $A=3$ 或 $A=-2$（舍去），即 $\lim\limits_{n\to\infty}x_n=3$．

例 1.24 设 $a>0$，$x_1=\sqrt{a}$，$x_2=\sqrt{a+\sqrt{a}}$，$\cdots$，$x_{n+1}=\sqrt{a+x_n}$，其中 $n=1,2,\cdots$，求 $\lim\limits_{n\to\infty}x_n$．

分析 需先用单调有界准则证明数列极限存在．单调性易证，但上界或下界却不易估计．为此则可先假设 $\lim\limits_{n\to\infty}x_n=A$，并由 $A=\sqrt{a+A}$ 解出 $A=\frac{1+\sqrt{1+4a}}{2}$，此即为数列的一个上界，但此上界形式较复杂，论证不太方便．可将其适当放大化简：

$$\frac{1+\sqrt{1+4a}}{2}<\frac{1+\sqrt{1+4a+4\sqrt{a}}}{2}=1+\sqrt{a}.$$

解 先用数学归纳法证明数列 $\{x_n\}$ 单调递增.

由 $a>0$ 知，$x_2=\sqrt{a+\sqrt{a}}>\sqrt{a}=x_1>0$．假设 $x_n>x_{n-1}>0$ 成立，则

$$x_{n+1}=\sqrt{a+x_n}>\sqrt{a+x_{n-1}}=x_n,$$

所以数列 $\{x_n\}$ 单调递增.

下证有界性.

下证 $1+\sqrt{a}$ 为数列 $\{x_n\}$ 的上界. 假设 $x_n<1+\sqrt{a}$，则

$$x_{n+1}=\sqrt{a+x_n}<\sqrt{a+1+\sqrt{a}}<\sqrt{a+1+2\sqrt{a}}=1+\sqrt{a},$$

故 $0<x_n<1+\sqrt{a}$. 即数列 $\{x_n\}$ 有界.

根据单调有界准则知 $\lim\limits_{n\to\infty}x_n$ 存在. 不妨设为 A，则有 $A=\sqrt{a+A}$. 解得

$$A=\frac{1+\sqrt{1+4a}}{2} \text{ 或 } A=\frac{1-\sqrt{1+4a}}{2}\text{(舍去)}.$$

故 $\lim\limits_{n\to\infty}x_n=\dfrac{1+\sqrt{1+4a}}{2}$.

注 1　讨论数列 $\{x_n\}$ 的单调性和有界性时，数学归纳法是一种简洁有效的方法.

注 2　如果数列 $\{x_n\}$ 的上界（或下界）不易直接看出时，则可以先假定数列 $\{x_n\}$ 的极限存在并求出极限值 A，据此就可以找到数列 $\{x_n\}$ 的上界（或下界），再进一步证明其确实是数列 $\{x_n\}$ 的上界（或下界）.

例 1.25　求下列极限：

（1）$\lim\limits_{n\to\infty}n(\sqrt[n]{a}-1)$；　（2）$\lim\limits_{n\to\infty}\left(\dfrac{\sqrt[n]{5}+\sqrt[n]{7}}{2}\right)^n$；　（3）$\lim\limits_{n\to\infty}n^2\left(3^{\frac{1}{n}}-3^{\frac{1}{n+1}}\right)$.

分析　含有指数函数或指数函数的差，一般考虑换底或提出公因子，然后结合等价替换求解.

解（1）$\lim\limits_{n\to\infty}n\left(\sqrt[n]{a}-1\right)=\lim\limits_{n\to\infty}n\cdot\left(e^{\frac{1}{n}\ln a}-1\right)=\lim\limits_{n\to\infty}n\cdot\dfrac{1}{n}\ln a=\ln a$.

（2）
$$\begin{aligned}\lim_{n\to\infty}\left(\frac{\sqrt[n]{5}+\sqrt[n]{7}}{2}\right)^n&=\lim_{n\to\infty}\exp\left[n\cdot\ln\left(\frac{\sqrt[n]{5}+\sqrt[n]{7}-2}{2}+1\right)\right]=\exp\left[\lim_{n\to\infty}n\cdot\ln\left(\frac{\sqrt[n]{5}+\sqrt[n]{7}-2}{2}+1\right)\right]\\&=\exp\left[\lim_{n\to\infty}n\cdot\frac{(\sqrt[n]{5}-1)+(\sqrt[n]{7}-1)}{2}\right]\\&=\exp\left(\lim_{n\to\infty}n\cdot\frac{\sqrt[n]{5}-1}{2}+\lim_{n\to\infty}n\cdot\frac{(\sqrt[n]{7}-1)}{2}\right)\\&=\exp\frac{1}{2}(\ln 5+\ln 7)=\sqrt{35}.\end{aligned}$$

（3）$\lim\limits_{n\to\infty} n^2\left(3^{\frac{1}{n}}-3^{\frac{1}{n+1}}\right)=\lim\limits_{n\to\infty} n^2\cdot 3^{\frac{1}{n+1}}\left[3^{\frac{1}{n(n+1)}}-1\right]=\lim\limits_{n\to\infty} n^2\left[\mathrm{e}^{\frac{\ln 3}{n(n+1)}}-1\right]=\lim\limits_{n\to\infty} n^2\cdot\frac{\ln 3}{n(n+1)}=\ln 3.$

注　本题用到了 $\lim\limits_{n\to\infty}\sqrt[n]{a}=1\ (a>0)$，$a^{\frac{1}{n}}=\mathrm{e}^{\ln a^{\frac{1}{n}}}$ 及当 $x\to 0$ 时 $\ln(1+x)\sim x$，$\mathrm{e}^x-1\sim x$ 等结果.

例 1.26　当 $x\to 0$ 时，试将 $\mathrm{e}^{x^2}-1$，$\ln(1+x)$，$1-\cos x^2$，$\tan x-\sin x$ 按低阶到高阶的无穷小顺序排列.

分析　注意将考虑对象均与 x 进行比较，充分利用常用的等价替换关系式.

解　当 $x\to 0$ 时，由于

$$\mathrm{e}^{x^2}-1\sim x^2,\ \ln(1+x)\sim x,\ 1-\cos x^2\sim\frac{(x^2)^2}{2}=\frac{x^4}{2},$$

并且

$$\tan x-\sin x=\sin x\left(\frac{1}{\cos x}-1\right)=\frac{\sin x(1-\cos x)}{\cos x}\sim x\cdot\frac{x^2}{2}=\frac{x^3}{2},$$

故将其按低阶到高阶的无穷小顺序排列为 $\ln(1+x)$，$\mathrm{e}^{x^2}-1$，$\tan x-\sin x$，$1-\cos x^2$.

例 1.27　设 $\lim\limits_{x\to 0}\dfrac{a\tan x+b(1-\cos x)}{c\ln(1-2x)+d(1-\mathrm{e}^{-x^2})}=2$，其中 $a^2+c^2\neq 0$，则必有（　　）.

A. $b=4d$　　B. $b=-4d$　　C. $a=4c$　　D. $a=-4c$

分析　由于 $x\to 0$，极限式中含有 $\tan x$，$1-\mathrm{e}^{-x^2}$，$\ln(1-2x)$，$1-\cos x$ 这些无穷小量，因此要考虑运用无穷小量的有关知识.

解法 1
$$\lim_{x\to 0}\frac{a\tan x+b(1-\cos x)}{c\ln(1-2x)+d(1-\mathrm{e}^{-x^2})}=\lim_{x\to 0}\frac{a\dfrac{\tan x}{x}+b\dfrac{(1-\cos x)}{x}}{c\dfrac{\ln(1-2x)}{x}+d\dfrac{(1-\mathrm{e}^{-x^2})}{x}}$$
$$=\frac{a\lim\limits_{x\to 0}\dfrac{\tan x}{x}+b\lim\limits_{x\to 0}\dfrac{(1-\cos x)}{x}}{c\lim\limits_{x\to 0}\dfrac{\ln(1-2x)}{x}+d\lim\limits_{x\to 0}\dfrac{(1-\mathrm{e}^{-x^2})}{x}}=-\frac{a}{2c}=2,$$

即 $a=-4c$. 选 D.

解法 2　利用关系式 $\alpha\sim\beta\Leftrightarrow\beta=\alpha+o(\alpha)$.

因为当 $x\to 0$ 时，

$$x\sim\tan x,\ x\sim\mathrm{e}^x-1,\ x\sim\ln(1+x),\ 1-\cos x\sim\frac{x^2}{2},$$

所以

$$\tan x=x+o(x),\ \mathrm{e}^x-1=x+o(x),$$

$$\ln(1+x)=x+o(x)\text{，}1-\cos x=\frac{x^2}{2}+o\left(\frac{x^2}{2}\right).$$

则 $\lim\limits_{x\to 0}\dfrac{a\tan x+b(1-\cos x)}{c\ln(1-2x)+d(1-\mathrm{e}^{-x^2})}=\lim\limits_{x\to 0}\dfrac{a[x+o(x)]+b\left[\dfrac{x^2}{2}+o\left(\dfrac{x^2}{2}\right)\right]}{c[-2x+o(x)]+d[x^2+o(x^2)]}=-\dfrac{a}{2c}=2$，即 $a=-4c$．选 D.

解法 3　用洛必达法则.

$$\lim_{x\to 0}\frac{a\tan x+b(1-\cos x)}{c\ln(1-2x)+d(1-\mathrm{e}^{-x^2})}=\lim_{x\to 0}\frac{\dfrac{a}{\cos^2 x}+b\sin x}{\dfrac{-2c}{1-2x}+2dx\mathrm{e}^{-x^2}}=-\frac{a}{2c}=2\text{，即 } a=-4c\text{．选 D.}$$

例 1.28　$\lim\limits_{x\to 0}\dfrac{3\sin x+x^2\cos\dfrac{1}{x}}{(1+\cos x)\ln(1+x)}=$________.

分析　由于 $x\to 0$，该极限属于 $\dfrac{0}{0}$ 型，极限式中含有三角函数及无穷小量 $\ln(1+x)$，所以要考虑运用无穷小量的有关知识.

解　因为 $x\to 0$ 时，$\ln(1+x)\sim x$，所以

$$\lim_{x\to 0}\frac{3\sin x+x^2\cos\frac{1}{x}}{(1+\cos x)\ln(1+x)}=\lim_{x\to 0}\frac{1}{(1+\cos x)}\cdot\lim_{x\to 0}\frac{3\sin x+x^2\cos\frac{1}{x}}{x}$$

$$=\frac{1}{2}\lim_{x\to 0}\left(3\cdot\frac{\sin x}{x}+x\cos\frac{1}{x}\right)=\frac{1}{2}(3\cdot 1+0)=\frac{3}{2}.$$

例 1.29　已知 $\lim\limits_{x\to 0}\dfrac{\ln\left[1+\dfrac{f(x)}{\sin x}\right]}{2^x-1}=3$，求 $\lim\limits_{x\to 0}\dfrac{f(x)}{x^2}$.

分析　因为 $x\to 0$ 时，$2^x-1\sim x\ln 2$，由已知条件可知 $\ln\left[1+\dfrac{f(x)}{\sin x}\right]$ 是无穷小量，而且 $\dfrac{f(x)}{\sin x}$ 与 x 是同阶的无穷小.

解法 1　利用极限与无穷小量的关系．由题意得

$$\frac{\ln\left[1+\dfrac{f(x)}{\sin x}\right]}{2^x-1}=3+\alpha,$$

其中 $\lim\limits_{x\to 0}\alpha=0$．即 $\ln\left[1+\dfrac{f(x)}{\sin x}\right]=(2^x-1)(3+\alpha)$，

又因为 $\lim\limits_{x\to 0}\dfrac{2^x-1}{x}=\ln 2$，故 $2^x-1=x\ln 2+o(x)$．于是

$$\ln\left[1+\frac{f(x)}{\sin x}\right]=[x\ln 2+o(x)](3+\alpha)=3x\ln 2+o(x),$$

则有 $1+\dfrac{f(x)}{\sin x}=\mathrm{e}^{3x\ln 2+o(x)}$，即

$$\frac{f(x)}{\sin x}=\mathrm{e}^{3x\ln 2+o(x)}-1=3x\ln 2+o(x)+o[3x\ln 2+o(x)].$$

所以 $\lim\limits_{x\to 0}\dfrac{f(x)}{x^2}=\lim\limits_{x\to 0}\dfrac{1}{x}\cdot\dfrac{f(x)}{\sin x}\cdot\dfrac{\sin x}{x}=\lim\limits_{x\to 0}\dfrac{3x\ln 2+o(x)}{x}\cdot\dfrac{\sin x}{x}=3\ln 2$.

解法 2　利用等价无穷小替换. 由于 $x\to 0$ 时,

$$2^x-1\sim x\ln 2,\ \ln(1+x)\sim x,\ \sin x\sim x.$$

则

$$\lim_{x\to 0}\frac{\ln\left[1+\dfrac{f(x)}{\sin x}\right]}{2^x-1}=\lim_{x\to 0}\frac{\dfrac{f(x)}{\sin x}}{x\ln 2}=\lim_{x\to 0}\frac{f(x)}{x\cdot\sin x\cdot\ln 2}=3,$$

故 $\lim\limits_{x\to 0}\dfrac{f(x)}{x^2}=\lim\limits_{x\to 0}\dfrac{f(x)}{x\cdot\sin x\cdot\ln 2}\cdot\dfrac{\sin x}{x}\cdot\ln 2=3\ln 2$.

注 1　解法 1 用到了如下常用结论:

a. $\lim\limits_{x\to x_0}f(x)=A\Leftrightarrow f(x)=A+\alpha$，其中 $\lim\limits_{x\to x_0}\alpha=0$；

b. $\alpha\sim\beta\Leftrightarrow\beta=\alpha+o(\alpha)$；

c. 当 $x\to 0$ 时，$k\cdot o(x)=o(x)$，$o(x)+ko(x)=o(x)$，$\alpha\cdot o(x)=o(x)$，其中 k 为常数，$\lim\limits_{x\to x_0}\alpha=0$.

注 2　本章求极限常用如下一些方法:

a. 利用极限四则运算法则求极限;

b. 利用两个重要极限求极限;

c. 利用夹逼准则求极限;

d. 利用单调有界准则求极限;

e. 利用无穷小的性质求极限;

f. 利用函数的连续性求极限.

例 1.30　讨论函数 $f(x)=\lim\limits_{n\to\infty}\dfrac{x^{n+2}-x^{-n}}{x^n+x^{-n}}$ 的连续性.

分析　该函数为含有参数的极限式，应该先求出 $f(x)$ 的极限，再讨论其连续性.

解　显然当 $x=0$ 时 $f(x)$ 无意义. 故当 $x\neq 0$ 时

$$f(x)=\begin{cases}-1, & 0<|x|<1,\\ 0, & |x|=1,\\ x^2, & |x|>1.\end{cases}$$

而 $f(x)$ 在区间 $(-\infty,-1)$，$(-1,0)$，$(0,1)$，$(1,+\infty)$ 上是初等函数，故 $f(x)$ 在这些区间上连续. 又

$$\lim_{x\to 1^+}f(x)=1,\ \lim_{x\to 1^-}f(x)=-1,$$

$$\lim_{x\to 0}f(x)=-1,\ \lim_{x\to -1^+}f(x)=-1,\ \lim_{x\to -1^-}f(x)=1,$$

所以 $x=\pm 1$ 及 $x=0$ 为 $f(x)$ 的第一类间断点，其中 $x=0$ 为 $f(x)$ 的可去间断点，$x=\pm 1$ 为 $f(x)$ 的跳跃间断点.

例 1.31　讨论函数 $f(x)=\begin{cases}\dfrac{x(x+2)}{\sin \pi x}, & x<0, x\neq -n, n\in \mathbf{N}\\ \dfrac{\sin x}{x^2-1}, & x\geqslant 0\end{cases}$ 的间断点及其类型.

解　$x=0$ 是该分段函数的分界点. 并且当 $x<0$ 时 $x\neq -n$，当 $x\geqslant 0$ 时 $x\neq 1$.

（1）由于

$$\lim_{x\to 0^-}f(x)=\lim_{x\to 0^-}\frac{x(x+2)}{\sin \pi x}=\frac{2}{\pi},$$

$$\lim_{x\to 0^+}f(x)=\lim_{x\to 0^-}\frac{\sin x}{x^2-1}=0,$$

所以 $x=0$ 为 $f(x)$ 的第一类间断点中的跳跃间断点.

（2）当 $x\to -n$（$n\neq 2$）时,

$$\lim_{x\to -n}f(x)=\lim_{x\to -n}\frac{x(x+2)}{\sin \pi x}=\infty,$$

所以 $x=-n$（$n\neq 2$）为 $f(x)$ 的第二类间断点中的无穷间断点.

（3）当 $x\to -2$ 时，由于

$$\lim_{x\to -2}f(x)=\lim_{x\to -2}\frac{x(x+2)}{\sin \pi x}$$

$$=\lim_{t\to 0}\frac{(t-2)t}{\sin \pi t}=-\frac{2}{\pi}\quad (令 t=x+2),$$

所以 $x=-2$ 为 $f(x)$ 的第一类间断点中的可去间断点.

（4）由于

$$\lim_{x\to 1}f(x)=\lim_{x\to 1}\frac{\sin x}{x^2-1}=\infty,$$

所以 $x=1$ 为 $f(x)$ 的第二类间断点中的无穷间断点.

综上所述，$x=0$ 为 $f(x)$ 的跳跃间断点，$x=1$ 与 $x=-n$（$n\neq 2$）为 $f(x)$ 的无穷间断点，$x=-2$ 为 $f(x)$ 的可去间断点.

例 1.32　证明方程 $x^3-3x^2-9x+1=0$ 在开区间 $(0,1)$ 内有唯一实根.

分析　问题等价于证明函数 $f(x)=x^3-3x^2-9x+1$ 在开区间 $(0,1)$ 内有唯一的零点，既要证明存在性，又要证明唯一性. 存在性通常用零点定理来证明，唯一性常用单调性或用反证法来证明.

证明 1　令 $f(x)=x^3-3x^2-9x+1$. 由于

$$f(0)=1>0,\ f(1)=-10<0.$$

又 $f(x)$ 在 $[0,1]$ 上连续. 由零点定理知：至少存在一点 $x_1\in(0,1)$ 使得 $f(x_1)=0$.

下证唯一性. 对于唯一性下面给出 3 种证明方法.

证法 1　若有 $x_2\in(0,1)$ 使得 $f(x_2)=0$，于是 $f(x_1)=f(x_2)=0$，得 $f(x_1)-f(x_2)=0$. 即

$$(x_1-x_2)[(x_1{}^2+x_1x_2+x_2{}^2)-3(x_2+x_1)-9]=0,$$

而 $x_1\in(0,1)$，$x_2\in(0,1)$，所以

$$x_1{}^2+x_1x_2+x_2{}^2-3(x_2+x_1)-9<0,$$

则 $x_1-x_2=0$，即 $x_1=x_2$. 从而方程 $x^3-3x^2-9x+1=0$ 在开区间 $(0,1)$ 内有唯一实根.

证法 2　若有 $x_2\in(0,1)$ 且 $x_2\neq x_1$，使得 $f(x_2)=0$. 不妨设 $x_2>x_1$. 可知

$$f(x_1)=f(x_2)=0,$$

显然，$f(x)$ 在闭区间 $[x_1,x_2]$ 上连续，在开区间 (x_1,x_2) 上可导. 由罗尔中值定理知，至少存在一点 $\xi\in(x_1,x_2)\in(0,1)$ 使得 $f'(\xi)=0$，即 $3\xi^2-6\xi-9=0$，解得 $\xi=-1$ 或 $\xi=3$，于是 $\xi\notin(0,1)$，与假设矛盾. 唯一性证得.

证法 3　由于 $f'(x)=3x^2-6x-9=3(x+1)(x-3)$. 当 $x\in(0,1)$ 时，有 $f'(x)<0$ 即 $f(x)$ 在 $(0,1)$ 上单调递减. 故 $f(x)$ 在开区间 $(0,1)$ 上零点唯一. 证毕.

证明 2　令 $f(x)=x^3-3x^2-9x+1$，则由于 $f(0)=1>0$，$f(1)=-10<0$，$\lim\limits_{x\to-\infty}f(x)=-\infty$，$\lim\limits_{x\to+\infty}f(x)=+\infty$，而 $f(x)$ 在 $(-\infty,+\infty)$ 上连续. 所以由零点定理知 $f(x)$ 在区间 $(-\infty,0),(0,1),(1,+\infty)$ 上至少各有一个零点. 即一元三次方程 $x^3-3x^2-9x+1=0$ 在各区间 $(-\infty,0)$，$(0,1)$，$(1,+\infty)$ 内恰有一实根，即所给方程在 $(0,1)$ 区间内有唯一实根. 证毕.

注 1　证明 1 中唯一性的证法 2 和证法 3 涉及微分中值定理和导数的应用等知识，这将在第 3 章重点讨论，它们是证明函数的零点或方程的根的唯一性的常用的两种方法.

注 2　零点定理在证明方程根的存在性的问题中应用较广泛. 当函数 $f(x)$ 在

(a,b)（a 可以为 $-\infty$，b 可以为 $+\infty$）内连续，$\lim\limits_{x\to a^+} f(x)$ 存在（或者为 $-\infty$，或者为 $+\infty$，但不为 ∞），$\lim\limits_{x\to b^-} f(x)$ 存在（或者为 $+\infty$，或者为 $-\infty$，但不为 ∞）. 分别记它们为 $f(-\infty)$ 和 $f(+\infty)$ 且 $f(-\infty)\cdot f(+\infty)<0$. 此时零点定理同样成立.

例 1.33　设函数 $f(x)$ 在 $[a,b]$ 上连续，$x_i\in[a,b]$，$t_i>0$（$i=1,2,\cdots,n$），并且 $\sum\limits_{i=0}^{n} t_i=1$. 试证至少存在一点 $\xi\in(a,b)$ 使得 $f(\xi)=t_1f(x_1)+t_2f(x_2)+\cdots+t_nf(x_n)$.

分析　用介值定理来证明，只需证明 $t_1f(x_1)+t_2f(x_2)+\cdots+t_nf(x_n)$ 介于 $f(x)$ 的最大值与最小值之间即可.

证明　由于函数 $f(x)$ 在 $[a,b]$ 上连续，所以由最值定理可知 $f(x)$ 的最大值与最小值存在，令 $M=\max\{f(x)\,|\,x\in[a,b]\}$，$m=\min\{f(x)\,|\,x\in[a,b]\}$，于是对任何 $x\in[a,b]$ 都有 $m\leqslant f(x)\leqslant M$. 由于 $x_i\in[a,b]$，$t_i>0$（$i=1,2,\cdots,n$）. 所以

$$m=\sum_{i=1}^{n} mt_i \leqslant \sum_{i=1}^{n} t_i f(x_i) \leqslant \sum_{i=1}^{n} Mt_i = M,$$

从而由介值定理知至少存在一点 $\xi\in(a,b)$ 使得 $f(\xi)=t_1f(x_1)+t_2f(x_2)+\cdots+t_nf(x_n)$. 证毕.

注　利用闭区间上的连续函数的性质证明与介值相关的命题，通常有两种方法：

（1）直接法（利用介值定理和最值定理）.

解题步骤：①从要证的等式中整理出连续函数 $f(x)$ 所需取得的值 $f(\xi)$；②说明 $f(\xi)$ 介于 $f(x)$ 在相应区间上的最大值与最小值之间；③利用介值定理得到命题的结论. 如例 1.33.

（2）间接法（利用零点定理）.

解题步骤：①作辅助函数：将要证的等式整理为左边 = 右边 = 0 的形式，而左边设为辅助函数；②寻找区间，使辅助函数在该区间端点处的函数值异号，用零点定理，如例 1.32.

1.4　自我测试题

A 级自我测试题

一、选择题（每小题 4 分，共 24 分）

1. 设 $f(x)$ 是偶函数，当 $x\in[0,1]$ 时 $f(x)=x-x^2$，则当 $x\in[-1,0]$ 时，$f(x)=$（　　）.

A. $-x+x^2$　　B. $x+x^2$　　C. $|x-x^2|$　　D. $-x-x^2$

2. 设 $\lim\limits_{x\to x_0} f(x)$ 及 $\lim\limits_{x\to x_0} g(x)$ 均存在，则 $\lim\limits_{x\to x_0}\dfrac{f(x)}{g(x)}$（　　）.

A. 存在　　B. 不存在　　C. 不一定存在　　D. 存在但非零

3. 当 $x\to 0$ 时，下列无穷小量中与 x 不等价的是（　　）.

A. $x-10x^2$　　B. $\dfrac{\ln(1+x^2)}{x}$　　C. e^x-2x^2-1　　D. $\sin(2\sin x+x^2)$

4. 极限（　　）等于 e.

A. $\lim\limits_{x\to 0}\left(1+\dfrac{1}{x}\right)^x$　B. $\lim\limits_{x\to -\infty}\left(1+\dfrac{1}{x}\right)^{x+3}$　C. $\lim\limits_{x\to +\infty}\left(1+\dfrac{1}{-x}\right)^x$　D. $\lim\limits_{x\to \infty}(1+x)^{\frac{1}{x}}$

5. 已知 $\lim\limits_{x\to\infty}\left(\dfrac{x^2}{x+1}-ax-b\right)=0$，其中 a 与 b 为常数. 则（　　）.

A. $a=b=1$　　B. $a=-1$，$b=1$　　C. $a=1$，$b=-1$　　D. $a=b=-1$

6. 若函数 $f(x)=\begin{cases} a+bx^2, & x\leqslant 0 \\ \dfrac{\sin bx}{x}, & x>0 \end{cases}$ 在 $(-\infty,+\infty)$ 内连续，则 a 和 b 的关系是（　　）.

A. $a=b$　　B. $a>b$　　C. $a<b$　　D. 不能确定

二、填空题（每小题 4 分，共 24 分）

1. 设函数 $f(x)$ 的定义域是 $[0,1]$，则 $f\left(\dfrac{x-1}{x+1}\right)$ 的定义域是________.

2. 设 $f(x)=e^{x^2}$，$f[\varphi(x)]=1-x$ 且 $\varphi(x)\geqslant 0$. 则 $\varphi(x)=$________.

3. $\lim\limits_{x\to 0}(1+3\sin x)^{\frac{2}{\sin x}}=$________.

4. $\lim\limits_{x\to 0}(\cos 2x)^{\frac{1}{x^2}}=$________.

5. 设 $x\to 0$ 时，$e^{x\cos x^2}-e^x$ 与 x^n 是同阶无穷小，则 $n=$________.

6. $\lim\limits_{x\to 0}\dfrac{\sqrt{1+x\sin x}-1}{\cos x-1}=$________.

三、计算题（每小题 5 分，共 25 分）

1. 求极限 $\lim\limits_{x\to 1}\left(\dfrac{1}{1-x}-\dfrac{3}{1-x^3}\right)$.

2. 计算 $\lim\limits_{x\to\infty}\dfrac{(4x+1)^{30}(9x+2)^{20}}{(6x-1)^{50}}$.

3. 计算 $\lim\limits_{x\to\infty}\left(1-\dfrac{1}{x}\right)^{\sqrt{x}}$.

4. 求极限 $\lim\limits_{x\to0^+}\dfrac{e^{2x}-1}{1-\cos\sqrt{x}}$.

5. 求极限 $\lim\limits_{n\to\infty}n^2\left(2^{\frac{1}{n}}-2^{\frac{1}{n+1}}\right)$.

四、(8 分)　已知函数 $f(x)=\begin{cases}\dfrac{1}{x}\ln(1-x), & x<0,\\ 0, & x=0,\\ \dfrac{\sin x}{x-1}, & x>0,\end{cases}$ 试确定 $f(x)$ 的间断点及其类型.

五、(7 分)　设函数 $f(x)=\begin{cases}\dfrac{ax}{\sin x}+be^x, & x<0,\\ 3, & x=0,\\ 2a-b(x+1), & x>0,\end{cases}$ 求 a，b 使 $f(x)$ 在 $x=0$ 处连续.

六、证明题（每小题 6 分，共 12 分）

1. 设 $x_n=\sum\limits_{k=1}^{n}\dfrac{1}{n+k}$. 证明数列 $\{x_n\}$ 收敛.

2. 求证方程 $x+1+\cos x=0$ 在区间 $\left(-\dfrac{\pi}{2},\dfrac{\pi}{2}\right)$ 上至少有一个根.

B 级自我测试题

一、选择题（每小题 3 分，共 18 分）

1. 函数 $f(x)=\lg\dfrac{1-x}{1+x}$ 为（　　）.

A. 奇函数　　B. 偶函数　　C. 两者都不是

2. 下列极限不存在的是（　　）.

A. $\lim\limits_{x\to+\infty}2^{\frac{1}{x}}$　B. $\lim\limits_{x\to0}x\sin\dfrac{1}{x}$　C. $\lim\limits_{x\to\infty}\dfrac{\sqrt{x^2-3x+1}}{x}$　D. $\lim\limits_{x\to0^+}\arctan\dfrac{1}{x}$

3. 若 $\lim\limits_{n\to\infty}(\sqrt{n^2+an+b}-\sqrt{n^2+1})=1$，则 a，b 的值分别为（　　）.

A. $a=1,b=2$　B. $a=2$，$b=1$　C. $a=1$，b 任意　D. $a=2$，b 任意

4. 若 $\lim\limits_{x\to 0}(1+2x-2x^2)^{\frac{1}{ax+bx^2}}=2$，则 a，b 的值分别为（　　）.

A. $a=1,b=2$　B. $a=0,b=2$　C. $a=\ln 2,b=0$　D. $a=\dfrac{2}{\ln 2}$, b 任意

5. 设 $x\to 0$ 时，$e^{x^2}-(ax^2+bx+c)$ 是比 x^2 高阶的无穷小，其中 a，b，c 是常数，则（　　）.

A. $a=1,b=2,c=0$　　B. $a=c=1,b=0$

C. $a=c=2,b=0$　　D. $a=b=1,c=0$

6. 设函数 $f(x)=\dfrac{x-x^3}{\sin \pi x}$，则（　　）.

A. 有无穷多个第一类间断点　　B. 只有 1 个可去间断点

C. 有 2 个跳跃间断点　　D. 有 3 个可去间断点

二、填空题（每小题 3 分，共 15 分）

1. 设 $f(x)=\begin{cases}1+x, & x<0,\\ 1, & x\geqslant 0,\end{cases}$ 则 $f[f(x)]=$ ________.

2. $\lim\limits_{x\to 0}\dfrac{1}{x}\ln\sqrt{\dfrac{1+x}{1-x}}=$ ________.

3. 设 $f(x)$ 在点 $x=0$ 处连续，若 $\lim\limits_{x\to 0}\left(1+\dfrac{f(x)}{x}\right)^{\frac{1}{\sin x}}=e^2$，则 $\lim\limits_{x\to 0}\dfrac{f(x)}{x^2}=$ ________.

4. 设 $f(x)=\lim\limits_{n\to\infty}\dfrac{x^{2n}}{x^{3n}+8}$，则 $f(x)$ 的间断点为________.

5. 设 $f(x)=\begin{cases}\dfrac{\ln(1+2x)}{\sin ax}, & x>0,\\ bx+1, & x\leqslant 0,\end{cases}$ 在点 $x=0$ 处连续，则 $a=$ ________，$b=$ ________.

三、计算题（每小题 7 分，共 49 分）

1. 计算 $\lim\limits_{n\to\infty}\sin^2(\pi\sqrt{n^2+n})$.

2. 计算 $\lim\limits_{x\to 1}\dfrac{\sqrt{3-x}-\sqrt{1+x}}{x^2+x-2}$.

3. 计算 $\lim\limits_{n\to\infty}\dfrac{1}{n!}(1!+2!+3!+\cdots+n!)$.

4. 计算 $\lim\limits_{x\to 0}(1+e^x\sin^2 x)^{\frac{1}{1-\cos x}}$.

5. 若 $\lim\limits_{x\to 0}\dfrac{\sqrt{1+f(x)\sin 2x}-1}{e^{3x}-1}=2$. 试求 $\lim\limits_{x\to 0}f(x)$.

6. 已知 $\lim\limits_{x\to 0}f(x)=-1$，计算 $\lim\limits_{x\to 0}\dfrac{\ln[e^x+\sqrt[3]{1+f(x)}]-x}{\tan[4\sqrt[3]{1+f(x)}]}$.

7. 求极限 $\lim\limits_{x\to 0}\dfrac{\arcsin\dfrac{x}{\sqrt{1-x^2}}}{\sin x+\cos x-1}$.

四、（8 分）　试讨论函数 $f(x)=\begin{cases} x^a\sin\dfrac{1}{x}, & x\neq 0 \\ 0, & x=0 \end{cases}$ 的连续性（其中 a 为常数）.

五、证明题（每小题 5 分，共 10 分）

1. 设 $0<x_1<\dfrac{3}{2}$，$x_{n+1}=\sqrt{x_n(3-x_n)}$（其中 $n=1,2,\cdots$），证明数列 $\{x_n\}$ 收敛，并求极限 $\lim\limits_{n\to\infty}x_n$.

2. 设自然数 $n>1$. 试证方程 $x^{2n}+a_1x^{2n-1}+\cdots+a_{2n-1}x-1=0$ 至少有两个不同实根，其中 $a_1,a_2,\cdots,a_{2n-1}$ 为常数.

第 2 章　导数与微分

2.1　知识结构图与学习要求

2.1.1　知识结构图

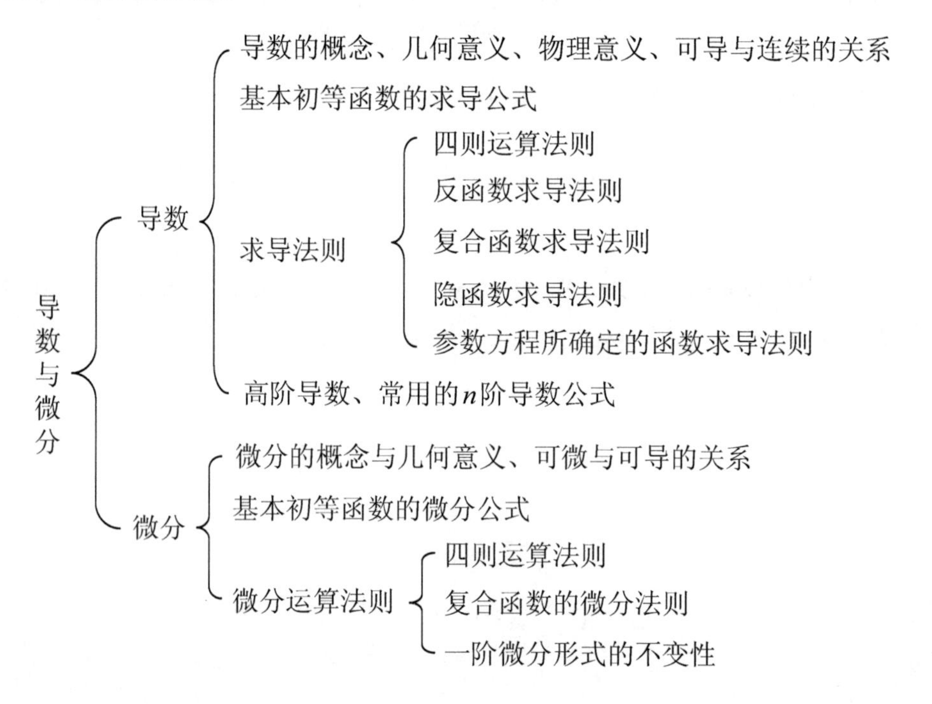

2.1.2　学习要求

（1）理解导数和微分的概念，理解导数与微分的关系，理解导数的几何意义，会求平面曲线的切线方程和法线方程，了解导数的物理意义，会用导数描述一些物理量，理解函数的可导性与连续性之间的关系.

（2）掌握导数的四则运算法则和复合函数的求导法则，掌握基本初等函数的导数公式，掌握微分的四则运算法则和一阶微分形式的不变性，会求函数的微分.

（3）了解高阶导数的概念，会求简单函数的 n 阶导数.

（4）会求分段函数的一阶、二阶导数，会求反函数、隐函数和由参数方程所确定的函数的导数.

2.2 内 容 提 要

2.2.1 导数的概念

1. 导数的定义

函数 $f(x)$ 在点 $x=x_0$ 处的导数：

$$f'(x_0)=\lim_{\Delta x\to 0}\frac{f(x_0+\Delta x)-f(x_0)}{\Delta x}$$

或

$$f'(x_0)=\lim_{x\to x_0}\frac{f(x)-f(x_0)}{x-x_0}.$$

注 $f(x)$ 在 $x=x_0$ 可导的本质是：设在自变量 x 的某一变化过程中，$h(x)\to 0$ 但 $h(x)\neq 0$，若 $\dfrac{f[x_0+h(x)]-f(x_0)}{h(x)}$ 的极限存在，则 $f(x)$ 在点 $x=x_0$ 处可导.

2. 左、右导数的定义

（1）$f(x)$ 在 $x=x_0$ 处的右导数：

$$f'_+(x_0)=\lim_{\Delta x\to 0^+}\frac{f(x_0+\Delta x)-f(x_0)}{\Delta x}$$

或

$$f'_+(x_0)=\lim_{x\to x_0^+}\frac{f(x)-f(x_0)}{x-x_0}.$$

（2）$f(x)$ 在 $x=x_0$ 的左导数：

$$f'_-(x_0)=\lim_{\Delta x\to 0^-}\frac{f(x_0+\Delta x)-f(x_0)}{\Delta x}$$

或

$$f'_-(x_0)=\lim_{x\to x_0^-}\frac{f(x)-f(x_0)}{x-x_0}.$$

3. 函数 $f(x)$ 在 x_0 处可导的充要条件

函数 $f(x)$ 在 x_0 处可导，当且仅当 $f(x)$ 在 x_0 处的左导数与右导数都存在且相等，即

$$f'_-(x_0)=f'_+(x_0).$$

4. 导函数的定义

函数 $f(x)$ 在区间 I 内的导函数

$$f'(x)=\lim_{\Delta x\to 0}\frac{f(x+\Delta x)-f(x)}{\Delta x}$$

或

$$f'(x)=\lim_{t\to x}\frac{f(t)-f(x)}{t-x}.$$

5. 导数的几何意义

函数 $y=f(x)$ 在点 x_0 处的导数表示曲线 $y=f(x)$ 上点 $(x_0, f(x_0))$ 处切线的斜率. 如果 $y=f(x)$ 在点 x_0 处可导，则曲线 $y=f(x)$ 上点 $(x_0,f(x_0))$ 处的切线方程为

$$y-f(x_0)=f'(x_0)(x-x_0),$$

法线方程为

$$y-f(x_0)=-\frac{1}{f'(x_0)}(x-x_0)(f'(x_0)\neq 0).$$

注　函数可导与函数表示的曲线处处有切线是有区别的：由前者可得到后者，但由后者却不能得到前者. 这是由于当曲线有垂直于 x 轴的切线时，函数在相应的点不可导.

6. 可导与连续及极限存在的关系

（1）若 $f(x)$ 在 $x=x_0$ 处可导，则 $f(x)$ 在 $x=x_0$ 处连续；反之，则不一定成立.

（2）若 $f(x)$ 在 $x=x_0$ 处可导，则 $\lim\limits_{x\to x_0}f(x)$ 存在；反之，则不一定成立.

（3）若 $f(x)$ 在 $x=x_0$ 处连续，则 $\lim\limits_{x\to x_0}f(x)$ 存在；反之，则不一定成立.

7. 导数的物理意义

导数可以表示变速直线运动的速度、加速度，非均匀细长杆的密度，旋转运动的角速度，等等.

导数的本质是变化率问题.

2.2.2　计算导数的方法

1. 利用导数定义求导数的“三步曲”

（1）求函数增量 Δy；　（2）求比值 $\dfrac{\Delta y}{\Delta x}$；　（3）求极限 $\lim\limits_{\Delta x\to 0}\dfrac{\Delta y}{\Delta x}$.

2. 基本初等函数的求导公式

$(c)'=0$（c 为常数），　$(x^{\mu})'=\mu x^{\mu-1}(\mu\in\mathbf{R})$，

$(\sin x)'=\cos x$，　$(\cos x)'=-\sin x$，

$(\tan x)'=\sec^2 x$，　$(\cot x)'=-\csc^2 x$，

$(\sec x)'=\sec x\tan x$，　$(\csc x)'=-\csc x\cot x$，

$(\arcsin x)'=\dfrac{1}{\sqrt{1-x^2}}$，　$(\arccos x)'=-\dfrac{1}{\sqrt{1-x^2}}$，

$(\arctan x)'=\dfrac{1}{1+x^2}$，　$(\operatorname{arccot} x)'=-\dfrac{1}{1+x^2}$，

$(a^x)'=a^x\ln a$，　$(\mathrm{e}^x)'=\mathrm{e}^x$，

$(\log_a x)'=\dfrac{1}{x\ln a}$，　$(\ln|x|)'=\dfrac{1}{x}$.

3. 函数的和、差、积、商的求导法则

设 $u=u(x)$ 与 $v=v(x)$ 均可导，则

$(u\pm v)'=u'\pm v'$，　$(cu)'=cu'$（c 为常数），

$(uv)'=u'v+uv'$，　$\left(\dfrac{u}{v}\right)'=\dfrac{u'v-uv'}{v^2}$.

4. 复合函数的导数

设 $y=f(u)$，$u=\varphi(x)$，并且 $y=f(u)$ 与 $u=\varphi(x)$ 都可导，则复合函数 $y=f[\varphi(x)]$ 的导数为

$$\frac{\mathrm{d}y}{\mathrm{d}x}=\frac{\mathrm{d}y}{\mathrm{d}u}\cdot\frac{\mathrm{d}u}{\mathrm{d}x}=f'[\varphi(x)]\cdot\varphi'(x),$$

其中 $f'[\varphi(x)]$ 表示将 $\varphi(x)$ 作为中间变量 u 时，函数 f 对 u 的导数. 此规则当复合函数有高阶导数时同样成立.

5. 反函数的导数

设 $x=\varphi(y)$ 为 $y=f(x)$ 的反函数且 $f'(x)\neq 0$，则 $y=f(x)$ 的反函数的导数存在，并且

$$\frac{\mathrm{d}x}{\mathrm{d}y}=\frac{1}{\dfrac{\mathrm{d}y}{\mathrm{d}x}}=\frac{1}{y'}=\frac{1}{f'(x)}.$$

反函数的二阶导数（若存在）为

$$\frac{\mathrm{d}^2x}{\mathrm{d}y^2}=\frac{\mathrm{d}}{\mathrm{d}y}\left(\frac{1}{y'}\right)=\frac{\mathrm{d}}{\mathrm{d}x}\left(\frac{1}{y'}\right)\cdot\frac{\mathrm{d}x}{\mathrm{d}y}=-\frac{y''}{(y')^3}.$$

6. 由参数方程所确定的函数的导数

设 $x=\varphi(t)$ 与 $y=\psi(t)$ 均可导且 $\varphi'(t)\neq 0$，则 $\begin{cases}x=\varphi(t),\\ y=\psi(t)\end{cases}$ 所确定的函数 $y=y(x)$ 可导，并且

$$\frac{\mathrm{d}y}{\mathrm{d}x}=\frac{\frac{\mathrm{d}y}{\mathrm{d}t}}{\frac{\mathrm{d}x}{\mathrm{d}t}}=\frac{\psi'(t)}{\varphi'(t)}\quad\left(\text{称}\frac{\mathrm{d}y}{\mathrm{d}t}\text{与}\frac{\mathrm{d}x}{\mathrm{d}t}\text{为相关变化率}\right),$$

如果函数 $\frac{\mathrm{d}y}{\mathrm{d}x}$ 可导，则

$$\frac{\mathrm{d}^2y}{\mathrm{d}x^2}=\frac{\mathrm{d}}{\mathrm{d}x}\left[\frac{\psi'(t)}{\varphi'(t)}\right]=\frac{\psi''(t)\cdot\varphi'(t)-\psi'(t)\cdot\varphi''(t)}{[\varphi'(t)]^3}.$$

7. 隐函数的导数

设函数 $y=y(x)$ 由方程 $F(x,y)=0$ 所确定，只需将方程中的 y 看作中间变量，对 $F(x,y)=0$ 两边关于 x 求导，然后将 y' 解出即可；或者利用微分形式不变性，方程两边对变量求微分，解出 $\mathrm{d}y$，则 $\mathrm{d}x$ 前的函数即为所求.

8. 分段函数的导数

对于求分段函数的导数，在其分段点处，需用左、右导数的定义来考察函数是否可导.

9. 幂指函数 $u(x)^{v(x)}$ 的导数

对于幂指函数 $u(x)^{v(x)}$ 的求导，可以将其化为指数函数的复合函数 $\mathrm{e}^{v(x)\cdot\ln u(x)}$，然后利用复合函数法则求导，或者利用对数求导法求导，都可得公式 $[u(x)^{v(x)}]'=u(x)^{v(x)}[v(x)\ln u(x)]'$.

2.2.3　高阶导数

1. 定义

设 $f(x)$ 在 x_0 的某邻域内可导. 若极限 $\lim\limits_{x\to x_0}\dfrac{f'(x)-f'(x_0)}{x-x_0}$ 存在, 则称其为 $f(x)$ 在 x_0 处的二阶导数. 记为 $f''(x_0)$.

类似地, 可以定义 $f(x)$ 在 x_0 处的 n 阶导数.

如果 $y=f(x)$ 在某个区间可导, 若其导函数 $f'(x)$ 还可导, 则称 $f''(x)$ 为 $f(x)$ 的二阶导函数, 简称二阶导数. 记为 $\dfrac{\mathrm{d}^2y}{\mathrm{d}x^2}$ 或 $\dfrac{\mathrm{d}^2f(x)}{\mathrm{d}x^2}$.

二阶及二阶以上的导数称为高阶导数. 一般地, $f^{(n)}(x)=[f^{(n-1)}(x)]'$.

2. 计算方法

(1) 利用逐阶求导, 根据递推规律, 由数学归纳法写出一般的表达式.

(2) 作适当的恒等变换, 然后利用一些常用函数的高阶导数公式, 用间接法来求.

(3) 一些常用的高阶导数公式

$(a^x)^{(n)} = a^x\cdot(\ln a)^n\ (a>0)$,　　$(\mathrm{e}^x)^{(n)} = \mathrm{e}^x$,

$(\sin kx)^{(n)} = k^n\cdot\sin\left(kx+\dfrac{n}{2}\pi\right)$,　　$(\cos kx)^{(n)} = k^n\cdot\cos\left(kx+\dfrac{n}{2}\pi\right)$,

$(x^\alpha)^{(n)} = \alpha\cdot(\alpha-1)\cdots(\alpha-n+1)\cdot x^{\alpha-n}$,

$(\ln x)^{(n)}=(-1)^{n-1}\cdot\dfrac{(n-1)!}{x^n}$,　　$\left(\dfrac{1}{x}\right)^{(n)} = (-1)^n\cdot\dfrac{n!}{x^{n+1}}$,

$(u\pm v)^{(n)}=u^{(n)}\pm v^{(n)}$,　　$(cu)^{(n)}=cu^{(n)}$,

$$
\begin{aligned}
(u\cdot v)^{(n)} &= C_n^0\cdot u^{(n)}\cdot v^{(0)}+C_n^1\cdot u^{(n-1)}\cdot v^{(1)}+\cdots+C_n^{n-1}\cdot u^{(1)}\cdot v^{(n-1)}+C_n^n\cdot u^{(0)}\cdot v^{(n)}\\
&=\sum_{k=0}^{n}C_n^k\cdot u^{(n-k)}\cdot v^{(k)},
\end{aligned}
$$

以上最后一个式子为莱布尼茨公式, 其中 $u^{(0)}=u$, $C_n^k = \dfrac{n!}{k!(n-k)!}$.

2.2.4　函数的微分

1. 定义

设函数 $y=f(x)$ 在某区间内有定义, x_0 及 $x_0+\Delta x$ 均在此区间内, 如果函数的增量

$$\Delta y = f(x_0 + \Delta x) - f(x_0)$$

可以表示为 $\Delta y = A \cdot \Delta x + o(\Delta x)$，其中 A 与 Δx 无关，$o(\Delta x)$ 表示当 $\Delta x \to 0$ 时比 Δx 高阶的无穷小，则称 $f(x)$ 在 x_0 可微，并称 $A \cdot \Delta x$ 为函数 $f(x)$ 在点 x_0 相应于增量 Δx 的微分. 记为

$$\mathrm{d}y = A \cdot \Delta x,$$

称 $\mathrm{d}y$ 为 Δy 的线性主部，其中 $A = f'(x_0)$，规定 $\Delta x = \mathrm{d}x$，则 $\mathrm{d}y = f'(x_0)\mathrm{d}x$.

2. 可微的充要条件

函数 $y = f(x)$ 在点 x 处可微的充要条件是 $y = f(x)$ 在点 x 处可导且

$$\mathrm{d}y = f'(x)\mathrm{d}x.$$

3. 计算函数微分的方法

（1）利用函数的微分的表达式 $\mathrm{d}y = f'(x)\mathrm{d}x$，先求 $f'(x)$，再乘 $\mathrm{d}x$.

（2）利用基本初等函数的微分公式，函数和、差、积、商的微分法则及其复合运算微分法则.

（3）一阶微分的形式不变性：无论可导函数 $y = f(u)$ 中的变量 u 是否为自变量，都有

$$\mathrm{d}y = f'(u)\mathrm{d}u$$

成立.

4. 微分的几何意义

对于可微函数 $y = f(x)$，当 Δy 是曲线 $y = f(x)$ 上点的纵坐标的增量时，$\mathrm{d}y$ 就是曲线的切线上点的纵坐标的相应增量.

5. 可微与可导的区别及联系

（1）区别：

a. 概念上有本质的不同；

b. 当函数 $y = f(x)$ 给定后，导数 $f'(x)$ 的大小仅与 x 有关，而微分 $\mathrm{d}y = f'(x)\Delta x$ 一般说来不仅与 x 有关，而且还与 Δx 有关；

c. 当给定 x 时，$f'(x)$ 为一个常数，而 $\mathrm{d}y = f'(x)\Delta x$ 不仅与 x 有关，还与 Δx 有关，并且在 $\Delta x \to 0$ 时，$\mathrm{d}y$ 是一个无穷小量；

d. 一阶微分具有形式不变性，而导数不具有这个特性，因此求导数时应指明对哪一个变量求导，而求微分则无需指明是对哪一个变量求微分；

e. 几何意义不同.

（2）联系：

函数 $y=f(x)$ 在点 x 处可导与可微是等价的，即 $f(x)$ 在点 x 处可微 $\Leftrightarrow f(x)$ 在点 x 处可导，并且 $\mathrm{d}y=f'(x)\mathrm{d}x$.

2.3　典型例题解析

例 2.1　设 $f(x)$ 在 x_0 处可导，求 $\lim\limits_{x\to 0}\dfrac{f(x_0+x)-f(x_0-3x)}{x}$.

分析　所求极限与 $f'(x_0)$ 的定义式子很相似，则由 $f'(x_0)$ 的定义即可求解.

解

$$\begin{aligned}\lim_{x\to 0}\frac{f(x_0+x)-f(x_0-3x)}{x}&=\lim_{x\to 0}\frac{[f(x_0+x)-f(x_0)]+[f(x_0)-f(x_0-3x)]}{x}\\&=\lim_{x\to 0}\frac{f(x_0+x)-f(x_0)}{x}+3\lim_{x\to 0}\frac{f(x_0-3x)-f(x_0)}{-3x}\\&=f'(x_0)+3f'(x_0)=4f'(x_0).\end{aligned}$$

错误解答　令 $x_0-3x=t$，则 $x_0=3x+t$，

$$\lim_{x\to 0}\frac{f(x_0+x)-f(x_0-3x)}{x}=\lim_{x\to 0}\frac{f(t+4x)-f(t)}{x}=4\lim_{x\to 0}f'(t) \qquad (2\text{-}1)$$

$$=4\lim_{x\to 0}f'(x_0-3x)=4f'(x_0). \qquad (2\text{-}2)$$

错解分析　式（2-1）在 $f'(t)$ 存在时成立；式（2-2）$f'(x)$ 在点 x_0 处连续时成立. 但是题设只有 $f(x)$ 在 x_0 处可导，而 $f(x)$ 在 x_0 的邻域内是否可导及 $f'(x)$ 在 x_0 处是否连续都未知. 所以上述解法中的式（2-1）与式（2-2）有可能不成立.

例 2.2　设 $f(x)=\varphi(a+bx)-\varphi(a-bx)$，其中 $\varphi(x)$ 在 $(-\infty,+\infty)$ 上有定义且在点 a 处可导. 试求 $f'(0)$.

分析　求函数在某一点的导数可以用导数的定义来求；也可先求导函数，然后求导函数在该点的函数值，但在本题中函数 $f(x)$ 的可导性未知，故只能用定义来求.

解　当 $b\neq 0$ 时，

$$\begin{aligned}\lim_{x\to 0}\frac{f(x)-f(0)}{x-0}&=\lim_{x\to 0}\frac{\varphi(a+bx)-\varphi(a-bx)}{x}\\&=\lim_{x\to 0}\frac{[\varphi(a+bx)-\varphi(a)]-[\varphi(a-bx)-\varphi(a)]}{x}\\&=b\lim_{x\to 0}\frac{\varphi(a+bx)-\varphi(a)}{bx}+b\lim_{x\to 0}\frac{\varphi(a-bx)-\varphi(a)}{-bx}\\&=b\varphi'(a)+b\varphi'(a)=2b\varphi'(a).\end{aligned}$$

所以 $f'(0)=2b\varphi'(a)$.

当 $b=0$ 时，$f(x)=0$，$f'(0)=0$.

综上所述，$f'(0)=2b\varphi'(a)$.

例 2.3　设函数 $f(x)=(x-a)^2\varphi(x)$，其中 $\varphi(x)$ 的一阶导函数有界. 求 $f''(a)$.

分析　求函数在某一点的二阶导数可以用导数的定义来求，但必须先求出一阶导数；也可先求出二阶导函数，然后求二阶导函数在该点的函数值，但在本题中函数 $f'(x)$ 的可导性未知，故只能用定义来求.

解　由于 $f'(x)=2(x-a)\varphi(x)+(x-a)^2\varphi'(x)$，则有 $f'(a)=0$. 又

$$\lim_{x\to a}\frac{f'(x)-f'(a)}{x-a}=\lim_{x\to a}\frac{2(x-a)\varphi(x)+(x-a)^2\varphi'(x)}{x-a}$$
$$=\lim_{x\to a}[2\varphi(x)+(x-a)\varphi'(x)]=2\varphi(a),$$

所以 $f''(a)=2\varphi(a)$.

错误解答　因为

$$f'(x)=2(x-a)\varphi(x)+(x-a)^2\varphi'(x),$$
$$f''(x)=2\varphi(x)+2(x-a)\varphi'(x)+2(x-a)\varphi'(x)+(x-a)^2\varphi''(x),$$

所以 $f''(a)=2\varphi(a)$.

错解分析　此解法错误的根源在于 $\varphi(x)$ 的一阶导函数有界并不能保证 $\varphi(x)$ 二阶导数存在. 而上述求解却要用到 $\varphi''(x)$.

注　此题用到如下性质：①有界量与无穷小的乘积仍为无穷小；②可导必连续.

例 2.4　设 $f(x)$ 的一阶导数在 $x=a$ 处连续且 $\lim\limits_{x\to 0}\dfrac{f'(x+a)}{x}=1$，则（　　）.

A. $f(x)$ 在 $x=a$ 处的二阶导数不存在　　B. $\lim\limits_{x\to 0}f''(x+a)$ 一定存在

C. $f''(a)=1$　　D. $f'(a)=2$

解　因为 $\lim\limits_{x\to 0}\dfrac{f'(x+a)}{x}=1$，所以 $\lim\limits_{x\to 0}f'(x+a)=0$.

由于 $f'(x)$ 在 $x=a$ 处连续，故

$$f'(a)=0.$$

又因为

$$\lim_{x\to 0}\frac{f'(x+a)-f'(a)}{(x+a)-a}=\lim_{x\to 0}\frac{f'(x+a)}{x}=1,$$

所以 $f''(a)=1$. 选 C.

例 2.5　设 $f(x)$ 在 $x=0$ 的某个邻域内有定义，x，y 为该邻域内任意两点，并且 $f(x)$ 满足条件：

（1）$f(x+y)=f(x)+f(y)+1$；　　（2）$f'(0)=1$.

试证在上述邻域内 $f'(x)=1$.

分析　此处无法用求导公式和求导法则证明 $f'(x)=1$. 由于 $f(x)$ 的表达式未给出, 所以只能考虑从定义出发. 如果用条件（2）, 则需先求出 $f(0)$.

证明　因为 $f(x)$ 在 $x=0$ 的某个邻域内有定义, 记该邻域为 E, 则对任意 x, $y\in E$, 有 $f(x+y)=f(x)+f(y)+1$. 令 $y=0$, 则 $f(0)=-1$. 于是对任意 $x\in E$, 当 $x+\Delta x\in E$ 及 $\Delta x\in E$ 时, 考虑下列极限

$$\begin{aligned}\lim_{\Delta x\to 0}\frac{f(x+\Delta x)-f(x)}{\Delta x}&=\lim_{\Delta x\to 0}\frac{[f(x)+f(\Delta x)+1]-f(x)}{\Delta x}\\&=\lim_{\Delta x\to 0}\frac{f(\Delta x)-(-1)}{\Delta x}\\&=\lim_{\Delta x\to 0}\frac{f(\Delta x)-f(0)}{\Delta x}\\&=f'(0)=1,\end{aligned}$$

故 $f'(x)=1$, $x\in E$.

例 2.6　设函数 $f(x)$ 连续且 $f'(0)>0$, 则存在 $\delta>0$, 使得（　　）.

A. $f(x)$ 在 $(0,\delta)$ 内单调增加　　B. $f(x)$ 在 $(-\delta,0)$ 内单调减少

C. 对任意的 $x\in(0,\delta)$ 有 $f(x)>f(0)$　　D. 对任意的 $x\in(-\delta,0)$ 有 $f(x)>f(0)$

解　由导数定义知

$$f'(0)=\lim_{x\to 0}\frac{f(x)-f(0)}{x-0}>0.$$

根据极限的保号性, 知存在 $\delta>0$, 当 $x\in(-\delta,0)\cup(0,\delta)$ 时, 有

$$\frac{f(x)-f(0)}{x}>0.$$

因此, 当 $x\in(-\delta,0)$ 时, 有 $f(x)<f(0)$；当 $x\in(0,\delta)$ 时, 有 $f(x)>f(0)$, 故选 C.

注　函数 $f(x)$ 只在一点的导数大于零, 一般不能推导出单调性, 题设说明函数在一点可导时, 一般用导数的定义进行讨论.

例 2.7　设不恒为零的奇函数 $f(x)$ 在 $x=0$ 处可导. 试说明 $x=0$ 为函数 $\dfrac{f(x)}{x}$ 的哪一类间断点.

解　由题设知 $f(-x)=-f(x)$, 令 $x=0$ 可得 $f(0)=0$. 则

$$\lim_{x\to 0}\frac{f(x)}{x}=\lim_{x\to 0}\frac{f(x)-0}{x-0}=f'(0),$$

于是 $\dfrac{f(x)}{x}$ 在 $x\to 0$ 时有极限. 从而 $x=0$ 是 $\dfrac{f(x)}{x}$ 的可去间断点.

例 2.8　设函数 $f(x)$ 可导，$F(x)=f(x)(1+|\sin x|)$，则 $f(0)=0$ 是 $F(x)$ 在 $x=0$ 处可导的（　　）.

A. 充要条件　　　　B. 充分条件但非必要条件

C. 必要条件但非充分条件　　　　D. 既非充分条件又非必要条件

分析　$F(x)$ 表达式中含有绝对值符号，又要考查函数在一点的导数的存在性，因此要考虑函数的左右导数.

解　由导数定义

$$F'(0)=\lim_{x\to 0}\frac{F(x)-F(0)}{x-0},$$

知

$$\begin{aligned}F'_-(0)&=\lim_{x\to 0^-}\frac{F(x)-F(0)}{x-0}=\lim_{x\to 0^-}\frac{f(x)(1-\sin x)-f(0)}{x}\\&=\lim_{x\to 0^-}\frac{f(x)-f(0)}{x-0}-\lim_{x\to 0^-}\frac{f(x)\sin x}{x}\\&=f'_-(0)-f(0)=f'(0)-f(0),\\F'_+(0)&=\lim_{x\to 0^+}\frac{F(x)-F(0)}{x-0}=\lim_{x\to 0^+}\frac{f(x)(1+\sin x)-f(0)}{x}\\&=f'_+(0)+f(0)=f'(0)+f(0),\end{aligned}$$

可见 $F'(0)$ 存在 $\Leftrightarrow F'_-(0)=F'_+(0)$，即 $f(0)=0$. 故选 A.

例 2.9　设 $f(0)=0$，则 $f(x)$ 在点 $x=0$ 可导的充要条件为（　　）.

A. $\lim\limits_{h\to 0}\frac{1}{h^2}f(1-\cos h)$ 存在　　　　B. $\lim\limits_{h\to 0}\frac{1}{h}f(1-\mathrm{e}^h)$ 存在

C. $\lim\limits_{h\to 0}\frac{1}{h^2}f(h-\sin h)$ 存在　　　　D. $\lim\limits_{h\to 0}\frac{1}{h}[f(2h)-f(h)]$ 存在

分析　本题主要考查导数的定义，另外也考查了某些无穷小量的阶及它们的正负号.

解　注意 $1-\cos h\geqslant 0$，并且 $\lim\limits_{h\to 0}(1-\cos h)=0$.

如果 $\lim\limits_{h\to 0}\frac{1}{h^2}f(1-\cos h)$ 存在，则

$$\begin{aligned}\lim_{h\to 0}\frac{1}{h^2}f(1-\cos h)&=\lim_{h\to 0}\left[\frac{f(1-\cos h)-f(0)}{1-\cos h-0}\cdot\frac{1-\cos h}{h^2}\right]\\&=\lim_{h\to 0}\frac{f(1-\cos h)-f(0)}{1-\cos h-0}\cdot\lim_{h\to 0}\frac{1-\cos h}{h^2}\\&=\frac{1}{2}\lim_{h\to 0}\frac{f(1-\cos h)-f(0)}{1-\cos h-0}=\frac{1}{2}\lim_{u\to 0^+}\frac{f(u)-f(0)}{u-0}=\frac{1}{2}f'_+(0).\end{aligned}$$

所以 A 成立只保证 $f'_+(0)$ 存在，而不是 $f'(0)$ 存在的充分条件.

如果 $\lim\limits_{h\to 0}\frac{1}{h}f(1-\mathrm{e}^h)$ 存在，则

$$\begin{aligned}\lim_{h\to 0}\frac{1}{h}f(1-\mathrm{e}^h)&=\lim_{h\to 0}\left[\frac{f(1-\mathrm{e}^h)-f(0)}{1-\mathrm{e}^h-0}\cdot\frac{1-\mathrm{e}^h}{h}\right]\\&=\lim_{h\to 0}\frac{f(1-\mathrm{e}^h)-f(0)}{1-\mathrm{e}^h-0}\cdot\lim_{h\to 0}\frac{1-\mathrm{e}^h}{h}\\&=(-1)\lim_{u\to 0}\frac{f(u)-f(0)}{u-0}=-f'(0),\end{aligned}$$

故 B 是 $f'(0)$ 存在的充要条件.

对于 C,

$$\frac{1}{h^2}f(h-\sin h)=\frac{f(h-\sin h)-f(0)}{h-\sin h-0}\cdot\frac{h-\sin h}{h^2},$$

注意 $\lim\limits_{h\to 0}\frac{h-\sin h}{h^2}=0$，所以若 $f'(0)$ 存在，则由右边推知左边极限存在且为零. 若左边极限存在，则由

$$\frac{\frac{1}{h^2}f(h-\sin h)}{\frac{h-\sin h}{h^2}}=\frac{f(h-\sin h)-f(0)}{h-\sin h},$$

知上式左边极限可能不存在，故 $f'(0)$ 可能不存在.

至于 D,

$$\lim_{h\to 0}\frac{1}{h}[f(2h)-f(h)]=\lim_{h\to 0}\left\{\frac{1}{h}[f(2h)-f(0)]-\frac{1}{h}[f(h)-f(0)]\right\},$$

若 $f'(0)$ 存在，上述右边拆项分别求极限均存在，保证了左边存在. 而左边存在，不能保证右边拆项后极限也分别存在. 故选 B.

例 2.10　设 $f(x)=\begin{cases}\dfrac{1-\cos x}{\sqrt{x}}, & x>0,\\ x^2\cdot g(x), & x\leqslant 0,\end{cases}$ 其中 $g(x)$ 是有界函数，则 $f(x)$ 在 $x=0$ 处（　　）.

A. 极限不存在　　　　B. 可导

C. 连续但不可导　　　D. 极限存在但不连续

解　由于

$$\lim_{x\to 0^-}\frac{f(x)-f(0)}{x-0}=\lim_{x\to 0^-}\frac{x^2\cdot g(x)}{x}=0=f'_-(0),$$

$$\lim_{x\to 0^+}\frac{f(x)-f(0)}{x-0}=\lim_{x\to 0^+}\frac{1-\cos x}{x\sqrt{x}}=0=f'_+(0),$$

故选 B.

例 2.11　已知 $f(x)$ 在 $x=a$ 处可导且 $f(a)>0$. 求 $\lim\limits_{n\to\infty}\left[\dfrac{f\left(a+\dfrac{1}{n}\right)}{f(a)}\right]^n$.

分析　题目条件是 $f(x)$ 在 $x=a$ 处可导, 必然有 $f(x)$ 在 $x=a$ 处连续, 从而可知该极限属于 1^∞ 型.

解　$f(x)$ 在 $x=a$ 处可导. 则

$$\lim_{n\to\infty}\frac{f\left(a+\dfrac{1}{n}\right)-f(a)}{\dfrac{1}{n}}=f'(a),$$

并且当 n 充分大时 $f\left(a+\dfrac{1}{n}\right)>0$. 故

$$\begin{aligned}\lim_{n\to\infty}\left[\frac{f\left(a+\dfrac{1}{n}\right)}{f(a)}\right]^n&=\exp\left[\lim_{n\to\infty}n\cdot\ln\frac{f\left(a+\dfrac{1}{n}\right)}{f(a)}\right]\\&=\exp\left\{\lim_{n\to\infty}n\cdot\ln\left[1+\frac{f\left(a+\dfrac{1}{n}\right)-f(a)}{f(a)}\right]\right\}\\&=\exp\left[\lim_{n\to\infty}n\cdot\frac{f\left(a+\dfrac{1}{n}\right)-f(a)}{f(a)}\right]\\&=\exp\left[\lim_{n\to\infty}\frac{f\left(a+\dfrac{1}{n}\right)-f(a)}{\dfrac{1}{n}}\cdot\frac{1}{f(a)}\right]=\exp\left[\frac{f'(a)}{f(a)}\right].\end{aligned}$$

注　此题用到当 $x\to0$ 时, $\ln(1+x)\sim x$.

例 2.12　讨论函数 $f(x)=x|x(x-1)|$ 的可导性.

分析　$f(x)$ 的表达式含有绝对值符号, 应先去掉绝对值符号, 本质上 $f(x)$ 为分段函数.

解法 1　由 $x(x-1)\geqslant0$ 可得 $x\geqslant1$ 或 $x\leqslant0$. 由 $x(x-1)<0$ 得 $0<x<1$. 于是

$$f(x)=\begin{cases}x^3-x^2, & x\geqslant1\text{或}x\leqslant0,\\x^2-x^3, & 0<x<1,\end{cases}$$

可求得 $f'(x)=\begin{cases}3x^2-2x, & x>1\text{或}x<0,\\2x-3x^2, & 0<x<1,\end{cases}$

因为

$$\lim_{x\to0^+}\frac{f(x)-f(0)}{x-0}=\lim_{x\to0^+}\frac{x^2-x^3}{x}=0,$$

$$\lim_{x\to0^-}\frac{f(x)-f(0)}{x-0}=\lim_{x\to0^-}\frac{x^3-x^2}{x}=0,$$

所以 $f'(0)=0$，即 $f(x)$ 在 $x=0$ 处可导. 而

$$\lim_{x\to1^+}\frac{f(x)-f(1)}{x-1}=\lim_{x\to1^+}\frac{x^3-x^2}{x-1}=1,$$

$$\lim_{x\to1^-}\frac{f(x)-f(1)}{x-1}=\lim_{x\to1^-}\frac{x^2-x^3}{x-1}=-1,$$

则 $f(x)$ 在 $x=1$ 处不可导.

综上所述：$f(x)$ 在 $x=1$ 处不可导，$f(x)$ 在 $(-\infty,1)$ 和 $(1,+\infty)$ 上均可导.

解法 2　依题意，$f(x)=x\cdot\sqrt{x^2}\cdot\sqrt{(x-1)^2}$ 是初等函数，并且仅在 $x=0$ 和 $x=1$ 处可能不可导. 故只需讨论在这两点的情形.

（1）$x=0$ 时，由于

$$\lim_{x\to0}\frac{x\cdot|x|\cdot|x-1|}{x-0}=0,$$

所以 $f'(0)=0$.

（2）$x=1$ 时，由于

$$\lim_{x\to1}\frac{x\cdot|x|\cdot|x-1|}{x-1}\text{不存在,}$$

所以 $f(x)$ 只在 $x=1$ 处不可导，在 $(-\infty,1)$ 和 $(1,+\infty)$ 上均可导.

解法 3　由于

$$f(x)=x|x(x-1)|=x|x|\cdot|x-1|,$$

由导数定义可知，$|x|$ 在 $x=0$ 处不可导，而 $x|x|$ 在 $x=0$ 处一阶可导，因此，$x|x|$ 在任意点处均可导，再只需考查 $|x-1|$ 的可导性. 由导数定义可知，$|x-1|$ 仅在 $x=1$ 处不可导，故 $f(x)$ 仅在 $x=1$ 处不可导，在 $(-\infty,1)$ 和 $(1,+\infty)$ 上均可导.

例 2.13　设 $f(x)=\lim\limits_{t\to+\infty}\dfrac{x}{2+x^2-\mathrm{e}^{tx}}$，讨论 $f(x)$ 的可导性.

分析　先应求出 $f(x)$ 的表达式. 本质上 $f(x)$ 为分段函数.

解　由于

$$\lim_{t\to+\infty}\mathrm{e}^{tx}=\begin{cases}+\infty, & x>0,\\ 1, & x=0,\\ 0, & x<0,\end{cases}$$

则有

$$f(x)=\begin{cases}0, & x\geqslant 0,\\ \dfrac{x}{2+x^2}, & x<0.\end{cases}$$

显然当 $x>0$ 或 $x<0$ 时，函数 $f(x)$ 可导. 下面讨论 $x=0$ 时 $f(x)$ 的可导性. 由于

$$f_+'(0)=\lim_{x\to 0^+}\frac{f(x)-f(0)}{x-0}=\lim_{x\to 0^+}\frac{0-0}{x}=0,$$

$$f_-'(0)=\lim_{x\to 0^-}\frac{f(x)-f(0)}{x-0}=\lim_{x\to 0^-}\frac{\dfrac{x}{2+x^2}-0}{x}=\frac{1}{2},$$

于是 $f_+'(0)\neq f_-'(0)$，从而可知 $f(x)$ 仅在 $x=0$ 处不可导.

例 2.14　设函数 $f(x)=\lim\limits_{n\to\infty}\sqrt[n]{1+|x|^{3n}}$，则 $f(x)$ 在 $(-\infty,+\infty)$ 内（　　）.

A. 处处可导　　B. 恰有一个不可导点

C. 恰有两个不可导点　　D. 至少有 3 个不可导点

解　由于

$$f(x)=\lim_{n\to\infty}\sqrt[n]{1+|x|^{3n}}=\lim_{n\to\infty}[|x|^{3n}(1+|x|^{-3n})]^{\frac{1}{n}}=\lim_{n\to\infty}|x|^3(1+|x|^{-3n})^{\frac{1}{n}},$$

易求得

$$f(x)=\begin{cases}x^3, & x>1,\\ 1, & -1\leqslant x\leqslant 1,\\ -x^3, & x<-1,\end{cases}$$

则

$$f_+'(1)=\lim_{x\to 1^+}\frac{f(x)-f(1)}{x-1}=\lim_{x\to 1^+}\frac{x^3-1}{x-1}=3,$$

$$f_-'(1)=\lim_{x\to 1^-}\frac{f(x)-f(1)}{x-1}=\lim_{x\to 1^-}\frac{1-1}{x-1}=0,$$

故 $x=1$ 为不可导点. 同理 $x=-1$ 也为不可导点. 故选 C.

例 2.15　设 $F(x)=\max\{f_1(x),f_2(x)\}$ 的定义域为 $(-1,1)$，其中

$$f_1(x)=x+1,\quad f_2(x)=(x+1)^2,$$

试讨论 $F(x)$ 的可导性. 若可导，求其导数.

分析　本质上 $F(x)$ 是分段函数，即

$$F(x)=\begin{cases}f_1(x), & f_1(x)\geqslant f_2(x),\\ f_2(x), & f_1(x)<f_2(x),\end{cases}$$

由此可知需先解出不等式

$$\begin{cases} f_1(x) \geqslant f_2(x), \\ -1 < x < 1 \end{cases} \quad 与 \quad \begin{cases} f_1(x) < f_2(x), \\ -1 < x < 1. \end{cases}$$

解　由$\begin{cases} f_1(x) \geqslant f_2(x), \\ -1 < x < 1, \end{cases}$即$\begin{cases} x+1 \geqslant (x+1)^2, \\ -1 < x < 1, \end{cases}$解得 $-1 < x \leqslant 0$，此时 $F(x) = 1 + x$.

而由$\begin{cases} f_1(x) < f_2(x), \\ -1 < x < 1, \end{cases}$即$\begin{cases} x+1 < (x+1)^2, \\ -1 < x < 1, \end{cases}$解得 $0 < x < 1$，此时 $F(x) = (1+x)^2$. 则有

$$F(x) = \begin{cases} 1+x, & -1 < x \leqslant 0, \\ (1+x)^2, & 0 < x < 1, \end{cases}$$

并且

$$F'(x) = \begin{cases} 1, & -1 < x < 0, \\ 2(1+x), & 0 < x < 1. \end{cases}$$

当 $x = 0$ 时,

$$\lim_{x \to 0^+} \frac{F(x) - F(0)}{x - 0} = \lim_{x \to 0^+} \frac{(1+x)^2 - 1}{x} = 2,$$

$$\lim_{x \to 0^-} \frac{F(x) - F(0)}{x - 0} = \lim_{x \to 0^-} \frac{(1+x) - 1}{x} = 1,$$

即 $F_+'(0) \neq F_-'(0)$，所以 $F(x)$ 在 $x = 0$ 处不可导. 故

$$F'(x) = \begin{cases} 1, & -1 < x < 0, \\ 2(1+x), & 0 < x < 1. \end{cases}$$

例 2.16　设函数 $f(x) = \begin{cases} e^{x^2}, & x \leqslant 1, \\ ax + b, & x > 1, \end{cases}$ 若要 $f(x)$ 为可导函数，应如何选择 a, b ?

解　显然当 $x > 1$ 及 $x < 1$ 时，$f(x)$ 可导，故要使 $f(x)$ 为可导函数，只需使其在 $x = 1$ 处可导. 由可导与连续的关系，应该首先选择 a, b，使其在 $x = 1$ 连续. 因

$$f(1) = e,\ f(1^-) = e,\ f(1^+) = a + b,$$

故当 $a + b = e$ 即 $b = e - a$ 时，$f(x)$ 在 $x = 1$ 连续. 又

$$f_-'(1) = \lim_{x \to 1^-} \frac{f(x) - f(1)}{x - 1} = \lim_{x \to 1^-} \frac{e^{x^2} - e}{x - 1} = e \lim_{x \to 1^-} \frac{e^{x^2 - 1} - 1}{x - 1} = e \lim_{x \to 1^-} \frac{x^2 - 1}{x - 1} = 2e,$$

$$f_+'(1) = \lim_{x \to 1^+} \frac{f(x) - f(1)}{x - 1} = \lim_{x \to 1^+} \frac{ax + b - e}{x - 1} = \lim_{x \to 1^+} \frac{ax + (e - a) - e}{x - 1} = a,$$

因此当 $a = 2e$，$b = -e$ 时，$f'(1)$ 存在，从而 $f(x)$ 为可导函数.

例 2.17　设 $f(x)=\sin x$，$\varphi(x)=x^2$．求 $f[\varphi'(x)]$，$f'[\varphi(x)]$，$\{f[\varphi(x)]\}'$．

分析　三个函数中都有导数记号，其中 $f[\varphi'(x)]$ 表示函数 $\varphi(x)$ 对 x 求导，求得 $\varphi'(x)$ 后再与 f 复合；$f'[\varphi(x)]$ 表示函数 f 对 $\varphi(x)$ 求导，即 $f(u)$ 对 u 求导，而 $u=\varphi(x)$；$\{f[\varphi(x)]\}'$ 表示复合函数 $f[\varphi(x)]$ 关于自变量 x 求导.

解　$f'(x)=\cos x$，$\varphi'(x)=2x$．则

$$f[\varphi'(x)] = f(2x) = \sin 2x,\quad f'[\varphi(x)] = \cos x^2,$$

以及

$$\{f[\varphi(x)]\}' = f'[\varphi(x)]\cdot\varphi'(x) = 2x\cos x^2.$$

例 2.18　设 $y=\sin^2\left(\dfrac{1-\ln x}{x}\right)$．求 $\dfrac{\mathrm{d}y}{\mathrm{d}x}$．

分析　本题既可直接由复合函数求导法则求导，也可利用微分的形式不变性先求出 $\mathrm{d}y$，然后可得 $\dfrac{\mathrm{d}y}{\mathrm{d}x}$．

解法 1　直接由复合函数求导法则，令 $u=\sin v$，$v=\dfrac{1-\ln x}{x}$，则

$$\begin{aligned}\frac{\mathrm{d}y}{\mathrm{d}x}&=\frac{\mathrm{d}y}{\mathrm{d}u}\cdot\frac{\mathrm{d}u}{\mathrm{d}v}\cdot\frac{\mathrm{d}v}{\mathrm{d}x}\\&=2u\cdot\cos v\cdot\frac{\ln x-2}{x^2}\\&=\frac{\ln x-2}{x^2}\cdot\sin 2\left(\frac{1-\ln x}{x}\right).\end{aligned}$$

解法 2　利用一阶微分的形式不变性

$$\begin{aligned}\mathrm{d}y&=\mathrm{d}\sin^2\left(\frac{1-\ln x}{x}\right)=2\sin\left(\frac{1-\ln x}{x}\right)\mathrm{d}\sin\left(\frac{1-\ln x}{x}\right)\\&=2\sin\left(\frac{1-\ln x}{x}\right)\cos\left(\frac{1-\ln x}{x}\right)\mathrm{d}\left(\frac{1-\ln x}{x}\right)=\frac{\ln x-2}{x^2}\cdot\sin 2\left(\frac{1-\ln x}{x}\right)\mathrm{d}x,\end{aligned}$$

故

$$\frac{\mathrm{d}y}{\mathrm{d}x}=\frac{\ln x-2}{x^2}\cdot\sin 2\left(\frac{1-\ln x}{x}\right).$$

例 2.19　设 $y=x^{a^a}+a^{x^a}+a^{a^x}$，$a>0$．求 $\dfrac{\mathrm{d}y}{\mathrm{d}x}$．

分析　x^{a^a} 为幂函数；a^{x^a} 为指数函数与幂函数复合而成的函数；而 a^{a^x} 也为复合函数，它是指数函数与指数函数复合而成的函数.

解 $\frac{\mathrm{d}y}{\mathrm{d}x}=(x^{a^a})'+(a^{x^a})'+(a^{a^x})'=a^a\cdot x^{a^a-1}+(\mathrm{e}^{x^a\cdot\ln a})'+(\mathrm{e}^{a^x\cdot\ln a})'$

$$=a^a\cdot x^{a^a-1}+a^{x^a}\cdot\ln a\cdot(x^a)'+a^{a^x}\cdot\ln a\cdot(a^x)'$$

$$=a^a\cdot x^{a^a-1}+a^{x^a}\cdot a\ln a\cdot x^{a-1}+a^{a^x}\cdot a^x\cdot(\ln a)^2$$

$$=a^a\cdot x^{a^a-1}+ax^{a-1}\cdot a^{x^a}\cdot\ln a+(\ln a)^2\cdot a^{a^x+x}.$$

例 2.20　设 $\varphi'(x)$ 存在，$y=\varphi(\sec^2 x)+\arcsin x$，求 $\mathrm{d}y$.

分析　可以先求出 $\frac{\mathrm{d}y}{\mathrm{d}x}$，也可利用微分的形式不变性求一阶微分.

解法 1　$\frac{\mathrm{d}y}{\mathrm{d}x}=\varphi'(\sec^2 x)(\sec^2 x)'+\frac{1}{\sqrt{1-x^2}}=2\varphi'(\sec^2 x)\cdot\sec^2 x\tan x+\frac{1}{\sqrt{1-x^2}}$，

所以

$$\mathrm{d}y=\left[2\varphi'(\sec^2 x)\cdot\sec^2 x\tan x+\frac{1}{\sqrt{1-x^2}}\right]\mathrm{d}x.$$

解法 2　$\mathrm{d}y=\mathrm{d}[\varphi(\sec^2 x)+\arcsin x]=\mathrm{d}\varphi(\sec^2 x)+\mathrm{d}\arcsin x=\varphi'(\sec^2 x)\mathrm{d}\sec^2 x+\frac{\mathrm{d}x}{\sqrt{1-x^2}}$

$$=\left[2\varphi'(\sec^2 x)\cdot\sec^2 x\tan x+\frac{1}{\sqrt{1-x^2}}\right]\mathrm{d}x.$$

例 2.21　设 $f'(\cos x)=\cos 2x$，求 $f''(x)$.

解法 1　在 $f'(\cos x)=\cos 2x$ 的两边微分，得

$$f''(\cos x)\mathrm{d}\cos x=-2\sin 2x\mathrm{d}x,$$

即

$$f''(\cos x)\cdot(-\sin x)\mathrm{d}x=-4\sin x\cos x\mathrm{d}x,$$

化简得

$$f''(\cos x)=4\cos x.$$

令 $\cos x=t$，则 $f''(t)=4t$. 于是可得

$$f''(x)=4x,\ |x|\leqslant 1.$$

解法 2　由于

$$f'(\cos x)=\cos 2x=2\cos^2 x-1,$$

于是

$$f'(x)=2x^2-1,\text{其中}|x|\leqslant 1.$$

所以 $f''(x)=4x$，$|x|\leqslant 1$.

注　本题作变换 $t=\cos x$，则要求 $|t|\leqslant 1$. 故在最后需指明 $\{x|-1\leqslant x\leqslant 1\}$ 是 $f''(x)$ 的定义域.

例 2.22 设 $y=\sin f(x^2)$ 且 f 有二阶导数. 求 $\dfrac{\mathrm{d}^2y}{\mathrm{d}x^2}$.

解 $y' = \cos f(x^2)\cdot f'(x^2)\cdot 2x = 2x\cdot f'(x^2)\cdot\cos f(x^2)$,

$$\begin{aligned}y''&=2f'(x^2)\cdot\cos f(x^2)+2x\cdot f''(x^2)\cdot 2x\cdot\cos f(x^2)+2x\cdot f'(x^2)\cdot[-\sin f(x^2)]\cdot f'(x^2)\cdot 2x\\&=2f'(x^2)\cdot\cos f(x^2)+4x^2\cdot f''(x^2)\cdot\cos f(x^2)-4x^2\cdot[f'(x^2)]^2\cdot\sin f(x^2).\end{aligned}$$

例 2.23 已知函数 $f(x)$ 具有任意阶导数且 $f'(x)=[f(x)]^2$. 则当 n 为大于 2 的正整数时 $f^{(n)}(x)$ 是（　　）.

A. $n\cdot[f(x)]^{n+1}$　　B. $n!\cdot[f(x)]^{n+1}$　　C. $[f(x)]^{2n}$　　D. $n!\cdot[f(x)]^{2n}$

分析 已知 $f'(x)=[f(x)]^2$. 应求出 $f''(x)$, $f^{(3)}(x)$, … 用数学归纳法推出 n 阶导数.

解 当 $n\geqslant 2$ 时, $f'(x)=[f(x)]^2$, $f''(x) = 2f(x)\cdot f'(x) = 2\cdot[f(x)]^3$, 以及

$$f^{(3)}(x) = 2\times3\cdot[f(x)]^2\cdot f'(x) = 1\times2\times3\cdot[f(x)]^4 = 3!\cdot[f(x)]^4,\ \cdots$$

$$f^{(n)}(x) = (n-1)!\cdot[f^n(x)]' = n!\cdot[f(x)]^{n-1}\cdot f'(x) = n!\cdot[f(x)]^{n+1}.$$ 故选 B.

例 2.24 设 $f(x)=3x^3+x^2|x|$, 则使 $f^{(n)}(0)$ 存在的最高阶数 n 为（　　）.

A. 0　　B. 1　　C. 2　　D. 3

解 逐阶计算导数来验证, 记 $f_1(x)=3x^3$, 易见 $f_1^{(n)}(0)$ 都存在, 再记 $f_2(x)=x^2|x|$, 则由求导公式和定义, 有

$$f_2(x)=\begin{cases}x^3, & x\geqslant0,\\-x^3, & x<0,\end{cases}\quad f_2'(x)=\begin{cases}3x^2, & x\geqslant0,\\-3x^2, & x<0,\end{cases}\quad f_2''(x)=\begin{cases}6x, & x\geqslant0,\\-6x, & x<0,\end{cases}$$

即 $f_2''(x)=6|x|$, 则有 $f_2'(0)=f_2''(0)=0$. 由 $|x|$ 在 $x=0$ 不可导, 知 $f_2^{(3)}(0)$ 不再存在, 即 $n=2$, 选 C.

例 2.25 设 $y=\sin^2x$. 求 $y^{(100)}(0)$.

分析 求函数的高阶导数一般先求一阶导数, 再求二阶、三阶…找出 n 阶导数的规律, 然后用数学归纳法加以证明. 或者是通过恒等变形或变量代换, 将要求高阶导数的函数转换成一些高阶导数公式已知的函数或者是一些容易求高阶导数的形式. 用这种方法要求记住内容提要中所给出的一些常见函数的高阶导数公式.

解法 1 $y = \sin^2x = \dfrac{1}{2}-\dfrac{1}{2}\cos 2x$. 则

$$\begin{aligned}&y'=\sin 2x, && y''=2\cos 2x,\\&y^{(3)}=-2^2\cdot\sin 2x, && y^{(4)}=-2^3\cdot\cos 2x,\\&y^{(5)}=2^4\cdot\sin 2x,\ \cdots && y^{(100)}=-2^{99}\cdot\cos 2x,\end{aligned}$$

故 $y^{(100)}(0) = -2^{99}$.

解法 2　利用公式 $(\sin kx)^{(n)} = k^n \cdot \sin\left(kx+\dfrac{n\pi}{2}\right)$. 由 $y'=2\sin x\cos x=\sin 2x$，得

$$y^{(100)}(x) = 2^{99}\cdot\sin\left(2x+\frac{99\pi}{2}\right),$$

故 $y^{(100)}(0) = -2^{99}$.

解法 3　利用幂级数展开式 $f^{(n)}(x_0)=a_n\cdot n!$.

$$y=\sin^2 x = \frac{1}{2}-\frac{1}{2}\cos 2x = \frac{1}{2}-\frac{1}{2}\left[1-\frac{1}{2!}2x+\frac{1}{4!}(2x)^2-\cdots+\frac{1}{100!}(2x)^{100}-\cdots+\cdots\right],$$

故 $y^{(100)}(0) = -2^{99}$.

注　解法 3 用到了幂级数展开式，这是第 10 章无穷级数的内容.

例 2.26　设 $y=\ln(x^2-3x+2)$. 求 $y^{(50)}$.

分析　先求出 $y'=\dfrac{2x-3}{x^2-3x+2}$，若继续求导，将很难归纳出 n 阶导数的表达式. 此类有理分式函数，常常是将其分解为部分分式之和，再使用已有的公式.

解　由于 $y'=\dfrac{2x-3}{x^2-3x+2}=\dfrac{1}{x-1}+\dfrac{1}{x-2}$，则

$$y^{(50)}=\left(\frac{1}{x-1}\right)^{(49)}+\left(\frac{1}{x-2}\right)^{(49)}=\frac{(-1)^{49}\cdot 49!}{(x-1)^{50}}+\frac{(-1)^{49}\cdot 49!}{(x-2)^{50}}=-\frac{49!}{(x-1)^{50}}-\frac{49!}{(x-2)^{50}}.$$

例 2.27　设函数 $y=y(x)$ 由方程 $\mathrm{e}^{x+y}+\cos(xy)=0$ 确定，求 $\dfrac{\mathrm{d}y}{\mathrm{d}x}$.

分析　由方程 $F(x,y)=0$ 确定的隐函数的求导通常有两种方法，一是只需将方程中的 y 看作中间变量，在 $F(x,y)=0$ 两边同时对 x 求导，然后将 y' 解出即可；二是利用微分形式不变性，方程两边对变量求微分，解出 $\mathrm{d}y$，则 $\mathrm{d}x$ 前的函数即为所求.

解法 1　在方程两边同时对 x 求导，有

$$\mathrm{e}^{x+y}(1+y')-\sin(xy)(y+xy')=0,$$

所以

$$y'=\frac{y\sin(xy)-\mathrm{e}^{x+y}}{\mathrm{e}^{x+y}-x\sin(xy)}.$$

解法 2　在方程 $\mathrm{e}^{x+y}+\cos(xy)=0$ 两边求微分，得

$$\mathrm{d}\mathrm{e}^{x+y}+\mathrm{d}\cos(xy)=0,$$

即 $\mathrm{e}^{x+y}(\mathrm{d}x+\mathrm{d}y)-\sin(xy)(x\mathrm{d}y+y\mathrm{d}x)=0$，从而 $\mathrm{d}y=\dfrac{y\sin(xy)-\mathrm{e}^{x+y}}{\mathrm{e}^{x+y}-x\sin(xy)}\mathrm{d}x$，所以

$$y'=\frac{y\sin(xy)-\mathrm{e}^{x+y}}{\mathrm{e}^{x+y}-x\sin(xy)}.$$

例 2.28 设函数 $y=f(x)$ 由方程 $y=1+xe^{xy}$ 所确定. 求 $y'|_{x=0}$，$y''|_{x=0}$.

解 将 $x=0$ 代入方程 $y=1+xe^{xy}$，得 $y=1$. 先求 $y'|_{x=0}$，下面用两种解法求 $y'|_{x=0}$.

解法 1 将方程两边关于 x 求导, 可得

$$y'=e^{xy}+x\cdot e^{xy}\cdot(y+xy').$$

将 $x=0$，$y=1$ 代入上式中可求得 $y'|_{x=0}=1$.

解法 2 将方程两边同时微分, 得

$$dy=xde^{xy}+e^{xy}dx$$

即 $dy=x^2e^{xy}dy+xye^{xy}dx+e^{xy}dx$. 化简得 $\dfrac{dy}{dx}=\dfrac{e^{xy}(1+xy)}{1-x^2e^{xy}}$. 将 $x=0$，$y=1$ 代入上式中求得 $y'|_{x=0}=1$.

下面求 y''. 对等式 $y'=e^{xy}+x\cdot e^{xy}\cdot(y+xy')$ 两边关于 x 求导, 得

$$y''=e^{xy}(y+xy')+e^{xy}(y+xy')+xe^{xy}(y+xy')^2+xe^{xy}(y'+y'+xy''),$$

将 $x=0$，$y=1$，$y'|_{x=0}=1$ 代入上式解得 $y''|_{x=0}=2$.

注 求 y'' 时, 也可将等式 $y'=\dfrac{e^{xy}(1+xy)}{1-x^2e^{xy}}$ 两边对 x 求导求得, 或利用对数求导法. 请读者自行完成这两种方法, 并比较一下孰优孰劣.

例 2.29 设函数 $y=y(x)$ 是由方程 $x\cdot e^{f(y)}=e^y$ 所确定, 其中 $f(x)$ 具有二阶导数且 $f'(x)\neq 1$. 求 $\dfrac{d^2y}{dx^2}$.

解法 1 对方程 $x\cdot e^{f(y)}=e^y$ 两边关于 x 求导, 得

$$e^{f(y)}+x\cdot e^{f(y)}\cdot f'(y)\cdot y'=e^y\cdot y',$$

即 $y'=\dfrac{e^{f(y)}}{e^y-xe^{f(y)}\cdot f'(y)}=\dfrac{\frac{1}{x}\cdot e^y}{e^y-e^y\cdot f'(y)}=\dfrac{1}{x[1-f'(y)]}$, 上式两端再对 x 求导得

$$y''=-\frac{1}{x^2[1-f'(y)]^2}\cdot\{1-f'(y)+x[-f''(y)\cdot y']\}=\frac{f''(y)-[1-f'(y)]^2}{x^2[1-f'(y)]^3}.$$

解法 2 方程 $x\cdot e^{f(y)}=e^y$ 两端取对数得

$$\ln x+f(y)=y,$$

对其两端关于 x 求导则有

$$\frac{1}{x}+f'(y)\cdot y'=y',$$

解得 $y'=\dfrac{1}{x[1-f'(y)]}$. 以下同解法 1.

注 利用原方程简化导数表达式是隐函数求导常用的方法之一, 在求隐函数的高阶导数时尤其显得重要.

例 2.30　求函数 $y=\left(\dfrac{x}{1+x}\right)^x$ 的导数 $\dfrac{\mathrm{d}y}{\mathrm{d}x}$.

分析　所给函数为幂指函数, 无求导公式可套用. 求导方法一般有两种: 对数求导法和利用恒等式 $x=\mathrm{e}^{\ln x}$ ($x>0$), 将幂指函数化为指数函数.

解法 1　对数求导法.

对等式 $y=\left(\dfrac{x}{1+x}\right)^x$ 两边取自然对数得

$$\ln y=x[\ln x-\ln(1+x)],$$

两边对 x 求导得

$$\frac{1}{y}\cdot y'=[\ln x-\ln(1+x)]+x\left(\frac{1}{x}-\frac{1}{1+x}\right),$$

解得

$$y'=\left(\frac{x}{1+x}\right)^x\cdot\left(\ln\frac{x}{1+x}+\frac{1}{1+x}\right).$$

解法 2　利用恒等式 $x=\mathrm{e}^{\ln x}$ ($x>0$).

$$y=\left(\frac{x}{1+x}\right)^x=\mathrm{e}^{\ln\left(\frac{x}{1+x}\right)^x}=\mathrm{e}^{x\cdot[\ln x-\ln(1+x)]}.$$

于是

$$\begin{aligned}y'&=\mathrm{e}^{x\cdot[\ln x-\ln(1+x)]}\cdot\{x\cdot[\ln x-\ln(1+x)]\}'\\&=\left(\frac{x}{1+x}\right)^x\cdot\left(\ln\frac{x}{1+x}+\frac{1}{1+x}\right).\end{aligned}$$

注　一般的可导幂指函数 $y=u(x)^{v(x)}$ 均可采用上述两种方法求导.

例 2.31　求由方程 $(\cos x)^y=(\sin y)^x$ 所确定的函数 $y(x)$ 的导数 $\dfrac{\mathrm{d}y}{\mathrm{d}x}$.

分析　此题为幂指函数和隐函数求导数的综合问题.

解法 1　对方程 $(\cos x)^y=(\sin y)^x$ 两边取自然对数得

$$y\ln\cos x=x\ln\sin y,$$

两端对 x 求导, 则有

$$y'\cdot\ln\cos x+y\cdot\frac{-\sin x}{\cos x}=\ln\sin y+x\cdot\frac{\cos y}{\sin y}\cdot y',$$

解得

$$\frac{\mathrm{d}y}{\mathrm{d}x}=\frac{\ln\sin y+y\tan x}{\ln\cos x-x\cot y}.$$

解法 2 原方程可变为 $e^{y\ln\cos x}=e^{x\ln\sin y}$，即

$$y\ln\cos x = x\ln\sin y .$$

对上式两边微分：

$$d(y\ln\cos x)=d(x\ln\sin y)$$

即

$$\ln\cos x dy + yd(\ln\cos x)=\ln\sin y dx + xd(\ln\sin y),$$

于是有 $\ln\cos x dy-\dfrac{y\sin x}{\cos x}dx=\ln\sin y dx+\dfrac{x\cos y}{\sin y}dy$，由此解得

$$\frac{dy}{dx}=\frac{\ln\sin y+y\tan x}{\ln\cos x-x\cot y}.$$

例 2.32 求函数 $y=\dfrac{\sqrt{x+2}\cdot(3-x)^4}{(1+x)^5}$ 的导数.

分析 该题属于求多个函数的乘积或幂的导数，用对数求导法较好.

解法 1 两端先取绝对值，再取对数得

$$\ln|y|=\frac{1}{2}\ln(x+2)+4\ln|3-x|-5\ln|x+1|,$$

两边对 x 求导，得

$$\frac{1}{y}\cdot y'=\frac{1}{2(x+2)}-\frac{4}{3-x}-\frac{5}{x+1}.$$

所以 $y'=\dfrac{\sqrt{x+2}\cdot(3-x)^4}{(1+x)^5}\cdot\left[\dfrac{1}{2(x+2)}-\dfrac{4}{3-x}-\dfrac{5}{x+1}\right]$.

解法 2 $y=\dfrac{\sqrt{x+2}\cdot(3-x)^4}{(1+x)^5}=(x+2)^{\frac{1}{2}}\cdot(3-x)^4(1+x)^{-5}$,

$$y'=\frac{1}{2}(x+2)^{-\frac{1}{2}}\cdot(3-x)^4(1+x)^{-5}-4(x+2)^{\frac{1}{2}}\cdot(3-x)^3(1+x)^{-5}-5(x+2)^{\frac{1}{2}}\cdot(3-x)^4(1+x)^{-6}$$

$$=\frac{\sqrt{x+2}\cdot(3-x)^4}{(1+x)^5}\cdot\left[\frac{1}{2(x+2)}-\frac{4}{3-x}-\frac{5}{x+1}\right].$$

例 2.33 设 $\begin{cases}x=1+t^2,\\ y=\cos t,\end{cases}$ 求 $\dfrac{d^2y}{dx^2}$.

分析 这是要求由参数方程确定函数的二阶导数，需要先求一阶导数.

解 $\dfrac{dy}{dx}=\dfrac{\frac{dy}{dt}}{\frac{dx}{dt}}=\dfrac{-\sin t}{2t}$,

$$\frac{d^2y}{dx^2}=\frac{d}{dx}\left(\frac{dy}{dx}\right)=\frac{d}{dx}\left(\frac{-\sin t}{2t}\right)=\frac{d}{dt}\left(\frac{-\sin t}{2t}\right)\cdot\frac{dt}{dx}=\frac{\sin t-t\cos t}{4t^3}.$$

错误解答　$\dfrac{dy}{dx}=\dfrac{\frac{dy}{dt}}{\frac{dx}{dt}}=\dfrac{-\sin t}{2t}$，$\dfrac{d^2y}{dx^2}=\left(\dfrac{-\sin t}{2t}\right)'=\dfrac{\sin t-t\cos t}{2t^2}$.

错解分析　出错的原因在于忽视了 $\dfrac{dy}{dx}=\dfrac{-\sin t}{2t}$ 是 t 的函数，t 为参数且是中间变量，而题目的要求是求 $\dfrac{d}{dx}\left(\dfrac{dy}{dx}\right)$. 因此，在求这类函数的二阶或三阶导数时要注意避免这类错误发生.

例 2.34　设 $x=f'(t)$，$y=tf'(t)-f(t)$ 且 $f''(t)\neq 0$. 求 $\dfrac{d^2y}{dx^2}$.

解　$\dfrac{dy}{dx}=\dfrac{\frac{dy}{dt}}{\frac{dx}{dt}}=\dfrac{\frac{d}{dt}[tf'(t)-f(t)]}{\frac{d}{dt}[f'(t)]}=t$，

$$\frac{d^2y}{dx^2}=\frac{d}{dx}\left(\frac{dy}{dx}\right)=\frac{d}{dt}\left(\frac{dy}{dx}\right)\cdot\frac{dt}{dx}=\frac{d}{dt}(t)\cdot\frac{dt}{dx}=1\cdot\frac{1}{f''(t)}=\frac{1}{f''(t)}.$$

例 2.35　设 $y=y(x)$ 是由 $\begin{cases}x=3t^2+2t+3,\\ e^y\sin t-y+1=0\end{cases}$ 所确定. 求 $\dfrac{d^2y}{dx^2}\Big|_{t=0}$.

分析　此题为隐函数求导与由参数方程所确定函数的求导的综合问题.

解法 1　在 $x=3t^2+2t+3$ 两边对 t 求导得

$$\frac{dx}{dt}=6t+2.$$

由 $e^y\sin t-y+1=0$ 得 $y|_{t=0}=1$，对方程两边关于 t 求导得

$$\frac{dy}{dt}=\frac{e^y\cos t}{1-e^y\sin t}=\frac{e^y\cos t}{2-y}.$$

则有 $\dfrac{dy}{dt}\Big|_{t=0}=e$，$\dfrac{dy}{dx}=\dfrac{\frac{dy}{dt}}{\frac{dx}{dt}}=\dfrac{e^y\cos t}{(2-y)(6t+2)}$. 故

$$\frac{d^2y}{dx^2}=\frac{d}{dt}\left(\frac{dy}{dx}\right)\cdot\frac{dt}{dx}=\frac{\left(\frac{dy}{dt}\cdot e^y\cos t-e^y\sin t\right)(2-y)(6t+2)-e^y\cos t\left[6(2-y)-\frac{dy}{dt}\cdot(6t+2)\right]}{(2-y)^2(6t+2)^3},$$

所以 $\dfrac{d^2y}{dx^2}\Big|_{t=0}=\dfrac{2e^2-3e}{4}$.

解法 2　由 $t=0$ 得 $x=3$，$y=1$．又

$$\frac{\mathrm{d}x}{\mathrm{d}t}=6t+2,\ \frac{\mathrm{d}y}{\mathrm{d}t}=\frac{\mathrm{e}^y\cos t}{1-\mathrm{e}^y\sin t}=\frac{\mathrm{e}^y\cos t}{2-y},$$

故

$$\frac{\mathrm{d}y}{\mathrm{d}x}=\frac{\frac{\mathrm{d}y}{\mathrm{d}t}}{\frac{\mathrm{d}x}{\mathrm{d}t}}=\frac{\mathrm{e}^y\cos t}{(2-y)(6t+2)},$$

$$\left.\frac{\mathrm{d}y}{\mathrm{d}x}\right|_{t=0}=\frac{\mathrm{e}}{2},$$

$$\frac{\mathrm{d}^2y}{\mathrm{d}x^2}=\frac{\mathrm{d}}{\mathrm{d}x}\left(\frac{\mathrm{e}^y}{2-y}\cdot\frac{\cos t}{6t+2}\right)=\frac{\cos t}{6t+2}\cdot\frac{\mathrm{d}}{\mathrm{d}x}\left(\frac{\mathrm{e}^y}{2-y}\right)+\frac{\mathrm{e}^y}{2-y}\cdot\frac{\mathrm{d}}{\mathrm{d}t}\left(\frac{\cos t}{6t+2}\right)\cdot\frac{\mathrm{d}t}{\mathrm{d}x}$$

$$=\frac{\cos t}{6t+2}\cdot\frac{(2-y)\mathrm{e}^y+\mathrm{e}^y}{(2-y)^2}\cdot\frac{\mathrm{d}y}{\mathrm{d}x}+\frac{\mathrm{e}^y}{2-y}\cdot\frac{-(6t+2)\sin t-6\cos t}{(6t+2)^3},$$

所以 $\left.\dfrac{\mathrm{d}^2y}{\mathrm{d}x^2}\right|_{t=0}=\dfrac{2\mathrm{e}^2-3\mathrm{e}}{4}$．

解法 3　运用公式 $\dfrac{\mathrm{d}^2y}{\mathrm{d}x^2}=\dfrac{\dfrac{\mathrm{d}^2y}{\mathrm{d}t^2}\cdot\dfrac{\mathrm{d}x}{\mathrm{d}t}-\dfrac{\mathrm{d}y}{\mathrm{d}t}\cdot\dfrac{\mathrm{d}^2x}{\mathrm{d}t^2}}{\left(\dfrac{\mathrm{d}x}{\mathrm{d}t}\right)^3}$．

容易求出 $\left.\dfrac{\mathrm{d}x}{\mathrm{d}t}\right|_{t=0}=(6t+2)|_{t=0}=2$，$\dfrac{\mathrm{d}^2x}{\mathrm{d}t^2}=6$，$y|_{t=0}=1$，对 $\mathrm{e}^y\sin t-y+1=0$ 两边分别关于 t 求一阶导数，得

$$\frac{\mathrm{d}y}{\mathrm{d}t}\cdot\mathrm{e}^y\sin t-\frac{\mathrm{d}y}{\mathrm{d}t}+\mathrm{e}^y\cos t=0,$$

从而 $\left.\dfrac{\mathrm{d}y}{\mathrm{d}t}\right|_{t=0}=\mathrm{e}$，对 $\dfrac{\mathrm{d}y}{\mathrm{d}t}\cdot\mathrm{e}^y\sin t-\dfrac{\mathrm{d}y}{\mathrm{d}t}+\mathrm{e}^y\cos t=0$ 两边分别关于 t 求一阶导数，得

$$\frac{\mathrm{d}^2y}{\mathrm{d}t^2}\cdot\mathrm{e}^y\sin t+\left(\frac{\mathrm{d}y}{\mathrm{d}t}\right)^2\cdot\mathrm{e}^y\sin t+2\frac{\mathrm{d}y}{\mathrm{d}t}\cdot\mathrm{e}^y\cos t-\frac{\mathrm{d}^2y}{\mathrm{d}t^2}-\mathrm{e}^y\sin t=0,$$

由此可得 $\left.\dfrac{\mathrm{d}^2y}{\mathrm{d}t^2}\right|_{t=0}=2\mathrm{e}^2$．

于是将 $\left.\dfrac{\mathrm{d}x}{\mathrm{d}t}\right|_{t=0}=2$，$\dfrac{\mathrm{d}^2x}{\mathrm{d}t^2}=6$，$\left.\dfrac{\mathrm{d}y}{\mathrm{d}t}\right|_{t=0}=\mathrm{e}$，$\left.\dfrac{\mathrm{d}^2y}{\mathrm{d}t^2}\right|_{t=0}=2\mathrm{e}^2$ 代入公式

$$\frac{\mathrm{d}^2y}{\mathrm{d}x^2}=\frac{\dfrac{\mathrm{d}^2y}{\mathrm{d}t^2}\cdot\dfrac{\mathrm{d}x}{\mathrm{d}t}-\dfrac{\mathrm{d}y}{\mathrm{d}t}\cdot\dfrac{\mathrm{d}^2x}{\mathrm{d}t^2}}{\left(\dfrac{\mathrm{d}x}{\mathrm{d}t}\right)^3},$$

得 $\dfrac{\mathrm{d}^2y}{\mathrm{d}x^2}\Big|_{t=0}=\dfrac{2\mathrm{e}^2-3\mathrm{e}}{4}$.

例 2.36　曲线 $y=\ln x$ 上与直线 $x+y=1$ 垂直的切线方程为_________.

分析　求切线方程, 需先求斜率即求一阶导数, 利用两直线（不平行坐标轴）垂直的关系：斜率互为负倒数.

解　直线 $x+y=1$ 的斜率为 $k_1=-1$, 由 $y'=(\ln x)'=\dfrac{1}{x}$ 得 $k_2=\dfrac{1}{x}$, 由 $k_1\cdot k_2=-1$ 得 $x=1$, 从而切点为 $(1,0)$, 于是所求切线方程为 $y-0=1\cdot(x-1)$, 即 $y=x-1$ 为所求.

例 2.37　求对数螺线 $\rho=\mathrm{e}^{\theta}$ 在点 $(\rho,\theta)=\left(\mathrm{e}^{\frac{\pi}{2}},\pi/2\right)$ 处的切线的直角坐标方程.

分析　求切线方程, 需先求斜率即求一阶导数, 而对数螺线的方程为极坐标形式, 故应先化为参数方程形式.

解　由 $\rho=\mathrm{e}^{\theta}$ 知 $\begin{cases}x=\mathrm{e}^{\theta}\cos\theta,\\ y=\mathrm{e}^{\theta}\sin\theta,\end{cases}$ 点 $\left(\mathrm{e}^{\frac{\pi}{2}},\pi/2\right)$ 的直角坐标为 $\left(0,\mathrm{e}^{\frac{\pi}{2}}\right)$. 又由

$$\frac{\mathrm{d}y}{\mathrm{d}x}=\frac{\dfrac{\mathrm{d}y}{\mathrm{d}\theta}}{\dfrac{\mathrm{d}x}{\mathrm{d}\theta}}=\frac{\cos\theta+\sin\theta}{\cos\theta-\sin\theta}$$

可知, 当 $\theta=\dfrac{\pi}{2}$ 时 $\dfrac{\mathrm{d}y}{\mathrm{d}x}=-1$. 故所求切线方程为 $y-\mathrm{e}^{\frac{\pi}{2}}=(-1)\cdot(x-0)$ 即 $x+y-\mathrm{e}^{\frac{\pi}{2}}=0$ 为所求.

例 2.38　已知曲线 $f(x)=x^n$ 在点 $(1,1)$ 处的切线与 x 轴的交点为 $(\xi_n,0)$. 求 $\lim\limits_{n\to\infty}f(\xi_n)$.

分析　先求出切线方程, 然后求出该切线与 x 轴的交点坐标即可.

解　曲线在 $(1,1)$ 处的切线斜率为

$$k=f'(1)=n\cdot x^{n-1}\big|_{x=1}=n,$$

故切线方程为 $y-1=n(x-1)$. 令 $y=0$, 得该切线与 x 轴的交点的横坐标为 $\xi_n=1-\dfrac{1}{n}$. 于是

$$\lim_{n\to\infty}f(\xi_n)=\lim_{n\to\infty}\left(1-\frac{1}{n}\right)^n=\lim_{n\to\infty}\left(1-\frac{1}{n}\right)^{(-n)\cdot(-1)}=\mathrm{e}^{-1}.$$

例 2.39　已知 $f(x)$ 是周期为 5 的连续函数, 其在 $x=0$ 的某个邻域内满足关系式

$$f(1+\sin x)-3f(1-\sin x)=8x+\alpha(x),$$

其中 $\alpha(x)$ 是当 $x\to 0$ 时比 x 高阶的无穷小且 $f(x)$ 在 $x=1$ 处可导. 求曲线 $y=f(x)$ 在点 $(6,f(6))$ 处的切线方程.

分析　求 $f(x)$ 在 $(6,f(6))$ 处的切线方程, 需求 $f(6)$ 与切线斜率 $f'(6)$, 而由

$f(x+5)=f(x)$，可得 $f(6)=f(1)$ 和 $f'(x+5)=f'(x)$，从而 $f'(6)=f'(1)$．故问题转化为求 $f(1)$ 与 $f'(1)$．

解　由题设条件有

$$\lim_{x\to 0}[f(1+\sin x)-3f(1-\sin x)]=\lim_{x\to 0}[8x+\alpha(x)],$$

从而 $f(1)-3f(1)=0$，得 $f(1)=0$．又

$$\lim_{x\to 0}\frac{f(1+\sin x)-3f(1-\sin x)}{x}=\lim_{x\to 0}\left[\frac{8x}{x}+\frac{\alpha(x)}{x}\right]=8,$$

从而

$$\lim_{x\to 0}\frac{f(1+\sin x)-3f(1-\sin x)}{\sin x}\cdot\frac{\sin x}{x}=8,$$

即

$$\lim_{x\to 0}\frac{f(1+\sin x)-3f(1-\sin x)}{\sin x}=8.$$

令 $t=\sin x$，则有

$$\lim_{x\to 0}\frac{f(1+\sin x)-3f(1-\sin x)}{\sin x}=\lim_{t\to 0}\frac{f(1+t)-3f(1-t)}{t}=8,$$

即

$$\lim_{t\to 0}\frac{f(1+t)-3f(1-t)}{t}=\lim_{t\to 0}\frac{f(1+t)-f(1)}{t}+3\cdot\lim_{t\to 0}\frac{f(1-t)-f(1)}{-t}=4f'(1)=8.$$

所以 $f'(1)=2$．由 $f(x+5)=f(x)$，可得 $f'(x+5)=f'(x)$．则

$$f(6)=f(1)=0,\quad f'(6)=f'(1)=2,$$

故所求切线方程为 $y-0=2(x-6)$，即 $2x-y-12=0$ 为所求.

例 2.40　扩音器插头为圆柱形，截面半径 r 为 0.15 cm，长度 l 为 4 cm，为了提高它的导电性能，要在圆柱的侧面镀一层厚度为 0.001 cm 的铜，问每个插头需要用多少克纯铜？（铜的密度为 8.9 g/cm^3）

解　圆柱体 $V=\pi r^2 l$，$\Delta V\approx \mathrm{d}V=2\pi rl\Delta r$，以 $r=0.15,\ l=4,\ \Delta r=0.001$ 代入得

$$\Delta V\approx 8\pi\times 0.15\times 0.001\approx 0.0037699,$$

铜的密度为 8.9 g/cm^3，故每个插头所需要铜的质量为：$m=\rho\Delta V=0.03355\,\mathrm{g}$．

例 2.41　计算 $\sqrt[3]{996}$ 的近似值.

解　取 $x_0=1000$，则 $x_0=1000$ 和 $x=996$ 比较接近，再利用近似公式 $\sqrt[n]{1+x}\approx 1+\frac{1}{n}x$ 计算,

$$\sqrt[3]{996}=\sqrt[3]{1000-4}=\sqrt[3]{10^3\left(1-\frac{4}{1000}\right)}=10\sqrt[3]{1-\frac{4}{1000}}$$

$$\approx 10\left(1-\frac{0.004}{3}\right)\approx 10(1-0.0013)\approx 9.9867.$$

2.4　自我测试题

A 级自我测试题

一、选择题（每小题 3 分，共 15 分）

1. 设 $f(x)$ 在 (a,b) 内连续，并且 $x_0 \in (a,b)$，则在点 x_0 处（　　）.

A. $f(x)$ 的极限存在且可导　　B. $f(x)$ 的极限存在但不一定可导

C. $f(x)$ 的极限不存在但可导　　D. $f(x)$ 的极限不一定存在

2. 设 $f(x)$ 可微，则 $\mathrm{d}f(\mathrm{e}^x)$ =（　　）.

A. $f'(x)\mathrm{d}x$　　B. $f'(\mathrm{e}^x)\mathrm{d}x$　　C. $f'(\mathrm{e}^x)\mathrm{e}^x\mathrm{d}x$　　D. $f'(\mathrm{e}^x)\mathrm{e}^x$

3. 设 $f(x)=a_0x^n+a_1x^{n-1}+\cdots+a_n$. 则 $f^{(n)}(2008)$ =（　　）.

A. a_n　　B. a_0　　C. $n!a_0$　　D. 0

4. 设曲线 $y=x^3+ax$ 与曲线 $y=bx^2+c$ 在点 $(-1,0)$ 处相切，其中 a、b、c 为常数. 则（　　）.

A. $a=b=-1,c=1$　　B. $a=-1,b=2,c=-2$

C. $a=1,b=-2,c=2$　　D. $a=c=1,b=-1$

5. 设 $f(x)$ 是可导函数且 $\lim\limits_{x\to0}\dfrac{f(1)-f(1-x)}{2x}=-1$. 则曲线 $y=f(x)$ 在点 $(1,f(1))$ 处的切线斜率为（　　）.

A. -1　　B. -2　　C. 0　　D. 1

二、填空题（每小题 3 分，共 15 分）

1. 已知 $f'(x_0)=-1$，则 $\lim\limits_{x\to0}\dfrac{f(x_0-2x)-f(x_0-x)}{x}=$ ________.

2. 若 $f(x)$ 为可微函数，当 $\Delta x\to0$ 时，则在点 x 处的 $\Delta y-\mathrm{d}y$ 是关于 Δx 的________.

3. 设 $f(x)=\dfrac{1}{1+x}$，则 $f^{(n)}(x)=$ ________.

4. 曲线 $y=\arctan x$ 在横坐标为 1 处的切线方程是________，法线方程是________.

5. $\dfrac{\mathrm{d}\sin\sqrt{x}}{\mathrm{d}\sqrt{x}}=$ ________.

三、（7 分）　设函数 $f(x)=\begin{cases}\sin x, & -\pi/2\leqslant x<0,\\ e^x-1, & 0\leqslant x<\ln 3,\\ 2x^2, & \ln 3\leqslant x<3,\end{cases}$ 讨论 $f(x)$ 的连续性与可导性.

四、计算题（每小题 7 分，共 49 分）

1. 求函数 $y=\arctan e^{\sqrt{x}}$ 的一阶导数.

2. 设 $y=\dfrac{x}{2}\sqrt{x^2-a^2}-\dfrac{a^2}{2}\ln(x+\sqrt{x^2-a^2})$. 求 dy 与 y''.

3. 求 $(x^3\cos x)^{(10)}$.

4. 设 $f(u)$ 为可微函数. 求 $y=f(e^x)e^{f(x)}$ 的导数 $\dfrac{dy}{dx}$.

5. 函数 $y=\dfrac{x(1-x)^2}{(1+x)^3}$ 的一阶导数.

6. 设 $x=e^{2t}-1$，$y=2e^t$. 求 $\dfrac{d^2y}{dx^2}$.

7. 求由方程 $\cos(x+y)=y$ 确定的隐函数 $y=f(x)$ 的导数 $\dfrac{dy}{dx}$ 与二阶导数 $\dfrac{d^2y}{dx^2}$.

五、证明题（每小题 7 分，共 14 分）

1. 设 $f(x)=(x-a)\varphi(x)$，其中为 $\varphi(x)$ 连续函数. 证明：$f(x)$ 在点 $x=a$ 处的导数存在且等于 $\varphi(a)$.

2. 已知函数 $y=y(x)$ 二阶可导且满足方程 $(1-x^2)\dfrac{d^2y}{dx^2}-x\dfrac{dy}{dx}+a^2y=0$. 求证：若令 $x=\sin t$，则此方程可以变换为 $\dfrac{d^2y}{dt^2}+a^2y=0$.

B 级自我测试题

一、选择题（每小题 3 分，共 12 分）

1. 函数 $f(x)=\begin{cases}(1-e^{-x^2})\cos\dfrac{1}{x}, & x\neq 0,\\ 0, & x=0\end{cases}$ 在 $x=0$ 处（　　）.

A. 极限不存在　　B. 极限存在，但不连续

C. 连续，但不可导　　D. 可导

2. 若 $f(x)$ 为 $(-\infty,+\infty)$ 内的可导的奇函数，则 $f'(x)$（　　）.

A. 为 $(-\infty,+\infty)$ 内的奇函数

B. 为 $(-\infty,+\infty)$ 内的偶函数

C. 为 $(-\infty,+\infty)$ 内的非奇非偶函数

D. 可能为 $(-\infty,+\infty)$ 内的奇函数，可能为偶函数

3. 设周期函数 $f(x)$ 在 $(-\infty,+\infty)$ 内可导，周期为 4，又 $\lim\limits_{x\to0}\dfrac{f(1)-f(1-x)}{2x}=-1$. 则曲线 $y=f(x)$ 在点 $(5,f(5))$ 处的切线斜率为（　　）.

A. $\dfrac{1}{2}$　　B. 0　　C. -1　　D. -2

4. 设 $f(x)=|(x-1)(x-2)^2(x-3)^3|$. 则 $f'(x)$ 不存在的点的个数是（　　）.

A. 0　　B. 1　　C. 2　　D. 3

二、填空题（每小题 4 分，共 12 分）

1. 设 $f(x)=x(x+1)(x+2)\cdots(x+n)$. 则 $f'(0)=$________.

2. 已知 $y=f\left(\dfrac{3x-2}{3x+2}\right)$，$f'(x)=\arctan x^2$. 则 $\dfrac{\mathrm{d}y}{\mathrm{d}x}\Big|_{x=0}=$________.

3. 设 $T=\cos n\theta$，$\theta=\arccos x$. 则 $\lim\limits_{x\to0}\dfrac{\mathrm{d}T}{\mathrm{d}x}=$________.

三、解答题（每小题 6 分，共 48 分）

1. 设 $y=\sqrt[3]{1+\sqrt[3]{1+\sqrt[3]{x}}}$. 求 y'.

2. 设 $y=[\ln(x\sec x)]^2$. 求 $\mathrm{d}y$.

3. 设 $y=f(\ln x)$ 且 f 二阶可导. 求 $\dfrac{\mathrm{d}^2y}{\mathrm{d}x^2}$.

4. 设 $y=\dfrac{1}{x^2-5x+4}$. 求 $y^{(100)}$.

5. 求幂指数函数 $y=(\ln x)^x$ 的一阶导数.

6. 求函数 $y=\sqrt{x\sin x\sqrt{1-\mathrm{e}^x}}$ 的一阶导数.

7. 设 $x=\mathrm{e}^{\sin t}$，$y=\sin\mathrm{e}^t$，$z=t^2$. 求 $\dfrac{\mathrm{d}x}{\mathrm{d}z}$，$\dfrac{\mathrm{d}^2y}{\mathrm{d}z^2}$.

8. 设 $y=f(x+y)$，其中 f 具有二阶导数且其一阶导数不等于1. 求 $\dfrac{\mathrm{d}^2y}{\mathrm{d}x^2}$.

四、（7 分）　设函数 $y=f(x)$ 三阶可导并且其反函数 $x=g(y)$ 存在且可导. 试用 $f'(x)$，$f''(x)$ 和 $f^{(3)}(x)$ 表示 $g^{(3)}(y)$.

五、证明题（每小题 7 分，共 21 分）

1. 证明：$\dfrac{\mathrm{d}^n}{\mathrm{d}x^n}\left(x^{n-1}\mathrm{e}^{\frac{1}{x}}\right)=\mathrm{e}^{\frac{1}{x}}\dfrac{(-1)^n}{x^{n+1}}$.

2. 设 $f(x)$ 在 $(-\infty,+\infty)$ 上有定义，对任何 x，$y\in(-\infty,+\infty)$ 满足 $f(x+y)=f(x)\cdot f(y)$ 且有 $f'(0)=1$．证明：当 $x\in(-\infty,+\infty)$ 时，$f'(x)=f(x)$.

3. 证明曲线 $\begin{cases}x=a(\cos t+t\sin t),\\ y=a(\sin t-t\cos t)\end{cases}$ 上任一点的法线到原点的距离等于 $|a|$.

第 3 章　微分中值定理与导数的应用

3.1　知识结构图与学习要求

3.1.1　知识结构图

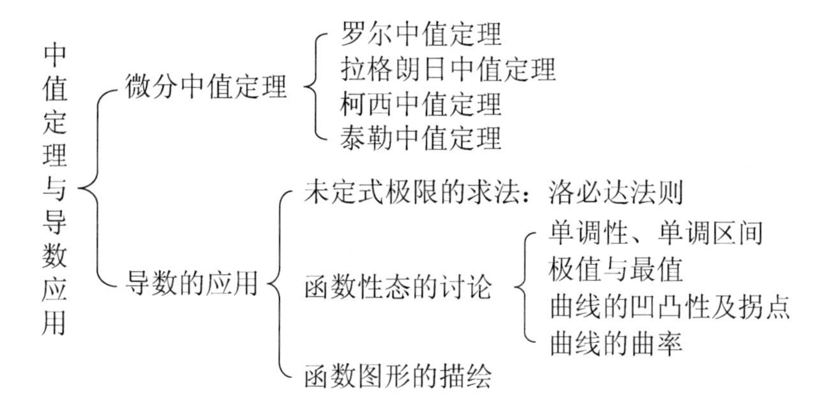

3.1.2　学习要求

（1）理解并会用罗尔（Rolle）中值定理、拉格朗日（Lagrange）中值定理和泰勒（Taylor）中值定理，了解并会用柯西（Cauchy）中值定理.

（2）掌握用洛必达法则求未定式极限的方法.

（3）理解函数的极值概念，掌握用导数判断函数的单调性和求极值的方法，掌握函数最大值和最小值的求法及简单应用.

（4）了解曲率和曲率半径的概念，会计算曲率和曲率半径.

（5）会用导数判断函数图形的凹凸性，会求函数图形的拐点及水平、铅直和斜渐近线，会描绘函数的图形.

3.2　内 容 提 要

3.2.1　微分中值定理

1. *罗尔中值定理*

如果函数 $f(x)$ 满足

（1）在闭区间$[a,b]$上连续；

（2）在开区间(a,b)内可导；

（3）在区间端点处的函数值相等，即$f(a)=f(b)$，那么在(a,b)内至少有一点ξ，使得$f'(\xi)=0$成立.

2. 拉格朗日中值定理

如果函数$f(x)$满足

（1）在闭区间$[a,b]$上连续；

（2）在开区间(a,b)内可导，

那么在(a,b)内至少有一点ξ，使等式

$$f(b)-f(a)=f'(\xi)(b-a)$$

成立.

拉格朗日中值定理的其他形式：

$f(b)-f(a)=f'[a+\theta(b-a)](b-a)$， $0<\theta<1$；

$f(x)=f(x_0)+f'(\xi)(x-x_0)$，$\xi$在$x_0$与$x$之间；

$f(x)=f(x_0)+f'[x_0+\theta(x-x_0)](x-x_0)$， $0<\theta<1$；

$f(x_0+h)=f(x_0)+f'(\xi)h$，ξ在x_0与x_0+h之间.

3. 柯西中值定理

如果函数$f(x)$及$F(x)$满足

（1）在闭区间$[a,b]$上连续；

（2）在开区间(a,b)内可导；

（3）对任一$x\in(a,b)$，$F'(x)\neq 0$，

那么在(a,b)内至少有一点ξ，使等式

$$\frac{f(b)-f(a)}{F(b)-F(a)}=\frac{f'(\xi)}{F'(\xi)}$$

成立.

注 1 中值定理中罗尔中值定理可以认为是最基本的，因为其他两个中值定理均能用它导出，而拉格朗日中值定理是最常用的.

注 2 罗尔中值定理、拉格朗日中值定理和柯西中值定理的条件都是充分条件但不是必要条件.

4. 泰勒公式

（1）泰勒中值定理：如果函数$f(x)$在含有x_0的某个开区间(a,b)内具有直到（$n+1$）阶的导数，则对任一$x\in(a,b)$，有

$$f(x)=f(x_0)+f'(x_0)(x-x_0)+\frac{f''(x_0)}{2!}(x-x_0)^2+\cdots+\frac{f^{(n)}(x_0)}{n!}(x-x_0)^n+R_n(x),$$

其中

$$R_n(x)=\frac{f^{(n+1)}(\xi)}{(n+1)!}(x-x_0)^{n+1}\quad(\xi\text{是在}\ x_0\ \text{与}\ x\ \text{之间的某个值}),$$

称 $R_n(x)$ 为拉格朗日型余项.

其中

$$R_n(x)=\frac{f^{(n+1)}(\xi)}{(n+1)!}(x-x_0)^{n+1}\quad(\xi\text{是在}\ x_0\ \text{与}\ x\ \text{之间的某个值}),$$

称 $R_n(x)$ 为拉格朗日型余项.

（2）具有佩亚诺（Peano）型余项的泰勒中值定理：如果函数 $f(x)$ 在含有 x_0 的某个开区间 (a,b) 内有直到 n 阶的导数，并且 $f^{(n)}(x)$ 在 (a,b) 内连续，则对任一 $x\in(a,b)$，有

$$f(x)=f(x_0)+f'(x_0)(x-x_0)+\frac{f''(x_0)}{2!}(x-x_0)^2+\cdots+\frac{f^{(n)}(x_0)}{n!}(x-x_0)^n+o[(x-x_0)^n],$$

称 $R_n(x)=o[(x-x_0)^n]$ 为佩亚诺型余项.

注　在上述泰勒中值定理中取 $x_0=0$ 后得到的公式称为麦克劳林公式，几个常用函数的麦克劳林公式：

$$\mathrm{e}^x=1+x+\frac{x^2}{2!}+\cdots+\frac{x^n}{n!}+o(x^n)\quad(-\infty<x<+\infty);$$

$$\sin x=x-\frac{x^3}{3!}+\frac{x^5}{5!}-\cdots+(-1)^{n+1}\frac{x^{2n-1}}{(2n-1)!}+o(x^{2n-1})\quad(-\infty<x<+\infty);$$

$$\cos x=1-\frac{x^2}{2!}+\frac{x^4}{4!}-\frac{x^6}{6!}+\cdots+(-1)^{n+1}\frac{x^{2n-2}}{(2n-2)!}+o(x^{2n-2})\quad(-\infty<x<+\infty);$$

$$\ln(1+x)=x-\frac{x^2}{2}+\frac{x^3}{3}-\cdots+\frac{(-1)^{n+1}}{n}x^n+o(x^n)\quad(-1<x\leqslant 1);$$

$$\frac{1}{1-x}=1+x+x^2+\cdots+x^n+o(x^n)\quad(-1<x<1);$$

$$(1+x)^m=1+mx+\frac{m(m-1)}{2!}x^2+\cdots+\frac{m(m-1)\cdots(m-n+1)}{n!}x^n+o(x^n)\quad(-1<x<1).$$

注 上面 4 个中值定理之间的关系：

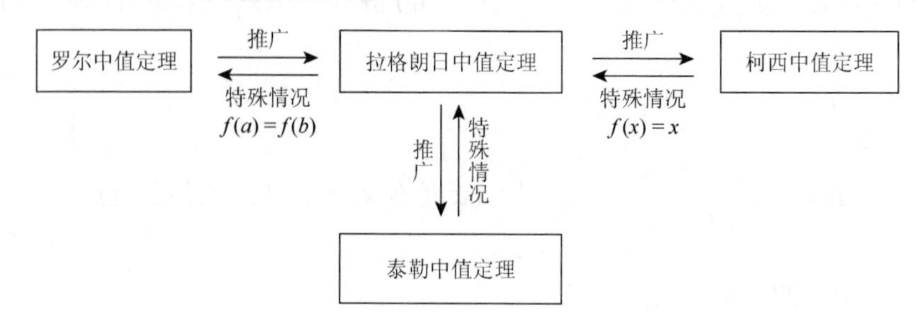

3.2.2 洛必达法则

定义 3.1 如果当 $x\to a$ （或 $x\to\infty$ ）时，两个函数 $f(x)$ 与 $F(x)$ 都趋于零或都趋于无穷大，那么极限 $\lim\limits_{x\to a}\dfrac{f(x)}{F(x)}\left(或\lim\limits_{x\to\infty}\dfrac{f(x)}{F(x)}\right)$ 称为 $\dfrac{0}{0}$ 或 $\dfrac{\infty}{\infty}$ 型未定式.

定理 3.1（洛必达法则） 设

（1） $\lim\limits_{x\to a}f(x)=\lim\limits_{x\to a}F(x)=0$ ；

（2）在点 a 的某空心邻域内，$f'(x)$ 及 $F'(x)$ 都存在且 $F'(x)\neq 0$ ；

（3） $\lim\limits_{x\to a}\dfrac{f'(x)}{F'(x)}$ 存在（或为无穷大），那么

$$\lim_{x\to a}\frac{f(x)}{F(x)}=\lim_{x\to a}\frac{f'(x)}{F'(x)}.$$

注 对于 $x\to\infty$ 时的未定式 $\dfrac{0}{0}$，以及对于 $x\to a$ 或 $x\to\infty$ 时的未定式 $\dfrac{\infty}{\infty}$，也有相应的洛必达法则.

3.2.3 函数的单调性

定理 3.2 设函数 $f(x)$ 在 $[a,b]$ 上连续，在 (a,b) 内可导，若 $f'(x)\geqslant 0(f'(x)\leqslant 0)$，$x\in(a,b)$，则 $f(x)$ 在 $[a,b]$ 上单调增加（减少）.

注 将这个定理中的闭区间换成其他各种区间（包括无穷区间），那么结论也成立.

3.2.4　函数的极值

1. 定义

设函数 $f(x)$ 在点 x_0 的某邻域 $U(x_0)$ 内有定义，如果对于某邻域 $U(x_0)$ 内的任一 x，有 $f(x) \leqslant f(x_0)$（或 $f(x) \geqslant f(x_0)$），那么就称 $f(x_0)$ 是函数 $f(x)$ 的一个极大值（或极小值）.

2. 判定条件

（1）必要条件：若函数 $f(x)$ 在 x_0 处可导且在 x_0 处取极值，则 $f'(x_0)=0$.

注　可导函数 $f(x)$ 的极值点必定是驻点. 但反过来，函数的驻点却不一定是极值点.

（2）第一充分条件：设 $f(x)$ 在 x_0 处连续，并且在 x_0 的某空心邻域 $\dot{U}(x_0,\delta)$ 内可导.

a. 若 $x \in (x_0-\delta, x_0)$ 时，$f'(x) \geqslant 0$，而 $x \in (x_0, x_0+\delta)$ 时，$f'(x) \leqslant 0$，则 $f(x)$ 在 x_0 处取得极大值；

b. 若 $x \in (x_0-\delta, x_0)$ 时，$f'(x) \leqslant 0$，而 $x \in (x_0, x_0+\delta)$ 时，$f'(x) \geqslant 0$，则 $f(x)$ 在 x_0 处取得极小值；

c. 若 $x \in \dot{U}(x_0,\delta)$ 时，$f'(x)$ 符号保持不变，则 $f(x)$ 在 x_0 处无极值.

注　由第一充分条件知，函数的驻点、不可导点是可能的极值点.

（3）第二充分条件：设 $f(x)$ 在 x_0 处具有二阶导数且 $f'(x_0)=0$，$f''(x_0) \neq 0$，那么

a. 当 $f''(x_0)<0$ 时，函数 $f(x)$ 在 x_0 处取得极大值；

b. 当 $f''(x_0)>0$ 时，函数 $f(x)$ 在 x_0 处取得极小值.

注　第二充分条件只适用于 $f''(x_0) \neq 0$ 且 $f'(x_0)=0$ 的情形，当 $f''(x_0)=0$ 或者 $f'(x_0)$ 不存在时用第一充分条件来判定.

3.2.5　函数的最值

1. 最大值和最小值

设函数 $f(x)$ 在 $[a,b]$ 上连续，在 (a,b) 内除有限个点外可导，并且至多有有限个驻点，则求 $f(x)$ 在 $[a,b]$ 上的最大值和最小值的方法如下：

（1）求出 $f(x)$ 在 (a,b) 内的驻点 x_1, x_2, …, x_m 及不可导点 x_1', x_2', …, x_n'；

（2）计算 $f(x_i)(i=1,2\cdots,m)$，$f(x_i')(i=1,2\cdots,n)$ 及 $f(a)$，$f(b)$；

（3）比较（2）中各个值的大小, 其中最大的便是 $f(x)$ 在 $[a,b]$ 上的最大值, 最小的便是 $f(x)$ 在 $[a,b]$ 上的最小值.

2. 实际问题最值的求法

（1）建立目标函数;

（2）求最值.

注 若目标函数 $f(x)$ 在其定义区间 I 上处处可导, 并且在其定义区间 I 内部只有唯一的驻点 x_0，由问题的实际意义能够判定所求最值存在且必在 I 内取到, 则可立即断言 $f(x_0)$ 就是所求的最值.

3.2.6 曲线的凹凸性及拐点

1. 定义

设函数 $f(x)$ 在区间 I 内连续, 如果对 I 上任意两点 x_1，x_2 及任意正数 $\lambda(0<\lambda<1)$ 恒有

$$f[\lambda x_1+(1-\lambda)x_2]\leqslant\lambda f(x_1)+(1-\lambda)f(x_2),$$

那么称 $f(x)$ 在 I 上的图形是（向上）凹的（或凹弧）; 如果恒有

$$f[\lambda x_1+(1-\lambda)x_2]\geqslant\lambda f(x_1)+(1-\lambda)f(x_2),$$

那么称 $f(x)$ 在 I 上的图形是（向上）凸的（或凸弧）. 拐点是连续曲线上凹凸性的分界点.

2. 判定定理

定理 3.3 如果 $f(x)$ 在 $[a,b]$ 上连续, 在 (a,b) 内具有一阶和二阶导数, 若在 (a,b) 内, 有

（1）$f''(x)\geqslant 0$，则 $f(x)$ 在 $[a,b]$ 上的是凹的;

（2）$f''(x)\leqslant 0$，则 $f(x)$ 在 $[a,b]$ 上的是凸的.

定理 3.4 设 $y=f(x)$ 在 $x=x_0$ 的某个空心邻域内具有二阶导数, 如果 $f''(x)$ 在 x_0 左右两侧邻近的符号不同处, 则 $(x_0,f(x_0))$ 是拐点.

3.2.7 渐近线

（1）若 $\lim\limits_{x\to\infty}f(x)=A$（或 $\lim\limits_{x\to+\infty}f(x)=A, \lim\limits_{x\to-\infty}f(x)=A$），则 $y=A$ 是 $y=f(x)$ 的水平渐近线;

（2）若 $\lim\limits_{x\to x_0} f(x)=\infty$（或 $\lim\limits_{x\to x_0^+} f(x)=\infty, \lim\limits_{x\to x_0^-} f(x)=\infty$），则 $x=x_0$ 是 $y=f(x)$ 的铅直渐近线；

（3）若 $\lim\limits_{\substack{x\to\infty \\ \left(\substack{x\to+\infty \\ x\to-\infty}\right)}} \dfrac{f(x)}{x}=k$ 及 $\lim\limits_{\substack{x\to\infty \\ \left(\substack{x\to+\infty \\ x\to-\infty}\right)}} \left[f(x)-kx\right]=b$，则 $y=kx+b$ 是 $y=f(x)$ 的斜渐近线.

3.2.8　曲率

设 $f(x)$ 在 (a,b) 上具有连续导数，则 $f(x)$ 的弧微分为：$\mathrm{d}s=\sqrt{1+y'^2}\,\mathrm{d}x$.

定义 3.2　比值$\left|\dfrac{\Delta\alpha}{\Delta s}\right|$，即单位弧段上切线转过的角度大小，称为 M 到 N 弧段的平均曲率，极限 $K=\lim\limits_{\Delta s\to 0}\left|\dfrac{\Delta\alpha}{\Delta s}\right|$ 称为曲线 $y=f(x)$ 在点 $M(x,f(x))$ 的曲率.

曲率的倒数 $\dfrac{1}{K}$ 称为曲线 $y=f(x)$ 在点 $M(x,f(x))$的曲率半径，$K=0$ 时称这曲率半径为无穷大.

在曲线 M 处的法线上凹的一侧取一点 D，使 $|DM|=\dfrac{1}{K}=\rho$，以 D 中心，ρ 为半径的圆，称为曲率圆.

当 $y=f(x)$ 具有二阶导数时，$K=\dfrac{|y''|}{\sqrt{(1+y'^2)^3}}$.

当曲线是由参数方程$\begin{cases}x=\varphi(t),\\ y=\psi(t)\end{cases}$给出时，则 $K=\dfrac{|\varphi'\psi''-\varphi''\psi'|}{\sqrt{(\varphi'^2+\psi'^2)^3}}$.

3.3　典型例题解析

例 3.1　验证函数 $f(x)=\sqrt[3]{x^2(1-x^2)}$ 在 $[0,1]$ 上满足罗尔中值定理的条件.

解　因 $f(x)$ 是在 $[0,1]$ 上有定义的初等函数，所以 $f(x)$ 在 $[0,1]$ 上连续，并且

$$f'(x)=\frac{2}{3}\cdot\frac{1-2x^2}{x^{\frac{1}{3}}(1-x^2)^{\frac{2}{3}}}$$

在 $(0,1)$ 内存在，$f(0)=f(1)=0$. 故 $f(x)$ 在 $[0,1]$ 上满足罗尔中值定理的条件，由定理知至少存在一点 $\xi\in(0,1)$ 使得 $f'(\xi)=0$ ，即 $1-2\xi^2=0$. 于是解得 $\xi=\dfrac{1}{\sqrt{2}}\in(0,1)$.

例 3.2　设 $f(x)$ 在 $[a,b]$ 上连续，在 (a,b) 内可导，并且 $f(a)=f(b)=0$，证明对于任意实数 λ，在 (a,b) 内至少存在一点 ξ，使得

$$f'(\xi)=-\lambda f(\xi).$$

分析　要证 $f'(\xi)+\lambda f(\xi)=0$，只要证 $\mathrm{e}^{\lambda\xi}[f'(\xi)+\lambda f(\xi)]=0$，即

$$\{\mathrm{e}^{\lambda x}[f'(x)+\lambda f(x)]\}|_{x=\xi}=0,$$

即证 $[\mathrm{e}^{\lambda x}f(x)]'|_{x=\xi}=0$．作辅助函数 $F(x)=\mathrm{e}^{\lambda x}f(x)$，并对 $F(x)$ 在区间 $[a,b]$ 上应用罗尔中值定理.

证明　令 $F(x)=\mathrm{e}^{\lambda x}f(x)$，易知 $F(x)$ 在 $[a,b]$ 上连续，在 (a,b) 内可导，并且

$$F(a)=F(b)=0,$$

由罗尔中值定理知，至少存在一点 $\xi\in(a,b)$，使 $F'(\xi)=0$，即 $\mathrm{e}^{\lambda\xi}[f'(\xi)+\lambda f(\xi)]=0$，而 $\mathrm{e}^{\lambda\xi}\neq 0$，故

$$f'(\xi)+\lambda f(\xi)=0,$$

即

$$f'(\xi)=-\lambda f(\xi),\ \xi\in(a,b).$$

证毕.

注　证明至少存在一点满足抽象函数一阶或二阶导数的关系式，并且题中没有给出函数关系式的命题时，用罗尔中值定理证明的方法和步骤：

（1）把要证的中值等式改写成右端为零的等式，改写后常见的等式有

$f(\xi)+\xi f'(\xi)=0$；　　$f'(\xi)g(\xi)+f(\xi)g'(\xi)=0$；

$\xi f'(\xi)-f(\xi)=0$；　　$\xi f'(\xi)-kf(\xi)=0$；

$f'(\xi)g(\xi)-f(\xi)g'(\xi)=0$；　　$f''(\xi)g(\xi)-f(\xi)g''(\xi)=0$；

$f'(\xi)\pm\lambda f(\xi)=0$；　　$f'(\xi)\pm f(\xi)g'(\xi)=0$，

等等.

（2）作辅助函数 $F(x)$，使 $F'(\xi)$ 等于上述等式的左端. 对于（1）中所述等式，分别对应辅助函数 $F(x)$ 为

$F(x)=xf(x)$；　　$F(x)=f(x)g(x)$；

$F(x)=\dfrac{f(x)}{x}$；　　$F(x)=\dfrac{f(x)}{x^k}$；

$F(x)=\dfrac{f(x)}{g(x)}$；　　$F(x)=f'(x)g(x)-f(x)g'(x)$；

$F(x)=\mathrm{e}^{\pm\lambda x}f(x)$；　　$F(x)=\mathrm{e}^{\pm g(x)}f(x)$.

（3）在指定区间上对 $F(x)$ 应用罗尔中值定理证明.

例 3.3　设 $a_0,a_1,\cdots,a_n$ 为满足 $a_0+\frac{a_1}{2}+\frac{a_2}{3}+\cdots+\frac{a_n}{n+1}=0$ 的实数，证明：方程 $a_0+a_1x+a_2x^2+a_3x^3+\cdots+a_nx^n=0$ 在 $(0,1)$ 内至少有一个实根.

分析　函数 $f(x)=a_0+a_1x+a_2x^2+a_3x^3+\cdots+a_nx^n$ 虽然在 $[0,1]$ 上连续，但是难以验证 $f(x)$ 在 $[0,1]$ 的某个子区间的端点处的函数值是否异号，所以不能用闭区间上连续函数的零点定理，但发现函数 $F(x)=a_0x+\frac{a_1}{2}x^2+\frac{a_3}{3}x^3+\cdots+\frac{a_n}{n+1}x^{n+1}$ 在 $x=1$ 处的值为

$$F(1)=a_0+\frac{a_1}{2}+\frac{a_2}{3}+\cdots+\frac{a_n}{n+1}=0,$$

并且 $F(0)=0$，所以该命题可以用罗尔中值定理来证.

证明　作辅助函数 $F(x)=a_0x+\frac{a_1}{2}x^2+\frac{a_2}{3}x^3+\cdots+\frac{a_n}{n+1}x^{n+1}$，显然 $F(x)$ 在 $[0,1]$ 上连续，在 $(0,1)$ 内可导且 $F(0)=0$，$F(1)=a_0+\frac{a_1}{2}+\frac{a_2}{3}+\cdots+\frac{a_n}{n+1}=0$. 对 $F(x)$ 在区间 $[0,1]$ 上应用罗尔中值定理，则至少存在一点 $\xi\in(0,1)$，使得 $F'(\xi)=0$，即

$$a_0+a_1\xi+a_2\xi^2+a_3\xi^3+\cdots+a_n\xi^n=0,$$

即方程 $a_0+a_1x+a_2x^2+a_3x^3+\cdots+a_nx^n=0$ 在 $(0,1)$ 内至少有一个实根 ξ. 证毕.

注　关于 $f(x)=0$ 的根（或 $f(x)$ 的零点）的存在性的两种常用证明方法：

证法 1　如果只知 $f(x)$ 在 $[a,b]$ 或 (a,b) 上连续，而没有说明 $f(x)$ 是否可导，则一般用闭区间上连续函数的零点定理证明；

证法 2　先根据题目结论构造辅助函数 $F(x)$，使得 $F'(x)=f(x)$，然后在指定区间上验证 $F(x)$ 满足罗尔中值定理的条件，从而得出 $f(x)$ 的零点存在性的证明.

例 3.4　若 $f(x)$ 在 $[-1,1]$ 上有二阶导数，并且 $f(0)=f(1)=0$，设 $F(x)=x^2f(x)$，则在 $(0,1)$ 内至少存在一点 ξ，使得 $F''(\xi)=0$.

分析　要证 $F''(\xi)=0$，只要证在 $F'(x)$ 区间 $[0,1]$ 上满足罗尔中值定理，关键是找到两个使 $F'(x)$ 相等的点. 此外，该题还可以用泰勒公式证明.

证法 1（用罗尔中值定理证）　因为 $F(x)=x^2f(x)$，则 $F'(x)=2xf(x)+x^2f'(x)$. 因为 $f(0)=f(1)=0$，所以 $F(0)=F(1)=0$. $F(x)$ 在 $[0,1]$ 上满足罗尔中值定理的条件，则至少存在一点 $\xi_1\in(0,1)$ 使得 $F'(\xi_1)=0$，而 $F'(0)=0$，即 $F'(0)=F'(\xi_1)=0$. 对 $F'(x)$ 在 $[0,\xi_1]$ 上用罗尔中值定理，则至少存在一点 $\xi\in(0,\xi_1)$ 使得 $F''(\xi)=0$，而 $\xi\in(0,\xi_1)\subset(0,1)$，即在 $(0,1)$ 内至少存在一点 ξ，使得 $F''(\xi)=0$. 证毕.

证法 2（用泰勒公式证）　$F(x)$ 的带有拉格朗日型余项的一阶麦克劳林公式为

$$F(x)=F(0)+F'(0)x+\frac{F''(\xi)}{2!}x^2,$$

其中 $\xi \in (0,x)$．令 $x=1$，注意到 $F(0)=F(1)=0$，$F'(0)=0$，可得 $F''(\xi)=0$，$\xi \in (0,1)$．证毕.

注　结论为 $f^{(n)}(\xi)=0\ (n \geqslant 2)$ 的命题的证明常见方法有两种：

（1）对 $f^{(n-1)}(x)$ 应用罗尔中值定理；

（2）利用 $f(x)$ 的 $n-1$ 阶泰勒公式.

例 3.5　设函数 $f(x)$ 在闭区间 $[0,1]$ 上可微，对于 $[0,1]$ 上的每一个 x，函数 $f(x)$ 的值都在开区间 $(0,1)$ 之内，且 $f'(x)\neq 1$，证明在 $(0,1)$ 内有且仅有一个 x，使得 $f(x)=x$.

分析　根据题目结论，要证方程 $f(x)=x$ 在 $(0,1)$ 内有唯一的实根，实际上相当于证明函数 $F(x)=f(x)-x$ 有唯一的零点，零点的存在可以根据已知用零点定理或者罗尔中值定理证明，唯一性可以利用反证法或函数的单调性来证明.

证明　先证存在性．作辅助函数 $F(x)=f(x)-x$，易知 $F(x)$ 在区间 $[0,1]$ 上连续，又

$$0<f(x)<1 \Rightarrow F(0)=f(0)>0,\ F(1)=f(1)-1<0,$$

根据闭区间上连续函数的零点定理可知，至少存在一个 $\xi \in (0,1)$，使得

$$F(\xi)=f(\xi)-\xi=0,$$

即 $f(\xi)=\xi$.

下面用反证法证明唯一性．假设存在 x_1，$x_2 \in (0,1)$，并且不妨设 $x_1<x_2$，使得

$$f(x_1)=x_1,\ f(x_2)=x_2,\ F(x_1)=F(x_2)=0.$$

显然 $F(x)$ 在 $[x_1,x_2]$ 上满足罗尔中值定理的 3 个条件，于是存在 $\eta \in (x_1,x_2)\subset(0,1)$ 内，使得 $F'(\eta)=0$，即 $f'(\eta)=1$，这与题设 $f'(x)\neq 1\ (x\in(0,1))$ 矛盾，故唯一性也成立．证毕.

例 3.6　假设函数 $f(x)$ 和 $g(x)$ 在 $[a,b]$ 上存在二阶导数，并且 $g''(x)\neq 0$，

$$f(a)=f(b)=g(a)=g(b)=0,$$

试证：（1）在开区间 (a,b) 内 $g(x)\neq 0$；

（2）在开区间 (a,b) 内至少存在一点 ξ，使

$$\frac{f(\xi)}{g(\xi)}=\frac{f''(\xi)}{g''(\xi)}.$$

分析　证（1）可采用反证法，设存在 $c\in(a,b)$ 使得 $g(c)=0$，并且由已知条件

$$g(a)=g(b)=0,$$

可以两次利用罗尔中值定理推出与 $g''(x)\neq 0$ 相矛盾的结论．问题（1）是基本题．证（2）的关键是构造辅助函数 $\varphi(x)$，使得 $\varphi(a)=\varphi(b)=0$，并且 $\varphi'(x)=f(x)g''(x)-f''(x)g(x)$，通过观察可知 $\varphi(x)=f(x)g'(x)-f'(x)g(x)$．构造 $\varphi(x)$ 是本题的难点.

证明　（1）反证法. 设存在 $c \in (a,b)$，使得 $g(c)=0$，由于

$$g(a)=g(b)=g(c)=0,$$

对 $g(x)$ 分别在区间 $[a,c]$ 和 $[c,b]$ 上应用罗尔中值定理，知至少存在一点 $\xi_1 \in (a,c)$，使得 $g'(\xi_1)=0$．至少存在一点 $\xi_2 \in (c,b)$，使得 $g'(\xi_2)=0$．再对 $g'(x)$ 在区间 $[\xi_1,\xi_2]$ 上应用罗尔中值定理，知至少存在一点 $\xi_3 \in (\xi_1,\xi_2)$，使得 $g''(\xi_3)=0$，这与题设 $g''(x)\neq 0$ 矛盾，从而得证.

（2）令 $\varphi(x)=f(x)g'(x)-f'(x)g(x)$，则 $\varphi(a)=\varphi(b)=0$．对 $\varphi(x)$ 在区间 $[a,b]$ 上应用罗尔中值定理，知至少存在一点 $\xi \in (a,b)$，使得 $\varphi'(\xi)=0$，即

$$f(\xi)g''(\xi)-f''(\xi)g(\xi)=0.$$

又因 $g(x)\neq 0$，$x\in(a,b)$，故 $g(\xi)\neq 0$，又因为 $g''(x)\neq 0$，所以 $g''(\xi)\neq 0$，因此有

$$\frac{f(\xi)}{g(\xi)}=\frac{f''(\xi)}{g''(\xi)},$$

证毕.

例 3.7　验证函数 $f(x)=\begin{cases} e^x, & x\leqslant 0 \\ 1+x, & x>0 \end{cases}$ 在 $\left[-1,\dfrac{1}{e}\right]$ 上拉格朗日中值定理的正确性.

分析　此题主要考查拉格朗日中值定理的条件是否满足.

解　因为 $\lim\limits_{x\to 0^-} f(x)=\lim\limits_{x\to 0^-} e^x=1$，$\lim\limits_{x\to 0^+} f(x)=\lim\limits_{x\to 0^+}(1+x)=1$，则

$$f(0^-)=f(0^+)=f(0).$$

故 $f(x)$ 在 $x=0$ 处连续，故 $f(x)$ 在 $\left[-1,\dfrac{1}{e}\right]$ 上连续. 又因为

$$f'_-(0)=\lim_{\Delta x\to 0^-}\frac{f(0+\Delta x)-f(0)}{\Delta x}=\lim_{\Delta x\to 0^-}\frac{e^{\Delta x}-1}{\Delta x}=1,$$

$$f'_+(0)=\lim_{\Delta x\to 0^+}\frac{f(0+\Delta x)-f(0)}{\Delta x}=\lim_{\Delta x\to 0^+}\frac{(1+\Delta x)-1}{\Delta x}=1,$$

故 $f'(0)=1$ 从而 $f(x)$ 在 $\left(-1,\dfrac{1}{e}\right)$ 内可导. 则由拉格朗日中值定理知存在 $\xi\in\left(-1,\dfrac{1}{e}\right)$ 使 $f\left(\dfrac{1}{e}\right)-f(-1)=f'(\xi)\left(\dfrac{1}{e}+1\right)$，即 $f'(\xi)=\dfrac{e}{1+e}$，而 $f'(x)=\begin{cases} e^x, & x\leqslant 0, \\ 1, & x>0, \end{cases}$ 所以 $e^{\xi}=\dfrac{e}{1+e}$，解得 $\xi=1-\ln(1+e)$.

例 3.8　设 $0<\beta\leqslant\alpha<\dfrac{\pi}{2}$，证明：$\dfrac{\alpha-\beta}{\cos^2\beta}\leqslant\tan\alpha-\tan\beta\leqslant\dfrac{\alpha-\beta}{\cos^2\alpha}$.

分析 当$\beta<\alpha$时，即证$\dfrac{1}{\cos^2\beta}\leqslant\dfrac{\tan\alpha-\tan\beta}{\alpha-\beta}\leqslant\dfrac{1}{\cos^2\alpha}$.

此式中的$\dfrac{\tan\alpha-\tan\beta}{\alpha-\beta}$可看成函数$f(x)=\tan x$在区间$[\beta,\alpha]$上的改变量与相应自变量的改变量之商，故可考虑用拉格朗日中值定理证明.

证明 当$\beta=\alpha$时，不等式中等号成立.

当$\beta<\alpha$时，设$f(x)=\tan x$．由于$f(x)$在$[\beta,\alpha]$ $\left(0<\beta<\alpha<\dfrac{\pi}{2}\right)$上连续，在$(\beta,\alpha)$内可导，利用拉格朗日中值定理得

$$\frac{\tan\alpha-\tan\beta}{\alpha-\beta}=\frac{1}{\cos^2\xi}.$$

因为$0<\beta<\xi<\alpha<\dfrac{\pi}{2}$，所以$\dfrac{1}{\cos^2\beta}<\dfrac{1}{\cos^2\xi}<\dfrac{1}{\cos^2\alpha}$．从而可得

$$\frac{1}{\cos^2\beta}\leqslant\frac{\tan\alpha-\tan\beta}{\alpha-\beta}\leqslant\frac{1}{\cos^2\alpha},$$

即

$$\frac{\alpha-\beta}{\cos^2\beta}\leqslant\tan\alpha-\tan\beta\leqslant\frac{\alpha-\beta}{\cos^2\alpha},$$

证毕.

注 用中值定理（通常是用拉格朗日中值定理）证明不等式的具体做法：首先选择适当的函数及区间，然后利用中值定理，得到一含有ξ的等式；其次对等式进行适当地放大或缩小，去掉含有ξ的项即可.

例 3.9 设函数$f(x)$，$f'(x)$在$[a,b]$上连续，$f''(x)$在(a,b)内存在，$f(a)=f(b)=0$，并且$\exists c\in(a,b)$，使$f(c)>0$，求证：$\exists\xi\in(a,b)$，使得$f''(\xi)<0$.

证法 1（用拉格朗日中值定理证） $f(x)$在$[a,c]$，$[c,b]$上都满足拉格朗日中值定理的条件，则$\exists x_1\in(a,c)$，$\exists x_2\in(c,b)$且$x_1<x_2$有

$$f'(x_1)=\frac{f(c)-f(a)}{c-a},\ f'(x_2)=\frac{f(b)-f(c)}{b-c}.$$

而$f(a)=f(b)=0$，$a<c<b$且$f(c)>0$，所以

$$f'(x_1)>0,\ f'(x_2)>0.$$

又因为$f'(x)$在$[x_1,x_2]$上满足拉格朗日中值定理的条件，则$\exists\xi\in(x_1,x_2)\subset(a,b)$使

$$f''(\xi)=\frac{f'(x_2)-f'(x_1)}{x_2-x_1}<0.$$

证法 2（用函数的单调性证，用反证法）　假设对 $\forall x\in(a,b)$ 都有 $f''(x)\geqslant 0$. 则 $f'(x)$ 在 $[a,b]$ 上单调增加.

因为 $c\in(a,b)$，当 $f''(c)\geqslant 0$ 时，在 $[c,b]$ 上有 $f'(x)\geqslant f'(c)\geqslant 0$，即 $f(x)$ 在 $[c,b]$ 上单调增加，因此 $f(b)\geqslant f(c)>0$，与 $f(b)=0$ 矛盾.

而当 $f'(c)<0$ 时，在 $[a,c]$ 上有 $f'(x)\leqslant f'(c)<0$，即 $f(x)$ 在 $[a,c]$ 上单调减少，因此 $f(a)\geqslant f(c)>0$，与 $f(a)=0$ 矛盾.

综上所述，假设不成立，也即 $\exists\xi\in(a,b)$，使 $f''(\xi)<0$.

例 3.10　证明：若函数 $f(x)$ 在 $x=0$ 处连续，在 $(0,\delta)(\delta>0)$ 内可导，并且 $\lim\limits_{x\to 0^+}f'(x)=A$，则 $f'_+(0)$ 存在且 $f'_+(0)=A$.

证明　任取 $x\in(0,\delta)$，则函数 $f(x)$ 满足：在闭区间$[0,\ x]$上连续，在开区间 $(0,x)$ 内可导，由拉格朗日中值定理可得：$\exists\zeta\in(0,x)\subset(0,\delta)$，使得 $f'(\zeta)=\dfrac{f(x)-f(0)}{x-0}$，令 $x\to 0^+$，取极限，注意到 $\lim\limits_{x\to 0^+}f'(x)=A$，故 $f'_+(0)=\lim\limits_{x\to 0^+}\dfrac{f(x)-f(0)}{x-0}=\lim\limits_{\xi\to 0^+}f'(\zeta)=A$，即 $f'_+(0)$ 存在且 $f'_+(0)=A$.

例 3.11　已知函数 $f(x)$ 在 $[0,1]$ 上连续，在 $(0,1)$ 内可导，并且 $f(0)=0$，$f(1)=1$.

证明：（1）存在 $\xi\in(0,1)$，使得 $f(\xi)=1-\xi$；

（2）存在两个不同的点 η，$\zeta\in(0,1)$，使得 $f'(\eta)f'(\zeta)=1$.

证明（1）令 $g(x)=f(x)+x-1$，则 $g(x)$ 在 $[0,1]$ 上连续，并且 $g(0)=-1<0$，$g(1)=1>0$，

故由零点定理知存在 $\xi\in(0,1)$，使得 $g(\xi)=f(\xi)+\xi-1=0$，即 $f(\xi)=1-\xi$.

（2）由题设及拉格朗日中值定理知，存在 $\eta\in(0,\xi)$，$\zeta\in(\xi,1)$，使得

$$f'(\eta)=\frac{f(\xi)-f(0)}{\xi-0}=\frac{1-\xi}{\xi},$$

$$f'(\zeta)=\frac{f(1)-f(\xi)}{1-\xi}=\frac{1-(1-\xi)}{1-\xi}=\frac{\xi}{1-\xi}.$$

从而

$$f'(\eta)f'(\zeta)=\frac{1-\xi}{\xi}\frac{\xi}{1-\xi}=1,$$

证毕.

注　要证在 (a,b) 内存在 ξ，η，使某种关系式成立的命题，常利用两次拉格朗日中值定理，或两次柯西中值定理，或者柯西中值定理与拉格朗日中值定理并用.

例 3.12　求极限 $\lim\limits_{x\to 0}\dfrac{\mathrm{e}^x-\mathrm{e}^{\sin x}}{x-\sin x}$.

分析 该极限属于$\dfrac{0}{0}$型，可用洛必达法则，根据题目的特点可用拉格朗日中值定理，可用导数的定义，也可以将指数差化成乘积后用无穷小替换原理.

解法 1 对函数$f(x)=\mathrm{e}^x$在区间$[\sin x,x]$（或$[x,\sin x]$）上使用拉格朗日中值定理可得

$$\frac{\mathrm{e}^x-\mathrm{e}^{\sin x}}{x-\sin x}=\mathrm{e}^{\xi},$$

其中$\sin x<\xi<x$或$x<\xi<\sin x$. 当$x\to 0$时，$\xi\to 0$，故

$$\lim_{x\to 0}\frac{\mathrm{e}^x-\mathrm{e}^{\sin x}}{x-\sin x}=\lim_{\xi\to 0}\mathrm{e}^{\xi}=1.$$

解法 2 用洛必达法则.

$$\lim_{x\to 0}\frac{\mathrm{e}^x-\mathrm{e}^{\sin x}}{x-\sin x}=\lim_{x\to 0}\frac{\mathrm{e}^x-\cos x\mathrm{e}^{\sin x}}{1-\cos x}=\lim_{x\to 0}\frac{\mathrm{e}^x+\sin x\mathrm{e}^{\sin x}-\cos^2 x\mathrm{e}^{\sin x}}{\sin x}$$

$$=\lim_{x\to 0}\frac{\mathrm{e}^x+\cos x\mathrm{e}^{\sin x}+\sin x\cos x\mathrm{e}^{\sin x}+2\cos x\sin x\mathrm{e}^{\sin x}-\cos^3 x\mathrm{e}^{\sin x}}{\cos x}=1.$$

解法 3 用导数的定义.

$$\lim_{x\to 0}\frac{\mathrm{e}^x-\mathrm{e}^{\sin x}}{x-\sin x}=\lim_{x\to 0}\mathrm{e}^{\sin x}\cdot\frac{\mathrm{e}^{x-\sin x}-\mathrm{e}^0}{x-\sin x-0}=\lim_{x\to 0}\frac{\mathrm{e}^{x-\sin x}-\mathrm{e}^0}{x-\sin x-0}=\lim_{u\to 0}\frac{\mathrm{e}^u-\mathrm{e}^0}{u-0}=(\mathrm{e}^u)'\big|_{u=0}=1.$$

解法 4 用等价无穷小替换原理.

$$\frac{\mathrm{e}^x-\mathrm{e}^{\sin x}}{x-\sin x}=\mathrm{e}^{\sin x}\cdot\frac{\mathrm{e}^{x-\sin x}-1}{x-\sin x}，$$ 当$x\to 0$时，$\mathrm{e}^{x-\sin x}-1\sim x-\sin x$，

故

$$\lim_{x\to 0}\frac{\mathrm{e}^x-\mathrm{e}^{\sin x}}{x-\sin x}=\lim_{x\to 0}\mathrm{e}^{\sin x}\cdot\frac{\mathrm{e}^{x-\sin x}-1}{x-\sin x}=\lim_{x\to 0}\frac{x-\sin x}{x-\sin x}=1.$$

例 3.13 设$f(x)$在$[a,b]$上可微$(0<a<b)$，证明：存在$\xi\in(a,b)$，使得

$$(b^2-a^2)f'(\xi)=2\xi[f(b)-f(a)].$$

分析 考虑将要证明的等式变为$\dfrac{f(b)-f(a)}{b^2-a^2}=\dfrac{f'(\xi)}{2\xi}$，则用柯西中值定理证明；也可将要证明的等式变形为

$$\{(b^2-a^2)f(x)-x^2[f(b)-f(a)]\}'_{x=\xi}=0,$$

则可用罗尔中值定理来证明.

证法 1 只要证明$\dfrac{f(b)-f(a)}{b^2-a^2}=\dfrac{f'(\xi)}{2\xi}$，易知$f(x)$和$g(x)=x^2$在$[a,b]$上满足柯西中值定理的条件，故存在$\xi\in(a,b)$，使

$$\frac{f(b)-f(a)}{b^2-a^2}=\frac{f'(\xi)}{2\xi}.$$

证法 2　只要证明$\{(b^2-a^2)f(x)-x^2[f(b)-f(a)]\}'_{x=\xi}=0$.

令$F(x)=(b^2-a^2)f(x)-x^2[f(b)-f(a)]$，$F(x)$在$[a,b]$连续，在$(a,b)$内可导，并且

$$F(a)=b^2f(a)-a^2f(b)=F(b),$$

由罗尔中值定理知，至少存在一点$\xi\in(a,b)$，使$F'(\xi)=0$，即

$$(b^2-a^2)f'(\xi)=2\xi[f(b)-f(a)]，证毕.$$

错误证明　要证的结论可改写成$\dfrac{f(b)-f(a)}{b^2-a^2}=\dfrac{f'(\xi)}{2\xi}$. 对函数$f(x)$和$g(x)=x^2$在区间$[a,b]$上分别使用拉格朗日中值定理，存在$\xi\in(a,b)$，使

$$f(b)-f(a)=f'(\xi)(b-a),\ b^2-a^2=2\xi(b-a),$$

于是

$$\frac{f(b)-f(a)}{b^2-a^2}=\frac{f'(\xi)}{2\xi}.$$

错解分析　以上证法错在认为$f(x)$和$g(x)=x^2$分别使用拉格朗日中值定理所得的ξ是同一值，实际上这两个ξ不一定相同.

例如，取$f(x)=x^3$，$f(x)$在$(0,1)$内使$f(1)-f(0)=f'(\xi_1)(1-0)$成立的点是$\xi_1=\dfrac{1}{\sqrt{3}}$；$g(x)=x^2$在$(0,1)$内使$g(1)-g(0)=g'(\xi_2)(1-0)$成立的点是$\xi_2=\dfrac{1}{2}$；而使柯西中值公式$\dfrac{f(1)-f(0)}{g(1)-g(0)}=\dfrac{f'(\xi_3)}{g'(\xi_3)}$成立的点是$\xi_3=\dfrac{2}{3}$.

例 3.14　把函数$f(x)=x\mathrm{e}^{-x}$展成带佩亚诺余项的n阶麦克劳林公式.

分析　将函数展成n阶泰勒公式或者麦克劳林公式，通常有直接法和间接法两种方法，一般用间接法较为简单.

解法 1　（直接法）

$f(x)=x\mathrm{e}^{-x}$,　　$f(0)=0$.

$f'(x)=-(x-1)\mathrm{e}^{-x}$,　　$f'(0)=1$.

$f''(x)=(-1)^2(x-2)\mathrm{e}^{-x}$,　　$f''(0)=-2$.

$f'''(x)=(-1)^3(x-3)\mathrm{e}^{-x}$,　　$f'''(0)=3$.

…　　…

$f^{(n)}(x)=(-1)^n(x-n)\mathrm{e}^{-x}$,　　$f^{(n)}(0)=(-1)^{n-1}n$.

所以$f(x)$的n阶麦克劳林公式为

$$x\mathrm{e}^{-x}=x-\frac{x^2}{1!}+\frac{x^3}{2!}-\frac{x^4}{3!}+\cdots+(-1)^{n-1}\frac{x^n}{(n-1)!}+o(x^n).$$

解法 2　（间接法）

在e^x的带佩亚诺余项的n阶麦克劳林公式中，以$-x$代x，得

$$e^{-x}=1-x+\frac{x^2}{2!}-\frac{x^3}{3!}+\cdots+(-1)^n\frac{x^n}{n!}+o(x^n).$$

上式两端同乘以x，有$xe^{-x}=x-\frac{x^2}{1!}+\frac{x^3}{2!}-\frac{x^4}{3!}+\cdots+(-1)^n\frac{x^{n+1}}{n!}+x\cdot o(x^n)$. 因为

$$\lim_{x\to 0}\frac{(-1)^n\frac{x^{n+1}}{n!}+o(x^n)\cdot x}{x^n}=0,$$

故$(-1)^n\frac{x^{n+1}}{n!}+o(x^n)\cdot x=o(x^n)$，从而

$$xe^{-x}=x-\frac{x^2}{1!}+\frac{x^3}{2!}-\frac{x^4}{3!}+\cdots+(-1)^{n-1}\frac{x^n}{(n-1)!}+o(x^n).$$

例 3.15　求$\lim\limits_{x\to 0}\frac{\cos x-e^{-\frac{x^2}{2}}}{x^4}$.

分析　该极限属于$\frac{0}{0}$型，如果用洛必达法则来求解将会比较复杂，根据题目的特点可考虑利用$\cos x$，e^x的泰勒公式.

解　因为

$$\cos x=1-\frac{x^2}{2!}+\frac{x^4}{4!}+o(x^5),$$

$$e^{-\frac{x^2}{2}}=1-\frac{x^2}{2}+\frac{1}{2!}\left(-\frac{x^2}{2}\right)^2+o\left[\left(-\frac{x^2}{2}\right)^2\right]=1-\frac{x^2}{2}+\frac{x^4}{8}+o(x^4),$$

所以

$$\lim_{x\to 0}\frac{\cos x-e^{-\frac{x^2}{2}}}{x^4}=\lim_{x\to 0}\frac{1-\frac{x^2}{2!}+\frac{x^4}{4!}+o(x^5)-\left[1-\frac{x^2}{2}+\frac{x^4}{8}+o(x^4)\right]}{x^4}$$

$$=\lim_{x\to 0}\frac{-\frac{1}{12}x^4+o(x^4)}{x^4}=-\frac{1}{12}.$$

注 1　此题属$\frac{0}{0}$型的不定式，可以利用洛必达法则，读者不妨一试，并与上述解法比较一下孰优孰劣.

注 2　在某些情况下，用泰勒公式求极限比用其他方法求极限更为简便，这种方法通常是把具有佩亚诺型余项的泰勒公式代入要求的极限式中，经过简便的

有理运算，便可求出极限，应用该方法需要熟记内容提要中所列举的常用函数的麦克劳林公式.

注 3　几条高阶无穷小的运算规律（这些规律在用麦克劳林公式求极限时尤为有用，这里以 $x\to 0$ 为例）：

a. $o(x^n)\pm o(x^n)=o(x^n)$；　　b. 当 $m>n$ 时，$o(x^m)\pm o(x^n)=o(x^n)$；

c. $o(x^m)\cdot o(x^n)=o(x^{m+n})$；　　d. 当 $\varphi(x)$ 有界，则 $\varphi(x)\cdot o(x^n)=o(x^n)$.

例 3.16　设 $f(x)$ 在 $[0,2]$ 上二次可导且 $|f(x)|\leqslant 1$，$|f''(x)|\leqslant 1$. 证明 $|f'(x)|\leqslant 2$.

证明　对任意的 $x\in[0,2]$，由泰勒公式，有

$$f(0)=f(x)+f'(x)(0-x)+f''(\xi_1)\frac{(0-x)^2}{2}(0<\xi_1<x),$$

$$f(2)=f(x)+f'(x)(2-x)+f''(\xi_2)\frac{(2-x)^2}{2}(x<\xi_2<2),$$

以上两式相减得

$$2f'(x)=f(2)-f(0)+\frac{x^2}{2}f''(\xi_1)-\frac{(2-x)^2}{2}f''(\xi_2).$$

利用条件 $|f(x)|\leqslant 1$，$|f'(x)|\leqslant 1$，对 $x\in[0,2]$，有

$$\begin{aligned}2|f'(x)|&\leqslant|f(2)|+|f(0)|+\frac{x^2}{2}|f''(\xi_1)|+\frac{(2-x)^2}{2}|f''(\xi_2)|\\&\leqslant 2+\frac{x^2}{2}+\frac{(2-x)^2}{2}\\&=(x-1)^2+3\\&\leqslant 4,\end{aligned}$$

故 $|f'(x)|\leqslant 2$.

例 3.17　求极限 $\lim\limits_{x\to 0}\dfrac{e^{x^2}-1}{\cos 3x-1}$.

分析　该极限属于 $\dfrac{0}{0}$ 型，可以用洛必达法则，也可以采用等价无穷小替换定理.

解法 1　用洛必达法则.

$$\lim_{x\to 0}\frac{e^{x^2}-1}{\cos 3x-1}=\lim_{x\to 0}\frac{2xe^{x^2}}{-3\sin 3x}=-\frac{2}{9}\lim_{x\to 0}\frac{3x}{\sin 3x}\cdot e^{x^2}=-\frac{2}{9}.$$

解法 2　用等价无穷小替换定理.

$$\lim_{x\to 0}\frac{e^{x^2}-1}{\cos 3x-1}=\lim_{x\to 0}\frac{x^2}{-\frac{1}{2}(3x)^2}=-\frac{2}{9}.$$

例 3.18 求极限 $\lim\limits_{x\to 0^+}\dfrac{\ln\tan(7x)}{\ln\tan(2x)}$.

分析 该极限属于 $\dfrac{\infty}{\infty}$ 型，可直接用洛必达法则；也可以先用洛必达法则，然后用等价无穷小替换定理.

解法 1
$$\lim_{x\to 0^+}\frac{\ln\tan(7x)}{\ln\tan(2x)}=\lim_{x\to 0^+}\frac{\dfrac{1}{\tan(7x)}\cdot\dfrac{7}{\cos^2(7x)}}{\dfrac{1}{\tan(2x)}\cdot\dfrac{2}{\cos^2(2x)}}$$
$$=\lim_{x\to 0^+}\frac{\dfrac{1}{\sin(7x)}\cdot\dfrac{7}{\cos(7x)}}{\dfrac{1}{\sin(2x)}\cdot\dfrac{2}{\cos(2x)}}=\frac{7}{2}\lim_{x\to 0^+}\frac{\sin(4x)}{\sin(14x)}$$
$$=\frac{7}{2}\lim_{x\to 0^+}\frac{\cos(4x)}{\cos(14x)}\cdot\frac{4}{14}=1.$$

解法 2
$$\lim_{x\to 0^+}\frac{\ln\tan(7x)}{\ln\tan(2x)}=\lim_{x\to 0^+}\frac{\dfrac{1}{\tan(7x)}\cdot\dfrac{7}{\cos^2(7x)}}{\dfrac{1}{\tan(2x)}\cdot\dfrac{2}{\cos^2(2x)}}$$
$$=\frac{7}{2}\lim_{x\to 0^+}\frac{\cos^2(2x)}{\cos^2(7x)}\cdot\lim_{x\to 0^+}\frac{\tan(2x)}{\tan(7x)}=\frac{7}{2}\cdot\lim_{x\to 0^+}\frac{2x}{7x}=1.$$

例 3.19 $\lim\limits_{x\to 0}\left(\dfrac{1}{x^2}-\dfrac{1}{x\tan x}\right)=$________.

分析 该极限属于 $\infty-\infty$ 型. 将 $\dfrac{1}{x^2}-\dfrac{1}{x\tan x}$ 通分，然后再用洛必达法则.

解
$$\lim_{x\to 0}\left(\frac{1}{x^2}-\frac{1}{x\tan x}\right)=\lim_{x\to 0}\frac{\tan x-x}{x^2\tan x}=\lim_{x\to 0}\frac{\tan x-x}{x^3}$$
$$=\lim_{x\to 0}\frac{\sec^2 x-1}{3x^2}=\lim_{x\to 0}\frac{\tan^2 x}{3x^2}=\frac{1}{3}.$$

例 3.20 求极限 $\lim\limits_{x\to\infty}xe^{-x^2}$.

分析 该极限属于 $0\cdot\infty$ 型，应当先变形为 $\dfrac{\infty}{\infty}$ 或 $\dfrac{0}{0}$ 型，再用洛必达法则，究竟变形为何种类型，要根据实际情况确定，例如，$\lim\limits_{x\to\infty}xe^{-x^2}=\lim\limits_{x\to\infty}\dfrac{e^{-x^2}}{\dfrac{1}{x}}=\lim\limits_{x\to\infty}\dfrac{2xe^{-x^2}}{\dfrac{1}{x^2}}=$

$\lim\limits_{x\to\infty}\dfrac{2e^{-x^2}}{\dfrac{1}{x^3}}=\cdots$，按照该方法计算下去越来越复杂．若将它化为 $\dfrac{\infty}{\infty}$ 型，则简单得多．

解　$\lim\limits_{x\to\infty}xe^{-x^2}=\lim\limits_{x\to\infty}\dfrac{x}{e^{x^2}}=\lim\limits_{x\to\infty}\dfrac{1}{2xe^{x^2}}=0$．

例 3.21　求极限 $\lim\limits_{x\to0^+}x^{\sin x}$．

分析　该极限属于 0^0 型，先化为 $\dfrac{\infty}{\infty}$ 型，再用洛必达法则．

解　$\lim\limits_{x\to0^+}x^{\sin x}=\lim\limits_{x\to0^+}e^{\sin x\ln x}=\lim\limits_{x\to0^+}\exp\left(\dfrac{\ln x}{\dfrac{1}{\sin x}}\right)$，而

$$\lim_{x\to0^+}\frac{\ln x}{\dfrac{1}{\sin x}}=\lim_{x\to0^+}\frac{\dfrac{1}{x}}{\dfrac{-\cos x}{\sin^2 x}}=-\lim_{x\to0^+}\frac{\sin^2 x}{x\cos x}=-\lim_{x\to0^+}\frac{\sin x}{x}\cdot\lim_{x\to0^+}\frac{\sin x}{\cos x}=0.$$

故

$$\lim_{x\to0^+}x^{\sin x}=e^0=1.$$

例 3.22　求极限 $\lim\limits_{x\to+\infty}(x+e^x)^{\frac{1}{x}}$．

分析　该极限属于 ∞^0 型，先用恒等式 $e^{\ln x}=x, x>0$ 将其转化为 $0\cdot\infty$ 型，然后将其转化为 $\dfrac{0}{0}$ 或 $\dfrac{\infty}{\infty}$ 型，再用洛必达法则．

解　$\lim\limits_{x\to+\infty}\left(x+e^x\right)^{\frac{1}{x}}=\lim\limits_{x\to+\infty}\exp\left[\ln(x+e^x)^{\frac{1}{x}}\right]$

$$=\exp\left[\lim_{x\to+\infty}\frac{1}{x}\ln(x+e^x)\right]=\exp\left(\lim_{x\to+\infty}\frac{\dfrac{1+e^x}{x+e^x}}{1}\right)$$

$$=\exp\left(\lim_{x\to+\infty}\frac{e^x}{1+e^x}\right)=e.$$

例 3.23　求极限 $\lim\limits_{x\to0}\left(\dfrac{\sin x}{x}\right)^{\frac{1}{1-\cos x}}$．

分析　该极限属于 1^∞ 型，可把 1^∞ 型变为 $e^{\infty\cdot\ln1}$ 型．于是，问题归结于求 $0\cdot\infty$ 型的极限；也可以用重要极限．

解法 1　$\lim\limits_{x\to0}\left[\left(\dfrac{\sin x}{x}\right)\right]^{\frac{1}{1-\cos x}}=\lim\limits_{x\to0}\exp\left[\ln\left(\dfrac{\sin x}{x}\right)^{\frac{1}{1-\cos x}}\right]=\exp\left[\lim\limits_{x\to0}\ln\left(\dfrac{\sin x}{x}\right)^{\frac{1}{1-\cos x}}\right]$，

由于

$$\lim_{x\to0}\frac{\ln\frac{\sin x}{x}}{1-\cos x}=\lim_{x\to0}\frac{\ln\sin x-\ln x}{\frac{x^2}{2}}=\lim_{x\to0}\frac{\frac{\cos x}{\sin x}-\frac{1}{x}}{x}$$

$$=\lim_{x\to0}\frac{x\cos x-\sin x}{x^2\sin x}=\lim_{x\to0}\frac{x\cos x-\sin x}{x^3}$$

$$=\lim_{x\to0}\frac{-x\sin x}{3x^2}=\lim_{x\to0}\frac{-\sin x}{3x}=-\frac{1}{3}.$$

故

$$\lim_{x\to0}\left(\frac{\sin x}{x}\right)^{\frac{1}{1-\cos x}}=\mathrm{e}^{-\frac{1}{3}}.$$

解法 2　利用重要极限 $\lim\limits_{x\to0}(1+x)^{\frac{1}{x}}=\mathrm{e}$.

$$\lim_{x\to0}\left(\frac{\sin x}{x}\right)^{\frac{1}{1-\cos x}}=\lim_{x\to0}\left(1+\frac{\sin x-x}{x}\right)^{\frac{x}{\sin x-x}\cdot\frac{1}{1-\cos x}\cdot\frac{\sin x-x}{x}}.$$

因为

$$\lim_{x\to0}\frac{1}{1-\cos x}\cdot\frac{\sin x-x}{x}=\lim_{x\to0}\frac{1}{\frac{1}{2}x^2}\cdot\frac{\sin x-x}{x}$$

$$=\lim_{x\to0}\frac{\cos x-1}{\frac{3}{2}x^2}=\lim_{x\to0}\frac{-\frac{1}{2}x^2}{\frac{3}{2}x^2}=-\frac{1}{3},$$

故

$$\lim_{x\to0}\left(\frac{\sin x}{x}\right)^{\frac{1}{1-\cos x}}=\mathrm{e}^{-\frac{1}{3}}.$$

注 1　对于 $\frac{0}{0}$ 或 $\frac{\infty}{\infty}$ 型可直接利用洛必达法则, 对于 0^0 型, 1^∞ 型, ∞^0 型, 可以利用对数的性质将 0^0 型转化为 $\mathrm{e}^{0\cdot\ln0}$ 型, 将 ∞^0 化为 $\mathrm{e}^{0\cdot\ln\infty}$ 型, 将 1^∞ 化为 $\mathrm{e}^{\infty\cdot\ln1}$ 型, 于是问题就转化为求 $0\cdot\infty$ 型, 然后将其化为 $\frac{0}{0}$ 或 $\frac{\infty}{\infty}$ 型, 再用洛必达法则.

注 2　用洛必达法则求极限时应当考虑与前面所讲的其他方法（如等价无穷小替换定理、重要极限等）综合使用, 这样将会简化计算.

例 3.24　求极限 $\lim\limits_{n\to\infty}n\left(a^{\frac{1}{n}}-a^{\frac{1}{n^2}}\right)(a>0)$.

分析　对于数列 $f(n)$ 的极限 $\lim\limits_{n\to\infty}f(n)$ 不能直接用洛必达法则, 这是因为数列不是连续变化的，从而更无导数可言. 但可用洛必达法则先求出相应的连续变量的函数极限，再利用数列极限与函数极限的关系得 $\lim\limits_{n\to\infty} f(n)=\lim\limits_{x\to+\infty} f(x)$，但当 $\lim\limits_{x\to+\infty} f(x)$ 不存在时，不能断定 $\lim\limits_{n\to\infty} f(n)$ 不存在，这时应使用其他方法求解.

解法 1　设 $f(x)=\dfrac{a^x-a^{x^2}}{x}$，则

$$\lim_{x\to0} f(x)=\lim_{x\to0}\frac{a^x-a^{x^2}}{x}=\lim_{x\to0}(a^x\ln a-a^{x^2}\cdot 2x\ln a)=\ln a .$$

故

$$\lim_{n\to\infty} n\left(a^{\frac{1}{n}}-a^{\frac{1}{n^2}}\right)=\lim_{n\to\infty} f\left(\frac{1}{n}\right)=\lim_{x\to0} f(x)=\ln a .$$

解法 2　令 $f(x)=a^x$，于是 $f'(x)=a^x\ln a$. 对 $f(x)=a^x$ 在区间 $\left[\dfrac{1}{n^2},\dfrac{1}{n}\right]$ 上使用拉格朗日中值定理，得到

$$a^{\frac{1}{n}}-a^{\frac{1}{n^2}}=a^{\xi}\ln a\cdot\left(\frac{1}{n}-\frac{1}{n^2}\right),$$

其中 $\dfrac{1}{n^2}<\xi<\dfrac{1}{n}$. 当 $n\to\infty$ 时，$\xi\to0$，$a^{\xi}\to1$. 故

$$\lim_{n\to\infty} n\left(a^{\frac{1}{n}}-a^{\frac{1}{n^2}}\right)=\lim_{n\to\infty} na^{\xi}\ln a\cdot\left(\frac{1}{n}-\frac{1}{n^2}\right)=\ln a .$$

例 3.25　求极限 $\lim\limits_{x\to\infty}\dfrac{2x+\cos x}{3x-\sin x}$.

解　由于当 $x\to\infty$ 时，$\dfrac{\cos x}{x}=\dfrac{1}{x}\cos x\to0$，$\dfrac{\sin x}{x}\to0$，故

$$\lim_{x\to\infty}\frac{2x+\cos x}{3x-\sin x}=\lim_{x\to\infty}\frac{2+\dfrac{\cos x}{x}}{3-\dfrac{\sin x}{x}}=\frac{2}{3}.$$

错误解答　由洛必达法则得 $\lim\limits_{x\to\infty}\dfrac{2x+\cos x}{3x-\sin x}=\lim\limits_{x\to\infty}\dfrac{2-\sin x}{3-\cos x}$，由于极限 $\lim\limits_{x\to\infty}\dfrac{2-\sin x}{3-\cos x}$ 不存在，故原极限不存在.

错解分析　上述解法错在将极限 $\lim\dfrac{f'(x)}{g'(x)}$ 存在这一条件当成了极限 $\lim\dfrac{f(x)}{g(x)}$ 存在的必要条件. 事实上这只是一个充分条件，所以此时不能用洛必达法则.

例 3.26　求 $\lim\limits_{x\to+\infty}\dfrac{\mathrm{e}^x+\sin x}{\mathrm{e}^x+\cos x}$.

分析　该极限属于$\dfrac{\infty}{\infty}$型，若用洛必达法则将会出现下列情况：

$$\lim_{x\to+\infty}\frac{e^x+\sin x}{e^x+\cos x}=\lim_{x\to+\infty}\frac{e^x+\cos x}{e^x-\sin x}\left(\frac{\infty}{\infty}\right)=\lim_{x\to+\infty}\frac{e^x-\sin x}{e^x-\cos x}\left(\frac{\infty}{\infty}\right)=\cdots.$$

每用一次洛必达法则得到类似的极限并循环往复，无法求出结果. 必须要考虑用其他方法.

解　$\displaystyle\lim_{x\to+\infty}\frac{e^x+\sin x}{e^x+\cos x}=\lim_{x\to+\infty}\frac{1+\dfrac{\sin x}{e^x}}{1+\dfrac{\cos x}{e^x}}=\frac{1+0}{1+0}=1.$

注　在使用洛必达法则求极限时，首先要分析所求极限的类型是否为$\dfrac{0}{0}$或$\dfrac{\infty}{\infty}$型；要结合其他方法（主要是用等价代换及将极限为非零的因子的极限先求出来）来化简所求极限；如有必要可以多次使用洛必达法则；当所求极限越来越复杂时，要考虑改用其他方法；不能用洛必达法则来判别极限的存在性.

例 3.27　设$f(x)$的二阶导数存在，并且$f''(x)>0$，$f(0)=0$，证明$F(x)=\dfrac{f(x)}{x}$在$0<x<+\infty$上是单调增加的.

分析　只需要证明$F'(x)=\dfrac{xf'(x)-f(x)}{x^2}>0$，$x\in(0,+\infty)$即可.

证明　因为

$$F'(x)=\frac{xf'(x)-f(x)}{x^2},\ x\in(0,+\infty).$$

令$\varphi(x)=xf'(x)-f(x)$，显然$\varphi(x)$在$(0,+\infty)$上连续，并且

$$\varphi'(x)=xf''(x)>0,\ x\in(0,+\infty),$$

故$\varphi(x)$在$(0,+\infty)$上是单调增加的. 即$\varphi(x)>\varphi(0)=0$. 从而$F'(x)>0$，$x\in(0,+\infty)$. 故$F(x)=\dfrac{f(x)}{x}$在$0<x<+\infty$上是单调增加的. 证毕.

例 3.28　求曲线$y=x^{\frac{5}{3}}-x^{\frac{2}{3}}$的单调区间、凹凸区间和拐点.

解　$y'=\dfrac{5}{3}x^{\frac{2}{3}}-\dfrac{2}{3}x^{-\frac{1}{3}}=x^{-\frac{1}{3}}\left(\dfrac{5x}{3}-\dfrac{2}{3}\right)$，在$x=0$处，$y'$不存在，在$x=\dfrac{2}{5}$处，$y'=0$.

$y''=\dfrac{10}{9}x^{-\frac{1}{3}}+\dfrac{2}{9}x^{-\frac{4}{3}}=x^{-\frac{4}{3}}\left(\dfrac{10}{9}x+\dfrac{2}{9}\right)$，在$x=-\dfrac{1}{5}$处，$y''=0$.

这些特殊点将定义域分成若干部分，如表 3-1 所示.

表 3-1

x	$\left(-\infty,-\frac{1}{5}\right)$	$-\frac{1}{5}$	$\left(-\frac{1}{5},0\right)$	0	$\left(0,\frac{2}{5}\right)$	$\frac{2}{5}$	$\left(\frac{2}{5},+\infty\right)$
y'	+		+		−	0	+
y''	−	0	+		+		+
y	单调增加		单调增加		单调减少		单调增加

由函数单调性的判定法可知函数的单调增加区间是 $(-\infty,0)$ 及 $\left(\frac{2}{5},+\infty\right)$，单调减少区间是 $\left[0,\frac{2}{5}\right]$；由函数凹凸性的判定法可知函数的凸区间是 $\left(-\infty,-\frac{1}{5}\right]$，凹区间是 $\left(-\frac{1}{5},+\infty\right)$ 和 $(0,+\infty]$；拐点为 $\left(-\frac{1}{5},-\frac{6}{5\sqrt[3]{25}}\right)$.

注 1　求函数 $y=f(x)$ 单调区间的步骤：

（1）确定 $f(x)$ 的定义域；

（2）找出单调区间的分界点（即求驻点和 $f'(x)$ 不存在的点），并用分界点将定义域分成相应的小区间；

（3）判断各小区间上 $f'(x)$ 的符号，进而确定 $y=f(x)$ 在各小区间上的单调性.

注 2　通常用下列步骤来判断区间 I 上的连续曲线 $y=f(x)$ 的拐点：

（1）求 $f''(x)$；

（2）令 $f''(x)=0$，解出该方程在 I 内的实根，并求出 $f''(x)$ 在 I 内不存在的点；

（3）对于（2）中求出的每一个实根或二阶导数不存在的点 x_0，检查 $f''(x)$ 在 x_0 左右两侧邻近的符号，那么当两侧的符号相反时，点 $(x_0,f(x_0))$ 是拐点，当两侧的符号相同时，点 $(x_0,f(x_0))$ 不是拐点. 设 $y=f(x)$ 在 $x=x_0$ 处有三阶连续导数，如果 $f''(x_0)=0$，而 $f'''(x_0)\neq 0$，则点 $(x_0,f(x_0))$ 一定是拐点.

例 3.29　求函数 $y=12x^5+15x^4-40x^3$ 的极值点与极值.

解　函数的定义域为 $(-\infty,+\infty)$，$y'=60x^4+60x^3-120x^2=60x^2(x-1)(x+2)$，令 $y'=0$，求得驻点为 $x_1=0$，$x_2=1$，$x_3=-2$.

下面分别用极值第一、第二充分条件进行判断：

解法 1（用极值第一充分条件）

点 $x_1=0$，$x_2=1$，$x_3=-2$ 将定义域分成 4 个部分区间 $(-\infty,-2)$，$(-2,0)$，$(0,1)$，$(1,+\infty)$，如表 3-2 所示.

表 3-2

x	$(-\infty,-2)$	-2	$(-2,0)$	0	$(0,1)$	1	$(1,+\infty)$
y'	+	0	−	0	−	0	+
y	单调增加	极大值	单调减少		单调减少	极小值	单调增加

由上表及极值第一充分条件可知 $x=1$ 为极小值点，$x=-2$ 为极大值点，$x=0$ 不是极值点，并且极小值 $y(1)=-13$；极大值 $y(-2)=176$.

解法 2（用极值第二充分条件）

首先求 y''，$y''=60x(4x^2+3x-4)$. 而

$$y''(0)=0,\ y''(1)=180>0,\ y''(-2)=-720<0.$$

故 $x=1$ 为极小值点，$x=-2$ 为极大值点，但对 $x=0$ 点第二充分条件失效，需用第一充分条件判断，可知 $x=0$ 不是极值点，且极小值 $y(1)=-13$；极大值 $y(-2)=176$.

例 3.30 可导函数 $y=f(x)$ 由方程 $x^3-3xy^2+2y^3=32$ 所确定，试求 $f(x)$ 的极大值与极小值.

分析 函数 $y=f(x)$ 是由方程所确定的隐函数，可利用隐函数求导公式求出 $\dfrac{\mathrm{d}y}{\mathrm{d}x}$ 及 $\dfrac{\mathrm{d}^2y}{\mathrm{d}x^2}$，将 $\dfrac{\mathrm{d}y}{\mathrm{d}x}=0$ 与原二元方程联立求解可得驻点，再用函数取得极值的第二充分条件判定.

解 在方程两边对 x 求导，得

$$3x^2-3y^2-6xyy'+6y^2y'=3(x-y)(x+y-2yy')=0.$$

由于 $x=y$ 不满足原来的方程，又 $y=f(x)$ 是可导函数，所以

$$x-y\neq 0,\ x+y-2yy'=0,$$

即 $\dfrac{\mathrm{d}y}{\mathrm{d}x}=\dfrac{x+y}{2y}$. 令 $\dfrac{\mathrm{d}y}{\mathrm{d}x}=0$，得 $x+y=0$，与原二元方程联立求解可得 $x=-2$，$y=2$，由此可知，函数 $y=f(x)$ 有唯一可能的极值点 $x=-2$. 又因为

$$\frac{\mathrm{d}^2y}{\mathrm{d}x^2}=\frac{y-xy'}{2y^2},$$

故

$$\left.\frac{\mathrm{d}^2y}{\mathrm{d}x^2}\right|_{\substack{x=-2\\y=2}}=\frac{1}{4}>0.$$

因此由函数取得极值的第二充分条件知，函数 $y=f(x)$ 有唯一的极小值 2，没有极大值.

注 求极值的步骤：

（1）找出全部可能的极值点（包括驻点和一阶导数不存在的点）；

（2）对可能的极值点，利用函数取得极值的第一或第二充分条件判定；

（3）求极值.

例 3.31　设函数 $f(x)=\begin{cases}x^{2x}, & x>0,\\ x+2, & x\leqslant 0,\end{cases}$ 求 $f(x)$ 的极值.

解　先求出可能的极值点，再判别函数在这些点是否取得极值.

当 $x>0$ 时，

$$f'(x)=(x^{2x})'=(\mathrm{e}^{2x\ln x})'=(2\ln x+2)\mathrm{e}^{2x\ln x}=2x^{2x}(\ln x+1);$$

当 $x<0$ 时，$f'(x)=(x+2)'=1$．因为 $\lim\limits_{x\to 0^-}f(x)=2$ 且

$$\lim_{x\to 0^+}f(x)=\lim_{x\to 0^+}x^{2x}=\lim_{x\to 0^+}\mathrm{e}^{2x\ln x}=\exp\left(\lim_{x\to 0^+}\frac{2\ln x}{\dfrac{1}{x}}\right)=\exp[\lim_{x\to 0^+}(-2x)]=1,$$

可见 $f(x)$ 在 $x=0$ 点不连续，所以 $f'(0)$ 不存在，于是有

$$f'(x)=\begin{cases}2x^{2x}(\ln x+1), & x>0,\\ 1, & x<0,\end{cases}$$

令 $f'(x)=0$，即 $2x^{2x}(\ln x+1)=0$，得 $x=\mathrm{e}^{-1}$．所以可能的极值点为 $x=\mathrm{e}^{-1}$ 和 $x=0$，将定义域分成 3 个部分区间 $(-\infty,0)$，$(0,\mathrm{e}^{-1})$，$(\mathrm{e}^{-1},+\infty)$，如表 3-3 所示.

表 3-3

x	$(-\infty,0)$	0	$(0,\mathrm{e}^{-1})$	e^{-1}	$(\mathrm{e}^{-1},+\infty)$
$f'(x)$	+	不存在	−	0	+
$f(x)$	单调增加	2	单调减少	$\mathrm{e}^{-\frac{2}{\mathrm{e}}}$	单调增加

由此可知 $f(x)$ 在 $x=\mathrm{e}^{-1}$ 处取得极小值，极小值为 $f(\mathrm{e}^{-1})=\mathrm{e}^{-\frac{2}{\mathrm{e}}}$．显然，经过 $x=0$ 点时，导数 $f'(x)$ 的符号由正号变为负号，即 $x=0$ 点为极大值点，函数的极大值为 $f(0)=2$.

例 3.32　设函数 $f(x)$ 在 $(-\infty,+\infty)$ 内连续，其导函数图形如图 3-1 所示，则 $f(x)$ 有（　　）.

A. 一个极小值点和两个极大值点

B. 两个极小值点和一个极大值点

C. 两个极小值点和两个极大值点

D. 3 个极小值点和一个极大值点

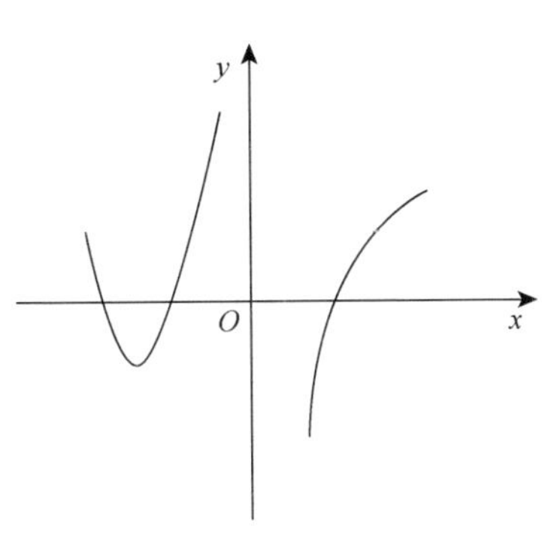

图 3-1

分析　由 $f(x)$ 的导函数图形可知导函数何时大于零、等于零、小于零，从而可知 $f(x)$ 的单调性，进一步可推知其极值.

解　选 C. 由图形可看出，一阶导数为零的点有 3 个，而 $x=0$ 则是导数不存在的点. 3 个一阶导数为零的点左右两侧导数符号不一致，必为极值点，并且两个为极小值点，一个为极大值点，在 $x=0$ 左侧一阶导数为正，右侧一阶导数为负，可见 $x=0$ 为极大值点，故 $f(x)$ 有两个极小值点和两个极大值点，应选 C.

例 3.33　讨论方程 $\ln x = ax\ (a>0)$ 在 $(0,+\infty)$ 内有几个实根.

分析　如果函数 $f(x)$ 的单调性、极值、最值等问题讨论清楚了，则其零点也就弄明白了，讨论方程 $\ln x = ax\ (a>0)$ 在 $(0,+\infty)$ 内有几个实根等价于讨论 $f(x)=\ln x - ax$ 在 $(0,+\infty)$ 内有几个零点.

解　设 $f(x)=\ln x - ax$，则只需讨论函数 $f(x)=\ln x - ax$ 零点的个数. 由

$$f'(x)=\frac{1}{x}-a=0,$$

解得 $x=\frac{1}{a}$. 如表 3-4 所示.

表 3-4

x	$\left(0,\frac{1}{a}\right)$	$\frac{1}{a}$	$\left(\frac{1}{a},+\infty\right)$
$f'(x)$	+	0	−
$f(x)$	单调增加	$\ln\left(\frac{1}{a}\right)-1$	单调减少

由此可知 $f(x)$ 在 $\left(0,\frac{1}{a}\right]$ 上单调增加，在 $\left[\frac{1}{a},+\infty\right)$ 上单调减少，并且 $f\left(\frac{1}{a}\right)=-(\ln a+1)$ 是函数的最大值，由 $\lim\limits_{x\to 0^+} f(x)=\lim\limits_{x\to 0^+}(\ln x - ax)=-\infty$，以及 $\lim\limits_{x\to+\infty} f(x)=\lim\limits_{x\to+\infty}\left[x\left(\frac{\ln x}{x}-a\right)\right]=-\infty$，可得：

（1）当 $f\left(\frac{1}{a}\right)<0$，即 $a>\frac{1}{\mathrm{e}}$ 时，$f(x)<f\left(\frac{1}{a}\right)<0$，函数 $f(x)$ 没有零点，故方程没有实根；

（2）当 $f\left(\frac{1}{a}\right)=0$，即 $a=\frac{1}{\mathrm{e}}$ 时，函数 $f(x)$ 仅有一个零点，故方程 $\ln x = ax$ 只有唯一实根 $x=\frac{1}{a}=\mathrm{e}$；

（3）当 $f\left(\frac{1}{a}\right)>0$，即 $0<a<\frac{1}{\mathrm{e}}$ 时，由 $f\left(\frac{1}{a}\right)>0$，$\lim\limits_{x\to 0^{+}} f(x)=-\infty$，知 $f(x)$ 在 $\left(0,\frac{1}{a}\right)$ 内至少有一个零点.

又 $f(x)$ 在 $\left(0,\frac{1}{a}\right)$ 内单调增加，所以 $f(x)$ 在 $\left(0,\frac{1}{a}\right)$ 内仅有一个零点，即方程 $\ln x=ax$ 在 $\left(0,\frac{1}{a}\right)$ 内只有一个实根. 同理方程 $\ln x=ax$ 在 $\left(\frac{1}{a},+\infty\right)$ 内也只有一个实根. 故当 $0<a<\frac{1}{\mathrm{e}}$ 时，方程 $\ln x=ax$ 恰有两个实根.

例 3.34　证明：当 $0<x<\frac{\pi}{2}$ 时，$\sin x>\frac{2}{\pi}x$.

分析　证明不等式可用拉格朗日中值定理、函数的单调性和最值及凹凸性等.

证法 1（用单调性证明）　令 $f(x)=\frac{\sin x}{x}$，则

$$f'(x)=\frac{x\cos x-\sin x}{x^{2}}=\frac{\cos x(x-\tan x)}{x^{2}},$$

令 $\varphi(x)=x-\tan x$，则 $\varphi'(x)=\frac{-\sin^{2}x}{\cos^{2}x}$. 所以在 $\left(0,\frac{\pi}{2}\right)$ 内，$\varphi'(x)<0$，而 $\varphi(0)=0$，所以 $\varphi(x)<0$，从而可知 $f'(x)<0$，故 $f(x)$ 单调减少，由此得 $f(x)>f\left(\frac{\pi}{2}\right)$，即 $\sin x>\frac{2}{\pi}x$.

证法 2（用凹凸性证明）　设 $g(x)=\sin x-\frac{2x}{\pi}$，则 $g'(x)=\cos x-\frac{2}{\pi}$，$g''(x)=-\sin x<0$.

所以 $g(x)$ 的图形是凸的. 又 $g(0)=g\left(\frac{\pi}{2}\right)=0$，因此 $g(x)>0$，即 $\sin x>\frac{2}{\pi}x$.

证法 3（用最值证明）　设 $F(x)=\sin x-\frac{2x}{\pi}$，则由闭区间上连续函数的性质知 $F(x)$ 在 $\left[0,\frac{\pi}{2}\right]$ 可取到最大、最小值.

$F'(x)=\cos x-\frac{2}{\pi}$，令 $F'(x)=0$，得 $F(x)$ 在 $\left[0,\frac{\pi}{2}\right]$ 内的唯一驻点 $x_{0}=\arccos\frac{2}{\pi}$，又因为 $F''(x)=-\sin x$，当 $0<x<\frac{\pi}{2}$ 时，有 $F''(x)<0$. 所以 $F(x)$ 在点 $x_{0}=\arccos\frac{2}{\pi}$

处取得极大值. $F(x)$ 在 $\left[0,\dfrac{\pi}{2}\right]$ 上的最小值必在端点处取得，这是因为 $F(x)$ 在 $\left(0,\dfrac{\pi}{2}\right)$ 内没有极小值. 又由于 $F(0)=F\left(\dfrac{\pi}{2}\right)=0$，所以 $F(x)$ 的最小值为零，在 $\left(0,\dfrac{\pi}{2}\right)$ 内必有

$$F(x)>F(0)=0,$$

即 $\sin x>\dfrac{2}{\pi}x$. 证毕.

例 3.35　证明：当 $x>0$，$y>0$ 时，有不等式 $x\ln x+y\ln y\geqslant(x+y)\ln\dfrac{x+y}{2}$，且等号当且仅当 $x=y$ 时成立.

分析　将不等式两端同除以 2，转化为 $\dfrac{x\ln x+y\ln y}{2}\geqslant\dfrac{x+y}{2}\ln\dfrac{x+y}{2}$. 可以看出，左端是函数 $f(t)=t\ln t$ 在 x，y 两点取值的平均值，而右端是它在中点 $\dfrac{x+y}{2}$ 处的函数值. 因此，可用函数图形的凹凸性来证明.

证明　设 $f(t)=t\ln t$，则在 $(0,+\infty)$ 内有 $f'(t)=1+\ln t$，$f''(t)=\dfrac{1}{t}>0$，从而函数 $f(t)=t\ln t$ 的图形是凹的. 故对任意 $x>0$，$y>0$ 且 $x\neq y$，有 $f\left(\dfrac{x+y}{2}\right)<\dfrac{f(x)+f(y)}{2}$ 成立，即

$$\frac{x\ln x+y\ln y}{2}>\frac{x+y}{2}\ln\frac{x+y}{2}$$

成立.

当 $x=y$ 时，等号显然成立. 于是有 $x\ln x+y\ln y\geqslant(x+y)\ln\dfrac{x+y}{2}$，且等号当且仅当 $x=y$ 时成立. 证毕.

例 3.36　设 $f(x)$ 有二阶连续导数且 $f'(0)=0$，$\lim\limits_{x\to0}\dfrac{f''(x)}{|x|}=1$，则（　　）.

A. $f(0)$ 是 $f(x)$ 的极大值　　　B. $f(0)$ 是 $f(x)$ 的极小值

C. $(0,f(0))$ 是曲线 $y=f(x)$ 的拐点

D. $f(0)$ 不是 $f(x)$ 的极值，$(0,f(0))$ 也不是曲线 $y=f(x)$ 的拐点

分析　要讨论函数 $f(x)$ 的极值与凹凸性，则要讨论 $f'(0)$，$f''(0)$ 的正负号.

解　选 B. 由题设 $\lim\limits_{x\to 0}\dfrac{f''(x)}{|x|}=1$，可得 $\lim\limits_{x\to 0}f''(x)=0$，并且由保号性知存在 $x=0$ 的某邻域使得 $f''(x)\geqslant 0$，即在 $(0,f(0))$ 的左、右两侧都是上凹的，故 $(0,f(0))$ 不是拐点，排除 C. 由拉格朗日中值定理可得 $f'(x)-f'(0)=f''(\xi)x$，其中 ξ 介于 0 与 x 之间，由于 $f'(0)=0$，所以 $f'(x)=f''(\xi)x$，而 $f''(x)\geqslant 0$，从而可知当 $x<0$ 时，$f(x)$ 单调减少，当 $x>0$ 时，$f(x)$ 单调增加，由此可知 $f(0)$ 是 $f(x)$ 的极小值，选 B.

例 3.37　求内接于 $\dfrac{x^2}{a^2}+\dfrac{y^2}{b^2}=1$ 且四边平行于 x 轴和 y 轴的面积最大的矩形 $(a,b>0)$.

分析　首先要求出矩形面积的表达式，其次求其最大值，此时对应的矩形即为所求.

解　设所求矩形在第一象限的顶点坐标为 (x,y)，则矩形的面积为

$$S(x)=4xy=4bx\sqrt{1-\frac{x^2}{a^2}}\ \ (0<x<a),$$

由 $S'(x)=4b\sqrt{1-\dfrac{x^2}{a^2}}-\dfrac{4bx^2}{a\sqrt{a^2-x^2}}$，令 $S'(x)=0$ 得驻点 $x=\dfrac{\sqrt{2}a}{2}$，而当 $0<x<\dfrac{\sqrt{2}a}{2}$ 时，$S'(x)>0$；当 $\dfrac{\sqrt{2}a}{2}<x<a$ 时，$S'(x)<0$. 所以 $x=\dfrac{\sqrt{2}a}{2}$ 为 $S(x)$ 的最大值点. 因而所求矩形在第一象限的顶点坐标为 $\left(\dfrac{\sqrt{2}a}{2},\dfrac{\sqrt{2}b}{2}\right)$，最大矩形面积为 $2ab$.

例 3.38　描绘函数 $y=\dfrac{x^3}{(x+1)^2}$ 的图形.

解　（1）求函数的定义域. 定义域为 $(-\infty,-1)$，$(-1,+\infty)$.

（2）求渐近线. 因为 $\lim\limits_{x\to -1}f(x)=\infty$，故 $x=-1$ 是一条铅直渐近线，而由 $\lim\limits_{x\to\infty}f(x)=\infty$ 可知无水平渐近线，又因为 $\lim\limits_{x\to\infty}\dfrac{f(x)}{x}=\lim\limits_{x\to\infty}\dfrac{x^3}{x(1+x)^2}=1$，并且 $\lim\limits_{x\to\infty}\left[\dfrac{x^3}{(1+x)^2}-x\right]=-2$，故 $y=x-2$ 是斜渐近线.

（3）求使 y'，y'' 为零的点及不存在的点. $y'=\dfrac{x^2(x+3)}{(x+1)^3}$；$y''=\dfrac{6x}{(x+1)^4}$. 当 $x=0$，$x=-3$ 时，$y'=0$；当 $x=0$ 时，$y''=0$；当 $x=-1$ 时，y' 和 y'' 不存在.

（4）列表说明图形在每个小区间上的单调增加、单调减少、凹的、凸的，以及函数的极值点和曲线的拐点（表 3-5），并作图，如图 3-2 所示.

表 3-5

x	$(-\infty,-3)$	-3	$(-3,-1)$	$(-1,0)$	0	$(0,+\infty)$
y'	+	0	−	+	0	+
y''	−	−	−	−	0	+
$f(x)$ 的图形	单调增加	极大值 $-\dfrac{27}{4}$	单调减少	单调增加	拐点 (0,0)	单调增加

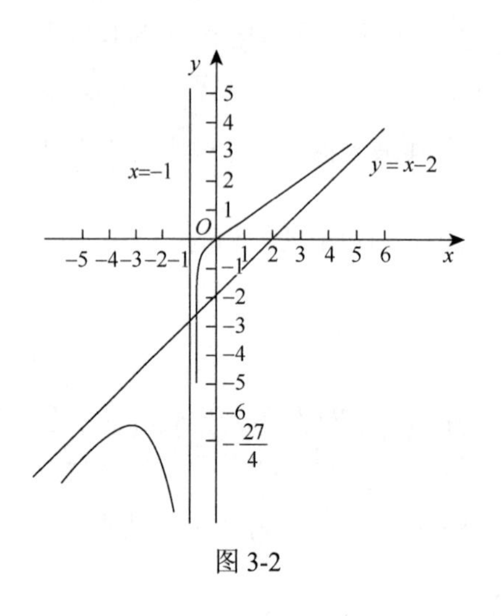

图 3-2

例 3.39 求曲线 $y=\tan x$ 在点 $\left(\dfrac{\pi}{4},1\right)$ 处的曲率与曲率半径.

解 $y'=\sec^2 x$，$y''=2\sec^2 x\tan x=\dfrac{2\sin x}{\cos^3 x}$，则曲率 K 及曲率半径 R 分别为

$$K=\frac{|y''|}{\sqrt{(1+y'^2)^3}},\ R=\frac{1}{K}=\frac{\sqrt{(1+y'^2)^3}}{|y''|}.$$

由 $y'|_{x=\frac{\pi}{4}}=2$ 及 $y''|_{x=\frac{\pi}{4}}=4$，得在 $\left(\dfrac{\pi}{4},1\right)$ 的曲率与曲率半径分别为

$$K=\frac{4\sqrt{5}}{25},\ R=\frac{1}{K}=\frac{5\sqrt{5}}{4}.$$

例 3.40 曲线上曲率最大的点称为此曲线的顶点，试求 $y=\mathrm{e}^x$ 的顶点，并求在该点处的曲率半径.

解 $y'=\mathrm{e}^x$，$y''=\mathrm{e}^x$，由曲率公式得

$$K=\frac{|y''|}{\sqrt{(1+y'^2)^3}}=\frac{|\mathrm{e}^x|}{\sqrt{(1+\mathrm{e}^{2x})^3}}=\frac{1}{\sqrt{\left(\mathrm{e}^{-\frac{2x}{3}}+\mathrm{e}^{\frac{4x}{3}}\right)^3}},$$

为求出 K 的最大值，只要求出 $f(x)=\mathrm{e}^{-\frac{2x}{3}}+\mathrm{e}^{\frac{4x}{3}}$ 的最小值即可. 求导得

$$f'(x)=-\frac{2}{3}\mathrm{e}^{-\frac{2x}{3}}+\frac{4}{3}\mathrm{e}^{\frac{4x}{3}}.$$

令 $f'(x)=0$，得 $\mathrm{e}^{2x}=\dfrac{1}{2}$，$x=-\dfrac{1}{2}\ln 2$，而

$$f''(x)=\frac{4}{9}\mathrm{e}^{-\frac{2x}{3}}+\frac{16}{9}\mathrm{e}^{\frac{4x}{3}},\ f''\left(-\frac{1}{2}\ln 2\right)>0.$$

所以 $x=-\frac{1}{2}\ln 2$ 是函数 $f(x)$ 唯一的极小值点, 也就是使曲线 $y=e^x$ 曲率最大的点, 代入得 $y=\frac{\sqrt{2}}{2}$, 于是曲线顶点坐标为 $\left(-\frac{1}{2}\ln 2,\frac{\sqrt{2}}{2}\right)$, 而曲线在该点的曲率半径为

$$R=\frac{1}{K}=\frac{\left(\frac{3}{2}\right)^{\frac{3}{2}}}{2^{-\frac{1}{2}}}=\frac{3}{2}\sqrt{3}.$$

例 3.41　若 $f''(x)$ 不变号, 并且曲线 $y=f(x)$ 在点（1, 1）的曲率圆为 $x^2+y^2=2$, 则 $f(x)$ 在区间（1, 2）内（　　）.

A. 有极值点, 无零点　　B. 无极值点, 有零点

C. 有极值点, 有零点　　D. 无极值点, 无零点

解　因为 $f(x)$ 和其曲率圆在点（1, 1）处有相同的凹向和相同的切线, 故 $f(x)$ 在点（1, 1）的附近是凸的, 即 $f''(x)<0$, 并且在点（1, 1）处的曲率

$$\rho=\frac{|y''|}{[1+(y')^2]^{\frac{3}{2}}}=\frac{1}{\sqrt{2}},$$

而 $f'(1)=-1$, 由此可得 $f''(1)=-2$. 在[1, 2]上, $f'(x)\leqslant f'(1)=-1<0$, 即 $f(x)$ 单调减少, 没有极值点. 另外由拉格朗日中值定理可知 $f(2)-f(1)=f'(\zeta)<-1$, $\zeta\in(1,2)$, 所以 $f(2)<0$ 而 $f(1)=1>0$, 由零点定理知, $f(x)$ 在[1, 2]上有零点, 故选 B.

3.4 自我测试题

A 级自我测试题

一、选择题（每小题 3 分, 共 15 分）

1. 在区间 $[-1,1]$ 上满足罗尔中值定理条件的函数是（　　）.

A. $y=\frac{\tan x}{x}$　　B. $y=e^{-x^2}$

C. $y=x^2+x+1$　　D. $y=5-x^{\frac{2}{3}}$

2. 若函数 $f(-x)=f(x)$ $(-\infty<x<+\infty)$, 在 $(-\infty,0)$ 内 $f'(x)>0$ 且 $f''(x)<0$, 则在 $(0,+\infty)$ 内有（　　）.

A. $f'(x)>0$，$f''(x)<0$　　B. $f'(x)>0$，$f''(x)>0$

C. $f'(x)<0$，$f''(x)<0$　　D. $f'(x)>0$，$f''(x)<0$

3. 设 n 为正整数，则关于函数 $f(x)=\left(1+x+\dfrac{x^2}{2!}+\cdots+\dfrac{x^n}{n!}\right)e^{-x}$ 的极值问题是（　　）.

A. 有极小值　　B. 有极大值

C. 既无极小值也无极大值

D. $f(x)$ 是否有极值依赖于 n 的具体数字

4. $f''(x_0)=0$ 是 $(x_0,f(x_0))$ 为曲线 $y=f(x)$ 的拐点的（　　）.

A. 必要条件　　B. 充分条件

C. 充要条件　　D. 既非充分亦非必要条件

5. 下列曲线没有铅直渐近线的是（　　）.

A. $f(x)=\dfrac{2x-1}{(x-1)^2}$　　B. $f(x)=e^{\frac{1}{x^2}}$

C. $f(x)=x+\dfrac{\ln x}{x}$　　D. $f(x)=\dfrac{1}{1+e^{-x}}$

二、填空题（每小题 3 分，共 15 分）

1. 设 $y=5x^2-x+2$ 在 $[0,\ 1]$ 上满足拉格朗日定理，其中 $\xi=$__________.

2. $\lim\limits_{x\to\pi}\dfrac{e^{\sin x}-1}{x-\pi}=$__________.

3. $\lim\limits_{x\to1}(2-x)^{\tan\frac{\pi x}{2}}=$__________.

4. 函数 $y=(x-2)^2(x+1)^{\frac{2}{3}}$ 在区间 $[-2,2]$ 上的最大值为__________，最小值为__________.

5. 抛物线 $y=4x-x^2$ 在它的顶点处的曲率半径 $R=$__________.

三、计算题（每小题 6 分，共 30 分）

1. 计算 $\lim\limits_{x\to0}\left(\dfrac{1}{x}-\dfrac{1}{e^x-1}\right)$.

2. 计算 $\lim\limits_{x\to0}\dfrac{x-\sin x}{x^2\arcsin x}$.

3. 求函数 $f(x)=(x-5)^2(x+1)^{\frac{2}{3}}$ 的单调区间和极值.

4. 求函数 $f(x)=\dfrac{(x-1)^3}{(x+1)^2}$ 的凹凸区间与拐点.

5. 求函数 $f(x)=x^3\ln x$ 在 $x=1$ 的二阶泰勒公式.

四、（8 分）　试证方程 $x^3-3x+c=0$（c 为任意常数）在 $[0,1]$ 上不可能有两个根.

五、（8 分）　设函数 $f(x)$ 在 $[0,1]$ 上可导且 $0<f(x)<1$，$f'(x)\neq -1$，证明：方程 $f(x)=1-x$ 在 $(0,1)$ 内有唯一的实根.

六、（8 分）　设函数 $f(x)$ 在 $[a,b]$ 上可导且 $f(x)>0$，证明至少存在一点 $\xi\in(a,b)$，使得

$$\ln\frac{f(b)}{f(a)}=\frac{f'(\xi)}{f(\xi)}(b-a).$$

七、（8 分）　设 $\mathrm{e}<a<b<\mathrm{e}^2$，证明：

$$\ln^2 b-\ln^2 a>\frac{4}{\mathrm{e}^2}(b-a).$$

八、（8 分）　在抛物线 $y=4-x^2$ 的第一象限部分求一点 P，过 P 点作切线，使该切线与坐标轴所围成的三角形的面积最小.

B 级自我测试题

一、选择题（每小题 3 分，共 15 分）

1. 当 $x\to 0$ 时，下列四式中，错误的是（　　）.

①$\sin x=x+o(x)$；　②$\sin x=x+o(x^2)$；

③$\sin x=x-\dfrac{x^3}{3!}+o(x^5)$；　④$\sin x=x-\dfrac{x^3}{3!}+o(x^4)$

A. ④　　B. ②, ③, ④

C. ③　　D. ①, ②, ③, ④

2. 已知 $f(x)$ 在 $x=0$ 的某个邻域内连续且 $f(0)=0$，$\lim\limits_{x\to 0}\dfrac{f(x)}{1-\cos x}=2$，则在点 $x=0$ 处 $f(x)$（　　）.

A. 不可导　　B. 可导且 $f'(0)\neq 0$

C. 取得极大值　　D. 取得极小值

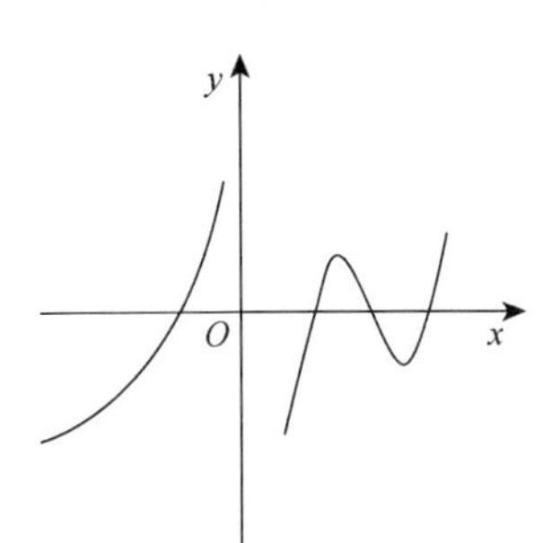

3. 设函数 $f(x)$ 在定义域内可导，$y=f(x)$ 的图形如右图所示，则导函数 $y=f'(x)$ 的图形为（　　）.

A.

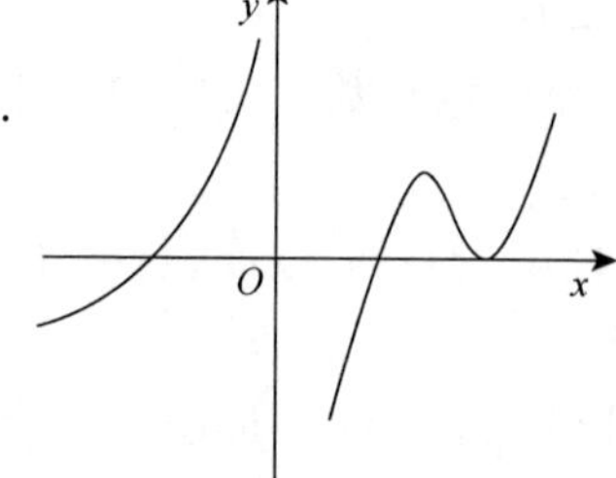

B.
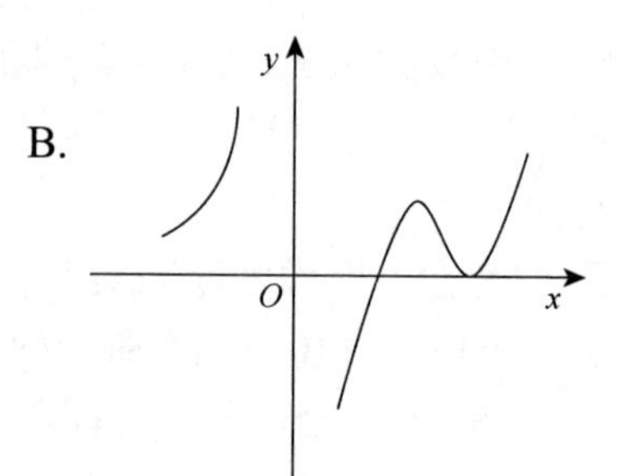

C.
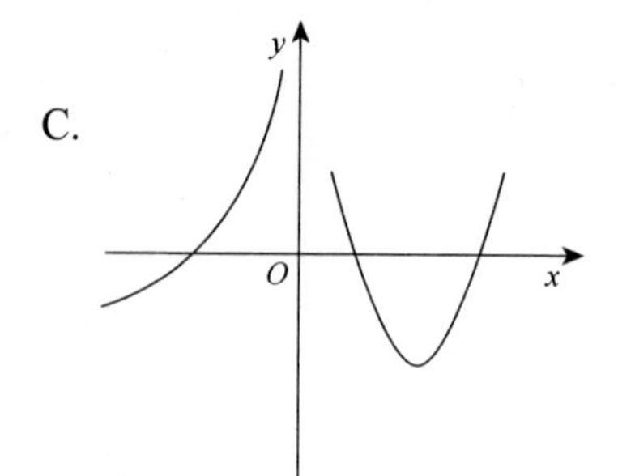

D.
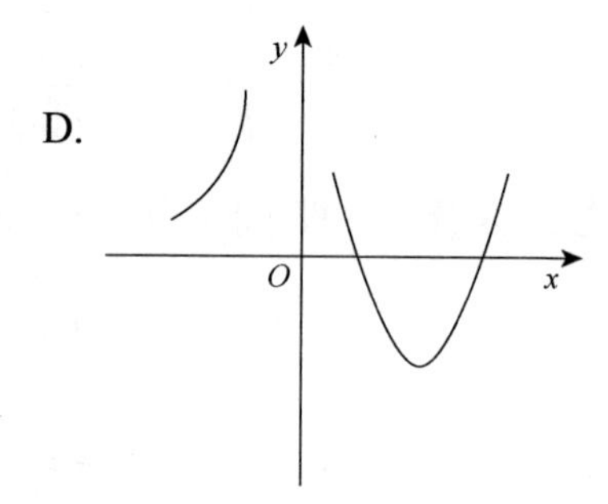

4. 在区间 $(-\infty,+\infty)$ 内，方程 $|x|^{\frac{1}{4}}+|x|^{\frac{1}{2}}-\cos x=0$（　　）.

A. 无实根　　　　　　　　B. 有且仅有一个实根

C. 有且仅有两个实根　　　D. 有无穷多个实根

5. 曲线在 $y=(x-1)^2(x-2)^2$ 的拐点个数为（　　）.

A. 0　　　B. 1　　　C. 2　　　D. 3

二、填空题（每小题 3 分，共 15 分）

1. 设 $f(x)=x\ln(1+x^2)$，则 $f^{(7)}(0)=$________.

2. $\lim\limits_{x\to 0}\dfrac{x-(1+x)\ln(1+x)}{x^2}=$________.

3. $\lim\limits_{x\to 0}\dfrac{\mathrm{e}^x-\sin x-1}{1-\sqrt{1-x^2}}=$________.

4. 设 $f(x)=x\mathrm{e}^x$，则 $f^{(n)}(x)$ 在点 $x=$________处取得极小值________.

5. 函数 $y=x^{\frac{1}{x}}$ 在 $[1,\mathrm{e}^2]$ 上的值域为________.

三、计算题（每小题 6 分，共 30 分）

1. 计算 $\lim\limits_{x\to 0}\dfrac{\sqrt{1+\tan x}-\sqrt{1+\sin x}}{x(\mathrm{e}^{x^2}-1)}$.

2. 设 $f(x)$ 在 $x=a$ 处有二阶导数且 $f'(a)\neq 0$，求 $\lim\limits_{x\to a}\left[\dfrac{1}{f(x)-f(a)}-\dfrac{1}{(x-a)f'(a)}\right]$.

3. 计算 $\lim\limits_{x\to 0}\dfrac{\dfrac{x^2}{2}+1-\sqrt{1+x^2}}{(\cos x-\mathrm{e}^{x^2})\sin x^2}$.

4. 求函数 $y=\dfrac{x^3}{(x-1)^2}$ 的单调区间、凹凸区间、极值、拐点和渐近线.

5. 求数列 $\left\{\dfrac{n^2-2n-12}{\sqrt{\mathrm{e}^n}}\right\}$ 的最大项（已知 $23\sqrt{\mathrm{e}}>37$ ）.

四、（8 分）　设 $f(x)$ 在 $[a,b]\ (0<a<b)$ 上连续，在 (a,b) 可导，试证存在 $\xi,\eta\in(a,b)$ 使 $f'(\xi)=\dfrac{\eta^2 f'(\eta)}{ab}$.

五、（8 分）　证明：$x>1$ 时有 $\mathrm{e}^x>\dfrac{\mathrm{e}}{2}(x^2+1)$.

六、（8 分）　设 $f(x)$ 在 $[0,1]$ 上连续，在 $(0,1)$ 内可导，并且 $f(0)=f(1)=0$ ，$f\left(\dfrac{1}{2}\right)=1$，试证：

（1）存在 $\eta\in\left(\dfrac{1}{2},1\right)$，使 $f(\eta)=\eta$ ；

（2）对任意的实数 λ，存在 $\xi\in(0,\eta)$，使 $f'(\xi)-\lambda[f(\xi)-\xi]=1$.

七、（8 分）　设 $f(x)$ 在 $[0,+\infty)$ 可导，并且 $f'(x)\geqslant k>0$，$f(0)<0$，证明：方程 $f(x)=0$ 在 $(0,+\infty)$ 内有唯一的实根.

八、（8 分）　设函数 $f(x)$ 在 $[0,2]$ 上连续，在 $(0,2)$ 内有三阶连续可导，并且 $f(0)=3$ ，$f(2)=4$ ，$f(1)=\min\limits_{x\in[0,2]}f(x)$ ，试证明：至少存在一点 $\xi\in(0,2)$ ，使 $f'''(\xi)=3$.

第4章　不 定 积 分

4.1　知识结构图与学习要求

4.1.1　知识结构图

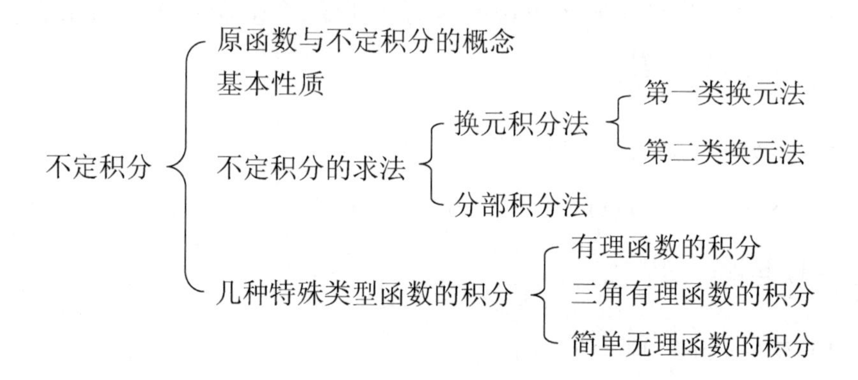

4.1.2　学习要求

（1）熟悉原函数与不定积分的定义及性质，并知道其几何意义.

（2）掌握原函数与不定积分的性质.

（3）熟记基本积分公式和凑微分公式.

（4）掌握常用的求不定积分的技巧，并能综合运用各种求不定积分的方法计算不定积分.

4.2　内 容 提 要

4.2.1　基本概念与性质

1. *原函数的定义*

如果在区间 I 上，可导函数 $F(x)$ 的导函数为 $f(x)$，即对任一 $x \in I$，都有 $F'(x)=f(x)$，那么函数 $F(x)$ 就称为 $f(x)$ 在区间 I 上的原函数.

2. 原函数的性质

（1）原函数的存在性：连续函数一定存在原函数.

（2）原函数是某个区间上的连续且可微的函数.

（3）$F(x)$是$f(x)$在某个区间上的一个原函数，则$F(x)+C$也是$f(x)$的原函数.

（4）$F(x)$和$G(x)$均是$f(x)$在同一区间上的原函数，则$F(x)$和$G(x)$仅相差一个常数.

约定　在本章出现的C如果未加说明均指任意常数.

注　如果$f(x)$在区间I上连续，则$f(x)$在区间I上存在原函数. 反之，若$f(x)$在区间I内有原函数，$f(x)$在区间I内却不一定连续. 例如，

$$F(x)=\begin{cases} x^2\sin\dfrac{1}{x}, & x\neq 0, \\ 0, & x=0, \end{cases}$$

在$(-\infty,+\infty)$内处处有导数，

$$F'(x)=f(x)=\begin{cases} 2x\sin\dfrac{1}{x}-\cos\dfrac{1}{x}, & x\neq 0, \\ 0, & x=0, \end{cases}$$

故$f(x)$在$(-\infty,+\infty)$内有原函数$F(x)$，但$f(x)$显然在$x=0$处不连续. 容易看出，这个间断点是第二类间断点. 所以，函数$f(x)$连续仅是存在原函数的充分条件而不是必要条件.

3. 不定积分的定义

在区间I上，函数$f(x)$的带有任意常数项的原函数称为$f(x)$（或$f(x)\mathrm{d}x$）在区间I上的不定积分，记作$\int f(x)\mathrm{d}x$. 如果$F(x)$是$f(x)$在区间I上的一个原函数，则

$$\int f(x)\mathrm{d}x=F(x)+C,$$

或者称$f(x)$的原函数的全体为$f(x)$的不定积分.

4. 积分与微分的关系

（1）$\dfrac{\mathrm{d}}{\mathrm{d}x}\left[\int f(x)\mathrm{d}x\right]=f(x)$或$\mathrm{d}\left[\int f(x)\mathrm{d}x\right]=f(x)\mathrm{d}x$（先积后微，作用抵消）.

（2）$\int f'(x)\mathrm{d}x=f(x)+C$或$\int \mathrm{d}f(x)=f(x)+C$（先微后积，添加一个常数）.

5. 不定积分的性质

性质 4.1　设函数$f(x)$及$g(x)$的原函数存在，则

$$\int[f(x)\pm g(x)]\mathrm{d}x=\int f(x)\mathrm{d}x\pm\int g(x)\mathrm{d}x.$$

性质 4.2　设函数 $f(x)$ 的原函数存在，k 为非零常数，则

$$\int kf(x)\mathrm{d}x=k\int f(x)\mathrm{d}x.$$

4.2.2　不定积分的积分方法

1. 利用如下积分公式表

（1）$\int k\mathrm{d}x=kx+C$（k 是常数）；

（2）$\int x^{\mu}\mathrm{d}x=\frac{x^{\mu+1}}{\mu+1}+C(\mu\neq-1)$；

（3）$\int\frac{\mathrm{d}x}{x}=\ln|x|+C$；

（4）$\int\frac{\mathrm{d}x}{1+x^2}=\arctan x+C$；

（5）$\int\frac{\mathrm{d}x}{\sqrt{1-x^2}}=\arcsin x+C$；

（6）$\int\cos x\mathrm{d}x=\sin x+C$；

（7）$\int\sin x\mathrm{d}x=-\cos x+C$；

（8）$\int\frac{\mathrm{d}x}{\cos^2 x}=\int\sec^2 x\mathrm{d}x=\tan x+C$；

（9）$\int\frac{\mathrm{d}x}{\sin^2 x}=\int\csc^2 x\mathrm{d}x=-\cot x+C$；

（10）$\int\sec x\tan x\mathrm{d}x=\sec x+C$；

（11）$\int\csc x\cot x\mathrm{d}x=-\csc x+C$；

（12）$\int\mathrm{e}^x\mathrm{d}x=\mathrm{e}^x+C$；

（13）$\int a^x\mathrm{d}x=\frac{a^x}{\ln a}+C$；

（14）$\int\mathrm{sh}x\mathrm{d}x=\mathrm{ch}x+C$；

（15）$\int\mathrm{ch}x\mathrm{d}x=\mathrm{sh}x+C$；

（16）$\int\tan x\mathrm{d}x=-\ln|\cos x|+C$；

（17）$\int\cot x\mathrm{d}x=\ln|\sin x|+C$；

（18）$\int\sec x\mathrm{d}x=\ln|\sec x+\tan x|+C$；

（19）$\int\csc x\mathrm{d}x=\ln|\csc x-\cot x|+C$；

（20）$\int\frac{\mathrm{d}x}{a^2+x^2}=\frac{1}{a}\arctan\frac{x}{a}+C$；

（21）$\int\frac{\mathrm{d}x}{x^2-a^2}=\frac{1}{2a}\ln\left|\frac{x-a}{x+a}\right|+C$；

（22）$\int\frac{\mathrm{d}x}{\sqrt{a^2-x^2}}=\arcsin\frac{x}{a}+C$；

（23）$\int\frac{\mathrm{d}x}{\sqrt{x^2+a^2}}=\ln(x+\sqrt{x^2+a^2})+C$；

（24）$\int\frac{\mathrm{d}x}{\sqrt{x^2-a^2}}=\ln|x+\sqrt{x^2-a^2}|+C$.

2. 第一类换元法

设 $f(u)$ 具有原函数，$u=\varphi(x)$ 可导，则有换元公式

$$\int f[\varphi(x)]\varphi'(x)\mathrm{d}x=[\int f(u)\mathrm{d}u]_{u=\varphi(x)}.$$

这种方法又称为凑微分法，例如，求积分 $\int g(x)\mathrm{d}x$，则要将 $g(x)$ 凑成 $f[\varphi(x)]\varphi'(x)$ 的形式，而 $\int f(u)\mathrm{d}u$ 容易积分，即 $\int f(u)\mathrm{d}u$ 是属于公式表中有的类型或者接近的类型.

3. 第二类换元法

设 $x=\psi(t)$ 是单调的、可导的函数，并且 $\psi'(t)\neq 0$. 又设 $f[\psi(t)]\psi'(t)$ 具有原函数，则有换元公式

$$\int f(x)\mathrm{d}x=\left[\int f[\psi(t)]\psi'(t)\mathrm{d}t\right]_{t=\psi^{-1}(x)}.$$

这种方法是作新的代换，将 $\int f(x)\mathrm{d}x$ 化成更容易积分的形式，常用的第二类换元法如三角代换、倒代换等.

4. 分部积分法

若 $u(x)$ 与 $v(x)$ 可导，并且不定积分 $\int u'(x)v(x)\mathrm{d}x$ 存在，则不定积分 $\int u(x)v'(x)\mathrm{d}x$ 也存在，并有

$$\int u(x)v'(x)\mathrm{d}x=u(x)v(x)-\int u'(x)v(x)\mathrm{d}x.$$

当被积函数是反三角函数、对数函数、幂函数、指数函数、三角函数（简称反、对、幂、指、三）中的某两类函数的乘积时，通常用分部积分法.

5. 有理函数的积分

（1）一般有理函数的积分：用待定系数法或赋值法将有理真分式化为部分分式之和，那么有理函数的积分就可转化为较简单的部分分式积分之和.

（2）三角有理函数的积分：用万能公式将 $\int R(\sin x,\cos x)\mathrm{d}x$ 化为有理函数的积分.

（3）其他简单无理函数的积分：通过适当变量代换使其转化为有理函数的积分.

4.3　典型例题解析

例 4.1　求下列不定积分.

（1）$\int\frac{\mathrm{d}x}{x^3\sqrt{x}}$；　　（2）$\int(\sqrt{x}+1)(\sqrt{x^3}-1)\mathrm{d}x$.

分析　利用幂函数的积分公式$\int x^n \mathrm{d}x = \frac{1}{n+1}x^{n+1}+C$求积分时，应当先将被积函数中幂函数写成负指数幂或分数指数幂的形式.

解　（1）$\int \frac{\mathrm{d}x}{x^3\sqrt{x}} = \int x^{-\frac{7}{2}}\mathrm{d}x = \frac{1}{1+\left(-\frac{7}{2}\right)}x^{-\frac{7}{2}+1}+C = -\frac{2}{5}x^{-\frac{5}{2}}+C$.

（2）$\int(\sqrt{x}+1)(\sqrt{x^3}-1)\mathrm{d}x = \int(x^2+x^{\frac{3}{2}}-x^{\frac{1}{2}}-1)\mathrm{d}x = \frac{1}{3}x^3+\frac{2}{5}x^{\frac{5}{2}}-\frac{2}{3}x^{\frac{3}{2}}-x+C$.

例 4.2　求$\int\left(x^2+\frac{1}{\sqrt{x}}\right)^2\mathrm{d}x$.

分析　将被积函数的平方展开，可化为幂函数的和.

解　$\int\left(x^2+\frac{1}{\sqrt{x}}\right)^2\mathrm{d}x = \int\left(x^4+2x^{\frac{3}{2}}+\frac{1}{x}\right)\mathrm{d}x = \int x^4\mathrm{d}x+\int 2x^{\frac{3}{2}}\mathrm{d}x+\int\frac{1}{x}\mathrm{d}x$

$$=\frac{1}{5}x^5+\frac{4}{5}x^{\frac{5}{2}}+\ln|x|+C.$$

例 4.3　求下列不定积分.

（1）$\int\frac{2\cdot \mathrm{e}^x-5\cdot 2^x}{3^x}\mathrm{d}x$；　　（2）$\int\frac{3x^4+3x^2+1}{x^2+1}\mathrm{d}x$.

分析　（1）将被积函数拆开，用指数函数的积分公式；

（2）分子分母都含有偶数次幂，将其化成一个多项式和一个真分式的和，然后即可用公式.

解　（1）$\int\frac{2\cdot \mathrm{e}^x-5\cdot 2^x}{3^x}\mathrm{d}x = 2\int\left(\frac{\mathrm{e}}{3}\right)^x\mathrm{d}x-5\int\left(\frac{2}{3}\right)^x\mathrm{d}x = \frac{2\cdot\left(\frac{\mathrm{e}}{3}\right)^x}{1-\ln 3}-\frac{5\cdot\left(\frac{2}{3}\right)^x}{\ln 2-\ln 3}+C$.

（2）$\int\frac{3x^4+3x^2+1}{x^2+1}\mathrm{d}x = \int 3x^2\mathrm{d}x+\int\frac{1}{1+x^2}\mathrm{d}x = x^3+\arctan x+C$.

例 4.4　求下列不定积分.

（1）$\int\frac{1+x^2+x^4}{x^2(1+x^2)}\mathrm{d}x$；　　（2）$\int\frac{x^4}{1+x^2}\mathrm{d}x$；　　（3）$\int\frac{1}{x^2(1+x^2)}\mathrm{d}x$；

（4）$\int\frac{\mathrm{e}^{2x}-1}{\mathrm{e}^x-1}\mathrm{d}x$；　　（5）$\int\left(\sqrt{\frac{1-x}{1+x}}+\sqrt{\frac{1+x}{1-x}}\right)\mathrm{d}x$.

分析　根据被积函数分子、分母的特点，利用常用的恒等变形，如分解因式、直接拆项、“加零”拆项、指数公式和三角公式等，将被积函数分解成几项之和即可求解.

解　（1）$\int\frac{1+x^2+x^4}{x^2(1+x^2)}\mathrm{d}x = \int\left(1+\frac{1}{x^2}-\frac{1}{1+x^2}\right)\mathrm{d}x$

$$=\int \mathrm{d}x+\int \frac{1}{x^2}\mathrm{d}x-\int \frac{1}{1+x^2}\mathrm{d}x=x-\frac{1}{x}-\arctan x+C.$$

（2）$\displaystyle\int \frac{x^4}{1+x^2}\mathrm{d}x=\int \frac{(x^4-1)+1}{1+x^2}\mathrm{d}x=\int \frac{(x^2-1)(x^2+1)+1}{1+x^2}\mathrm{d}x$

$$=\int (x^2-1)\mathrm{d}x+\int \frac{1}{1+x^2}\mathrm{d}x=\frac{1}{3}x^3-x+\arctan x+C.$$

（3）$\displaystyle\int \frac{1}{x^2(1+x^2)}\mathrm{d}x=\int \frac{1+x^2-x^2}{x^2(1+x^2)}\mathrm{d}x$

$$=\int \frac{1}{x^2}\mathrm{d}x-\int \frac{1}{1+x^2}\mathrm{d}x=-\frac{1}{x}-\arctan x+C\,.$$

（4）$\displaystyle\int \frac{\mathrm{e}^{2x}-1}{\mathrm{e}^x-1}\mathrm{d}x=\int \frac{(\mathrm{e}^x-1)(\mathrm{e}^x+1)}{\mathrm{e}^x-1}\mathrm{d}x=\int (\mathrm{e}^x+1)\mathrm{d}x=\mathrm{e}^x+x+C\,.$

（5）注意被积函数$\displaystyle\sqrt{\frac{1-x}{1+x}}+\sqrt{\frac{1+x}{1-x}}=\frac{1-x}{\sqrt{1-x^2}}+\frac{1+x}{\sqrt{1-x^2}}=\frac{2}{\sqrt{1-x^2}}$.

所以$\displaystyle\int \left(\sqrt{\frac{1-x}{1+x}}+\sqrt{\frac{1+x}{1-x}}\right)\mathrm{d}x=2\int \frac{1}{\sqrt{1-x^2}}\mathrm{d}x=2\arcsin x+C.$

例 4.5　求下列不定积分.

（1）$\displaystyle\int \frac{1}{1+\cos 2x}\mathrm{d}x$；　　（2）$\displaystyle\int \frac{\cos 2x}{\cos x-\sin x}\mathrm{d}x$；　　（3）$\displaystyle\int \cot^2 x\mathrm{d}x$；

（4）$\displaystyle\int \frac{\cos 2x}{\sin^2 x\cos^2 x}\mathrm{d}x$；　　（5）$\displaystyle\int \frac{1+\cos^2 x}{1+\cos 2x}\mathrm{d}x$.

分析　当被积函数是三角函数时，常利用一些三角恒等式，将其向基本积分公式表中有的形式转化，这就要求读者要牢记基本积分公式表.

解　（1）$\displaystyle\int \frac{1}{1+\cos 2x}\mathrm{d}x=\int \frac{1}{2\cos^2 x}\mathrm{d}x=\frac{1}{2}\tan x+C\,.$

（2）$\displaystyle\int \frac{\cos 2x}{\cos x-\sin x}\mathrm{d}x=\int \frac{\cos^2 x-\sin^2 x}{\cos x-\sin x}\mathrm{d}x=\int (\cos x+\sin x)\mathrm{d}x=\sin x-\cos x+C.$

（3）$\displaystyle\int \cot^2 x\mathrm{d}x=\int (\csc^2 x-1)\mathrm{d}x=-\cot x-x+C\,.$

（4）$\displaystyle\int \frac{\cos 2x}{\sin^2 x\cos^2 x}\mathrm{d}x=\int \frac{\cos^2 x-\sin^2 x}{\sin^2 x\cos^2 x}\mathrm{d}x=\int \frac{1}{\sin^2 x}\mathrm{d}x-\int \frac{1}{\cos^2 x}\mathrm{d}x$

$$=\int \csc^2 x\mathrm{d}x-\int \sec^2 x\mathrm{d}x=-\cot x-\tan x+C.$$

（5）注意被积函数$\displaystyle\frac{1+\cos^2 x}{1+\cos 2x}=\frac{1+\cos^2 x}{2\cos^2 x}=\frac{1}{2}\sec^2 x+\frac{1}{2}$，故有

$$\int \frac{1+\cos^2 x}{1+\cos 2x}\mathrm{d}x=\frac{1}{2}\int \sec^2 x\mathrm{d}x+\frac{1}{2}\int \mathrm{d}x=\frac{\tan x+x}{2}+C\,.$$

例 4.6　设 $F(x)$ 是连续函数 $f(x)$ 的一个原函数，“ $M \Leftrightarrow N$ ”是指 M 的充要条件是 N，则下列说法正确的是________．

A. $F(x)$ 是偶函数 $\Leftrightarrow f(x)$ 是奇函数

B. $F(x)$ 是奇函数 $\Leftrightarrow f(x)$ 是偶函数

C. $F(x)$ 是周期函数 $\Leftrightarrow f(x)$ 是周期函数

D. $F(x)$ 是单调函数 $\Leftrightarrow f(x)$ 是单调函数

分析　利用 $\int f(x)\mathrm{d}x = F(x)+C$，用排除法.

解　B 令 $f(x)=x^2$，则 $F(x)=\dfrac{1}{3}x^3+2$ 为其一个原函数，但 $F(x)$ 非奇非偶.

C 令 $f(x)=|\sin x|$，其周期为 π，$F(x)=\begin{cases}-\cos x+1, & \sin x>0\\ \cos x+1, & \sin x<0\end{cases}$ 不是周期函数.

D 令 $f(x)=2x$，单增函数. 但 $F(x)=x^2$ 不是单调函数.

故答案为 A.

例 4.7　求下列不定积分：

（1）$\int (6x-9)^{99}\mathrm{d}x$；　　（2）$\int x(ax^2+b)^{\frac{1}{n}}\mathrm{d}x (a\neq 0, n\neq -1)$；

（3）$\int \dfrac{x^2}{(\sin x^3)^2}\mathrm{d}x$；　　（4）$\int \dfrac{1}{\sqrt{x}(1+2x)}\mathrm{d}x$；

（5）$\int \dfrac{1}{x}\cos(\ln x)\mathrm{d}x$；　　（6）$\int \dfrac{1}{x^2}\mathrm{e}^{\frac{1}{x}}\mathrm{d}x$；

（7）$\int \dfrac{\sin x\mathrm{d}x}{\cos^2 x-6\cos x+12}$；　　（8）$\int \dfrac{1}{\cos^2 x\sqrt{1-\tan^2 x}}\mathrm{d}x$；

（9）$\int \dfrac{1+\sqrt{\cot x}}{\sin^2 x}\mathrm{d}x$；　　（10）$\int \dfrac{3\arccos x+1}{\sqrt{1-x^2}}\mathrm{d}x$；

（11）$\int \dfrac{x+(\arctan x)^{\frac{3}{2}}}{1+x^2}\mathrm{d}x$；　　（12）$\int \dfrac{1-x}{\sqrt{9-4x^2}}\mathrm{d}x$.

分析　这些积分都没有现成的公式可套用，需要用第一类换元积分法.

解（1）$\int (6x-9)^{99}\mathrm{d}x = \dfrac{1}{6}\int (6x-9)^{99}\mathrm{d}(6x-9) = \dfrac{1}{600}(6x-9)^{100}+C$.

（2）$\int x(ax^2+b)^{\frac{1}{n}}\mathrm{d}x = \dfrac{1}{2a}\int (ax^2+b)^{\frac{1}{n}}\mathrm{d}(ax^2+b) = \dfrac{n}{2a(n+1)}(ax^2+b)^{\frac{1+n}{n}}+C$.

（3）$\int \dfrac{x^2}{(\sin x^3)^2}\mathrm{d}x = \dfrac{1}{3}\int \dfrac{\mathrm{d}x^3}{(\sin x^3)^2} = -\dfrac{1}{3}\cot x^3+C$.

(4) $\int\frac{1}{\sqrt{x}(1+2x)}\mathrm{d}x=\sqrt{2}\int\frac{\mathrm{d}\sqrt{2x}}{1+(\sqrt{2x})^2}=\sqrt{2}\arctan\sqrt{x}+C$.

(5) $\int\frac{1}{x}\cos(\ln x)\mathrm{d}x=\int\cos(\ln x)\mathrm{d}(\ln x)=\sin(\ln x)+C$.

(6) $\int\frac{1}{x^2}\mathrm{e}^{\frac{1}{x}}\mathrm{d}x=-\int\mathrm{e}^{\frac{1}{x}}\mathrm{d}\left(\frac{1}{x}\right)=-\mathrm{e}^{\frac{1}{x}}+C$.

(7) $\int\frac{\sin x\mathrm{d}x}{\cos^2x-6\cos x+12}=-\int\frac{\mathrm{d}(\cos x-3)}{(\cos x-3)^2+3}=-\frac{1}{\sqrt{3}}\arctan\frac{\cos x-3}{\sqrt{3}}+C$.

(8) $\int\frac{1}{\cos^2x\sqrt{1-\tan^2x}}\mathrm{d}x=\int\frac{1}{\sqrt{1-\tan^2x}}\mathrm{d}(\tan x)=\arcsin(\tan x)+C$.

(9) $\int\frac{1+\sqrt{\cot x}}{\sin^2x}\mathrm{d}x=-\int\left[1+(\cot x)^{\frac{1}{2}}\right]\mathrm{d}(\cot x)=-\int\mathrm{d}(\cot x)-\int(\cot x)^{\frac{1}{2}}\mathrm{d}(\cot x)$

$$=-\cot x-\frac{2}{3}(\cot x)^{\frac{3}{2}}+C.$$

(10) $\int\frac{3\arccos x+1}{\sqrt{1-x^2}}\mathrm{d}x=-\frac{1}{3}\int(3\arccos x+1)\mathrm{d}(3\arccos x+1)=-\frac{1}{6}(3\arccos x+1)^2+C.$

(11) $\int\frac{x+(\arctan x)^{\frac{3}{2}}}{1+x^2}\mathrm{d}x=\int\frac{x}{1+x^2}\mathrm{d}x+\int\frac{(\arctan x)^{\frac{3}{2}}}{1+x^2}\mathrm{d}x$

$$=\frac{1}{2}\int\frac{\mathrm{d}(1+x^2)}{1+x^2}+\int(\arctan x)^{\frac{3}{2}}\mathrm{d}(\arctan x)$$

$$=\frac{1}{2}\ln(1+x^2)+\frac{2}{5}(\arctan x)^{\frac{5}{2}}+C.$$

(12) $\int\frac{1-x}{\sqrt{9-4x^2}}\mathrm{d}x=\int\frac{1}{\sqrt{9-4x^2}}\mathrm{d}x-\int\frac{x}{\sqrt{9-4x^2}}\mathrm{d}x$

$$=\frac{1}{2}\int\frac{1}{\sqrt{1-\left(\frac{2x}{3}\right)^2}}\mathrm{d}\left(\frac{2x}{3}\right)-\frac{1}{8}\int\frac{1}{\sqrt{9-4x^2}}\mathrm{d}(4x^2)$$

$$=\frac{1}{2}\int\frac{1}{\sqrt{1-\left(\frac{2x}{3}\right)^2}}\mathrm{d}\left(\frac{2x}{3}\right)+\frac{1}{8}\int\frac{1}{\sqrt{9-4x^2}}\mathrm{d}(9-4x^2)$$

$$=\frac{1}{2}\arcsin\left(\frac{2x}{3}\right)+\frac{1}{4}\sqrt{9-4x^2}+C.$$

注 用第一类换元积分法（凑微分法）求不定积分，一般并无规律可循，主要依靠经验的积累. 而任何一个微分运算公式都可以作为凑微分的运算途径. 因此需要牢记基本积分公式, 这样凑微分才会有目标. 下面给出常见的 12 种凑微分的积分类型.

（1）$\int f(ax^n+b)x^{n-1}\mathrm{d}x=\frac{1}{na}\int f(ax^n+b)\mathrm{d}(ax^n+b)\ (a\neq 0)$；

（2）$\int f(a^x)a^x\mathrm{d}x=\frac{1}{\ln a}\int f(a^x)\mathrm{d}a^x$；

（3）$\int f(\sin x)\cos x\mathrm{d}x=\int f(\sin x)\mathrm{d}(\sin x)$，适用于求形如$\int \sin^m x\cos^{2n+1}x\mathrm{d}x$的积分（$m,n$是自然数）；

（4）$\int f(\cos x)\sin x\mathrm{d}x=-\int f(\cos x)\mathrm{d}(\cos x)$，适用于求形如$\int \sin^{2m+1}x\cos^n x\mathrm{d}x$的积分（$m,n$是自然数）；

（5）$\int f(\tan x)\sec^2 x\mathrm{d}x=\int f(\tan x)\mathrm{d}(\tan x)$，适用于求形如$\int \tan^m x\sec^{2n}x\mathrm{d}x$的积分（$m,n$是自然数）；

（6）$\int f(\cot x)\csc^2 x\mathrm{d}x=-\int f(\cot x)\mathrm{d}(\cot x)$，适用于求形如是$\int \cot^m x\csc^{2n}x\mathrm{d}x$的积分（$m,n$是自然数）；

（7）$\int f(\ln x)\frac{1}{x}\mathrm{d}x=\int f(\ln x)\mathrm{d}\ln x$；

（8）$\int f(\arcsin x)\frac{1}{\sqrt{1-x^2}}\mathrm{d}x=\int f(\arcsin x)\mathrm{d}(\arcsin x)$；

（9）$\int f(\arccos x)\frac{1}{\sqrt{1-x^2}}\mathrm{d}x=-\int f(\arccos x)\mathrm{d}(\arccos x)$；

（10）$\int \frac{f(\arctan x)}{1+x^2}\mathrm{d}x=\int f(\arctan x)\mathrm{d}(\arctan x)$；

（11）$\int \frac{f(\operatorname{arccot} x)}{1+x^2}\mathrm{d}x=-\int f(\operatorname{arccot} x)\mathrm{d}(\operatorname{arccot} x)$；

（12）$\int \frac{f'(x)}{f(x)}\mathrm{d}x=\int \frac{1}{f(x)}\mathrm{d}(f(x))$.

例 4.8　求下列函数的不定积分：

（1）$\int \cos^3 x\mathrm{d}x$；　　（2）$\int \sin^4 x\mathrm{d}x$；

（3）$\int \sin 7x\cos\left(\frac{\pi}{4}-3x\right)\mathrm{d}x$；　　（4）$\int \csc^6 x\mathrm{d}x$；

（5）$\int \sin^3 x\cos^4 x\mathrm{d}x$；　　（6）$\int \sec^3 x\tan^5 x\mathrm{d}x$.

分析　在运用第一类换元法求以三角函数为被积函数的积分时，主要思路就是利用三角恒等式把被积函数化为熟知的积分，通常会用到同角的三角恒等式、倍角、半角公式、积化和差公式等.

解 （1）被积函数是奇次幂，从被积函数中分离出$\cos x$，并与dx凑成微分$d(\sin x)$，再利用三角恒等式$\sin^2 x+\cos^2 x=1$，然后即可积分.

$$\int\cos^3 x\mathrm{d}x=\int\cos^2 x\mathrm{d}(\sin x)=\int(1-\sin^2 x)\mathrm{d}(\sin x)=\int\mathrm{d}(\sin x)-\int\sin^2 x\mathrm{d}(\sin x)$$
$$=\sin x-\frac{1}{3}\sin^3 x+C.$$

（2）被积函数是偶次幂，基本方法是利用三角恒等式$\sin^2 x=\dfrac{1-\cos 2x}{2}$，降低被积函数的幂次.

$$\int\sin^4 x\mathrm{d}x=\int\left(\frac{1-\cos 2x}{2}\right)^2\mathrm{d}x=\int\left(\frac{3}{8}-\frac{1}{2}\cos 2x+\frac{1}{8}\cos 4x\right)\mathrm{d}x$$
$$=\frac{3}{8}x-\frac{1}{4}\sin 2x+\frac{1}{32}\sin 4x+C.$$

（3）利用积化和差公式将被积函数化为代数和的形式.

$$\int\sin 7x\cos\left(\frac{\pi}{4}-3x\right)\mathrm{d}x=\frac{1}{2}\int\left[\sin\left(4x+\frac{\pi}{4}\right)+\sin\left(10x-\frac{\pi}{4}\right)\right]\mathrm{d}x$$
$$=\frac{1}{8}\int\sin\left(4x+\frac{\pi}{4}\right)\mathrm{d}\left(4x+\frac{\pi}{4}\right)+\frac{1}{20}\int\sin\left(10x-\frac{\pi}{4}\right)\mathrm{d}\left(10x-\frac{\pi}{4}\right)$$
$$=-\frac{1}{8}\cos\left(4x+\frac{\pi}{4}\right)-\frac{1}{20}\cos\left(10x-\frac{\pi}{4}\right)+C.$$

（4）利用三角恒等式$\csc^2 x=1+\cot^2 x$及$\csc^2 x\mathrm{d}x=-\mathrm{d}(\cot x)$.

$$\int\csc^6 x\mathrm{d}x=\int(\csc^2 x)^2\csc^2 x\mathrm{d}x=-\int(1+\cot^2 x)^2\mathrm{d}(\cot x)$$
$$=-\int(1+2\cot^2 x+\cot^4 x)\mathrm{d}(\cot x)=-\cot x-\frac{2}{3}\cot^3 x-\frac{1}{5}\cot^5 x+C.$$

（5）因为$\sin^3 x\mathrm{d}x=\sin^2 x(\sin x\mathrm{d}x)=-\sin^2 x\mathrm{d}(\cos x)$，所以

$$\int\sin^3 x\cos^4 x\mathrm{d}x=-\int\sin^2 x\cos^4 x\mathrm{d}(\cos x)=-\int(1-\cos^2 x)\cos^4 x\mathrm{d}(\cos x)$$
$$=-\int\cos^4 x\mathrm{d}(\cos x)+\int\cos^6 x\mathrm{d}(\cos x)$$
$$=-\frac{1}{5}\cos^5 x+\frac{1}{7}\cos^7 x+C.$$

（6）由于$\sec x\tan x\mathrm{d}x=\mathrm{d}(\sec x)$，所以

$$\int\sec^3 x\tan^5 x\mathrm{d}x=\int\sec^2 x\tan^4 x\mathrm{d}(\sec x)=\int\sec^2 x(\sec^2 x-1)^2\mathrm{d}(\sec x)$$
$$=\int(\sec^6 x-2\sec^4 x+\sec^2 x)\mathrm{d}(\sec x)=\frac{1}{7}\sec^7 x-\frac{2}{5}\sec^5 x+\frac{1}{3}\sec^3 x+C.$$

注　利用上述方法类似可求下列积分

$$\int \sin^3 x\mathrm{d}x,\ \int \cos^2 x\mathrm{d}x,\ \int \cos 3x\cos 2x\mathrm{d}x,\ \int \sec^6 x\mathrm{d}x,\ \int \sin^2 x\cos^5 x\mathrm{d}x,$$

请读者自行完成.

例 4.9　求下列不定积分：

（1）$\int \frac{\mathrm{d}x}{a^2+x^2}\ (a\neq 0)$；　（2）$\int \frac{x\mathrm{d}x}{a^2+x^2}$；　（3）$\int \frac{x^2\mathrm{d}x}{a^2+x^2}\ (a\neq 0)$；

（4）$\int \frac{\mathrm{d}x}{x^2+4x+7}$；　（5）$\int \frac{x\mathrm{d}x}{x^2+4x+7}$；　（6）$\int \frac{x^2\mathrm{d}x}{x^2+4x+7}$.

解　（1）$\int \frac{\mathrm{d}x}{a^2+x^2}=\frac{1}{a^2}\int \frac{\mathrm{d}x}{1+\left(\frac{x}{a}\right)^2}=\frac{1}{a}\int \frac{\mathrm{d}\left(\frac{x}{a}\right)}{1+\left(\frac{x}{a}\right)^2}=\frac{1}{a}\arctan\frac{x}{a}+C$.

（2）$\int \frac{x\mathrm{d}x}{a^2+x^2}=\frac{1}{2}\int \frac{\mathrm{d}(a^2+x^2)}{a^2+x^2}=\frac{1}{2}\ln(a^2+x^2)+C$.

（3）$\int \frac{x^2\mathrm{d}x}{a^2+x^2}=\int \frac{(x^2+a^2)-a^2\mathrm{d}x}{a^2+x^2}=\int \mathrm{d}x-a^2\int \frac{\mathrm{d}x}{a^2+x^2}$,

由（2）得 $\int \frac{x^2\mathrm{d}x}{a^2+x^2}=\int \mathrm{d}x-a^2\int \frac{\mathrm{d}x}{a^2+x^2}=x-a\arctan\frac{x}{a}+C$.

（4）$\int \frac{\mathrm{d}x}{x^2+4x+7}=\int \frac{\mathrm{d}(x+2)}{(x+2)^2+(\sqrt{3})^2}=\frac{1}{\sqrt{3}}\arctan\frac{x+2}{\sqrt{3}}+C$.

（5）
$$\begin{aligned}\int \frac{x\mathrm{d}x}{x^2+4x+7}&=\frac{1}{2}\int \frac{\mathrm{d}(x^2+4x+7)}{x^2+4x+7}-2\int \frac{\mathrm{d}x}{x^2+4x+7}\\&=\frac{1}{2}\ln(x^2+4x+7)-\frac{2}{\sqrt{3}}\arctan\frac{x+2}{\sqrt{3}}+C.\end{aligned}$$

（6）
$$\begin{aligned}\int \frac{x^2\mathrm{d}x}{x^2+4x+7}&=\int \frac{(x^2+4x+7)-4x-7}{x^2+4x+7}\mathrm{d}x\\&=\int \mathrm{d}x-4\int \frac{x\mathrm{d}x}{x^2+4x+7}-7\int \frac{\mathrm{d}x}{x^2+4x+7}\\&=x-2\ln(x^2+4x+7)+\frac{1}{\sqrt{3}}\arctan\frac{x+2}{\sqrt{3}}+C.\end{aligned}$$

例 4.10　求下列不定积分：

（1）$\int \frac{\mathrm{d}x}{x^2-a^2}\ (a\neq 0)$；　（2）$\int \frac{x\mathrm{d}x}{x^2-a^2}\ (a\neq 0)$；　（3）$\int \frac{x^2\mathrm{d}x}{x^2-a^2}$；

（4）$\int \frac{\mathrm{d}x}{x^2-4x-7}$；　（5）$\int \frac{x\mathrm{d}x}{x^2-4x-7}$；　（6）$\int \frac{x^2\mathrm{d}x}{x^2-4x-7}$.

解（1）$\int\frac{\mathrm{d}x}{x^2-a^2}=\int\frac{\mathrm{d}x}{(x-a)(x-a)}=\frac{1}{2a}\int\left(\frac{1}{x-a}-\frac{1}{x+a}\right)\mathrm{d}x=\frac{1}{2a}\ln\left|\frac{x-a}{x+a}\right|+C.$

（2）$\int\frac{x\mathrm{d}x}{x^2-a^2}=\frac{1}{2a}\int\frac{\mathrm{d}(x^2-a^2)}{x^2-a^2}=\frac{1}{2a}\ln|x^2-a^2|+C$.

（3）$\int\frac{x^2\mathrm{d}x}{x^2-a^2}=\int\frac{(x^2-a^2)+a^2\mathrm{d}x}{x^2-a^2}=\int\mathrm{d}x-a^2\int\frac{\mathrm{d}x}{x^2-a^2}$

由（2）得$\int\frac{x^2\mathrm{d}x}{x^2-a^2}=\int\mathrm{d}x-a^2\int\frac{\mathrm{d}x}{x^2-a^2}=x-\frac{a}{2}\ln|x^2-a^2|+C$.

（4）$\int\frac{\mathrm{d}x}{x^2-4x-7}=\int\frac{\mathrm{d}x}{(x-2)^2-(\sqrt{3})^2}=\int\frac{\mathrm{d}(x-2)}{(x-2)^2-(\sqrt{3})^2}$

$$=\frac{1}{2\sqrt{3}}\ln\left|\frac{x-2-\sqrt{3}}{x-2+\sqrt{3}}\right|+C.$$

（5）$\int\frac{x\mathrm{d}x}{x^2-4x-7}=\frac{1}{2}\int\frac{\mathrm{d}(x^2-4x-7)}{x^2-4x-7}+2\int\frac{\mathrm{d}x}{x^2-4x-7}$

$$=\frac{1}{2}\ln\left|x^2-4x-7\right|+\frac{1}{\sqrt{3}}\ln\left|\frac{x-2-\sqrt{3}}{x-2+\sqrt{3}}\right|+C.$$

（6）$\int\frac{x^2\mathrm{d}x}{x^2-4x-7}=\int\frac{(x^2-4x-7)+4x+7}{x^2-4x-7}\mathrm{d}x$

$$=\int\mathrm{d}x+4\int\frac{x\mathrm{d}x}{x^2-4x-7}+7\int\frac{\mathrm{d}x}{x^2-4x-7}$$

$$=x+2\ln|x^2-4x-7|+\frac{15}{2\sqrt{3}}\ln\left|\frac{x-2-\sqrt{3}}{x-2+\sqrt{3}}\right|+C.$$

例 4.11　求下列不定积分：

（1）$\int\frac{\mathrm{d}x}{\mathrm{e}^x+\mathrm{e}^{-x}}$；　　（2）$\int\frac{\mathrm{d}x}{\mathrm{e}^x-\mathrm{e}^{-x}}$；　　（3）$\int\frac{1}{1+\mathrm{e}^x}\mathrm{d}x$.

分析　可充分利用凑微分公式：$\mathrm{e}^x\mathrm{d}x=\mathrm{d}\mathrm{e}^x$；或者换元，令$u=\mathrm{e}^x$.

解（1）$\int\frac{\mathrm{d}x}{\mathrm{e}^x+\mathrm{e}^{-x}}=\int\frac{\mathrm{e}^x\mathrm{d}x}{(\mathrm{e}^x)^2+1}=\int\frac{1}{(\mathrm{e}^x)^2+1}\mathrm{d}\mathrm{e}^x=\arctan\mathrm{e}^x+C$.

（2）**解法 1**　$\int\frac{\mathrm{d}x}{\mathrm{e}^x-\mathrm{e}^{-x}}=\int\frac{\mathrm{e}^x}{(\mathrm{e}^x)^2-1}\mathrm{d}x=\int\frac{1}{(\mathrm{e}^x)^2-1}\mathrm{d}\mathrm{e}^x$，

然后用公式$\int\frac{1}{x^2-a^2}\mathrm{d}x=\frac{1}{2a}\ln\left|\frac{x-a}{x+a}\right|+C$，则

$$\int\frac{\mathrm{d}x}{\mathrm{e}^x-\mathrm{e}^{-x}}=\frac{1}{2}\ln\left|\frac{\mathrm{e}^x-1}{\mathrm{e}^x+1}\right|+C.$$

解法 2 $\int\frac{\mathrm{d}x}{\mathrm{e}^x-\mathrm{e}^{-x}}=\int\frac{1}{(\mathrm{e}^x)^2-1}\mathrm{d}\mathrm{e}^x=\frac{1}{2}\int\left(\frac{1}{\mathrm{e}^x-1}-\frac{1}{\mathrm{e}^x+1}\right)\mathrm{d}\mathrm{e}^x$

$$=\frac{1}{2}\left(\int\frac{\mathrm{d}(\mathrm{e}^x-1)}{\mathrm{e}^x-1}-\int\frac{\mathrm{d}(\mathrm{e}^x+1)}{\mathrm{e}^x+1}\right)=\frac{1}{2}\ln\left|\frac{\mathrm{e}^x-1}{\mathrm{e}^x+1}\right|+C.$$

（3）**解法 1** $\int\frac{1}{1+\mathrm{e}^x}\mathrm{d}x=\int\frac{1+\mathrm{e}^x-\mathrm{e}^x}{1+\mathrm{e}^x}\mathrm{d}x=\int\left(1-\frac{\mathrm{e}^x}{1+\mathrm{e}^x}\right)\mathrm{d}x$

$$=\int\mathrm{d}x-\int\frac{1}{1+\mathrm{e}^x}\mathrm{d}(1+\mathrm{e}^x)=x-\ln(1+\mathrm{e}^x)+C.$$

解法 2 $\int\frac{1}{1+\mathrm{e}^x}\mathrm{d}x=\int\frac{\mathrm{e}^{-x}}{\mathrm{e}^{-x}+1}\mathrm{d}x=-\int\frac{\mathrm{d}(\mathrm{e}^{-x}+1)}{\mathrm{e}^{-x}+1}=-\ln(\mathrm{e}^{-x}+1)+C$.

解法 3 令 $u=\mathrm{e}^x$，$\mathrm{d}u=\mathrm{e}^x\mathrm{d}x$，则有

$$\int\frac{1}{1+\mathrm{e}^x}\mathrm{d}x=\int\frac{1}{1+u}\cdot\frac{1}{u}\mathrm{d}u=\int\left(\frac{1}{u}-\frac{1}{1+u}\right)\mathrm{d}u=\ln\left(\frac{u}{1+u}\right)+C$$

$$=\ln\left(\frac{\mathrm{e}^x}{1+\mathrm{e}^x}\right)+C=-\ln(\mathrm{e}^{-x}+1)+C.$$

注 在计算不定积分时，用不同的方法计算的结果形式可能不一样，但本质相同. 验证积分结果是否正确，只要对积分的结果求导数，若其导数等于被积函数则积分的结果是正确的.

例 4.12 求下列不定积分：

（1）$\int\frac{\ln\tan x}{\sin x\cos x}\mathrm{d}x$；（2）$\int\frac{\arctan\sqrt{x}}{\sqrt{x}(1+x)}\mathrm{d}x$.

分析 在这类复杂的不定积分的求解过程中需要逐步凑微分.

解（1）$\int\frac{\ln\tan x}{\sin x\cos x}\mathrm{d}x=\int\frac{\ln\tan x}{\tan x\cos^2 x}\mathrm{d}x$

$$=\int\frac{\ln\tan x}{\tan x}\mathrm{d}(\tan x)=\int\ln\tan x\mathrm{d}(\ln\tan x)$$

$$=\frac{1}{2}\ln^2(\tan x)+C.$$

（2）$\int\frac{\arctan\sqrt{x}}{\sqrt{x}(1+x)}\mathrm{d}x=2\int\frac{\arctan\sqrt{x}}{1+(\sqrt{x})^2}\mathrm{d}\sqrt{x}$

$$=2\int\arctan\sqrt{x}\mathrm{d}(\arctan\sqrt{x})=(\arctan\sqrt{x})^2+C.$$

例 4.13 求 $\int\tan\sqrt{1+x^2}\frac{x\mathrm{d}x}{\sqrt{1+x^2}}$.

分析 本题关键是能够看到 $\frac{x\mathrm{d}x}{\sqrt{1+x^2}}=\frac{\mathrm{d}(1+x^2)}{2\sqrt{1+x^2}}=\mathrm{d}\sqrt{1+x^2}$，则问题即可解决.

解 $\int \tan\sqrt{1+x^2}\frac{x\mathrm{d}x}{\sqrt{1+x^2}}=\int \tan\sqrt{1+x^2}\frac{\mathrm{d}(1+x^2)}{2\sqrt{1+x^2}}$

$$=\int \tan\sqrt{1+x^2}\,\mathrm{d}\sqrt{1+x^2}=\int\frac{\sin\sqrt{1+x^2}}{\cos\sqrt{1+x^2}}\mathrm{d}\sqrt{1+x^2}$$

$$=\int\frac{\sin\sqrt{1+x^2}}{\cos\sqrt{1+x^2}}\mathrm{d}\sqrt{1+x^2}=-\int\frac{\mathrm{d}\cos\sqrt{1+x^2}}{\cos\sqrt{1+x^2}}$$

$$=-\ln|\cos\sqrt{1+x^2}|+C.$$

例 4.14 求 $\int\frac{\arctan\frac{1}{x}}{1+x^2}\mathrm{d}x$.

分析 若将积分变形为 $\int\arctan\frac{1}{x}\mathrm{d}(\arctan x)$，则无法积分，但如果考虑凑出 $\frac{1}{x}$，将被积函数变形为 $\frac{\arctan\frac{1}{x}}{1+\left(\frac{1}{x}\right)^2}\cdot\frac{1}{x^2}$，再将 $\frac{1}{x^2}$ 与 $\mathrm{d}x$ 结合凑成 $-\mathrm{d}\left(\frac{1}{x}\right)$，则问题即可解决.

解 $\int\frac{\arctan\frac{1}{x}}{1+x^2}\mathrm{d}x=\int\frac{\arctan\frac{1}{x}}{1+\left(\frac{1}{x}\right)^2}\cdot\frac{1}{x^2}\mathrm{d}x=-\int\frac{\arctan\frac{1}{x}}{1+\left(\frac{1}{x}\right)^2}\mathrm{d}\left(\frac{1}{x}\right)$

$$=-\int\arctan\frac{1}{x}\mathrm{d}\left(\arctan\frac{1}{x}\right)=-\frac{1}{2}\left(\arctan\frac{1}{x}\right)^2+C.$$

例 4.15 求 $\int\frac{1+\ln x}{(x\ln x)^2}\mathrm{d}x$.

分析 仔细观察被积函数的分子与分母的形式，可知 $(x\ln x)'=1+\ln x$.

解 $\int\frac{1+\ln x}{(x\ln x)^2}\mathrm{d}x=\int\frac{1}{(x\ln x)^2}\mathrm{d}(x\ln x)=-\frac{1}{x\ln x}+C$.

例 4.16 已知 $f'(\mathrm{e}^x)=x\mathrm{e}^{-x}$，并且 $f(1)=0$，则 $f(x)=$________.

分析 先求 $f'(x)$，再求 $f(x)$.

解 令 $\mathrm{e}^x=t$，即 $x=\ln t$，从而 $f'(t)=\frac{\ln t}{t}$. 故

$$f(x)=\int\frac{\ln x}{x}\mathrm{d}x=\int\ln x\mathrm{d}(\ln x)=\frac{1}{2}\ln^2 x+C,$$

由 $f(1)=0$，得 $C=0$，所以 $f(x)=\frac{1}{2}\ln^2 x$.

例 4.17 $\int \frac{dx}{\sin 2x + 2\sin x}$.

分析　被积函数为三角函数，可考虑用三角恒等式，也可利用万能公式代换.

解法 1

$$\int \frac{dx}{\sin 2x + 2\sin x} = \int \frac{dx}{2\sin x(\cos x + 1)} = \frac{1}{4}\int \frac{d\left(\frac{x}{2}\right)}{\sin\frac{x}{2}\cos^3\frac{x}{2}}$$

$$= \frac{1}{4}\int \frac{d\left(\tan\frac{x}{2}\right)}{\tan\frac{x}{2}\cos^2\frac{x}{2}} = \frac{1}{4}\int \frac{1+\tan^2\frac{x}{2}}{\tan\frac{x}{2}} d\left(\tan\frac{x}{2}\right)$$

$$= \frac{1}{8}\tan^2\frac{x}{2} + \frac{1}{4}\ln\left|\tan\frac{x}{2}\right| + C.$$

解法 2　令 $t = \cos x$，则

$$\int \frac{dx}{\sin 2x + 2\sin x} = \int \frac{dx}{2\sin x(\cos x + 1)} = \int \frac{\sin x dx}{2\sin^2 x(1+\cos x)}$$

$$= -\frac{1}{2}\int \frac{dt}{(1-t)(1+t)^2} = -\frac{1}{8}\int\left(\frac{1}{1-t} + \frac{1}{1+t} + \frac{2}{(1+t)^2}\right)dt$$

$$= \frac{1}{8}\left(\ln|1-t| - \ln|1+t| + \frac{2}{1+t}\right) + C$$

$$= \frac{1}{8}\ln(1-\cos x) - \frac{1}{8}\ln(1+\cos x) + \frac{1}{4(1+\cos x)} + C.$$

解法 3　令 $t = \tan\frac{x}{2}$，则 $\sin x = \frac{2t}{1+t^2}$，　$\cos x = \frac{1-t^2}{1+t^2}$，　$dx = \frac{2}{1+t^2}dt$，则

$$\int \frac{dx}{\sin 2x + 2\sin x} = \frac{1}{4}\int\left(t + \frac{1}{t}\right)dt = \frac{1}{8}t^2 + \frac{1}{4}\ln|t| + C = \frac{1}{8}\tan^2\frac{x}{2} + \frac{1}{4}\ln|\tan\frac{x}{2}| + C.$$

例 4.18　求 $\int \frac{dx}{1+\sqrt{x+4}}$.

分析　被积函数含有根式，一般先设法去掉根号，这是第二类换元法最常用的手段之一.

解　设 $\sqrt{x+4} = t$，即 $x = t^2 - 4$，$dx = 2tdt$，则

$$\int \frac{dx}{1+\sqrt{x+1}} = \int \frac{2t}{1+t}dt = 2\int\left(1 - \frac{1}{1+t}\right)dt = 2t - 2\ln|1+t| + C$$

$$= 2\sqrt{x+4} - 2\ln(1+\sqrt{x+4}) + C$$

例 4.19　求 $\int \frac{dx}{\sqrt[4]{4-x} + \sqrt{4-x}}$.

分析 被积函数中有开不同次的根式，为了同时去掉根号，选取根指数的最小公倍数.

解 令 $\sqrt[4]{4-x}=t$，$\mathrm{d}x=-4t^3\mathrm{d}t$，则

$$\begin{aligned}\int\frac{\mathrm{d}x}{\sqrt[4]{4-x}+\sqrt{5-x}}&=\int\frac{-4t^2}{1+t}\mathrm{d}t=-4\int\left(t-1+\frac{1}{1+t}\right)\mathrm{d}t\\&=-4\left(\frac{1}{2}t^2-t+\ln|1+t|\right)+C\\&=-4\left[\frac{1}{2}\sqrt{5-x}-\sqrt[4]{5-x}+\ln(1+\sqrt[4]{4-x})\right]+C.\end{aligned}$$

例 4.20 $\int\frac{\mathrm{d}x}{\sqrt[3]{(x+1)^2(x-1)^4}}$.

解 令 $\sqrt[3]{\frac{x-1}{x+1}}=t$，即 $x=\frac{2}{1-t^3}-1$，$\mathrm{d}x=\frac{6t^2}{(1-t^3)^2}\mathrm{d}t$，则

$$\begin{aligned}\int\frac{\mathrm{d}x}{\sqrt[3]{(x+1)^2(x-1)^4}}&=\int\frac{\mathrm{d}x}{(x^2-1)\sqrt[3]{\frac{x-1}{x+1}}}=\int\frac{1}{\frac{4t^3}{(1-t^3)^2}\cdot t}\cdot\frac{6t^2}{(1-t^3)^2}\mathrm{d}t\\&=\frac{3}{2}\int\frac{1}{t^2}\mathrm{d}t=-\frac{3}{2}\cdot\frac{1}{t}+C=-\frac{3}{2}\left(\frac{x+1}{x-1}\right)^{\frac{1}{3}}+C.\end{aligned}$$

例 4.21 求 $\int x^2\sqrt{4-x^2}\mathrm{d}x$.

分析 被积函数中含有根式 $\sqrt{4-x^2}$，可用三角代换 $x=2\sin t$ 消去根式.

解 设 $\sqrt{4-x^2}=2\cos t$ $\left(0<t<\frac{\pi}{2}\right)$，$\mathrm{d}x=2\cos t\mathrm{d}t$，则

$$\begin{aligned}\int x^2\sqrt{4-x^2}\mathrm{d}x&=\int 4\sin^2 t\cdot 2\cos t\cdot 2\cos t\mathrm{d}t=\int 4\sin^2 2t\cdot\mathrm{d}t\\&=\int 2(1-\cos 4t)\mathrm{d}t=2t-\frac{1}{2}\sin 4t+C\\&=2t-2\sin t\cos t(1-2\sin^2 t)+C\\&-2\arcsin\frac{x}{2}-\frac{x}{2}\sqrt{4-x^2}\left(1-\frac{1}{2}x^2\right)+C.\end{aligned}$$

注 1 对于三角代换，在结果化为原积分变量的函数时，常常借助于直角三角形.

注 2 在不定积分计算中，为了简便起见，一般遇到平方根时总取算术根，而省略负平方根情况的讨论. 对三角代换，只要把角限制在 $0\sim\frac{\pi}{2}$，则不论什么三角函数都取正值，避免了正负号的讨论.

例 4.22　求$\int\frac{1}{(1+x^2)^2}\mathrm{d}x$.

分析　虽然被积函数中没有根式，但不能分解因式，而且分母中含有平方和，因此可以考虑利用三角代换，将原积分转换为三角函数的积分.

解　设$x=\tan t$，$\mathrm{d}x=\sec^2 t\mathrm{d}t$，$(1+x^2)^2=\sec^4 t$，则

$$\int\frac{1}{(1+x^2)^2}\mathrm{d}x=\int\frac{\sec^2 t}{\sec^4 t}\mathrm{d}t=\int\cos^2 t\mathrm{d}t$$

$$=\frac{1}{2}\int(1+\cos 2t)\mathrm{d}t=\frac{1}{2}t+\frac{1}{4}\sin 2t+C=\frac{1}{2}\arctan x+\frac{x}{2(1+x^2)}+C.$$

例 4.23　求$\int\frac{\sqrt{x^2-a^2}}{x}\mathrm{d}x$.

分析　被积函数中含有二次根式$\sqrt{x^2-a^2}$，但不能用凑微分法，故作代换$x=a\sec t$，将被积函数化成三角有理式.

解　令$x=a\sec t$，$\mathrm{d}x=a\sec t\cdot\tan t\mathrm{d}t$，则

$$\int\frac{\sqrt{x^2-a^2}}{x}\mathrm{d}x=\int\frac{a\tan t}{a\sec t}\cdot a\sec t\cdot\tan t\mathrm{d}t=a\int\tan^2 t\mathrm{d}t=a\int(\sec^2 t-1)\mathrm{d}t$$

$$=a(\tan t-t)+C=a\left(\frac{\sqrt{x^2-a^2}}{a}-\arccos\frac{a}{x}\right)+C.$$

例 4.24　求$\int\frac{x}{\sqrt{x^2+4x+8}}\mathrm{d}x$.

解　由于$x^2+4x+8=(x+2)^2+4$，故可设$x+2=2\tan t$，$\mathrm{d}x=2\sec^2 t\mathrm{d}t$，

$$\int\frac{x}{\sqrt{x^2+4x+8}}\mathrm{d}x=\int\frac{(2\tan t-2)\cdot 2\sec^2 t}{2\sec t}\mathrm{d}t=2\int\sec t\tan t\mathrm{d}t-2\int\sec t\mathrm{d}t$$

$$=2\sec t-2\ln|\sec t+\tan t|+C_1$$

$$=\sqrt{x^2+4x+8}-2\ln(x+2+\sqrt{x^2+4x+8})+C, C=C_1+2\ln 2.$$

注　被积函数含有根式$\sqrt{ax^2+bx+c}$而又不能用凑微分法时，由

$$\sqrt{ax^2+bx+c}=\begin{cases}\sqrt{a}\sqrt{\left(x+\dfrac{b}{2a}\right)^2+\dfrac{4ac-b^2}{4a^2}}, & a>0,\\ \sqrt{-a}\sqrt{-\left(x+\dfrac{b}{2a}\right)^2+\dfrac{b^2-4ac}{4a^2}}, & a<0,\end{cases}$$

可作适当的三角代换，使其有理化.

例 4.25　求$\int\frac{\mathrm{d}x}{\sqrt{(x^2-2x+4)^3}}$.

解 $\int \frac{\mathrm{d}x}{\sqrt{(x^2-2x+4)^3}} = \int \frac{\mathrm{d}x}{[3+(x-1)^2]^{\frac{3}{2}}}$，令 $x-1=\sqrt{3}\tan t$，则

$$\int \frac{\mathrm{d}x}{[3+(x-1)^2]^{\frac{3}{2}}} = \frac{1}{3}\int \frac{\sec^2 t}{\sec^3 t}\mathrm{d}t = \frac{1}{3}\int \cos t\mathrm{d}t = \frac{1}{3}\sin t + C = \frac{x-1}{3\sqrt{x^2-2x+4}} + C .$$

故 $\int \frac{\mathrm{d}x}{\sqrt{(x^2-2x+4)^3}} = \frac{x-1}{3\sqrt{x^2-2x+4}} + C$.

例 4.26 求 $\int \frac{1}{x^4(x^2+1)}\mathrm{d}x$.

分析 当有理函数的分母中的多项式的次数大于分子多项式的次数时，可尝试用倒代换.

解 令 $x=\frac{1}{t}$，$\mathrm{d}x=-\frac{1}{t^2}\mathrm{d}t$，于是

$$\begin{aligned}\int \frac{1}{x^4(x^2+1)}\mathrm{d}x &= \int \frac{-t^4}{t^2+1}\mathrm{d}t = -\int \frac{t^4-1+1}{t^2+1}\mathrm{d}t = -\int (t^2-1)\mathrm{d}t - \int \frac{1}{t^2+1}\mathrm{d}t \\ &= t-\frac{1}{3}t^3 - \arctan t + C = \frac{1}{x} - \frac{1}{3x^3} - \arctan\frac{1}{x} + C.\end{aligned}$$

注 有时无理函数的不定积分当分母次数较高时，也可尝试采用倒代换，请看下例.

例 4.27 求 $\int \frac{\sqrt{a^2-x^2}}{x^4}\mathrm{d}x$.

解 设 $x=\frac{1}{t}$，$\mathrm{d}x=-\frac{\mathrm{d}t}{t^2}$，则

$$\int \frac{\sqrt{a^2-x^2}}{x^4}\mathrm{d}x = \int \frac{\sqrt{a^2-\frac{1}{t^2}}\cdot\left(-\frac{\mathrm{d}t}{t^2}\right)}{\frac{1}{t^4}} = -\int (a^2t^2-1)^{\frac{1}{2}}\,|t|\,\mathrm{d}t .$$

当 $x>0$ 时，

$$\int \frac{\sqrt{a^2-x^2}}{x^4}\mathrm{d}x = -\frac{1}{2a^2}\int (a^2t^2-1)^{\frac{1}{2}}\mathrm{d}(a^2t^2-1) = -\frac{(a^2t^2-1)^{\frac{3}{2}}}{3a^2} + C = -\frac{(a^2-x^2)^{\frac{3}{2}}}{3a^2x^3} + C.$$

当 $x<0$ 时，有相同的结果. 故

$$\int \frac{\sqrt{a^2-x^2}}{x^4}\mathrm{d}x = -\frac{(a^2-x^2)^{\frac{3}{2}}}{3a^2x^3} + C .$$

注 1 第二类换元法是通过恰当的变换，将原积分化为关于新变量的函数的

积分，从而达到化难为易的效果，与第一类换元法的区别在于视新变量为自变量，而不是中间变量. 使用第二类换元法的关键是根据被积函数的特点寻找一个适当的变量代换.

注 2　用第二类换元积分法求不定积分，应注意三个问题：

（1）用于代换的表达式在对应的区间内单调可导，并且导数不为零.

（2）换元后的被积函数的原函数存在.

（3）求出原函数后一定要将变量回代.

注 3　常用的代换有：根式代换、三角代换与倒代换. 根式代换和三角代换常用于消去被积函数中的根号，使其有理化，这两种代换使用广泛. 而倒代换的目的是消去或降低被积函数分母中的因子的幂.

注 4　常用第二类换元法积分的类型：

（1）$\int f(x,\sqrt[n]{ax+b})\mathrm{d}x$，令$t=\sqrt[n]{ax+b}$.

（2）$\int f\left(x,\sqrt[n]{\dfrac{ax+b}{cx+d}}\right)\mathrm{d}x$，令$t=\sqrt[n]{\dfrac{ax+b}{cx+d}}$.

（3）$\int f(x,\sqrt{a^2-b^2x^2})\mathrm{d}x$，可令$x=\dfrac{a}{b}\sin t$或$x=\dfrac{a}{b}\cos t$.

（4）$\int f(x,\sqrt{a^2+b^2x^2})\mathrm{d}x$，可令$x=\dfrac{a}{b}\tan t$或$x=\dfrac{a}{b}\mathrm{sh}t$.

（5）$\int f(x,\sqrt{b^2x^2-a^2})\mathrm{d}x$，可令$x=\dfrac{a}{b}\sec t$或$x=\dfrac{a}{b}\mathrm{ch}t$.

（6）当被积函数含有$\sqrt{px^2+qx+r}\ (q^2-4pr<0)$时，利用配方与代换可化为以上（3）、（4）、（5）3 种情形之一.

（7）当被积函数分母中含有x的高次幂时，可用倒代换$x=\dfrac{1}{t}$.

例 4.28　求下列不定积分：

（1）$\int x\mathrm{e}^{-3x}\mathrm{d}x$；　（2）$\int x^2\sin 4x\mathrm{d}x$；　（3）$\int x^2\ln x\mathrm{d}x$；

（4）$\int \arcsin x\mathrm{d}x$；　（5）$\int x\arctan x\mathrm{d}x$；　（6）$\int \mathrm{e}^{ax}\sin bx\mathrm{d}x(a^2+b^2\neq 0)$.

分析　上述积分中的被积函数是反三角函数、对数函数、幂函数、指数函数、三角函数中的某两类函数的乘积，适合用分部积分法.

解　（1）$\int x\mathrm{e}^{-3x}\mathrm{d}x=-\dfrac{1}{3}\int x\mathrm{d}(\mathrm{e}^{-3x})=-\dfrac{x}{3}\mathrm{e}^{-3x}+\dfrac{1}{3}\int \mathrm{e}^{-3x}\mathrm{d}x=-\dfrac{x}{3}\mathrm{e}^{-3x}-\dfrac{1}{9}\mathrm{e}^{-3x}+C$.

（2）
$$\begin{aligned}\int x^2\sin 4x\mathrm{d}x&=-\frac{1}{4}\int x^2\mathrm{d}(\cos 4x)=-\frac{x^2}{4}\cos 4x+\frac{1}{2}\int x\cos 4x\mathrm{d}x\\&=-\frac{x^2}{4}\cos 4x+\frac{1}{8}\int x\mathrm{d}(\sin 4x)=-\frac{x^2}{4}\cos 4x+\frac{1}{8}x\sin 4x\end{aligned}$$

$$-\frac{1}{8}\int\sin 4x\mathrm{d}x$$

$$=-\frac{x^2}{4}\cos 4x+\frac{1}{8}x\sin 4x+\frac{1}{32}\cos 4x+C.$$

（3）$\int x^2\ln x\mathrm{d}x=\frac{1}{3}\int\ln x\mathrm{d}(x^3)=\frac{x^3}{3}\ln x-\frac{1}{3}\int x^2\mathrm{d}x=\frac{x^3}{3}\ln x-\frac{x^3}{9}+C$.

（4）**解法 1** $\int\arcsin x\mathrm{d}x=x\arcsin x-\int\frac{x}{\sqrt{1-x^2}}\mathrm{d}x=x\arcsin x+\sqrt{1-x^2}+C$.

解法 2 令 $t=\arcsin x$，即 $x=\sin t$，则

$$\int\arcsin x\mathrm{d}x=\int t\mathrm{d}(\sin t)=t\sin t-\int\sin t\mathrm{d}t=t\sin t+\cos t+C=x\arcsin x+\sqrt{1-x^2}+C.$$

（5）**解法 1**
$$\int x\arctan x\mathrm{d}x=\frac{1}{2}\int\arctan x\mathrm{d}x^2=\frac{x^2}{2}\arctan x-\frac{1}{2}\int\frac{x^2}{1+x^2}\mathrm{d}x$$

$$=\frac{x^2}{2}\arctan x-\frac{1}{2}\int\left(1-\frac{1}{1+x^2}\right)\mathrm{d}x$$

$$=\frac{x^2}{2}\arctan x-\frac{x}{2}+\frac{1}{2}\arctan x+C.$$

解法 2
$$\int x\arctan x\mathrm{d}x=\frac{1}{2}\int\arctan x\mathrm{d}(x^2+1)$$

$$=\frac{x^2+1}{2}\arctan x-\frac{1}{2}\int\mathrm{d}x=\frac{x^2+1}{2}\arctan x-\frac{x}{2}+C.$$

（6）**解法 1**
$$\int\mathrm{e}^{ax}\sin bx\mathrm{d}x=\frac{1}{a}\int\sin bx\mathrm{d}(\mathrm{e}^{ax})=\frac{1}{a}\mathrm{e}^{ax}\sin bx-\frac{b}{a}\int\mathrm{e}^{ax}\cos bx\mathrm{d}x$$

$$=\frac{1}{a}\mathrm{e}^{ax}\sin bx-\frac{b}{a^2}\int\cos bx\mathrm{d}(\mathrm{e}^{ax})$$

$$=\frac{1}{a}\mathrm{e}^{ax}\sin bx-\frac{b}{a^2}\mathrm{e}^{ax}\cos xbx-\frac{b^2}{a^2}\int\mathrm{e}^{ax}\sin bx\mathrm{d}x$$

从而

$$\left(1+\frac{b^2}{a^2}\right)\int\mathrm{e}^{ax}\sin bx\mathrm{d}x=\frac{1}{a}\mathrm{e}^{ax}\sin bx-\frac{b}{a^2}\mathrm{e}^{ax}\cos bx+C_1,$$

则

$$\int\mathrm{e}^{ax}\sin bx\mathrm{d}x=\frac{1}{a^2+b^2}\mathrm{e}^{ax}(a\sin bx-b\cos bx)+C.$$

解法 2 $\int\mathrm{e}^{ax}\sin bx\mathrm{d}x=-\frac{1}{b}\int\mathrm{e}^{ax}\mathrm{d}(\cos bx)$，然后用分部积分，余下的解答请读者自行完成.

注 在用分部积分法求$\int f(x)\mathrm{d}x$时关键是将被积表达式$f(x)\mathrm{d}x$适当分成u和$\mathrm{d}v$两部分. 根据分部积分公式

$$\int u\mathrm{d}v = uv - \int v\mathrm{d}u,$$

只有当等式右端的$v\mathrm{d}u$比左端的$u\mathrm{d}v$更容易积出时才有意义, 即选取u和$\mathrm{d}v$要注意如下原则:

（1）u要容易求;

（2）$\int v\mathrm{d}u$要比$\int u\mathrm{d}v$容易积出.

注 凡属于以下几种类型的不定积分, 常可利用分部积分法求得:

$$\int x^k \ln^m x\,\mathrm{d}x \qquad \int x^k \mathrm{e}^{ax}\,\mathrm{d}x$$

$$\int x^k \sin bx\,\mathrm{d}x \qquad \int x^k \cos bx\,\mathrm{d}x$$

$$\int P(x)\mathrm{e}^{ax}\,\mathrm{d}x \qquad \int P(x)\sin bx\,\mathrm{d}x$$

$$\int P(x)\cos bx\,\mathrm{d}x \qquad \int P(x)\ln x\,\mathrm{d}x$$

…………

其中k, m是正整数, a, b是常数, $P(x)$是多项式.

例 4.29 求$\int \cos x\ln(\cot x)\mathrm{d}x$.

分析 被积函数为三角函数与对数函数的乘积, 可采用分部积分法.

解

$$\begin{aligned}\int \cos x\ln(\cot x)\mathrm{d}x &= \int \ln(\cot x)\mathrm{d}(\sin x)\\ &= \sin x\cdot\ln(\cot x) - \int \sin x\cdot\frac{1}{\cot x}\cdot(-\csc^2 x)\mathrm{d}x\\ &= \sin x\cdot\ln(\cot x) + \int \sec x\mathrm{d}x\\ &= \sin x\ln(\cot x) + \ln|\sec x + \tan x| + C.\end{aligned}$$

例 4.30 求$\int \ln(1+x^2)\mathrm{d}x$

分析 被积函数可以看成是多项式函数与对数函数的乘积, 可采用分部积分法.

解

$$\begin{aligned}\int \ln(1+x^2)\mathrm{d}x &= x\ln(1+x^2) - \int x\frac{2x}{1+x^2}\mathrm{d}x = x\ln(1+x^2) - \int \frac{2x^2}{1+x^2}\mathrm{d}x\\ &= x\ln(1+x^2) - \int \frac{2(x^2+1)-2}{1+x^2}\mathrm{d}x = x\ln(1+x^2) - \int 2\mathrm{d}x + 2\int \frac{\mathrm{d}x}{1+x^2}\\ &= x\ln(1+x^2) - 2x + 2\arctan x + C.\end{aligned}$$

例 4.31 求$\int \ln(x+\sqrt{1+x^2})\mathrm{d}x$.

分析 被积函数可以看成是多项式函数与对数函数的乘积, 可采用分部积分法.

解 $\int \ln(x+\sqrt{1+x^2})\mathrm{d}x = x\ln(x+\sqrt{1+x^2}) - \int x\cdot\frac{1}{x+\sqrt{1+x^2}}\cdot\left(1+\frac{1}{2}\cdot\frac{2x}{\sqrt{1+x^2}}\right)\mathrm{d}x$

$$= x\ln(x+\sqrt{1+x^2}) - \int\frac{x}{\sqrt{1+x^2}}\mathrm{d}x$$

$$= x\ln(x+\sqrt{1+x^2}) - \frac{1}{2}\int(1+x^2)^{-\frac{1}{2}}\mathrm{d}(1+x^2)$$

$$= x\ln(x+\sqrt{1+x^2}) - \sqrt{1+x^2} + C.$$

例 4.32 求 $\int\frac{x\mathrm{e}^x}{\sqrt{\mathrm{e}^x-1}}\mathrm{d}x$.

分析 可利用凑微分公式 $\mathrm{e}^x\mathrm{d}x=\mathrm{d}\mathrm{e}^x$，然后用分部积分；另外考虑被积函数中含有根式，也可用根式代换.

解法 1 $\int\frac{x\mathrm{e}^x}{\sqrt{\mathrm{e}^x-1}}\mathrm{d}x = \int\frac{x\mathrm{d}(\mathrm{e}^x-1)}{\sqrt{\mathrm{e}^x-1}} = 2\int x\mathrm{d}(\sqrt{\mathrm{e}^x-1}) = 2\left[x\sqrt{\mathrm{e}^x-1} - \int\sqrt{\mathrm{e}^x-1}\mathrm{d}x\right]$,

令 $t=\sqrt{\mathrm{e}^x-1}$，则 $x=\ln(1+t^2)$，$\mathrm{d}x=\frac{2t\mathrm{d}t}{1+t^2}$，则

$$\int\sqrt{\mathrm{e}^x-1}\mathrm{d}x = 2\int\frac{t^2\mathrm{d}t}{1+t^2} = 2(t-\arctan t)+C_1,$$

故

$$\int\frac{x\mathrm{e}^x}{\sqrt{\mathrm{e}^x-1}}\mathrm{d}x = 2(x\sqrt{\mathrm{e}^x-1} - 2\sqrt{\mathrm{e}^x-1} + 2\arctan\sqrt{\mathrm{e}^x-1}) + Cz$$

$$= 2x\sqrt{\mathrm{e}^x-1} - 4\sqrt{\mathrm{e}^x-1} + 4\arctan\sqrt{\mathrm{e}^x-1} + C.$$

解法 2 令 $\sqrt{\mathrm{e}^x-1}=t$，则

$$\int\frac{x\mathrm{e}^x}{\sqrt{\mathrm{e}^x-1}}\mathrm{d}x = 2\int\ln(1+t^2)\mathrm{d}t = 2t\ln(1+t^2) - 4\int\frac{t^2}{1+t^2}\mathrm{d}t$$

$$= 2t\ln(1+t^2) - 4t + 4\arctan t + C$$

$$= 2x\sqrt{\mathrm{e}^x-1} - 4\sqrt{\mathrm{e}^x-1} + 4\arctan\sqrt{\mathrm{e}^x-1} + C.$$

注 求不定积分时，有时往往需要几种方法结合使用，才能得到结果.

例 4.33 求 $\int\frac{\arctan\mathrm{e}^x}{\mathrm{e}^{2x}}\mathrm{d}x$.

分析 被积函数是指数函数和反三角函数的乘积，可考虑用分部积分法.

解法 1 $\int\frac{\arctan\mathrm{e}^x}{\mathrm{e}^{2x}}\mathrm{d}x = -\frac{1}{2}\int\arctan\mathrm{e}^x\mathrm{d}(\mathrm{e}^{-2x}) = -\frac{1}{2}\left[\mathrm{e}^{-2x}\arctan\mathrm{e}^x - \int\frac{\mathrm{d}\mathrm{e}^x}{\mathrm{e}^{2x}(1+\mathrm{e}^{2x})}\right]$

$$= -\frac{1}{2}\left[\mathrm{e}^{-2x}\arctan\mathrm{e}^x + \mathrm{e}^{-x} + \arctan\mathrm{e}^x\right] + C.$$

解法 2　先换元，令 $e^x=t$，再用分部积分法，请读者自行完成余下的解答.

例 4.34　计算不定积分 $\int\frac{xe^{\arctan x}}{(1+x^2)^{\frac{3}{2}}}dx$.

分析　本题含有难积的反三角函数，遇到种情形，通常的做法事将反三角函数部分作变量替换.

解　令 $\arctan x=u$，则 $x=\tan u$，$dx=\sec^2 udu$

$$\int\frac{xe^{\arctan x}}{(1+x^2)^{\frac{3}{2}}}dx=\int\frac{e^u\tan u}{(1+\tan^2 u)^{\frac{3}{2}}}\sec^2 udu=\int e^u\sin udu$$

$$=\int\sin ude^u=e^u\sin u-\int e^u d\sin u$$

$$=e^u\sin u-\int e^u\cos udu=e^u\sin u-\int\cos ude^u$$

$$=e^u\sin u-e^u\cos u-\int e^u\sin udu.$$

故 $\int\frac{xe^{\arctan x}}{(1+x^2)^{\frac{3}{2}}}dx=\int e^u\sin udu=\frac{1}{2}e^u(\sin u-\cos u)+C=\frac{(x-1)e^{\arctan x}}{2\sqrt{1+x^2}}+C.$

例 4.35　求 $\int\csc^3 xdx$.

分析　被积函数含有三角函数的奇次幂，往往可分解成奇次幂和偶次幂的乘积，然后凑微分，再用分部积分法.

解　$\int\csc^3 xdx=\int\csc x(\csc^2 x)dx=-\int\csc xd(\cot x)$

$$=-\csc x\cot x-\int\cot^2 x\cdot\csc xdx$$

$$=-\csc x\cot x-\int\csc^3 xdx+\int\csc xdx$$

$$=-\csc x\cot x-\int\csc^3 xdx+\ln|\csc x-\cot x|,$$

从而

$$\int\csc^3 xdx=-\frac{1}{2}(\csc x\cot x-\ln|\csc x-\cot x|)+C.$$

注　用分部积分法求不定积分时，有时会出现与原来相同的积分，即出现循环的情况，这时只需要移项即可得到结果.

例 4.36　求下列不定积分：

（1）$\int e^x\cdot\frac{x^2-2x-1}{(x^2-1)^2}dx$；　　（2）$\int\frac{\ln x-1}{(\ln x)^2}dx$.

解　（1）$\int e^x\cdot\frac{x^2-2x-1}{(x^2-1)^2}dx=\int e^x\cdot\frac{1}{x^2-1}dx-\int e^x\cdot\frac{2xdx}{(x^2-1)^2}$

$$=\int\frac{e^x}{x^2-1}dx+\int e^x d\left(\frac{1}{x^2-1}\right)$$

$$=\int\frac{e^x}{x^2-1}dx+\frac{e^x}{x^2-1}-\int\frac{e^x}{x^2-1}dx=\frac{e^x}{x^2-1}+C.$$

（2）$\displaystyle\int\frac{\ln x-1}{(\ln x)^2}dx=\int\frac{1}{\ln x}dx-\int\frac{1}{(\ln x)^2}dx$

$$=\frac{x}{\ln x}+\int\frac{x}{x(\ln x)^2}dx-\int\frac{1}{(\ln x)^2}dx=\frac{x}{\ln x}+C.$$

注 将原积分拆项后，对其中一项分部积分以抵消另一项，或者对拆开的两项各自分部积分后以抵消未积出的部分，这也是求不定积分常用的技巧之一.

例 4.37 求$\int\sin(\ln x)dx$.

分析 这是适合用分部积分法的积分类型，连续分部积分，直到出现循环为止.

解法 1 利用分部积分公式，则有

$$\int\sin(\ln x)dx=x\sin(\ln x)-\int x\cos(\ln x)\cdot\frac{1}{x}dx$$

$$=x\sin(\ln x)-\int\cos(\ln x)dx=x\sin(\ln x)-x\cos(\ln x)-\int\sin(\ln x)dx,$$

所以

$$\int\sin(\ln x)dx=\frac{1}{2}x[\sin(\ln x)-\cos(\ln x)]+C.$$

解法 2 令$\ln x=t$，$dx=e^t dt$，则

$$\int\sin(\ln x)dx=\int e^t\sin t dt=e^t\sin t-\int e^t\sin t dt=e^t\sin t-e^t\cos t-\int e^t\sin t dt,$$

所以

$$\int\sin(\ln x)dx=\frac{1}{2}(e^t\sin t-e^t\cos t)+C=\frac{1}{2}x[\sin(\ln x)-\cos(\ln x)]+C.$$

例 4.38 求$I_n=\int\ln^n x dx$，其中n为自然数.

分析 这是适合用分部积分法的积分类型.

解 $I_n=\int\ln^n x dx=x\ln^n x-n\int\ln^{n-1}x dx=x\ln^n x-nI_{n-1}$，即

$$I_n=x\ln^n x-nI_{n-1}$$

为所求递推公式. 而

$$I_1=\int\ln x dx=x\ln x-\int dx=x\ln x-x+C.$$

注 1 在反复使用分部积分法的过程中，不要对调u和v两个函数的“地位”，否则不仅不会产生循环，反而会一来一往，恢复原状，毫无所得.

注 2　分部积分法常见的 3 种作用：

（1）逐步化简积分形式；

（2）产生循环；

（3）建立递推公式.

例 4.39　已知 $\frac{\sin x}{x}$ 是 $f(x)$ 的原函数，求 $\int xf'(x)\mathrm{d}x$.

分析　积分 $\int xf'(x)\mathrm{d}x$ 中出现了 $f'(x)$，应使用分部积分，已知条件 $\frac{\sin x}{x}$ 是 $f(x)$ 的原函数，应该知道 $\int f(x)\mathrm{d}x=\frac{\sin x}{x}+C$.

解　因为 $\int xf'(x)\mathrm{d}x=\int x\mathrm{d}[f(x)]=xf(x)-\int f(x)\mathrm{d}x$, 又

$$\int f(x)\mathrm{d}x=\frac{\sin x}{x}+C,$$

所以 $f(x)=\frac{x\cos x-\sin x}{x^2}$, 得 $xf(x)=\frac{x\cos x-\sin x}{x}$, 故

$$\int xf'(x)\mathrm{d}x=\frac{x\cos x-\sin x}{x}-\frac{\sin x}{x}+C=\cos x-\frac{2}{x}\sin x+\mathrm{C}.$$

例 4.40　设 $f(x)$ 为单调连续函数，$f^{-1}(x)$ 为其反函数，并且 $\int f(x)\mathrm{d}x=F(x)+C$，求 $\int f^{-1}(x)\mathrm{d}x$.

分析　考虑 $x=f[f^{-1}(x)]$ 这一恒等式，在分部积分过程中适时替换.

解　因为 $\int f^{-1}(x)\mathrm{d}x=xf^{-1}(x)-\int x\mathrm{d}[f^{-1}(x)]$，又 $x=f[f^{-1}(x)]$, 故

$$\begin{aligned}\int f^{-1}(x)\mathrm{d}x&=f^{-1}(x)-\int x\mathrm{d}[f^{-1}(x)]\\&=f^{-1}(x)-\int f[f^{-1}(x)]\mathrm{d}[f^{-1}(x)].\end{aligned}$$

又因为 $\int f(x)\mathrm{d}x=F(x)+C$，故有

$$\int f^{-1}(x)\mathrm{d}x=f^{-1}(x)-\int f[f^{-1}(x)]\mathrm{d}[f^{-1}(x)]=f^{-1}(x)-F[f^{-1}(x)]+C.$$

例 4.41　求积分 $\int\frac{4x^2+4x-11}{(2x-1)(2x+3)(2x-5)}\mathrm{d}x$.

分析　计算有理函数的积分可分为两步进行：第一步，用待定系数法或赋值法将有理分式化为部分分式之和；第二步，对各部分分式分别进行积分.

解　用待定系数法将 $\frac{4x^2+4x-11}{(2x-1)(2x+3)(2x-5)}$ 化为部分分式之和. 设

$$\frac{4x^2+4x-11}{(2x-1)(2x+3)(2x-5)}=\frac{A}{2x-1}+\frac{B}{2x+3}+\frac{C}{2x-5},$$

用 $(2x-1)(2x+3)(2x-5)$ 乘上式的两端得

$$4x^2+4x-11=A(2x+3)(2x-5)+B(2x-1)(2x-5)+C(2x-1)(2x+3),$$

两端都是二次多项式，它们同次幂的系数相等，即

$$\begin{cases}A+B+C=1,\\-A-3B+C=1,\\-15A+5B-3C=-11,\end{cases}$$

这是关于 A，B，C 的线性方程组，解之得 $A=\dfrac{1}{2}$，$B=-\dfrac{1}{4}$，$C=\dfrac{3}{4}$.

由于用待定系数法求 A，B，C 的值计算量大，并且易出错，下面用赋值法求 A，B，C. 因为等式

$$4x^2+4x-11=A(2x+3)(2x-5)+B(2x-1)(2x-5)+C(2x-1)(2x+3)$$

是恒等式，故可赋予 x 为任何值. 令 $x=\dfrac{1}{2}$，可得 $A=\dfrac{1}{2}$. 同样，令 $x=-\dfrac{3}{2}$ 得 $B=-\dfrac{1}{4}$，令 $x=\dfrac{5}{2}$，得 $C=\dfrac{3}{4}$，于是

$$\begin{aligned}\int\frac{4x^2+4x-11}{(2x-1)(2x+3)(2x-5)}\mathrm{d}x&=\frac{1}{2}\int\frac{1}{2x-1}\mathrm{d}x-\frac{1}{4}\int\frac{1}{2x+3}\mathrm{d}x+\frac{3}{4}\int\frac{1}{2x-5}\mathrm{d}x\\&=\frac{1}{4}\ln|2x-1|-\frac{1}{8}\ln|2x+3|+\frac{3}{8}\ln|2x-5|+C\\&=\frac{1}{8}\ln\left|\frac{(2x-1)^2(2x-5)^3}{2x+3}\right|+C.\end{aligned}$$

例 4.42 求 $\displaystyle\int\frac{1}{x^3+4x^2+5x+2}\mathrm{d}x$.

解 x^3+4x^2+5x+2 是三次多项式，分解因式

$$\begin{aligned}x^3+4x^2+5x+2&=(x^3+x^2)+3(x^2+x)+2(x+1)\\&=(x+1)(x^2+3x+2)=(x+1)^2(x+2)\end{aligned}$$

设

$$\frac{1}{(x+1)^2(x+2)}=\frac{A}{x+2}+\frac{B}{x+1}+\frac{C}{(x+1)^2},$$

即

$$(A+B)x^2+(2A+3B+C)x+(A+2B+2C)=1,$$

从而

$$\begin{cases} A+B=0, \\ 2A+3B+C=0, \\ A+2B+2C=1, \end{cases}$$

解得 $A=1$，$B=-1$，$C=1$，因此

$$\begin{aligned}\int\frac{1}{x^3+4x^2+5x+2}\mathrm{d}x&=\int\left(\frac{1}{x+2}+\frac{-1}{x+1}+\frac{1}{(x+1)^2}\right)\mathrm{d}x\\&=\int\frac{1}{x+2}\mathrm{d}x-\int\frac{1}{x+1}\mathrm{d}x+\int\frac{1}{(x+1)^2}\mathrm{d}x\\&=\ln|x+2|-\ln|x+1|-\frac{1}{x+1}+C.\end{aligned}$$

例 4.43 求 $\int\frac{\mathrm{d}x}{(x^2+1)(x^2+x+1)}$.

解 因为 $\frac{1}{(x^2+1)(x^2+x+1)}=\frac{-x}{x^2+1}+\frac{x+1}{x^2+x+1}$，所以

$$\begin{aligned}\int\frac{\mathrm{d}x}{(x^2+1)(x^2+x+1)}&=\int\left(\frac{-x}{x^2+1}+\frac{x+1}{x^2+x+1}\right)\mathrm{d}x\\&=-\frac{1}{2}\int\frac{\mathrm{d}(x^2+1)}{x^2+1}+\frac{1}{2}\int\frac{\mathrm{d}(x^2+x+1)}{x^2+x+1}+\frac{1}{2}\int\frac{\mathrm{d}x}{x^2+x+1}\\&=-\frac{1}{2}\ln(x^2+1)+\frac{1}{2}\ln(x^2+x+1)+\frac{1}{2}\int\frac{\mathrm{d}\left(x+\frac{1}{2}\right)}{\left(x+\frac{1}{2}\right)^2+\frac{3}{4}}\\&=-\frac{1}{2}\ln\frac{x^2+1}{x^2+x+1}+\frac{\sqrt{3}}{3}\arctan\frac{2x+1}{\sqrt{3}}+C.\end{aligned}$$

例 4.44 求 $\int\frac{x^2+5x+4}{x^4+5x^2+4}\mathrm{d}x$.

解 设 $\frac{x^2+5x+4}{x^4+5x^2+4}=\frac{Ax+B}{x^2+1}+\frac{Cx+D}{x^2+4}$，则有

$$x^2+5x+4=(A+C)x^3+(B+D)x^2+(4A+C)x+4B+D,$$

比较两边同次幂的系数, 解得 $A=\frac{5}{3}$，$B=1$，$C=-\frac{5}{3}$，$D=0$，从而

$$\begin{aligned}\int\frac{x^2+5x+4}{x^4+5x^2+4}\mathrm{d}x&=\frac{1}{3}\int\frac{5x+3}{x^2+1}\mathrm{d}x-\frac{5}{3}\int\frac{x}{x^2+4}\mathrm{d}x\\&=\frac{5}{3}\int\frac{x}{x^2+1}\mathrm{d}x-\frac{5}{3}\int\frac{x}{x^2+4}\mathrm{d}x+\int\frac{1}{x^2+1}\mathrm{d}x=\frac{5}{6}\ln\frac{x^2+1}{x^2+4}+\arctan x+C.\end{aligned}$$

例 4.45 求$\int \frac{x^3+4x^2}{x^2+5x+6}\mathrm{d}x$.

分析 $\frac{x^3+4x^2}{x^2+5x+6}$是假分式，先化为多项式与真分式之和，再将真分式分解成部分分式之和.

解 由于$\frac{x^3+4x^2}{x^2+5x+6}=x-1-\frac{x-6}{x^2+5x+6}=x-1-\frac{9}{x+3}+\frac{8}{x+2}$，则

$$\int \frac{x^3+4x^2}{x^2+5x+6}\mathrm{d}x=\int\left(x-1-\frac{9}{x+3}+\frac{8}{x+2}\right)\mathrm{d}x$$
$$=\frac{1}{2}x^2-x-9\ln|x+3|+8\ln|x+2|+C.$$

例 4.46 求$\int \frac{x^5\mathrm{d}x}{x^6-x^3-2}$.

解 令$u=x^3$，$\mathrm{d}u=3x^2\mathrm{d}x$，则

$$\int \frac{x^5\mathrm{d}x}{x^6-x^3-2}=\frac{1}{3}\int\frac{x^3\mathrm{d}(x^3)}{x^6-x^3-2}=\frac{1}{3}\int\frac{u\mathrm{d}u}{u^2-u-2}$$
$$=\frac{1}{3}\int\frac{u}{(u+1)(u-2)}\mathrm{d}u=\frac{1}{9}\int\left(\frac{1}{u+1}+\frac{2}{u-2}\right)\mathrm{d}u$$
$$=\frac{1}{9}\ln|u+1|+\frac{2}{9}\ln|u-2|+C=\frac{1}{9}\ln|(x^3+1)(x^3-2)^2|+C.$$

例 4.47 求$\int \frac{x^2}{(1-x)^{100}}\mathrm{d}x$.

分析 被积函数$\frac{x^2}{(1-x)^{100}}$是有理真分式，若按有理函数的积分法来处理，那么要确定A_1，A_2，…，A_{100}，比较麻烦. 根据被积函数的特点：分母是x的一次因式，但幂次较高，而分子是x的二次幂，可以考虑用下列几种方法求解.

解法 1 令$1-x=t$，$\mathrm{d}x=-\mathrm{d}t$，则

$$\int\frac{x^2}{(1-x)^{100}}\mathrm{d}x=-\int\frac{(1-t)^2}{t^{100}}\mathrm{d}t=-\int\frac{t^2-2t+1}{t^{100}}\mathrm{d}t=-\int t^{-98}\mathrm{d}t+2\int t^{-99}\mathrm{d}t-\int t^{-100}\mathrm{d}t$$
$$=\frac{1}{97}t^{-97}-2\cdot\frac{1}{98}t^{-98}+\frac{1}{99}t^{-99}+C$$
$$=\frac{1}{97}(1-x)^{-97}-\frac{1}{49}(1-x)^{-98}+\frac{1}{99}(1-x)^{-99}+C.$$

解法 2 $\int\frac{x^2}{(1-x)^{100}}\mathrm{d}x=\int\frac{(x^2-1)+1}{(1-x)^{100}}\mathrm{d}x=-\int\frac{x+1}{(1-x)^{99}}\mathrm{d}x+\int\frac{1}{(1-x)^{100}}\mathrm{d}x$

$$=\int\frac{(1-x)-2}{(1-x)^{99}}\mathrm{d}x+\int\frac{1}{(1-x)^{100}}\mathrm{d}x$$

$$=\int\frac{1}{(1-x)^{98}}\mathrm{d}x-2\int\frac{1}{(1-x)^{99}}\mathrm{d}x+\int\frac{1}{(1-x)^{100}}\mathrm{d}x$$

$$=\frac{1}{97}(1-x)^{-97}-\frac{1}{49}(1-x)^{-98}+\frac{1}{99}(1-x)^{-99}+C.$$

解法 3　用分部积分法.

$$\int\frac{x^2}{(1-x)^{100}}\mathrm{d}x=\int x^2\mathrm{d}\left[\frac{1}{99}(1-x)^{-99}\right]=\frac{x^2}{99(1-x)^{99}}-\int\frac{2x}{99(1-x)^{99}}\mathrm{d}x$$

$$=\frac{x^2}{99(1-x)^{99}}-\frac{2}{99}\int x\mathrm{d}\left[\frac{1}{98}(1-x)^{-98}\right]$$

$$=\frac{x^2}{99(1-x)^{99}}-\frac{2}{99}\left[\frac{x}{98(1-x)^{98}}-\frac{1}{98}\int\frac{\mathrm{d}x}{(1-x)^{98}}\right]$$

$$=\frac{x^2}{99(1-x)^{99}}-\frac{1}{99}\cdot\frac{x}{49(1-x)^{98}}-\frac{2}{99\cdot 98}\cdot\frac{1}{97(1-x)^{97}}+C.$$

注　形如$\dfrac{P(x)}{Q(x)}$的（$P(x)$与$Q(x)$均为多项式）有理函数的积分关键是将有理真分式分解成部分分式之和，而部分分式都有具体的积分方法，对于假分式则要化为真分式与多项式之和.

例 4.48　求$\displaystyle\int\frac{1}{\sqrt{3+2x}+\sqrt{2x-1}}\mathrm{d}x$.

分析　这是无理函数的积分，先要去掉根号化为有理函数的积分，分子分母有理化是常用去根号的方法之一.

解　$$\int\frac{1}{\sqrt{3+2x}+\sqrt{2x-1}}\mathrm{d}x=\int\frac{\sqrt{3+2x}-\sqrt{2x-1}}{(\sqrt{3+2x}+\sqrt{2x-1})(\sqrt{3+2x}-\sqrt{2x-1})}\mathrm{d}x$$

$$=\frac{1}{4}\int(3+2x)^{\frac{1}{2}}\mathrm{d}x-\frac{1}{4}\int(2x-1)^{\frac{1}{2}}\mathrm{d}x$$

$$=\frac{1}{12}(3+2x)^{\frac{3}{2}}-\frac{1}{12}(2x-1)^{\frac{3}{2}}+C.$$

例 4.49　求$\displaystyle\int\sqrt{\frac{a+x}{a-x}}\mathrm{d}x\ (a\neq 0)$.

解法 1　$$\int\sqrt{\frac{a+x}{a-x}}\mathrm{d}x=\int\frac{a+x}{\sqrt{a^2-x^2}}\mathrm{d}x=a\int\frac{1}{\sqrt{a^2-x^2}}\mathrm{d}x+\int\frac{x}{\sqrt{a^2-x^2}}\mathrm{d}x$$

$$=a\int\frac{1}{\sqrt{a^2-x^2}}\mathrm{d}x-\frac{1}{2}\int(a^2-x^2)^{-\frac{1}{2}}\mathrm{d}(a^2-x^2)$$

$$=a\arcsin\frac{x}{a}-\sqrt{a^2-x^2}+C.$$

解法 2 令 $t=\sqrt{\dfrac{a+x}{a-x}}$，余下的请读者自行完成.

例 4.50 求 $\displaystyle\int\frac{1}{5+4\sin 2x}\mathrm{d}x$.

分析 被积函数是三角有理函数, 可用万能公式将它化为有理函数.

解 令 $t=\tan x$，$\mathrm{d}x=\dfrac{1}{1+t^2}\mathrm{d}t$，则

$$\int\frac{1}{5+4\sin 2x}\mathrm{d}x=\int\frac{1}{5t^2+8t+5}\mathrm{d}t=\frac{1}{3}\int\frac{1}{\left(\frac{5}{3}t+\frac{4}{3}\right)^2+1}\mathrm{d}\left(\frac{5}{3}t+\frac{4}{3}\right)$$

$$=\frac{1}{3}\arctan\left(\frac{5}{3}t+\frac{4}{3}\right)+C=\frac{1}{3}\arctan\left(\frac{5}{3}\tan x+\frac{4}{3}\right)+C.$$

注 虽然万能代换公式总能求出积分, 但对于具体的三角有理函数的积分不一定是最简便的方法. 通常要根据被积函数的特点, 采用三角公式简化积分.

例 4.51 求 $\displaystyle\int\frac{\mathrm{d}x}{1+\sin x+\cos x}$.

解法 1 令 $u=\tan\dfrac{x}{2}$，则

$$\int\frac{\mathrm{d}x}{1+\sin x+\cos x}=\int\frac{\frac{2}{1+u^2}}{1+\frac{2u}{1+u^2}+\frac{1-u^2}{1+u^2}}\mathrm{d}u=\int\frac{1}{u+1}\mathrm{d}u=\ln\left|1+\tan\frac{x}{2}\right|+C.$$

解法 2 $$\int\frac{\mathrm{d}x}{1+\sin x+\cos x}=\int\frac{\mathrm{d}x}{2\sin\frac{x}{2}\cos\frac{x}{2}+2\cos^2\frac{x}{2}}=\frac{1}{2}\int\frac{\mathrm{d}x}{\cos^2\frac{x}{2}\left(1+\tan\frac{x}{2}\right)}$$

$$=\int\frac{\mathrm{d}\left(\frac{x}{2}\right)}{\cos^2\frac{x}{2}\left(1+\tan\frac{x}{2}\right)}=\int\frac{\mathrm{d}\left(\tan\frac{x}{2}\right)}{1+\tan\frac{x}{2}}=\ln\left|1+\tan\frac{x}{2}\right|+C.$$

注 可化为有理函数的积分主要要求熟练掌握如下两类:

第一类是三角有理函数的积分, 即可用万能代换 $u=\tan\dfrac{x}{2}$ 将其化为 u 的有理函数的积分.

第二类是被积函数的分子或分母中带有根式而不易积出的不定积分. 对于这

类不定积分，可采用适当的变量代换去掉根号，将被积函数化为有理函数的积分. 常用的变量代换及适用题型可参考前面介绍过的第二类换元法.

例 4.52　求 $\int \max\{x^2,1\}\mathrm{d}x$.

分析　被积函数 $\max\{x^2,1\}$ 实际上是一个分段连续函数，它的原函数 $F(x)$ 必定为连续函数，可先分别求出各区间段上的不定积分，再由原函数的连续性确定各积分常数之间的关系.

解　由于

$$f(x)=\max\{x^2,1\}=\begin{cases}x^2, & |x|>1,\\ 1, & |x|\leqslant 1,\end{cases}$$

设 $F(x)$ 为 $f(x)$ 的原函数，则

$$F(x)=\begin{cases}\dfrac{1}{3}x^3+C_1, & x<-1,\\ x+C_2, & |x|\leqslant 1,\\ \dfrac{1}{3}x^3+C_3, & x>1,\end{cases}$$

其中 C_1，C_2，C_3 均为常数，由于 $F(x)$ 连续，所以

$$F(-1^-)=-\frac{1}{3}+C_1=F(-1^+)=C_2-1,\ F(1^-)=C_2+1=F(1^+)=\frac{1}{3}+C_3,$$

于是

$$C_1=-\frac{2}{3}+C_2,\ C_3=\frac{2}{3}+C_2,$$

记 $C_2=C$，则

$$\int\max\{x^2,1\}\mathrm{d}x=\begin{cases}\dfrac{1}{3}x^3-\dfrac{2}{3}+C, & x<-1,\\ x+C, & |x|\leqslant 1,\\ \dfrac{1}{3}x^3+\dfrac{2}{3}+C, & x>1.\end{cases}$$

注　对于一些被积函数中含有绝对值符号的不定积分问题，也可以仿照上述方法处理.

例 4.53　求 $\int \mathrm{e}^{-|x|}\mathrm{d}x$.

解　当 $x\geqslant 0$ 时，$\int \mathrm{e}^{-|x|}\mathrm{d}x=\int \mathrm{e}^{-x}\mathrm{d}x=-\mathrm{e}^{-x}+C_1$.

当 $x<0$ 时，$\int \mathrm{e}^{-|x|}\mathrm{d}x=\int \mathrm{e}^{x}\mathrm{d}x=\mathrm{e}^{x}+C_2$.

因为函数 $\mathrm{e}^{-|x|}$ 的原函数在 $(-\infty,+\infty)$ 上每一点都连续，所以

$$\lim_{x\to 0^+}(-\mathrm{e}^{-x}+C_1)=\lim_{x\to 0^-}(\mathrm{e}^{x}+C_2),$$

即

$$-1+C_1=1+C_2,\ C_1=2+C_2,$$

记 $C_2=C$，则

$$\int e^{-|x|}dx=\begin{cases}-e^{-x}+2+C, & x\geqslant 0,\\ e^{x}+C, & x<0.\end{cases}$$

错误解答 当 $x\geqslant 0$ 时，$\int e^{-|x|}dx=\int e^{-x}dx=-e^{-x}+C_1$.

当 $x<0$ 时，$\int e^{-|x|}dx=\int e^{x}dx=e^{x}+C_2$.

故

$$\int e^{-|x|}dx=\begin{cases}-e^{-x}+C_1, & x\geqslant 0,\\ e^{x}+C_2, & x<0.\end{cases}$$

错解分析 函数的不定积分中只能含有一个任意常数，这里出现了两个，所以是错误的. 事实上，被积函数 $e^{-|x|}$ 在 $(-\infty,+\infty)$ 上连续，故在 $(-\infty,+\infty)$ 上有原函数，并且原函数在 $(-\infty,+\infty)$ 上每一点可导，从而连续. 可据此求出任意常数 C_1 与 C_2 的关系，使 $e^{-|x|}$ 的不定积分中只含有一个任意常数.

注 分段函数的原函数的求法：

第一步，判断分段函数是否有原函数. 如果分段函数的分界点是函数的第一类间断点，那么在包含该点的区间内，原函数不存在. 如果分界点是函数的连续点，那么在包含该点的区间内原函数存在.

第二步，若分段函数有原函数，先求出函数在各分段相应区间内的原函数，再根据原函数连续的要求，确定各段上的积分常数，以及各段上积分常数之间的关系.

例 4.54 求下列不定积分：

（1）$\int \frac{x+\sin x}{1+\cos x}dx$；　　（2）$\int e^{\sin x}\cdot\frac{x\cos^3 x-\sin x}{\cos^2 x}dx$；

（3）$\int \frac{\cot x}{1+\sin x}dx$；　　（4）$\int \frac{dx}{\sin^3 x\cos x}$.

解 （1）注意 $\sin x dx=-d(1+\cos x)$ 及 $\frac{1}{1+\cos x}dx=\frac{1}{2\cos^2\frac{x}{2}}dx=d\left(\tan\frac{x}{2}\right)$，可将原来的积分拆为两项，然后积分，即

$$\begin{aligned}\int \frac{x+\sin x}{1+\cos x}dx&=\int \frac{x}{1+\cos x}dx+\int\frac{\sin x}{1+\cos x}dx\\&=\int x d\left(\tan\frac{x}{2}\right)-\int\frac{1}{1+\cos x}d(1+\cos x)\\&=x\tan\frac{x}{2}-\int\tan\frac{x}{2}dx-\ln(1+\cos x)\end{aligned}$$

$$
\begin{aligned}
&= x\tan\frac{x}{2} + 2\ln\left|\cos\frac{x}{2}\right| - \ln(1+\cos x) + C_1 \\
&= x\tan\frac{x}{2} + 2\ln\left|\cos\frac{x}{2}\right| - \ln\left(2\cos^2\frac{x}{2}\right) + C_1 \\
&= x\tan\frac{x}{2} + C \quad (C = C_1 - \ln 2).
\end{aligned}
$$

（2）被积函数较为复杂，直接凑微分或分部积分都比较困难，不妨将其拆为两项后再观察.

$$
\begin{aligned}
\int e^{\sin x}\cdot\frac{x\cos^3 x - \sin x}{\cos^2 x}dx &= \int e^{\sin x}x\cos x dx - \int e^{\sin x}\tan x\sec x dx \\
&= \int x d(e^{\sin x}) - \int e^{\sin x} d(\sec x) \\
&= xe^{\sin x} - \int e^{\sin x}dx - e^{\sin x}\sec x + \int e^{\sin x}dx \\
&= e^{\sin x}(x - \sec x) + C.
\end{aligned}
$$

（3）
$$
\begin{aligned}
\int\frac{\cot x}{1+\sin x}dx &= \int\frac{\cos x}{\sin x(1+\sin x)}dx = \int\frac{1}{\sin x(1+\sin x)}d(\sin x) \\
&= \int\frac{1}{\sin x}d(\sin x) - \int\frac{1}{1+\sin x}d(\sin x) \\
&= \ln\left|\frac{\sin x}{1+\sin x}\right| + C.
\end{aligned}
$$

（4）当分母是 $\sin^m x\cos^n x$ 的形式时，常将分子的1改写成 $\sin^2 x+\cos^2 x$，然后拆项，使分母中 $\sin x$ 和 $\cos x$ 的幂次逐步降低直到可利用基本积分公式为止.

$$
\begin{aligned}
\int\frac{dx}{\sin^3 x\cos x} &= \int\frac{dx}{\sin x\cos x} + \int\frac{\cos x dx}{\sin^3 x} = 2\int\csc 2x dx + \int\frac{d(\sin x)}{\sin^3 x} \\
&= \ln|\csc 2x - \cot 2x| - \frac{1}{2\sin^2 x} + C.
\end{aligned}
$$

注　将被积函数拆项，把积分变为几个较简单的积分，是求不定积分常用的技巧之一.

例 4.55　求 $\int\frac{x^2}{(1-x^2)^3}dx$.

解　考虑第二类换元积分法与分部积分法，令 $x=\sin t$，则

$$
\int\frac{x^2}{(1-x^2)^3}dx = \int\frac{\sin^2 t}{\cos^5 t}dt = \int\tan^2 t\sec^3 t dt = \int(\sec^5 t - \sec^3 t)dt,
$$

而

$$
\int\sec^5 t dt = \int\sec^3 t d(\tan t) = \sec^3 t\tan t - 3\int\tan^2 t\sec^3 t dt
$$

$$= \sec^3 t\tan t - 3\int(\sec^5 t - \sec^3 t)\mathrm{d}t.$$

故 $\int\sec^5 t\mathrm{d}t = \frac{1}{4}\sec^3 t\tan t + \frac{3}{4}\int\sec^3 t\mathrm{d}t$. 又

$$\int\sec^3 t\mathrm{d}t = \int\sec t\mathrm{d}(\tan t) = \sec t\tan t - \int\tan^2 t\sec t\mathrm{d}t = \sec t\tan t - \int(\sec^3 t - \sec t)\mathrm{d}t,$$

从而 $\int\sec^3 t\mathrm{d}t = \frac{1}{2}\sec t\tan t + \frac{1}{2}\ln|\sec t + \tan t| + C_1$，所以

$$\begin{aligned}\int\frac{x^2}{(1-x^2)^3}\mathrm{d}x &= \frac{1}{4}\sec^3 t\tan t - \frac{1}{4}\int\sec^3 t\mathrm{d}t \\ &= \frac{1}{4}\sec^3 t\tan t - \frac{1}{8}\sec t\tan t - \frac{1}{8}\ln|\sec t + \tan t| + C \\ &= \frac{x+x^3}{8(1-x^2)^2} - \frac{1}{16}\ln\left|\frac{1+x}{1-x}\right| + C.\end{aligned}$$

例 4.56 求 $\int\frac{7\cos x - 3\sin x}{5\cos x + 2\sin x}\mathrm{d}x$.

解 因为 $(5\cos x + 2\sin x)' = 2\cos x - 5\sin x$，所以可设

$$7\cos x - 3\sin x = A(5\cos x + 2\sin x) + B(5\cos x + 2\sin x)',$$

即 $7\cos x - 3\sin x = A(5\cos x + 2\sin x) + B(2\cos x - 5\sin x)$，比较系数得

$$\begin{cases}5A + 2B = 7, \\ 2A - 5B = -3,\end{cases}$$

解之得 $A=1$，$B=1$，故

$$\begin{aligned}\int\frac{7\cos x - 3\sin x}{5\cos x + 2\sin x}\mathrm{d}x &= \int\frac{(5\cos x + 2\sin x) + (5\cos x + 2\sin x)'}{5\cos x + 2\sin x}\mathrm{d}x \\ &= \int\mathrm{d}x + \int\frac{\mathrm{d}(5\cos x + 2\sin x)}{5\cos x + 2\sin x} = x + \ln|5\cos x + 2\sin x| + C.\end{aligned}$$

例 4.57 设 $F(x)$ 是 $f(x)$ 的原函数，并且当 $x \geqslant 0$ 时有 $f(x)\cdot F(x) = \sin^2 2x$，又 $F(0)=1$，$F(x)\geqslant 0$，求 $f(x)$.

分析 利用原函数的定义，结合已知条件先求出 $F(x)$，然后求其导数即为所求.

解 因为 $F'(x) = f(x)$，所以 $F'(x)F(x) = \sin^2 2x$，两边积分得

$$\int F'(x)F(x)\mathrm{d}x = \int\sin^2 2x\mathrm{d}x,$$

即 $\frac{1}{2}F^2(x) = \frac{x}{2} - \frac{1}{8}\sin 4x + C$，由 $F(0)=1$ 得 $C=\frac{1}{2}$，所以 $F(x) = \sqrt{x - \frac{1}{4}\sin 4x + 1}$，从而

$$f(x)=F'(x)=\frac{1-\cos 4x}{2\sqrt{x-\frac{1}{4}\sin 4x+1}}=\frac{\sin^2 2x}{\sqrt{x-\frac{1}{4}\sin 4x+1}}.$$

4.4　自我测试题

A 级自我测试题

一、选择题（每小题 3 分，共 15 分）

1. 在区间 (a,b) 内，如果 $f'(x)=g'(x)$，则必有（　　）.

A. $f(x)=g(x)$　　B. $f(x)=g(x)+C$（C为任意常数）

C. $\frac{\mathrm{d}}{\mathrm{d}x}\left[\int f(x)\mathrm{d}x\right]=\frac{\mathrm{d}}{\mathrm{d}x}[\int g(x)\mathrm{d}x]$　　D. $\int f(x)\mathrm{d}x=\int g(x)\mathrm{d}x$

2. 下列函数中不是函数 $\sin 2x$ 的原函数的有（　　）.

A. $\sin^2 x$　　B. $-\cos^2 x$

C. $\frac{1}{2}\sin 2x$　　D. $-\frac{1}{2}\cos 2x$

3. 若 e^{-x} 是 $f(x)$ 的原函数，则 $\int xf(x)\mathrm{d}x=$（　　）.

A. $\mathrm{e}^{-x}(1-x)+C$　　B. $\mathrm{e}^{-x}(x+1)+C$

C. $\mathrm{e}^{-x}(x-1)+C$　　D. $-\mathrm{e}^{-x}(1+x)+C$

4. 若 $\int f(x)\mathrm{d}x=x^2+C$，则 $\int xf(1-x^2)\mathrm{d}x=$（　　）.

A. $2(1-x^2)^2+C$　　B. $-2(1-x^2)^2+C$

C. $\frac{1}{2}(1-x^2)^2+C$　　D. $-\frac{1}{2}(1-x^2)^2+C$

5. 设函数 $f(x)$ 在 $(-\infty,+\infty)$ 内连续，则 $\mathrm{d}\left[\int f(x)\mathrm{d}x\right]=$（　　）.

A. $f(x)$　　B. $f(x)\mathrm{d}x$　　C. $f(x)+C$　　D. $f'(x)\mathrm{d}x$

二、填空题（每小题 3 分，共 15 分）

1. $\frac{x}{\sqrt{1-x^2}}\mathrm{d}x=\mathrm{d}f(x)$，则 $f(x)=$________.

2. 设 $f(x)=\ln x$，则 $\int\frac{f'(\mathrm{e}^{-x})}{\mathrm{e}^x}\mathrm{d}x=$________ .

3. 若 $f'(\ln x)=x^3\,(x>1)$，则 $f(x)=$________ .

4. 若$\int f(x)\cos x\mathrm{d}x=\ln\sin x+C$，则$\int f(x)\mathrm{d}x=$________.

5. $\int[f(x)+f'(x)]\mathrm{e}^x\mathrm{d}x=$________.

三、求下列不定积分（每小题4分，共48分）

1. $\int 2^{x+1}\times 3^{2x}\times 4^{x-1}\mathrm{d}x$；

2. $\int\tan x(\cos x+\sec x)\mathrm{d}x$；

3. $\int(4x-1)^9\mathrm{d}x$；

4. $\int\frac{\ln x}{x^2}\mathrm{d}x$；

5. $\int(\sqrt{x}+1)(x-\frac{1}{\sqrt{x}})\mathrm{d}x$；

6. $\int\frac{\mathrm{d}x}{\sqrt{x^2-2x+5}}$；

7. $\int\frac{\sqrt{1+\cos x}}{\sin x}\mathrm{d}x$；

8. $\int\frac{\mathrm{d}x}{x^2\sqrt{x^2-1}}$；

9. $\int\frac{4x^2+7x+4}{(x+2)(x^2+2x+2)}\mathrm{d}x$；

10. $\int\frac{\mathrm{d}x}{1+\sqrt[3]{x+1}}$；

11. $\int\frac{1}{\sin x\cos^4 x}\mathrm{d}x$；

12. $\int\frac{x\ln x}{(1+x^2)^2}\mathrm{d}x$.

四、（11分） 已知$f(x)=\frac{\mathrm{e}^x}{x}$，求$\int xf''(x)\mathrm{d}x$.

五、（11分） 设$f(\sin^2 x)=\frac{x}{\sin x}$，求$\int\frac{\sqrt{x}}{\sqrt{1-x}}f(x)\mathrm{d}x$.

B级自我测试题

一、选择题（每小题2分，共10分）

1. 若$f(x)$为连续的偶函数，则$f(x)$的原函数中（ ）.

A. 有奇函数 B. 都是奇函数

C. 都是偶函数 D. 没有奇函数也没有偶函数

2. 下列说法中正确的是（ ）.

A. $-\frac{1}{x^2}$在$(-1,1)$上的原函数是$\frac{1}{x}$

B. $\int\frac{-1}{1+x^2}\mathrm{d}x=-\arctan x+C$，$\int\frac{-1}{1+x^2}\mathrm{d}x=\arctan\frac{1}{x}+C$，所以$\arctan x=\arctan\frac{1}{x}+C$，$x\neq 0$

C. 符号函数$\operatorname{sgn}x$在$(-\infty,+\infty)$存在原函数

D. 函数 $f(x)=\begin{cases}2x\sin\dfrac{1}{x}-\cos\dfrac{1}{x}, & x\neq 0\\ 0, & x=0\end{cases}$ 在 $(-\infty,+\infty)$ 存在原函数

3. 函数 $f(x)=\sin|x|$ 的一个原函数是（　　）.

A. $-\cos|x|$　　　　B. $-|\cos x|$

C. $F(x)=\begin{cases}-\cos x, & x\geqslant 0\\ \cos x-2, & x<0\end{cases}$　　　　D. $F(x)=\begin{cases}-\cos x+C, & x\geqslant 0\\ \cos x+C, & x<0\end{cases}$

4. $\int xf''(x)\mathrm{d}x=$（　　）.

A. $xf'(x)-f(x)+C$　　　　B. $xf'(x)-f'(x)+C$

C. $xf'(x)+f(x)+C$　　　　D. $xf'(x)-\int f(x)\mathrm{d}x$

5. 设函数 $f(x)$ 满足 $\dfrac{4}{1-x^2}f(x)=\dfrac{\mathrm{d}}{\mathrm{d}x}[f(x)]^2$, $f(0)=0$, $f(x)\neq 0$, 则 $f(x)=$（　　）.

A. $\dfrac{1+x}{1-x}$　　B. $\dfrac{1-x}{1+x}$　　C. $\ln\left|\dfrac{1+x}{1-x}\right|$　　D. $\ln\left|\dfrac{1-x}{1+x}\right|$

二、填空题（每小题 2 分，共 10 分）

1. 设 $f'(3x+1)=x\mathrm{e}^{\frac{x}{2}}$，$f(1)=0$，求 $f(x)=$_________.

2. 已知 $f(x)$ 的一个原函数是 e^{-x^2}，求 $\int xf'(x)\mathrm{d}x=$_________.

3. 设 $\int xf(x)\mathrm{d}x=\arcsin x+C$，则 $\int\dfrac{1}{f(x)}\mathrm{d}x=$_________.

4. 已知 $f'(\sin^2 x)=\cos 2x+\tan^2 x$，$0<x<\dfrac{\pi}{2}$，则 $f(x)=$_________.

5. 设 $f'(\ln x)=\dfrac{\ln(1+x)}{x}$，则 $f(x)=$_________.

三、求下列不定积分（每小题 4 分，共 56 分）

1. $\int 2\mathrm{e}^x\sqrt{1-\mathrm{e}^{2x}}\mathrm{d}x$；　　　　2. $\int\cos(\ln x)\mathrm{d}x$；

3. $\int\dfrac{x}{x^4+2x^2+2}\mathrm{d}x$；　　　　4. $\int\cos x\cos 2x\cos 3x\mathrm{d}x$；

5. $\int\dfrac{\ln x+1}{2+(x\ln x)^2}\mathrm{d}x$；　　　　6. $\int\dfrac{\mathrm{d}x}{x(x^7+1)}$；

7. $\int\dfrac{x\mathrm{e}^x}{(\mathrm{e}^x+1)^2}\mathrm{d}x$；　　　　8. $\int\dfrac{\ln(\mathrm{e}^x+1)}{\mathrm{e}^x}\mathrm{d}x$；

9. $\int e^{-\frac{x}{2}}\frac{\cos x-\sin x}{\sqrt{\sin x}}dx$；

10. $\int\frac{x\ln(x+\sqrt{1+x^2})}{(1+x^2)^2}dx$；

11. $\int\frac{x\arcsin x}{(1-x^2)\sqrt{1-x^2}}dx$；

12. $\int\frac{\ln x}{\sqrt{(1+x^2)^3}}dx$；

13. $\int\frac{xe^x}{\sqrt{e^x-2}}dx$；

14. $\int\frac{dx}{4\sin x+3\cos x+5}$.

四、（6分） 设 $f(x)$ 和 $f'(x)$ 都是连续函数，计算不定积分

$$\int\sin^2 xf'(\cos x)\mathrm{d}x-\int\cos xf(\cos x)\mathrm{d}x.$$

五、（6分） 设 $F(x)$ 为 $f(x)$ 的一个原函数，并且当 $x\geqslant 0$ 时，有 $f(x)F(x)=\frac{xe^x}{2(1+x)^2}$，已知 $F(0)=1$，$F(x)>0$，试求 $f(x)$.

六、（6分） 设 $I_n=\int\tan^n x dx$，其中为正整数，并且 $n\geqslant 2$，证明 $I_n=\frac{1}{n-1}\tan^{n-1}x-I_{n-2}$.

七、（6分） 求 $\int\left[\frac{f'(x)}{f(x)}-\frac{f^2(x)''f(x)}{f'^3(x)}\right]dx$.

第 5 章　定积分及其应用

5.1　知识结构图与学习要求

5.1.1　知识结构图

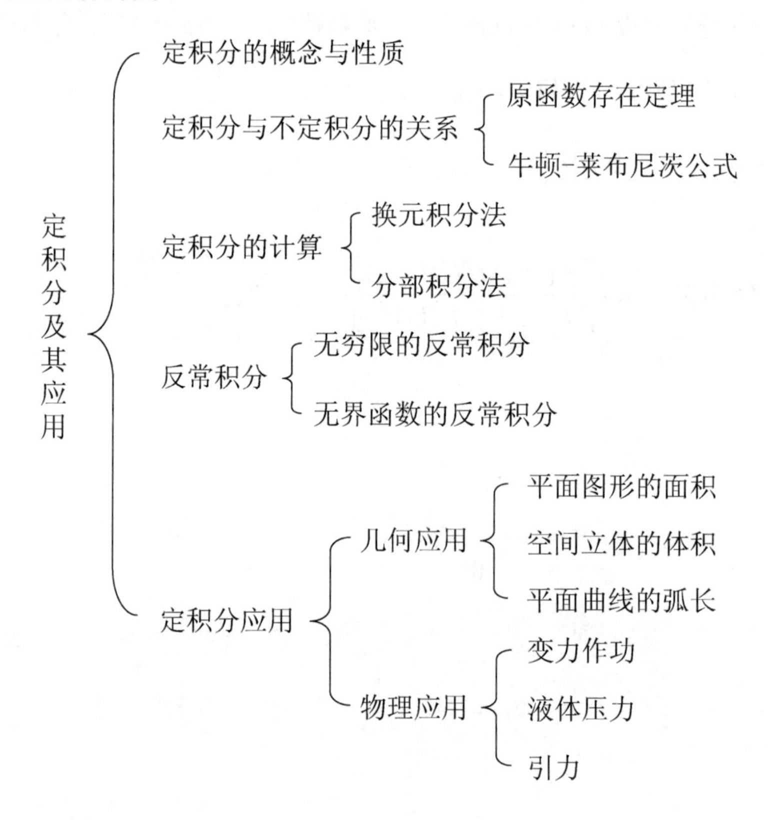

5.1.2　学习要求

（1）理解定积分的概念，掌握定积分的性质及定积分中值定理，会求函数的平均值.

（2）理解积分上限函数，会求它的导数，掌握牛顿-莱布尼茨公式.

（3）掌握定积分的换元积分法与分部积分法.

（4）了解反常积分的概念，会计算反常积分.

（5）掌握用定积分表达和计算一些几何量与物理量（包括平面图形的面积、平面曲线的弧长、旋转体的体积、平行截面面积为已知的立体体积、功、引力、液体压力等）.

5.2　内 容 提 要

5.2.1　定积分的概念

1. 定积分的定义

定积分是积分和的极限, 即

$$\int_a^b f(x)\mathrm{d}x = \lim_{\lambda \to 0}\sum_{i=1}^{n} f(\xi_i)\Delta x_i$$

定积分的值完全由被积函数和积分区间所确定, 而与积分变量的记法无关.

2. 定积分的几何意义

表示介于曲线 $y = f(x)$ 、 x 轴、直线 $x = a$ 及 $x = b$ 各部分面积的代数和.

3. 定积分的可积性

（1）有限区间上的连续函数一定可积;
（2）有限区间上有界且只有有限多个间断点的函数也可积.

5.2.2　定积分的性质

（1）规定 $\int_a^a f(x)\mathrm{d}x = 0$, $\int_a^b f(x)\mathrm{d}x = -\int_b^a f(x)\mathrm{d}x$;

（2）$\int_a^b [f(x) \pm g(x)]\mathrm{d}x = \int_a^b f(x)\mathrm{d}x \pm \int_a^b g(x)\mathrm{d}x$;

（3）$\int_a^b kf(x)\mathrm{d}x = k\int_a^b f(x)\mathrm{d}x$ （k 是常数）;

（4）$\int_a^b 1 \cdot \mathrm{d}x = b - a$;

（5）$\int_a^b f(x)\mathrm{d}x = \int_a^c f(x)\mathrm{d}x + \int_c^b f(x)\mathrm{d}x$;

（6）若 $f(x) \geqslant 0$, 则 $\int_a^b f(x)\mathrm{d}x \geqslant 0$ $(a < b)$;

（7）若 $f(x) \geqslant g(x)$, 则 $\int_a^b f(x)\mathrm{d}x \geqslant \int_a^b g(x)\mathrm{d}x$ $(a < b)$;

（8）$\left|\int_a^b f(x)\mathrm{d}x\right| \leqslant \int_a^b |f(x)|\mathrm{d}x \ (a<b)$；

（9）若 $m \leqslant f(x) \leqslant M$，$x \in [a,b]$，则

$$m(b-a) \leqslant \int_a^b f(x)\mathrm{d}x \leqslant M(b-a);$$

（10）定积分中值定理：设函数 $f(x)$ 在闭区间 $[a,b]$ 上连续，则在积分区间 $[a,b]$ 上至少存在一点 ξ 使得

$$\int_a^b f(x)\mathrm{d}x = f(\xi)(b-a);$$

（11）定积分中值定理的推广：设函数 $f(x)$ 在闭区间 $[a,b]$ 上连续，函数 $g(x)$ 不变号，则在 $[a,b]$ 上至少存在一点 ξ 使得

$$\int_a^b f(x)g(x)\mathrm{d}x = f(\xi)\int_a^b g(x)\mathrm{d}x.$$

5.2.3　积分上限函数及其导数

1. 定义

设函数 $f(x)$ 在闭区间 $[a,b]$ 上连续，称 $\Phi(x)=\int_a^x f(t)\mathrm{d}t$ 为积分上限函数，其中 $x\in[a,b]$；完全类似地可定义积分下限函数.

2. 原函数存在定理

如果函数 $f(x)$ 在区间 $[a,b]$ 上连续，则积分上限函数 $\Phi(x)=\int_a^x f(t)\mathrm{d}t$ 在 $[a,b]$ 上可导，其导数为

$$\Phi'(x) = \frac{\mathrm{d}}{\mathrm{d}x}\int_a^x f(t)\mathrm{d}t = f(x) \ (a \leqslant x \leqslant b).$$

推论 5.1　$\Phi(x)$ 是 $f(x)$ 在 $[a,b]$ 上的一个原函数，即连续函数的原函数一定存在.

推论 5.2　设 f 为连续函数，u 与 v 均为可导函数，并且复合函数 $f[u(x)]$，$f[v(x)]$ 都存在，则有

$$\frac{\mathrm{d}}{\mathrm{d}x}\int_{u(x)}^{v(x)} f(t)\mathrm{d}t = f[v(x)]v'(x) - f[u(x)]u'(x).$$

注　上述公式条件是被积函数 $f(t)$ 连续且被积表达式 $f(t)\mathrm{d}t$ 中不含有变量 x.

5.2.4　定积分的计算

1. 牛顿-莱布尼茨公式

设 $F(x)$ 是连续函数 $f(x)$ 在区间 $[a,b]$ 上的一个原函数，则有

$$\int_a^b f(x)\mathrm{d}x = F(b) - F(a),$$

此公式又称微积分基本公式.

2. 定积分的换元积分法

设 $f(x)$ 在区间 $[a,b]$ 上连续，$\varphi'(t)$ 在 $[\alpha,\beta]$ 或 $[\beta,\alpha]$ 上连续，则

$$\int_a^b f(x)\mathrm{d}x = \int_\alpha^\beta f[\varphi(t)]\varphi'(t)\mathrm{d}t,$$

其中 $a=\varphi(\alpha)$，$b=\varphi(\beta)$.

注　使用定积分的换元法时，应注意两点：一是所设的变量代换在定义区间上要具有连续导数；二是该变量代换要为单调函数.

3. 定积分的分部积分法

设 $u=u(x), v=v(x)$ 有连续导数，则

$$\int_a^b u\mathrm{d}v = [uv]_a^b - \int_a^b v\mathrm{d}u.$$

4. 对于一些特殊类型的积分，有如下常用结论

（1）若 $f(x)$ 在 $[-a,a]$ 上连续且 $f(x)$ 为偶函数，则

$$\int_{-a}^a f(x)\mathrm{d}x = 2\int_0^a f(x)\mathrm{d}x;$$

（2）若 $f(x)$ 在 $[-a,a]$ 上连续且 $f(x)$ 为奇函数，则

$$\int_{-a}^a f(x)\mathrm{d}x = 0;$$

（3）若 $f(x)$ 是以 T 为周期的连续函数，则

$$\int_a^{a+nT} f(x)\mathrm{d}x = n\int_a^{a+T} f(x)\mathrm{d}x = n\int_0^T f(x)\mathrm{d}x,$$

其中，a 是任意常数，n 为整数；

（4）若 $f(x)$ 在 $[0,1]$ 上连续，则有

$$\int_0^{\frac{\pi}{2}} f(\sin x)\mathrm{d}x = \int_0^{\frac{\pi}{2}} f(\cos x)\mathrm{d}x,$$

$$\int_0^{\pi} f(\sin x)\mathrm{d}x = 2\int_0^{\frac{\pi}{2}} f(\sin x)\mathrm{d}x,$$

$$\int_0^{\pi} xf(\sin x)\mathrm{d}x = \frac{\pi}{2}\int_0^{\pi} f(\sin x)\mathrm{d}x .$$

（5）$\int_0^{\frac{\pi}{2}}\cos^n x\mathrm{d}x = \int_0^{\frac{\pi}{2}}\sin^n x\mathrm{d}x = \begin{cases} \dfrac{n-1}{n}\cdot\dfrac{n-3}{n-2}\cdots\dfrac{4}{5}\cdot\dfrac{2}{3}, & n=2k+1, k\in\mathbf{N}, \\ \dfrac{n-1}{n}\cdot\dfrac{n-3}{n-2}\cdots\dfrac{1}{2}\cdot\dfrac{\pi}{2}, & n=2k, k\in\mathbf{N}. \end{cases}$

5.2.5　反常积分

1. 无穷限的反常积分

设函数 $f(x)$ 在相应区间上连续，定义

$$\int_a^{+\infty} f(x)\mathrm{d}x = \lim_{b\to+\infty}\int_a^b f(x)\mathrm{d}x\text{；}\quad \int_{-\infty}^b f(x)\mathrm{d}x = \lim_{a\to-\infty}\int_a^b f(x)\mathrm{d}x .$$

若上述等式右端极限存在，则称左边的反常积分收敛，否则称为发散. 而

$$\int_{-\infty}^{+\infty} f(x)\mathrm{d}x = \int_0^{+\infty} f(x)\mathrm{d}x + \int_{-\infty}^0 f(x)\mathrm{d}x ,$$

当 $\int_0^{+\infty} f(x)\mathrm{d}x$ 和 $\int_{-\infty}^0 f(x)\mathrm{d}x$ 同时收敛时，称反常积分 $\int_{-\infty}^{+\infty} f(x)\mathrm{d}x$ 收敛，否则称为发散.

2. 无界函数的反常积分（瑕积分）

设函数 $f(x)$ 在相应区间上连续，并且分别在 a 的右邻域、b 的左邻域、c 的邻域内无界，定义：

$$\int_a^b f(x)\mathrm{d}x = \lim_{t\to a^+}\int_t^b f(x)\mathrm{d}x\text{；}\quad \int_a^b f(x)\mathrm{d}x = \lim_{t\to b^-}\int_a^t f(x)\mathrm{d}x .$$

若上述等式右端极限存在，则称左边的反常积分收敛，否则称为发散. 而

$$\int_a^b f(x)\mathrm{d}x = \int_a^c f(x)\mathrm{d}x + \int_c^b f(x)\mathrm{d}x ,$$

当 $\int_a^c f(x)\mathrm{d}x$ 和 $\int_c^b f(x)\mathrm{d}x$ 同时收敛时，称反常积分 $\int_a^b f(x)\mathrm{d}x$ 收敛，否则称为发散.

5.2.6　定积分的应用

1. 运用元素法建立所求量的定积分表达式的一般步骤

（1）根据问题的具体情形，选取一个变量（如 x）作为积分变量，并确定该积分变量的变化区间 $[a,b]$；

（2）任取一小区间记为$[x,x+\mathrm{d}x]$，计算出在此小区间上的部分量ΔU的近似值：$\mathrm{d}U=f(x)\mathrm{d}x$，称它是所求量$U$的元素；

（3）以$f(x)\mathrm{d}x$作为被积表达式，在区间$[a,b]$上作定积分，即$U=\int_a^b f(x)\mathrm{d}x$.

2. 求平面图形的面积

（1）直角坐标系的情形：

由连续曲线$y=f(x)$（$f(x)\geqslant 0$），直线$x=a$，$x=b$及x轴所围成的曲边梯形的面积

$$A=\int_a^b f(x)\mathrm{d}x\quad(a<b);$$

（2）参数方程情形：

由连续曲线$x=\varphi(t)$，$y=\psi(t)$ $(\alpha\leqslant t\leqslant\beta)$，直线$x=a$，$x=b$及$x$轴所围成的曲边梯形的面积

$$A=\int_\alpha^\beta \psi(t)\varphi'(t)\mathrm{d}t;$$

（3）极坐标情形：

连续曲线$\rho=\varphi(\theta)$及$\theta=\alpha,\theta=\beta$（$\alpha\leqslant\beta$）所围成的图形的面积

$$A=\int_\alpha^\beta \frac{1}{2}[\varphi(\theta)]^2\mathrm{d}\theta.$$

3. 立体的体积

（1）旋转体的体积：

由连续曲线$y=f(x)$，直线$x=a$，$x=b$及x轴所围成的曲边梯形绕x轴旋转一周的旋转体的体积为

$$V_x=\pi\int_a^b[f(x)]^2\mathrm{d}x\quad(a<b);$$

当$a\geqslant 0$，$f(x)\geqslant 0$时，此曲边梯形绕y轴旋转一周的旋转体的体积为

$$V_y=2\pi\int_a^b xf(x)\mathrm{d}x.$$

（2）平行截面面积为已知的立体的体积：

设连续函数$A(x)$表示过点x且垂直于x轴的截面面积，则该立体的体积为

$$V=\int_a^b A(x)\mathrm{d}x.$$

4. 平面曲线的弧长

（1）直角坐标系的情形：

$y=f(x)$ $(a\leqslant x\leqslant b)$，$\mathrm{d}s=\sqrt{1+[f'(x)]^2}\mathrm{d}x$，$s=\int_a^b\sqrt{1+[f'(x)]^2}\mathrm{d}x$；

（2）参数方程情形：

$x=\varphi(t), y=\psi(t)(\alpha \leqslant t \leqslant \beta), \mathrm{d}s=\sqrt{[\varphi'(t)]^2+[\psi'(t)]^2}\mathrm{d}t, s=\int_\alpha^\beta \sqrt{[\varphi'(t)]^2+[\psi'(t)]^2}\mathrm{d}t$；

（3）极坐标情形：

$r=r(\theta)\ (\alpha \leqslant \theta \leqslant \beta)$，$\mathrm{d}s=\sqrt{[r(\theta)]^2+[r'(\theta)]^2}\mathrm{d}\theta$，$s=\int_\alpha^\beta \sqrt{[r(\theta)]^2+[r'(\theta)]^2}\mathrm{d}\theta$.

5. 变力沿直线所做的功

物体在平行于 x 轴的力 $F(x)$ 作用下由 $x=a$ 处运动到 $x=b$ 处，力 $F(x)$ 所做的功为

$$W=\int_a^b F(x)\mathrm{d}x .$$

6. 水压力

设一薄板铅直浸在相对密度为 γ 的静止液体中，薄板上、下与液面平行且分别位于 $x=a$，$x=b$ 处（原点在液面上），两腰分别为 $y=f(x)$，$y=g(x)$，则薄板一侧所受压力为

$$P=\int_a^b \gamma x|f(x)-g(x)|\mathrm{d}x .$$

7. 引力

主要利用万有引力公式.

5.3　典型例题解析

例 5.1　求 $\lim\limits_{n\to\infty}\frac{1}{n^2}(\sqrt[3]{n^2}+\sqrt[3]{2n^2}+\cdots+\sqrt[3]{n^3})$.

分析　将这类问题转化为定积分主要是确定被积函数和积分上下限. 若对题目中被积函数难以想到，可采取如下方法：先对区间[0, 1] n 等分写出积分和，再与所求极限相比较来找出被积函数与积分上下限.

解　将区间[0, 1] n 等分，则每个小区间长为 $\Delta x_i=\frac{1}{n}$，然后把 $\frac{1}{n^2}=\frac{1}{n}\cdot\frac{1}{n}$ 的一个因子 $\frac{1}{n}$ 乘入和式中各项. 于是将所求极限转化为求定积分. 即

$$\lim_{n\to\infty}\frac{1}{n^2}(\sqrt[3]{n^2}+\sqrt[3]{2n^2}+\cdots+\sqrt[3]{n^3})=\lim_{n\to\infty}\frac{1}{n}\left(\sqrt[3]{\frac{1}{n}}+\sqrt[3]{\frac{2}{n}}+\cdots+\sqrt[3]{\frac{n}{n}}\right)=\int_0^1\sqrt[3]{x}\mathrm{d}x=\frac{3}{4}.$$

例 5.2　$\int_0^2 \sqrt{2x-x^2}\mathrm{d}x$ = ________.

解法 1　由定积分的几何意义知，$\int_0^2 \sqrt{2x-x^2}\mathrm{d}x$ 等于上半圆周 $(x-1)^2+y^2=1$（$y \geqslant 0$）与 x 轴所围成的图形的面积. 故 $\int_0^2 \sqrt{2x-x^2}\mathrm{d}x = \frac{\pi}{2}$.

解法 2　本题也可直接用换元法求解. 令 $x-1 = \sin t \left(-\frac{\pi}{2} \leqslant t \leqslant \frac{\pi}{2}\right)$，则

$$\int_0^2 \sqrt{2x-x^2}\mathrm{d}x = \int_{-\frac{\pi}{2}}^{\frac{\pi}{2}} \sqrt{1-\sin^2 t}\cos t\mathrm{d}t = 2\int_0^{\frac{\pi}{2}} \sqrt{1-\sin^2 t}\cos t\mathrm{d}t = 2\int_0^{\frac{\pi}{2}} \cos^2 t\mathrm{d}t = \frac{\pi}{2}$$

例 5.3　比较 $\int_2^1 \mathrm{e}^x\mathrm{d}x$，$\int_2^1 \mathrm{e}^{x^2}\mathrm{d}x$，$\int_2^1 (1+x)\mathrm{d}x$.

分析　对于定积分的大小比较，可以先算出定积分的值再比较大小，而在无法求出积分值时则只能利用定积分的性质通过比较被积函数之间的大小来确定积分值的大小.

解法 1　在 $[1,2]$ 上，有 $\mathrm{e}^x \leqslant \mathrm{e}^{x^2}$. 而令 $f(x)=\mathrm{e}^x-(x+1)$，则 $f'(x)=\mathrm{e}^x-1$. 当 $x>0$ 时，$f'(x)>0$，$f(x)$ 在 $(0,+\infty)$ 上单调递增，从而 $f(x)>f(0)$，可知在 $[1,2]$ 上，有 $\mathrm{e}^x>1+x$. 又 $\int_2^1 f(x)\mathrm{d}x=-\int_1^2 f(x)\mathrm{d}x$，从而有 $\int_2^1 (1+x)\mathrm{d}x>\int_2^1 \mathrm{e}^x\mathrm{d}x>\int_2^1 \mathrm{e}^{x^2}\mathrm{d}x$.

解法 2　在 $[1,2]$ 上，有 $\mathrm{e}^x \leqslant \mathrm{e}^{x^2}$. 由泰勒中值定理 $\mathrm{e}^x=1+x+\frac{\mathrm{e}^{\xi}}{2!}x^2$ 得 $\mathrm{e}^x>1+x$. 注意到 $\int_2^1 f(x)\mathrm{d}x=-\int_1^2 f(x)\mathrm{d}x$. 因此

$$\int_2^1 (1+x)\mathrm{d}x>\int_2^1 \mathrm{e}^x\mathrm{d}x>\int_2^1 \mathrm{e}^{x^2}\mathrm{d}x.$$

例 5.4　估计定积分 $\int_2^0 \mathrm{e}^{x^2-x}\mathrm{d}x$ 的值.

分析　要估计定积分的值，关键在于确定被积函数在积分区间上的最大值与最小值.

解　设 $f(x)=\mathrm{e}^{x^2-x}$，因为 $f'(x)=\mathrm{e}^{x^2-x}(2x-1)$，令 $f'(x)=0$，求得驻点 $x=\frac{1}{2}$，而

$$f(0)=\mathrm{e}^0=1,\ f(2)=\mathrm{e}^2,\ f\left(\frac{1}{2}\right)=\mathrm{e}^{-\frac{1}{4}},$$

故

$$\mathrm{e}^{-\frac{1}{4}} \leqslant f(x) \leqslant \mathrm{e}^2,\ x\in[0,2],$$

从而

$$2e^{-\frac{1}{4}} \leqslant \int_0^2 e^{x^2-x}dx \leqslant 2e^2,$$

所以

$$-2e^2 \leqslant \int_2^0 e^{x^2-x}dx \leqslant -2e^{-\frac{1}{4}}.$$

例 5.5　设 $f(x)$，$g(x)$ 在 $[a,b]$ 上连续，并且 $g(x) \geqslant 0$，$f(x)>0$．求 $\lim\limits_{n\to\infty}\int_a^b g(x)\sqrt[n]{f(x)}dx$.

解　由于 $f(x)$ 在 $[a,b]$ 上连续，则 $f(x)$ 在 $[a,b]$ 上有最大值 M 和最小值 m. 由 $f(x)>0$ 知 $M>0$，$m>0$．又 $g(x)\geqslant 0$，则

$$\sqrt[n]{m}\int_a^b g(x)dx \leqslant \int_a^b g(x)\sqrt[n]{f(x)}dx \leqslant \sqrt[n]{M}\int_a^b g(x)dx.$$

由于 $\lim\limits_{n\to\infty}\sqrt[n]{m} = \lim\limits_{n\to\infty}\sqrt[n]{M} = 1$，故

$$\lim_{n\to\infty}\int_a^b g(x)\sqrt[n]{f(x)}dx = \int_a^b g(x)dx.$$

例 5.6　求 $\lim\limits_{n\to\infty}\int_n^{n+p}\frac{\sin x}{x}dx$，$p,n$ 为自然数.

分析　这类问题如果先求积分然后再求极限往往很困难，解决此类问题的常用方法是利用积分中值定理与夹逼准则.

解法 1　利用积分中值定理

设 $f(x)=\frac{\sin x}{x}$，显然 $f(x)$ 在 $[n,n+p]$ 上连续，由积分中值定理得

$$\int_n^{n+p}\frac{\sin x}{x}dx = \frac{\sin\xi}{\xi}\cdot p,\ \xi\in[n,n+p],$$

当 $n\to\infty$ 时，$\xi\to\infty$，而 $|\sin\xi|\leqslant 1$，故

$$\lim_{n\to\infty}\int_n^{n+p}\frac{\sin x}{x}dx = \lim_{\xi\to\infty}\frac{\sin\xi}{\xi}\cdot p = 0.$$

解法 2　利用积分不等式

因为

$$\left|\int_n^{n+p}\frac{\sin x}{x}dx\right| \leqslant \int_n^{n+p}\left|\frac{\sin x}{x}\right|dx \leqslant \int_n^{n+p}\frac{1}{x}dx = \ln\frac{n+p}{n},$$

而 $\lim\limits_{n\to\infty}\ln\frac{n+p}{n}=0$，所以

$$\lim_{n\to\infty}\int_n^{n+p}\frac{\sin x}{x}dx = 0.$$

例 5.7　求 $\lim\limits_{n\to\infty}\int_0^1\frac{x^n}{1+x}dx$.

解法 1　由积分中值定理$\int_a^b f(x)g(x)\mathrm{d}x = f(\xi)\int_a^b g(x)\mathrm{d}x$可知

$$\int_0^1 \frac{x^n}{1+x}\mathrm{d}x = \frac{1}{1+\xi}\int_0^1 x^n \mathrm{d}x,\ 0 \leqslant \xi \leqslant 1.$$

又

$$\lim_{n\to\infty}\int_0^1 x^n \mathrm{d}x = \lim_{n\to\infty}\frac{1}{n+1} = 0 \text{ 且 } \frac{1}{2} \leqslant \frac{1}{1+\xi} \leqslant 1,$$

故

$$\lim_{n\to\infty}\int_0^1 \frac{x^n}{1+x}\mathrm{d}x = 0.$$

解法 2　因为 $0 \leqslant x \leqslant 1$，故有

$$0 \leqslant \frac{x^n}{1+x} \leqslant x^n.$$

于是可得

$$0 \leqslant \int_0^1 \frac{x^n}{1+x}\mathrm{d}x \leqslant \int_0^1 x^n \mathrm{d}x.$$

又由于

$$\int_0^1 x^n \mathrm{d}x = \frac{1}{n+1} \to 0(n\to\infty),$$

所以

$$\lim_{n\to\infty}\int_0^1 \frac{x^n}{1+x}\mathrm{d}x = 0.$$

例 5.8　设函数 $f(x)$ 在 $[0,1]$ 上连续，在 $(0,1)$ 内可导，并且 $4\int_{\frac{3}{4}}^1 f(x)\mathrm{d}x = f(0)$. 证明在 $(0,1)$ 内存在一点 c，使 $f'(c)=0$.

分析　由条件和结论容易想到应用罗尔中值定理，只需再找出条件 $f(\xi) = f(0)$ 即可.

证明　由题设 $f(x)$ 在 $[0,1]$ 上连续，由积分中值定理，可得

$$f(0) = 4\int_{\frac{3}{4}}^1 f(x)\mathrm{d}x = 4f(\xi)\left(1-\frac{3}{4}\right) = f(\xi),$$

其中 $\xi \in \left[\frac{3}{4},1\right] \subset [0,1]$. 于是由罗尔中值定理，存在 $c \in (0,\xi) \subset (0,1)$，使得 $f'(c)=0$.

证毕.

例 5.9　（1）若 $f(x) = \int_x^{x^2} \mathrm{e}^{-t^2}\mathrm{d}t$，则 $f'(x) =$ ________；

（2）若 $f(x) = \int_0^x xf(t)\mathrm{d}t$，则 $f'(x) =$ ________.

分析　这是求变限函数导数的问题，利用下面的公式即可

$$\frac{\mathrm{d}}{\mathrm{d}x}\int_{u(x)}^{v(x)} f(t)\mathrm{d}t = f[v(x)]v'(x) - f[u(x)]u'(x).$$

解　（1）$f'(x) = 2x\mathrm{e}^{-x^4} - \mathrm{e}^{-x^2}$；

（2）由于在被积函数中 x 不是积分变量，故可提到积分号外即 $f(x) = x\int_0^x f(t)\mathrm{d}t$，则可得

$$f'(x) = \int_0^x f(t)\mathrm{d}t + xf(x).$$

例 5.10　设 $f(x)$ 连续，并且 $\int_0^{x^3-1} f(t)\mathrm{d}t = x$，则 $f(26) =$ ________.

解　对等式 $\int_0^{x^3-1} f(t)\mathrm{d}t = x$ 两边关于 x 求导得

$$f(x^3-1)\cdot 3x^2 = 1,$$

故 $f(x^3-1) = \dfrac{1}{3x^2}$，令 $x^3-1=26$ 得 $x=3$，所以 $f(26) = \dfrac{1}{27}$.

例 5.11　函数 $F(x) = \int_1^x \left(3 - \dfrac{1}{\sqrt{t}}\right)\mathrm{d}t \ (x>0)$ 的单调递减开区间为________.

解　$F'(x) = 3 - \dfrac{1}{\sqrt{x}}$，令 $F'(x) < 0$ 得 $\dfrac{1}{\sqrt{x}} > 3$，解之得 $0 < x < \dfrac{1}{9}$，即 $\left(0, \dfrac{1}{9}\right)$ 为所求.

例 5.12　求 $f(x) = \int_0^x (1-t)\arctan t\mathrm{d}t$ 的极值点.

解　由题意先求驻点. 于是 $f'(x) = (1-x)\arctan x$. 令 $f'(x) = 0$，得 $x=1$，$x=0$. 如表 5-1 所示.

表 5-1

x	$(-\infty,0)$	0	$(0,1)$	1	$(1,+\infty)$
$f'(x)$	−	0	+	0	−

故 $x=1$ 为 $f(x)$ 的极大值点，$x=0$ 为极小值点.

例 5.13　已知两曲线 $y=f(x)$ 与 $y=g(x)$ 在点 $(0,0)$ 处的切线相同，其中

$$g(x) = \int_0^{\arcsin x} \mathrm{e}^{-t^2}\mathrm{d}t,\ x\in[-1,1],$$

试求该切线的方程并求极限 $\lim\limits_{n\to\infty} nf\left(\dfrac{3}{n}\right)$.

分析　两曲线 $y=f(x)$ 与 $y=g(x)$ 在点 $(0,0)$ 处的切线相同，隐含条件 $f(0)=g(0)$，$f'(0)=g'(0)$.

解　由已知条件得

$$f(0)=g(0)=\int_0^0 \mathrm{e}^{-t^2}\mathrm{d}t=0,$$

并且由两曲线在 (0,0) 处切线斜率相同知

$$f'(0)=g'(0)=\left.\frac{\mathrm{e}^{-(\arcsin x)^2}}{\sqrt{1-x^2}}\right|_{x=0}=1.$$

故所求切线方程为 $y=x$. 而

$$\lim_{n\to\infty} nf\left(\frac{3}{n}\right)=\lim_{n\to\infty}3\cdot\frac{f\left(\frac{3}{n}\right)-f(0)}{\frac{3}{n}-0}=3f'(0)=3.$$

例 5.14　求 $\lim\limits_{x\to 0}\dfrac{\int_0^{x^2}\sin^2 t\mathrm{d}t}{\int_x^0 t(t-\sin t)\mathrm{d}t}$.

分析　该极限属于 $\dfrac{0}{0}$ 型未定式, 可用洛必达法则.

解
$$\lim_{x\to 0}\frac{\int_0^{x^2}\sin^2 t\mathrm{d}t}{\int_x^0 t(t-\sin t)\mathrm{d}t}=\lim_{x\to 0}\frac{2x(\sin x^2)^2}{(-1)\cdot x\cdot(x-\sin x)}=(-2)\cdot\lim_{x\to 0}\frac{(x^2)^2}{x-\sin x}$$
$$=(-2)\cdot\lim_{x\to 0}\frac{4x^3}{1-\cos x}=(-2)\cdot\lim_{x\to 0}\frac{12x^2}{\sin x}=0.$$

注　此处利用等价无穷小替换和多次应用洛必达法则.

例 5.15　试求正数 a 与 b, 使等式 $\lim\limits_{x\to 0}\dfrac{1}{x-b\sin x}\int_0^x\dfrac{t^2}{\sqrt{a+t^2}}\mathrm{d}t=1$ 成立.

分析　易见该极限属于 $\dfrac{0}{0}$ 型的未定式, 可用洛必达法则.

解
$$\lim_{x\to 0}\frac{1}{x-b\sin x}\int_0^x\frac{t^2}{\sqrt{a+t^2}}\mathrm{d}t=\lim_{x\to 0}\frac{\frac{x^2}{\sqrt{a+x^2}}}{1-b\cos x}=\lim_{x\to 0}\frac{1}{\sqrt{a+x^2}}\cdot\lim_{x\to 0}\frac{x^2}{1-b\cos x}$$
$$=\frac{1}{\sqrt{a}}\lim_{x\to 0}\frac{x^2}{1-b\cos x}=1,$$

由此可知必有 $\lim\limits_{x\to 0}(1-b\cos x)=0$, 得 $b=1$. 又由

$$\frac{1}{\sqrt{a}}\lim_{x\to 0}\frac{x^2}{1-\cos x}=\frac{2}{\sqrt{a}}=1,$$

得 $a=4$. 即 $a=4$, $b=1$ 为所求.

例 5.16 设 $f(x)=\int_0^{\sin x}\sin t^2\mathrm{d}t$，$g(x)=x^3+x^4$，则当 $x\to 0$ 时，$f(x)$ 是 $g(x)$ 的（　　）.

A. 等价无穷小　　　　B. 同阶但非等价的无穷小

C. 高阶无穷小　　　　D. 低阶无穷小

解法 1 由于 $\lim\limits_{x\to 0}\dfrac{f(x)}{g(x)}=\lim\limits_{x\to 0}\dfrac{\sin(\sin^2 x)\cdot\cos x}{3x^2+4x^3}$

$$=\lim_{x\to 0}\frac{\cos x}{3+4x}\cdot\lim_{x\to 0}\frac{\sin(\sin^2 x)}{x^2}=\frac{1}{3}\lim_{x\to 0}\frac{x^2}{x^2}=\frac{1}{3}.$$

故 $f(x)$ 是 $g(x)$ 同阶但非等价的无穷小. 选 B.

解法 2 将 $\sin t^2$ 展成 t 的幂级数, 再逐项积分, 得到

$$f(x)=\int_0^{\sin x}\left[t^2-\frac{1}{3!}(t^2)^3+\cdots\right]\mathrm{d}t=\frac{1}{3}\sin^3 x-\frac{1}{42}\sin^7 x+\cdots,$$

则

$$\lim_{x\to 0}\frac{f(x)}{g(x)}=\lim_{x\to 0}\frac{\sin^3 x\left(\frac{1}{3}-\frac{1}{42}\sin^4 x+\cdots\right)}{x^3+x^4}=\lim_{x\to 0}\frac{\frac{1}{3}-\frac{1}{42}\sin^4 x+\cdots}{1+x}=\frac{1}{3}.$$

例 5.17 证明：若函数 $f(x)$ 在区间 $[a,b]$ 上连续且单调增加, 则有

$$\int_a^b xf(x)\mathrm{d}x\geqslant\frac{a+b}{2}\int_a^b f(x)\mathrm{d}x.$$

证法 1 令 $F(x)=\int_a^x tf(t)\mathrm{d}t-\frac{a+x}{2}\int_a^x f(t)\mathrm{d}t$，当 $t\in[a,x]$ 时，$f(t)\leqslant f(x)$，则

$$F'(x)=xf(x)-\frac{1}{2}\int_a^x f(t)\mathrm{d}t-\frac{a+x}{2}f(x)=\frac{x-a}{2}f(x)-\frac{1}{2}\int_a^x f(t)\mathrm{d}t$$

$$\geqslant\frac{x-a}{2}f(x)-\frac{1}{2}\int_a^x f(x)\mathrm{d}t=\frac{x-a}{2}f(x)-\frac{x-a}{2}f(x)=0.$$

故 $F(x)$ 单调增加. 即 $F(x)\geqslant F(a)$，又 $F(a)=0$，所以 $F(x)\geqslant 0$，其中 $x\in[a,b]$. 从而

$$F(b)=\int_a^b xf(x)\mathrm{d}x-\frac{a+b}{2}\int_a^b f(x)\mathrm{d}x\geqslant 0.\ \text{证毕.}$$

证法 2 由于 $f(x)$ 单调增加, 有 $\left(x-\frac{a+b}{2}\right)\left[f(x)-f\left(\frac{a+b}{2}\right)\right]\geqslant 0$, 从而

$$\int_a^b\left(x-\frac{a+b}{2}\right)\left[f(x)-f\left(\frac{a+b}{2}\right)\right]\mathrm{d}x\geqslant 0.$$

即

$$\int_a^b\left(x-\frac{a+b}{2}\right)f(x)\mathrm{d}x\geqslant\int_a^b\left(x-\frac{a+b}{2}\right)f\left(\frac{a+b}{2}\right)\mathrm{d}x=f\left(\frac{a+b}{2}\right)\int_a^b\left(x-\frac{a+b}{2}\right)\mathrm{d}x=0.$$

故

$$\int_a^b xf(x)\mathrm{d}x \geqslant \frac{a+b}{2}\int_a^b f(x)\mathrm{d}x .$$

注　运用上述方法, 读者不难证明: 若函数 $f(x)$ 在区间 $[a,b]$ 上连续且单调递减, 则有

$$\int_a^b xf(x)\mathrm{d}x \leqslant \frac{a+b}{2}\int_a^b f(x)\mathrm{d}x .$$

例 5.18　证明: 若函数 $\int_0^{\sqrt{2\pi}} \sin x^2 \mathrm{d}x > 0$.

证明　令 $t = x^2$ ($x>0$), 即 $x=\sqrt{t}$, $\mathrm{d}x = \frac{\mathrm{d}t}{2\sqrt{t}}$, 于是

$$原式 = \frac{1}{2}\int_0^{2\pi}\frac{\sin t}{\sqrt{t}}\mathrm{d}t = \frac{1}{2}\left(\int_0^{\pi}\frac{\sin t}{\sqrt{t}}\mathrm{d}t + \int_{\pi}^{2\pi}\frac{\sin t}{\sqrt{t}}\mathrm{d}t\right),$$

若令 $u = t-\pi$, 则有 $\int_{\pi}^{2\pi}\frac{\sin t}{\sqrt{t}}\mathrm{d}t = \int_0^{\pi}\frac{-\sin u}{\sqrt{u+\pi}}\mathrm{d}u = -\int_0^{\pi}\frac{\sin t}{\sqrt{t+\pi}}\mathrm{d}t$, 代入上式, 可得

$$\begin{aligned}原式 &= \frac{1}{2}\left[\int_0^{\pi}\sin t\left(\frac{1}{\sqrt{t}} - \frac{1}{\sqrt{t+\pi}}\right)\mathrm{d}t\right] \\ &= \frac{1}{2}\int_0^{\pi}\frac{\sin t}{\sqrt{t}\cdot\sqrt{t+\pi}}(\sqrt{t+\pi}-\sqrt{t})\mathrm{d}t > 0 .\end{aligned}$$

例 5.19　计算 $\int_{-1}^{2}|x|\mathrm{d}x$.

分析　被积函数含有绝对值符号, 应先去掉绝对值符号然后再积分.

解　$\int_{-1}^{2}|x|\mathrm{d}x = \int_{-1}^{0}(-x)\mathrm{d}x + \int_0^2 x\mathrm{d}x = \left[-\frac{x^2}{2}\right]_{-1}^{0} + \left[\frac{x^2}{2}\right]_0^2 = \frac{5}{2}$.

注　在使用牛顿-莱布尼茨公式时, 应保证被积函数在积分区间上满足可积条件. 如 $\int_{-2}^{3}\frac{1}{x^2}\mathrm{d}x = \left[-\frac{1}{x}\right]_{-2}^{3} = \frac{1}{6}$, 则是错误的, 这是由于被积函数 $\frac{1}{x^2}$ 在 $x=0$ 处间断且在被积区间内无界.

例 5.20　计算 $\int_0^2 \max\{x^2, x\}\mathrm{d}x$.

分析　被积函数在积分区间上实际是分段函数

$$f(x) = \begin{cases} x^2, & 1<x\leqslant 2, \\ x, & 0\leqslant x\leqslant 1. \end{cases}$$

解　$\int_0^2 \max\{x^2,x\}\mathrm{d}x = \int_0^1 x\mathrm{d}x + \int_1^2 x^2\mathrm{d}x = \left[\frac{x^2}{2}\right]_0^1 + \left[\frac{x^3}{3}\right]_1^2 = \frac{1}{2}+\frac{7}{3} = \frac{17}{6}$

例 5.21　设 $f(x)$ 是连续函数，并且 $f(x)=x+3\int_0^1 f(t)\mathrm{d}t$，则 $f(x)=$________.

分析　本题只需要注意定积分 $\int_a^b f(x)\mathrm{d}x$ 是常数（a, b 为常数）.

解　因 $f(x)$ 连续，$f(x)$ 必可积，从而 $\int_0^1 f(t)\mathrm{d}t$ 是常数，记 $\int_0^1 f(t)\mathrm{d}t=a$，则

$$f(x)=x+3a\text{，并且}\int_0^1(x+3a)\mathrm{d}x=\int_0^1 f(t)\mathrm{d}t=a.$$

所以

$$\left[\frac{1}{2}x^2+3ax\right]_0^1=a\text{，即}\frac{1}{2}+3a=a,$$

从而 $a=-\dfrac{1}{4}$，所以 $f(x)=x-\dfrac{3}{4}$.

例 5.22　设 $f(x)=\begin{cases}3x^2, & 0\leqslant x<1,\\ 5-2x, & 1\leqslant x\leqslant 2,\end{cases}$ $F(x)=\int_0^x f(t)\mathrm{d}t$，$0\leqslant x\leqslant 2$，求 $F(x)$，并讨论 $F(x)$ 的连续性.

分析　由于 $f(x)$ 是分段函数，故对 $F(x)$ 也要分段讨论.

解　（1）求 $F(x)$ 的表达式.

$F(x)$ 的定义域为 $[0,2]$．当 $x\in[0,1]$ 时，$[0,x]\subset[0,1]$，因此

$$F(x)=\int_0^x f(t)\mathrm{d}t=\int_0^x 3t^2\mathrm{d}t=[t^3]_0^x=x^3.$$

当 $x\in(1,2]$ 时，$[0,x]=[0,1]\cup[1,x]$，因此，则

$$F(x)=\int_0^1 3t^2\mathrm{d}t+\int_1^x(5-2t)\mathrm{d}t=[t^3]_0^1+[5t-t^2]_1^x=-3+5x-x^2,$$

故

$$F(x)=\begin{cases}x^3, & 0\leqslant x<1,\\ -3+5x-x^2, & 1\leqslant x\leqslant 2.\end{cases}$$

（2）$F(x)$ 在 $[0,1)$ 及 $(1,2]$ 上连续，在 $x=1$ 处，由于

$$\lim_{x\to1^+}F(x)=\lim_{x\to1^+}(-3+5x-x^2)=1,\ \lim_{x\to1^-}F(x)=\lim_{x\to1^-}x^3=1,\ F(1)=1.$$

因此，$F(x)$ 在 $x=1$ 处连续，从而 $F(x)$ 在 $[0,2]$ 上连续.

错误解答　（1）求 $F(x)$ 的表达式，

当 $x\in[0,1)$ 时，有

$$F(x)=\int_0^x f(t)\mathrm{d}t=\int_0^x 3t^2\mathrm{d}t=[t^3]_0^x=x^3.$$

当 $x\in[1,2]$ 时，有

$$F(x)=\int_0^x f(t)\mathrm{d}t=\int_0^x(5-2t)\mathrm{d}t=5x-x^2.$$

故由上可知

$$F(x)=\begin{cases} x^3, & 0\leqslant x<1, \\ 5x-x^2, & 1\leqslant x\leqslant 2. \end{cases}$$

（2）$F(x)$ 在 $[0,1)$ 及 $(1,2]$ 上连续，在 $x=1$ 处，由于

$$\lim_{x\to1^+}F(x)=\lim_{x\to1^+}(5x-x^2)=4,\ \lim_{x\to1^-}F(x)=\lim_{x\to1^-}x^3=1,\ F(1)=1.$$

所以，$F(x)$ 在 $x=1$ 处不连续，从而 $F(x)$ 在 $[0,2]$ 上不连续.

错解分析　上述解法虽然注意到了 $f(x)$ 是分段函数，但（1）中的解法是错误的，因为当 $x\in[1,2]$ 时，$F(x)=\int_0^x f(t)\mathrm{d}t$ 中的积分变量 t 的取值范围是 $[0,2]$，$f(t)$ 是分段函数，$F(x)=\int_0^x f(t)\mathrm{d}t=\int_0^1 f(t)\mathrm{d}t+\int_1^x f(t)\mathrm{d}t$ 才正确.

例 5.23　计算 $\int_{-1}^{1}\frac{2x^2+x}{1+\sqrt{1-x^2}}\mathrm{d}x$.

分析　由于积分区间关于原点对称，所以首先应考虑被积函数的奇偶性.

解　$\int_{-1}^{1}\frac{2x^2+x}{1+\sqrt{1-x^2}}\mathrm{d}x=\int_{-1}^{1}\frac{2x^2}{1+\sqrt{1-x^2}}\mathrm{d}x+\int_{-1}^{1}\frac{x}{1+\sqrt{1-x^2}}\mathrm{d}x$. 由于 $\frac{2x^2}{1+\sqrt{1-x^2}}$ 是偶函数，而 $\frac{x}{1+\sqrt{1-x^2}}$ 是奇函数，有 $\int_{-1}^{1}\frac{x}{1+\sqrt{1-x^2}}\mathrm{d}x=0$，于是

$$\int_{-1}^{1}\frac{2x^2+x}{1+\sqrt{1-x^2}}\mathrm{d}x=4\int_0^1\frac{x^2}{1+\sqrt{1-x^2}}\mathrm{d}x=4\int_0^1\frac{x^2(1-\sqrt{1-x^2})}{x^2}\mathrm{d}x=4\int_0^1\mathrm{d}x-4\int_0^1\sqrt{1-x^2}\mathrm{d}x$$

由定积分的几何意义可知 $\int_0^1\sqrt{1-x^2}\mathrm{d}x=\frac{\pi}{4}$，故

$$\int_{-1}^{1}\frac{2x^2+x}{1+\sqrt{1-x^2}}\mathrm{d}x=4\int_0^1\mathrm{d}x-4\cdot\frac{\pi}{4}=4-\pi.$$

例 5.24　计算 $\int_{e^{\frac{1}{2}}}^{e^{\frac{3}{4}}}\frac{\mathrm{d}x}{x\sqrt{\ln x(1-\ln x)}}$.

分析　被积函数中含有 $\frac{1}{x}$ 及 $\ln x$，考虑凑微分.

解　$$\int_{e^{\frac{1}{2}}}^{e^{\frac{3}{4}}}\frac{\mathrm{d}x}{x\sqrt{\ln x(1-\ln x)}}=\int_{\sqrt{e}}^{e^{\frac{3}{4}}}\frac{\mathrm{d}(\ln x)}{\sqrt{\ln x(1-\ln x)}}=\int_{e^{\frac{1}{2}}}^{e^{\frac{3}{4}}}\frac{\mathrm{d}(\ln x)}{\sqrt{\ln x}\sqrt{1-(\sqrt{\ln x})^2}}$$

$$=\int_{e^{\frac{1}{2}}}^{e^{\frac{3}{4}}}\frac{2\mathrm{d}(\sqrt{\ln x})}{\sqrt{1-(\sqrt{\ln x})^2}}=[2\arcsin(\sqrt{\ln x})]_{e^{\frac{1}{2}}}^{e^{\frac{3}{4}}}=\frac{\pi}{6}.$$

例 5.25　计算 $\int_0^{\frac{\pi}{4}}\frac{\sin x}{1+\sin x}\mathrm{d}x$.

解 $\int_0^{\frac{\pi}{4}}\frac{\sin x}{1+\sin x}\mathrm{d}x=\int_0^{\frac{\pi}{4}}\frac{\sin x(1-\sin x)}{1-\sin^2 x}\mathrm{d}x=\int_0^{\frac{\pi}{4}}\frac{\sin x}{\cos^2 x}\mathrm{d}x-\int_0^{\frac{\pi}{4}}\tan^2 x\mathrm{d}x$

$$=-\int_0^{\frac{\pi}{4}}\frac{\mathrm{d}\cos x}{\cos^2 x}-\int_0^{\frac{\pi}{4}}(\sec^2 x-1)\mathrm{d}x$$

$$=\left[\frac{1}{\cos x}\right]_0^{\frac{\pi}{4}}-[\tan x-x]_0^{\frac{\pi}{4}}=\frac{\pi}{4}-2+\sqrt{2}.$$

注 此题为三角有理式积分的类型，也可用万能代换公式来求解，读者不妨一试.

例 5.26 计算 $\int_0^{2a}x\sqrt{2ax-x^2}\mathrm{d}x$，其中 $a>0$.

解 $\int_0^{2a}x\sqrt{2ax-x^2}\mathrm{d}x=\int_0^{2a}x\sqrt{a^2-(x-a)^2}\mathrm{d}x$，令 $x-a=a\sin t$，则

$$\int_0^{2a}x\sqrt{2ax-x^2}\mathrm{d}x=a^3\int_{-\frac{\pi}{2}}^{\frac{\pi}{2}}(1+\sin t)\cos^2 t\mathrm{d}t=2a^3\int_0^{\frac{\pi}{2}}\cos^2 t\mathrm{d}t+0=\frac{\pi}{2}a^3.$$

注 若定积分中的被积函数含有 $\sqrt{a^2-x^2}$，一般令 $x=a\sin t$ 或 $x=a\cos t$.

例 5.27 计算 $\int_0^a\frac{\mathrm{d}x}{x+\sqrt{a^2-x^2}}$，其中 $a>0$.

解法 1 令 $x=a\sin t$，则

$$\int_0^a\frac{\mathrm{d}x}{x+\sqrt{a^2-x^2}}=\int_0^{\frac{\pi}{2}}\frac{\cos t}{\sin t+\cos t}\mathrm{d}t$$

$$=\frac{1}{2}\int_0^{\frac{\pi}{2}}\frac{(\sin t+\cos t)+(\cos t-\sin t)}{\sin t+\cos t}\mathrm{d}t$$

$$=\frac{1}{2}\int_0^{\frac{\pi}{2}}\left[1+\frac{(\sin t+\cos t)'}{\sin t+\cos t}\right]\mathrm{d}t$$

$$=\frac{1}{2}\left[t+\ln|\sin t+\cos t|\right]_0^{\frac{\pi}{2}}=\frac{\pi}{4}.$$

解法 2 令 $x=a\sin t$，则

$$\int_0^a\frac{\mathrm{d}x}{x+\sqrt{a^2-x^2}}=\int_0^{\frac{\pi}{2}}\frac{\cos t}{\sin t+\cos t}\mathrm{d}t.$$

又令 $t=\frac{\pi}{2}-u$，则有

$$\int_0^{\frac{\pi}{2}}\frac{\cos t}{\sin t+\cos t}\mathrm{d}t=\int_0^{\frac{\pi}{2}}\frac{\sin u}{\sin u+\cos u}\mathrm{d}u.$$

所以，

$$\int_0^a\frac{\mathrm{d}x}{x+\sqrt{a^2-x^2}}=\frac{1}{2}\left[\int_0^{\frac{\pi}{2}}\frac{\sin t}{\sin t+\cos t}\mathrm{d}t+\int_0^{\frac{\pi}{2}}\frac{\cos t}{\sin t+\cos t}\mathrm{d}t\right]=\frac{1}{2}\int_0^{\frac{\pi}{2}}\mathrm{d}t=\frac{\pi}{4}.$$

注　如果先计算不定积分$\int\frac{\mathrm{d}x}{x+\sqrt{a^2-x^2}}$，再利用牛顿-莱布尼茨公式求解，则比较复杂，由此可看出定积分与不定积分的差别之一.

例 5.28　计算$\int_0^{\ln 5}\frac{\mathrm{e}^x\sqrt{\mathrm{e}^x-1}}{\mathrm{e}^x+3}\mathrm{d}x$.

分析　被积函数中含有根式，不易直接求原函数，考虑作适当变换去掉根式.

解　设$u=\sqrt{\mathrm{e}^x-1}$，$x=\ln(u^2+1)$，$\mathrm{d}x=\frac{2u}{u^2+1}\mathrm{d}u$，则

$$\int_0^{\ln 5}\frac{\mathrm{e}^x\sqrt{\mathrm{e}^x-1}}{\mathrm{e}^x+3}\mathrm{d}x=\int_0^2\frac{(u^2+1)u}{u^2+4}\cdot\frac{2u}{u^2+1}\mathrm{d}u=2\int_0^2\frac{u^2}{u^2+4}\mathrm{d}u=2\int_0^2\frac{u^2+4-4}{u^2+4}\mathrm{d}u$$
$$=2\int_0^2\mathrm{d}u-8\int_0^2\frac{1}{u^2+4}\mathrm{d}u=4-\pi.$$

例 5.29　计算$\frac{\mathrm{d}}{\mathrm{d}x}\int_0^x tf(x^2-t^2)\mathrm{d}t$，其中$f(x)$连续.

分析　要求积分上限函数的导数，但被积函数中含有x，因此不能直接求导，必须先换元使被积函数中不含x，然后再求导.

解　由于

$$\int_0^x tf(x^2-t^2)\mathrm{d}t=\frac{1}{2}\int_0^x f(x^2-t^2)\mathrm{d}t^2.$$

故令$x^2-t^2=u$，当$t=0$时$u=x^2$；当$t=x$时$u=0$，而$\mathrm{d}t^2=-\mathrm{d}u$，所以

$$\int_0^x tf(x^2-t^2)\mathrm{d}t=\frac{1}{2}\int_{x^2}^0 f(u)(-\mathrm{d}u)=\frac{1}{2}\int_0^{x^2}f(u)\mathrm{d}u,$$

故

$$\frac{\mathrm{d}}{\mathrm{d}x}\int_0^x tf(x^2-t^2)\mathrm{d}t=\frac{\mathrm{d}}{\mathrm{d}x}\left[\frac{1}{2}\int_0^{x^2}f(u)\mathrm{d}u\right]=\frac{1}{2}f(x^2)\cdot 2x=xf(x^2).$$

错误解答　$\frac{\mathrm{d}}{\mathrm{d}x}\int_0^x tf(x^2-t^2)\mathrm{d}t=xf(x^2-x^2)=xf(0)$.

错解分析　这里错误地使用了变限函数的求导公式，公式

$$\varPhi'(x)=\frac{\mathrm{d}}{\mathrm{d}x}\int_a^x f(t)\mathrm{d}t=f(x)$$

中要求被积函数$f(t)$中不含有变限函数的自变量x，而$f(x^2-t^2)$含有x，因此不能直接求导，而应先换元.

例 5.30　计算$\int_0^{\frac{\pi}{3}}x\sin x\mathrm{d}x$.

分析　被积函数中出现幂函数与三角函数乘积的情形，通常采用分部积分法.

解 $\int_0^{\frac{\pi}{3}} x\sin x\mathrm{d}x = \int_0^{\frac{\pi}{3}} x\mathrm{d}(-\cos x) = [x\cdot(-\cos x)]_0^{\frac{\pi}{3}} - \int_0^{\frac{\pi}{3}}(-\cos x)\mathrm{d}x$

$$-\frac{\pi}{6}+\int_0^{\frac{\pi}{3}}\cos x = \frac{\sqrt{3}}{2}-\frac{\pi}{6}.$$

例 5.31 计算 $\int_0^1 \frac{\ln(1+x)}{(3-x)^2}\mathrm{d}x$.

分析 被积函数中出现对数函数的情形，可考虑采用分部积分法.

解 $\int_0^1 \frac{\ln(1+x)}{(3-x)^2}\mathrm{d}x = \int_0^1 \ln(1+x)\mathrm{d}\left(\frac{1}{3-x}\right) = \left[\frac{1}{3-x}\ln(1+x)\right]_0^1 - \int_0^1 \frac{1}{(3-x)}\cdot\frac{1}{(1+x)}\mathrm{d}x$

$$=\frac{1}{2}\ln 2-\frac{1}{4}\int_0^1\left(\frac{1}{1+x}+\frac{1}{3-x}\right)\mathrm{d}x=\frac{1}{2}\ln 2-\frac{1}{4}\ln 3.$$

例 5.32 计算 $\int_0^{\frac{\pi}{2}} \mathrm{e}^x\sin x\mathrm{d}x$.

分析 被积函数中出现指数函数与三角函数乘积的情形通常要多次利用分部积分法.

解 由于

$$\int_0^{\frac{\pi}{2}}\mathrm{e}^x\sin x\mathrm{d}x=\int_0^{\frac{\pi}{2}}\sin x\mathrm{d}\mathrm{e}^x=[\mathrm{e}^x\sin x]_0^{\frac{\pi}{2}}-\int_0^{\frac{\pi}{2}}\mathrm{e}^x\cos x\mathrm{d}x$$
$$=\mathrm{e}^{\frac{\pi}{2}}-\int_0^{\frac{\pi}{2}}\mathrm{e}^x\cos x\mathrm{d}x, \tag{5-1}$$

而

$$\int_0^{\frac{\pi}{2}}\mathrm{e}^x\cos x\mathrm{d}x=\int_0^{\frac{\pi}{2}}\cos x\mathrm{d}\mathrm{e}^x=[\mathrm{e}^x\cos x]_0^{\frac{\pi}{2}}-\int_0^{\frac{\pi}{2}}\mathrm{e}^x\cdot(-\sin x)\mathrm{d}x=\int_0^{\frac{\pi}{2}}\mathrm{e}^x\sin x\mathrm{d}x-1, \tag{5-2}$$

将式（5-2）代入式（5-1）可得

$$\int_0^{\frac{\pi}{2}}\mathrm{e}^x\sin x\mathrm{d}x=\mathrm{e}^{\frac{\pi}{2}}-\left(\int_0^{\frac{\pi}{2}}\mathrm{e}^x\sin x\mathrm{d}x-1\right),$$

故

$$\int_0^{\frac{\pi}{2}}\mathrm{e}^x\sin x\mathrm{d}x=\frac{1}{2}\left(\mathrm{e}^{\frac{\pi}{2}}+1\right).$$

例 5.33 计算 $\int_0^1 x\arcsin x\mathrm{d}x$.

分析 被积函数中出现反三角函数与幂函数乘积的情形，通常用分部积分法.

解 $\int_0^1 x\arcsin x\mathrm{d}x = \int_0^1 \arcsin x\mathrm{d}\left(\frac{x^2}{2}\right) = \left[\frac{x^2}{2}\cdot\arcsin x\right]_0^1 - \int_0^1\frac{x^2}{2}\mathrm{d}(\arcsin x)$

$$=\frac{\pi}{4}-\frac{1}{2}\int_0^1\frac{x^2}{\sqrt{1-x^2}}\mathrm{d}x. \tag{5-3}$$

令 $x=\sin t$，则

$$\int_0^1 \frac{x^2}{\sqrt{1-x^2}}\mathrm{d}x=\int_0^{\frac{\pi}{2}}\frac{\sin^2 t}{\sqrt{1-\sin^2 t}}\mathrm{d}\sin t=\int_0^{\frac{\pi}{2}}\frac{\sin^2 t}{\cos t}\cdot\cos t\mathrm{d}t=\int_0^{\frac{\pi}{2}}\sin^2 t\mathrm{d}t$$
$$=\int_0^{\frac{\pi}{2}}\frac{1-\cos 2t}{2}\mathrm{d}t=\left[\frac{t}{2}-\frac{\sin 2t}{4}\right]_0^{\frac{\pi}{2}}=\frac{\pi}{4}. \tag{5-4}$$

将式（5-4）代入式（5-3）中得

$$\int_0^1 x\arcsin x\mathrm{d}x=\frac{\pi}{8}.$$

例 5.34　设 $f(x)$ 在 $[0,\pi]$ 上具有二阶连续导数，$f'(\pi)=3$ 且 $\int_0^{\pi}[f(x)+f''(x)]\cos x\mathrm{d}x=2$，求 $f'(0)$.

分析　被积函数中含有抽象函数的导数形式，可考虑用分部积分法求解.

解　由于

$$\begin{aligned}\int_0^{\pi}[f(x)+f''(x)]\cos x\mathrm{d}x&=\int_0^{\pi}f(x)\mathrm{d}\sin x+\int_0^{\pi}(\cos x)\mathrm{d}f'(x)\\&=\left\{[f(x)\sin x]_0^{\pi}-\int_0^{\pi}f'(x)\sin x\mathrm{d}x\right\}\\&\quad+\left\{[f'(x)\cos x]_0^{\pi}+\int_0^{\pi}f'(x)\sin x\mathrm{d}x\right\}\\&=-f'(\pi)-f'(0)=2.\end{aligned}$$

故 $f'(0)=-2-f'(\pi)=-2-3=-5$.

例 5.35　设函数 $f(x)$ 连续,

$$\varphi(x)=\int_0^1 f(xt)\mathrm{d}t\text{，并且}\lim_{x\to 0}\frac{f(x)}{x}=A\quad(A\text{ 为常数}),$$

求 $\varphi'(x)$ 并讨论 $\varphi'(x)$ 在 $x=0$ 处的连续性.

分析　$\varphi'(x)$ 不能直接求，因为 $\int_0^1 f(xt)\mathrm{d}t$ 中含有 $\varphi(x)$ 的自变量 x，需要通过换元将 x 从被积函数中分离出来，然后利用积分上限函数的求导法则，求出 $\varphi'(x)$，最后用函数连续的定义来判定 $\varphi'(x)$ 在 $x=0$ 处的连续性.

解　由 $\lim\limits_{x\to 0}\frac{f(x)}{x}=A$ 知 $\lim\limits_{x\to 0}f(x)=0$，而 $f(x)$ 连续，所以 $f(0)=0$，$\varphi(0)=0$.

当 $x\neq 0$ 时，令 $u=xt$，$t=0$，$u=0$；$t=1$，$u=x$．$\mathrm{d}t=\frac{1}{x}\mathrm{d}u$，则

$$\varphi(x)=\frac{\int_0^x f(u)\mathrm{d}u}{x},$$

从而

$$\varphi'(x)=\frac{xf(x)-\int_0^x f(u)\mathrm{d}u}{x^2}\quad(x\neq 0).$$

又因为 $\lim\limits_{x\to0}\dfrac{\varphi(x)-\varphi(0)}{x-0}=\lim\limits_{x\to0}\dfrac{\int_0^x f(u)\mathrm{d}u}{x^2}=\lim\limits_{x\to0}\dfrac{f(x)}{2x}=\dfrac{A}{2}$，即 $\varphi'(0)=\dfrac{A}{2}$. 所以

$$\varphi'(x)=\begin{cases}\dfrac{xf(x)-\int_0^x f(u)\mathrm{d}u}{x^2}, & x\neq0,\\ \dfrac{A}{2}, & x=0.\end{cases}$$

由于

$$\lim_{x\to0}\varphi'(x)=\lim_{x\to0}\frac{xf(x)-\int_0^x f(u)\mathrm{d}u}{x^2}=\lim_{x\to0}\frac{f(x)}{x}-\lim_{x\to0}\frac{\int_0^x f(u)\mathrm{d}u}{x^2}=\frac{A}{2}=\varphi'(0).$$

从而知 $\varphi'(x)$ 在 $x=0$ 处连续.

注　这是一道考查定积分换元法、对积分上限函数求导、按定义求导数、讨论函数在一点的连续性等知识点的综合题. 有些读者在做题过程中常会犯如下两种错误：

（1）直接求出：

$$\varphi'(x)=\frac{xf(x)-\int_0^x f(u)\mathrm{d}u}{x^2},$$

而没有利用定义去求 $\varphi'(0)$，就得到结论 $\varphi'(0)$ 不存在或 $\varphi'(0)$ 无定义，从而得出 $\varphi'(0)$ 在 $x=0$ 处不连续的结论.

（2）在求 $\lim\limits_{x\to0}\varphi'(x)$ 时，不是去拆成两项求极限，而是立即用洛必达法则，从而导致

$$\lim_{x\to0}\varphi'(x)=\frac{xf'(x)+f(x)-f(x)}{2x}=\frac{1}{2}\lim_{x\to0}f'(x).$$

又由 $\lim\limits_{x\to0}\dfrac{f(x)}{x}=A$ 用洛必达法则得到 $\lim\limits_{x\to0}f'(x)=A$，出现该错误的原因是由于使用洛必达法则需要有条件：$f(x)$ 在 $x=0$ 的邻域内可导. 但题设中仅有 $f(x)$ 连续的条件，因此上面出现的 $\lim\limits_{x\to0}f'(x)$ 是否存在是不能确定的.

例 5.36　设函数 $f(x)$ 在 $[0,\pi]$ 上连续，并且

$$\int_0^\pi f(x)\mathrm{d}x=0,\ \int_0^\pi f(x)\cos x\mathrm{d}x=0.$$

试证在 $(0,\pi)$ 内至少存在两个不同的点 ξ_1,ξ_2 使得 $f(\xi_1)=f(\xi_2)=0$.

分析　本题有两种证法：一种方法是运用罗尔中值定理，需要构造函数 $F(x)=\int_0^x f(t)\mathrm{d}t$，找出 $F(x)$ 的三个零点，由已知条件易知 $F(0)=F(\pi)=0$，$x=0$，$x=\pi$ 为 $F(x)$ 的两个零点，第三个零点的存在性是本题的难点. 另一种方法是利用函数的单调性，用反证法证明 $f(x)$ 在 $(0,\pi)$ 之间存在两个零点.

证法 1　令 $F(x)=\int_0^x f(t)\mathrm{d}t,\ 0\leqslant x\leqslant \pi$，则有 $F(0)=0,\ F(\pi)=0$．又

$$\int_0^\pi f(x)\cos x\mathrm{d}x=\int_0^\pi \cos x\mathrm{d}F(x)=[\cos xF(x)]_0^\pi+\int_0^\pi F(x)\sin x\mathrm{d}x=\int_0^\pi F(x)\sin x\mathrm{d}x=0,$$

由积分中值定理知, 必有 $\xi\in(0,\pi)$，使得

$$\int_0^\pi F(x)\sin x\mathrm{d}x = F(\xi)\sin\xi\cdot(\pi-0).$$

故 $F(\xi)\sin\xi=0$．又当 $\xi\in(0,\pi),\ \sin\xi\neq 0$，故必有 $F(\xi)=0$．

于是在区间 $[0,\xi],[\xi,\pi]$ 上对 $F(x)$ 分别应用罗尔中值定理, 知至少存在

$$\xi_1\in(0,\xi),\ \xi_2\in(\xi,\pi),$$

使得

$$F'(\xi_1)=F'(\xi_2)=0,\ \text{即}\ f(\xi_1)=f(\xi_2)=0.$$

证法 2　由已知条件 $\int_0^\pi f(x)\mathrm{d}x=0$ 及积分中值定理知必有

$$\int_0^\pi f(x)\mathrm{d}x=f(\xi_1)(\pi-0)=0\ ,\ \xi_1\in(0,\pi),$$

则有 $f(\xi_1)=0$．

若在 $(0,\pi)$ 内，$f(x)=0$ 仅有一个根 $x=\xi_1$，由 $\int_0^\pi f(x)\mathrm{d}x=0$ 知 $f(x)$ 在 $(0,\xi_1)$ 与 (ξ_1,π) 内异号, 不妨设在 $(0,\xi_1)$ 内 $f(x)>0$，在 (ξ_1,π) 内 $f(x)<0$，由

$$\int_0^\pi f(x)\cos x\mathrm{d}x=0,\ \int_0^\pi f(x)\mathrm{d}x=0,$$

以及 $\cos x$ 在 $[0,\pi]$ 内单调减, 可知:

$$0=\int_0^\pi f(x)(\cos x-\cos\xi_1)\mathrm{d}x=\int_0^{\xi_1} f(x)(\cos x-\cos\xi_1)\mathrm{d}x+\int_{\xi_1}^\pi f(x)(\cos x-\cos\xi_1)\mathrm{d}x>0.$$

由此得出矛盾. 故 $f(x)=0$ 至少还有另一个实根 ξ_2，$\xi_1\neq\xi_2$ 且 $\xi_2\in(0,\pi)$ 使得

$$f(\xi_1)=f(\xi_2)=0.$$

例 5.37　计算 $\int_0^{+\infty}\dfrac{\mathrm{d}x}{x^2+4x+3}$.

分析　该积分是无穷限的的反常积分, 用定义来计算.

解　
$$\int_0^{+\infty}\frac{\mathrm{d}x}{x^2+4x+3}=\lim_{t\to+\infty}\int_0^t\frac{\mathrm{d}x}{x^2+4x+3}=\lim_{t\to+\infty}\frac{1}{2}\int_0^t\left(\frac{1}{x+1}-\frac{1}{x+3}\right)\mathrm{d}x$$
$$=\lim_{t\to+\infty}\frac{1}{2}\left[\ln\frac{x+1}{x+3}\right]_0^t=\lim_{t\to+\infty}\frac{1}{2}\left(\ln\frac{t+1}{t+3}-\ln\frac{1}{3}\right)$$
$$=\frac{\ln 3}{2}.$$

例 5.38　计算 $\int_3^{+\infty}\dfrac{\mathrm{d}x}{(x-1)^2\sqrt{x^2-2x}}$.

解 $\int_3^{+\infty}\frac{\mathrm{d}x}{(x-1)^2\sqrt{x^2-2x}}=\int_3^{+\infty}\frac{\mathrm{d}x}{(x-1)^2\sqrt{(x-1)^2-1}}\xlongequal{x-1=\sec\theta}\int_{\frac{\pi}{3}}^{\frac{\pi}{2}}\frac{\sec\theta\tan\theta}{\sec^2\theta\tan\theta}\mathrm{d}\theta$

$$=\int_{\frac{\pi}{3}}^{\frac{\pi}{2}}\cos\theta\mathrm{d}\theta=1-\frac{\sqrt{3}}{2}.$$

例 5.39 计算 $\int_2^4\frac{\mathrm{d}x}{\sqrt{(x-2)(4-x)}}$.

分析 该积分为无界函数的反常积分，并且有两个瑕点，于是由定义，当且仅当 $\int_2^3\frac{\mathrm{d}x}{\sqrt{(x-2)(4-x)}}$ 和 $\int_3^4\frac{\mathrm{d}x}{\sqrt{(x-2)(4-x)}}$ 均收敛时，原反常积分才是收敛的.

解 由于

$$\int_2^3\frac{\mathrm{d}x}{\sqrt{(x-2)(4-x)}}=\lim_{a\to2^+}\int_a^3\frac{\mathrm{d}x}{\sqrt{(x-2)(4-x)}}=\lim_{a\to2^+}\int_a^3\frac{\mathrm{d}(x-3)}{\sqrt{1-(x-3)^2}}$$

$$=\lim_{a\to2^+}[\arcsin(x-3)]_a^3=\frac{\pi}{2}.$$

$$\int_3^4\frac{\mathrm{d}x}{\sqrt{(x-2)(4-x)}}=\lim_{b\to4^-}\int_3^b\frac{\mathrm{d}x}{\sqrt{(x-2)(4-x)}}=\lim_{b\to4^-}\int_3^b\frac{\mathrm{d}(x-3)}{\sqrt{1-(x-3)^2}}$$

$$=\lim_{b\to4^-}[\arcsin(x-3)]_3^b=\frac{\pi}{2}.$$

所以 $\int_2^4\frac{\mathrm{d}x}{\sqrt{(x-2)(4-x)}}=\frac{\pi}{2}+\frac{\pi}{2}=\pi$.

例 5.40 计算 $\int_0^{+\infty}\frac{\mathrm{d}x}{\sqrt{x(x+1)^5}}$.

分析 此题为混合型反常积分，积分上限为 $+\infty$，下限 0 为被积函数的瑕点.

解 令 $\sqrt{x}=t$，则有

$$\int_0^{+\infty}\frac{\mathrm{d}x}{\sqrt{x(x+1)^5}}=\int_0^{+\infty}\frac{2t\mathrm{d}t}{t(t^2+1)^{\frac{5}{2}}}=2\int_0^{+\infty}\frac{\mathrm{d}t}{(t^2+1)^{\frac{5}{2}}},$$

再令 $t=\tan\theta$，于是可得

$$\int_0^{+\infty}\frac{\mathrm{d}t}{(t^2+1)^{\frac{5}{2}}}=\int_0^{\frac{\pi}{2}}\frac{\mathrm{d}\tan\theta}{(\tan^2\theta+1)^{\frac{5}{2}}}=\int_0^{\frac{\pi}{2}}\frac{\sec^2\theta\mathrm{d}\theta}{\sec^5\theta}=\int_0^{\frac{\pi}{2}}\frac{\mathrm{d}\theta}{\sec^3\theta}$$

$$=\int_0^{\frac{\pi}{2}}\cos^3\theta\mathrm{d}\theta=\int_0^{\frac{\pi}{2}}(1-\sin^2\theta)\cos\theta\mathrm{d}\theta=\int_0^{\frac{\pi}{2}}(1-\sin^2\theta)\mathrm{d}\sin\theta$$

$$=\left[\sin\theta-\frac{1}{3}\sin^3\theta\right]_0^{\frac{\pi}{2}}=\frac{2}{3}$$

例 5.41　计算$\int_{-\sqrt{2}}^{1}\frac{1+x^2}{1+x^4}\mathrm{d}x$.

解　由于

$$\int_{-\sqrt{2}}^{1}\frac{1+x^2}{1+x^4}\mathrm{d}x=\int_{-\sqrt{2}}^{1}\frac{1+\frac{1}{x^2}}{x^2+\frac{1}{x^2}}\mathrm{d}x=\int_{-\sqrt{2}}^{1}\frac{\mathrm{d}\left(x-\frac{1}{x}\right)}{2+\left(x-\frac{1}{x}\right)^2},$$

可令$t=x-\frac{1}{x}$，则当$x=-\sqrt{2}$时，$t=-\frac{\sqrt{2}}{2}$；当$x\to 0^-$时，$t\to+\infty$；当$x\to 0^+$时，$t\to-\infty$；当$x=1$时，$t=0$；故有

$$\begin{aligned}\int_{-\sqrt{2}}^{1}\frac{1+x^2}{1+x^4}\mathrm{d}x&=\int_{-\sqrt{2}}^{0}\frac{\mathrm{d}\left(x-\frac{1}{x}\right)}{2+\left(x-\frac{1}{x}\right)^2}+\int_{0}^{1}\frac{\mathrm{d}\left(x-\frac{1}{x}\right)}{2+\left(x-\frac{1}{x}\right)^2}\\&=\int_{-\frac{\sqrt{2}}{2}}^{+\infty}\frac{\mathrm{d}t}{2+t^2}+\int_{-\infty}^{0}\frac{\mathrm{d}t}{2+t^2}\\&=\frac{\sqrt{2}}{2}\left(\pi+\arctan\frac{1}{2}\right).\end{aligned}$$

注　有些反常积分通过换元可以变成非反常积分，如例 5.38、例 5.40；而有些非反常积分通过换元却会变成反常积分，如例 5.41，因此在对积分换元时一定要注意此类情形.

例 5.42　求由曲线$y=\frac{1}{2}x$，$y=3x$，$y=2$，$y=1$所围成的图形的面积.

分析　若选x为积分变量，需将图形分割成 3 部分去求，如图 5-1 所示，此做法留给读者完成. 下面选取以y为积分变量.

解　选取y为积分变量，其变化范围为$y\in[1,2]$，则面积元素为

$$\mathrm{d}A=|2y-\frac{1}{3}y|\mathrm{d}y=\left(2y-\frac{1}{3}y\right)\mathrm{d}y.$$

于是所求面积为

$$A=\int_{1}^{2}\left(2y-\frac{1}{3}y\right)\mathrm{d}y=\frac{5}{2}.$$

例 5.43　抛物线$y^2=2x$把圆$x^2+y^2=8$分成两部分，求这两部分面积之比.

解　抛物线$y^2=2x$与圆$x^2+y^2=8$的交点分别为$(2,2)$与$(2,-2)$，如图 5-2 所示，抛物线将圆分成两个部分A_1，A_2，记它们的面积分别为S_1，S_2，则有

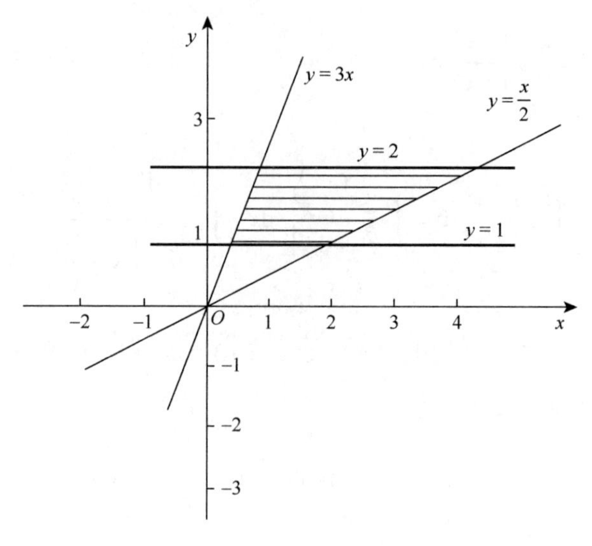

图 5-1

$$S_1 = \int_{-2}^{2}\left(\sqrt{8-y^2}-\frac{y^2}{2}\right)\mathrm{d}y = 8\int_{-\frac{\pi}{4}}^{\frac{\pi}{4}}\cos^2\theta\mathrm{d}\theta-\frac{8}{3} = \frac{4}{3}+2\pi,\ S_2 = 8\pi - A_1 = 6\pi-\frac{4}{3},$$

于是

$$\frac{S_1}{S_2} = \frac{\frac{4}{3}+2\pi}{6\pi-\frac{4}{3}} = \frac{3\pi+2}{9\pi-2}.$$

例 5.44　求心形线 $\rho = 1+\cos\theta$ 与圆 $\rho = 3\cos\theta$ 所围公共部分的面积.

分析　心形线 $\rho = 1+\cos\theta$ 与圆 $\rho = 3\cos\theta$ 的图形如图 5-3 所示. 由图形的对称性, 只需计算上半部分的面积即可.

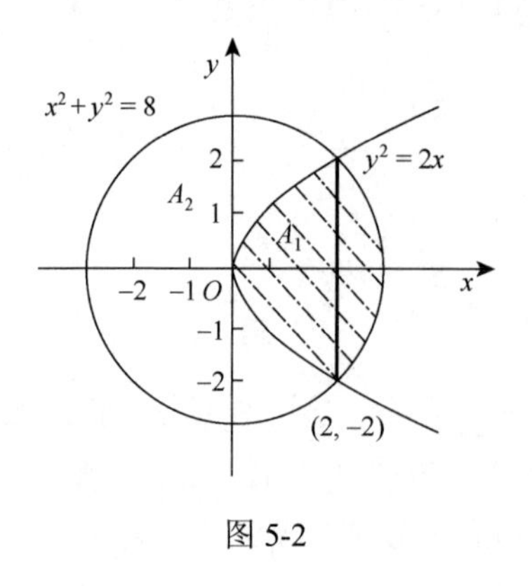

图 5-2

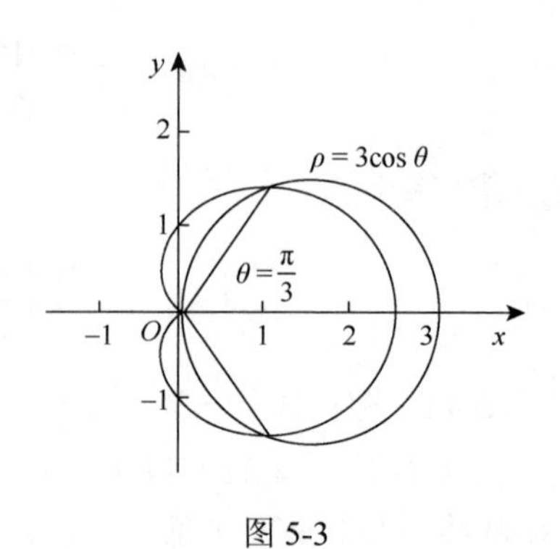

图 5-3

解　求得心形线 $\rho=1+\cos\theta$ 与圆 $\rho=3\cos\theta$ 的交点为 $(\rho,\theta)=\left(\frac{3}{2},\pm\frac{\pi}{3}\right)$，由图形的对称性得心形线 $\rho=1+\cos\theta$ 与圆 $\rho=3\cos\theta$ 所围公共部分的面积为

$$A=2\left[\int_0^{\frac{\pi}{3}}\frac{1}{2}(1+\cos\theta)^2\mathrm{d}\theta+\int_{\frac{\pi}{3}}^{\frac{\pi}{2}}\frac{1}{2}(3\cos\theta)^2\mathrm{d}\theta\right]=\frac{5}{4}\pi.$$

例 5.45　求曲线 $y=\ln x$ 在区间 $(2,6)$ 内的一条切线，使得该切线与直线 $x=2$，$x=6$ 和曲线 $y=\ln x$ 所围成平面图形的面积最小（图 5-4）.

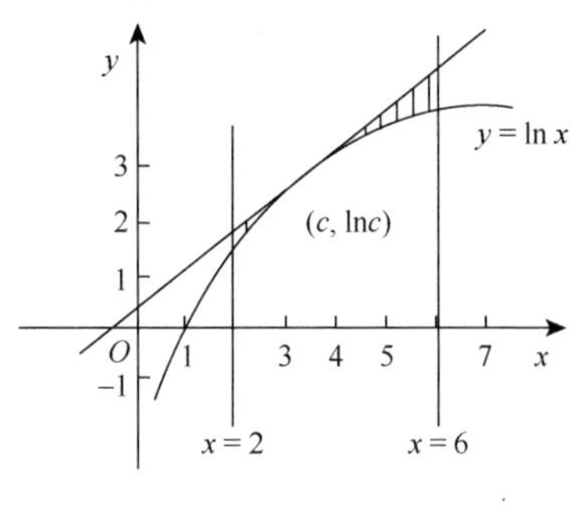

图 5-4

分析　要求平面图形的面积的最小值，必须先求出面积的表达式.

解　设所求切线与曲线 $y=\ln x$ 相切于点 $(c,\ln c)$，则切线方程为 $y-\ln c=\frac{1}{c}(x-c)$. 又切线与直线 $x=2$，$x=6$ 和曲线 $y=\ln x$ 所围成的平面图形的面积为

$$A=\int_2^6\left[\frac{1}{c}(x-c)+\ln c-\ln x\right]\mathrm{d}x=4\left(\frac{4}{c}-1\right)+4\ln c+4-6\ln 6+2\ln 2.$$

由于

$$\frac{\mathrm{d}A}{\mathrm{d}c}=-\frac{16}{c^2}+\frac{4}{c}=-\frac{4}{c^2}(4-c),$$

令 $\frac{\mathrm{d}A}{\mathrm{d}c}=0$，解得驻点 $c=4$. 当 $c<4$ 时 $\frac{\mathrm{d}A}{\mathrm{d}c}<0$，而当 $c>4$ 时 $\frac{\mathrm{d}A}{\mathrm{d}c}>0$. 故当 $c=4$ 时，A 取得极小值. 由于驻点惟一. 故当 $c=4$ 时，A 取得最小值. 此时切线方程为

$$y=\frac{1}{4}x-1+\ln 4.$$

例 5.46　求圆域 $x^2+(y-b)^2\leqslant a^2$（其中 $b>a$）绕 x 轴旋转而成的立体的体积.

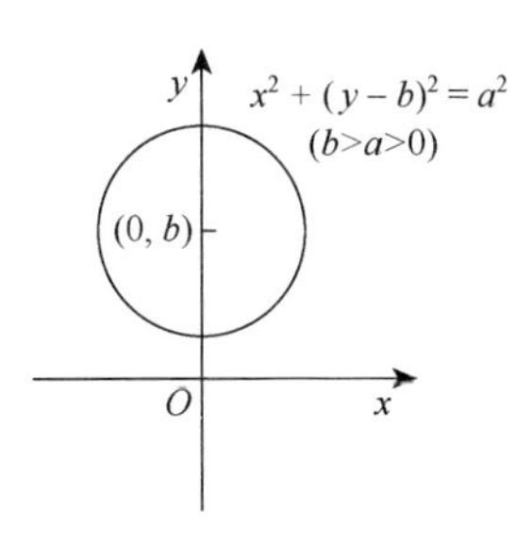

图 5-5

解　如图 5-5 所示，选取 x 为积分变量，得上半圆周的方程为

$$y_2=b+\sqrt{a^2-x^2},$$

下半圆周的方程为

$$y_1=b-\sqrt{a^2-x^2}.$$

则体积元素为

$$\mathrm{d}V=(\pi y_2^2-\pi y_1^2)\mathrm{d}x=4\pi b\sqrt{a^2-x^2}\mathrm{d}x.$$

于是所求旋转体的体积为

$$V = 4\pi b\int_{-a}^{a}\sqrt{a^2-x^2}\,dx = 8\pi b\int_{0}^{a}\sqrt{a^2-x^2}\,dx = 8\pi b\cdot\frac{\pi a^2}{4} = 2\pi^2a^2b.$$

注　可考虑选取 y 为积分变量, 请读者自行完成.

例 5.47　过坐标原点作曲线 $y=\ln x$ 的切线, 该切线与曲线 $y=\ln x$ 及 x 轴围成平面图形 D.

（1）求 D 的面积 A；

（2）求 D 绕直线 $x=\mathrm{e}$ 旋转一周所得旋转体的体积 V.

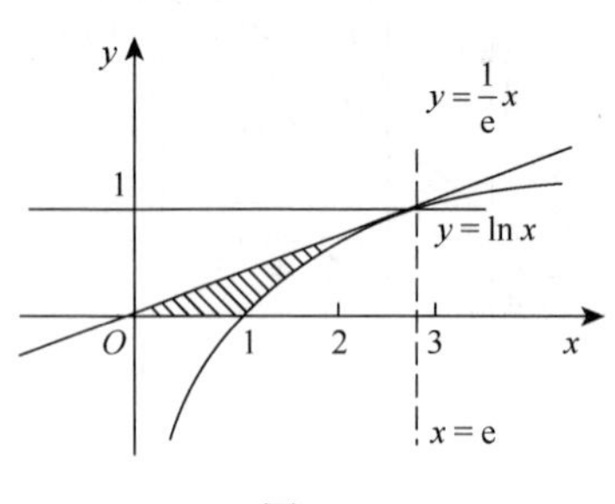

图 5-6

分析　先求出切点坐标及切线方程, 再用定积分求面积 A, 旋转体积可用大的立体体积减去小的立体体积进行计算, 如图 5-6 所示.

解　(1) 设切点横坐标为 x_0, 则曲线 $y=\ln x$ 在点 $(x_0,\ln x_0)$ 处的切线方程是

$$y=\ln x_0+\frac{1}{x_0}(x-x_0).$$

由该切线过原点知 $\ln x_0-1=0$, 从而 $x_0=\mathrm{e}$, 所以该切线的方程是 $y=\frac{1}{\mathrm{e}}x$. 从而 D 的面积

$$A=\int_0^1(\mathrm{e}^y-\mathrm{e}\,y)\,\mathrm{d}y=\frac{\mathrm{e}}{2}-1.$$

(2) 切线 $y=\frac{1}{\mathrm{e}}x$ 与 x 轴及直线 $x=\mathrm{e}$ 围成的三角形绕直线 $x=\mathrm{e}$ 旋转所得的旋转体积为

$$V_1=\frac{1}{3}\pi\mathrm{e}^2,$$

曲线 $y=\ln x$ 与 x 轴及直线 $x=\mathrm{e}$ 围成的图形绕直线 $x=\mathrm{e}$ 旋转所得的旋转体积为

$$V_2=\int_0^1\pi(\mathrm{e}-\mathrm{e}^y)^2\,\mathrm{d}y=\pi\left(-\frac{1}{2}\mathrm{e}^2+2\mathrm{e}-\frac{1}{2}\right).$$

因此, 所求体积为

$$V=V_1-V_2=\frac{\pi}{6}(5\mathrm{e}^2-12\mathrm{e}+3).$$

例 5.48　有一立体以抛物线 $y^2=2x$ 与直线 $x=2$ 所围成的图形为底, 而垂直于抛物线的轴的截面都是等边三角形, 如图 5-7 所示. 求其体积.

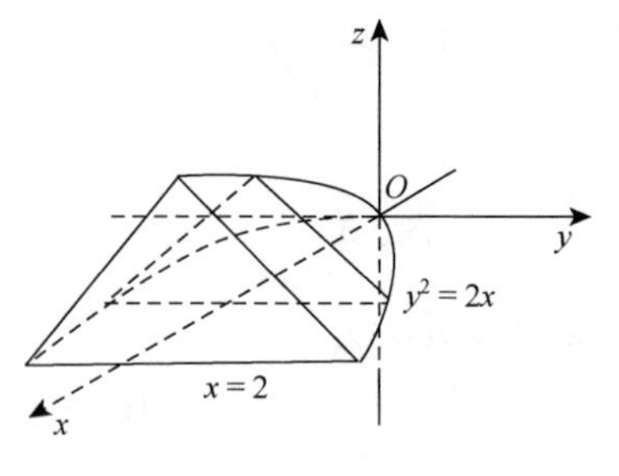

图 5-7

解　选 x 为积分变量且 $x\in[0,2]$. 过 x 轴上

坐标为 x 的点作垂直于 x 轴的平面，与立体相截的截面为等边三角形，其底边长为 $2\sqrt{2x}$，得等边三角形的面积为

$$A(x) = \frac{\sqrt{3}}{4}(2\sqrt{2x})^2 = 2\sqrt{3}x.$$

于是所求体积为 $V = \int_0^2 A(x)\mathrm{d}x = \int_0^2 2\sqrt{3}x\mathrm{d}x = 4\sqrt{3}$.

例 5.49　求下列曲线的弧长.

（1）$x^{\frac{2}{3}} + y^{\frac{2}{3}} = a^{\frac{2}{3}}$，其中 $a>0$；

（2）$\rho = a(1+\cos\theta)$，其中 $a>0$；

（3）$y=\int_{-\frac{\pi}{2}}^{x}\sqrt{\cos t}\mathrm{d}t$，其中 $-\frac{\pi}{2}\leqslant x\leqslant\frac{\pi}{2}$.

分析　（1）曲线 $x^{\frac{2}{3}} + y^{\frac{2}{3}} = a^{\frac{2}{3}}$ 是星形线，可以化为参数方程形式即

$$x = a\cos^3 t,\quad y = a\sin^3 t,$$

其中 $0\leqslant t\leqslant 2\pi$. 运用公式 $s=\int_\alpha^\beta\sqrt{[x'(t)]^2+[y'(t)]^2}\mathrm{d}t$（其中 $\alpha\leqslant\beta$）来计算.

（2）曲线 $\rho = a(1+\cos\theta)$ 是心形线，运用公式 $s=\int_\alpha^\beta\sqrt{[\rho(\theta)]^2+[\rho'(\theta)]^2}\mathrm{d}\theta$ 来计算.

（3）曲线 $y=\int_{-\frac{\pi}{2}}^{x}\sqrt{\cos t}\mathrm{d}t$ 是直角坐标形式下的表达形式，则运用公式 $s=\int_a^b\sqrt{1+(y')^2}\mathrm{d}x$ 来计算.

解　（1）由于曲线关于 x 轴和 y 轴对称，根据其对称性有

$$\begin{aligned}
s &= 4\int_0^{\frac{\pi}{2}}\sqrt{(-3a\cos^2 t\sin t)^2+(3a\sin^2 t\cos t)^2}\mathrm{d}t\\
&=12a\int_0^{\frac{\pi}{2}}\sin t\cos t\mathrm{d}t\\
&=12a\int_0^{\frac{\pi}{2}}\sin t\mathrm{d}\sin t = 6a.
\end{aligned}$$

（2）心形线关于极轴对称，所求心形线的全长是极轴上方部分弧长的 2 倍，因此

$$\begin{aligned}
s &= 2\int_0^{\pi}\sqrt{a^2(1+\cos\theta)^2+a^2\sin\theta^2}\mathrm{d}\theta\\
&=2\int_0^{\pi}\sqrt{2a^2(1+\cos\theta)}\mathrm{d}\theta = 4a\int_0^{\pi}\cos\frac{\theta}{2}\mathrm{d}\theta = 8a.
\end{aligned}$$

（3）$y' = \sqrt{\cos x}$，故所求弧长为

$$s = \int_{-\frac{\pi}{2}}^{\frac{\pi}{2}} \sqrt{1+(y')^2}\,\mathrm{d}x = \int_{-\frac{\pi}{2}}^{\frac{\pi}{2}} \sqrt{1+\cos x}\,\mathrm{d}x$$

$$= 2\int_0^{\frac{\pi}{2}} \sqrt{1+\cos x}\,\mathrm{d}x = 2\int_0^{\frac{\pi}{2}} \sqrt{2}\cos\frac{x}{2}\,\mathrm{d}x = 4.$$

例 5.50　某建筑工程打地基时，需用汽锤将桩打进土层，汽锤每次击打，都将克服土层对桩的阻力而作功，设土层对桩的阻力的大小与桩被打进地下的深度成正比（比例系数为 k，$k>0$），汽锤第一次击打进地下 a（m），根据设计方案，要求汽锤每次击打桩时所作的功与前一次击打时所作的功之比为常数 r（$0<r<1$）. 问：

（1）汽锤打桩 3 次后，可将桩打进地下多深？

（2）若击打次数不限，汽锤至多能将桩打进地下多深？（注：m 表示长度单位米）

分析　本题属于变力作功问题，可用定积分来求.

解　（1）设第 n 次击打后，桩被打进地下 x_n，第 n 次击打时，汽锤所作的功为 W_n（$n=1, 2, \cdots$）. 由题设，当桩被打进地下的深度为 x 时，土层对桩的阻力的大小为 kx，所以

$$W_1 = \int_0^{x_1} kx\,\mathrm{d}x = \frac{k}{2}x_1^2 = \frac{k}{2}a^2,\ W_2 = \int_{x_1}^{x_2} kx\,\mathrm{d}x = \frac{k}{2}(x_2^2 - x_1^2) = \frac{k}{2}(x_1^2 - a^2).$$

由 $W_2 = rW_1$ 得

$$x_2^2 - x_1^2 = ra^2，即\ x_2^2 = (1+r)a^2,$$

$$W_3 = \int_{x_2}^{x_3} kx\,\mathrm{d}x = \frac{k}{2}(x_3^2 - x_2^2) = \frac{k}{2}[x_3^2 - (1+r)a^2].$$

由 $W_3 = rW_2 = r^2W_1$ 得

$$x_3{}^2 - (1+r)a^2 = r^2a^2，即\ x_3{}^2 = (1+r+r^2)a^2.$$

从而汽锤击打 3 次后，可将桩打进地下 $x_3 = a\sqrt{1+r+r^2}$（m）.

（2）问题是要求 $\lim\limits_{n\to\infty} x_n$，为此先用归纳法证明：$x_{n+1} = a\sqrt{1+r+\cdots+r^n}$.

假设 $x_n = a\sqrt{1+r+\cdots+r^{n-1}}$，则

$$W_{n+1} = \int_{x_n}^{x_{n+1}} kx\,\mathrm{d}x = \frac{k}{2}(x_{n+1}^2 - x_n^2) = \frac{k}{2}[x_{n+1}^2 - (1+r+\cdots+r^{n-1})a^2].$$

由

$$W_{n+1} = rW_n = r^2W_{n-1} = \cdots = r^nW_1,$$

得

$$x_{n+1}^2 - (1+r+\cdots+r^{n-1})a^2 = r^na^2.$$

从而

$$x_{n+1}=\sqrt{1+r+\cdots+r^{n}}\,a\,.$$

于是

$$\lim_{n\to\infty}x_{n+1}=\lim_{n\to\infty}\sqrt{\frac{1-r^{n+1}}{1-r}}\,a=\frac{a}{\sqrt{1-r}}\,.$$

若不限打击次数, 汽锤至多能将桩打进地下 $\frac{a}{\sqrt{1-r}}$ (m) .

例 5.51　有一等腰梯形水闸. 上底为 6 m, 下底为 2 m, 高为 10 m. 试求当水面与上底相接时闸门所受的水压力.

解　建立如图 5-8 所示的坐标系, 选取 x 为积分变量. 则过点 $A(0, 3)$, $B(10, 1)$ 的直线方程为

$$y=-\frac{1}{5}x+3\,.$$

于是闸门上对应小区间 $[x,x+\mathrm{d}x]$ 的窄条所承受的水压力为 $\mathrm{d}F=2xy\rho g\mathrm{d}x$. 故闸门所受水压力为

$$F\ =\ 2\rho g\int_{0}^{10}x\left(-\frac{1}{5}x+3\right)\mathrm{d}x\ =\ \frac{500}{3}\rho g\,,$$

其中, ρ 为水密度, g 为重力加速度.

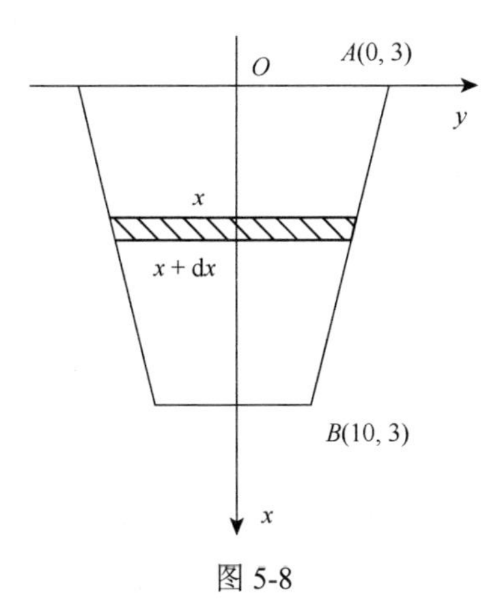

图 5-8

例 5.52　设有一均匀细杆, 长为 l , 质量为 M , 另有一质量为 m 的质点位于细杆的延长线上, 质点到杆的近端的距离为 a , 求细杆对质点的引力 F .

分析　如图 5-9 所示, 建立坐标系. 根据万有引力定律, 两个质量为 m_1 和 m_2 , 距离为 r 的两质点之间的引力大小为

$$f=G\frac{m_1m_2}{r^2}\,,$$

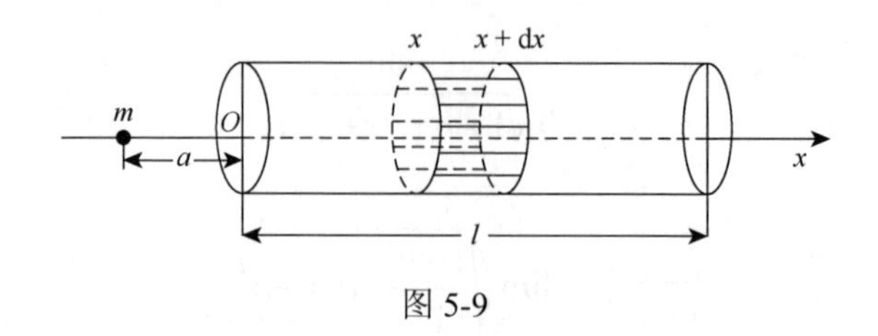

图 5-9

其中 G 为万有引力常数. 细杆对质点的引力 F，不能用万有引力定律求, 需用微元法: 把细杆分成若干部分, 每一部分近似地看作一个质点, 用万有引力定律算出它们对质点 m 的引力 $\mathrm{d}F$，然后再对 $\mathrm{d}F$ 相加, 得到总引力 F（由于细杆各部分对质点 m 的引力方向相同, 故只需计算引力的大小）.

解　选取 x 为积分变量且 $x\in[0,l]$. 在小区间 $[x,x+\mathrm{d}x]$ 上, 将图中阴影部分看作质点, 其质量为 $\frac{M}{l}\mathrm{d}x$，位于点 x 处, 与质点 m 相距为 $x+a$，其中 $\frac{M}{l}$ 是细杆的线密度. 根据万有引力定律, 得引力元素

$$\mathrm{d}F = G\frac{m\cdot\frac{M}{l}\mathrm{d}x}{(x+a)^2} = \frac{GmM}{l}\cdot\frac{1}{(x+a)^2}\mathrm{d}x,$$

则引力的大小为

$$F = \int_0^l \frac{GmM}{l}\cdot\frac{1}{(x+a)^2}\mathrm{d}x = \frac{GmM}{l}\int_0^l \frac{1}{(x+a)^2}\mathrm{d}x = \frac{GmM}{a(a+l)}.$$

5.4　自我测试题

A 级自我测试题

一、选择题（每小题 3 分, 共 15 分）

1. 若函数 $f(x)$ 在区间 $[a,b]$ 上（　　），则 $f(x)$ 在 $[a,b]$ 上一定不可积.

   A. 不可微　　B. 不连续　　C. 非负　　D. 无界

2. 极限 $\lim\limits_{n\to\infty}\left(\frac{1}{n^2+1}+\frac{2}{n^2+2^2}+\cdots+\frac{n}{n^2+n^2}\right)$ 等于（　　）.

   A. $\frac{1}{2}\ln 2$　　B. $\frac{1}{3}\ln 2$　　C. $\ln 2$　　D. $2\ln 2$

3. 若函数 $f(x)$ 连续, 则 $\frac{\mathrm{d}}{\mathrm{d}x}\int_0^{x^2}[f(t)]^2\mathrm{d}t$ 等于（　　）.

   A. $2x\cdot[f(x)]^2$　　B. $2x\cdot[f(x^2)]^2$

   C. $x^2\cdot[f(x)]^2$　　D. $[f(x)]^2$

4. 下列定积分的值为 0 的是（　　）.

A. $\int_{-1}^{1} x^2 e^x dx$　　B. $\int_0^{\pi} \sin x dx$　　C. $\int_{-1}^{1} x^4 dx$　　D. $\int_{-1}^{1} x\cos x dx$

5. 下列反常积分收敛的是（　　）.

A. $\int_2^{+\infty} \ln x dx$　　B. $\int_1^{+\infty} \frac{1}{x} dx$　　C. $\int_1^{+\infty} \frac{1}{x^3} dx$　　D. $\int_e^{+\infty} \frac{\ln x}{\sqrt{x}} dx$

二、填空题（每小题 3 分，共 15 分）

1. 若 $f(x)=x^2$，则 $f(x)$ 在区间 $[0,1]$ 上的平均值为________.

2. $\int_{-1}^{1} \frac{x+|x|}{1+x^2} dx =$ ________.

3. 若 $f(x)=\frac{1}{1+x^2}+\sqrt{1-x^2}\int_0^1 f(x)dx$，则 $\int_0^1 f(x)dx =$ ________.

4. $\int_0^4 e^{\sqrt{x}} dx =$ ________.

5. 曲线 $r=a\sin^3\frac{\theta}{3}$ 在 $0\leqslant\theta\leqslant 3\pi$ 一段的弧长 $s =$ ________.

三、计算题（每小题 5 分，共 40 分）

1. 求极限 $\lim\limits_{n\to\infty} \ln\frac{\sqrt[n]{n!}}{n}$.

2. 求极限 $\lim\limits_{n\to\infty} \int_n^{n+2} \frac{x^2}{e^{x^2}} dx$.

3. 常数 a，b，c 取何值时才能使 $\lim\limits_{x\to 0} \frac{1}{\sin x - ax}\int_b^x \frac{t^2}{\sqrt{1+t^2}} dt = c$ 成立.

4. 设 $f(x)=\begin{cases} \cos x, & 0\leqslant x\leqslant\frac{\pi}{2}, \\ c, & \frac{\pi}{2}<x\leqslant\pi, \end{cases}$ 求 $\Phi(x)=\int_0^x f(t)dt$，并讨论其在 $[0,\pi]$ 上的连续性.

5. 计算 $\int_0^{\frac{1}{\sqrt{3}}} \frac{dx}{(2x^2+1)\sqrt{1+x^2}}$.

6. 计算 $\int_0^1 \frac{xe^x}{(1+x)^2} dx$.

7. 计算 $\int_0^a \arctan\sqrt{\frac{a-x}{a+x}} dx$.

8. 计算 $\int_1^{+\infty} \frac{1}{x\sqrt{x-1}} dx$.

四、应用题（每小题 8 分，共 24 分）

1. 求抛物线 $y=-x^2+4x-3$ 及其在点 $(0,-3)$ 和点 $(3,0)$ 处的切线所围成的图形的面积.

2. 求由曲线 $xy=a$ 与直线 $x=a$，$x=2a$（$a>0$）及 $y=0$ 所围成的图形分别绕 x 轴与 y 轴及 $y=1$ 旋转一周所生成的旋转体的体积.

3. 在摆线 $x=a(t-\sin t)$，$y=a(1-\cos t)$ 上求分摆线第一拱的两段长度成 1∶3 的点的坐标.

五、（6 分） 若 $f(x)$ 是区间 $[0, 1]$ 上单调减少的正值连续函数. 证明：$b\int_0^a f(x)\mathrm{d}x > a\int_a^b f(x)\mathrm{d}x$，其中 $0<a<b<1$.

B 级自我测试题

一、选择题（每小题 3 分，共 15 分）

1. 函数 $g(x)=\int_0^{x^2} \mathrm{e}^t \cos t\mathrm{d}t$ 的驻点个数为（　　）.

A. 1　　B. 2　　C. 3　　D. 无穷多

2. 设 $M=\int_{-\frac{\pi}{2}}^{\frac{\pi}{2}} \frac{\sin x}{1+x^2}\cos^4 x\mathrm{d}x$，$N=\int_{-\frac{\pi}{2}}^{\frac{\pi}{2}}(\sin^3 x+\cos^4 x)\mathrm{d}x$，$P=\int_{-\frac{\pi}{2}}^{\frac{\pi}{2}}(x^2\sin^3 x-\cos^4 x)\mathrm{d}x$，则（　　）.

A. $N<P<M$　　B. $M<P<N$

C. $N<M<P$　　D. $P<M<N$

3. 设 $f(x)=\begin{cases}1, & x>0,\\ 0, & x=0,\\ -1, & x<0,\end{cases}$ $F(x)=\int_0^x f(t)\mathrm{d}t$. 则 $F(x)$ 在 $x=0$ 处（　　）.

A. 不连续　　B. 连续但不可导

C. 可导且 $F'(x)=f(x)$　　D. 可导但 $F'(x)$ 未必等于 $f(x)$

4. 设函数 $f(x)$ 在 $[-\pi,\pi]$ 上连续，当 $F(a)=\int_{-\pi}^{\pi}[f(x)-a\cos nx]^2\mathrm{d}x$ 取到极小值时，$a=$（　　）.

A. $\int_{-\pi}^{\pi} f(x)\cos nx\mathrm{d}x$　　B. $\frac{1}{\pi}\int_{-\pi}^{\pi} f(x)\cos nx\mathrm{d}x$

C. $\frac{2}{\pi}\int_{-\pi}^{\pi} f(x)\cos nx\mathrm{d}x$　　D. $\frac{1}{2\pi}\int_{-\pi}^{\pi} f(x)\cos nx\mathrm{d}x$

5. 设反常积分 $\int_{1}^{+\infty} x^{p}\left(\mathrm{e}^{-\cos\frac{1}{x}}-\mathrm{e}^{-1}\right)\mathrm{d}x$ 收敛，则 p 的取值范围是（　　）.

A. $p>2$　　B. $p<1$　　C. $p>-1$　　D. $p>1$

二、填空题（每小题 3 分，共 15 分）

1. 若函数 $f(x)$ 连续且 $\int_{0}^{1} f(tx)\mathrm{d}t = x$，则 $f(x)=$________.

2. 若 $f(0)=1$，$f(1)=3$，$f'(1)=5$，则 $\int_{0}^{1} xf''(x)\mathrm{d}x=$________.

3. $\int_{\frac{\pi}{2}}^{\frac{9\pi}{2}} (\sin^{2} x+\sin 2x)|\sin x|\mathrm{d}x=$________.

4. 设函数 $f(x)$ 在 $[a,b]$ 上连续且 $f(x)>0$，则 $\lim\limits_{n\to\infty}\int_{a}^{b} x^{3}\sqrt[n]{f(x)}\mathrm{d}x=$________.

5. 曲线 $x=a(\cos t+t\sin t), y=a(\sin t-t\cos t), (a>0)$ 从 $t=0$ 到 $t=\pi$ 的一段弧长为________.

三、计算题（每小题 6 分，共 36 分）

1. 计算 $\int_{-\frac{\pi}{2}}^{\frac{\pi}{2}} \frac{\mathrm{e}^{x}}{1+\mathrm{e}^{x}}\sin^{4} x\mathrm{d}x$.

2. 计算 $\int_{0}^{1} x^{2} f(x)\mathrm{d}x$，其中 $f(x)=\int_{1}^{x} \frac{\mathrm{d}t}{\sqrt{1+t^{4}}}$.

3. 设 $f(x)$ 定义域为 $(-\infty,+\infty)$，而在 $[0,\pi)$ 上 $f(x)=x$ 且 $f(x)=f(x-\pi)+\sin x$. 试计算 $\int_{\pi}^{3\pi} f(x)\mathrm{d}x$.

4. 计算 $\int_{0}^{1} \ln\left(\frac{1}{1-x^{2}}\right)\mathrm{d}x$.

5. 计算 $\int_{\frac{1}{2}}^{1}\left(1+x-\frac{1}{x}\right)\mathrm{e}^{x+\frac{1}{x}}\mathrm{d}x$.

6. 设 $f(x)=\int_{1}^{x} \frac{\ln t}{1+t}\mathrm{d}t$，其中 $x>0$. 求 $f(x)+f\left(\frac{1}{x}\right)$.

四、应用题（每小题 8 分，共 16 分）

1. 设抛物线 $y=ax^{2}+bx+c$ 过原点，当 $0\leqslant x\leqslant 1$ 时 $y\geqslant 0$，又抛物线与直线 $x=1$ 及 x 轴围成平面图形的面积为 $\frac{1}{3}$. 求 a,b,c 使此图形绕 x 轴旋转一周而成旋转体的体积最小.

2. 一无盖容器的侧面和底面分别由曲线弧段 $y=x^{2}-1$（$1\leqslant x\leqslant 2$）和直线段

$y=0\,(0\leqslant x\leqslant 1)$绕 y 轴旋转生成. 若设坐标轴长度单位为 m，现以 $2\ \mathrm{m^3/min}$ 的速度向容器内加水. 试求当水面高度达到容器深度一半时，水面上升的速度.

五、证明题（每小题 6 分，共 18 分）

1. 设函数 $f(x)$ 连续，证明：$\int_1^a f\left(x^2+\dfrac{a^2}{x^2}\right)\dfrac{\mathrm{d}x}{x}=\int_1^a f\left(x+\dfrac{a^2}{x}\right)\dfrac{\mathrm{d}x}{x}$.

2. 若函数 $f(x)$ 在闭区间 $[A,B]$ 上连续，$A<a<b<B$. 证明；

$$\lim_{h\to 0}\int_a^b \frac{f(x+h)-f(x)}{h}\mathrm{d}x=f(b)-f(a).$$

3. 若 $f(x)$ 满足 $f(1)=1$，$f'(x)=\dfrac{1}{x^2+f^2(x)}$（$x\geqslant 1$）. 证明：$\lim\limits_{x\to+\infty}f(x)$ 存在且有

$$\lim_{x\to+\infty}f(x)\leqslant 1+\frac{\pi}{4}.$$

第 6 章　空间解析几何初步

6.1　知识结构图与学习要求

6.1.1　知识结构图

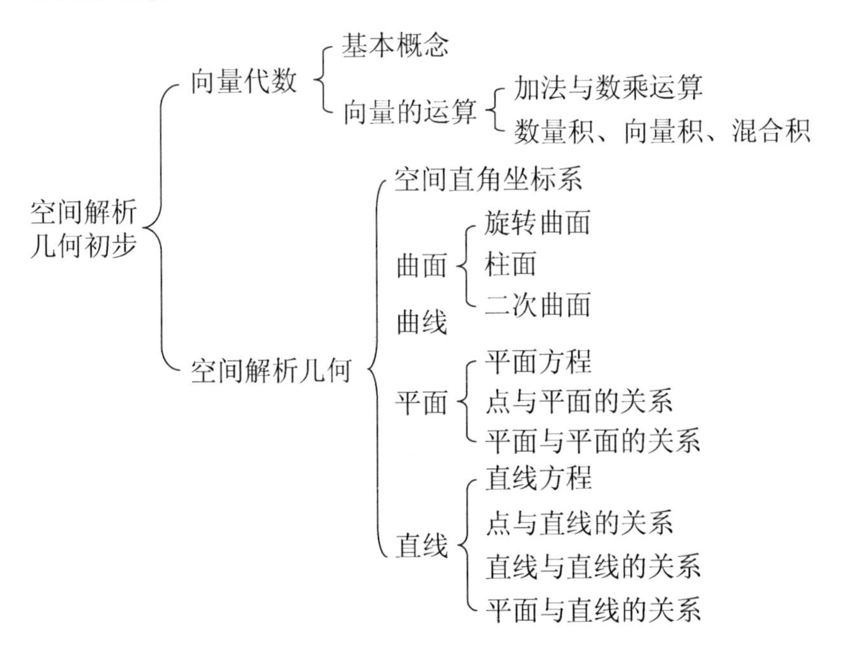

6.1.2　学习要求

（1）理解空间直角坐标系, 理解向量的概念及其表示.

（2）掌握向量的运算（线性运算、数量积、向量积、混合积），了解两个向量垂直、平行的条件.

（3）理解单位向量、方向角与方向余弦, 向量的坐标表达式, 掌握用坐标表达式进行向量运算的方法.

（4）掌握平面方程和直线方程及其求法.

（5）会求平面与平面、平面与直线、直线与直线之间的夹角, 并会利用平面、直线的相互关系（平行、垂直、相交等）解决有关问题.

（6）会求点到直线及点到平面的距离.

（7）了解曲面方程和空间曲线方程的概念.

（8）了解常用二次曲面的方程及其图形，会求以坐标轴为旋转轴的旋转曲面及母线平行于坐标轴的柱面方程.

（9）了解空间曲线的参数方程和一般方程. 了解空间曲线在坐标平面上的投影，并会求其方程.

6.2 内 容 提 要

6.2.1 向量

1. 基本概念

（1）向量是指既有大小又有方向的量，以小写字母 $\boldsymbol{a}$ 表示，或者以空间有向线段的起点与终点表示，如 $\overrightarrow{AB}$ 表示以 A 为起点，B 为终点的向量.

（2）向量 $\boldsymbol{a}$ 的大小称为向量 $\boldsymbol{a}$ 的模，记为 $|\boldsymbol{a}|$.

（3）两个向量相等指其大小相等且方向相同.

（4）模等于 1 的向量称为单位向量；模等于 0 的向量称为零向量，并且规定其方向是任意的；与 $\boldsymbol{a}$ 大小相等且方向相反的向量称为 $\boldsymbol{a}$ 的负向量，记作 $-\boldsymbol{a}$.

2. 向量平行与向量的坐标

（1）设 $\boldsymbol{a},\boldsymbol{b}$ 为非零向量，若其方向相同或相反，则称向量 $\boldsymbol{a}$ 与 $\boldsymbol{b}$ 平行，记为 $\boldsymbol{a}/\!/\boldsymbol{b}$. 特别地，规定零向量与任何向量都平行.

（2）使向量 $\boldsymbol{a}$ 的起点与空间直角坐标系的原点重合，称向量 $\boldsymbol{a}$ 的终点坐标 (x,y,z) 为向量 $\boldsymbol{a}$ 的坐标，记为 $\{x,y,z\}$，且有 $|\boldsymbol{a}|=\sqrt{x^2+y^2+z^2}$.

3. 方向角与方向余弦

（1）非零向量 $\boldsymbol{a}$ 与 3 个坐标轴 x 轴、y 轴、z 轴正向的夹角 α,β,γ 称为向量 $\boldsymbol{a}$ 的方向角，并且 $\alpha,\beta,\gamma\in[0,\pi]$. 称 $\cos\alpha,\cos\beta,\cos\gamma$ 为向量 $\boldsymbol{a}$ 的方向余弦. 以向量 $\boldsymbol{a}$ 的方向余弦为坐标的向量即为与 $\boldsymbol{a}$ 同方向的单位向量 $\boldsymbol{e}_a$，并且

$$\cos^2\alpha+\cos^2\beta+\cos^2\gamma=1,\ \boldsymbol{e}_a=\{\cos\alpha,\cos\beta,\cos\gamma\}.$$

（2）若 $\boldsymbol{a}=\{x,y,z\}$，则有

$$\cos\alpha=\frac{x}{\sqrt{x^2+y^2+z^2}},\ \cos\beta=\frac{y}{\sqrt{x^2+y^2+z^2}},\ \cos\gamma=\frac{z}{\sqrt{x^2+y^2+z^2}}.$$

4. 向量在轴上的投影

（1）定义：设向量 $\boldsymbol{a}$ 与轴 u 的夹角为 φ，则称 $|\boldsymbol{a}|\cos\varphi$ 为向量 $\boldsymbol{a}$ 在 u 轴上的投影，记为 $\mathrm{Prj}_u\boldsymbol{a}$ 或 $(\boldsymbol{a})_u$.

（2）性质：

a. $\operatorname{Prj}_u \boldsymbol{a} = |\boldsymbol{a}| \cdot \cos\varphi$,

b. $\operatorname{Prj}_u(\boldsymbol{a}_1 + \boldsymbol{a}_2) = \operatorname{Prj}_u \boldsymbol{a}_1 + \operatorname{Prj}_u \boldsymbol{a}_2$,

c. $\operatorname{Prj}_u(\lambda \boldsymbol{a}) = \lambda \operatorname{Prj}_u \boldsymbol{a}$.

（3）向量 $\boldsymbol{a}$ 在与其方向相同的轴上的投影为其模 $|\boldsymbol{a}|$. 在空间直角坐标系下，$\boldsymbol{a}$ 在各坐标轴的投影即为向量 $\boldsymbol{a}$ 的坐标 x, y, z，则向量 $\boldsymbol{a}$ 可表成 $\boldsymbol{a} = x\boldsymbol{i} + y\boldsymbol{j} + z\boldsymbol{k}$.

5. 向量的线性运算及其性质

（1）加减法运算：

向量加法运算遵循平行四边形法则或三角形法则.

设 $\boldsymbol{a} = \{x_1, y_1, z_1\}$，$\boldsymbol{b} = \{x_2, y_2, z_2\}$，则

$$\boldsymbol{a} \pm \boldsymbol{b} = \{x_1 \pm x_2, y_1 \pm y_2, z_1 \pm z_2\}.$$

（2）数乘运算：

向量 $\boldsymbol{a}$ 与实数 λ 的乘积，记为 $\lambda\boldsymbol{a}$. 设 $\boldsymbol{a} = \{x, y, z\}$，则

$$\lambda\boldsymbol{a} = \{\lambda x, \lambda y, \lambda z\},$$

$\lambda\boldsymbol{a}$ 的模：$|\lambda\boldsymbol{a}| = |\lambda| \cdot |\boldsymbol{a}|$，并且 $\lambda\boldsymbol{a}$ 的方向为：

当 $\lambda > 0$ 时，$\lambda\boldsymbol{a}$ 与 $\boldsymbol{a}$ 方向相同；

当 $\lambda < 0$ 时，$\lambda\boldsymbol{a}$ 与 $\boldsymbol{a}$ 方向相反；

当 $\lambda = 0$ 时，$\lambda\boldsymbol{a}$ 为零向量，方向任意.

（3）性质：

a. $\boldsymbol{a} + \boldsymbol{b} = \boldsymbol{b} + \boldsymbol{a}$，$(\boldsymbol{a} + \boldsymbol{b}) + \boldsymbol{c} = \boldsymbol{a} + (\boldsymbol{b} + \boldsymbol{c})$.

b. $\lambda(\mu\boldsymbol{a}) = \mu(\lambda\boldsymbol{a}) = (\lambda\mu)\boldsymbol{a}$，$(\lambda + \mu)\boldsymbol{a} = \lambda\boldsymbol{a} + \mu\boldsymbol{a}$，$\lambda(\boldsymbol{a} + \boldsymbol{b}) = \lambda\boldsymbol{a} + \lambda\boldsymbol{b}$.

c. 设 $\boldsymbol{a}$ 为非零向量，则 $\boldsymbol{b} // \boldsymbol{a} \Leftrightarrow$ 存在唯一实数 λ，使 $\boldsymbol{b} = \lambda\boldsymbol{a}$.

6. 两个向量的数量积

向量 $\boldsymbol{a}$ 与向量 $\boldsymbol{b}$ 的数量积定义为

$$\boldsymbol{a} \cdot \boldsymbol{b} = |\boldsymbol{a}| \cdot |\boldsymbol{b}| \cos(\widehat{\boldsymbol{a}, \boldsymbol{b}}),$$

由此可知 $|\boldsymbol{a}| = \sqrt{\boldsymbol{a} \cdot \boldsymbol{a}}$.

（1）在空间直角坐标系下，若 $\boldsymbol{a} = \{x_1, y_1, z_1\}$，$\boldsymbol{b} = \{x_2, y_2, z_2\}$，则

$$\boldsymbol{a} \cdot \boldsymbol{b} = x_1x_2 + y_1y_2 + z_1z_2,$$

且对于非零向量 $\boldsymbol{a}$ 与向量 $\boldsymbol{b}$ 的夹角 $(\widehat{\boldsymbol{a}, \boldsymbol{b}})$ 满足

$$\cos(\widehat{\boldsymbol{a}, \boldsymbol{b}}) = \frac{\boldsymbol{a} \cdot \boldsymbol{b}}{|\boldsymbol{a}| \cdot |\boldsymbol{b}|} = \frac{x_1x_2 + y_1y_2 + z_1z_2}{\sqrt{x_1^2 + y_1^2 + z_1^2} \cdot \sqrt{x_2^2 + y_2^2 + z_2^2}},$$

由此可知：

$$\boldsymbol{a} \perp \boldsymbol{b} \Leftrightarrow \boldsymbol{a} \cdot \boldsymbol{b} = 0 \Leftrightarrow x_1x_2 + y_1y_2 + z_1z_2 = 0 .$$

（2）向量的数量积的投影表示：

$$\boldsymbol{a} \cdot \boldsymbol{b} = |\boldsymbol{b}| \operatorname{Prj}_b \boldsymbol{a} = |\boldsymbol{a}| \operatorname{Prj}_a \boldsymbol{b} .$$

（3）数量积满足下列运算规律：

a. 交换律：$\boldsymbol{a} \cdot \boldsymbol{b} = \boldsymbol{b} \cdot \boldsymbol{a}$.

b. 分配律：$(\boldsymbol{a}+\boldsymbol{b}) \cdot \boldsymbol{c} = \boldsymbol{a} \cdot \boldsymbol{c} + \boldsymbol{b} \cdot \boldsymbol{c}$.

c. 结合律：$(\lambda \boldsymbol{a}) \cdot \boldsymbol{b} = \lambda(\boldsymbol{a} \cdot \boldsymbol{b})$，其中 λ 为实数.

7. 两个向量的向量积

向量 $\boldsymbol{a}$ 与向量 $\boldsymbol{b}$ 的向量积 $\boldsymbol{a} \times \boldsymbol{b}$ 是一个新的向量，其模为 $|\boldsymbol{a}| \cdot |\boldsymbol{b}| \sin(\widehat{\boldsymbol{a},\boldsymbol{b}})$，方向垂直于 $\boldsymbol{a}$，$\boldsymbol{b}$，其指向按右手规则从 $\boldsymbol{a}$ 转向 $\boldsymbol{b}$ 来确定.

（1）在空间直角坐标系下，若 $\boldsymbol{a} = \{x_1, y_1, z_1\}$，$\boldsymbol{b} = \{x_2, y_2, z_2\}$，则

$$\boldsymbol{a} \times \boldsymbol{b} = \begin{vmatrix} \boldsymbol{i} & \boldsymbol{j} & \boldsymbol{k} \\ x_1 & y_1 & z_1 \\ x_2 & y_2 & z_2 \end{vmatrix} = \begin{vmatrix} y_1 & z_1 \\ y_2 & z_2 \end{vmatrix} \boldsymbol{i} - \begin{vmatrix} x_1 & z_1 \\ x_2 & z_2 \end{vmatrix} \boldsymbol{j} + \begin{vmatrix} x_1 & y_1 \\ x_2 & y_2 \end{vmatrix} \boldsymbol{k} ,$$

由此可知：

$$\boldsymbol{a} // \boldsymbol{b} \Leftrightarrow \boldsymbol{a} \times \boldsymbol{b} = \boldsymbol{0} \Leftrightarrow \frac{x_1}{x_2} = \frac{y_1}{y_2} = \frac{z_1}{z_2}，特别地 \boldsymbol{a} \times \boldsymbol{a} = \boldsymbol{0} .$$

（2）向量积的模的几何意义：

以向量 $\boldsymbol{a}$ 与 $\boldsymbol{b}$ 为邻边的平行四边形的面积：

$$S = |\boldsymbol{a} \times \boldsymbol{b}| .$$

以向量 $\boldsymbol{a}$ 与 $\boldsymbol{b}$ 为邻边的三角形的面积：

$$S = \frac{1}{2} |\boldsymbol{a} \times \boldsymbol{b}| .$$

（3）向量积满足下列运算规律：

a. 反交换律：$\boldsymbol{b} \times \boldsymbol{a} = -\boldsymbol{a} \times \boldsymbol{b}$；

b. 结合律：$(\lambda \boldsymbol{a}) \times \boldsymbol{b} = \boldsymbol{a} \times (\lambda \boldsymbol{b}) = \lambda(\boldsymbol{a} \times \boldsymbol{b})$，其中 λ 为实数；

c. 分配律：$(\boldsymbol{a}+\boldsymbol{b}) \times \boldsymbol{c} = \boldsymbol{a} \times \boldsymbol{c} + \boldsymbol{b} \times \boldsymbol{c}$.

8. 三个向量的混合积

称 $(\boldsymbol{a} \times \boldsymbol{b}) \cdot \boldsymbol{c}$ 为向量 $\boldsymbol{a}$、$\boldsymbol{b}$、$\boldsymbol{c}$ 的混合积，记为 $[\boldsymbol{abc}]$.

（1）在直角坐标系下，若 $\boldsymbol{a} = \{x_1, y_1, z_1\}$，$\boldsymbol{b} = \{x_2, y_2, z_2\}$，$\boldsymbol{c} = \{x_3, y_3, z_3\}$，则

$$[\boldsymbol{abc}] = \begin{vmatrix} x_1 & y_1 & z_1 \\ x_2 & y_2 & z_2 \\ x_3 & y_3 & z_3 \end{vmatrix},$$

并且有如下常用结论：

向量 $\boldsymbol{a}$、$\boldsymbol{b}$、$\boldsymbol{c}$ 共面 $\Leftrightarrow$ 存在常数 λ,μ，使

$$\boldsymbol{c}=\lambda\boldsymbol{a}+\mu\boldsymbol{b}\Leftrightarrow[\boldsymbol{abc}]=0\Leftrightarrow\begin{vmatrix}x_1 & y_1 & z_1\\ x_2 & y_2 & z_2\\ x_3 & y_3 & z_3\end{vmatrix}=0 .$$

（2）混合积的几何意义：

$(\boldsymbol{a}\times\boldsymbol{b})\cdot\boldsymbol{c}$ 的绝对值在数值上等于以向量 $\boldsymbol{a}$、$\boldsymbol{b}$、$\boldsymbol{c}$ 为棱的平行六面体的体积，即

$$V=|(\boldsymbol{a}\times\boldsymbol{b})\cdot\boldsymbol{c}| .$$

（3）混合积的性质：

$$[\boldsymbol{abc}]=[\boldsymbol{cab}]=[\boldsymbol{bca}],\ [\boldsymbol{abc}]=-[\boldsymbol{bac}]=-[\boldsymbol{cba}]=-[\boldsymbol{acb}] .$$

6.2.2　曲面与曲线

1. 空间曲面方程

a. 一般方程：$F(x,y,z)=0$；

b. 显式方程：$z=f(x,y)$；

c. 参数方程

$$\begin{cases}x=x(u,v),\\ y=y(u,v),\\ z=z(u,v),\end{cases}$$

其中 $(u,v)\in D$，D 为 uv 平面上某一区域.

2. 旋转曲面方程

设 $C:f(y,z)=0$ 为 yOz 平面上的曲线，则 C 绕 z 轴旋转所得的曲面

$$f(\pm\sqrt{x^2+y^2},z)=0 ,$$

C 绕 y 轴旋转所得的曲面为

$$f(y,\pm\sqrt{x^2+z^2})=0 .$$

其他坐标面上的曲线绕相应坐标轴旋转的情形完全类似，旋转曲面主要由母线和旋转轴确定.

3. 柱面方程

母线平行于 z 轴的柱面方程为 $F(x,y)=0$；母线平行于 x 轴的柱面方程为 $G(y,z)=0$；母线平行于 y 轴的柱面方程为 $H(x,z)=0$. 当曲面方程中缺少一个变量时，则曲面为柱面. 柱面方程须注意准线和母线两个要素.

4. 常见的二次曲面

（1）球面方程：

$$(x-x_0)^2+(y-y_0)^2+(z-z_0)^2=R^2,$$

其中，(x_0,y_0,z_0) 为球心，R 为球的半径（$R>0$）.

（2）椭球面方程：

$$\frac{x^2}{a^2}+\frac{y^2}{b^2}+\frac{z^2}{c^2}=1 \quad (a>0,b>0,c>0),$$

当 $a=b=c$ 时，即为球面方程.

（3）单叶双曲面方程：

$$\frac{x^2}{a^2}+\frac{y^2}{b^2}-\frac{z^2}{c^2}=1 \text{或} \frac{x^2}{a^2}-\frac{y^2}{b^2}+\frac{z^2}{c^2}=1 \text{或} -\frac{x^2}{a^2}+\frac{y^2}{b^2}+\frac{z^2}{c^2}=1.$$

其中，$a>0,b>0,c>0$，即系数两项为正，一项为负.

（4）双叶双曲面方程：

$$\frac{x^2}{a^2}-\frac{y^2}{b^2}-\frac{z^2}{c^2}=1 \text{或} \frac{y^2}{b^2}-\frac{x^2}{a^2}-\frac{z^2}{c^2}=1 \text{或} \frac{z^2}{c^2}-\frac{x^2}{a^2}-\frac{y^2}{b^2}=1.$$

其中，$a>0,b>0,c>0$，即系数两项为负，一项为正.

（5）椭圆抛物面方程：

$$z=\frac{x^2}{a^2}+\frac{y^2}{b^2} \text{或} y=\frac{x^2}{a^2}+\frac{z^2}{c^2} \text{或} x=\frac{y^2}{b^2}+\frac{z^2}{c^2} \quad (a>0,b>0,c>0).$$

（6）双曲抛物面方程（又称为马鞍面）：

$$z=\pm\left(\frac{x^2}{a^2}-\frac{y^2}{b^2}\right) \text{或} y=\pm\left(\frac{x^2}{a^2}-\frac{z^2}{c^2}\right) \text{或} x=\pm\left(\frac{y^2}{b^2}-\frac{z^2}{c^2}\right) \quad (a>0,b>0,c>0).$$

（7）圆柱面方程：

$$x^2+y^2=R^2 \text{或} y^2+z^2=R^2 \text{或} x^2+z^2=R^2 \quad (R>0).$$

（8）椭圆柱面方程：

$$\frac{x^2}{a^2}+\frac{y^2}{b^2}=1 \text{或} \frac{x^2}{a^2}+\frac{z^2}{c^2}=1 \text{或} \frac{y^2}{b^2}+\frac{z^2}{c^2}=1 \quad (a>0,b>0,c>0).$$

（9）双曲柱面方程：

$$\frac{x^2}{a^2}-\frac{y^2}{b^2}=\pm1 \text{或} \frac{x^2}{a^2}-\frac{z^2}{c^2}=\pm1 \text{或} \frac{y^2}{b^2}-\frac{z^2}{c^2}=\pm1 \quad (a>0,b>0,c>0).$$

（10）抛物柱面方程：

$$x^2=2py \text{或} y^2=2px, \ y^2=2pz \text{或} z^2=2py, \ z^2=2px \text{或} x^2=2pz,$$

其中，p 为非零实数.

5. 空间曲线

（1）空间曲线两种表示形式：

一般方程 $\begin{cases} F(x,y,z)=0, \\ G(x,y,z)=0 \end{cases}$ 和参数方程 $\begin{cases} x=x(t), \\ y=y(t), \\ z=z(t). \end{cases}$

（2）空间曲线在坐标面上的投影：求投影曲线方程的方法是先求出空间曲线在给定坐标面上的投影柱面方程，然后将投影柱面方程与给定坐标面方程联立，即求得投影曲线方程.

6.2.3　平面

1. 平面方程

（1）点法式方程：$A(x-x_0)+B(y-y_0)+C(z-z_0)=0$，其中 $P(x_0,y_0,z_0)$ 为平面上已知点，$\boldsymbol{n}=\{A,B,C\}$ 为平面的法向量.

（2）一般式方程：$Ax+By+Cz+D=0$，其中 $\boldsymbol{n}=\{A,B,C\}$ 为平面的法向量.

（3）截距式方程：$\dfrac{x}{a}+\dfrac{y}{b}+\dfrac{z}{c}=1$，其中 a,b,c 分别为平面在 x,y,z 轴上的截距. 由于要求 a,b,c 非零，故并非所有平面均可表示成这种形式.

2. 平面之间的关系

若平面 $\Pi_1: A_1x+B_1y+C_1z+D_1=0$，$\Pi_2: A_2x+B_2y+C_2z+D_2=0$，把两平面的夹角记为 θ，则

$$\cos\theta=\frac{|\boldsymbol{n}_1\cdot\boldsymbol{n}_2|}{|\boldsymbol{n}_1|\cdot|\boldsymbol{n}_2|}=\frac{|A_1A_2+B_1B_2+C_1C_2|}{\sqrt{A_1^2+B_1^2+C_1^2}\cdot\sqrt{A_2^2+B_2^2+C_2^2}},$$

由上可知，

（1）当 $\theta=0$ 时，平面 Π_1 与 Π_2 平行（含重合）$\Leftrightarrow \dfrac{A_1}{A_2}=\dfrac{B_1}{B_2}=\dfrac{C_1}{C_2}$；

（2）当 $\theta=\dfrac{\pi}{2}$ 时，平面 Π_1 与 Π_2 垂直 $\Leftrightarrow A_1A_2+B_1B_2+C_1C_2=0$.

3. 平面束方程

设平面 $\Pi_1: A_1x+B_1y+C_1z+D_1=0$，$\Pi_2: A_2x+B_2y+C_2z+D_2=0$，若平面 Π_1 与 Π_2 不平行，并且其交线为 l，则过 l 的所有平面方程可表示为

$$\lambda(A_1x+B_1y+C_1z+D_1)+\mu(A_2x+B_2y+C_2z+D_2)=0,$$

其中，$\lambda,\mu\in\mathbf{R}$，称这样一族平面为过直线l的平面束. 特别地，若$\lambda=1$，则

$$A_1x+B_1y+C_1z+D_1+\mu(A_2x+B_2y+C_2z+D_2)=0\quad(\mu\in\mathbf{R})$$

表示除平面Π_2外，过l的所有其它平面的方程.

6.2.4 直线

1. 直线方程

（1）一般方程：

$$\begin{cases}A_1x+B_1y+C_1z+D_1=0,\\A_2x+B_2y+C_2z+D_2=0.\end{cases}$$

记$\boldsymbol{n}_1=\{A_1,B_1,C_1\}$，$\boldsymbol{n}_2=\{A_2,B_2,C_2\}$，则直线的方向向量可取为$\boldsymbol{s}=\boldsymbol{n}_1\times\boldsymbol{n}_2$.

（2）对称式方程（点向式方程）：

$$\frac{x-x_0}{m}=\frac{y-y_0}{n}=\frac{z-z_0}{p},$$

其中，$P(x_0,y_0,z_0)$为直线上给定的已知点，$\boldsymbol{s}=\{m,n,p\}$为直线的方向向量.

（3）参数方程：

$$\begin{cases}x=x_0+mt,\\y=y_0+nt,\\z=z_0+pt,\end{cases}$$

其中，$t\in R$且$P(x_0,y_0,z_0)$为直线上已知点，$\boldsymbol{s}=\{m,n,p\}$为直线的方向向量.

直线的上述3种方程可互相转化.

2. 点、直线、平面之间的关系

（1）两条直线之间的关系：

设有直线$l_1:\dfrac{x-x_1}{m_1}=\dfrac{y-y_1}{n_1}=\dfrac{z-z_1}{p_1}$，$l_2:\dfrac{x-x_2}{m_2}=\dfrac{y-y_2}{n_2}=\dfrac{z-z_2}{p_2}$，记其方向向量分别为$\boldsymbol{s}_1=\{m_1,n_1,p_1\}$和$\boldsymbol{s}_2=\{m_2,n_2,p_2\}$，把两直线的夹角记为$\theta$. 则

$$\cos\theta=\frac{|\boldsymbol{s}_1\cdot\boldsymbol{s}_2|}{|\boldsymbol{s}_1|\cdot|\boldsymbol{s}_2|}=\frac{|m_1m_2+n_1n_2+p_1p_2|}{\sqrt{m_1^2+n_1^2+p_1^2}\cdot\sqrt{m_2^2+n_2^2+p_2^2}}\qquad\left(0\leqslant\theta\leqslant\frac{\pi}{2}\right).$$

由此可知：

a．两直线平行（含重合）：

$$l_1//l_2\Leftrightarrow\frac{m_1}{m_2}=\frac{n_1}{n_2}=\frac{p_1}{p_2}\Leftrightarrow\boldsymbol{s}_1//\boldsymbol{s}_2.$$

b．两直线垂直：

$$l_1 \perp l_2 \Leftrightarrow m_1 \cdot m_2 + n_1 \cdot n_2 + p_1 \cdot p_2 = 0 \Leftrightarrow \boldsymbol{s}_1 \perp \boldsymbol{s}_2 .$$

c. 两直线共面：若 P_1, P_2 分别为直线 l_1, l_2 上的两点，则

$$l_1, l_2 \text{共面} \Leftrightarrow \overrightarrow{P_1P_2} \cdot (\boldsymbol{s}_1 \times \boldsymbol{s}_2) = 0 .$$

d. 两直线异面：

$$l_1, l_2 \text{异面} \Leftrightarrow \overrightarrow{P_1P_2} \cdot (\boldsymbol{s}_1 \times \boldsymbol{s}_2) \neq 0 .$$

（2）直线与平面的关系：

已知平面 $\Pi: Ax + By + Cz + D = 0$ 与直线 $l: \dfrac{x - x_0}{m} = \dfrac{y - y_0}{n} = \dfrac{z - z_0}{p}$，其中 $\boldsymbol{n} = \{A, B, C\}$，$\boldsymbol{s} = \{m, n, p\}$，把直线与平面的夹角记为 θ，则

$$\sin\theta = \frac{|\boldsymbol{s} \cdot \boldsymbol{n}|}{|\boldsymbol{s}| \cdot |\boldsymbol{n}|} = \frac{|Am + Bn + Cp|}{\sqrt{A^2 + B^2 + C^2} \cdot \sqrt{m^2 + n^2 + p^2}} \quad \left(0 \leqslant \theta \leqslant \frac{\pi}{2}\right).$$

由此可知：

a. 若直线与平面垂直，则有

$$l \perp \Pi \Leftrightarrow \frac{A}{m} = \frac{B}{n} = \frac{C}{p} \Leftrightarrow \boldsymbol{s} // \boldsymbol{n} .$$

b. 若直线与平面平行，则有

$$l // \Pi \Leftrightarrow Am + Bn + Cp = 0 \Leftrightarrow \boldsymbol{s} \perp \boldsymbol{n} .$$

（3）距离公式：

a. 点到直线的距离：设给定点 $P_0(x_0, y_0, z_0)$ 及直线 $l: \dfrac{x - x_1}{m} = \dfrac{y - y_1}{n} = \dfrac{z - z_1}{p}$，则 P_0 到直线 l 的距离为

$$d = \frac{|\overrightarrow{P_0P_1} \times \boldsymbol{s}|}{|\boldsymbol{s}|},$$

其中，$P_1(x_1, y_1, z_1)$ 为直线上任意一点，$\boldsymbol{s} = \{m, n, p\}$ 为直线的方向向量.

b. 点到平面的距离：设给定点 $P(x_0, y_0, z_0)$ 及平面 $\Pi: Ax + By + Cz + D = 0$，则 P_0 到 Π 的距离为

$$d = \frac{|Ax_0 + By_0 + Cz_0 + D|}{\sqrt{A^2 + B^2 + C^2}} .$$

6.3　典型例题解析

例 6.1　已知两点 $M_1(4, \sqrt{2}, 1)$ 和 $M_2(3, 0, 2)$，试求向量 $\overrightarrow{M_1M_2}$ 在 x 轴上的投影、在 y 轴上的分向量、$\overrightarrow{M_1M_2}$ 的模、方向余弦及方向角.

解　由于

$$\overrightarrow{M_1M_2}=(3-4,0-\sqrt{2},2-1)=(-1,-\sqrt{2},1),$$

则它在 x 轴上的投影为 -1，在 y 轴上的分向量为 $-\sqrt{2}\boldsymbol{j}$，

$$|\overrightarrow{M_1M_2}|=\sqrt{(-1)^2+(-\sqrt{2})^2+1^2}=2,$$

又

$$\frac{\overrightarrow{M_1M_2}}{|\overrightarrow{M_1M_2}|}=\frac{1}{2}(-1,-\sqrt{2},1)=\left(-\frac{1}{2},-\frac{\sqrt{2}}{2},\frac{1}{2}\right),$$

故方向余弦为

$$\cos\alpha=-\frac{1}{2},\ \cos\beta=-\frac{\sqrt{2}}{2},\ \cos\gamma=\frac{1}{2},$$

方向角为

$$\alpha=\frac{2\pi}{3},\ \beta=\frac{3\pi}{4},\ \gamma=\frac{\pi}{3}.$$

例 6.2 从点 $A(2,-1,7)$ 沿向量 $\boldsymbol{a}=\{8,9,-12\}$ 方向取长为 34 的线段 $\overline{AB}$. 求点 B 的坐标.

分析 由已知, 向量 $\overrightarrow{AB}\parallel\boldsymbol{a}$，且方向相同.

解法 1 设 B 点坐标为 (x,y,z)，则 $\overrightarrow{AB}=\{x-2,y+1,z-7\}$，由于 $\overrightarrow{AB}$ 与 $\boldsymbol{a}$ 方向一致, 故存在实数 $\lambda(\lambda>0)$，使 $\overrightarrow{AB}=\lambda\boldsymbol{a}$，即

$$\{x-2,y+1,z-7\}=\lambda\{8,9,-12\},$$

由此可得

$$x-2=8\lambda,y+1=9\lambda,z-7=-12\lambda,$$

又因为

$$|\overrightarrow{AB}|=\sqrt{(x-2)^2+(y+1)^2+(z-7)^2}=34,$$

从而有 $\lambda=2$，所以

$$x=8\lambda+2=18,\quad y=9\lambda-1=17,\quad z=-12\lambda+7=-17,$$

求得 B 点坐标为 $(18,17,-17)$.

解法 2 由题设, $\overrightarrow{AB}\parallel\boldsymbol{a}$，并且 $\overrightarrow{AB}$ 与 $\boldsymbol{a}$ 方向相同, $|\overrightarrow{AB}|=34$. 则

$$\overrightarrow{AB}=34\boldsymbol{a}^{\circ}=34\frac{\boldsymbol{a}}{|\boldsymbol{a}|}=34\frac{\{8,9,-24\}}{17}=\{16,18,-24\}.$$

故 B 点坐标为 $(18,17,-17)$.

例 6.3 已知 $|\boldsymbol{a}|=3,|\boldsymbol{b}|=4$.（1）当 $\boldsymbol{a}\perp\boldsymbol{b}$ 时, 计算 $|(3\boldsymbol{a}-\boldsymbol{b})\times(\boldsymbol{a}-2\boldsymbol{b})|$；

（2）当 $(\widehat{\boldsymbol{a},\boldsymbol{b}})=\dfrac{2\pi}{3}$ 时, 计算 $(3\boldsymbol{a}-2\boldsymbol{b})\cdot(\boldsymbol{a}-2\boldsymbol{b})$.

分析 有两种解法: 一种是将所求形式化简, 再利用向量积与数量积的定义来解; 另一种是将向量 $\boldsymbol{a}$ 与 $\boldsymbol{b}$ 置于平面坐标中, 求得它们的坐标, 然后进行计算.

解法 1　（1）$(3\boldsymbol{a}-\boldsymbol{b})\times(\boldsymbol{a}-2\boldsymbol{b}) = 3\boldsymbol{a}\times\boldsymbol{a}-\boldsymbol{b}\times\boldsymbol{a}-3\boldsymbol{a}\times 2\boldsymbol{b}+\boldsymbol{b}\times 2\boldsymbol{b} = -5\boldsymbol{a}\times\boldsymbol{b}$.

所以，
$$|(3\boldsymbol{a}-\boldsymbol{b})\times(\boldsymbol{a}-2\boldsymbol{b})| = 5|\boldsymbol{a}\times\boldsymbol{b}| = 5|\boldsymbol{a}||\boldsymbol{b}|\sin(\widehat{\boldsymbol{a},\boldsymbol{b}}) = 5\times3\times4\times1=60 .$$

（2）
$$\begin{aligned}(3\boldsymbol{a}-2\boldsymbol{b})\cdot(\boldsymbol{a}+2\boldsymbol{b}) &= 3\boldsymbol{a}\cdot\boldsymbol{a}-2\boldsymbol{b}\cdot\boldsymbol{a}-3\boldsymbol{a}\cdot2\boldsymbol{b}-2\boldsymbol{b}\cdot2\boldsymbol{b}\\ &= 3|\boldsymbol{a}|^2+4|\boldsymbol{a}||\boldsymbol{b}|\cos(\widehat{\boldsymbol{a},\boldsymbol{b}})-4|\boldsymbol{b}|^2\\ &= 3\times3^2+4\times3\times4\times\left(-\frac{1}{2}\right)-4\times4^2=-61.\end{aligned}$$

解法 2　（1）$\boldsymbol{a}=\{3,0,0\},\boldsymbol{b}=\{0,4,0\}$,

$$3\boldsymbol{a}-\boldsymbol{b}=\{9,-4,0\},\boldsymbol{a}-2\boldsymbol{b}=\{3,-8,0\},$$

$$(3\boldsymbol{a}-\boldsymbol{b})\times(\boldsymbol{a}-2\boldsymbol{b}) = \begin{vmatrix}\boldsymbol{i} & \boldsymbol{j} & \boldsymbol{k}\\ 9 & -4 & 0\\ 3 & -8 & 0\end{vmatrix}=\{0,0,-60\}.$$

所以，$|(3\boldsymbol{a}-\boldsymbol{b})\times(\boldsymbol{a}-2\boldsymbol{b})|=60$.

（2）将两向量置于坐标系中，$\boldsymbol{a}=3\boldsymbol{i}=\{3,0,0\}$,

$$\boldsymbol{b}=-2\boldsymbol{i}+2\sqrt{3}\boldsymbol{j}=\{-2,2\sqrt{3},0\},$$

$$3\boldsymbol{a}-2\boldsymbol{b}=\{13,-4\sqrt{3},0\},\ \boldsymbol{a}+2\boldsymbol{b}=\{-1,4\sqrt{3},0\},$$

所以，
$$\begin{aligned}(3\boldsymbol{a}-2\boldsymbol{b})\cdot(\boldsymbol{a}+2\boldsymbol{b}) &=\{13,-4\sqrt{3},0\}\cdot\{-1,4\sqrt{3},0\}\\ &=13\times(-1)+(-4\sqrt{3})\times4\sqrt{3}+0=-61.\end{aligned}$$

例 6.4　设 $\overrightarrow{OA}=2\boldsymbol{i}+\boldsymbol{j}$，$\overrightarrow{OB}=-\boldsymbol{i}+2\boldsymbol{k}$，令 $\boldsymbol{m}=\overrightarrow{OB}-\overrightarrow{OB}$.

（1）求与向量 $\boldsymbol{m}$ 方向一致的单位向量 $\boldsymbol{e}_m$ 及 $\boldsymbol{m}$ 的方向余弦；

（2）证明以 $\overrightarrow{OA}$，$\overrightarrow{OB}$ 为边所成的平行四边形的对角线互相垂直；

（3）求上述平行四边形的面积.

解　（1）由于

$$\boldsymbol{m}=\overrightarrow{OA}-\overrightarrow{OB}=3\boldsymbol{i}+\boldsymbol{j}-2\boldsymbol{k},\ |\boldsymbol{m}|=\sqrt{3^2+1^2+(-2)^2}=\sqrt{14},$$

且

$$\boldsymbol{e}_m=\frac{\boldsymbol{m}}{|\boldsymbol{m}|}=\left\{\frac{3}{\sqrt{14}},\frac{1}{\sqrt{14}},-\frac{2}{\sqrt{14}}\right\},$$

故

$$\cos\alpha=\frac{3}{\sqrt{14}},\ \cos\beta=\frac{1}{\sqrt{14}},\ \cos\gamma=\frac{-2}{\sqrt{14}}.$$

（2）设所成的平行四边形的对角线一条为 $\boldsymbol{m}$，另一条为 $\boldsymbol{n}=\overrightarrow{OA}+\overrightarrow{OB}=\boldsymbol{i}+\boldsymbol{j}+2\boldsymbol{k}$，由于 $\boldsymbol{m}\cdot\boldsymbol{n}=3\times1+1\times1+(-2)\times2=0$，故 $\boldsymbol{m}\perp\boldsymbol{n}$. 所以两对角线垂直.

（3）由于

$$\overrightarrow{OA}\times\overrightarrow{OB}=\begin{vmatrix} \boldsymbol{i} & \boldsymbol{j} & \boldsymbol{k} \\ 2 & 1 & 0 \\ -1 & 0 & 2 \end{vmatrix}=2\boldsymbol{i}-4\boldsymbol{j}+\boldsymbol{k},$$

故平行四边形的面积为

$$S_{\square}=\left|\overrightarrow{OA}\times\overrightarrow{OB}\right|=|2\boldsymbol{i}-4\boldsymbol{j}+\boldsymbol{k}|=\sqrt{21}.$$

例 6.5　设 $\boldsymbol{c}=2\boldsymbol{a}+\boldsymbol{b}$，$\boldsymbol{d}=2\boldsymbol{a}-\boldsymbol{b}$，$|\boldsymbol{a}|=2$，$|\boldsymbol{b}|=1$，$(\widehat{\boldsymbol{a},\boldsymbol{b}})=\dfrac{\pi}{2}$．试求：

（1）$\cos(\widehat{\boldsymbol{c},\boldsymbol{d}})$；（2）$\mathrm{Prj}_{d}\boldsymbol{c}$.

分析　欲求向量 $\boldsymbol{c},\boldsymbol{d}$ 夹角的余弦，必须先求得 $|\boldsymbol{c}|$ 和 $|\boldsymbol{c}|$．$|\boldsymbol{c}|$ 和 $|\boldsymbol{d}|$ 虽然不能直接求得，但是 $|\boldsymbol{c}|^2=\boldsymbol{c}\cdot\boldsymbol{c}$，可以间接求得 $|\boldsymbol{c}|$．同理可求 $|\boldsymbol{d}|$.

解　（1）由于

$$\boldsymbol{c}\cdot\boldsymbol{d}=(2\boldsymbol{a}+\boldsymbol{b})\cdot(2\boldsymbol{a}-\boldsymbol{b})=4|\boldsymbol{a}|^2-|\boldsymbol{b}|^2=4\times4-1=15,$$

且

$$\begin{aligned}|\boldsymbol{c}|^2&=(2\boldsymbol{a}+\boldsymbol{b})\cdot(2\boldsymbol{a}+\boldsymbol{b})=4|\boldsymbol{a}|^2+|\boldsymbol{b}|^2+4\boldsymbol{a}\cdot\boldsymbol{b}\\&=4|\boldsymbol{a}|^2+|\boldsymbol{b}|^2+4|\boldsymbol{a}|\cdot|\boldsymbol{b}|\cos(\widehat{\boldsymbol{a},\boldsymbol{b}})=17.\end{aligned}$$

故 $|\boldsymbol{c}|=\sqrt{17}$．同理

$$|\boldsymbol{d}|^2=(2\boldsymbol{a}-\boldsymbol{b})\cdot(2\boldsymbol{a}-\boldsymbol{b})=4|\boldsymbol{a}|^2+|\boldsymbol{b}|^2-4|\boldsymbol{a}|\cdot|\boldsymbol{b}|\cos(\widehat{\boldsymbol{a},\boldsymbol{b}})=17,$$

故 $|\boldsymbol{d}|=\sqrt{17}$．于是

$$\cos(\widehat{\boldsymbol{c},\boldsymbol{d}})=\frac{\boldsymbol{c}\cdot\boldsymbol{d}}{|\boldsymbol{c}|\cdot|\boldsymbol{d}|}=\frac{15}{\sqrt{17}\times\sqrt{17}}=\frac{15}{17}.$$

（2）由于

$$\boldsymbol{c}\cdot\boldsymbol{d}=|\boldsymbol{d}|\cdot\mathrm{Prj}_{d}\boldsymbol{c},$$

故

$$\mathrm{Prj}_{d}\boldsymbol{c}=\frac{\boldsymbol{c}\cdot\boldsymbol{d}}{|\boldsymbol{d}|}=\frac{15}{\sqrt{17}}=\frac{15\sqrt{17}}{17}.$$

例 6.6　向量 $\boldsymbol{c}$ 垂直于向量 $\boldsymbol{a}=\{2,3,-1\}$ 和 $\boldsymbol{b}=\{1,-2,3\}$，并且满足条件 $\boldsymbol{c}\cdot\{2,-1,1\}=-6$，试求向量 $\boldsymbol{c}$ 的坐标.

分析　由于向量 $\boldsymbol{c}$ 同时垂直于向量 $\boldsymbol{a}$ 和 $\boldsymbol{b}$，则有 $\boldsymbol{c}\cdot\boldsymbol{a}=0$，$\boldsymbol{c}\cdot\boldsymbol{b}=0$，或 $\boldsymbol{c}/\!/\boldsymbol{a}\times\boldsymbol{b}$.

解法 1　设 $\boldsymbol{c}=\{x,y,z\}$，由于 $\boldsymbol{c}$ 同时垂直于向量 $\boldsymbol{a}$ 和 $\boldsymbol{b}$，故

$$\boldsymbol{c}\cdot\boldsymbol{a}=0,\ \boldsymbol{c}\cdot\boldsymbol{b}=0,$$

即

$$2x+3y-z=0,$$

并且

$$x-2y+3z=0,$$

由 $\boldsymbol{c}\cdot\{2,-1,1\}=-6$，得

$$2x-y+z=-6.$$

将以上三式联立求解得

$$x=-3,\ y=z=3,\ \text{即}\ \boldsymbol{c}=\{-3,3,3\}.$$

解法 2　设 $\boldsymbol{c}=\{x,y,z\}$，$\boldsymbol{a}\times\boldsymbol{b}=\begin{vmatrix}\boldsymbol{i} & \boldsymbol{j} & \boldsymbol{k}\\ 2 & 3 & -1\\ 1 & -2 & 3\end{vmatrix}=\{7,-7,-7\}$. 由题意知 $\boldsymbol{c}//\boldsymbol{a}\times\boldsymbol{b}$，于是

$$\frac{x}{7}=\frac{y}{-7}=\frac{z}{-7},$$

由

$$\boldsymbol{c}\cdot\{2,-1,1\}=-6,$$

得

$$2x-y+z=-6.$$

联立求解得

$$x=-3,\ y=z=3,\ \text{即}\ \boldsymbol{c}=\{-3,3,3\}.$$

例 6.7　已知 $\boldsymbol{a}=\boldsymbol{i}$，$\boldsymbol{b}=\boldsymbol{j}-2\boldsymbol{k}$，$\boldsymbol{c}=2\boldsymbol{i}-2\boldsymbol{j}+\boldsymbol{k}$，试求一单位向量 $\boldsymbol{\gamma}$，使得 $\boldsymbol{\gamma}\perp\boldsymbol{c}$，并且 $\boldsymbol{\gamma}$ 与 $\boldsymbol{a}$，$\boldsymbol{b}$ 共面.

分析　由于向量 $\boldsymbol{\gamma}$ 与 $\boldsymbol{a},\boldsymbol{b}$ 共面，故 $\boldsymbol{\gamma}\perp(\boldsymbol{a}\times\boldsymbol{b})$. 又 $\boldsymbol{\gamma}\perp\boldsymbol{c}$，则 $\boldsymbol{\gamma}/\!/(\boldsymbol{a}\times\boldsymbol{b})\times\boldsymbol{c}$，并且 $\boldsymbol{\gamma}$ 为单位向量.

解法 1　因为

$$\boldsymbol{a}\times\boldsymbol{b}=\begin{vmatrix}\boldsymbol{i} & \boldsymbol{j} & \boldsymbol{k}\\ 1 & 0 & 0\\ 0 & 1 & -2\end{vmatrix}=2\boldsymbol{j}+\boldsymbol{k}.$$

由题意可知，

$$\boldsymbol{\gamma}\perp(\boldsymbol{a}\times\boldsymbol{b}),\ \text{又}\ \boldsymbol{\gamma}\perp\boldsymbol{c},$$

则

$$\boldsymbol{\gamma}/\!/(\boldsymbol{a}\times\boldsymbol{b})\times\boldsymbol{c}.$$

而

$$(\boldsymbol{a}\times\boldsymbol{b})\times\boldsymbol{c}=\begin{vmatrix}\boldsymbol{i} & \boldsymbol{j} & \boldsymbol{k}\\ 0 & 2 & 1\\ 2 & -2 & 1\end{vmatrix}=4\boldsymbol{i}-2\boldsymbol{j}-4\boldsymbol{k},$$ 并且 $\boldsymbol{\gamma}$ 为单位向量.

故

$$\boldsymbol{\gamma}=\pm\frac{(4i-2j-4k)}{\sqrt{4^2+(-2)^2+(-4)^2}}=\pm\left\{\frac{2}{3},\frac{1}{3},-\frac{2}{3}\right\}.$$

解法 2　设所求向量 $\boldsymbol{\gamma}=\{x,y,z\}$，依题意，$|\boldsymbol{\gamma}|=1$，可得 $x^2+y^2+z^2=1$；由 $\boldsymbol{\gamma}\perp\boldsymbol{c}$ 可得 $\boldsymbol{\gamma}\cdot\boldsymbol{c}=0$，即 $2x-2y+z=0$；由 $\boldsymbol{\gamma}$ 与 $\boldsymbol{a}$，$\boldsymbol{b}$ 共面可得 $[\boldsymbol{ab\gamma}]=0$，即

$$\begin{vmatrix} 1 & 0 & 0 \\ 0 & 1 & -2 \\ x & y & z \end{vmatrix} = 2y + z = 0 .$$

将上述三式联立解得

$$x=\frac{2}{3},\ y=\frac{1}{3},\ z=-\frac{2}{3},\text{或者 } x=-\frac{2}{3},\ y=-\frac{1}{3},\ z=\frac{2}{3}.$$

所以

$$\gamma=\pm\left\{\frac{2}{3},\frac{1}{3},-\frac{2}{3}\right\}.$$

例 6.8　已知点 M 到平面 $z=1$ 的距离等于它到 z 轴的距离的 2 倍，又点 M 到点 $(2,-1,0)$ 的距离为 1，求点 M 的轨迹方程.

解　设点 M 的坐标为 (x,y,z)，则

$$|z-1| = 2\sqrt{x^2+y^2},$$

即

$$4(x^2+y^2)=(z-1)^2 .$$

又 $|MA|=1$，即

$$(x-2)^2+(y+1)^2+z^2=1,$$

则所求轨迹曲线方程为

$$\begin{cases} 4(x^2+y^2)=(z-1)^2, \\ (x-2)^2+(y+1)^2+z^2=1. \end{cases}$$

注　此类问题主要是依据题目所给的条件，通过引进动点的坐标，由空间中点之间的几何关系，建立方程（组），来求得动点的轨迹方程.

例 6.9　求曲线 $\begin{cases} x^2+3z^2=9, \\ y=0 \end{cases}$ 绕 z 轴旋转一周所生成的旋转曲面的方程.

分析　曲线 $\begin{cases} f(x,y)=0, \\ z=0 \end{cases}$ 绕 x 轴旋转所得旋转曲面方程为 $f(x,\pm\sqrt{y^2+z^2})=0$. 因为曲线上的点在旋转过程中有两个不变：一是横坐标 x 不变；二是所求曲面上的点到 x 轴的距离不变，所以只需将 y 换成 $\pm\sqrt{y^2+z^2}$. 一般地，求由某一坐标面上的曲线绕该坐标面上的某一个坐标轴旋转而得旋转曲面方程的方法是：绕哪个坐标轴旋转，则原曲线方程中相应的那个变量不变，而将曲线方程中另一个变量改写成该变量与第 3 个变量平方和的正负平方根.

解法 1　设 $M_0(x_0,y_0,z_0)$ 是给定曲线上的一点，当曲线转动时，点 $M_0(x_0,y_0,z_0)$ 转到 $M(x,y,z)$，由于 $z=z_0$，而 M_0 到 z 轴的距离不变，

$$\sqrt{x^2+y^2}=|x_0|,$$

所以 $x_0=\pm\sqrt{x^2+y^2}$，$z_0=z$，将它们代入曲线的第一个方程式，即得旋转曲面方程

$$x^2+y^2+3z^2=9.$$

解法 2　用公式，将曲线的第一个方程中的 x 以 $\pm\sqrt{x^2+y^2}$ 替换，即得所求的旋转曲面方程为 $x^2+y^2+3z^2=9$.

例 6.10　求球面 $x^2+y^2+z^2=9$ 与平面 $x+z=1$ 的交线在 xOy 面上的投影曲线的方程.

错误解答　由题设知交线 C 为球面 $x^2+y^2+z^2=9$ 与平面 $x+z=1$ 的交线，消去 z，得 C 在 xOy 面上的投影曲线的方程 $2x^2+y^2-2x=8$.

错解分析　这是初学空间解析几何的学生经常犯的错误. $y=f(x)$ 在平面解析几何中表示一条曲线，而在空间解析几何中表示一个柱面.

解　从方程 $x^2+y^2+z^2=9$ 与 $x+z=1$ 中消去 z，得交线 C 关于 xOy 面的投影柱面方程 $2x^2+y^2-2x=8$；所以交线 C 在 xOy 面上的投影曲线方程为

$$\begin{cases}2x^2+y^2-2x=8,\\ z=0.\end{cases}$$

注　求空间曲线在坐标面上的投影曲线方程，一般是通过以下两步来完成：先求空间曲线关于坐标面的投影柱面方程；然后求投影柱面与坐标面的交线即可. 而求空间曲线关于坐标面的投影柱面方程，例如，曲线 $\begin{cases}F(x,y,z)=0,\\ G(x,y,z)=0\end{cases}$ 关于 xOy 坐标面的投影柱面方程是从 $\begin{cases}F(x,y,z)=0,\\ G(x,y,z)=0\end{cases}$ 中消去 z 后所得方程 $H(x,y)=0$. 因此，在 xOy 坐标面上的投影曲线方程即为 $\begin{cases}H(x,y)=0,\\ z=0.\end{cases}$

例 6.11　求由曲面 $z=\sqrt{a^2-x^2-y^2}, x^2+y^2-ax=0(a>0)$ 及平面 $z=0$ 所围成的立体 Ω 在 xOy 面上的投影区域.

分析　空间立体在坐标面上的投影区域就是其边界曲面在坐标面上的投影.

解　该立体在 xOy 面上的投影区域 D_{xy} 为曲面 $z=\sqrt{a^2-x^2-y^2}, x^2+y^2-ax=0(a>0)$ 的交线

$$C:\begin{cases}z=\sqrt{a^2-x^2-y^2},\\ x^2+y^2-ax=0\end{cases}$$

在 xOy 面上的投影所围成区域，因该曲线在 xOy 面上的投影柱面是 $x^2+y^2-ax=0$，故所求立体在 xOy 面上的投影区域为

$$\begin{cases} x^2+y^2 \leqslant ax, \\ z=0. \end{cases}$$

例 6.12　已知平面 Π 过点 $M_0(1,0,-1)$ 和直线 $L_1:\dfrac{x-2}{2}=\dfrac{y-1}{0}=\dfrac{z-1}{1}$，求平面 Π 的方程.

分析　求平面方程, 关键是弄清楚构成平面的基本要素：一个点和法向量或者不在同一直线上的 3 个点. 本题已知一个点和一条直线在所求平面上, 故容易求出构成平面的基本要素.

解法 1　设平面 Π 的法向量为 $\boldsymbol{n}$，直线 L_1 的方向向量 $\boldsymbol{s}_1=\{2,0,1\}$，由题意可知 $\boldsymbol{n}\perp\boldsymbol{s}_1$， $M(2,1,1)$ 是直线 L_1 上的一点, 则 $\overrightarrow{M_0M}=\{1,1,2\}$ 在 Π 上, 所以 $\boldsymbol{n}\perp\overrightarrow{MM_0}$，故可取

$$\boldsymbol{n}=\boldsymbol{s}_1\times\overrightarrow{MM_0}=\{-1,-3,2\}.$$

则所求平面的点法式方程为

$$1\cdot(x-1)+3\cdot(y-0)-2\cdot(z+1)=0,$$

即 $x+3y-2z-3=0$ 为所求平面方程.

解法 2　设平面 Π 的一般方程为 $Ax+By+Cz+D=0$，由题意可知, Π 过点 M_0　$(1,0,-1)$，故有

$$A-C+D=0, \tag{6-1}$$

在直线 L_1 上任取两点 $M_1(2,1,1),M_2(4,1,2)$，将其代入平面方程, 得

$$2A+B+C+D=0, \tag{6-2}$$

$$4A+B+2C+D=0, \tag{6-3}$$

由式（6-1），式（6-2），式（6-3）解得

$$B=3A,C=-2A,D=-3A,$$

故平面 Π 的方程为 $x+3y-2z-3=0$.

解法 3　设 $M(x,y,z)$ 为 Π 上任一点. 由题意知向量 $\overrightarrow{M_0M}$， $\overrightarrow{M_0M_1}$ 和 $\boldsymbol{s}_1$ 共面, 其中 $M_1(2,1,1)$ 为直线 L_1 上的点, $\boldsymbol{s}_1=\{2,0,1\}$ 为直线 L_1 的方向向量. 因此

$$(\overrightarrow{M_0M}\times\overrightarrow{M_0M_1})\cdot\boldsymbol{s}_1=0,$$

故平面 π 的方程为

$$\begin{vmatrix} x-1 & y-0 & z+1 \\ 2-1 & 1-0 & 1+1 \\ 2 & 0 & 1 \end{vmatrix}=0,$$

即 $x+3y-2z-3=0$ 为所求平面方程.

注　解法 1 和解法 2 是求平面方程的两种基本方法, 解法 3 用到了 3 个向量共面的充要条件, 即 3 个向量的混合积为零.

例 6.13　求平行于平面 $\Pi_0: x+2y+3z+4=0$ 且与球面 $\Sigma: x^2+y^2+z^2=9$ 相切的平面 Π 的方程.

分析　求平行于坐标面（轴）或平行于某已知平面，并且满足另一约束条件的平面方程，通常设所求平面方程为 $Ax+By+Cz+D=0$，再由题设条件确定系数 A,B,C,D.

解法 1　依题意可设平面 Π 的方程为 $x+2y+3z+D=0$. 因为平面 Π 与球面 Σ 相切，故球心 $(0,0,0)$ 到平面 Π 的距离等于球面半径 $r=3$，即

$$d=\left.\frac{|x+2y+3z+D|}{\sqrt{1^2+2^2+3^2}}\right|_{(0,0,0)}=3,$$

则 $|D|=3\sqrt{14}$. 故平面 Π 的方程为

$$x+2y+3z+3\sqrt{14}=0 \text{ 或 } x+2y+3z-3\sqrt{14}=0.$$

解法 2　设平面 Π 与球面的切点为 (x_0,y_0,z_0)，则球面在该点处的法向量为 (x_0,y_0,z_0)，因而 Π 的方程可设为

$$x_0(x-x_0)+y_0(y-y_0)+z_0(z-z_0)=0,$$

即

$$x_0\cdot x+y_0\cdot y+z_0\cdot z=9,$$

由于切平面与平面 Π_0 平行，故

$$\frac{x_0}{1}=\frac{y_0}{2}=\frac{z_0}{3}.$$

又点 (x_0,y_0,z_0) 在球面上，即 $x_0^2+y_0^2+z_0^2=9$，解得

$$x_0=\frac{3}{\sqrt{14}},y_0=\frac{6}{\sqrt{14}},z_0=\frac{9}{\sqrt{14}}, \text{ 或 } x_0=\frac{-3}{\sqrt{14}},y_0=\frac{-6}{\sqrt{14}},z_0=\frac{-9}{\sqrt{14}},$$

故 Π 的方程为

$$x+2y+3z+3\sqrt{14}=0 \text{ 或 } x+2y+3z-3\sqrt{14}=0.$$

注　解法 2 用到了第 7 章多元函数微分学在几何上应用的相关知识.

例 6.14　求一过原点的平面 Π，使它与平面 Π_0: $x-4y+8z-3=0$ 成 $\frac{\pi}{4}$ 角，并且垂直于平面 Π_1: $7x+z+3=0$.

解　由题意可设 Π 的方程为 $Ax+By+Cz=0$，其法向量为 $\boldsymbol{n}=\{A,B,C\}$，平面 Π_0 的法向量为 $\boldsymbol{n}_0=\{1,-4,8\}$，平面 Π_1 的法向量为 $\boldsymbol{n}_1=\{7,0,1\}$，由题意得

$$\cos\frac{\pi}{4}=\frac{|\boldsymbol{n}_0\cdot\boldsymbol{n}|}{|\boldsymbol{n}_0|\cdot|\boldsymbol{n}|},$$

即

$$\frac{|A-4B+8C|}{\sqrt{1^2+(-4)^2+8^2}\cdot\sqrt{A^2+B^2+C^2}}=\frac{\sqrt{2}}{2}, \tag{6-4}$$

由 $\boldsymbol{n}\cdot\boldsymbol{n}_1=0$，得 $7A+C=0$，将 $C=-7A$ 代入式（6-4）得

$$\frac{|55A+4B|}{9\sqrt{50A^2+B^2}}=\frac{\sqrt{2}}{2},$$

解得

$$B=20A \text{ 或 } B=-\frac{100}{49}A,$$

则所求平面 Π 的方程为

$$x+20y-7z=0 \text{ 或 } 49x-100y-343z=0.$$

例 6.15 求过直线 L_1：$\begin{cases}x+y+z=0,\\ 2x-y+3z=0\end{cases}$ 且平行于直线 L_2： $x=2y=3z$ 的平面 Π 的方程.

分析 平面 Π 过直线 L_1 且平行于直线 L_2，则平面 Π 的法向量与两条直线的方向向量均垂直, 则可求得法向量. 其次, 容易在平面 Π 上或在直线 L_1 上任取一点. 另外, 求过已知直线且满足另一约束条件的平面方程, 当直线方程以一般方程形式给出时, 常用平面束来求平面的方程.

解法 1 直线 L_1 的方向向量为

$$\boldsymbol{s}_1=\begin{vmatrix}\boldsymbol{i} & \boldsymbol{j} & \boldsymbol{k}\\ 1 & 1 & 1\\ 2 & -1 & 3\end{vmatrix}=\{4,-1,-3\},$$

直线 L_2 的对称式方程为 $\frac{x}{6}=\frac{y}{3}=\frac{z}{2}$，方向向量为 $\boldsymbol{s}_2=\{6,3,2\}$，依题意所求平面 Π 的法向量 $\boldsymbol{n}\perp\boldsymbol{s}_1$ 且 $\boldsymbol{n}\perp\boldsymbol{s}_2$，故可取 $\boldsymbol{n}=\boldsymbol{s}_1\times\boldsymbol{s}_2$，则

$$\boldsymbol{n}=\begin{vmatrix}\boldsymbol{i} & \boldsymbol{j} & \boldsymbol{k}\\ 4 & -1 & -3\\ 6 & 3 & 2\end{vmatrix}=\{7,-26,18\},$$

又因为 L_1 过原点, 且 L_1 在平面 Π 上, 从而 Π 也过原点, 故所求平面 Π 的方程为

$$7x-26y+18z=0.$$

解法 2 设直线 L_1，L_2 的方向向量分别为 $\boldsymbol{s}_1,\boldsymbol{s}_2$，设 $M_0(x_0,y_0,z_0)$ 为平面上任一点, 在直线 L_1 上任取一点 $M_1(0,0,0)$，则向量 $\overrightarrow{M_0M_1}$，$\boldsymbol{s}_1,\boldsymbol{s}_2$ 共面, 即

$$\begin{vmatrix} x & y & z \\ 4 & -1 & -3 \\ 6 & 3 & 2 \end{vmatrix} = 0,$$

故所求平面 Π 的方程为 $7x-26y+18z=0$.

解法 3　设所求平面 Π 为 $x+y+z+\lambda(2x-y+3z)=0$，即

$$(1+2\lambda)x+(1-\lambda)y+(1+3\lambda)z=0,$$

其法向量为 $\boldsymbol{n}=\{1+2\lambda,1-\lambda,1+3\lambda\}$，由题意知 $\boldsymbol{n}\perp\boldsymbol{s}_2$，故

$$\boldsymbol{n}\cdot\boldsymbol{s}_2=6(1+2\lambda)+3(1-\lambda)+2(1+3\lambda)=0,$$

得 $\lambda=-\dfrac{11}{15}$，则所求平面 Π 的方程为

$$7x-26y+18z=0.$$

另外，容易验证 $2x-y+3z=0$ 不是所求的平面方程.

注　平面束 $\Pi(\lambda_1,\lambda_2):\lambda_1(A_1x+B_1y+C_1z+D_1)+\lambda_2(A_2x+B_2y+C_2z+D_2)=0$ 包含了通过直线

$$L:\ \begin{cases}\Pi_1: A_1x+B_1y+C_1z+D_1=0,\\ \Pi_2: A_2x+B_2y+C_2z+D_2=0\end{cases}$$

的一切平面，而平面束

$$\Pi(\lambda):\ A_1x+B_1y+C_1z+D_1+\lambda(A_2x+B_2y+C_2z+D_2)=0$$

包含了通过直线 L 的除 Π_2 以外的所有平面. 实际计算中，常使用 $\Pi(\lambda)$ 表达通过直线 L 的平面束，这样计算简单，但需要补充讨论 Π_2 是不是所求平面.

例 6.16　求平行于平面 Π_0：$6x+y+6z+5=0$ 且与 3 个坐标面所围成的四面体体积为一个单位的平面 Π 的方程.

分析　对于本题，求平面 Π 的截距式方程会比较简便.

解法 1　设平面 Π 的方程为 $\dfrac{x}{a}+\dfrac{y}{b}+\dfrac{z}{c}=1$，由题意知四面体体积 $V=1$，即

$$\frac{1}{3}\cdot\frac{1}{2}|abc|=1,$$

由 Π 与 Π_0 平行可得

$$\frac{\frac{1}{a}}{6}=\frac{\frac{1}{b}}{1}=\frac{\frac{1}{c}}{6},$$

化简得

$$\frac{1}{6a}=\frac{1}{b}=\frac{1}{6c}，令\frac{1}{6a}=\frac{1}{b}=\frac{1}{6c}=t$$

即

$$a=\frac{1}{6t},\ b=\frac{1}{t},\ c=\frac{1}{6t},$$

代入

$$\frac{1}{3}\cdot\frac{1}{2}|abc|=1,$$

可得$t=\pm\frac{1}{6}$，从而可得

$$a=1,b=6,c=1,\text{或者}\ a=-1,b=-6,c=-1,$$

故所求平面Π的方程为

$$6x+y+6z-6=0\ \text{或}\ 6x+y+6z+6=0.$$

解法 2　设平面Π的方程为$6x+y+z+D=0$，则平面Π在 3 个坐标轴上的截距分别为$-\frac{D}{6},-D,-\frac{D}{6}$. 则

$$\frac{1}{3}\cdot\frac{1}{2}\cdot\left|-\frac{D}{6}\right|\cdot|-D|\cdot\left|-\frac{D}{6}\right|=1,\ \therefore |D|^3=6^3,D=6\text{或}-6.$$

故所求平面Π的方程为

$$6x+y+6z-6=0\ \text{或}\ 6x+y+6z+6=0.$$

例 6.17　用对称式方程及参数方程表示直线L：$\begin{cases}x-y+z=1,\\2x+y+z=4.\end{cases}$

分析　求直线的对称式方程，需求出直线上一点及其方向向量或者求出直线上两点亦可.

解法 1　平面$\Pi_1:x-y+z=1$的法向量为$\boldsymbol{n}_1=\{1,-1,1\}$，平面$\Pi_2:2x+y+z=4$的法向量为$\boldsymbol{n}_2=\{2,1,1\}$，则

$$\boldsymbol{n}_1\times\boldsymbol{n}_2=\begin{vmatrix}\boldsymbol{i}&\boldsymbol{j}&\boldsymbol{k}\\1&-1&1\\2&1&1\end{vmatrix}=\{-2,1,3\},$$

由于直线L是平面Π_1,Π_2的交线，所以直线的方向向量$\boldsymbol{s}$与$\boldsymbol{n}_1$、$\boldsymbol{n}_2$都垂直，故可取直线的方向向量为$\boldsymbol{s}=\boldsymbol{n}_1\times\boldsymbol{n}_2$，又令$z=1$，解得$x=1,y=1$，即直线$L$过点$(1,1,1)$，则直线$L$的对称式方程为

$$\frac{x-1}{-2}=\frac{y-1}{1}=\frac{z-1}{3},$$

参数式方程为

$$\begin{cases}x=-2t+1,\\y=t+1,\\z=3t+1.\end{cases}$$

解法 2　在直线 L 上任取两点 $A\left(0,\dfrac{3}{2},\dfrac{5}{2}\right)$，$B\left(\dfrac{5}{3},\dfrac{2}{3},0\right)$，则直线 L 的法向量 $\boldsymbol{n}//\overrightarrow{AB}$，$\overrightarrow{AB}=\left\{-\dfrac{5}{3},\dfrac{5}{6},\dfrac{5}{2}\right\}$，可取 $\boldsymbol{n}=\{-2,1,3\}$，则直线的对称式方程为

$$\frac{x}{-2}=\frac{y-\frac{3}{2}}{1}=\frac{z-\frac{5}{2}}{3},$$

参数方程为

$$\begin{cases}x=-2t,\\ y=t+3/2,\\ z=3t+5/2.\end{cases}$$

例 6.18　已知直线 L 过点 $A(-1,2,-3)$ 且平行于平面 $\Pi:6x-2y-3z+2=0$，又与直线 $L_1:\dfrac{x-1}{3}=\dfrac{y+1}{2}=\dfrac{z-3}{-5}$ 相交，求直线 L 的方程.

分析　求直线的方程，如果求对称式方程，其关键是寻找直线上的一个点及方向向量；但是如果已知包含所求直线 L 的一个平面，通常求直线的一般方程，此时只需再求出包含 L 的另一个平面，将两平面方程联立即可得直线 L 的一般方程. 本题由于直线 L 过点 A，如果能求出直线 L 上的另外一个点，则直线 L 就确定了，或者求出 L 的方向向量 $\boldsymbol{s}=\{m,n,p\}$ 也可求出直线 L 的方程. 另外，由题设容易求出 L 所在的一个平面，若能求出 L 所在的另外一个平面，则其一般方程即可求出.

解法 1　设平面 Π 的法向量为 $\boldsymbol{n}$，直线 L 与 L_1 的交点为 $M_0(x_0,y_0,z_0)$，则

$$\boldsymbol{n}=\{6,-2,-3\},\ \overrightarrow{AM_0}=(x_0+1,y_0-2,z_0+3).$$

易知直线 L_1 的参数形式方程为

$$\begin{cases}x=1+3t,\\ y=-1+2t,\\ z=3-5t.\end{cases}$$

由于向量 $\overrightarrow{AM_0}$ 平行于 Π，则 $\overrightarrow{AM_0}\cdot\boldsymbol{n}=0$，即

$$6(x_0+1)-2(y_0-2)-3(z_0+3)=0,$$

由于 $M_0(x_0,y_0,z_0)$ 在 L_1 上，所以

$$\begin{cases}x_0=1+3t,\\ y_0=-1+2t,\\ z_0=3-5t,\end{cases}$$

将 x_0,y_0,z_0 代入上式得

$$6(2+3t)-2(-3+2t)-3(6-5t)=0,$$

得 $t=0$，交点 $M_0(1,-1,3)$．故通过点 A 和点 M_0 的直线方程为 $\dfrac{x+1}{2}=\dfrac{y-2}{-3}=\dfrac{z+3}{6}$．

解法 2　由直线 L 平行于平面 Π 可知，直线 L 的方向向量 $\boldsymbol{s}$ 垂直于平面 Π 的法向量 $\boldsymbol{n}=\{6,-2,-3\}$；又直线 L 与 L_1 相交，则其方向向量 $\boldsymbol{s}$、$\boldsymbol{s}_1$ 与向量 $\overrightarrow{M_0A}=\{-2,3,-6\}$ 共面，其中 $M_0\{1,-1,3\}$ 为直线 L_1 上一点．因此 $\boldsymbol{s}$ 垂直于向量

$$\boldsymbol{s}_1\times\overrightarrow{M_0A}=\begin{vmatrix}\boldsymbol{i} & \boldsymbol{j} & \boldsymbol{k}\\ 3 & 2 & -5\\ -2 & 3 & -6\end{vmatrix}=\{3,28,13\},$$

故可取

$$\boldsymbol{s}=\boldsymbol{n}\times(\boldsymbol{s}_1\times\overrightarrow{M_0A})=\begin{vmatrix}\boldsymbol{i} & \boldsymbol{j} & \boldsymbol{k}\\ 6 & -2 & -3\\ 3 & 28 & 13\end{vmatrix}=29\{2,-3,6\},$$

故 $\dfrac{x+1}{2}=\dfrac{y-2}{-3}=\dfrac{z+3}{6}$ 为所求直线 L 的方程.

解法 3　过点 A 作平行于 Π 的平面

$$\Pi_1:\ 6(x+1)-2(y-2)-3(z+3)=0,$$

因直线 L 过点 $A(-1,2,-3)$，并且平行于平面 Π，故直线 L 在 Π_1 上，即在平面

$$6x-2y-3z+1=0$$

上. 由于点 A 不在 L_1 上，故由点 A 和 L_1 可确定一个平面 Π_2，又因为直线 L 与 L_1 相交，所以 L 在 Π_2 上，即 Π_1 与 Π_2 的交线为 L．由于 Π_2 经过 L_1 上的点 $M_0(1,-1,3)$，又 Π_2 的法向量 $\boldsymbol{n}_2$ 既垂直于直线 L_1 的方向向量 $\boldsymbol{s}_1=\{3,2,-5\}$，又垂直于向量 $\overrightarrow{M_0A}=\{-2,3,-6\}$，因此

$$\boldsymbol{n}_2=\boldsymbol{s}_1\times\overrightarrow{M_0A}=\begin{vmatrix}\boldsymbol{i} & \boldsymbol{j} & \boldsymbol{k}\\ 3 & 2 & -5\\ -2 & 3 & -6\end{vmatrix}=\{3,28,13\},$$

所以平面 Π_2 的方程为

$$3(x-1)+28(y+1)+13(z-3)=0,$$

即

$$\Pi_2: 3x+28y+13z-14=0.$$

故所求直线 L 的方程为 $\begin{cases}6x-2y-3z+1=0,\\ 3x+28y+13z-14=0.\end{cases}$

例 6.19　求点 $M_0(1,-1,0)$ 到直线 $L:\begin{cases}2y-3z-3=0,\\ x-y=0\end{cases}$ 的距离.

分析　作过点 M_0 且垂直于直线 L 的平面 Π，然后求出平面 Π 与直线 L 的交点 M_1，则所求距离 $d=\left|\overrightarrow{M_0M_1}\right|$ 或者用点到直线的距离公式 $d=\dfrac{\left|\overrightarrow{M_0M_1}\times \boldsymbol{s}\right|}{|\boldsymbol{s}|}$.

解法 1　直线 L 的参数方程为

$$\begin{cases} x=3t, \\ y=3t, \\ z=2t-1, \end{cases}$$

则过点 $M_0(1,-1,0)$ 且垂直于直线 L 的平面 Π 的方程为

$$3(x-1)+3(y+1)+2(z-0)=0,$$

即

$$3x+3y+2z=0.$$

将直线 L 的参数式方程代入平面 Π 的方程，得 $t=\dfrac{1}{11}$，于是直线 L 与平面 Π 的交点为 $M_1\left(\dfrac{3}{11},\dfrac{3}{11},-\dfrac{9}{11}\right)$. 故点 M_0 到直线 L 的距离为

$$d=\left|\overrightarrow{M_0M_1}\right|=\sqrt{\left(\frac{3}{11}-1\right)^2+\left(\frac{3}{11}+1\right)^2+\left(-\frac{9}{11}-0\right)^2}=\frac{\sqrt{341}}{11}.$$

解法 2　由解法 1 知直线 L 的方向向量为 $\boldsymbol{s}=\{3,3,2\}$，$|\boldsymbol{s}|=\sqrt{22}$. 在直线 L 上任意取一点 $M_1(0,0,-1)$，则 $\overrightarrow{M_0M_1}=\{-1,1,-1\}$，并且

$$\overrightarrow{M_0M_1}\times \boldsymbol{s}=\begin{vmatrix} \boldsymbol{i} & \boldsymbol{j} & \boldsymbol{k} \\ -1 & 1 & -1 \\ 3 & 3 & 2 \end{vmatrix}=\{5,-1,-6\},$$

于是由点到直线的距离公式

$$d=\frac{\left|\overrightarrow{M_0M_1}\times \boldsymbol{s}\right|}{|\boldsymbol{s}|},$$

可得 $d=\dfrac{\sqrt{341}}{11}$.

解法 3　直线 L 的参数方程为

$$\begin{cases} x=3t, \\ y=3t, \\ z=2t-1, \end{cases}$$

直线上任意一点 (x,y,z) 与点 $(1,-1,0)$ 之间距离的平方为

$$d^2=(x-1)^2+(y+1)^2+(z-0)^2=(3t-1)^2+(3t+1)^2+(2t-1)^2$$
$$=22\left(t-\frac{1}{11}\right)^2+\frac{31}{11},$$

当$t=\dfrac{1}{11}$时, d^2最小值为$\dfrac{31}{11}$，故点M_0到直线L的距离为$d=\dfrac{\sqrt{341}}{11}$.

例 6.20　已知两直线方程分别为L_1:$\dfrac{x-1}{1}=\dfrac{y-1}{1}=\dfrac{z-1}{-1}$，$L_2$:$\dfrac{x-3}{1}=\dfrac{y-1}{-1}=\dfrac{z-2}{2}$，

（1）验证直线L_1与L_2相交；

（2）求过直线L_1与直线L_2的平面Π的方程.

错误解答　将直线方程改写成参数式，得

$$L_1:\begin{cases}x=t+1,\\ y=t+1,\\ z=-t+1,\end{cases}\qquad L_2:\begin{cases}x=t+3,\\ y=-t+1,\\ z=2t+1.\end{cases}$$

则两直线的交点满足方程组

$$\begin{cases}t+1=t+3,\\ t+1=-t+1,\\ -t+1=2t+1,\end{cases}$$

第一个方程矛盾，故该方程组无解. 即两直线没有交点.

错解分析　错解错在认为两直线的交点在两直线的参数方程中对应的参数t和μ是相等的. 事实上，直线L_1和L_2的交点为$M_0(2,2,0)$，它所对应的L_1的参数为$t=1$，对应L_2的参数为$\mu=-1$.

为证两直线相交，只需证明它们共面但不平行.

解　（1）显然点$M_1(1,1,1)$和点$M_2(3,1,2)$分别在直线L_1与L_2上，则$\overrightarrow{M_1M_2}=\{2,0,1\}$，且直线$L_1$与$L_2$的方向向量分别为$\boldsymbol{s}_1=\{1,1,-1\}$，$\boldsymbol{s}_2=\{1,-1,2\}$. 又

$$(\boldsymbol{s}_1\times\boldsymbol{s}_2)\cdot\overrightarrow{M_1M_2}=\begin{vmatrix}1&1&-1\\1&-1&2\\2&0&1\end{vmatrix}=0,$$

则向量$\boldsymbol{s}_1$，$\boldsymbol{s}_2$与$\overrightarrow{M_1M_2}$共面，即直线L_1与L_2共面，显然向量$\boldsymbol{s}_1$，$\boldsymbol{s}_2$不平行，所以L_1与L_2相交.

（2）平面Π的法向量垂直于直线L_1与L_2的方向向量$\boldsymbol{s}_1$，$\boldsymbol{s}_2$，取

$$\boldsymbol{n}=\boldsymbol{s}_1\times\boldsymbol{s}_2=\begin{vmatrix}\boldsymbol{i}&\boldsymbol{j}&\boldsymbol{k}\\1&1&-1\\1&-1&2\end{vmatrix}=\{1,-3,-2\},$$

又点$M_1(1,1,1)$在平面Π上，故平面Π的点法式方程为

$$1\cdot(x-1)-3\cdot(y-1)-2\cdot(z-1)=0,$$

即 $x-3y-2z+4=0$ 为所求平面方程.

例 6.21　求直线 $L:\begin{cases}2y+3z-5=0,\\ x-2y-z+7=0\end{cases}$ 在平面 $\Pi: x-y+3z+8=0$ 上的投影.

分析　根据投影的定义，求直线 L 在平面 Π 上的投影直线，只需求出过直线 L 且与已知平面垂直的平面 Π_1，那么两平面的交线就是所求的投影直线.

解法 1　过 L 作一平面 Π_1，使 Π_1 与平面 Π 垂直，则 Π_1 的法向量为 $\boldsymbol{n}_1=\boldsymbol{s}\times\boldsymbol{n}$，其中 $\boldsymbol{s}$ 为直线 L 的方向向量且

$$\boldsymbol{s}=\begin{vmatrix}\boldsymbol{i} & \boldsymbol{j} & \boldsymbol{k}\\ 0 & 2 & 3\\ 1 & -2 & -1\end{vmatrix}=\{4,3,-2\},\ \boldsymbol{n}=\{1,-1,3\},$$

于是

$$\boldsymbol{n}_1=\begin{vmatrix}\boldsymbol{i} & \boldsymbol{j} & \boldsymbol{k}\\ 4 & 3 & -2\\ 1 & -1 & 3\end{vmatrix}=7\{1,-2,-1\}.$$

在 L 上取一点 $(0,4,-1)$，则平面 Π_1 的方程为

$$x-2(y-4)-(z+1)=0,$$

即

$$x-2y-z+7=0.$$

所以，L 在 Π 上的投影直线为 $\begin{cases}x-2y-z+7=0,\\ x-y+3z+8=0.\end{cases}$

解法 2　由解法 1 可知直线 L 的参数方程为

$$\begin{cases}x=4t,\\ y=3t+4,\\ z=-2t-1,\end{cases}$$

在 L 上任意取两点 $A(4,7,-3)$，$B(8,10,-5)$，显然这两点不在平面 Π 上，分别过这两点作 Π 的垂线 L_1 和 L_2，其中

$$L_1:\ \frac{x-4}{1}=\frac{y-7}{-1}=\frac{z+3}{3},\quad L_2:\ \frac{x-8}{1}=\frac{y-10}{-1}=\frac{z+5}{3},$$

求出 L_1 与 Π 的交点为 $A_1\left(\frac{48}{11},\frac{73}{11},-\frac{21}{11}\right)$，求出 L_2 与 Π 的交点为 $A_2\left(\frac{97}{11},\frac{101}{11},-\frac{28}{11}\right)$，则过点 A_1 与点 A_2 的直线方程

$$\frac{11x-48}{7}=\frac{11y-73}{4}=\frac{11z+21}{-1},$$

即为 L 在 Π 上的投影直线方程.

解法 3 过直线 L 的平面束为 $\Pi_1: x-2y-z+7+\lambda(2y+3z-5)=0$，则直线 L 在平面 Π 上的投影与直线 L 所构成的平面与平面 Π 垂直，那么相应的法向量垂直. 所以

$$\{1,2\lambda-2,3\lambda-1\}\cdot\{1,-1,3\}=0.$$

解得 $\lambda=0$. 此时的平面方程为 $x-2y-z+7=0$. 所以，L 在 Π 上的投影直线为

$$\begin{cases} x-2y-z+7=0, \\ x-y+3z+8=0. \end{cases}$$

6.4 自我测试题

A 级自我测试题

一、填空题（每小题 4 分，共 20 分）

1. 设 $\boldsymbol{a}=\{3,2,1\}$，$\boldsymbol{b}=\left\{2,\dfrac{4}{3},k\right\}$，若 $\boldsymbol{a}\perp\boldsymbol{b}$，则 $k=$___；若 $\boldsymbol{a}/\!/\boldsymbol{b}$，则 $k=$________.

2. 曲面 $x^2+9y^2=10z$ 与 yOz 平面的交线是________.

3. 方程 $x^2+y^2=4$ 在平面解析几何中表示________，在空间解析几何中表示________.

4. 经过已知点 $(1,-1,4)$ 和直线 $\dfrac{x+1}{2}=\dfrac{y}{5}=\dfrac{1-z}{1}$ 的平面方程是________.

5. 过两点 $M_1(3,-2,1)$ 和 $M_2(-1,0,2)$ 的直线方程为________.

二、选择题（每小题 4 分，共 20 分）

1. 设 $\boldsymbol{a}+\boldsymbol{b}+\boldsymbol{c}=\boldsymbol{0}$，$|\boldsymbol{a}|=3$，$|\boldsymbol{b}|=1$，$|\boldsymbol{c}|=2$，则 $\boldsymbol{a}\cdot\boldsymbol{b}+\boldsymbol{b}\cdot\boldsymbol{c}+\boldsymbol{c}\cdot\boldsymbol{a}=$（　　）.

   A. -1　　B. 7　　C. -7　　D. 1

2. 设向量 $\overrightarrow{AB}$ 与三坐标轴正向夹角依次为 α,β,γ，当 $\cos\beta=0$ 时，有（　　）.

   A. $\overrightarrow{AB}/\!/xOy$ 面　　B. $\overrightarrow{AB}/\!/yOz$ 面

   C. $\overrightarrow{AB}/\!/xOz$ 面　　D. $\overrightarrow{AB}\perp xOz$ 面

3. 下列方程中所示曲面表示双叶旋转双曲面的是（　　）.

   A. $x^2+y^2+z^2=1$　　B. $x^2+y^2=4z$

   C. $x^2-\dfrac{y^2}{4}+z^2=1$　　D. $\dfrac{x^2+y^2}{9}-\dfrac{z^2}{16}=-1$

4. 平面 $3x-3y-8=0$ 的位置是（　　）.

A. 平行于 z 轴　　B. 斜交于 z 轴

C. 垂直于 z 轴　　D. 通过 z 轴

5. 已知两直线 $\frac{x-4}{2}=\frac{y+1}{3}=\frac{z+2}{5}$ 和 $\frac{x+1}{-3}=\frac{y-1}{2}=\frac{z-3}{4}$，则它们是（　　）.

A. 两条相交的直线　　B. 两条异面直线

C. 两条平行但不重合的直线　　D. 两条重合直线

三、（6 分）　设向量 $\overrightarrow{OM}$ 与 $\boldsymbol{i}$，$\boldsymbol{j}$ 的夹角分别为 $\frac{\pi}{3},\frac{\pi}{4}$，并且在 z 轴上的投影为 -8，试求点 M 的坐标.

四、（10 分）　设 $\boldsymbol{a}+3\boldsymbol{b}$ 与 $7\boldsymbol{a}-5\boldsymbol{b}$ 垂直，$\boldsymbol{a}-4\boldsymbol{b}$ 与 $7\boldsymbol{a}-2\boldsymbol{b}$ 垂直，求 $\boldsymbol{a}$ 与 $\boldsymbol{b}$ 之间的夹角.

五、（6 分）　求抛物面 $y^2+z^2=x$ 与 $x+2y-z=0$ 的交线在坐标面上的投影曲线方程.

六、（8 分）　求过直线 $\begin{cases}3x+2y-z-1=0,\\2x-3y+2z+2=0\end{cases}$ 且垂直于平面 $x+2y+3z-5=0$ 的平面方程.

七、（6 分）　求点 $P_1(-2,3,1)$ 关于直线 $x=y=z$ 的对称点 P_2 的坐标.

八、（10 分）　求直线 $\begin{cases}x+2y=7,\\x+y-3z=0\end{cases}$ 与平面 $7x+2y-3z+5=0$ 的夹角与交点.

九、（6 分）　平面 Π 与平面 $20x-4y-5z+7=0$ 平行且相距 6 个单位，求 Π 的方程.

十、（8 分）　已知直线 L 过点 $M_0(1,0,-2)$，并且与平面 $\Pi:3x+4y-z+6=0$ 平行，又与直线 $L_1:\frac{x-3}{1}=\frac{y+2}{4}=\frac{z}{1}$ 垂直，求直线 L 的方程.

B 级自我测试题

一、填空题（每小题 4 分，共 20 分）

1. 已知 $|\boldsymbol{a}|=2$，$|\boldsymbol{b}|=\sqrt{2}$，并且 $\boldsymbol{a}\cdot\boldsymbol{b}=2$，则 $|\boldsymbol{a}\times\boldsymbol{b}|=$ ________.
2. 设向量 $\boldsymbol{a}$ 与 $\boldsymbol{b}$ 不共线，当 $\lambda=$ ________时，向量 $\boldsymbol{p}=\lambda\boldsymbol{a}+5\boldsymbol{b}$ 与 $\boldsymbol{q}=3\boldsymbol{a}-\boldsymbol{b}$ 共线.
3. 设曲面方程 $\frac{x^2}{a^2}+\frac{y^2}{b^2}+\frac{z^2}{c^2}=1$，当 $a=b$ 时，曲面可由 xOz 面上以曲线________绕________轴旋转而成，或由 yOz 面上以曲线________绕________轴旋转而成.

4. 一条直线过点(2,−3,4)，并且垂直于直线 $x-2=1-y=\frac{z+5}{2}$ 和 $\frac{x-4}{3}=\frac{y+2}{-2}=z-1$，则该直线方程为________.

5. 与直线 $\begin{cases}x=1,\\ y=-1+t,\\ z=2+t\end{cases}$ 及 $\frac{x+1}{1}=\frac{y+2}{2}=\frac{z-1}{1}$ 都平行，并且过原点的平面方程为________.

二、选择题（每小题 4 分，共 20 分）

1. 设 $\boldsymbol{a},\boldsymbol{b},\boldsymbol{c}$ 均为非零向量，则与 $\boldsymbol{a}$ 不垂直的向量是（　　）.

A. $(\boldsymbol{a}\cdot\boldsymbol{c})\boldsymbol{b}-(\boldsymbol{a}\cdot\boldsymbol{b})\boldsymbol{c}$　　B. $\boldsymbol{b}-\frac{(\boldsymbol{a}\cdot\boldsymbol{b})}{\boldsymbol{a}\cdot\boldsymbol{a}}\boldsymbol{a}$

C. $\boldsymbol{a}\times\boldsymbol{b}$　　D. $\boldsymbol{a}+(\boldsymbol{a}\cdot\boldsymbol{b})\cdot\boldsymbol{a}$

2. 曲线 $\begin{cases}x^2+4y^2-z^2=16,\\ 4x^2+y^2+z^2=4\end{cases}$ 在 xOy 坐标面上投影的方程是（　　）.

A. $\begin{cases}x^2+4y^2=16,\\ z=0\end{cases}$　　B. $\begin{cases}x^2+4y^2=4,\\ z=0\end{cases}$

C. $\begin{cases}x^2+y^2=4,\\ z=0\end{cases}$　　D. $x^2+y^2=0$

3. 设有直线 $L_1:\frac{x-1}{1}=\frac{y-5}{-2}=\frac{z+8}{1}$ 与 $L_2:\begin{cases}x-y=6,\\ 2y+z=3,\end{cases}$ 则 L_1 与 L_2 的夹角为(　　).

A. $\frac{\pi}{6}$　　B. $\frac{\pi}{4}$　　C. $\frac{\pi}{3}$　　D. $\frac{\pi}{2}$

4. 两平行平面 $2x-3y+4z+9=0$ 与 $2x-3y+4z-15=0$ 的距离为（　　）.

A. $\frac{6}{29}$　　B. $\frac{24}{29}$　　C. $\frac{24}{\sqrt{29}}$　　D. $\frac{6}{\sqrt{29}}$

5. 设有直线 L: $\begin{cases}x+3y+2z+1=0,\\ 2x-y-10z+3=0\end{cases}$ 及平面 $\Pi:4x-2y+z-2=0$，则直线 L(　　).

A. 平行于 Π　　B. 在 Π 上　　C. 垂直于 Π　　D. 与 Π 斜交

三、（10 分）　已知向量 $\boldsymbol{a}=\{3,2,4\}$，$\boldsymbol{b}=\{-1,1,2\}$，$\boldsymbol{c}=\{1,4,8\}$，向量 $\boldsymbol{d}=\lambda\boldsymbol{a}+\mu\boldsymbol{b}$ 与向量 $\boldsymbol{c}$ 平行，并且 $|\boldsymbol{d}|=3$，求 λ,μ 和 $\boldsymbol{d}$.

四、（10 分）　已知直线 L 过点 $B(1,-2,3)$，与 z 轴相交，并且与直线 $L_1:\frac{x-1}{4}=\frac{y-3}{3}=\frac{z-2}{-2}$ 垂直，求直线 L 的方程.

五、(8 分)　求两直线 $L_1:\dfrac{x-1}{0}=\dfrac{y}{1}=\dfrac{z}{1}$ 和 $L_2:\dfrac{x}{2}=\dfrac{y}{-1}=\dfrac{z+2}{0}$ 的公垂线 L 的方程、及公垂线段的长.

六、(8 分)　求经过点(2, 3, 1)且与两直线 $L_1:\begin{cases}x+y=0,\\ x-y+z+4=0\end{cases}$ 和 $L_2:\begin{cases}x+3y-1=0,\\ y+z-2=0\end{cases}$ 相交的直线方程.

七、(12 分)　求直线 $l:\dfrac{x-1}{1}=\dfrac{y}{1}=\dfrac{z-1}{-1}$ 在平面 $\Pi: x-y+2z-1=0$ 上的投影直线 l_0 的方程，并求 l_0 绕 y 轴旋转一周所成曲面的方程.

八、(12 分)　求过曲面 $x^2+2y^2+3z^2=21$ 上一点 M 处的切平面，使其通过直线 $\dfrac{x-6}{2}=\dfrac{y-3}{1}=\dfrac{2z-1}{-2}$.

第 7 章　多元函数微分法及其应用

7.1　知识结构图与学习要求

7.1.1　知识结构图

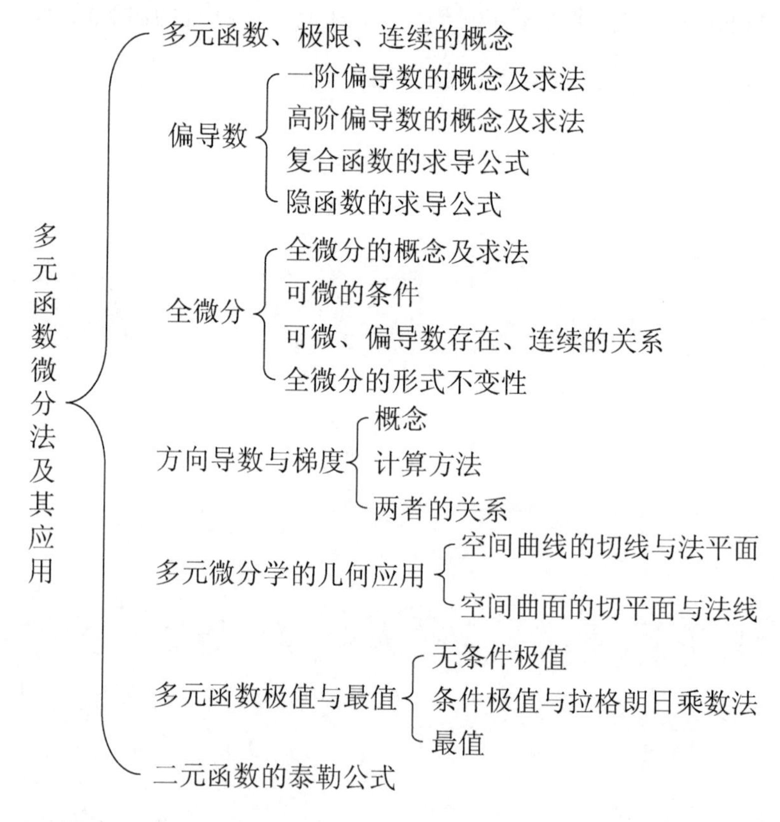

7.1.2　学习要求

（1）理解多元函数的概念，理解二元函数的几何意义.

（2）了解二元函数的极限与连续性的概念，以及有界闭区域上连续函数的性质.

（3）理解多元函数偏导数和全微分的概念，会求全微分，了解全微分存在的必要条件和充分条件，了解全微分形式的不变性.

（4）理解方向导数与梯度的概念并掌握其计算方法.

（5）掌握多元复合函数一阶、二阶偏导数的求法.

（6）了解隐函数存在定理，会求多元隐函数的偏导数.

（7）了解空间曲线的切线和法平面及曲面的切平面和法线的概念，会求它们的方程.

（8）了解二元函数的二阶泰勒公式.

（9）理解多元函数极值和条件极值的概念，掌握多元函数极值存在的必要条件，了解二元函数极值存在的充分条件，会求二元函数的极值，会用拉格朗日乘数法求条件极值，会求简单多元函数的最大值和最小值，并会解决一些简单的应用问题.

7.2　内 容 提 要

7.2.1　多元函数的极限与连续

1. 二元函数的概念

设D是平面点集，如果对每个点$P(x,y)\in D$，变量z按照一定的法则总有惟一确定的值和它对应，则称z是变量x，y（或点P）的二元函数，记作$z=f(x,y)$或$z=f(P)$，称D是该函数的定义域. 类似可以定义三元或三元以上的函数.

2. 二元函数的极限

设$z=f(x,y)$在区域D内有定义，$P_0(x_0,y_0)$是D的聚点，若存在常数A，使得$\forall\varepsilon>0,\exists\delta>0$，当$P(x,y)\in D\bigcap U(P_0,\delta)$时，

$$\left|f(x,y)-A\right|<\varepsilon,$$

则称$z=f(x,y)$当$P\to P_0$时以A为极限，记作

$$\lim_{(x,y)\to(x_0,y_0)}f(x,y)=A\text{ 或 }\lim_{P\to P_0}f(x,y)=A,$$

二元函数的极限也称为二重极限.

注　二元函数极限的存在，等价于点$P(x,y)$在$f(x,y)$的定义域中以任何方式趋于$P_0(x_0,y_0)$时，$f(x,y)$的极限都是A，由此可知，如果$P(x,y)$沿某两种特殊方式趋于$P_0(x_0,y_0)$时，$f(x,y)$的极限不相同，则$\lim\limits_{P\to P_0}f(x,y)$不存在.

3. 二元函数的连续性

设$z=f(x,y)$的定义域为D，$P_0(x_0,y_0)$为D的聚点且$P_0(x_0,y_0)\in D$，如果

$$\lim_{(x,y)\to(x_0,y_0)}f(x,y)=f(x_0,y_0),$$

则称$f(x,y)$在P_0处连续. 此时，D可以是开区域或闭区域，因此P_0也可能是D的

边界点. 比较一元连续函数在闭区间上的性质, 二元连续函数在闭区域上也有类似的性质.

7.2.2 偏导数与全微分

1. 偏导数定义

如果

$$\lim_{\Delta x \to 0} \frac{f(x_0+\Delta x, y_0)-f(x_0, y_0)}{\Delta x}$$

存在, 则称此极限为函数 $z=f(x,y)$ 在点 $P_0(x_0,y_0)$ 处关于 x 的偏导数, 记为

$$f_x(x_0,y_0), \left.\frac{\partial f}{\partial x}\right|_{P_0} \text{或} \left.\frac{\partial z}{\partial x}\right|_{P_0}.$$

称

$$f_y(x_0,y_0)=\lim_{\Delta y \to 0} \frac{f(x_0, y_0+\Delta y)-f(x_0, y_0)}{\Delta y}$$

为 $z=f(x,y)$ 在 $P_0(x_0,y_0)$ 处关于 y 的偏导数. 在不引起混淆的情况下, 有时为了记号简单, 也将 $f_x(x_0,y_0)$ 和 $f_y(x_0,y_0)$ 记为 $f_1(x_0,y_0)$ 和 $f_2(x_0,y_0)$.

由偏导数的定义可知, 求偏导数实质上是求一元函数的导数的问题, 如

$$f_x(x_0,y_0)=\left.\frac{\mathrm{d}}{\mathrm{d}x} f(x,y_0)\right|_{x=x_0}.$$

因此, 一元函数的求导公式和求导法则对求偏导数也是适用的.

对三元或三元以上的多元函数亦可定义相应的偏导数.

2. 偏导数几何意义

二元函数 $z=f(x,y)$ 在点 (x_0,y_0) 的偏导数 $f_x(x_0,y_0)$ 表示空间曲线 Γ ：$\begin{cases} z=f(x,y), \\ y=y_0 \end{cases}$ 在点 $M(x_0,y_0,f(x_0,y_0))$ 处的切线对 x 轴的斜率.

3. 高阶偏导数

设函数 $z=f(x,y)$ 在区域 D 内具有偏导数 $\frac{\partial z}{\partial x}=f_x(x,y)$，$\frac{\partial z}{\partial y}=f_y(x,y)$，那么在 D 内 $f_x(x,y)$，$f_y(x,y)$ 都是 (x,y) 的函数. 如果这两个函数的偏导数也存在, 则称它们为函数 $z=f(x,y)$ 的二阶偏导数. 按照对变量求导次序的不同有下列 4 个二阶偏导数:

$$\frac{\partial}{\partial x}\left(\frac{\partial z}{\partial x}\right)=\frac{\partial^2 z}{\partial x^2}=f_{xx}(x,y), \qquad \frac{\partial}{\partial y}\left(\frac{\partial z}{\partial y}\right)=\frac{\partial^2 z}{\partial y^2}=f_{yy}(x,y),$$

$$\frac{\partial}{\partial y}\left(\frac{\partial z}{\partial x}\right)=\frac{\partial^2 z}{\partial x\partial y}=f_{xy}(x,y), \qquad \frac{\partial}{\partial x}\left(\frac{\partial z}{\partial y}\right)=\frac{\partial^2 z}{\partial y\partial x}=f_{yx}(x,y),$$

其中后边两个偏导数称为混合偏导数.

4. 二阶混合偏导数相等的充分条件

如果函数的两个二阶混合偏导数 $\frac{\partial^2 z}{\partial x\partial y}$ 及 $\frac{\partial^2 z}{\partial y\partial x}$ 在区域 D 内连续, 那么在该区域内这两个二阶混合偏导数必相等, 即 $\frac{\partial^2 z}{\partial x\partial y}=\frac{\partial^2 z}{\partial y\partial x}$.

5. 全微分的定义

设 $z=f(x,y)$ 在区域 D 内有定义, $(x,y)\in D$, $(x+\Delta x,y+\Delta y)\in D$, 若存在与 Δx, Δy 无关的 A 和 B, 使

$$\Delta z=f(x+\Delta x,y+\Delta y)-f(x,y)=A\Delta x+B\Delta y+o(\rho),\quad \rho=\sqrt{\Delta x^2+\Delta y^2}\to 0,$$

则称 $f(x,y)$ 在 (x,y) 处可微, 并且称 $\mathrm{d}z=A\Delta x+B\Delta y$ 为 $f(x,y)$ 在 (x,y) 处的全微分.

二元函数的可微性是一元函数的可微性的推广. 若 $z=f(x,y)$ 在 (x,y) 处可微, 则它在 (x,y) 处连续. 一元函数可微与可导等价, 但二元函数可微和存在偏导数却没有这样的关系. 实际上, 若 $f(x,y)$ 在 (x,y) 处可微, 则它在该点处的偏导数存在, 并且全微分为

$$\mathrm{d}z=\frac{\partial z}{\partial x}\mathrm{d}x+\frac{\partial z}{\partial y}\mathrm{d}y.$$

但反之则不一定成立, 如本章例 7.13.

6. 判别函数可微通常有两种方法

方法 1　若 $z=f(x,y)$ 在 (x,y) 的某邻域中的偏导数 $f_x(x,y)$ 和 $f_y(x,y)$ 存在, 并且 $f_x(x,y)$ 和 $f_y(x,y)$ 在 (x,y) 处连续, 则 $f(x,y)$ 在 (x,y) 处可微.

方法 2　首先求 $f_x(x,y)$ 和 $f_y(x,y)$, 如果

$$\lim_{\rho\to 0}\frac{\Delta z-[f_x(x,y)\Delta x+f_y(x,y)\Delta y]}{\rho}=0,$$

其中

$$\Delta z=f(x+\Delta x,y+\Delta y)-f(x,y),\ \rho=\sqrt{\Delta x^2+\Delta y^2},$$

则 $f(x,y)$ 在 (x,y) 处可微.

利用方法 1 确定 $f(x,y)$ 的可微性时，通常根据多元初等函数的连续性可知 $f(x,y)$ 有连续的偏导数. 而适用于方法 2 的具体问题往往是考虑 $f(x,y)$ 在一些特殊点的可微性，其中 $f_x(x,y)$ 和 $f_y(x,y)$ 一般要用定义求得.

7.2.3　多元函数可微、偏导数、方向导数、连续、极限各概念之间的关系

多元函数各概念关系图见图 7-1.

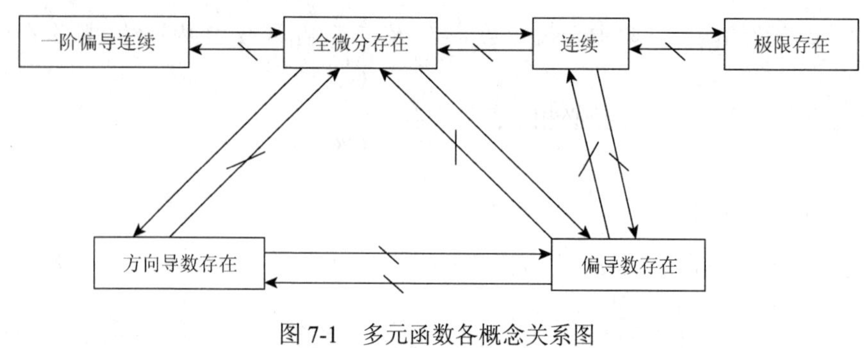

图 7-1　多元函数各概念关系图

符号"——→"表示可以推出，"——↛"表示不能推出

7.2.4　多元复合函数微分法

1. 复合函数的一阶偏导数

设 $z=f(u,v)$ 可微，$u=u(x,y)$ 和 $v=v(x,y)$ 存在偏导数，则 $z=f[u(x,y),v(x,y)]$ 有如下关于 x 和 y 的偏导数：

$$\frac{\partial z}{\partial x}=\frac{\partial f}{\partial u}\frac{\partial u}{\partial x}+\frac{\partial f}{\partial v}\frac{\partial v}{\partial x},\quad \frac{\partial z}{\partial y}=\frac{\partial f}{\partial u}\frac{\partial u}{\partial y}+\frac{\partial f}{\partial v}\frac{\partial v}{\partial y}.$$

特别地，若 $u=u(x)$，$v=v(x)$，则 $z=f[u(x),v(x)]$ 对 x 的导数为

$$\frac{\mathrm{d}z}{\mathrm{d}x}=\frac{\partial f}{\partial u}\frac{\mathrm{d}u}{\mathrm{d}x}+\frac{\partial f}{\partial v}\frac{\mathrm{d}v}{\mathrm{d}x}.$$

称上述求导（或偏导）的公式为链式法则.

注　这里要注意求偏导数的对象，即是对复合前的函数求导数（或偏导数），还是对复合后的函数求偏导，例如，

$$z=f(x,y(x)),\quad \frac{\mathrm{d}z}{\mathrm{d}x}=\frac{\partial f}{\partial x}+\frac{\partial f}{\partial y}\frac{\mathrm{d}y}{\mathrm{d}x},$$

这里的 $\dfrac{\partial f}{\partial x}$ 表示复合前的二元函数 $z=f(x,y)$ 关于 x 求偏导数，而 $\dfrac{\mathrm{d}z}{\mathrm{d}x}$ 则表示复合以后的函数 $z=f(x,y(x))$ 关于 x 求导数，二者切不可混为一谈.

2. 一阶微分形式的不变性

设 $z=f(u,v)$，$u=u(x,y)$, $v=v(x,y)$ 均可微，则无论将 $z=f(u,v)$ 视为 u、v 的函数，或视为 x, y 的函数，其微分相同，称之为一阶微分形式的不变性. 该性质可用来求多元复合函数的偏导数，而无需关注变量之间的关系.

7.2.5　隐函数的微分法

1. 一个方程确定的隐函数

定理 7.1（隐函数存在定理 1）　设 $F(x,y)$ 在点 $P(x_0,y_0)$ 的某一邻域内具有连续偏导数，并且 $F(x_0,y_0)=0$，$F_y(x_0,y_0)\neq 0$，则方程 $F(x,y)=0$ 在点 (x_0,y_0) 的某一邻域内恒能惟一确定一个连续且具有连续导数的函数 $y=f(x)$，它满足条件 $y_0=f(x_0)$，并有

$$\frac{\mathrm{d}y}{\mathrm{d}x}=-\frac{F_x(x,y)}{F_y(x,y)}.$$

若 $F(x,y)$ 有二阶连续偏导，则在相应条件下，有

$$\frac{\mathrm{d}^2y}{\mathrm{d}x^2}=-\frac{F_{xx}F^2{}_y-2F_{xy}F_xF_y+F_{yy}F^2{}_x}{F_y^3}.$$

定理 7.2（隐函数存在定理 2）　设函数 $F(x,y,z)$ 点 $P(x_0,y_0,z_0)$ 的某一邻域内具有连续偏导数，并且 $F(x_0,y_0,z_0)=0$，$F_z(x_0,y_0,z_0)\neq 0$，则方程 $F(x,y,z)=0$ 在点 (x_0,y_0,z_0) 的某一邻域内恒能惟一确定一个连续且具有连续偏导数的函数 $z=z(x,y)$，它满足条件 $z_0=f(x_0,y_0)$，并有

$$\frac{\partial z}{\partial x}=-\frac{F_x(x,y,z)}{F_z(x,y,z)},\qquad \frac{\partial z}{\partial y}=-\frac{F_y(x,y,z)}{F_z(x,y,z)}.$$

2. 方程组确定的隐函数

设方程组 $\begin{cases}F(x,y,u,v)=0,\\ G(x,y,u,v)=0\end{cases}$ 确定隐函数 $u=u(x,y)$, $v=v(x,y)$，记

$$J=\frac{\partial(F,G)}{\partial(u,v)}=\begin{vmatrix}F_u & F_v\\ G_u & G_v\end{vmatrix}\neq 0,$$

则对方程组关于 x 和 y 求偏导数可得

$$\frac{\partial u}{\partial x}=-\frac{1}{J}\frac{\partial(F,G)}{\partial(x,v)},\qquad \frac{\partial v}{\partial x}=-\frac{1}{J}\frac{\partial(F,G)}{\partial(u,x)},$$
$$\frac{\partial u}{\partial y}=-\frac{1}{J}\frac{\partial(F,G)}{\partial(y,v)},\qquad \frac{\partial v}{\partial y}=-\frac{1}{J}\frac{\partial(F,G)}{\partial(u,y)}.$$

特别地，若方程组$\begin{cases}x=x(u,v),\\ y=y(u,v)\end{cases}$确定的隐函数（即反函数）为$u=u(x,y),v=v(x,y)$，则

$$\frac{\partial u}{\partial x}=\frac{1}{J}\frac{\partial y}{\partial v},\qquad \frac{\partial v}{\partial x}=-\frac{1}{J}\frac{\partial y}{\partial u},$$
$$\frac{\partial u}{\partial y}=-\frac{1}{J}\frac{\partial x}{\partial v},\qquad \frac{\partial v}{\partial y}=\frac{1}{J}\frac{\partial x}{\partial u},$$

其中$J=\dfrac{\partial(x,y)}{\partial(u,v)}\neq 0$. 由此可验证$\dfrac{\partial(x,y)}{\partial(u,v)}\cdot\dfrac{\partial(u,v)}{\partial(x,y)}=1$.

这里并不是要求读者记忆这些公式，而是要掌握推导它们的方法，即由方程组两边对自变量求偏导数的方法.

7.2.6 偏导数在几何上的应用

1. 空间曲线的切线和法平面

（1）设Γ为光滑的空间曲线，其参数方程为$\Gamma: x=x(t),y=y(t),z=z(t)$. 它在$t=t_0$对应的点$(x_0,y_0,z_0)=(x(t_0),y(t_0),z(t_0))$处的切线方程为

$$L:\frac{x-x_0}{x'(t_0)}=\frac{y-y_0}{y'(t_0)}=\frac{z-z_0}{z'(t_0)},$$

其相应的法平面方程为

$$\Pi: x'(t_0)(x-x_0)+y'(t_0)(y-y_0)+z'(t_0)(z-z_0)=0.$$

（2）特别地，若Γ的方程为$\Gamma:\begin{cases}y=y(x),\\ z=z(x),\end{cases}$将其视为参数方程$\Gamma:\begin{cases}x=x,\\ y=y(x),\\ z=z(x),\end{cases}$因此，$\Gamma$在$(x_0,y_0,z_0)=(x_0,y(x_0),z(x_0))$处的切线方程为

$$\frac{x-x_0}{1}=\frac{y-y_0}{y'(x_0)}=\frac{z-z_0}{z'(x_0)}.$$

（3）设空间曲线Γ的方程是以$\begin{cases}F(x,y,z)=0,\\ G(x,y,z)=0\end{cases}$的形式给出，则曲线$\Gamma$在点$M_0(x_0,y_0,z_0)$处的切线方程为

$$\frac{x-x_0}{\begin{vmatrix} F_y & F_z \\ G_y & G_z \end{vmatrix}_{M_0}}=\frac{y-y_0}{\begin{vmatrix} F_z & F_x \\ G_z & G_x \end{vmatrix}_{M_0}}=\frac{z-z_0}{\begin{vmatrix} F_x & F_y \\ G_x & G_y \end{vmatrix}_{M_0}}.$$

曲线 Γ 在点 $M_0(x_0,y_0,z_0)$ 处的法平面方程为

$$\begin{vmatrix} F_y & F_z \\ G_y & G_z \end{vmatrix}_{M_0}\cdot(x-x_0)+\begin{vmatrix} F_z & F_x \\ G_z & G_x \end{vmatrix}_{M_0}\cdot(y-y_0)+\begin{vmatrix} F_x & F_y \\ G_x & G_y \end{vmatrix}_{M_0}\cdot(z-z_0)=0.$$

2. 曲面的切平面和法线

设光滑曲面 S 的方程为 $S:F(x,y,z)=0$，则 S 在 $M_0(x_0,y_0,z_0)$ 处的切平面方程为

$$F_x(M_0)(x-x_0)+F_y(M_0)(y-y_0)+F_z(M_0)(z-z_0)=0,$$

相应的法线方程为

$$\frac{x-x_0}{F_x(M_0)}=\frac{y-y_0}{F_y(M_0)}=\frac{z-z_0}{F_z(M_0)}.$$

特别地，若 S 的方程为 $z=f(x,y)$，则相应的切平面和法线方程分别为

$$f_x(x_0,y_0)(x-x_0)+f_y(x_0,y_0)(y-y_0)-(z-z_0)=0$$

和

$$\frac{x-x_0}{f_x(x_0,y_0)}=\frac{y-y_0}{f_y(x_0,y_0)}=\frac{z-z_0}{-1}，其中 z_0=f(x_0,y_0).$$

7.2.7　方向导数与梯度

1. 方向导数

（1） 设 $z=f(x,y)$ 在 $P_0(x_0,y_0)$ 的某个邻域内有定义，方向向量 $\boldsymbol{l}=\{\cos\alpha,\cos\beta\}$，若极限

$$\lim_{\rho\to 0^+}\frac{f(x_0+\rho\cos\alpha,y_0+\rho\cos\beta)-f(x_0,y_0)}{\rho}$$

存在，则称该极限为函数 $f(x,y)$ 在点 P_0 处沿 $\boldsymbol{l}$ 方向的方向导数，记为 $\left.\frac{\partial f}{\partial l}\right|_{P_0}$.

（2）设 $z=f(x,y)$ 在 $P_0(x_0,y_0)$ 处可微，则 $f(x,y)$ 在 P_0 处沿任何方向 $\boldsymbol{l}=\{\cos\alpha,\cos\beta\}$ 的方向导数都存在，并且 $\left.\frac{\partial f}{\partial l}\right|_{P_0}=f_x(x_0,y_0)\cos\alpha+f_y(x_0,y_0)\cos\beta$.

（3）偏导数给出了函数沿坐标轴方向的变化率，而方向导数则可刻画函数沿不同方向的变化率，因此其在实际问题中有重要的应用.

（4）对三元函数 $u=f(x,y,z)$ 类似地亦可定义相应的方向导数.

2. 梯度

设二元函数 $z=f(x,y)$ 在点 (x,y) 存在一阶连续偏导数，则称向量 $\mathbf{grad}\ f=\left(\dfrac{\partial f}{\partial x},\dfrac{\partial f}{\partial y}\right)$ 为 $f(x,y)$ 在点 (x,y) 的梯度. 同样地，对可求偏导的三元函数 $u=f(x,y,z)$，其梯度为

$$\mathbf{grad}\ f=\left(\frac{\partial f}{\partial x},\frac{\partial f}{\partial y},\frac{\partial f}{\partial z}\right).$$

3. 方向导数和梯度的关系

若 $u=f(x,y,z)$ 在 (x,y,z) 处可微，则其沿 $\boldsymbol{l}=\{\cos\alpha,\cos\beta,\cos\gamma\}$ 方向的方向导数可表示成 $\dfrac{\partial u}{\partial l}=\mathbf{grad}\ u\cdot\boldsymbol{l}$. 由此可知，$u=f(x,y,z)$ 在 (x,y,z) 处沿梯度方向的方向导数最大，并且方向导数的最大值为梯度的模，即

$$|\mathbf{grad}\ u|=\sqrt{\left(\frac{\partial f}{\partial x}\right)^2+\left(\frac{\partial f}{\partial y}\right)^2+\left(\frac{\partial f}{\partial z}\right)^2}.$$

7.2.8　多元函数的极值

1. 二元函数的一般极值

（1）设点 $P_0(x_0,y_0)$ 是二元函数 $z=f(x,y)$ 定义域中的一个内点，若存在 $\delta>0$，使得当 $P(x,y)\in\mathring{U}(P_0,\delta)$ 时，有 $f(x,y)<f(x_0,y_0)$，则称 $f(x,y)$ 在点 P_0 处取得极大值，$f(x_0,y_0)$ 称为 $f(x,y)$ 的极大值，P_0 称为 $f(x,y)$ 的极大值点. 类似地可以定义极小值及极小值点.

（2）若 $z=f(x,y)$ 在点 $P_0(x_0,y_0)$ 处的偏导数存在，并且 $f_x(x_0,y_0)=f_y(x_0,y_0)=0$，则称 P_0 为 $f(x,y)$ 的驻点（或稳定点）.

若函数 $z=f(x,y)$ 在点 $P_0(x_0,y_0)$ 处的偏导数存在且取得极值，则 P_0 一定为 $f(x,y)$ 的驻点，因此，若 $z=f(x,y)$ 在区域 D 内偏导数存在，则 $f(x,y)$ 在 D 内的极值点一定是驻点.

（3）二元函数取得极值的必要条件：设函数 $z=f(x,y)$ 在点 $P_0(x_0,y_0)$ 具有偏导数，并且在点 $P_0(x_0,y_0)$ 处有极值，则有 $f_x(x_0,y_0)=f_y(x_0,y_0)=0$.

（4）二元函数取得极值的充分条件：设 $z=f(x,y)$ 在 $P_0(x_0,y_0)$ 处存在二阶连续偏导数，$P_0(x_0,y_0)$ 为 $f(x,y)$ 的驻点，记

$$A=f_{xx}(x_0,y_0)，B=f_{xy}(x_0,y_0)，C=f_{yy}(x_0,y_0)，$$

则有表 7-1.

表 7-1

$\Delta=AC-B^2$	$\Delta>0$		$\Delta<0$	$\Delta=0$
	$A>0$	$A<0$		
$f(x,y)$ 在 (x_0,y_0) 处	取极小值	取极大值	不取极值	是否取极值不能确定，需另作讨论

2. 条件极值

求函数 $f(x,y)$ 在条件 $\varphi(x,y)=0$ 下的极值的方法与步骤：

（1）令 $F(x,y,\lambda)=f(x,y)+\lambda\varphi(x,y)$；

（2）求使 $\dfrac{\partial F}{\partial x}=\dfrac{\partial F}{\partial y}=\dfrac{\partial F}{\partial \lambda}=0$ 的点 (x_0,y_0)，即为可能的极值点；

（3）由函数取得极值的充分条件或定义来确定 (x_0,y_0) 是否为极值点；

（4）求极值.

上述方法称为拉格朗日乘数法. 该方法可推广到多个变量的函数在多个约束条件下的条件极值问题. 例如，要求函数 $u=f(x,y,z,t)$ 在附加条件 $\varphi(x,y,z,t)=0$ 和 $\psi(x,y,z,t)=0$ 下的极值：

可以先作拉格朗日函数 $L(x,y,z,t)=f(x,y,z,t)+\lambda\varphi(x,y,z,t)+\mu\psi(x,y,z,t)$, 其中 λ,μ 均为参数，求其一阶偏导数，并令一阶偏导数为零，然后与两个附加条件方程联立起来求解，这样得出的 (x_0,y_0,z_0,t_0) 就是函数 $u=f(x,y,z,t)$ 在附加条件 $\varphi(x,y,z,t)=0$ 和 $\psi(x,y,z,t)=0$ 下的可能极值点. 再由函数取得极值的充分条件或定义来确定 (x_0,y_0,z_0,t_0) 是否为极值点.

3. 最值

若 $f(x,y)$ 在有界闭区域 D 上连续，则 $f(x,y)$ 在 D 上存在最大值和最小值，求最大值和最小值的方法是：求出 $f(x,y)$ 在 D 内的驻点和偏导数不存在的点，将其函数值与 $f(x,y)$ 在 D 的边界上的最大值和最小值进行比较，最大者为最大值，而最小者为最小值.

7.2.9　二元函数的泰勒公式

设 $z=f(x,y)$ 在点 (x_0,y_0) 的某一邻域内连续且有直到 $n+1$ 阶的连续偏导数, (x_0+h,y_0+k) 为此邻域内任一点, 则有

$$f(x_0+h,y_0+k)=f(x_0,y_0)+\left(h\frac{\partial}{\partial x}+k\frac{\partial}{\partial y}\right)f(x_0,y_0)$$
$$+\frac{1}{2!}\left(h\frac{\partial}{\partial x}+k\frac{\partial}{\partial y}\right)^2 f(x_0,y_0)+\cdots+\frac{1}{n!}\left(h\frac{\partial}{\partial x}+k\frac{\partial}{\partial y}\right)^n f(x_0,y_0)$$
$$+\frac{1}{(n+1)!}\left(h\frac{\partial}{\partial x}+k\frac{\partial}{\partial y}\right)^{n+1} f(x_0+\theta h,y_0+\theta k)\quad(0<\theta<1),$$

其中记号

$\left(h\frac{\partial}{\partial x}+k\frac{\partial}{\partial y}\right)f(x_0,y_0)$ 表示 $hf_x(x_0,y_0)+kf_y(x_0,y_0)$,

$\left(h\frac{\partial}{\partial x}+k\frac{\partial}{\partial y}\right)^2 f(x_0,y_0)$ 表示 $h^2 f_{xx}(x_0,y_0)+2hkf_{xy}(x_0,y_0)+k^2 f_{yy}(x_0,y_0)$,

一般地, 记号

$\left(h\frac{\partial}{\partial x}+k\frac{\partial}{\partial y}\right)^m f(x_0,y_0)$ 表示 $\sum\limits_{p=0}^{m}C_m^p h^p k^{m-p}\left.\frac{\partial^m f}{\partial x^p\partial y^{m-p}}\right|_{(x_0,y_0)}$.

7.3　典型例题解析

例 7.1　求函数 $z_1=\ln[(1-x^2)(1-y^2)]$ 与 $z_2=\ln[(1-x)(1+y)]+\ln[(1+x)(1-y)]$ 的定义域, 并判断它们是否为同一函数.

解　由 $(1-x^2)(1-y^2)>0$, 即

$$\begin{cases}1-x^2>0,\\1-y^2>0,\end{cases}\quad\text{或}\quad\begin{cases}1-x^2<0,\\1-y^2<0,\end{cases}$$

求得 z_1 的定义域为 $D_1=\{(x,y)\,|\,|x|<1,|y|<1\text{或}|x|>1,|y|>1\}$.

由 $\begin{cases}(1-x)(1+y)>0,\\(1+x)(1-y)>0\end{cases}$ 求得 z_2 的定义域为

$$D_2=\{(x,y)\,|\,|x|<1,|y|<1\text{或}x<-1,y>1\text{或}x>1,y<-1\}.$$

由于 D_2 仅是 D_1 的一部分, 所以 z_1、 z_2 不是同一个函数.

注　求比较复杂的二元函数的定义域, 一般先由基本初等函数的定义域列出所有条件, 再解相应的联立不等式组, 通常将其化简至有明显的几何意义即可.

例 7.2　设 $f(x,y)=\dfrac{x^2-y^2}{2xy}$, 试求 $f(-y,x)$, $f\left(\dfrac{1}{x},\dfrac{1}{y}\right)$及$f[x,f(x,y)]$.

解　$f(-y,x)=\dfrac{(-y)^2-x^2}{2(-y)x}=\dfrac{x^2-y^2}{2xy}$, $f\left(\dfrac{1}{x},\dfrac{1}{y}\right)=\dfrac{\left(\dfrac{1}{x}\right)^2-\left(\dfrac{1}{y}\right)^2}{2\cdot\dfrac{1}{x}\cdot\dfrac{1}{y}}=\dfrac{y^2-x^2}{2xy}$,

$$f[x,f(x,y)]=\frac{x^2-f^2(x,y)}{2xf(x,y)}=\frac{x^2-\left(\dfrac{x^2-y^2}{2xy}\right)^2}{2x\cdot\dfrac{x^2-y^2}{2xy}}=\frac{4x^4y^2-(x^2-y^2)^2}{4x^2y(x^2-y^2)}.$$

例 7.3　若 $f\left(x+y,\dfrac{y}{x}\right)=x^2-y^2$, 求 $f(x,y)$.

解　令$\begin{cases}x+y=u,\\ \dfrac{y}{x}=v,\end{cases}$解得$\begin{cases}x=\dfrac{u}{1+v},\\ y=\dfrac{uv}{1+y},\end{cases}$于是

$$f(u,v)=\left(\frac{u}{1+v}\right)^2-\left(\frac{uv}{1+v}\right)^2=\frac{u^2(1-v)}{1+v},$$

所以 $f(x,y)=\dfrac{x^2(1-y)}{1+y}\quad(y\neq-1)$.

例 7.4　讨论 $\lim\limits_{(x,y)\to(0,0)}\dfrac{xy}{x+y}$是否存在.

解　当点 $P(x,y)$ 沿直线 $y=kx$ 趋向 $(0,0)$ 时,

$$\lim_{\substack{y=kx\\x\to0}}\frac{xy}{x+y}=\lim_{x\to0}\frac{x\cdot kx}{x+kx}=\lim_{x\to0}\frac{kx}{1+k}=0\quad(k\neq-1),$$

当点 $P(x,y)$ 沿曲线 $y=x^2-x$ 趋向 $(0,0)$ 时,

$$\lim_{\substack{y=x^2-x\\x\to0}}\frac{xy}{x+y}=\lim_{x\to0}\frac{x(x^2-x)}{x+(x^2-x)}=\lim_{x\to0}\frac{x-1}{1}=-1,$$

所以 $\lim\limits_{(x,y)\to(0,0)}\dfrac{xy}{x+y}$不存在.

解此题时易犯的几种错误：

错误解法 1　$\lim\limits_{(x,y)\to(0,0)}\dfrac{xy}{x+y}=\lim\limits_{(x,y)\to(0,0)}\dfrac{1}{\dfrac{1}{y}+\dfrac{1}{x}}=0$.

错解分析　错误在于认为 $\lim\limits_{(x,y)\to(0,0)}\left(\dfrac{1}{y}+\dfrac{1}{x}\right)=\infty$，其实并非如此.

错误解法 2　因为分子为 xy，分母为 $x+y$，分子是比分母高阶的无穷小，所以极限为零.

错解分析　其实亦不然，例如，当 (x,y) 沿 $x=t,y=-t+t^3$ 趋于 $(0,0)$ 时，$\dfrac{xy}{x+y}$ 趋于 ∞.

错误解法 3　$\lim\limits_{(x,y)\to(0,0)}\dfrac{xy}{x+y}=\lim\limits_{x\to0}\dfrac{x\cdot0}{x+0}=\lim\limits_{x\to0}\dfrac{0}{x}=0$.

错解分析　这里的错误是 $(x,y)\to(0,0)$ 没同时进行，先让 $y\to0$，再让 $x\to0$，这是另外一种意义下的极限，即二次极限.

错误解法 4　令 $x=\rho\cos\theta,y=\rho\sin\theta$，当 $(x,y)\to(0,0)$ 时，$\rho\to0$，

$$\lim_{(x,y)\to(0,0)}\frac{xy}{x+y}=\lim_{\rho\to0}\frac{\rho^2\cos\theta\sin\theta}{\rho(\cos\theta+\sin\theta)}=\lim_{\rho\to0}\frac{\rho\cos\theta\sin\theta}{\cos\theta+\sin\theta}=0.$$

错解分析　此解法错在：在 $\rho\to0$ 的过程中没把 θ 看作变量，在求 $(x,y)\to(0,0)$ 的极限时，往往可作变换 $x=\rho\cos\theta,y=\rho\sin\theta$，原极限就转化为二元变量 (ρ,θ) 的函数当 $\rho\to0$ 时的极限，这里应注意 ρ、θ 都为变量，即在 $\rho\to0$ 的过程中，θ 也在变（若 θ 不变而 $\rho\to0$ 相当于点 (x,y) 沿某条射线趋向于 $(0,0)$）.

注 1　在二重极限 $\lim\limits_{(x,y)\to(x_0,y_0)}f(x,y)=A$ 的定义中，要求 (x,y) 沿任何路径趋于 (x_0,y_0) 时，$f(x,y)$ 都要趋于 A，因此，通常在证明该极限不存在时，选取两条不同的趋于 (x_0,y_0) 的路径，当 (x,y) 沿这两条路径趋于 (x_0,y_0) 时，$f(x,y)$ 趋近于不同的值，即可说明极限不存在. 但是如果选取几条不同路径，即使每条沿 (x_0,y_0) 出发的路径趋于 (x_0,y_0) 时，$f(x,y)$ 均趋于同一值，也不能确保该极限存在，如例 7.4.

注 2　二元函数的极限与一元函数的极限既有区别又有联系，请看例 7.5.

例 7.5　求下列二元函数的极限

（1）$\lim\limits_{(x,y)\to(0,1)}(1+xy)^{\frac{1}{x}}$；　　（2）$\lim\limits_{(x,y)\to(\infty,\infty)}\dfrac{x^2+y^2}{x^4+y^4}$；

（3）$\lim\limits_{(x,y)\to(0,0)}\dfrac{(x^3+y^3)(1-\cos\sqrt{x^2+y^2})}{(x^2+3y^2)^2}$.

分析　（1）此类极限类似一元函数极限中的 1^∞ 型，可考虑转化为一元函数的极限来求解；（2）可用夹逼准则来求；（3）可用变量代换.

解　（1）$\lim\limits_{(x,y)\to(0,1)}(1+xy)^{\frac{1}{x}}=\lim\limits_{(x,y)\to(0,1)}\left[(1+xy)^{\frac{1}{xy}}\right]^{y}=\left[\lim\limits_{(x,y)\to(0,1)}(1+xy)^{\frac{1}{xy}}\right]^{\lim\limits_{y\to1}y}=e^{1}=e$.

（2）因为 $x^4+y^4\geqslant 2x^2y^2$，所以

$$0<\frac{x^2+y^2}{x^4+y^4}\leqslant\frac{x^2+y^2}{2x^2y^2}\leqslant\frac{1}{2}\left(\frac{1}{x^2}+\frac{1}{y^2}\right),$$

则 $\lim\limits_{(x,y)\to(\infty,\infty)}\frac{1}{2}\left(\frac{1}{x^2}+\frac{1}{y^2}\right)=0$，根据夹逼准则，得 $\lim\limits_{(x,y)\to(\infty,\infty)}\frac{x^2+y^2}{x^4+y^4}=0$.

（3）令 $x=\rho\cos\theta, y=\rho\sin\theta,$ 则当 $x\to0, y\to0$ 时，$\rho=\sqrt{x^2+y^2}\to0$. 于是

$$\lim_{(x,y)\to(0,0)}\frac{(x^3+y^3)(1-\cos\sqrt{x^2+y^2})}{(x^2+3y^2)^2}=\lim_{\rho\to0}\frac{\rho^3(\cos^3\theta+\sin^3\theta)(1-\cos\rho)}{\rho^4(1+2\sin^2\theta)^2}$$

$$=2\lim_{\rho\to0}\frac{\sin^2\frac{\rho}{2}}{\rho}\cdot\frac{\cos^3\theta+\sin^3\theta}{(1+2\sin^2\theta)^2}.$$

因

$$\lim_{\rho\to0}\frac{\sin^2\frac{\rho}{2}}{\rho}=0,\quad\left|\frac{\cos^3\theta+\sin^3\theta}{(1+2\sin^2\theta)^2}\right|\leqslant\left|\cos^3\theta+\sin^3\theta\right|<2,$$

故 $\lim\limits_{(x,y)\to(0,0)}\frac{(x^3+y^3)(1-\cos\sqrt{x^2+y^2})}{(x^2+3y^2)^2}=0.$

例 7.6　讨论函数 $z=\frac{1}{\sin x\sin y}$ 的连续性及间断点.

解　z 是初等函数，因此当 $\sin x\sin y\neq0$，即 $x\neq k_1\pi$ 且 $y\neq k_2\pi$ $(k_1,k_2\in\mathbf{Z})$ 时，函数连续. 函数的间断点的集合为

$$\{(x,y)\,|\,x=k_1\pi, y\in R\text{ 或 }y=k_2\pi, x\in R, k_1,k_2\in\mathbf{Z}\}.$$

可见函数 $z=\frac{1}{\sin x\sin y}$ 的图形是有很多“缝”的曲面，其间断点集是纵横交错的直线.

例 7.7　求函数 $f(x,y)=\begin{cases}x\sin\frac{1}{y}, & y\neq0,\\ 0, & y=0\end{cases}$ 的间断点.

解　当 $y\neq0$ 时，$f(x,y)=x\sin\frac{1}{y}$ 连续.

对 $y=0$（即 x 轴）上的点 $(x_0,0)$，若 $x_0\neq0$，由于 $\lim\limits_{\substack{x\to x_0\\ y=0}}f(x,y)=0,$ 而

$$\lim_{\substack{y\to 0\\x=x_0}} f(x,y)=\lim_{y\to 0} x_0\sin\frac{1}{y}$$

不存在. 所以，$f(x,y)$ 在 $(x_0,0)(x_0\neq 0)$ 处不存在极限. 对于点 $(0,0)$，由于

$$|f(x,y)|\leqslant\left|x\sin\frac{1}{y}\right|\leqslant|x|,$$

所以，$\lim\limits_{(x,y)\to(0,0)} f(x,y)=0=f(0,0)$，即 $f(x,y)$ 在 $(0,0)$ 处连续. 因此，$f(x,y)$ 的间断点的集合是

$$D=\{(x,y)\mid y=0,x\neq 0\}.$$

注 一切多元初等函数在其定义区域（所谓定义区域是指包含在定义域内的区域或闭区域）内均连续, 因此不连续点（即间断点）往往出现在分段函数的分界点处.

例 7.8 设 $f(x,y)=\sqrt{x^2+y^4}$，试讨论该函数在 $\mathbf{R}^2$ 上偏导数的存在性, 在偏导数存在处求出偏导数.

解 当 $(x,y)\neq(0,0)$ 时,

$$f_x(x,y)=\frac{x}{\sqrt{x^2+y^4}},\ f_y(x,y)=\frac{2y^3}{\sqrt{x^2+y^4}}.$$

当 $(x,y)=(0,0)$ 时, 由于

$$\lim_{x\to 0^+}\frac{f(x,0)-f(0,0)}{x}=\lim_{x\to 0^+}\frac{|x|}{x}=1,\lim_{x\to 0^-}\frac{f(x,0)-f(0,0)}{x}=\lim_{x\to 0^-}\frac{|x|}{x}=-1.$$

所以, $f(x,y)$ 在点 $(0,0)$ 关于 x 的偏导数不存在, 而

$$\lim_{y\to 0}\frac{f(0,y)-f(0,0)}{y}=\lim_{y\to 0}\frac{y^2}{y}=0,$$

即 $f(x,y)$ 在点 $(0,0)$ 关于 y 的偏导数存在, 并且 $f_y(0,0)=0$. 故

$$f_x(x,y)=\begin{cases}\dfrac{x}{\sqrt{x^2+y^4}}, & (x,y)\neq(0,0),\\ \text{不存在}, & (x,y)=(0,0),\end{cases}\quad f_y(x,y)=\begin{cases}\dfrac{2y^3}{\sqrt{x^2+y^4}}, & (x,y)\neq(0,0),\\ 0, & (x,y)=(0,0).\end{cases}$$

注 易知 $f(x,y)=\sqrt{x^2+y^4}$ 在点 $(0,0)$ 处连续, 而其偏导数可以不存在, 在一元函数中亦有类似的现象. 但是对一元函数有“可导一定连续”的结论, 对于多元函数, 偏导数存在并不能保证函数连续, 甚至函数可以在该点不存在极限. 这是因为偏导数仅刻画了函数沿坐标轴方向的变化情况, 而函数的极限存在或连续则要求沿不同路径变化时函数有相同的极限, 下面以 $f(x,y)$ 在点 (x_0,y_0) 处存在偏导数为例进行具体分析. 由于

$$f_x(x_0,y_0)=\lim_{\Delta x\to 0}\frac{f(x_0+\Delta x,y_0)-f(x_0,y_0)}{\Delta x},$$
$$f_y(x_0,y_0)=\lim_{\Delta y\to 0}\frac{f(x_0,y_0+\Delta y)-f(x_0,y_0)}{\Delta y},$$

即有

$$f(x_0+\Delta x,y_0)-f(x_0,y_0)=f_x(x_0,y_0)\Delta x+\alpha_1\Delta x,$$
$$f(x_0,y_0+\Delta y)-f(x_0,y_0)=f_y(x_0,y_0)\Delta y+\alpha_2\Delta y,$$

其中，$\lim\limits_{\Delta x\to 0}\alpha_1=0$，$\lim\limits_{\Delta y\to 0}\alpha_2=0$，

由此有

$$\lim_{\Delta x\to 0}f(x_0+\Delta x,y_0)=f(x_0,y_0),\quad \lim_{\Delta y\to 0}f(x_0,y_0+\Delta y)=f(x_0,y_0).$$

这说明：$f(x,y)$ 在点 (x_0,y_0) 处存在偏导数，只能保证 $f(x,y)$ 在点 (x_0,y_0) 处沿 x 方向和 y 方向的连续性，而 $f(x,y)$ 在点 (x_0,y_0) 处连续，即

$$\lim_{(\Delta x,\Delta y)\to(0,0)}f(x_0+\Delta x,y_0+\Delta y)=f(x_0,y_0),$$

要求 $f(x,y)$ 在点 (x_0,y_0) 处沿不同路径均连续，因此偏导数存在不能导出函数连续.

例 7.9　求下列函数的偏导数 $\dfrac{\partial z}{\partial x}$ 和 $\dfrac{\partial z}{\partial y}$：

（1）$z=x^3y-y^3x$；　（2）$z=\sqrt{\ln(xy)}$；

（3）$z=\sin(xy)+\cos^2(xy)$；　（4）$z=(1+xy)^y$.

解　（1）$\dfrac{\partial z}{\partial x}=3x^2y-y^3$，$\dfrac{\partial z}{\partial y}=x^3-3xy^2$.

（2）$\dfrac{\partial z}{\partial x}=\dfrac{1}{2}\cdot\dfrac{1}{\sqrt{\ln(xy)}}\cdot\dfrac{y}{xy}=\dfrac{1}{2x\sqrt{\ln(xy)}}$，$\dfrac{\partial z}{\partial y}=\dfrac{1}{2}\cdot\dfrac{1}{\sqrt{\ln(xy)}}\cdot\dfrac{x}{xy}=\dfrac{1}{2y\sqrt{\ln(xy)}}$.

（3）$\dfrac{\partial z}{\partial x}=[\cos(xy)]\cdot y+2[\cos(xy)]\cdot[-\sin(xy)]\cdot y=y\cos(xy)-y\sin(2xy)$.

同理，$\dfrac{\partial z}{\partial y}=x\cos(xy)-x\sin(2xy)$.

（4）**解法 1**　两边取对数得 $\ln z=y\ln(1+xy)$，因此

$$\frac{1}{z}\frac{\partial z}{\partial x}=y\frac{y}{1+xy},\quad \frac{1}{z}\frac{\partial z}{\partial y}=\ln(1+xy)+y\frac{x}{1+xy}$$

即

$$\frac{\partial z}{\partial x}=y^2(1+xy)^{y-1},\ \frac{\partial z}{\partial y}=(1+xy)^y\ln(1+xy)+xy(1+xy)^{y-1}.$$

解法 2 因为 $z=\mathrm{e}^{y\ln(1+xy)}$，故

$$\frac{\partial z}{\partial x}=\mathrm{e}^{y\ln(1+xy)}\frac{y^2}{1+xy}=y^2(1+xy)^{y-1},$$

$$\frac{\partial z}{\partial y}=\mathrm{e}^{y\ln(1+xy)}\left[\ln(1+xy)+\frac{xy}{1+xy}\right]=(1+xy)^y\ln(1+xy)+xy(1+xy)^{y-1}.$$

注 多元函数对某个自变量求偏导数的基本方法是将其余的自变量视为常数，用一元函数的求导公式与法则来求导即可.

例 7.10 设 $f(x,y)=\dfrac{\cos(x-2y)}{\cos(x+y)}$，求 $f_y\left(\pi,\dfrac{\pi}{4}\right)$.

解法 1 先求偏导函数 $f_y(x,y)$，再求 $f_y\left(\pi,\dfrac{\pi}{4}\right)$. 由于

$$f_y(x,y)=\frac{2\sin(x-2y)\cos(x+y)+\cos(x-2y)\sin(x+y)}{[\cos(x+y)]^2}$$

故 $f_y\left(\pi,\dfrac{\pi}{4}\right)=-2\sqrt{2}$.

解法 2 利用偏导数 $f_y(x_0,y_0)$ 即为一元函数 $f(x_0,y)$ 在 y_0 处的导数，$f_x(x_0,y_0)$ 为 $f(x,y_0)$ 在 x_0 处的导数. 由于

$$f(\pi,y)=\frac{\cos(\pi-2y)}{\cos(\pi+y)}=\frac{\cos 2y}{\cos y},\quad f_y(\pi,y)=\frac{-2\sin 2y\cos y+\cos 2y\sin y}{(\cos y)^2},$$

故 $f_y\left(\pi,\dfrac{\pi}{4}\right)=-2\sqrt{2}$.

例 7.11 求下列函数的二阶偏导数 $\dfrac{\partial^2 z}{\partial x^2}$，$\dfrac{\partial^2 z}{\partial y^2}$，$\dfrac{\partial^2 z}{\partial x\partial y}$.

（1）$z=\arctan\dfrac{x+y}{x-y}$；　　（2）$z=x^y$.

解 （1）$$\frac{\partial z}{\partial x}=\frac{1}{1+\left(\dfrac{x+y}{x-y}\right)^2}\frac{-2y}{(x-y)^2}=-\frac{y}{x^2+y^2},$$

$$\frac{\partial z}{\partial y}=\frac{1}{1+\left(\dfrac{x+y}{x-y}\right)^2}\frac{2x}{(x-y)^2}=\frac{x}{x^2+y^2},\quad \frac{\partial^2 z}{\partial x^2}=\frac{2xy}{(x^2+y^2)^2},$$

$$\frac{\partial^2 z}{\partial y^2}=-\frac{2xy}{(x^2+y^2)^2},\quad \frac{\partial^2 z}{\partial x\partial y}=\frac{\partial}{\partial y}\left(-\frac{y}{x^2+y^2}\right)=\frac{y^2-x^2}{(x^2+y^2)^2}.$$

（2）$\dfrac{\partial z}{\partial x}=yx^{y-1}$，$\dfrac{\partial z}{\partial y}=x^y\ln x$，$\dfrac{\partial^2 z}{\partial x^2}=y(y-1)x^{y-2}$，

$$\frac{\partial^2 z}{\partial y^2} = x^y \ln^2 x, \quad \frac{\partial^2 z}{\partial x \partial y} = \frac{\partial}{\partial y}(yx^{y-1}) = x^{y-1} + yx^{y-1}\ln x.$$

例 7.12　设 $z = f(x,y) = \begin{cases} (x^2+y^2)\sin\dfrac{1}{\sqrt{x^2+y^2}}, & x^2+y^2 \neq 0, \\ 0, & x^2+y^2 = 0, \end{cases}$ 试讨论：

（1）函数 $f(x,y)$ 在 $(0,0)$ 处是否连续；

（2）偏导数 $f_x(x,y), f_y(x,y)$ 在 $(0,0)$ 处是否连续；

（3）$f(x,y)$ 在 $(0,0)$ 处是否可微.

解　（1）因为

$$\lim_{(x,y)\to(0,0)} f(x,y) = \lim_{(x,y)\to(0,0)} (x^2+y^2)\sin\frac{1}{\sqrt{x^2+y^2}}$$

$$= \lim_{u\to 0} u\sin\frac{1}{\sqrt{u}} = 0 \ (令 u = x^2+y^2),$$

即 $\lim\limits_{(x,y)\to(0,0)} f(x,y) = f(0,0)$，所以函数 $f(x,y)$ 在 $(0,0)$ 点处连续.

（2）当 $(x,y) \neq (0,0)$ 时，

$$f_x(x,y) = 2x\sin\frac{1}{\sqrt{x^2+y^2}} - \frac{x}{\sqrt{x^2+y^2}}\cos\frac{1}{\sqrt{x^2+y^2}};$$

当 $(x,y) = (0,0)$ 时，

$$f_x(0,0) = \lim_{\Delta x\to 0} \frac{(\Delta x)^2 \sin\dfrac{1}{\sqrt{(\Delta x)^2}} - 0}{\Delta x} = \lim_{\Delta x\to 0} \Delta x \sin\frac{1}{|\Delta x|} = 0.$$

所以

$$f_x(x,y) = \begin{cases} 2x\sin\dfrac{1}{\sqrt{x^2+y^2}} - \dfrac{x}{\sqrt{x^2+y^2}}\cos\dfrac{1}{\sqrt{x^2+y^2}}, & x^2+y^2 \neq 0, \\ 0, & x^2+y^2 = 0. \end{cases}$$

因为

$$\lim_{(x,y)\to(0,0)} f_x(x,y) = \lim_{(x,y)\to(0,0)} \left(2x\sin\frac{1}{\sqrt{x^2+y^2}} - \frac{x}{\sqrt{x^2+y^2}}\cos\frac{1}{\sqrt{x^2+y^2}} \right)$$

不存在，所以 $f_x(x,y)$ 在 $(0,0)$ 处不连续.

同理可求

$$f_y(x,y) = \begin{cases} 2y\sin\dfrac{1}{\sqrt{x^2+y^2}} - \dfrac{y}{\sqrt{x^2+y^2}}\cos\dfrac{1}{\sqrt{x^2+y^2}}, & x^2+y^2 \neq 0 \\ 0, & x^2+y^2 = 0 \end{cases},$$

所以 $f_y(x,y)$ 在 $(0,0)$ 处不连续.

（3）因为

$$\lim_{(\Delta x,\Delta y)\to(0,0)}\frac{\Delta z-[f_x(0,0)\Delta x+f_y(0,0)\Delta y]}{\sqrt{(\Delta x)^2+(\Delta y)^2}}$$

$$=\lim_{(\Delta x,\Delta y)\to(0,0)}\frac{[(\Delta x)^2+(\Delta y)^2]\sin\dfrac{1}{\sqrt{(\Delta x)^2+(\Delta y)^2}}-0}{\sqrt{(\Delta x)^2+(\Delta y)^2}}$$

$$=\lim_{(\Delta x,\Delta y)\to(0,0)}\sqrt{(\Delta x)^2+(\Delta y)^2}\sin\frac{1}{\sqrt{(\Delta x)^2+(\Delta y)^2}}=0,$$

由全微分定义知 $f(x,y)$ 在 $(0,0)$ 处可微，并且 $\mathrm{d}f(0,0)=0$.

注　例 7.12 说明了二元函数在一点的偏导数连续只是函数在该点可微的充分条件而非必要条件.

例 7.13　证明：函数 $f(x,y)=\sqrt{|xy|}$ 在点 $(0,0)$ 处连续，偏导数存在，但不可微.

证明　显然 $f(x,y)$ 在点 $(0,0)$ 是连续的，由偏导数定义，

$$f_x(0,0)=\lim_{\Delta x\to 0}\frac{f(0+\Delta x,0)-f(0,0)}{\Delta x}=\lim_{\Delta x\to 0}\frac{0-0}{\Delta x}=0,$$

同理，$f_y(0,0)=0$.

令 $I=\dfrac{\Delta z-[f_x(0,0)\Delta x+f_y(0,0)\Delta y]}{\rho}=\dfrac{\sqrt{|\Delta x\Delta y|}}{\sqrt{(\Delta x)^2+(\Delta y)^2}}$，因

$$\lim_{\substack{\Delta y=k\Delta x\\ \Delta x\to 0}}\frac{\sqrt{|\Delta x\Delta y|}}{\sqrt{(\Delta x)^2+(\Delta y)^2}}=\lim_{\Delta x\to 0}\frac{\sqrt{|k||\Delta x|^2}}{\sqrt{(1+k^2)(\Delta x)^2}}=\frac{\sqrt{|k|}}{\sqrt{1+k^2}},$$

则当 $\rho\to 0$ 时，I 不存在极限，所以 $f(x,y)$ 在点 $(0,0)$ 处不可微.

注 1　若函数 $z=f(x,y)$ 在点 (x_0,y_0) 处的偏导数存在，则 $f(x,y)$ 在点 (x_0,y_0) 处可微的等价定义是

$$\lim_{\rho\to 0}\frac{\Delta z-[f_x(x_0,y_0)\Delta x+f_y(x_0,y_0)\Delta y]}{\rho}=0,$$

其中

$$\Delta z=f(x_0+\Delta x,y_0+\Delta y)-f(x_0,y_0),\rho=\sqrt{\Delta x^2+\Delta y^2}.$$

通常可用验证上式是否成立来判断函数的可微性.

注 2　二元函数在一点的偏导数存在只是函数在该点可微的必要条件，这是二元函数与一元函数的重要区别之一.

例 7.14　考虑二元函数 $f(x,y)$ 的下面 4 条性质：

① $f(x,y)$ 在点 (x_0,y_0) 处连续；

② $f(x,y)$ 在点 (x_0,y_0) 处的两个偏导数连续；

③ $f(x,y)$ 在点 (x_0,y_0) 处可微；

④ $f(x,y)$ 在点 (x_0,y_0) 处的两个偏导数存在. 若用“ $P \Rightarrow Q$ ”表示可由性质 P 推出性质 Q，则有（　　）.

A. ②⇒③⇒①　　B. ③⇒②⇒①

C. ③⇒④⇒①　　D. ③⇒①⇒④

解　选 A. 因为两个偏导数连续⇒可微⇒连续.

注　在可微的假定下，函数连续、偏导存在都是必要条件. 若偏导数连续，则可保证可微，它是可微的充分条件. 二元函数可微、偏导数、方向导数、连续、极限各概念之间的关系请参阅本章 7.2 节.

例 7.15　设 $z=(x^2+y^2)e^{\frac{x^2+y^2}{xy}}$，求 $\frac{\partial z}{\partial x}$，$\frac{\partial z}{\partial y}$.

解法 1　根据多元函数求导法则，直接求偏导数

$$\frac{\partial z}{\partial x}=2xe^{\frac{x^2+y^2}{xy}}+(x^2+y^2)e^{\frac{x^2+y^2}{xy}}\left[\frac{2x(xy)-(x^2+y^2)\cdot y}{x^2y^2}\right]$$

$$=\frac{x^4-y^4+2x^3y}{x^2y}e^{\frac{x^2+y^2}{xy}},$$

类似地可求 $\frac{\partial z}{\partial y}=\frac{y^4-x^4+2xy^3}{xy^2}e^{\frac{x^2+y^2}{xy}}$.

解法 2　利用全微分形式的不变性，求出全微分后可同时得到两个偏导数. 因为

$$dz=e^{\frac{x^2+y^2}{xy}}d(x^2+y^2)+(x^2+y^2)d\left(e^{\frac{x^2+y^2}{xy}}\right)$$

$$=e^{\frac{x^2+y^2}{xy}}(2xdx+2ydy)+(x^2+y^2)\cdot e^{\frac{x^2+y^2}{xy}}d\left(\frac{x^2+y^2}{xy}\right)$$

$$=2e^{\frac{x^2+y^2}{xy}}(xdx+ydy)+(x^2+y^2)\cdot e^{\frac{x^2+y^2}{xy}}\frac{xyd(x^2+y^2)-(x^2+y^2)d(xy)}{(xy)^2}$$

$$=e^{\frac{x^2+y^2}{xy}}\left(\frac{x^4-y^4+2x^3y}{x^2y}dx+\frac{y^4-x^4+2xy^3}{xy^2}dy\right),$$

所以 $\frac{\partial z}{\partial x}=\frac{x^4-y^4+2x^3y}{x^2y}e^{\frac{x^2+y^2}{xy}}$，$\frac{\partial z}{\partial y}=\frac{y^4-x^4+2xy^3}{xy^2}e^{\frac{x^2+y^2}{xy}}$.

注　利用全微分形式不变性求多元复合函数的偏导数的方法不但在许多场合显得简捷方便，更重要的是在这个过程中不必区分自变量与中间变量，因而不易出错.

例 7.16　设 $z=f\left(x^2y^2,\dfrac{y}{x}\right)$，其中 f 有二阶偏导数，求 $\dfrac{\partial^2 z}{\partial x\partial y}$.

解　令 $u=x^2y^2$，$v=\dfrac{y}{x}$，则 $z=f(u,v)$，可知 f 的函数复合关系图如图 7-2 所示.

由链式求导法则可得

$$\frac{\partial z}{\partial x}=\frac{\partial f}{\partial u}\frac{\partial u}{\partial x}+\frac{\partial f}{\partial v}\frac{\partial v}{\partial x}=2xy^2 f_u-\frac{y}{x^2}f_v,$$

$$\frac{\partial^2 z}{\partial x\partial y}=\frac{\partial}{\partial y}\left(2xy^2 f_u-\frac{y}{x^2}f_v\right)=4xyf_u+2xy^2\frac{\partial}{\partial y}(f_u)-\frac{1}{x^2}f_v-\frac{y}{x^2}\frac{\partial}{\partial y}(f_v).$$

注意到 f_u,f_v 仍是以 u,v 为中间变量的复合函数，其函数复合关系图（图 7-3）与 f 的函数复合关系图类似，故

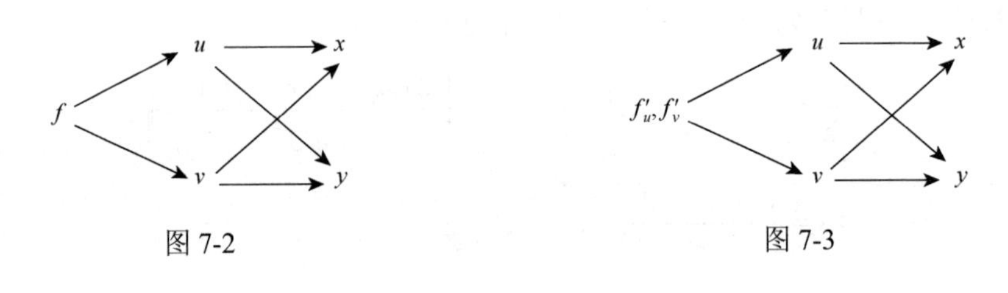

图 7-2　　图 7-3

$$\frac{\partial}{\partial y}(f_u)=f_{uu}\frac{\partial u}{\partial y}+f_{uv}\frac{\partial v}{\partial y}=2x^2yf_{uu}+\frac{1}{x}f_{uv},$$

$$\frac{\partial}{\partial y}(f_v)=f_{vu}\frac{\partial u}{\partial y}+f_{vv}\frac{\partial v}{\partial y}=2x^2yf_{vu}+\frac{1}{x}f_{vv},$$

所以

$$\frac{\partial^2 z}{\partial x\partial y}=4xyf_u+2xy^2\left(2x^2yf_{uu}+\frac{1}{x}f_{uv}\right)-\frac{1}{x^2}f_v-\frac{y}{x^2}\left(2x^2yf_{vu}+\frac{1}{x}f_{vv}\right)$$

$$=4xyf_u-\frac{1}{x^2}f_v+4x^3y^3f_{uu}+2y^2f_{uv}-2y^2f_{vu}-\frac{y}{x^3}f_{vv}.$$

错误解答　$\dfrac{\partial^2 z}{\partial x\partial y}=4xyf_u-\dfrac{1}{x^2}f_v+4x^3y^3f_{uu}-\dfrac{y}{x^3}f_{vv}$.

错解分析　错误的原因在于将 $2y^2f''_{12}$ 与 $-2y^2f''_{21}$ 合并，其实 f''_{12} 未必等于 f''_{12}，只有当两者连续时才相等.

注 1　上述结果可简记为

$$\frac{\partial^2 z}{\partial x\partial y}=4xyf'_1-\frac{1}{x^2}f'_2+4x^3y^3f''_{11}+2y^2f''_{12}-2y^2f''_{21}-\frac{y}{x^3}f''_{22}.$$

注 2　二元函数的两个混合偏导数相等的充分条件是两个混合偏导数连续.

例 7.17　设 $u=f(x,y,z), y=\varphi(x,t), t=\psi(x,z)$ 均为可微函数，求 $\dfrac{\partial u}{\partial x}$，$\dfrac{\partial u}{\partial z}$.

分析　这是抽象复合函数的求偏导数的问题，由题意知 u 实质上是关于 x,z 的二元函数.

解法 1　画出函数复合关系图（图 7-4）.

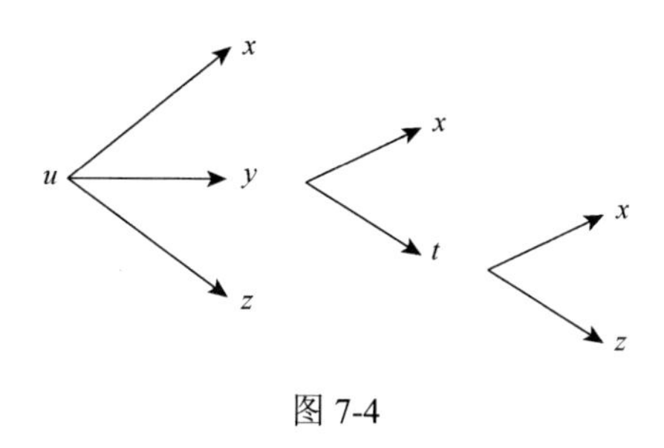

图 7-4

由 u 至 x 的路径有

$$u\xrightarrow{f}x,\ u\xrightarrow{f}y\xrightarrow{\varphi}x,\ u\xrightarrow{f}y\xrightarrow{\varphi}t\xrightarrow{\varphi}x$$

因此 $\dfrac{\partial u}{\partial x}=\dfrac{\partial f}{\partial x}+\dfrac{\partial f}{\partial y}\dfrac{\partial \varphi}{\partial x}+\dfrac{\partial f}{\partial y}\dfrac{\partial \varphi}{\partial t}\dfrac{\partial \psi}{\partial x}$.

同理，由 u 至 z 的路径有

$$u\xrightarrow{f}z,\ u\xrightarrow{f}y\xrightarrow{\varphi}t\xrightarrow{\psi}x$$

因此 $\dfrac{\partial u}{\partial z}=\dfrac{\partial f}{\partial z}+\dfrac{\partial f}{\partial y}\dfrac{\partial \varphi}{\partial t}\dfrac{\partial \psi}{\partial z}$.

解法 2　利用一阶微分形式的不变性. 先求 u 的全微分，即

$$\begin{aligned}\mathrm{d}u&=\frac{\partial f}{\partial x}\mathrm{d}x+\frac{\partial f}{\partial y}\mathrm{d}y+\frac{\partial f}{\partial z}\mathrm{d}z=\frac{\partial f}{\partial x}\mathrm{d}x+\frac{\partial f}{\partial y}\left(\frac{\partial \varphi}{\partial x}\mathrm{d}x+\frac{\partial \varphi}{\partial t}\mathrm{d}t\right)+\frac{\partial f}{\partial z}\mathrm{d}z\\&=\frac{\partial f}{\partial x}\mathrm{d}x+\frac{\partial f}{\partial y}\frac{\partial \varphi}{\partial x}\mathrm{d}x+\frac{\partial f}{\partial z}\mathrm{d}z+\frac{\partial f}{\partial y}\frac{\partial \varphi}{\partial t}\left(\frac{\partial \psi}{\partial x}\mathrm{d}x+\frac{\partial \psi}{\partial z}\mathrm{d}z\right)\\&=\left(\frac{\partial f}{\partial x}+\frac{\partial f}{\partial y}\frac{\partial \varphi}{\partial x}+\frac{\partial f}{\partial y}\frac{\partial \varphi}{\partial t}\frac{\partial \psi}{\partial x}\right)\mathrm{d}x+\left(\frac{\partial f}{\partial z}+\frac{\partial f}{\partial y}\frac{\partial \varphi}{\partial t}\frac{\partial \psi}{\partial z}\right)\mathrm{d}z.\end{aligned}$$

另外，$\mathrm{d}u=\dfrac{\partial u}{\partial x}\mathrm{d}x+\dfrac{\partial u}{\partial z}\mathrm{d}z$，比较以上两式可得

$$\frac{\partial u}{\partial x}=\frac{\partial f}{\partial x}+\frac{\partial f}{\partial y}\frac{\partial \varphi}{\partial x}+\frac{\partial f}{\partial y}\frac{\partial \varphi}{\partial t}\frac{\partial \psi}{\partial x},\quad \frac{\partial u}{\partial z}=\frac{\partial f}{\partial z}+\frac{\partial f}{\partial y}\frac{\partial \varphi}{\partial t}\frac{\partial \psi}{\partial z}.$$

注　用链式求导法则求多元抽象复合函数的偏导数的步骤：

（1）按从因变量到自变量的顺序用有向线段表示函数关系，画出函数复合关系图；

（2）找出函数到自变量（要求偏导数的自变量）的所有有向折线路径；

（3）所求偏导数为一个和式，每条路径对应于和式的一项，而每一项为组成该路径的所有有向折线对应的偏导数的乘积. 可将该过程总结成一句话“沿线相乘，分线相加”.

例 7.18　设 $z=f\left(xy,\dfrac{x}{y}\right)+g\left(\dfrac{y}{x}\right)$，其中 f 具有二阶连续偏导数，g 具有二阶连续导数，求 $\dfrac{\partial^2 z}{\partial x\partial y}$.

分析　f 是二元复合函数，有两个中间变量，可用 f_1', f_2' 分别表示对第一、二个中间变量求偏导数. g 也是二元复合函数，但只有一个中间变量，故应该用 g' 表示 g 对中间变量的导数. 应注意正确使用偏导数与导数符号.

解　$\dfrac{\partial z}{\partial x}=yf_1'+\dfrac{1}{y}f_2'-\dfrac{y}{x^2}g'$.

$$\begin{aligned}\frac{\partial^2 z}{\partial x\partial y}&=f_1'+y\left(xf_{11}''-\frac{x}{y^2}f_{12}''\right)-\frac{1}{y^2}f_2'+\frac{1}{y}\left(xf_{21}''-\frac{x}{y^2}f_{22}''\right)-\frac{1}{x^2}g'-\frac{y}{x^3}g''\\&=f_1'-\frac{1}{y^2}f_2'+xyf_{11}''-\frac{x}{y^3}f_{22}''-\frac{1}{x^2}g'-\frac{y}{x^3}g''\end{aligned}$$

注　题目中有 f 具有二阶连续偏导数的条件，故 $f_{12}''=f_{21}''$，从而含有 f_{12}'' 与 f_{21}'' 的项一定要合并. 如果没有这一条件，则不能合并含有 f_{12}'' 与 f_{21}'' 的项.

例 7.19　设函数 $z=f(x,y)$ 在 $(1,1)$ 处可微，并且 $f(1,1)=1$，$\left.\dfrac{\partial f}{\partial x}\right|_{(1,1)}=2$，$\left.\dfrac{\partial f}{\partial y}\right|_{(1,1)}=3$，$\varphi(x)=f[x,f(x,x)]$，求 $\left.\dfrac{\mathrm{d}}{\mathrm{d}x}\varphi^3(x)\right|_{x=1}$.

分析　本题关键是求 $\dfrac{\mathrm{d}\varphi(x)}{\mathrm{d}x}$，函数 $\varphi(x)=f\{x,f(x,x)\}$ 可看成是由如下 3 个函数复合而成的：$\varphi=f(x,u)$，$u=f(x,v)$，$v=x$.

解　$\varphi(1)=f\{1,f(1,1)\}=f(1,1)=1$，$\left.\dfrac{\mathrm{d}}{\mathrm{d}x}\varphi^3(x)\right|_{x=1}=3\varphi^2(1)\varphi'(1)=3\varphi'(1)$，因为

$$\begin{aligned}\varphi'(x)&=f_1'\{x,f(x,x)\}+f_2'\{x,f(x,x)\}\frac{\mathrm{d}}{\mathrm{d}x}f(x,x)\\&=f_1'\{x,f(x,x)\}+f_2'\{x,f(x,x)\}[f_1'(x,x)+f_2'(x,x)],\end{aligned}$$

而 $f_1'(1,1)=2$, $f_2'(1,1)=3$, 因此 $\varphi'(1)=2+3\times(2+3)=17$. 故 $\left.\dfrac{\mathrm{d}}{\mathrm{d}x}\varphi^3(x)\right|_{x=1}=3\times17=51$.

例 7.20　设变换 $\begin{cases} u = x - 2y, \\ v = x + ay, \end{cases}$ 把方程 $6\dfrac{\partial^2 z}{\partial x^2} + \dfrac{\partial^2 z}{\partial x \partial y} - \dfrac{\partial^2 z}{\partial y^2} = 0$ 化为 $\dfrac{\partial^2 z}{\partial u \partial v} = 0$，其中 $z = z(x, y)$ 具有二阶连续的偏导数，求常数 a.

分析　作变换后 z 变为关于 u, v 的函数，显然要利用复合函数求导法则来计算.

解法 1　$\dfrac{\partial z}{\partial x} = \dfrac{\partial z}{\partial u} \cdot \dfrac{\partial u}{\partial x} + \dfrac{\partial z}{\partial v} \cdot \dfrac{\partial v}{\partial x} = \dfrac{\partial z}{\partial u} + \dfrac{\partial z}{\partial v}$，$\dfrac{\partial z}{\partial y} = \dfrac{\partial z}{\partial u} \cdot \dfrac{\partial u}{\partial y} + \dfrac{\partial z}{\partial v} \cdot \dfrac{\partial v}{\partial y} = -2\dfrac{\partial z}{\partial u} + a\dfrac{\partial z}{\partial v}$,

$$\frac{\partial^2 z}{\partial x^2} = \frac{\partial^2 z}{\partial u^2} + 2\frac{\partial^2 z}{\partial u \partial v} + \frac{\partial^2 z}{\partial v^2}, \qquad \frac{\partial^2 z}{\partial y^2} = 4\frac{\partial^2 z}{\partial u^2} - 4a\frac{\partial^2 z}{\partial u \partial v} + a^2\frac{\partial^2 z}{\partial v^2},$$

$$\frac{\partial^2 z}{\partial x \partial y} = -2\frac{\partial^2 z}{\partial u^2} + (a-2)\frac{\partial^2 z}{\partial u \partial v} + a\frac{\partial^2 z}{\partial v^2},$$

将上述结果代入方程 $6\dfrac{\partial^2 z}{\partial x^2} + \dfrac{\partial^2 z}{\partial x \partial y} - \dfrac{\partial^2 z}{\partial y^2} = 0$ 中，化简后可得

$$(10 + 5a)\frac{\partial^2 z}{\partial u \partial v} + (6 + a - a^2)\frac{\partial^2 z}{\partial v^2} = 0.$$

依题意 a 应满足 $6 + a - a^2 = 0$ 且 $10 + 5a \neq 0$，解之得 $a = 3$.

解法 2　将 z 视为以 x, y 为中间变量的 u, v 的二元复合函数，由题设可解得

$$x = \frac{au + 2v}{a+2}, \quad y = \frac{-u + v}{a+2}$$

从而

$$\frac{\partial x}{\partial u} = \frac{a}{a+2}, \quad \frac{\partial x}{\partial v} = \frac{2}{a+2}, \quad \frac{\partial y}{\partial u} = -\frac{1}{a+2}, \quad \frac{\partial y}{\partial v} = \frac{1}{a+2}$$

$$\frac{\partial z}{\partial u} = \frac{\partial z}{\partial x}\frac{\partial x}{\partial u} + \frac{\partial z}{\partial y}\frac{\partial y}{\partial u} = \frac{a}{a+2} \cdot \frac{\partial z}{\partial x} - \frac{1}{a+2} \cdot \frac{\partial z}{\partial y},$$

$$\begin{aligned} \frac{\partial^2 z}{\partial u \partial v} &= \frac{a}{a+2}\left(\frac{\partial^2 z}{\partial x^2}\frac{\partial x}{\partial v} + \frac{\partial^2 z}{\partial x \partial y}\frac{\partial y}{\partial v}\right) - \frac{1}{a+2}\left(\frac{\partial^2 z}{\partial y \partial x}\frac{\partial x}{\partial v} + \frac{\partial^2 z}{\partial y^2}\frac{\partial y}{\partial v}\right) \\ &= \frac{2a}{(a+2)^2}\frac{\partial^2 z}{\partial x^2} + \frac{a-2}{(a+2)^2}\frac{\partial^2 z}{\partial x \partial y} - \frac{1}{(a+2)^2}\frac{\partial^2 z}{\partial y^2}. \end{aligned} \tag{7-1}$$

依题意

$$6\frac{\partial^2 z}{\partial x^2} + \frac{\partial^2 z}{\partial x \partial y} - \frac{\partial^2 z}{\partial y^2} = 0，即 \frac{\partial^2 z}{\partial y^2} = 6\frac{\partial^2 z}{\partial x^2} + \frac{\partial^2 z}{\partial x \partial y}.$$

代入式（7-1），得

$$\frac{\partial^2 z}{\partial u \partial v} = \frac{2a-6}{(a+2)^2}\frac{\partial^2 z}{\partial x^2} + \frac{a-3}{(a+2)^2}\frac{\partial^2 z}{\partial x \partial y}.$$

令 $\dfrac{\partial^2 z}{\partial u \partial v} = 0$，得 $a - 3 = 0$，　$a + 2 \neq 0$，故 $a = 3$.

例 7.21　设函数 $u(x,y)=\varphi(x+y)+\varphi(x-y)+\int_{x-y}^{x+y}\psi(t)\mathrm{d}t$，其中函数 φ 具有二阶导数，ψ 具有一阶导数，则必有（　　）

A. $\dfrac{\partial^2 u}{\partial x^2}=-\dfrac{\partial^2 u}{\partial y^2}$　　B. $\dfrac{\partial^2 u}{\partial x^2}=\dfrac{\partial^2 u}{\partial y^2}$

C. $\dfrac{\partial^2 u}{\partial x\partial y}=\dfrac{\partial^2 u}{\partial y^2}$　　D. $\dfrac{\partial^2 u}{\partial x\partial y}=\dfrac{\partial^2 u}{\partial x^2}$

解　选 B. 根据复合函数求导法则及变上限积分的导数，可得

$$\begin{aligned}\frac{\partial u}{\partial x}&=\varphi'(x+y)\frac{\partial(x+y)}{\partial x}+\varphi'(x-y)\frac{\partial(x-y)}{\partial x}\\&\quad+\psi(x+y)\frac{\partial(x+y)}{\partial x}-\psi(x-y)\frac{\partial(x-y)}{\partial x}\\&=\varphi'(x+y)+\varphi'(x-y)+\psi(x+y)-\psi(x-y).\end{aligned}$$

同理可得

$$\frac{\partial u}{\partial y}=\varphi'(x+y)-\varphi'(x-y)+\psi(x+y)+\psi(x-y),$$

$$\frac{\partial^2 u}{\partial x^2}=\varphi''(x+y)+\varphi''(x-y)+\psi'(x+y)-\psi'(x-y),$$

$$\frac{\partial^2 u}{\partial y^2}=\varphi''(x+y)+\varphi''(x-y)+\psi'(x+y)-\psi'(x-y),$$

$$\frac{\partial^2 u}{\partial x\partial y}=\varphi''(x+y)-\varphi''(x-y)+\psi'(x+y)+\psi'(x-y).$$ 故选择 B.

例 7.22　设有三元方程 $xy-z\ln y+\mathrm{e}^{xz}=1$，根据隐函数存在定理，存在点 $(0,1,1)$ 的一个邻域，在此邻域内该方程（　　）.

A. 只能确定一个具有连续偏导数的隐函数 $z=z(x,y)$

B. 可确定两个具有连续偏导数的隐函数 $y=y(x,z)$ 和 $z=z(x,y)$

C. 可确定两个具有连续偏导数的隐函数 $x=x(y,z)$ 和 $z=z(x,y)$

D. 可确定两个具有连续偏导数的隐函数 $x=x(y,z)$ 和 $y=y(x,z)$

分析　根据隐函数存在定理，首先求出 F_x，F_y，F_z，判断其在点 $(0,1,1)$ 的值.

解　选 D. 令 $F(x,y,z)=xy-z\ln y+\mathrm{e}^{xz}-1$，则

$$F(0,1,1)=0,\ F_x=y+z\mathrm{e}^{xz},\ F_y=x-\frac{z}{y},\ F_z=-\ln y+x\mathrm{e}^{xz},$$

显然 F_x，F_y，F_z 都连续，并且有

$$F_x(0,1,1)=2\neq 0,\ F_y=(0,1,1)=-1\neq 0,\ F_z=(0,1,1)=0,$$

由隐函数存在定理，存在点 $(0,1,1)$ 的一个邻域，在此邻域内该方程可确定两个具有连续偏导数的隐函数 $x = x(y,z)$ 和 $y = y(x,z)$.

注　本题主要考查隐函数存在定理和多元函数求偏导数.

例 7.23　设 $z = z(x,y)$ 为方程 $2\sin(x+2y-3z) = x-4y+3z$ 确定的隐函数，验证：

$$\frac{\partial z}{\partial x}+\frac{\partial z}{\partial y}=1 .$$

分析　这是隐函数的求导问题，只需求出 $\frac{\partial z}{\partial x}$ 与 $\frac{\partial z}{\partial y}$，然后验证即可.

解法 1　对方程 $2\sin(x+2y-3z) = x-4y+3z$ 两边关于 x 求偏导，得

$$2\cos(x+2y-3z)\left(1-3\frac{\partial z}{\partial x}\right)=1+3\frac{\partial z}{\partial x},$$

由此可得 $\frac{\partial z}{\partial x}=\frac{2\cos(x+2y-3z)-1}{3[1+2\cos(x+2y-3z)]}$.

同样地，对方程两边关于 y 求偏导，得

$$2\cos(x+2y-3z)\left(2-3\frac{\partial z}{\partial y}\right)=-4+3\frac{\partial z}{\partial y},$$

由此可得 $\frac{\partial z}{\partial y}=\frac{4\cos(x+2y-3z)+4}{3[1+2\cos(x+2y-3z)]}$.

因此 $\frac{\partial z}{\partial x}+\frac{\partial z}{\partial y}=\frac{2\cos(x+2y-3z)-1}{3[1+2\cos(x+2y-3z)]}+\frac{4\cos(x+2y-3z)+4}{3[1+2\cos(x+2y-3z)]}=1$.

解法 2　令 $F(x,y,z)=x-4y+3z-2\sin(x+2y-3z)$，由公式

$$\frac{\partial z}{\partial x}=-\frac{F_x(x,y,z)}{F_z(x,y,z)}=\frac{2\cos(x+2y-3z)-1}{3[1+2\cos(x+2y-3z)]},$$

$$\frac{\partial z}{\partial y}=-\frac{F_y(x,y,z)}{F_z(x,y,z)}=\frac{4\cos(x+2y-3z)+4}{3[1+2\cos(x+2y-3z)]},$$

所以 $\frac{\partial z}{\partial x}+\frac{\partial z}{\partial y}=\frac{2\cos(x+2y-3z)-1}{3[1+2\cos(x+2y-3z)]}+\frac{4\cos(x+2y-3z)+4}{3[1+2\cos(x+2y-3z)]}=1$.

解法 3　利用全微分形式不变性，对方程两边同时求微分，即

$$2\mathrm{d}\sin(x+2y-3z)=\mathrm{d}(x-4y+3z),$$

得 $2\cos(x+2y-3z)[\mathrm{d}(x+2y-3z)]=\mathrm{d}(x-4y+3z)$，故

$$\mathrm{d}z=\frac{2\cos(x+2y-3z)-1}{3[1+2\cos(x+2y-3z)]}\mathrm{d}x+\frac{4\cos(x+2y-3z)+4}{3[1+2\cos(x+2y-3z)]}\mathrm{d}y,$$

而 $\mathrm{d}z=\frac{\partial z}{\partial x}\mathrm{d}x+\frac{\partial z}{\mathrm{d}y}\mathrm{d}y$，故

$$\frac{\partial z}{\partial x}=\frac{2\cos(x+2y-3z)-1}{3[1+2\cos(x+2y-3z)]},\quad \frac{\partial z}{\partial y}=\frac{4\cos(x+2y-3z)+4}{3[1+2\cos(x+2y-3z)]},$$

所以 $\frac{\partial z}{\partial x}+\frac{\partial z}{\partial y}=\frac{2\cos(x+2y-3z)-1}{3[1+2\cos(x+2y-3z)]}+\frac{4\cos(x+2y-3z)+4}{3[1+2\cos(x+2y-3z)]}=1$.

例 7.24 设函数 $z=z(x,y)$ 由方程 $f(x^2-y^2,y^2-z^2,z^2-x^2)=0$ 所确定，其中 f 具有连续的一阶偏导数，求 $\mathrm{d}z$.

分析 要求 $\mathrm{d}z$ ，则需要求出 $\frac{\partial z}{\partial x}$ 与 $\frac{\partial z}{\partial y}$ ，实际上这是隐函数与抽象复合函数的求偏导数的综合问题.

解法 1 对方程两边关于 x 求导，将 z 视为 x 与 y 的函数，得

$$f_1'\cdot 2x+f_2'\cdot\left(-2z\cdot\frac{\partial z}{\partial x}\right)+f_3'\cdot\left(2z\cdot\frac{\partial z}{\partial x}-2x\right)=0$$

得 $\frac{\partial z}{\partial x}=\frac{x(f_1'-f_3')}{z(f_2'-f_3')}$.

对方程两边关于 y 求导，将 z 视为 x,y 的函数，得

$$f_1'\cdot(-2y)+f_2'\cdot\left(2y-2z\cdot\frac{\partial z}{\partial y}\right)+f_3'\cdot\left(2z\cdot\frac{\partial z}{\partial y}\right)=0$$

得 $\frac{\partial z}{\partial y}=\frac{y(f_2'-f_1')}{z(f_2'-f_3')}$, 所以

$$\mathrm{d}z=\frac{\partial z}{\partial x}\mathrm{d}x+\frac{\partial z}{\partial y}\mathrm{d}y=\frac{1}{z(f_2'-f_3')}[x(f_1'-f_3')\mathrm{d}x+y(f_2'-f_1')\mathrm{d}y].$$

解法 2 由公式得

$$\frac{\partial z}{\partial x}=-\frac{F_x(x,y,z)}{F_z(x,y,z)}=-\frac{2xf_1'-2xf_3'}{-2zf_2'+2zf_3'}=\frac{x(f_1'-f_3')}{z(f_2'-f_3')},$$

同理 $\frac{\partial z}{\partial y}=\frac{y(f_2'-f_1')}{z(f_2'-f_3')}$, 因此

$$\mathrm{d}z=\frac{\partial z}{\partial x}\mathrm{d}x+\frac{\partial z}{\partial y}\mathrm{d}y=\frac{1}{z(f_2'-f_3')}[x(f_1'-f_3')\mathrm{d}x+y(f_2'-f_1')\mathrm{d}y].$$

解法 3 对方程 $f(x^2-y^2,y^2-z^2,z^2-x^2)=0$ 两边微分，得

$$f_1'\cdot\mathrm{d}(x^2-y^2)+f_2'\cdot\mathrm{d}(y^2-z^2)+f_3'\cdot\mathrm{d}(z^2-x^2)=0,$$

即

$$f_1'\cdot(2x\mathrm{d}x-2y\mathrm{d}y)+f_2'\cdot(2y\mathrm{d}y-2z\mathrm{d}z)+f_3'\cdot(2z\mathrm{d}z-2x\mathrm{d}x)=0,$$

由此解得 $\mathrm{d}z=\frac{1}{z(f_2'-f_3')}[x(f_1'-f_3')\mathrm{d}x+y(f_2'-f_1')\mathrm{d}y]$.

例 7.25 设 $x^2+z^2=y\varphi\left(\frac{z}{y}\right)$, 其中 φ 为可微函数，求 $\frac{\partial z}{\partial x}$, $\frac{\partial z}{\partial y}$.

解法 1　对方程两边关于 x 求导, 将 z 视为 x 与 y 的函数, 得

$$2x+2z\cdot\frac{\partial z}{\partial x}=y\cdot\varphi'\cdot\frac{1}{y}\cdot\frac{\partial z}{\partial x}，\text{得}\frac{\partial z}{\partial x}=-\frac{2x}{2z-\varphi'\left(\dfrac{z}{y}\right)},$$

类似地可以求出 $\dfrac{\partial z}{\partial y}=-\dfrac{z\varphi'\left(\dfrac{z}{y}\right)-y\varphi\left(\dfrac{z}{y}\right)}{2yz-y\varphi'\left(\dfrac{z}{y}\right)}$.

解法 2　设 $F(x,y,z)=x^2+z^2-y\varphi\left(\dfrac{z}{y}\right)$, 则

$$F_x=2x,\ F_y=-\varphi\left(\frac{z}{y}\right)+\frac{z}{y}\varphi'\left(\frac{z}{y}\right),\ F_z=2z-\varphi'\left(\frac{z}{y}\right),$$

于是 $\dfrac{\partial z}{\partial x}=-\dfrac{2x}{2z-\varphi'\left(\dfrac{z}{y}\right)}$，$\dfrac{\partial z}{\partial y}=-\dfrac{z\varphi'\left(\dfrac{z}{y}\right)-y\varphi\left(\dfrac{z}{y}\right)}{2yz-y\varphi'\left(\dfrac{z}{y}\right)}$.

解法 3　方程两边求微分, 得

$$2x\mathrm{d}x+2z\mathrm{d}z=\varphi\left(\frac{z}{y}\right)\mathrm{d}y+\varphi'\left(\frac{z}{y}\right)\mathrm{d}z-\frac{z}{y}\varphi'\left(\frac{z}{y}\right)\mathrm{d}y,$$

即

$$\left[\varphi'\left(\frac{z}{y}\right)-2z\right]\mathrm{d}z=\left[\frac{z}{y}\varphi'\left(\frac{z}{y}\right)-\varphi\left(\frac{z}{y}\right)\right]\mathrm{d}y+2x\mathrm{d}x,$$

而 $\mathrm{d}z=\dfrac{\partial z}{\partial x}\mathrm{d}x+\dfrac{\partial z}{\partial y}\mathrm{d}y$, 所以

$$\frac{\partial z}{\partial x}=-\frac{2x}{2z-\varphi'\left(\dfrac{z}{y}\right)},\ \frac{\partial z}{\partial y}=-\frac{z\varphi'\left(\dfrac{z}{y}\right)-y\varphi\left(\dfrac{z}{y}\right)}{2yz-y\varphi'\left(\dfrac{z}{y}\right)}.$$

注　虽然多元函数的微分与偏导数的概念相差很大, 但是两者的关系也很密切, 通过前面的例 7.23、例 7.24、例 7.25 可见一斑.

例 7.26　设函数 $z=f(u)$，其中 u 是由方程 $u=\varphi(u)+\int_y^x p(t)\mathrm{d}t$ 所确定的二元函数, 且 $f(u),\varphi(u)$ 都是可微函数, $p(t)$ 及 $\varphi'(u)$ 连续, $\varphi'(u)\neq1$, 求 $p(y)\dfrac{\partial z}{\partial x}+p(x)\dfrac{\partial z}{\partial y}$.

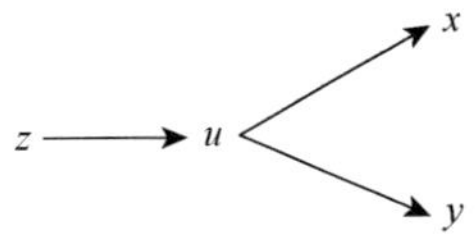

图 7-5

分析　先画出函数复合关系图（图 7-5）.

由此可知 z 是以 u 为中间变量以 x,y 为自变量的二元复合函数，只需要求出 $\frac{\partial z}{\partial x}$ 与 $\frac{\partial z}{\partial y}$ 即可.

解法 1　由于 $u=\varphi(u)+\int_y^x p(t)\mathrm{d}t$，所以 $u=u(x,y)$，从而

$$\frac{\partial z}{\partial x}=f'(u)\frac{\partial u}{\partial x},\qquad \frac{\partial z}{\partial y}=f'(u)\frac{\partial u}{\partial y}$$

对 $u=\varphi(u)+\int_y^x p(t)\mathrm{d}t$ 两边分别对 x,y 求偏导数，得

$$\frac{\partial u}{\partial x}=\varphi'(u)\frac{\partial u}{\partial x}+p(x),\qquad \frac{\partial u}{\partial y}=\varphi'(u)\frac{\partial u}{\partial y}-p(y),$$

故　$\frac{\partial u}{\partial x}=\frac{p(x)}{1-\varphi'(u)},\frac{\partial u}{\partial y}=\frac{-p(y)}{1-\varphi'(u)}$，于是

$$p(y)\frac{\partial z}{\partial x}+p(x)\frac{\partial z}{\partial y}=\left[\frac{p(x)p(y)}{1-\varphi'(u)}-\frac{p(x)p(y)}{1-\varphi'(u)}\right]f'(u)=0.$$

解法 2　由于 $\mathrm{d}z=f'(u)\mathrm{d}u$，由 $u=\varphi(u)+\int_y^x p(t)\mathrm{d}t$ 知

$$\mathrm{d}u=\varphi'(u)\mathrm{d}u+p(x)\mathrm{d}x-p(y)\mathrm{d}y,$$

得 $\mathrm{d}u=\frac{p(x)\mathrm{d}x-p(y)\mathrm{d}y}{1-\varphi'(u)}$，从而 $\mathrm{d}z=f'(u)\frac{p(x)\mathrm{d}x-p(y)\mathrm{d}y}{1-\varphi'(u)}$；而 $\mathrm{d}z=\frac{\partial z}{\partial x}\mathrm{d}x+\frac{\partial z}{\mathrm{d}y}\mathrm{d}y$，所以

$$\frac{\partial z}{\partial x}=f'(u)\frac{p(x)}{1-\varphi'(u)},\qquad \frac{\partial z}{\partial x}=f'(u)\frac{-p(y)}{1-\varphi'(u)}.$$

故 $p(y)\frac{\partial z}{\partial x}+p(x)\frac{\partial z}{\partial y}=0$.

解法 3　由题意可知，方程组

$$\begin{cases} z=f(u), \\ u=\varphi(u)+\int_y^x p(t)dt \end{cases}$$

确定的隐函数为 $z=z(x,y),u=u(x,y)$，在上述方程组中，对 x,y 求偏导数，得

$$\begin{cases} \frac{\partial z}{\partial x}=f'(u)\frac{\partial u}{\partial x}, \\ \frac{\partial u}{\partial x}=\varphi'(u)\frac{\partial u}{\partial x}+p(x), \end{cases}\quad \begin{cases} \frac{\partial z}{\partial y}=f'(u)\frac{\partial u}{\partial y}, \\ \frac{\partial u}{\partial y}=\varphi'(u)\frac{\partial u}{\partial y}-p(y), \end{cases}$$

解出$\dfrac{\partial z}{\partial x}=f'(u)\dfrac{p(x)}{1-\varphi'(u)}$，$\dfrac{\partial z}{\partial y}=f'(u)\dfrac{-p(y)}{1-\varphi'(u)}$，从而得

$$p(y)\frac{\partial z}{\partial x}+p(x)\frac{\partial z}{\partial y}=0.$$

例 7.27　设$u=f(x,y,z)$，$\varphi(x^2,\mathrm{e}^y,z)=0$，$y=\sin x$，其中$f,\varphi$都具有一阶连续偏导数，并且$\dfrac{\partial\varphi}{\partial z}\neq 0$，求$\dfrac{\mathrm{d}u}{\mathrm{d}x}$.

分析　本题为由方程组确定的隐函数求导与抽象复合函数求偏导的综合题. 将函数$y=\sin x$代入方程$\varphi(x^2,\mathrm{e}^y,z)=0$后得到一个二元方程，由此可以确定一个一元隐函数$z=z(x)$. 因此在对$x$求导时，$y$和$z$都是因变量.

解　依次对题设中3个方程的两端关于x求导，得

$$\begin{cases}\dfrac{\mathrm{d}u}{\mathrm{d}x}=f_1'+f_2'\dfrac{\mathrm{d}y}{\mathrm{d}x}+f_3'\dfrac{\mathrm{d}z}{\mathrm{d}x},\\ 2x\varphi_1'+\mathrm{e}^y\varphi_2'\dfrac{\mathrm{d}y}{\mathrm{d}x}+\varphi_3'\dfrac{\mathrm{d}z}{\mathrm{d}x}=0,\\ \dfrac{\mathrm{d}y}{\mathrm{d}x}=\cos x.\end{cases}$$

由此解得

$$\frac{\mathrm{d}u}{\mathrm{d}x}=f_1'+f_2'\cos x-\frac{f_3'}{\varphi_3'}(2x\varphi_1'+\mathrm{e}^y\varphi_2'\cos x).$$

例 7.28　设函数$x=x(u,v)$，$y=y(u,v)$由方程组$\begin{cases}x-u=yv,\\ y+v=xu\end{cases}$确定，并且$uv\neq 1$，求$\dfrac{\partial x}{\partial u}$，$\dfrac{\partial x}{\partial v}$，$\dfrac{\partial y}{\partial u}$，$\dfrac{\partial y}{\partial v}$.

解法 1　对方程组中的方程两边关于u求偏导，得

$$\begin{cases}x_u-1=y_uv,\\ y_u=x+ux_u,\end{cases}\text{即}\begin{cases}x_u-y_uv=1,\\ ux_u-y_u=-x,\end{cases}$$

由于$J=\begin{vmatrix}1&-v\\u&-1\end{vmatrix}=uv-1\neq 0$，解得

$$\frac{\partial x}{\partial u}=\frac{1}{J}\begin{vmatrix}1&-v\\-x&-1\end{vmatrix}=\frac{1+xv}{1-uv},\quad \frac{\partial y}{\partial u}=\frac{1}{J}\begin{vmatrix}1&1\\u&-x\end{vmatrix}=\frac{x+u}{1-uv}.$$

同理，对方程两边关于v求偏导数，得

$$\frac{\partial x}{\partial v}=\frac{y-v}{1-uv},\quad \frac{\partial y}{\partial v}=\frac{yu-1}{1-uv}.$$

解法 2　对方程组的两个方程求微分得

$$\begin{cases} dx - du = y dv + v dy, \\ dy + dv = x du + u dx, \end{cases}$$

消去 dy，得 $dx = \dfrac{1+xv}{1-uv}du + \dfrac{y-v}{1-uv}dv$；消去 dx，得 $dy = \dfrac{x+u}{1-uv}du + \dfrac{yu-1}{1-uv}dv$.

由已知条件可知函数 $x = x(u,v)$，$y = y(u,v)$ 由方程组 $\begin{cases} x - u = yv \\ y + v = xu \end{cases}$ 确定, 因此有

$$dx = \frac{\partial x}{\partial u}du + \frac{\partial x}{\partial v}dv, \quad dy = \frac{\partial y}{\partial u}du + \frac{\partial y}{\partial v}dv,$$

从而可知

$$\frac{\partial x}{\partial u} = \frac{1+xv}{1-uv}, \frac{\partial x}{\partial v} = \frac{y-v}{1-uv}, \frac{\partial y}{\partial u} = \frac{x+u}{1-uv}, \frac{\partial y}{\partial v} = \frac{yu-1}{1-uv}.$$

注　尽管由方程组确定的隐函数的偏导数有相应的公式, 但在具体的问题中可利用公式的推导过程求偏导数, 无需记公式. 在对方程求偏导数的过程中, 要注意相应的函数关系, 弄清哪些变量是自变量, 哪些变量是因变量.

例 7.29　在曲线 $\begin{cases} x = t, \\ y = t^2, \\ z = t^3 \end{cases}$ 上求一点, 使曲线在该点的切线平行于平面 $x + 2y + z = 4$.

分析　要求切向量与已知平面 $x + 2y + z = 4$ 的法向量 $\boldsymbol{n} = \{1,2,1\}$ 垂直.

解　设所求点对应于 $t = t_0$，则曲线在该点的切向量为 $\boldsymbol{T} = \{1, 2t_0, 3t_0^2\}$. 要使切线平行于已知平面, 则要求 $\boldsymbol{T}$ 垂直于平面的法向量 $\boldsymbol{n} = \{1,2,1\}$，即

$$\boldsymbol{T} \cdot \boldsymbol{n} = 1 + 4t_0 + 3t_0^2 = 0,$$

解得 $t_0 = -1$ 或 $t_0 = -\dfrac{1}{3}$，因此, 所求点为

$$(-1,1,-1) \text{ 或 } \left(-\frac{1}{3}, \frac{1}{9}, -\frac{1}{27}\right).$$

例 7.30　求曲线 $\begin{cases} x^2 + z^2 = 10, \\ y^2 + z^2 = 10 \end{cases}$ 在点 $M(1,1,3)$ 处的切线和法平面方程.

分析　关键要求出切向量, 可直接用公式, 也可用公式的推导过程来推导求出.

解法 1　令 $F(x,y,z) = x^2 + z^2 - 10$，$G(x,y,z) = y^2 + z^2 - 10$，切向量

$$\boldsymbol{T} = \left\{ \begin{vmatrix} 0 & 2z \\ 2y & 2z \end{vmatrix}_M, \begin{vmatrix} 2z & 2x \\ 2z & 0 \end{vmatrix}_M, \begin{vmatrix} 2x & 0 \\ 0 & 2y \end{vmatrix}_M \right\} = \{-12, -12, 4\},$$

所求切线方程为 $\frac{x-1}{3}=\frac{y-1}{3}=\frac{z-3}{-1}$，所求法平面方程为 $3(x-1)+3(y-1)-(z-3)=0$，即 $3x+3y-z-3=0$.

解法 2　把 y,z 看成是 x 的函数，在方程组 $\begin{cases}x^2+z^2=10,\\ y^2+z^2=10\end{cases}$ 中对 x 求导，得

$$\begin{cases}2x+2z\dfrac{\mathrm{d}z}{\mathrm{d}x}=0,\\ 2y\dfrac{\mathrm{d}y}{\mathrm{d}x}+2z\dfrac{\mathrm{d}z}{\mathrm{d}x}=0,\end{cases}$$

将 $M(1,1,3)$ 代入，得 $\begin{cases}1+3\dfrac{\mathrm{d}z}{\mathrm{d}x}=0,\\ \dfrac{\mathrm{d}y}{\mathrm{d}x}+3\dfrac{\mathrm{d}z}{\mathrm{d}x}=0,\end{cases}$ 解得 $\begin{cases}\dfrac{\mathrm{d}y}{\mathrm{d}x}=1,\\ \dfrac{\mathrm{d}z}{\mathrm{d}x}=-\dfrac{1}{3}.\end{cases}$

则切向量

$$\boldsymbol{T}=\left\{1,1,-\frac{1}{3}\right\},$$

所求切线方程为 $\frac{x-1}{3}=\frac{y-1}{3}=\frac{z-3}{-1}$，所求法平面方程为 $3(x-1)+3(y-1)-(z-3)=0$，即 $3x+3y-z-3=0$.

例 7.31　求曲面 $x^2yz+3y^2=2xz^2-8z$ 上点 $(1,2,-1)$ 处的切平面和法线方程.

分析　关键在于求出切平面的法向量.

解　令 $F(x,y,z)=x^2yz+3y^2-2xz^2+8z$，则曲面在 $(1,2,-1)$ 处的法向量为

$$\boldsymbol{n}=\{2xyz-2z^2,x^2z+6y,x^2y-4xz+8\}\big|_{(1,2,-1)}=\{-6,11,14\},$$

因此，所求切平面方程为 $-6(x-1)+11(y-2)+14(z+1)=0$，即 $6x-11y-14z+2=0$；所求法线方程为 $\frac{x-1}{-6}=\frac{y-2}{11}=\frac{z+1}{14}$.

例 7.32　证明：曲面 $z=xf\left(\frac{y}{x}\right)$ 上任一点 M 的切平面都通过原点，其中函数 $f(u)$ 可微.

分析　如果切平面过原点，则等价于向量 $\boldsymbol{OM}$ 在切平面上，从而 $\boldsymbol{OM}$ 垂直于切平面的法向量 $\boldsymbol{n}$，只要求出切平面的法向量 $\boldsymbol{n}$ 后验证 $\boldsymbol{OM}\perp\boldsymbol{n}$ 即可.

证明　任取曲面上一点 $M(x,y,z)$，该点的法向量

$$\boldsymbol{n}=\{z_x,z_y,-1\}=\left\{f+xf'\left(\frac{y}{x}\right)\cdot\left(\frac{-y}{x^2}\right),xf'\left(\frac{y}{x}\right)\cdot\frac{1}{x},-1\right\},=\left\{f-\frac{y}{x}f',f',-1\right\},$$

又 $\boldsymbol{OM}=\{x,y,z\}$，则

$$\boldsymbol{OM}\cdot\boldsymbol{n}=xf-yf'+yf'-z=xf\left(\frac{y}{x}\right)-z=0,$$

即 $\boldsymbol{OM}\perp\boldsymbol{n}$, 从而可知曲面上任一点的切平面都通过原点.

例 7.33　在球面 $2x^2+2y^2+2z^2=1$ 上求一点, 使函数 $f(x,y,z)=x^2+y^2+z^2$ 在该点处沿 $A(1,1,1)$ 到 $B(2,0,1)$ 方向的方向导数最大, 并求出该最大方向导数.

分析　求方向导数的最大值问题应结合梯度与方向导数的关系来求, 即函数在一点处沿梯度方向的方向导数最大, 梯度的模即为方向导数的最大值.

解　设 $M_0(x_0,y_0,z_0)$ 为所求点, 则

$$2x_0^2+2y_0^2+2z_0^2=1. \tag{7-2}$$

由于函数在一点处沿梯度方向的方向导数最大, 而

$$\mathbf{grad}\,f\big|_{M_0}=\{2x_0,2y_0,2z_0\},$$

所以, 要求 $\mathbf{grad}\,f\big|_{M_0}$ 与 $\overrightarrow{AB}$ 同向, 即 $\exists t>0$, 使

$$\{2x_0,2y_0,2z_0\}=t\overrightarrow{AB}=t\{1,-1,0\}.$$

由此可得, $x_0=\dfrac{t}{2},y_0=-\dfrac{t}{2},z_0=0$, 代入式（7-2）, 解之得 $t=1$. 因此, 所求点为 $M_0\left(\dfrac{1}{2},-\dfrac{1}{2},0\right)$, 函数在该点的最大方向导数为

$$\left|\mathbf{grad}\,f\big|_{M_0}\right|=2\sqrt{x_0^2+y_0^2+z_0^2}=\sqrt{2}.$$

例 7.34　设 $\boldsymbol{n}$ 是曲面 $2x^2+3y^2+z^2=6$ 在点 $P(1,1,1)$ 处的指向外侧的法向量, 求函数 $u=\dfrac{\sqrt{6x^2+8y^2}}{z}$ 在点 P 处沿方向 $\boldsymbol{n}$ 的方向导数.

分析　先求方向 $\boldsymbol{n}$ 的方向余弦, 然后求 $\mathbf{grad}\,u=\left\{\dfrac{\partial u}{\partial x},\dfrac{\partial u}{\partial y},\dfrac{\partial u}{\partial z}\right\}$, 再求 $\dfrac{\partial u}{\partial \boldsymbol{n}}$.

解　令 $F(x,y,z)=2x^2+3y^2+z^2-6$, 有 $F_x=4x,F_y=6y,F_z=2z$. 曲面 $2x^2+3y^2+z^2=6$ 上点 $P(1,1,1)$ 的法向量为

$$\pm\{4x,6y,2z\}\big|_P=\pm2\{2,3,1\}.$$

在 P 点指向外侧, 取正号, 单位化可得

$$\boldsymbol{n}=\frac{1}{\sqrt{14}}\{2\boldsymbol{i}+3\boldsymbol{j}+\boldsymbol{k}\}=\{\cos\alpha,\cos\beta,\cos\gamma\},$$

又

$$\left.\frac{\partial u}{\partial x}\right|_P=\left.\frac{6x}{z\sqrt{6x^2+8y^2}}\right|_P=\frac{6}{\sqrt{14}},\quad \left.\frac{\partial u}{\partial y}\right|_P=\left.\frac{8y}{z\sqrt{6x^2+8y^2}}\right|_P=\frac{8}{\sqrt{14}},$$

$$\left.\frac{\partial u}{\partial z}\right|_P=\left.\frac{-\sqrt{6x^2+8y^2}}{z^2}\right|_P=-\sqrt{14}.$$

所以

$$\left.\frac{\partial u}{\partial \boldsymbol{n}}\right|_P=\left.\frac{\partial u}{\partial x}\right|_P\cos\alpha+\left.\frac{\partial u}{\partial y}\right|_P\cos\beta+\left.\frac{\partial u}{\partial z}\right|_P\cos\gamma$$

$$=\frac{6}{\sqrt{14}}\cdot\frac{2}{\sqrt{14}}+\frac{8}{\sqrt{14}}\cdot\frac{3}{\sqrt{14}}-\sqrt{14}\cdot\frac{1}{\sqrt{14}}=\frac{11}{7}.$$

例 7.35　设函数 $f(x,y)=2x^2+ax+xy^2+2y$ 在 $(1,-1)$ 处取得极值，试求常数 a，并确定极值的类型.

分析　这是二元函数求极值的反问题，即知道 $f(x,y)$ 取得极值，只需要根据可导函数取得极值的必要条件和充分条件即可求解本题.

解　因为 $f(x,y)$ 在 (x,y) 处的偏导数均存在，所以点 $(1,-1)$ 必为驻点，则有

$$\begin{cases}\left.\dfrac{\partial f}{\partial x}\right|_{(1,-1)}=4x+a+y^2\big|_{(1,-1)}=0,\\ \left.\dfrac{\partial f}{\partial y}\right|_{(1,-1)}=2xy+2\big|_{(1,-1)}=0,\end{cases}$$

因此有 $4+a+1=0$，即 $a=-5$.

因为

$$A=\left.\frac{\partial^2 f}{\partial x^2}\right|_{(1,-1)}=4, B=\left.\frac{\partial^2 f}{\partial x\partial y}\right|_{(1,-1)}=2y\big|_{(1,-1)}=-2, C=\left.\frac{\partial^2 f}{\partial y^2}\right|_{(1,-1)}=2x\big|_{(1,-1)}=2,$$

$$\Delta=AC-B^2=4\times 2-(-2)^2=4>0,\quad A=4>0,$$

所以，函数 $f(x,y)$ 在 $(1,-1)$ 处取得极小值.

例 7.36　求函数 $z=x^2-xy+y^2$ 在区域 $|x|+|y|\leqslant 1$ 上的最大值和最小值.

分析　这是多元函数求最值的问题. 只需要求出函数在区域内可能的极值点及在区域边界上的最大值和最小值点，比较其函数值即可.

解　由 $\dfrac{\partial z}{\partial x}=2x-y=0$，$\dfrac{\partial z}{\partial y}=2y-x=0$ 解得 $x=0$，$y=0$，并且 $z(0,0)=0$.

在边界 $x+y=1, x\geqslant 0,\ y\geqslant 0$ 上，

$$z=(x+y)^2-3xy=1-3x(1-x)=1-3x+3x^2,$$

它在 $[0,1]$ 上最大值和最小值分别为 1 和 $\dfrac{1}{4}$；

同理，在边界 $x+y=-1, x\leqslant 0,\ y\leqslant 0$ 上有相同的结果.

在边界 $x-y=-1, x\leqslant 0,\ y\geqslant 0$ 上，

$$z=(x-y)^2+xy=1+x(1+x)=1+x+x^2,$$

在$[0,1]$上最大值和最小值为 1 和$\frac{3}{4}$；

同理，在边界$x-y=1$，$x\geqslant 0$，$y\leqslant 0$上有相同的结果.

综上所述，函数$z=x^2-xy+y^2$在区域$|x|+|y|\leqslant 1$上的最大值和最小值分别为

$$z_{\max}=\max\left\{0,\frac{1}{4},\frac{3}{4},1\right\}=1,\quad z_{\min}=\min\left\{0,\frac{1}{4},\frac{3}{4},1\right\}=0.$$

注　求多元连续函数在有界闭区域上的最大值和最小值时，求出可能的极值点后，并不需要判别它是否为极值点. 另外，求函数在边界上的最大值和最小值时，一般是将问题化为一元函数的最值问题或用其他方法，比如，用条件极值的方法或不等式的技巧.

例 7.37　设$z=z(x,y)$是由$x^2-6xy+10y^2-2yz-z^2+18=0$确定的函数，求$z=z(x,y)$的极值点和极值.

分析　本题考查由方程确定的隐函数的极值问题，应先求出驻点. 再求出二阶偏导数，利用充分条件判定是否为极值点.

解　因为$x^2-6xy+10y^2-2yz-z^2+18=0$，所以方程两边分别对$x$与$y$求偏导，得

$$2x-6y-2y\frac{\partial z}{\partial x}-2z\frac{\partial z}{\partial x}=0, \tag{7-3}$$

$$-6x+20y-2z-2y\frac{\partial z}{\partial y}-2z\frac{\partial z}{\partial y}=0. \tag{7-4}$$

令$\begin{cases}\dfrac{\partial z}{\partial x}=\dfrac{x-3y}{y+z}=0,\\ \dfrac{\partial z}{\partial y}=\dfrac{-3x+10y-z}{y+z}=0,\end{cases}$解之得$\begin{cases}x-3y=0,\\ -3x+10y-z=0,\end{cases}$即$\begin{cases}x=3y,\\ z=y.\end{cases}$

将$x=3y$，$z=y$代入$x^2-6xy+10y^2-2yz-z^2+18=0$可得$\begin{cases}x=9,\\ y=3,\\ z=3\end{cases}$或$\begin{cases}x=-9,\\ y=-3,\\ z=-3,\end{cases}$

即点$(9,3)$与点$(-9,-3)$是可能的极值点，下面判定是否为极值点.

在式（7-3）两边对x求偏导，得

$$2-2y\frac{\partial^2 z}{\partial x^2}-2\left(\frac{\partial z}{\partial x}\right)^2-2z\frac{\partial^2 z}{\partial x^2}=0,$$

在式（7-3）两边对y求偏导，得

$$-6-2\frac{\partial z}{\partial x}-2y\frac{\partial^2 z}{\partial x\partial y}-2\frac{\partial z}{\partial y}\frac{\partial z}{\partial x}-2z\frac{\partial^2 z}{\partial x\partial y}=0,$$

在式（7-4）两边对y求偏导，得

$$20-2\frac{\partial z}{\partial y}-2\frac{\partial z}{\partial y}-2y\frac{\partial^2 z}{\partial y^2}-2\left(\frac{\partial z}{\partial y}\right)^2-2z\frac{\partial^2 z}{\partial y^2}=0,$$

所以

$$A=\left.\frac{\partial^2 z}{\partial x^2}\right|_{(9,3,3)}=\frac{1}{6},\ B=\left.\frac{\partial^2 z}{\partial x\partial y}\right|_{(9,3,3)}=-\frac{1}{2},\ C=\left.\frac{\partial^2 z}{\partial y^2}\right|_{(9,3,3)}=\frac{5}{3}.$$

故 $AC-B^2=\frac{1}{36}>0$，又 $A=\frac{1}{6}>0$，从而点 $(9,3)$ 是 $z(x,y)$ 的极小值点，并且极小值为 $z(9,3)=3$.

类似地由

$$A=\left.\frac{\partial^2 z}{\partial x^2}\right|_{(-9,-3,-3)}=-\frac{1}{6},\ B=\left.\frac{\partial^2 z}{\partial x\partial y}\right|_{(-9,-3,-3)}=\frac{1}{2},\ C=\left.\frac{\partial^2 z}{\partial y^2}\right|_{(-9,-3,-3)}=-\frac{5}{3}.$$

故 $AC-B^2=\frac{1}{36}>0$，又 $A=-\frac{1}{6}<0$，所以点 $(-9,-3)$ 是 $z(x,y)$ 的极大值点，并且极大值为 $z(-9,-3)=-3$.

综上所述，点 $(9,3)$ 是 $z(x,y)$ 的极小值点，并且极小值为 $z(9,3)=3$；点 $(-9,-3)$ 是 $z(x,y)$ 的极大值点，并且极大值为 $z(-9,-3)=-3$.

例 7.38　求函数 $u=xy^2z^3$ 在条件 $x+y+z=a$（其中 $a,x,y,z\in\mathbf{R}^+$）下的条件极值.

分析　条件极值问题可考虑将其转化为无条件极值，或用拉格朗日乘法来求.

解法 1　将 $x=a-y-z$ 代入函数 $u=xy^2z^3$，得 $u=(a-y-z)y^2z^3$，于是由

$$\begin{cases}\dfrac{\partial u}{\partial y}=yz^3(2a-3y-2z)=0,\\[2mm] \dfrac{\partial u}{\partial z}=y^2z^2(3a-3y-4z)=0\end{cases}$$

解得 $\begin{cases}y=\dfrac{a}{3},\\[2mm] z=\dfrac{a}{2}.\end{cases}$ 则

$$A=\left.\frac{\partial^2 u}{\partial y^2}\right|_{\left(\frac{a}{3},\frac{a}{2}\right)}=2z^3(a-3y-z)\Big|_{\left(\frac{a}{3},\frac{a}{2}\right)}=-\frac{a^4}{8},$$

$$B=\left.\frac{\partial^2 u}{\partial y\partial z}\right|_{\left(\frac{a}{3},\frac{a}{2}\right)}=yz^2(6a-9y-8z)\Big|_{\left(\frac{a}{3},\frac{a}{2}\right)}=-\frac{a^4}{12},$$

$$C=\frac{\partial^2 u}{\partial z^2}\bigg|_{\left(\frac{a}{3},\frac{a}{2}\right)}=6y^2z(a-y-2z)\big|_{\left(\frac{a}{3},\frac{a}{2}\right)}=-\frac{a^4}{9},$$

$$AC-B^2=\left(-\frac{a^4}{8}\right)\left(-\frac{a^4}{9}\right)-\left(-\frac{a^4}{12}\right)^2=\frac{a^8}{144}>0,\quad A<0.$$

所以，当 $y=\dfrac{a}{3},z=\dfrac{a}{2},x=a-\dfrac{a}{3}-\dfrac{a}{2}=\dfrac{a}{6}$ 时，函数取得极大值，且极大值为

$$u\left(\frac{a}{6},\frac{a}{3},\frac{a}{2}\right)=\frac{a}{6}\left(\frac{a}{3}\right)^2\left(\frac{a}{2}\right)^3=\frac{a^6}{432}.$$

解法 2 令 $F(x,y,z)=xy^2z^3+\lambda(x+y+z-a)\quad(x,y,z,a\in\mathbf{R}^+)$，于是由

$$\begin{cases}F_x=y^2z^3+\lambda=0,\\F_y=2xyz^3+\lambda=0,\\F_z=3xy^2z^2+\lambda=0,\\x+y+z=a\end{cases}$$

解得 $\begin{cases}x=\dfrac{a}{6},\\y=\dfrac{a}{3},\\z=\dfrac{a}{2},\end{cases}$ 即 $\left(\dfrac{a}{6},\dfrac{a}{3},\dfrac{a}{2}\right)$ 为可能的极值点，将 $x=a-y-z$ 代入函数 $u=xy^2z^3$，得

$u=(a-y-z)y^2z^3$，则 $\left(\dfrac{a}{3},\dfrac{a}{2}\right)$ 为可能的极值点，余下解法同解法 1，求出 A,B,C.

知 $x=\dfrac{a}{6},\ y=\dfrac{a}{3},\ z=\dfrac{a}{2}$ 时，函数取得极大值 $u=\dfrac{a^6}{432}$.

例 7.39 在第一卦限内作椭球面 $\dfrac{x^2}{a^2}+\dfrac{y^2}{b^2}+\dfrac{z^2}{c^2}=1$ 的切平面，使该平面与三坐标平面所围成的四面体的体积最小，求此切平面与椭球面的切点，并求最小体积.

分析 这是一个条件极值问题，应先求出四面体的体积表达式，然后求出其最小值.

解 设切点为 $P(x,y,z)$，椭球面在该点的切平面方程为

$$\frac{x}{a^2}(X-x)+\frac{y}{b^2}(X-y)+\frac{z}{c^2}(X-z)=0,$$

即 $\dfrac{x}{a^2}X+\dfrac{y}{b^2}Y+\dfrac{z}{c^2}Z=1$，它与 3 个坐标平面围成的四面体的体积为

$$V=\frac{1}{3}\cdot\frac{1}{2}\left(\frac{a^2}{x}\frac{b^2}{y}\right)\frac{c^2}{z}=\frac{a^2b^2c^2}{6}\frac{1}{xyz},$$

要求 V 的最小值, 等价于求 $u=xyz$ 在条件 $\frac{x^2}{a^2}+\frac{y^2}{b^2}+\frac{z^2}{c^2}=1$ 下的最大值.

求 $u=xyz$ 在条件 $\frac{x^2}{a^2}+\frac{y^2}{b^2}+\frac{z^2}{c^2}=1$ 下的最大值有两种解法.

解法 1　作拉格朗日函数 $F(x,y,z)=xyz+\lambda\left(\frac{x^2}{a^2}+\frac{y^2}{b^2}+\frac{z^2}{c^2}-1\right)$. 由

$$\begin{cases}\frac{\partial F}{\partial x}=yz+2\lambda\frac{x}{a^2}=0,\\ \frac{\partial F}{\partial y}=xz+2\lambda\frac{y}{b^2}=0,\\ \frac{\partial F}{\partial z}=xy+2\lambda\frac{z}{c^2}=0\end{cases}$$

得 $x^2=\frac{a^2}{b^2}y^2$, $z^2=\frac{c^2}{b^2}y^2$ 再由 $\frac{x^2}{a^2}+\frac{y^2}{b^2}+\frac{z^2}{c^2}=1$, 解得 $x=\frac{a}{\sqrt{3}}$, $y=\frac{b}{\sqrt{3}}$, $z=\frac{c}{\sqrt{3}}$, 即所求的切点为 $\left(\frac{a}{\sqrt{3}},\frac{b}{\sqrt{3}},\frac{c}{\sqrt{3}}\right)$.

由问题的实际意义可知唯一可能的极值点便是取得最值的点, 因此 $u=xyz$ 在 $\left(\frac{a}{\sqrt{3}},\frac{b}{\sqrt{3}},\frac{c}{\sqrt{3}}\right)$ 处取得最大值, 即 V 在该点取最小值, 并且最小值为

$$V_{\min}=\frac{a^2b^2c^2}{6}\frac{\left(\sqrt{3}\right)^3}{abc}=\frac{\sqrt{3}}{2}abc.$$

解法 2　利用条件极值的方法可以证明许多常用的不等式; 反过来, 也可以利用已知不等式来求条件极值. 由不等式 $xyz\leqslant\frac{1}{3}(x^2+y^2+z^2)$ 可得

$$\sqrt[3]{(xyz)^2}=\sqrt[3]{\left(\frac{x}{a}\right)^2\left(\frac{y}{b}\right)^2\left(\frac{z}{c}\right)^2}\cdot(abc)^{\frac{2}{3}}\leqslant\frac{1}{3}(abc)^{\frac{2}{3}}\left[\left(\frac{x}{a}\right)^2+\left(\frac{y}{b}\right)^2+\left(\frac{z}{c}\right)^2\right].$$

而 $\frac{x^2}{a^2}+\frac{y^2}{b^2}+\frac{z^2}{c^2}=1$, 所以 $\sqrt[3]{(xyz)^2}\leqslant\frac{1}{3}(abc)^{\frac{2}{3}}$, 即 $xyz\leqslant\frac{1}{\sqrt{27}}abc$, 等号当且仅当 $\frac{x}{a}=\frac{y}{b}=\frac{z}{c}$ 时成立. 由此得

$$x=\frac{a}{\sqrt{3}},\quad y=\frac{b}{\sqrt{3}},\quad z=\frac{c}{\sqrt{3}},$$

故最小体积为 $V_{\min}=\frac{a^2b^2c^2}{6}\frac{\sqrt{27}}{abc}=\frac{\sqrt{3}}{2}abc$.

例 7.40　求函数 $f(x,y)=\mathrm{e}^x\ln(1+y)$ 在点 $(0,0)$ 的三阶泰勒公式.

解 $f_x(x,y)=\mathrm{e}^x\ln(1+y)$，　$f_y(x,y)=\dfrac{\mathrm{e}^x}{1+y}$，　$f_{xx}(x,y)=\mathrm{e}^x\ln(1+y)$，

$f_{xy}(x,y)=\dfrac{\mathrm{e}^x}{1+y}$，　$f_{yy}(x,y)=-\dfrac{\mathrm{e}^x}{(1+y)^2}$，　$f_{xxx}(x,y)=\mathrm{e}^x\ln(1+y)$，

$f_{yyy}(x,y)=\dfrac{2\mathrm{e}^x}{(1+y)^3}$，　$f_{xxy}(x,y)=\dfrac{\mathrm{e}^x}{1+y}$，　$f_{xyy}(x,y)=-\dfrac{\mathrm{e}^x}{(1+y)^2}$.

于是

$$\left(h\frac{\partial}{\partial x}+k\frac{\partial}{\partial y}\right)f(0,0)=hf_x(0,0)+kf_y(0,0)=k,$$

$$\left(h\frac{\partial}{\partial x}+k\frac{\partial}{\partial y}\right)^2 f(0,0)=h^2f_{xx}(0,0)+2hkf_{xy}(0,0)+k^2f_{yy}(0,0)=2hk-k^2,$$

$$\begin{aligned}\left(h\frac{\partial}{\partial x}+k\frac{\partial}{\partial y}\right)^3 f(0,0)&=h^3f_{xxx}(0,0)+3h^2kf_{xxy}(0,0)+3hk^2f_{xyy}(0,0)+k^3f_{yyy}(0,0)\\&=3h^2k-3hk^2+2k^3\end{aligned}$$

又 $f(0,0)=0$，$h=x$，$k=y$，将以上各项代入三阶泰勒公式，便得

$$\mathrm{e}^x\ln(1+y)=y+\frac{1}{2!}(2xy-y^2)+\frac{1}{3!}(3x^2y-3xy^2+2y^3)+R_3,$$

其中

$$\begin{aligned}R_3&=\frac{1}{4!}\left[\left(h\frac{\partial}{\partial x}+k\frac{\partial}{\partial y}\right)^4 f(\theta h,\theta k)\right]_{h=x,k=y}\\&=\frac{\mathrm{e}^{\theta x}}{24}\left[x^4\ln(1+\theta y)+\frac{4x^3y}{1+\theta y}-\frac{6x^2y^2}{(1+\theta y)^2}+\frac{8xy^3}{(1+\theta y)^3}-\frac{6y^4}{(1+\theta y)^4}\right](0<\theta<1).\end{aligned}$$

例 7.41　求函数 $f(x,y)=\sin x\sin y$ 在点 $\left(\dfrac{\pi}{4},\dfrac{\pi}{4}\right)$ 的二阶泰勒公式.

解 $f_x(x,y)=\cos x\sin y$，　$f_y(x,y)=\sin x\cos y$，　$f_{xx}(x,y)=-\sin x\sin y$，

$f_{xy}(x,y)=\cos x\cos y$，　$f_{yy}(x,y)=-\sin x\sin y$，$f_{xxx}(x,y)=-\cos x\sin y$，

$f_{xxy}(x,y)=-\sin x\cos y$，$f_{xyy}(x,y)=-\cos x\sin y$，$f_{yyy}(x,y)=-\sin x\cos y$.

于是

$$\left(h\frac{\partial}{\partial x}+k\frac{\partial}{\partial y}\right)f\left(\frac{\pi}{4},\frac{\pi}{4}\right)=hf_x\left(\frac{\pi}{4},\frac{\pi}{4}\right)+kf_y\left(\frac{\pi}{4},\frac{\pi}{4}\right)=\frac{1}{2}h+\frac{1}{2}k$$

$$\begin{aligned}\left(h\frac{\partial}{\partial x}+k\frac{\partial}{\partial y}\right)^2 f\left(\frac{\pi}{4},\frac{\pi}{4}\right)&=h^2f_{xx}\left(\frac{\pi}{4},\frac{\pi}{4}\right)+2hkf_{xy}\left(\frac{\pi}{4},\frac{\pi}{4}\right)+k^2f_{yy}\left(\frac{\pi}{4},\frac{\pi}{4}\right),\\&=-\frac{1}{2}h^2+hk-\frac{1}{2}k^2,\end{aligned}$$

又

$$f\left(\frac{\pi}{4},\frac{\pi}{4}\right)=\frac{1}{2},\ h=x-\frac{\pi}{4},\ k=y-\frac{\pi}{4}$$

将以上各项代入二阶泰勒公式, 便得

$$\begin{aligned}\sin x\sin y&=\frac{1}{2}+\frac{1}{2}\left(x-\frac{\pi}{4}\right)+\frac{1}{2}\left(y-\frac{\pi}{4}\right)\\&\quad+\frac{1}{2!}\left[-\frac{1}{2}\left(x-\frac{\pi}{4}\right)^2+\left(x-\frac{\pi}{4}\right)\left(y-\frac{\pi}{4}\right)-\frac{1}{2}\left(y-\frac{\pi}{4}\right)^2\right]+R_2\\&=\frac{1}{2}+\frac{1}{2}\left(x-\frac{\pi}{4}\right)+\frac{1}{2}\left(y-\frac{\pi}{4}\right)\\&\quad-\frac{1}{4}\left[\left(x-\frac{\pi}{4}\right)^2-2\left(x-\frac{\pi}{4}\right)\left(y-\frac{\pi}{4}\right)+\left(y-\frac{\pi}{4}\right)^2\right]+R_2,\end{aligned}$$

其中

$$\begin{aligned}R_2&=\frac{1}{3!}\left[\left(h\frac{\partial}{\partial x}+k\frac{\partial}{\partial y}\right)^3f(\xi,\eta)\right]_{h=x-\frac{\pi}{4},k=y-\frac{\pi}{4}}\\&=-\frac{1}{6}\left[\cos\xi\sin\eta\cdot\left(x-\frac{\pi}{4}\right)^3+3\sin\xi\cos\eta\cdot\left(x-\frac{\pi}{4}\right)^2\left(y-\frac{\pi}{4}\right)\right.\\&\quad\left.+3\cos\xi\sin\eta\cdot\left(x-\frac{\pi}{4}\right)\left(y-\frac{\pi}{4}\right)^2+\sin\xi\cos\eta\cdot\left(y-\frac{\pi}{4}\right)^3\right],\end{aligned}$$

其中

$$\xi=\frac{\pi}{4}+\theta\left(x-\frac{\pi}{4}\right),\eta=\frac{\pi}{4}+\theta\left(y-\frac{\pi}{4}\right),0<\theta<1.$$

7.4　自我测试题

A 级自我测试题

一、选择题（每小题 3 分, 共 15 分）

1. 若二元函数 $z=f(x,y)$ 在点 $P_0(x_0,y_0,z_0)$ 处的两个偏导数 $\frac{\partial z}{\partial x}$, $\frac{\partial z}{\partial y}$ 存在, 则（　　）.

A. $f(x,y)$ 在 P_0 点连续

B. 一元函数 $z=f(x,y_0)$ 和 $z=f(x_0,y)$ 分别在 $x=x_0$ 和 $y=y_0$ 处连续

C. $f(x,y)$ 在 P_0 点的微分为 $\mathrm{d}z=\left.\dfrac{\partial z}{\partial x}\right|_{P_0}\mathrm{d}x+\left.\dfrac{\partial z}{\partial y}\right|_{P_0}\mathrm{d}y$

D. $f(x,y)$ 在 P_0 点的梯度为 $\mathbf{grad}\, f(P_0)=\left.\left(\dfrac{\partial z}{\partial x},\dfrac{\partial z}{\partial y}\right)\right|_{P_0}$

2. 极限 $\lim\limits_{(x,y)\to(0,0)}\dfrac{xy^2}{x^2+y^4}$（　　）.

A. 等于 0　　B. 等于 1　　C. 等于 $\dfrac{1}{2}$　　D. 不存在

3. 函数 $f(x,y)=x^2-ay^2$（$a>0$ 为常数）在 $(0,0)$ 处（　　）.

A. 不取极值　　B. 取极小值

C. 取极大值　　D. 是否取极值与 a 有关

4. 设 $z=f(u,v)$，其中 $u=\mathrm{e}^{-x}$，$v=x+y$，并且有下面的运算：

Ⅰ. $\dfrac{\partial z}{\partial x}=-\mathrm{e}^{-x}\dfrac{\partial f}{\partial u}+\dfrac{\partial f}{\partial v}$；　　Ⅱ. $\dfrac{\partial^2 z}{\partial x\partial y}=\dfrac{\partial^2 f}{\partial v^2}$.

对此（　　）.

A. Ⅰ、Ⅱ都不正确　　B. Ⅰ正确，Ⅱ不正确

C. Ⅰ不正确，Ⅱ正确　　D. Ⅰ、Ⅱ都正确

5. 曲面 $\mathrm{e}^{xyz}+x-y+z=3$ 上点 $(1,0,1)$ 处的切平面（　　）.

A. 通过 y 轴　　B. 平行于 y 轴

C. 垂直于 y 轴　　D. A, B, C 都不对

二、填空题（每小题 3 分，共 15 分）

1. 函数 $z=\sqrt{x\sin y}$ 的定义域为________.

2. 设 $f(x+y,x-y)=xy+y^2$，则 $f(x,y)=$________.

3. 函数 $u=\ln(x^2+y^2+z^2)$ 在点 $M(1,2,-2)$ 处的梯度 $\mathbf{grad}\,u|_M=$________.

4. 设 $u=\mathrm{e}^{-x}\sin\dfrac{x}{y}$，则 $\dfrac{\partial^2 u}{\partial x\partial y}$ 在 $\left(2,\dfrac{1}{\pi}\right)$ 处的值为________.

5. 已知曲面 $z=xy$ 上的点 P 处的法线 l 平行于直线 $l_1:\dfrac{x-6}{2}=\dfrac{y-3}{-1}=\dfrac{2z-1}{1}$，则法线 l 的方程为________.

三、解答下列各题（每小题 6 分，共 30 分）

1. 设 $z=z(x,y)$ 由方程 $z+x=\mathrm{e}^{z-y}$ 所确定，求 $\dfrac{\partial z}{\partial x}$ 和 $\dfrac{\partial z}{\partial y}$.

2. 已知曲线 $x=\cos t$， $y=\sin t$， $z=\tan\frac{t}{2}$ 在 $(0,1,1)$ 处的一个切向量与 Ox 轴正向夹角为锐角, 求此向量与 Oz 轴的夹角.

3. 求函数 $z=\sin x+\cos y+\cos(x-y)\left(0\leqslant x\leqslant\frac{\pi}{2},0\leqslant y\leqslant\frac{\pi}{2}\right)$ 的极值.

4. 设函数 $z=f(2x-y)+g(x,xy)$，其中 f 是二阶可导函数, g 具有二阶连续的偏导数, 求 $\frac{\partial^2 z}{\partial x\partial y}$.

5. 求曲面 $x^2+y^2+z^2=25$ 上点 $(2,3,2\sqrt{3})$ 处的切平面方程和法线方程.

四、（8 分）　设 $u=f(x,y,z)$ 有连续偏导数, 并且

$$x=r\sin\theta\cos\varphi,\quad y=r\sin\theta\sin\varphi,\quad z=r\cos\theta,$$

证明：若 $x\frac{\partial u}{\partial x}+y\frac{\partial u}{\partial y}+z\frac{\partial u}{\partial z}=0$，则 u 与 r 无关.

五、（8 分）　设 $\boldsymbol{n}$ 是曲面 $z^2=x^2+\frac{y^2}{2}$ 在 $P(1,2,\sqrt{3})$ 处指向外侧的法向量, 求函数

$$u=\frac{\sqrt{3x^2+3y^2+z^2}}{x}$$

在点 P 处沿方向 $\boldsymbol{n}$ 的方向导数.

六、（8 分）　求曲面 $\sqrt{x}+\sqrt{y}+\sqrt{z}=1$ 的一切平面, 使其在 3 个坐标轴上的截距之积为最大.

七、（8 分）　设 $z=z(x,y)$ 由方程 $\frac{x}{z}-\ln\frac{z}{y}=0$ 所确定, 求 $\frac{\partial^2 z}{\partial x\partial y}$.

八、（8 分）　设 $z=\frac{y}{f(x^2-y^2)}$，其中 $f(u)$ 为可导函数, 试求 $\frac{1}{x}\cdot\frac{\partial z}{\partial x}+\frac{1}{y}\cdot\frac{\partial z}{\partial y}$.

B 级自我测试题

一、选择题（每小题 3 分, 共 15 分）

1. 设 $f(x,y)=\begin{cases}\frac{xy}{x^2+y^2}, & (x,y)\neq(0,0),\\ 0, & (x,y)=(0,0),\end{cases}$ 则 $f(x,y)$ 在 $(0,0)$ 处（　　）.

A. 连续且存在偏导数　　B. 不连续但存在偏导数

C. 连续但不存在偏导数　　D. 不连续也不存在偏导数

2. 设 $f(x,y)$ 在 (x_0,y_0) 处偏导数存在且 $\alpha\beta\neq 0$，则

$$\lim_{\Delta x\to 0}\frac{f(x_0+\alpha\Delta x,y_0)-f(x_0-\beta\Delta x,y_0)}{\Delta x}=（\quad）.$$

A. $(\alpha-\beta)f_x(x_0,y_0)$　　B. $\alpha f_x'(x_0,y_0)-\beta f_y(x_0,y_0)$

C. $(\alpha+\beta)f_x(x_0,y_0)$　　D. $\alpha f_x(x_0,y_0)+\beta f_y(x_0,y_0)$

3. 当（　　）成立时能够推出 $f(x,y)$ 在 (x_0,y_0) 点可微，且全微分 $\mathrm{d}f=0$.

A. $f(x,y)$ 在点 (x_0,y_0) 处两个偏导数 $f_x=0$，$f_y=0$

B. $f(x,y)$ 在点 (x_0,y_0) 处的全增量 $\Delta f=\dfrac{\Delta x\Delta y}{\sqrt{(\Delta x)^2+(\Delta y)^2}}$

C. $f(x,y)$ 在点 (x_0,y_0) 处的全增量 $\Delta f=\dfrac{\sin[(\Delta x)^2+(\Delta y)^2]}{\sqrt{(\Delta x)^2+(\Delta y)^2}}$

D. $f(x,y)$ 在点 (x_0,y_0) 处的全增量 $\Delta f=[(\Delta x)^2+(\Delta y)^2]\sin\dfrac{1}{(\Delta x)^2+(\Delta y)^2}$

4. 曲线 $\begin{cases}y=x^2,\\ z=x^2+y^2\end{cases}$ 上点 $(1,1,2)$ 处的切线方程为（　　）.

A. $\dfrac{x-1}{1}=\dfrac{y-1}{2}=\dfrac{z-2}{8}$

B. $\dfrac{x-1}{1}=\dfrac{y-1}{2}=\dfrac{z-2}{6}$

C. $x=\dfrac{y+1}{2}=\dfrac{z+4}{6}$

D. $\dfrac{x-1}{1}=\dfrac{y-1}{-2}=\dfrac{z-2}{8}$

5. 设函数 $u(x,y)=\varphi(x+y)+\varphi(x-y)+\int_{x-y}^{x+y}\psi(t)\mathrm{d}t$，其中函数 φ 具有二阶导数，ψ 具有一阶导数，则必有（　　）.

A. $\dfrac{\partial^2 u}{\partial x^2}=-\dfrac{\partial^2 u}{\partial y^2}$　　B. $\dfrac{\partial^2 u}{\partial x^2}=\dfrac{\partial^2 u}{\partial y^2}$

C. $\dfrac{\partial^2 u}{\partial x\partial y}=\dfrac{\partial^2 u}{\partial y^2}$　　D. $\dfrac{\partial^2 u}{\partial x\partial y}=\dfrac{\partial^2 u}{\partial x^2}$

二、填空题（每小题 3 分，共 15 分）

1. 由方程 $xyz+\sqrt{x^2+y^2+z^2}=\sqrt{2}$ 所确定的函数 $z=z(x,y)$ 在点 $(1,0,-1)$ 处的全微分为________.

2. 函数 $z(x,y)=\int_0^{x+2y}\mathrm{e}^{-\frac{t^2}{2}}\mathrm{d}t$ 在 $P(0,1)$ 处的最大方向导数为________.

3. 设 $z=x^y+y^{\arctan\frac{x}{y}}$，则 $\dfrac{\partial z}{\partial x}=$________，$\dfrac{\partial z}{\partial y}=$________.

4. 曲线 $\begin{cases}3x^2+2y^2=12,\\ z=0\end{cases}$ 绕 y 轴旋转一周所得旋转曲面在点 $(0,\sqrt{3},\sqrt{2})$ 处指向外侧的单位法向量为________.

5. 设 $u=\dfrac{1}{2}[\varphi(x+at)+\varphi(x-at)]+\dfrac{1}{2a}\int_{x-at}^{x+at}\psi(\xi)\mathrm{d}\xi$，其中 φ 与 ψ 分别具有连续的一、二阶导数，其中 a 为常数，$\dfrac{\partial^2u}{\partial t^2}-a^2\dfrac{\partial^2u}{\partial x^2}=$________.

三、解答下列各题（每小题 6 分，共 30 分）

1. 设 $f(x,y,z)=x^2yz^3$，$z=z(x,y)$ 是由方程 $x^2+y^2+z^2-3xyz=0$ 确定的隐函数，求 $f_x(1,1,1)$.

2. 设 $u=u(x,y)$ 及 $v=v(x,y)$ 由方程组 $\begin{cases}u^2-v+x=0,\\ u+v^2-y=0\end{cases}$ 所确定的隐函数，求 $\dfrac{\partial u}{\partial x}$，$\dfrac{\partial v}{\partial x}$.

3. 求函数 $z=x^2+y^2-12x+16y$ 在区域 $D:x^2+y^2\leqslant 25$ 内的最大值和最小值.

4. 设函数 $u=u(x)$ 由方程组 $\begin{cases}u=f(x,y),\\ g(x,y,z)=0,\\ h(x,z)=0\end{cases}$ 所确定，其中 f,g,h 具有连续的一阶偏导数，且 $h_z\neq 0$，$g_y\neq 0$，求 $\dfrac{\mathrm{d}u}{\mathrm{d}x}$.

5. 求由方程 $2x^2+2y^2+z^2+8xz-z+8=0$ 确定的函数 $z=z(x,y)$ 的极值.

四、（8 分）　已知函数 $u=\varphi\left(\dfrac{y}{x}\right)+x\psi\left(\dfrac{y}{x}\right)$，其中 φ，ψ 均有连续的二阶导数，求证：

$$x^2\frac{\partial^2u}{\partial x^2}+2xy\frac{\partial^2u}{\partial x\partial y}+y^2\frac{\partial^2u}{\partial y^2}=0.$$

五、（8 分）　设直线 $l:\begin{cases}x+y+b=0,\\ x+ay-z-3=0\end{cases}$ 在平面 Π 上，而平面 Π 与曲面 $z=x^2+y^2$ 相切于点 $(1,-2,5)$，求 a，b 之值.

六、（8 分）　抛物面 $z=x^2+y^2$ 被平面 $x+y+z=1$ 截成一椭圆，求原点到这椭圆的最长与最短距离.

七、（8 分）　证明：曲面 $f\left(\dfrac{x-a}{z-c},\dfrac{y-b}{z-c}\right)=0$ 的切平面总通过一定点，其中函数 $f(u,v)$ 可微，a，b，c 为常数.

八、（8 分）　若函数 $f(x,y,z)$ 恒满足关系式 $f(tx,ty,tz)=t^k f(x,y,z)$，就称此函数为 k 次齐次函数. 证明：k 次齐次函数 $f(x,y,z)$ 必满足关系式

$$x\frac{\partial f}{\partial x}+y\frac{\partial f}{\partial y}+z\frac{\partial f}{\partial z}=kf(x,y,z).$$

第8章　重　积　分

8.1　知识结构图与学习要求

8.1.1　知识结构图

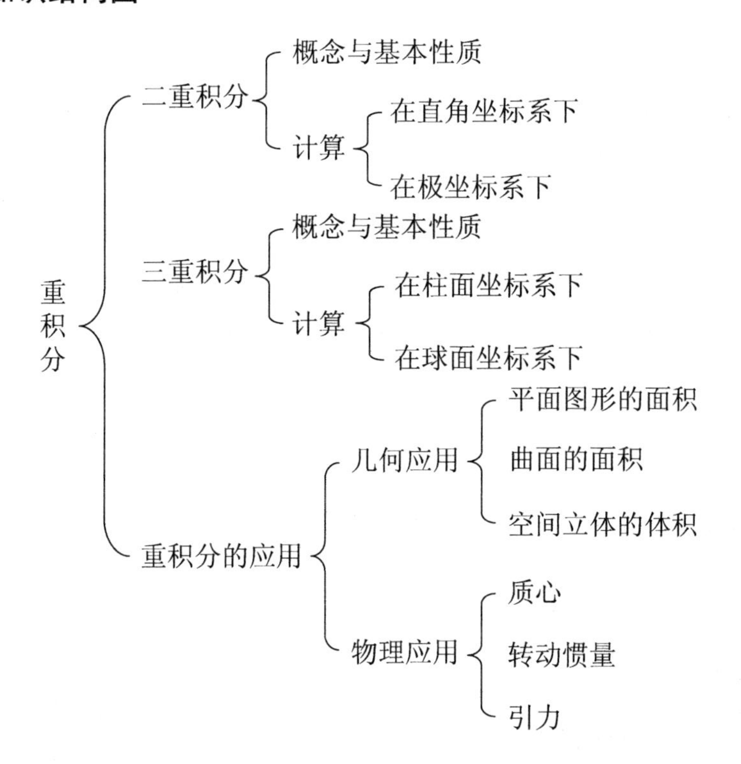

8.1.2　学习要求

（1）理解二重积分、三重积分的概念，了解重积分的性质与二重积分的中值定理.

（2）掌握二重积分的计算（直角坐标、极坐标），会计算三重积分（直角坐标、柱面坐标、球面坐标）.

（3）会用重积分求一些简单的几何量与物理量（平面图形的面积、曲面的面积、空间立体的体积、质量、质心、转动惯量、引力等）.

8.2　内 容 提 要

8.2.1　二重积分

1. 二重积分的定义

$$\iint_D f(x,y)\mathrm{d}\sigma = \lim_{\lambda\to 0}\sum_{i=1}^{n} f(\xi_i,\eta_i)\Delta\sigma_i.$$

2. 二重积分的几何意义

（1）若 $f(x,y)\geqslant 0$，则 $\iint\limits_D f(x,y)\mathrm{d}\sigma$ 表示以区域 D 为底、曲面 $z=f(x,y)$ 为顶的曲顶柱体的体积.

（2）若 $f(x,y)<0$，则 $\iint\limits_D f(x,y)\mathrm{d}\sigma$ 表示上述曲顶柱体体积的负值.

（3）若 $f(x,y)$ 在区域 D 的部分区域上是正的，其他部分区域上是负的，则 $\iint\limits_D f(x,y)\mathrm{d}\sigma$ 表示这些部分区域上的曲顶柱体体积的代数和.

3. 二重积分的物理意义

若面密度为 $\rho=f(x,y)$ 的平面薄片所占区域为 D，则 $\iint\limits_D f(x,y)\mathrm{d}\sigma$ 表示此薄片的质量.

4. 二重积分的基本性质

（1）$\iint\limits_D[\alpha f(x,y)\pm\beta g(x,y)]\mathrm{d}\sigma=\alpha\iint\limits_D f(x,y)\mathrm{d}\sigma\pm\beta\iint\limits_D g(x,y)\mathrm{d}\sigma$，其中 α,β 为常数.

（2）若 $D=D_1\cup D_2$ 且 $D_1\cap D_2=\varnothing$，则 $\iint\limits_D f(x,y)\mathrm{d}\sigma=\iint\limits_{D_1} f(x,y)\mathrm{d}\sigma+\iint\limits_{D_2} f(x,y)\mathrm{d}\sigma$（积分区域的可加性）.

（3）若 D 的面积为 σ，则 $\iint\limits_D \mathrm{d}x\mathrm{d}y=\sigma$.

（4）若在 D 上 $f(x,y)\leqslant g(x,y)$，则 $\iint\limits_D f(x,y)\mathrm{d}\sigma\leqslant\iint\limits_D g(x,y)\mathrm{d}\sigma$.特别地，

$$\left|\iint_D f(x,y)\mathrm{d}\sigma\right|\leqslant\iint_D |f(x,y)|\mathrm{d}\sigma.$$

（5）若在闭区域 D 上 $m \leqslant f(x,y) \leqslant M, \sigma$ 是 D 的面积，则

$$\sigma m \leqslant \iint_D f(x,y)\mathrm{d}\sigma \leqslant \sigma M .$$

（6）（积分中值定理）若 $f(x,y)$ 在闭区域 D 上连续，σ 为 D 的面积，则在 D 上存在一点 (ξ,η)，使得 $\iint_D f(x,y)\mathrm{d}\sigma = f(\xi,\eta)\sigma$.

5. 二重积分的计算（化二重积分为二次积分进行计算）

（1）在直角坐标系下计算时，$\iint_D f(x,y)\mathrm{d}\sigma = \iint_D f(x,y)\mathrm{d}x\mathrm{d}y$，并且有以下两种情况.

a. 若 D 为 X 型区域，即 $\varphi_1(x) \leqslant y \leqslant \varphi_2(x)$，$a \leqslant x \leqslant b$，则

$$\iint_D f(x,y)\mathrm{d}\sigma = \int_a^b \mathrm{d}x \int_{\varphi_1(x)}^{\varphi_2(x)} f(x,y)\mathrm{d}y .$$

b. 若 D 为 Y 型区域，即 $\psi_1(y) \leqslant x \leqslant \psi_2(y)$，$c \leqslant y \leqslant d$，则

$$\iint_D f(x,y)\mathrm{d}\sigma = \int_c^d \mathrm{d}y \int_{\psi_1(y)}^{\psi_2(y)} f(x,y)\mathrm{d}x .$$

（2）在极坐标系下计算时，根据直角坐标与极坐标的关系，即 $x = \rho\cos\theta$，$y = \rho\sin\theta$，$\mathrm{d}x\mathrm{d}y = \rho\mathrm{d}\rho\mathrm{d}\theta$，则有

$$\iint_D f(x,y)\mathrm{d}\sigma = \iint_D f(\rho\cos\theta, \rho\sin\theta)\rho\mathrm{d}\rho\mathrm{d}\theta .$$

（3）利用奇偶对称性化简二重积分有以下 3 种情况.

a. 若区域 D 关于 x 轴对称，则

$$\iint_D f(x,y)\mathrm{d}x\mathrm{d}y = \begin{cases} 2\iint_{D_1} f(x,y)\mathrm{d}x\mathrm{d}y, & f \text{ 是关于 } y \text{ 的偶函数}, \\ 0, & f \text{ 是关于 } y \text{ 的奇函数}, \end{cases}$$

其中 D_1 为区域 D 在上半平面 $y \geqslant 0$ 或下半平面 $y \leqslant 0$ 中的区域.

b. 若区域 D 关于 y 轴对称，则

$$\iint_D f(x,y)\mathrm{d}x\mathrm{d}y = \begin{cases} 2\iint_{D_2} f(x,y)\mathrm{d}x\mathrm{d}y, & f \text{是关于} x \text{的偶函数}, \\ 0, & f \text{是关于} x \text{的奇函数}, \end{cases}$$

其中 D_2 为区域 D 在右半平面 $x \geqslant 0$ 或左半平面 $x \leqslant 0$ 中的区域；

c. 若区域 D 关于原点对称，则

$$\iint_D f(x,y)\mathrm{d}x\mathrm{d}y = \begin{cases} 4\iint_{D_3} f(x,y)\mathrm{d}x\mathrm{d}y, & f \text{是关于} x \text{和} y \text{的偶函数}, \\ 0, & f \text{是关于} x \text{或} y \text{的奇函数}, \end{cases}$$

其中 D_3 为平面区域 D 在任意一个象限中的区域.

6. 二重积分的应用

（1）曲顶柱体的体积：
以曲面 $z=f(x,y)\geqslant 0$ $(z\geqslant 0)$为曲顶、闭区域 D 为底的曲顶柱体的体积

$$V=\iint_D f(x,y)\mathrm{d}\sigma .$$

（2）曲面的面积：
若曲面 Σ 为 $z=z(x,y)$，Σ 在 xOy 平面上的投影区域为 D，则曲面 Σ 的面积

$$A=\iint_D \sqrt{1+\left(\frac{\partial z}{\partial x}\right)^2+\left(\frac{\partial z}{\partial y}\right)^2}\,\mathrm{d}x\mathrm{d}y .$$

（3）平面区域的面积：
平面有界闭区域 D 的面积为 $A=\iint\limits_D \mathrm{d}\sigma$.

（4）若平面薄片占有平面 xOy 上的有界区域为 D,其面密度函数为 $\rho(x,y)$, 则

a. 此薄片的质量 $M=\iint\limits_D \rho(x,y)\mathrm{d}\sigma$.

b. 此平面薄片的质心坐标：$\overline{x}=\dfrac{1}{M}\iint\limits_D x\rho(x,y)\mathrm{d}\sigma$，$\overline{y}=\dfrac{1}{M}\iint\limits_D y\rho(x,y)\mathrm{d}\sigma$，其中 $M=\iint\limits_D \rho(x,y)\mathrm{d}\sigma$ 为此薄片的质量.特别地，均匀薄片的质心坐标为

$$\overline{x}=\frac{1}{A}\iint_D x\mathrm{d}\sigma ,\ \overline{y}=\frac{1}{A}\iint_D y\mathrm{d}\sigma ,\ 其中\ A=\iint_D \mathrm{d}\sigma .$$

c. 此平面薄片对 x 轴和 y 轴的转动惯量分别为

$$I_x=\iint_D y^2\rho(x,y)\mathrm{d}\sigma ,\ I_y=\iint_D x^2\rho(x,y)\mathrm{d}\sigma .$$

8.2.2　三重积分

1. 三重积分的定义

$$\iiint_\Omega f(x,y,z)\mathrm{d}\upsilon=\lim_{\lambda\to 0}\sum_{i=1}^{n} f(\xi_i,\eta_i,\zeta_i)\Delta\upsilon_i .$$

2. 三重积分的物理意义

$f(x,y,z)\geqslant 0$ 时，三重积分 $\iiint\limits_\Omega f(x,y,z)\mathrm{d}\upsilon$ 表示密度函数为 $f(x,y,z)$ 的物体 Ω 的质量.

3. 三重积分的基本性质

与二重积分的基本性质完全类似.

4. 三重积分的计算（化三重积分为相应坐标系下的三次积分）

（1）在直角坐标系下计算时，$\iiint\limits_{\Omega} f(x,y,z)\mathrm{d}v = \iiint\limits_{\Omega} f(x,y,z)\mathrm{d}x\mathrm{d}y\mathrm{d}z$，并且有如下计算方法：

a."先一后二"法：假设平行于 z 轴且穿过闭区域 Ω 内部的直线与闭区域 Ω 的边界曲面相交不多于两点，Ω 在 xOy 面上的投影为平面闭区域 D_{xy}，即

$$\Omega = \{(x,y,z) \mid z_1(x,y) \leqslant z \leqslant z_2(x,y), (x,y) \in D_{xy}\},$$

则

$$\iiint\limits_{\Omega} f(x,y,z)\mathrm{d}v = \iint\limits_{D_{xy}} \mathrm{d}x\mathrm{d}y \int_{z_1(x,y)}^{z_2(x,y)} f(x,y,z)\mathrm{d}z.$$

b."先二后一"法：若 $\Omega = \{(x,y,z) \mid (x,y) \in D_z, c_1 \leqslant z \leqslant c_2\}$，其中 D_z 是竖坐标为 z 的平面截闭区域 Ω 所得的一个平面闭区域，则

$$\iiint\limits_{\Omega} f(x,y,z)\mathrm{d}v = \int_{c_1}^{c_2} \mathrm{d}z \iint\limits_{D_z} f(x,y,z)\mathrm{d}x\mathrm{d}y.$$

（2）在柱面坐标系下计算时，根据直角坐标与柱面坐标的关系，即 $x = \rho\cos\theta$，$y = \rho\sin\theta$，$z = z$，可得

$$\iiint\limits_{\Omega} f(x,y,z)\mathrm{d}v = \iiint\limits_{\Omega} f(\rho\cos\theta, \rho\sin\theta, z)\rho\mathrm{d}\rho\mathrm{d}\theta\mathrm{d}z.$$

（3）在球面坐标系下计算时，根据直角坐标与球面坐标的关系，即 $x = r\sin\varphi\cos\theta$，$y = r\sin\varphi\sin\theta$，$z = r\cos\varphi$，可得

$$\iiint\limits_{\Omega} f(x,y,z)\mathrm{d}v = \iiint\limits_{\Omega} F(r,\varphi,\theta)r^2\sin\varphi\mathrm{d}r\mathrm{d}\varphi\mathrm{d}\theta,$$

其中 $F(r,\varphi,\theta) = f(r\sin\varphi\cos\theta, r\sin\varphi\sin\theta, r\cos\varphi)$.

（4）利用奇偶对称性化简三重积分：

a. 若积分区域 Ω 关于平面 $x=0$ 对称，则

$$\iiint\limits_{\Omega} f(x,y,z)\mathrm{d}v = \begin{cases} 2\iiint\limits_{\Omega_1} f(x,y,z)\mathrm{d}v, & f\text{是关于 } x \text{ 的偶函数时}, \\ 0, & f\text{是关于 } x \text{ 的奇函数时}, \end{cases}$$

其中 Ω_1 为区域 Ω 中 $x \geqslant 0$ 的区域；

b. 若积分区域 Ω 关于平面 $y=0$ 对称，则

$$\iiint\limits_{\Omega} f(x,y,z)\mathrm{d}v = \begin{cases} 2\iiint\limits_{\Omega_1} f(x,y,z)\mathrm{d}v, & f\text{是关于 } y \text{ 的偶函数时}, \\ 0, & f\text{是关于 } y \text{ 的奇函数时}, \end{cases}$$

其中Ω_1为区域Ω中$y \geqslant 0$的区域；

c. 若积分区域Ω关于平面$z=0$对称，则

$$\iiint_{\Omega} f(x,y,z)\mathrm{d}\upsilon = \begin{cases} 2\iiint_{\Omega_1} f(x,y,z)\mathrm{d}\upsilon, & f\text{是关于}z\text{的偶函数时}, \\ 0, & f\text{是关于}z\text{的奇函数时}, \end{cases}$$

其中Ω_1为区域Ω中$z \geqslant 0$的区域.

5. 三重积分的应用

（1）立体体积：

若立体所占空间区域为Ω，则其体积

$$V = \iiint_{\Omega} \mathrm{d}\upsilon .$$

（2）物体质量：

若物体所占空间区域为Ω，密度函数为$\rho(x,y,z)$，则其质量

$$M = \iiint_{\Omega} \rho(x,y,z)\mathrm{d}\upsilon .$$

（3）物体的质心坐标：

物体所占空间区域为Ω，密度函数为$\rho(x,y,z)$，则其质心坐标为

$\overline{x} = \dfrac{1}{M}\iiint_{\Omega} x\rho(x,y,z)\mathrm{d}\upsilon$，$\overline{y} = \dfrac{1}{M}\iiint_{\Omega} y\rho(x,y,z)\mathrm{d}\upsilon$，$\overline{z} = \dfrac{1}{M}\iiint_{\Omega} z\rho(x,y,z)\mathrm{d}\upsilon$. 其中 $M = \iiint_{\Omega} \rho(x,y,z)d\upsilon$为此物体的质量.

（4）物体的转动惯量：

上述物体对x轴、y轴、z轴的转动惯量分别为

$$I_x = \iiint_{\Omega} (y^2+z^2)\rho(x,y,z)\mathrm{d}\upsilon ,$$

$$I_y = \iiint_{\Omega} (x^2+z^2)\rho(x,y,z)\mathrm{d}\upsilon ,$$

$$I_z = \iiint_{\Omega} (x^2+y^2)\rho(x,y,z)\mathrm{d}\upsilon .$$

（5）物体对质点的引力：

设质量为m的质点位于点$P_0(x_0,y_0,z_0)$处，物体所占空间区域为Ω，其密度函数为$\rho(x,y,z)$, 则物体对质点的引力为$\boldsymbol{F}=\{F_x,F_y,F_z\}$，其中

$$F_x = G\iiint_{\Omega} \rho(x,y,z)\frac{x-x_0}{r^3}\mathrm{d}\upsilon ,$$

$$F_y = G\iiint_{\Omega} \rho(x,y,z)\frac{y-y_0}{r^3}\mathrm{d}\upsilon ,$$

$$F_z = G\iiint\limits_{\Omega} \rho(x,y,z)\frac{z-z_0}{r^3}\mathrm{d}\upsilon,$$

式中 $r=\sqrt{(x-x_0)^2+(y-y_0)^2+(z-z_0)^2}$, G 为引力常数.

8.3　典型例题解析

例 8.1　求 $\iint\limits_D \sqrt{a^2-x^2-y^2}\mathrm{d}x\mathrm{d}y$, 其中 $D=\{(x,y)\mid x^2+y^2\leqslant a^2, x\geqslant y\geqslant 0, a>0\}$.

分析　$f(x,y)=\sqrt{a^2-x^2-y^2}$ 在 D 上非负, 如图 8-1 所示, 其对应图形是以原点为中心、a 为半径的上半球面; D 是以 xOy 面上原点为中心、a 为半径的圆域在第一象限的部分.根据被积函数和积分区域的特点, 可考虑用几何意义或极坐标进行计算.

解法 1　根据二重积分的几何意义, $\iint\limits_D \sqrt{a^2-x^2-y^2}\mathrm{d}x\mathrm{d}y$ 就是以原点为中心、a 为半径的球体在第一卦限部分的体积, 所以

$$\iint\limits_D \sqrt{a^2-x^2-y^2}\mathrm{d}x\mathrm{d}y=\frac{1}{8}\cdot\frac{4}{3}\pi a^3=\frac{1}{6}\pi a^3.$$

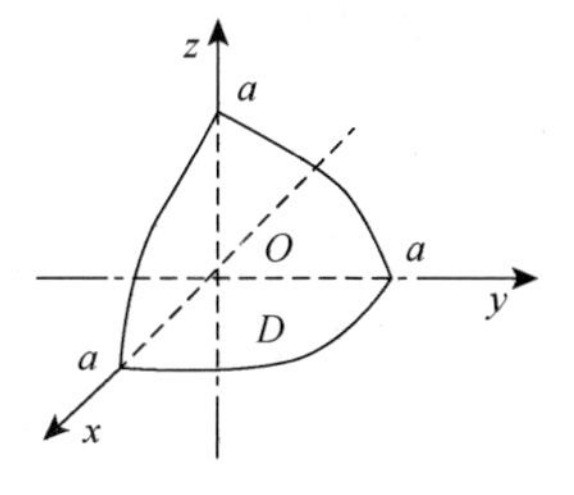

图 8-1

解法 2　采用极坐标直接进行计算.

令 $x=\rho\cos\theta, y=\rho\sin\theta$, 则 $D=\left\{(x,y)\mid 0\leqslant\rho\leqslant a, 0\leqslant\theta\leqslant\frac{\pi}{2}\right\}$.

$$\iint\limits_D \sqrt{a^2-x^2-y^2}\mathrm{d}x\mathrm{d}y=\iint\limits_D \sqrt{a^2-\rho^2}\rho\mathrm{d}\rho\mathrm{d}\theta=-\frac{1}{2}\int_0^{\frac{\pi}{2}}\mathrm{d}\theta\int_0^a\sqrt{a^2-\rho^2}\mathrm{d}(a^2-\rho^2)$$

$$=-\frac{1}{2}\cdot\frac{\pi}{2}\left[\frac{2}{3}(a^2-\rho^2)^{\frac{3}{2}}\right]_0^a=\left(-\frac{\pi}{4}\right)\cdot\left(-\frac{2}{3}a^3\right)=\frac{1}{6}\pi a^3.$$

例 8.2　设积分区域 D 由圆 $(x-2)^2+(y-1)^2=1$ 所围成, 并且 $I_k=\iint\limits_D (x+y)^k\mathrm{d}x\mathrm{d}y$ $(k=1,2,3)$, 则(　　).

A. $I_1>I_2>I_3$　　B. $I_1<I_2<I_3$　　C. $I_1>I_3>I_2$　　D. $I_3>I_1>I_2$

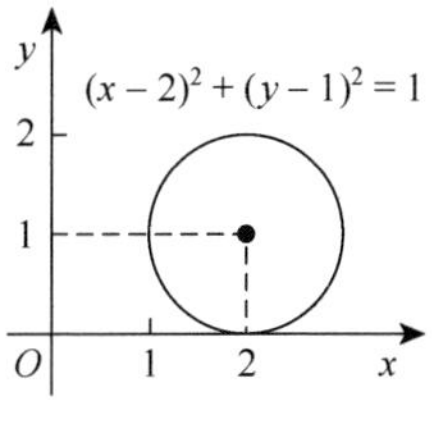

分析　要比较二重积分值的大小, 根据性质 4, 是要对不同的被积函数在积分区域上进行比较.

解　选 B. 如图 8-2 所示, 当 $(x,y)\in D$ 时, $1\leqslant x\leqslant 3$, $0\leqslant y\leqslant 2$.因此, $1\leqslant x+y\leqslant 5$ 故有

$$1\leqslant(x+y)\leqslant(x+y)^2\leqslant(x+y)^3,$$

由二重积分的性质即得 $I_1<I_2<I_3$.

图 8-2

例 8.3　设 $D=\{(x,y)\mid x^2+y^2\leqslant r^2\}$.试计算极限

$$\lim_{r\to 0^+}\frac{1}{\pi r^2}\iint_D \mathrm{e}^{x^2-y^2}\cos(x+y)\mathrm{d}x\mathrm{d}y .$$

分析　此题若先求二重积分，再求极限比较困难，可以考虑借助积分中值定理来求解.

解　区域 D 的面积为 $S_D=\pi r^2$. 因为 $f(x,y)=\mathrm{e}^{x^2-y^2}\cos(x+y)$ 在闭区域 D 上连续，由积分中值定理可知，至少存在一点 $(\xi,\eta)\in D$，使得

$$\frac{1}{\pi r^2}\iint_D \mathrm{e}^{x^2-y^2}\cos(x+y)\mathrm{d}x\mathrm{d}y=\frac{1}{\pi r^2}\mathrm{e}^{\xi^2-\eta^2}\cos(\xi+\eta)\cdot S_D=\mathrm{e}^{\xi^2-\eta^2}\cos(\xi+\eta) .$$

令 $r\to 0^+$，则 $(\xi,\eta)\to(0,0)$，故

$$\lim_{r\to 0^+}\frac{1}{\pi r^2}\iint_D \mathrm{e}^{x^2-y^2}\cos(x+y)\mathrm{d}x\mathrm{d}y = \lim_{(\xi,\eta)\to(0,0)}\mathrm{e}^{\xi^2-\eta^2}\cos(\xi+\eta) = 1 .$$

例 8.4　利用重积分的性质估计积分 $I=\iint_D \frac{1}{100+\cos^2 x+\cos^2 y}\mathrm{d}\sigma$ 的值，其中

$$D=\{(x,y)\mid |x|+|y|\leqslant 10\} .$$

分析　根据二重积分的性质对被积函数在积分区域上进行估计.

解法 1　利用被积函数在积分区域上的单调性估值.积分区域如图 8-3 所示.

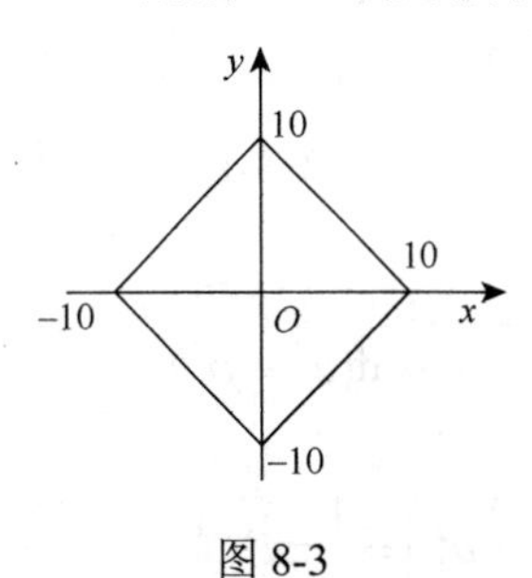

图 8-3

由于

$$0\leqslant\cos^2 x\leqslant 1,\ 0\leqslant\cos^2 y\leqslant 1,$$

故有 $100\leqslant 100+\cos^2 x+\cos^2 y\leqslant 102$. 因此

$$\frac{1}{102}\leqslant\frac{1}{100+\cos^2 x+\cos^2 y}\leqslant\frac{1}{100},$$

区域 D 的面积 $\sigma=200$，根据二重积分的性质可知

$$\frac{100}{51}=\frac{200}{102}\leqslant I\leqslant\frac{200}{100}=2.$$

解法 2　利用二重积分的中值定理估值.由于被积函数在区域 D 上连续，故在 D 上至少存在一点 (ξ,η)，使得 $I=\frac{1}{100+\cos^2\xi+\cos^2\eta}\sigma$，又因为

$$\frac{1}{102}\leqslant\frac{1}{100+\cos^2\xi+\cos^2\eta}\leqslant\frac{1}{100};\quad \sigma=200,$$

所以 $\frac{100}{51}=\frac{200}{102}\leqslant I\leqslant\frac{200}{100}=2$.

例 8.5　将二重积分 $I=\iint_D f(x,y)\mathrm{d}x\mathrm{d}y$ 化为二次积分，其中区域 D：

（1）由抛物线 $y=x^2-1$ 及直线 $y=1-x$ 所围成；

（2）由 $x=0$ 与曲线 $y=x^2+1$ 及 $y=2x$ 所围成.

解 （1）区域 D 如图 8-4 所示.下面用两种方法来求解.

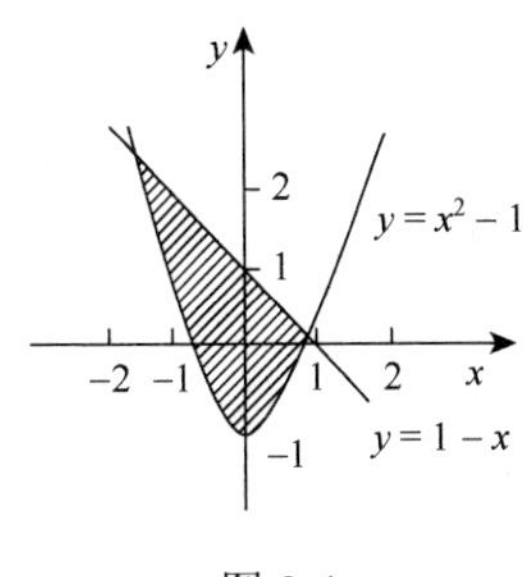

图 8-4

解法 1 若将区域 D 看作 X 型区域，即先对 y 积分，再对 x 积分，首先将区域 D 向 x 轴投影，得 x 轴上的区间 $[-2,1]$，则变量 x 满足 $-2\leqslant x\leqslant 1$ 过区间 $[-2,1]$ 上的任一点 x 作平行于 y 轴的直线由下往上穿过区域 D，穿入 D 时经过的边界曲线方程为 $y=x^2-1$，穿出 D 时经过的边界曲线方程为 $y=1-x$，则 y 满足 $x^2-1\leqslant y\leqslant 1-x$，即

$$D=\{(x,y)\,|\,x^2-1\leqslant y\leqslant 1-x,-2\leqslant x\leqslant 1\},$$

于是

$$I=\iint_D f(x,y)\mathrm{d}x\mathrm{d}y=\int_{-2}^{1}\mathrm{d}x\int_{x^2-1}^{1-x}f(x,y)\mathrm{d}y.$$

解法 2 若将区域 D 看作 Y 型区域，即先对 x 积分，再对 y 积分，用上述“穿线法”时注意当 y 在 $[-1,3]$ 中变化时，穿出时经过的边界曲线有两条，因此需要把 D 划分为两部分

$D_1=\{(x,y)\,|\,-\sqrt{y+1}\leqslant x\leqslant\sqrt{y+1},-1\leqslant y\leqslant 0\}$，$D_2=\{(x,y)\,|\,-\sqrt{y+1}\leqslant x\leqslant 1-y,0\leqslant y\leqslant 3\}$，

则有 $D=D_1\cup D_2$，于是

$$I=\iint_D f(x,y)\mathrm{d}x\mathrm{d}y=\int_{-1}^{0}\mathrm{d}y\int_{-\sqrt{y+1}}^{\sqrt{y+1}}f(x,y)\mathrm{d}x+\int_0^3\mathrm{d}y\int_{-\sqrt{y+1}}^{1-y}f(x,y)\mathrm{d}x.$$

（2）区域 D 如图 8-5 所示.下面用两种方法求解.

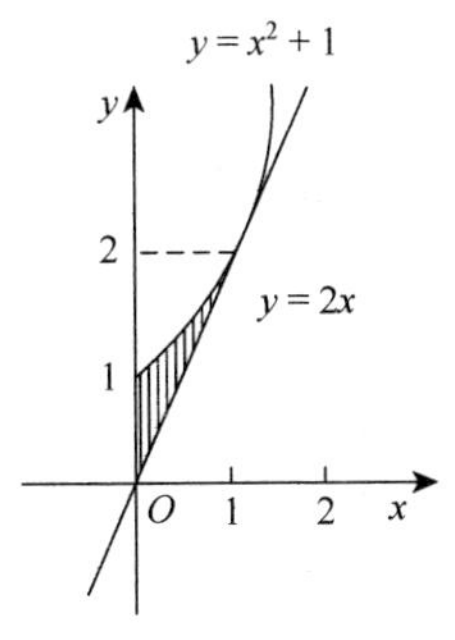

图 8-5

解法 1 若将区域 D 看作 X 型区域，则有

$$D=\{(x,y)\,|\,2x\leqslant y\leqslant x^2+1,0\leqslant x\leqslant 1\},$$

于是

$$I=\iint_D f(x,y)\mathrm{d}x\mathrm{d}y=\int_0^1\mathrm{d}x\int_{2x}^{x^2+1}f(x,y)\mathrm{d}y.$$

解法 2 若将区域 D 看作 Y 型区域，则 $D=D_1\cup D_2$，其中

$$D_1=\left\{(x,y)\,|\,0\leqslant x\leqslant\frac{y}{2},0\leqslant y\leqslant 1\right\},$$

$$D_2=\left\{(x,y)\,|\,\sqrt{y-1}\leqslant x\leqslant\frac{y}{2},1\leqslant y\leqslant 2\right\},$$

则

$$I=\iint\limits_{D}f(x,y)\mathrm{d}x\mathrm{d}y=\int_{0}^{1}\mathrm{d}y\int_{0}^{\frac{y}{2}}f(x,y)\mathrm{d}x+\int_{1}^{2}\mathrm{d}y\int_{\sqrt{y-1}}^{\frac{y}{2}}f(x,y)\mathrm{d}x .$$

注　化二重积分为二次积分是计算二重积分的关键, 难点在于确定二次积分的上、下限, 通常采用“穿线法”:

如果区域D是X型区域, 则要先对y积分后对x积分, 即先将积分区域投影在x轴上, 得到x的变化范围, 在其上任取x点作平行于y轴的直线, 由下向上穿过区域D, 则可以得到y的变化范围, 从而得到二次积分的上、下限.

如果区域D是Y型区域, 则要先对x积分后对y积分, 即先将积分区域投影在y轴上, 得到y的变化范围, 在其上任取y点作平行于x轴的直线, 由左向右穿过区域D, 则可以得到x的变化范围.

如果D既不是X型区域, 又不是Y型区域, 则需要添加辅助线, 将D分成一些X型区域和Y型区域分别计算, 然后利用积分区域可加性即可.

化二重积分为二次积分, 一般而言, 内层积分的上、下限是外层积分变量的函数或者常数, 而外层积分的上、下限一定为常数.

例 8.6　交换下列二重积分的次序:

（1）$I_1=\int_{-1}^{0}\mathrm{d}y\int_{2}^{1-y}f(x,y)\mathrm{d}x$;　　（2）$I_2=\int_{0}^{4}\mathrm{d}y\int_{-\sqrt{4-y}}^{\sqrt{4y-y^2}}f(x,y)\mathrm{d}x$;

（3）$I_3=\int_{0}^{1}\mathrm{d}x\int_{0}^{\sqrt{2x-x^2}}f(x,y)\mathrm{d}y+\int_{1}^{2}\mathrm{d}x\int_{0}^{2-x}f(x,y)\mathrm{d}y.$

解　（1）由已知的二次积分可知, 积分区域为

$$D=\{(x,y)\,|\,1-y\leqslant x\leqslant 2,\ -1\leqslant y\leqslant 0\},$$

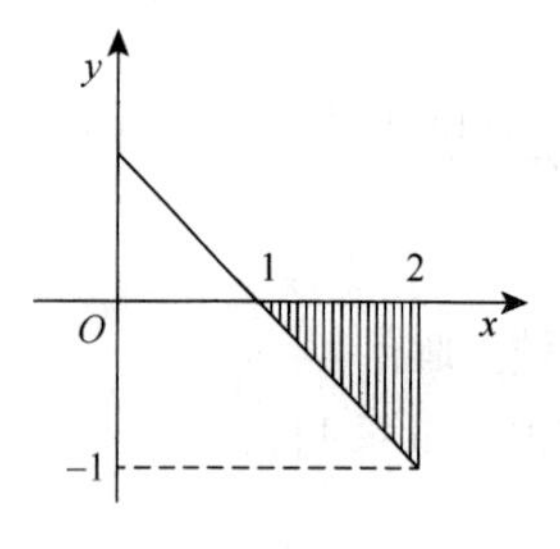

图 8-6

如图 8-6 阴影部分所示.按照新的积分次序, 即先对y后对x积分, 由穿线法可得

$$D=\{(x,y)\,|\,1-x\leqslant y\leqslant 0,\ 1\leqslant x\leqslant 2\},$$

于是

$$I_1=-\int_{-1}^{0}\mathrm{d}y\int_{1-y}^{2}f(x,y)\mathrm{d}x=-\int_{1}^{2}\mathrm{d}x\int_{1-x}^{0}f(x,y)\mathrm{d}y .$$

（2）由已知的二次积分可知, 积分区域为

$$D=\{(x,y)\,|\,-\sqrt{4-y}\leqslant x\leqslant\sqrt{4y-x^2},\ 0\leqslant y\leqslant 4\},$$

画出积分区域D, 如图 8-7 所示, 按照新的积分次序, 即先对y后对x积分, 由穿线法可得

$$D_1=\{(x,y)\,|\,0\leqslant y\leqslant 4-x^2,\ -2\leqslant x\leqslant 2\},$$

$$D_2=\{(x,y)\,|\,2-\sqrt{4-x^2}\leqslant y\leqslant 2+\sqrt{4-x^2},0\leqslant x\leqslant 2\},$$

于是

$$I_2=\int_{-2}^{0}\mathrm{d}x\int_{0}^{4-x^2}f(x,y)\mathrm{d}y+\int_{0}^{2}\mathrm{d}x\int_{2-\sqrt{4-x^2}}^{2+\sqrt{4-x^2}}f(x,y)\mathrm{d}y .$$

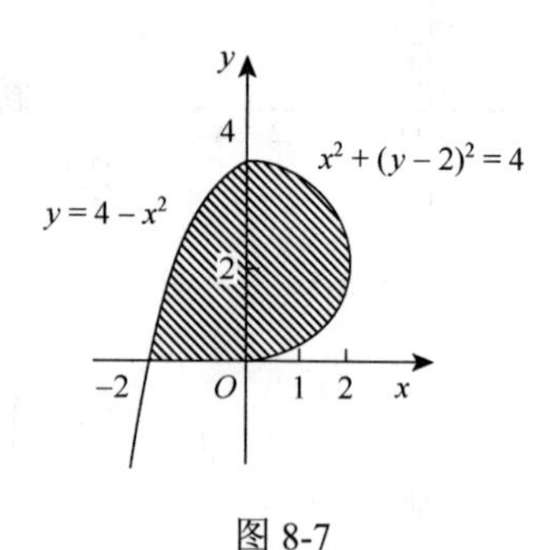

图 8-7

（3）由已知的二次积分可知，积分区域

$$D_1=\left\{(x,y)\,|\,0\leqslant y\leqslant\sqrt{2x-x^2},0\leqslant x\leqslant 1\right\},$$

$$D_2=\{(x,y)\,|\,0\leqslant y\leqslant 2-x,\,1\leqslant x\leqslant 2\},$$

画出积分区域D如图 8-8 所示，按照新的积分次序，即先对x后对y积分，由穿线法可得

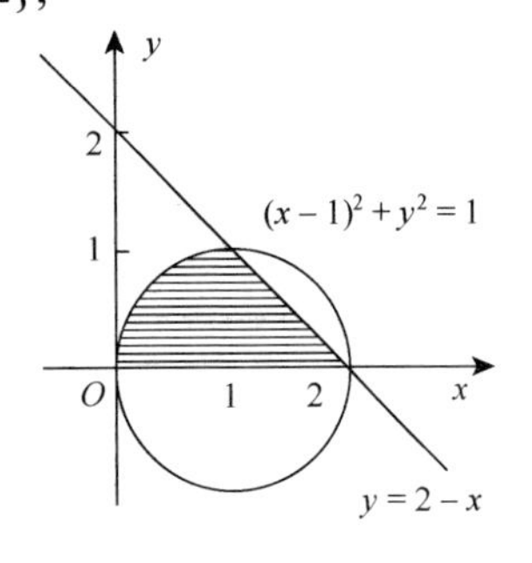

图 8-8

$$D=\left\{(x,y)\,|\,1-\sqrt{1-y^2}\leqslant x\leqslant 2-y,0\leqslant y\leqslant 1\right\},$$

于是

$$I_3=\int_0^1\mathrm{d}y\int_{1-\sqrt{1-y^2}}^{2-y}f(x,y)\mathrm{d}x\,.$$

注 交换二次积分的积分次序的一般步骤为：

（1）根据已知的二次积分的上、下限画出积分区域D的草图；

（2）交换积分次序，利用“穿线法”得到积分区域D的新的描述方法；

（3）写出交换次序后的二次积分.

例 8.7 求$\int_0^2\mathrm{d}x\int_x^2\mathrm{e}^{-y^2}\mathrm{d}y$.

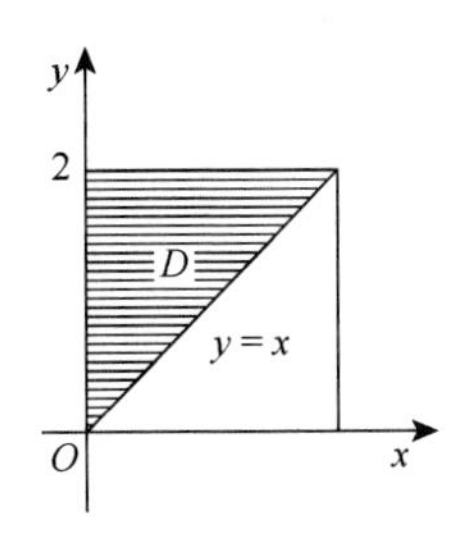

图 8-9

分析 这是一个先对y后对x的二次积分，由于$\int\mathrm{e}^{-y^2}\mathrm{d}y$不能用初等函数表示，所以无法直接计算.可考虑先交换积分次序再计算.

解法 1 积分区域D，如图 8-9 所示.交换积分次序，则

$$D=\{(x,y)\,|\,0\leqslant x\leqslant y\,,0\leqslant y\leqslant 2\},$$

从而

$$\int_0^2\mathrm{d}x\int_x^2\mathrm{e}^{-y^2}\mathrm{d}y=\int_0^2\mathrm{d}y\int_0^y\mathrm{e}^{-y^2}\mathrm{d}x=\int_0^2 y\mathrm{e}^{-y^2}\mathrm{d}y=\frac{1}{2}(1-\mathrm{e}^{-4})\,.$$

解法 2 利用分部积分法.

$$\int_0^2\mathrm{d}x\int_x^2\mathrm{e}^{-y^2}\mathrm{d}y=\left[x\int_x^2\mathrm{e}^{-y^2}\mathrm{d}y\right]_0^2-\int_0^2 x\mathrm{d}\left(\int_x^2\mathrm{e}^{-y^2}\mathrm{d}y\right)$$

$$=\int_0^2 x\mathrm{e}^{-x^2}\mathrm{d}x=\frac{1}{2}(1-\mathrm{e}^{-4})\,.$$

注 如果先被积的函数为$\mathrm{e}^{\pm x^2},\sin x^2,\cos x^2,\dfrac{\sin x}{x},\dfrac{\cos x}{x},\mathrm{e}^{\frac{y}{x}},\dfrac{1}{\ln x}$等形式时，一定要交换积分次序.

例 8.8 设函数$f(x)$在区间$[0,1]$上连续，并设$\int_0^1 f(x)\mathrm{d}x=A$，求

$$I=\int_0^1\mathrm{d}x\int_x^1 f(x)f(y)\mathrm{d}y\,.$$

解法 1　$I=\int_0^1 \mathrm{d}x\int_x^1 f(x)f(y)\mathrm{d}y=\iint\limits_D f(x)f(y)\mathrm{d}x\mathrm{d}y$，其中

$$D=\{x\leqslant y\leqslant 1,0\leqslant x\leqslant 1\},$$

如图 8-10 所示，设 D 关于 $y=x$ 对称的区域为 D_1，则

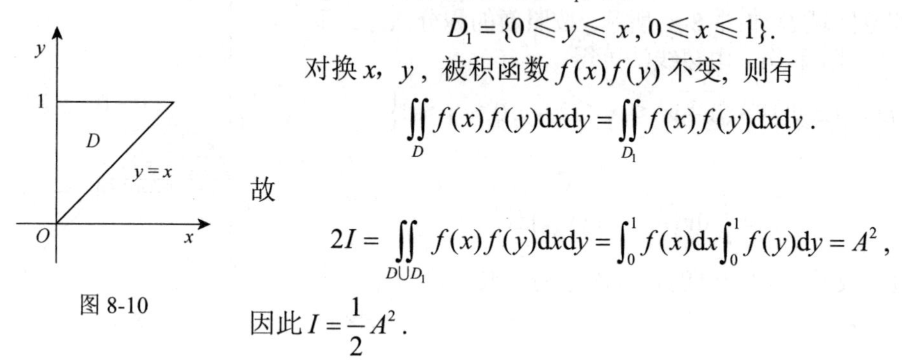

图 8-10

$$D_1=\{0\leqslant y\leqslant x,0\leqslant x\leqslant 1\}.$$

对换 x，y，被积函数 $f(x)f(y)$ 不变，则有

$$\iint\limits_D f(x)f(y)\mathrm{d}x\mathrm{d}y=\iint\limits_{D_1} f(x)f(y)\mathrm{d}x\mathrm{d}y.$$

故

$$2I=\iint\limits_{D\cup D_1} f(x)f(y)\mathrm{d}x\mathrm{d}y=\int_0^1 f(x)\mathrm{d}x\int_0^1 f(y)\mathrm{d}y=A^2,$$

因此 $I=\dfrac{1}{2}A^2$.

解法 2　利用分部积分法.

$$\begin{aligned}\int_0^1\mathrm{d}x\int_x^1 f(x)f(y)\mathrm{d}y&=\int_0^1\left(\int_x^1 f(y)\mathrm{d}y\right)f(x)\mathrm{d}x=\int_0^1\left(\int_x^1 f(y)\mathrm{d}y\right)\mathrm{d}\left(\int_1^x f(t)\mathrm{d}t\right)\\&=\left[\left(\int_x^1 f(y)\mathrm{d}y\right)\left(\int_1^x f(t)\mathrm{d}t\right)\right]_0^1-\int_0^1\left(\int_1^x f(t)\mathrm{d}t\right)\mathrm{d}\left(\int_x^1 f(t)\mathrm{d}t\right)\\&=A^2+\int_0^1\left(\int_1^x f(t)\mathrm{d}t\right)\mathrm{d}\left(\int_1^x f(t)\mathrm{d}t\right)\\&=A^2+\frac{1}{2}\left[\left(\int_1^x f(t)\mathrm{d}t\right)^2\right]_0^1=A^2-\frac{1}{2}A^2=\frac{1}{2}A^2.\end{aligned}$$

例 8.9　计算二重积分 $I=\iint\limits_D y^5\sqrt{1+x^2-y^6}\,\mathrm{d}\sigma$，其中 D 为直线 $y=\sqrt[3]{x},x=-1,\ \ y=1$ 所围成的区域.

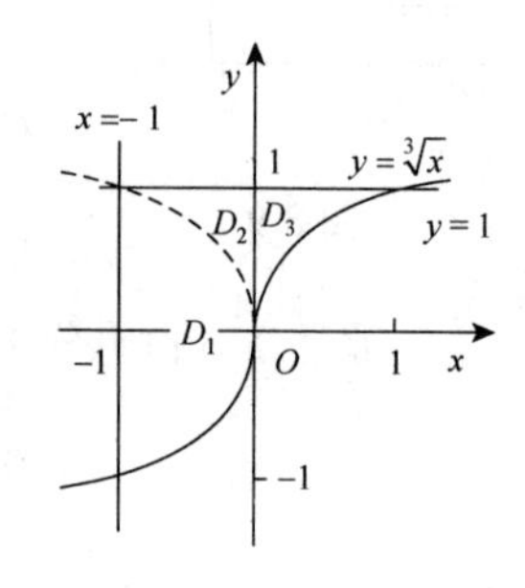

图 8-11

解法 1　积分区域 D 如图 8-11 所示. 若将 D 视为 X 型区域，则

$$D=\{(x,y)\,|\,\sqrt[3]{x}\leqslant y\leqslant 1,-1\leqslant x\leqslant 1\}.$$

于是，

$$\begin{aligned}I&=\int_{-1}^1\mathrm{d}x\int_{\sqrt[3]{x}}^1 y^5\sqrt{1+x^2-y^6}\,\mathrm{d}y\\&=-\frac{1}{6}\times\frac{2}{3}\int_{-1}^1\left[(1+x^2-y^6)^{\frac{3}{2}}\right]_{\sqrt[3]{x}}^1\mathrm{d}x\\&=-\frac{1}{9}\int_{-1}^1(|x|^3-1)\mathrm{d}x=-\frac{2}{9}\int_0^1(x^3-1)\mathrm{d}x=\frac{1}{6}.\end{aligned}$$

解法 2　利用奇偶对称性.将被积区域 D 分成三部分，如图 8-11 所示.被积函数

是关于 x 的偶函数, 关于 y 的奇函数, 因此

$$I=\iint\limits_{D_1} f(x,y)\mathrm{d}x\mathrm{d}y+\iint\limits_{D_2} f(x,y)\mathrm{d}x\mathrm{d}y+\iint\limits_{D_3} f(x,y)\mathrm{d}x\mathrm{d}y$$

$$=0+2\iint\limits_{D_3} f(x,y)\mathrm{d}x\mathrm{d}y=2\int_0^1\mathrm{d}x\int_{\sqrt[3]{x}}^1 y^5\sqrt{1+x^2-y^6}\,\mathrm{d}y=2\times\frac{1}{12}=\frac{1}{6}.$$

注　若将 D 视为 Y 型区域, 则 $I=\int_{-1}^1\mathrm{d}y\int_1^{y^3} y^5\sqrt{1+x^2-y^6}\,\mathrm{d}x$. 与解法 1 相比, 虽然两种划分积分区域的方法都得到一个二次积分, 但是这个二次积分中对 x 的积分的计算非常麻烦, 因此不宜采用此方法, 由此可见积分次序选择的重要性.因此计算二重积分时, 要同时考虑被积函数和积分区域的特点, 寻求一种较简单的计算方法, 如果有奇偶对称性可用, 则将大大简化计算.

例 8.10　计算二重积分 $\iint\limits_D \mathrm{e}^{\max\{x^2,y^2\}}\mathrm{d}x\mathrm{d}y$, 其中 $D=\{(x,y)\,|\,0\leqslant x\leqslant 1,0\leqslant y\leqslant 1\}$.

分析　被积函数实际上是分段函数, 在区域 D 中,

当 $(x,y)\in\{(x,y)\,|\,0\leqslant x\leqslant 1,0\leqslant y\leqslant x\}$ 时, $x^2\geqslant y^2$;

当 $(x,y)\in\{(x,y)\,|\,0\leqslant x\leqslant 1,\ x\leqslant y\leqslant 1\}$ 时, $x^2\leqslant y^2$.

因此需要将 D 分为两部分计算.

解　设 $D_1=\{(x,y)\,|\,0\leqslant x\leqslant 1,\ x\leqslant y\leqslant 1\}$,

$D_2=\{(x,y)\,|\,0\leqslant x\leqslant 1,0\leqslant y\leqslant x\}$,

如图 8-12 所示, 则

$$\mathrm{e}^{\max\{x^2,y^2\}}=\begin{cases}\mathrm{e}^{y^2}, & (x,y)\in D_1,\\ \mathrm{e}^{x^2}, & (x,y)\in D_2,\end{cases}$$

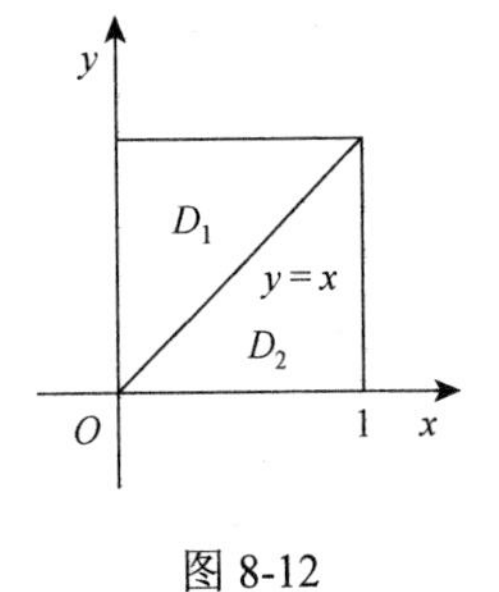

图 8-12

从而

$$\iint\limits_D \mathrm{e}^{\max\{x^2,y^2\}}\mathrm{d}x\mathrm{d}y=\iint\limits_{D_1}\mathrm{e}^{\max\{x^2,y^2\}}\mathrm{d}x\mathrm{d}y+\iint\limits_{D_2}\mathrm{e}^{\max\{x^2,y^2\}}\mathrm{d}x\mathrm{d}y$$

$$=\iint\limits_{D_1}\mathrm{e}^{y^2}\mathrm{d}x\mathrm{d}y+\iint\limits_{D_2}\mathrm{e}^{x^2}\mathrm{d}x\mathrm{d}y$$

$$=\int_0^1\mathrm{d}y\int_0^y\mathrm{e}^{y^2}\mathrm{d}x+\int_0^1\mathrm{d}x\int_0^x\mathrm{e}^{x^2}\mathrm{d}y$$

$$=\int_0^1 y\mathrm{e}^{y^2}\mathrm{d}y+\int_0^1 x\mathrm{e}^{x^2}\mathrm{d}x=\mathrm{e}-1.$$

例 8.11　计算 $I=\iint\limits_D\left|y-x^2\right|\mathrm{d}x\mathrm{d}y$, 其中积分区域为 $D=\{(x,y)\,|\,|x|\leqslant 1,0\leqslant y\leqslant 2\}$.

分析　如果被积函数表达式中含有绝对值, 先要考虑去掉绝对值符号, 把被积函数写成分段函数的形式, 用类似例 8.10 的方法来计算.

解　如图 8-13 所示, 将积分区域 D 划分为两部分:

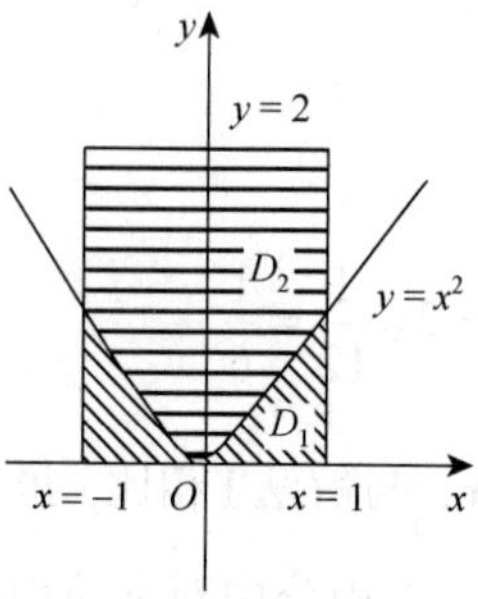

$$D_1=\{(x,y)\,|\,-1\leqslant x\leqslant 1,0\leqslant y\leqslant x^2\},$$

$$D_2=\{(x,y)\,|\,-1\leqslant x\leqslant 1,\ x^2\leqslant y\leqslant 2\},$$

则 $\left|y-x^2\right|=\begin{cases}x^2-y, & (x,y)\in D_1,\\ y-x^2, & (x,y)\in D_2,\end{cases}$ 从而

$$I=\iint\limits_D\left|y-x^2\right|\mathrm{d}x\mathrm{d}y=\iint\limits_{D_1}(x^2-y)\mathrm{d}x\mathrm{d}y+\iint\limits_{D_2}(y-x^2)\mathrm{d}x\mathrm{d}y$$

$$=\int_{-1}^{1}\mathrm{d}x\int_0^{x^2}(x^2-y)\mathrm{d}y+\int_{-1}^{1}\mathrm{d}x\int_{x^2}^{2}(y-x^2)\mathrm{d}y$$

$$=\int_{-1}^{1}\frac{1}{2}x^4\mathrm{d}x+\int_{-1}^{1}\left(2-2x^2+\frac{x^4}{2}\right)\mathrm{d}x=\frac{46}{15}.$$

图 8-13

例 8.12　设 $D_1=\{(x,y)\,|\,x+y\geqslant 1,\ x\geqslant 0,\ y\geqslant 0\}$，$D_2=\{(x,y)\,|\,|x|+|y|\leqslant 1\}$，并且 $I_k=\iint\limits_{D_k}\mathrm{e}^{|x|+|y|}\mathrm{d}x\mathrm{d}y\ (k=1,2)$，则（　　）.

A. $I_1=I_2$　　　B. $2I_1=I_2$　　　C. $I_1=2I_2$　　　D. $4I_1=I_2$

分析　被积函数与积分区域的表达式中均含有绝对值符号，应先将积分区域表达式中的绝对值符号去掉，画出积分区域，然后用类似例 8.10、例 8.11 中的方法来计算，但本题根据积分区域的特点应考虑用奇偶对称性则更简单.

解　选 D.积分区域如图 8-14 所示.由于被积函数 $f(x,y)=\mathrm{e}^{|x|+|y|}$ 是关于 x 和 y 的偶函数，而且 D_2 是关于 x,y 轴都对称的区域，D_1 恰好是 D_2 位于第一象限的区域，故正确答案为 D.

例 8.13　计算 $I=\iint\limits_D\mathrm{e}^{x+y}\mathrm{d}\sigma$，其中 $D=\{(x,y)\,|\,|x|+|y|\leqslant 1\}$.

分析　积分区域 D 既关于 x 轴对称，又关于 y 轴对称，而被积函数 e^{x+y} 关于 x 或 y 都不具有奇偶性，因此不能利用奇偶对称性计算.

解　积分区域如图 8-15 所示. y 轴将区域 D 分为两部分，分别记为 D_1 和 D_2，则

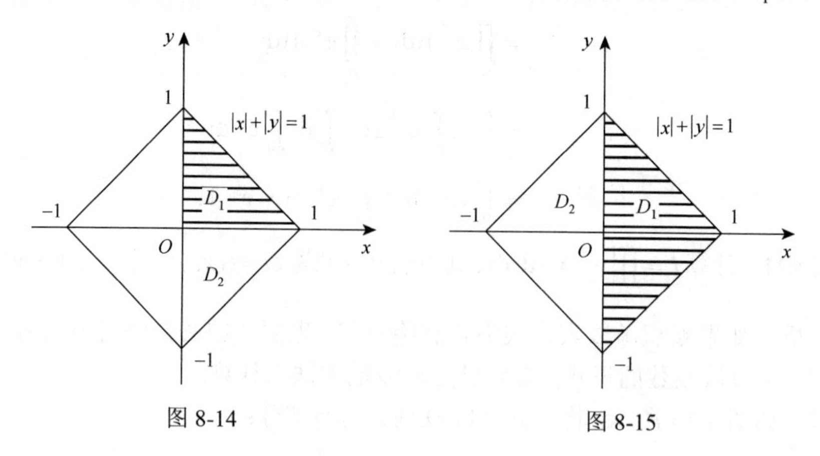

图 8-14　　　　　　　　图 8-15

$$\begin{aligned}I&=\iint_D \mathrm{e}^{x+y}\mathrm{d}\sigma=\iint_{D_1}\mathrm{e}^{x+y}\mathrm{d}x\mathrm{d}y+\iint_{D_2}\mathrm{e}^{x+y}\mathrm{d}x\mathrm{d}y\\&=\int_{-1}^{0}\mathrm{e}^{x}\mathrm{d}x\int_{-x-1}^{x+1}\mathrm{e}^{y}\mathrm{d}y+\int_{0}^{1}\mathrm{e}^{x}\mathrm{d}x\int_{x-1}^{1-x}\mathrm{e}^{y}\mathrm{d}y\\&=\left(\frac{\mathrm{e}}{2}-\frac{3}{2\mathrm{e}}\right)+\left(\frac{\mathrm{e}}{2}+\frac{1}{2\mathrm{e}}\right)=\mathrm{e}-\frac{1}{\mathrm{e}}.\end{aligned}$$

错误解答 记积分区域在第一象限的部分为 D_0，则

$$I=\iint_D \mathrm{e}^{x+y}\mathrm{d}\sigma=4\iint_{D_0}\mathrm{e}^{x+y}\mathrm{d}x\mathrm{d}y=4\int_0^1\mathrm{e}^x\mathrm{d}x\int_0^{1-x}\mathrm{e}^y\mathrm{d}y=4\int_0^1\mathrm{e}^x(\mathrm{e}^{1-x}-1)\mathrm{d}x=4.$$

错解分析 此解法注意到了积分区域关于 x 轴、y 轴对称，想利用对称性简化计算，但是被积函数却既非奇函数也非偶函数，所以 $\iint_D \mathrm{e}^{x+y}\mathrm{d}\sigma\neq 4\iint_{D_0}\mathrm{e}^{x+y}\mathrm{d}x\mathrm{d}y$.

注 利用对称性简化计算时一定要兼顾积分区域的对称性和被积函数的奇偶性.

例 8.14 设区域 $D=\{(x,y)\,|\,x^2+y^2\leqslant R^2\}$，则 $\iint_D\left(\dfrac{x^2}{a^2}+\dfrac{y^2}{b^2}\right)\mathrm{d}x\mathrm{d}y=$ ________.

分析 如果二重积分的被积函数中含有 x^2+y^2 或 $\dfrac{y}{x}$，或者积分区域是圆形、扇形、环形等形状，通常采用极坐标的形式进行计算较简单.本题积分区域为圆域，宜采用极坐标计算.

解法 1

$$\begin{aligned}\iint_D\left(\frac{x^2}{a^2}+\frac{y^2}{b^2}\right)\mathrm{d}x\mathrm{d}y&=\int_0^{2\pi}\mathrm{d}\theta\int_0^R\rho^2\left(\frac{\cos^2\theta}{a^2}+\frac{\sin^2\theta}{b^2}\right)\rho\mathrm{d}\rho\\&=\int_0^{2\pi}\left(\frac{\cos^2\theta}{a^2}+\frac{\sin^2\theta}{b^2}\right)\mathrm{d}\theta\int_0^R\rho^3\mathrm{d}\rho\\&=\left(\int_0^{2\pi}\frac{\cos^2\theta}{a^2}\mathrm{d}\theta+\int_0^{2\pi}\frac{\sin^2\theta}{b^2}\mathrm{d}\theta\right)\cdot\frac{1}{4}R^4\\&=\left(\frac{1}{a^2}\int_0^{2\pi}\frac{1+\cos 2\theta}{2}\mathrm{d}\theta+\frac{1}{b^2}\int_0^{2\pi}\frac{1-\cos 2\theta}{2}\mathrm{d}\theta\right)\cdot\frac{1}{4}R^4\\&=\left(\frac{1}{a^2}+\frac{1}{b^2}\right)\pi\frac{1}{4}R^4=\frac{\pi}{4}R^4\left(\frac{1}{a^2}+\frac{1}{b^2}\right).\end{aligned}$$

解法 2 注意区域 D 的对称性，对换被积函数中 x，y 的位置积分值不变，因此

$$\begin{aligned}\iint_D\left(\frac{x^2}{a^2}+\frac{y^2}{b^2}\right)\mathrm{d}x\mathrm{d}y&=\iint_D\left(\frac{y^2}{a^2}+\frac{x^2}{b^2}\right)\mathrm{d}x\mathrm{d}y\\&=\frac{1}{2}\iint_D\left[\left(\frac{x^2}{a^2}+\frac{y^2}{b^2}\right)+\left(\frac{y^2}{a^2}+\frac{x^2}{b^2}\right)\right]\mathrm{d}x\mathrm{d}y\end{aligned}$$

$$=\frac{1}{2}\left(\frac{1}{a^2}+\frac{1}{b^2}\right)\iint_D (x^2+y^2)\mathrm{d}x\mathrm{d}y$$

$$=\frac{1}{2}\left(\frac{1}{a^2}+\frac{1}{b^2}\right)\int_0^{2\pi}\mathrm{d}\theta\int_0^R \rho^3\mathrm{d}\rho$$

$$=\frac{\pi}{4}R^4\left(\frac{1}{a^2}+\frac{1}{b^2}\right).$$

注　运用极坐标计算二重积分最好是能同时简化积分区域和被积函数，如果二者不能兼顾，通常选择能简化积分区域的方法.也有些积分，尽管用直角坐标能够更简单的描述积分区域，但是由于被积函数的特殊性（如积分不能计算），则只有通过变换坐标来计算，如下面的例 8.15.

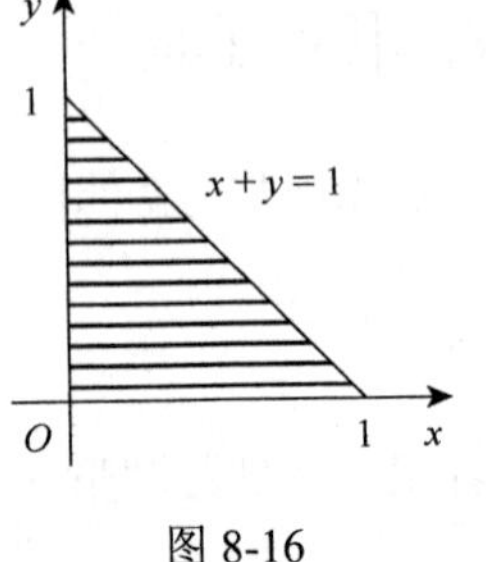

图 8-16

例 8.15　计算二重积分 $I=\iint_D \mathrm{e}^{\frac{y}{x+y}}\mathrm{d}x\mathrm{d}y$，其中 D 由 $x+y=1,x=0,y=0$ 围成.

分析　积分区域如图 8-16 所示.观察此被积函数的特点，如果采用直角坐标直接进行计算，虽然容易化为二次积分，但是二次积分中的定积分难以计算出来.可以考虑用极坐标来计算.

解　用极坐标来计算.

$$I=\int_0^{\frac{\pi}{2}}\mathrm{e}^{\frac{\sin\theta}{\cos\theta+\sin\theta}}\mathrm{d}\theta\int_0^{\frac{1}{\cos\theta+\sin\theta}}\rho\mathrm{d}\rho$$

$$=\frac{1}{2}\int_0^{\frac{\pi}{2}}\mathrm{e}^{\frac{\sin\theta}{\cos\theta+\sin\theta}}\frac{1}{(\cos\theta+\sin\theta)^2}\mathrm{d}\theta$$

$$=\frac{1}{2}\int_0^{\frac{\pi}{2}}\mathrm{e}^{\frac{\sin\theta}{\cos\theta+\sin\theta}}\mathrm{d}\frac{\sin\theta}{\cos\theta+\sin\theta}=\frac{1}{2}\left[\mathrm{e}^{\frac{\sin\theta}{\cos\theta+\sin\theta}}\right]_0^{\frac{\pi}{2}}=\frac{1}{2}(\mathrm{e}-1).$$

错误解答　由 $x+y=1,x=0,y=0$，得

$$I=\iint_D \mathrm{e}^{\frac{y}{x+y}}\mathrm{d}x\mathrm{d}y=\iint_D \mathrm{e}^{\frac{0}{1}}\mathrm{d}x\mathrm{d}y=\iint_D \mathrm{e}^0\mathrm{d}x\mathrm{d}y=\iint_D \mathrm{d}x\mathrm{d}y=\frac{1}{2}.$$

错解分析　这是微积分初学者常犯的错误，将二重积分与曲线积分相混淆.对于二重积分 $\iint_D f(x,y)\mathrm{d}\sigma$，被积函数 $f(x,y)$ 是定义在整个平面区域 D 上的，而不仅是定义在 D 的边界曲线（本题为 $x+y=1,x=0,y=0$）上，因此不能将边界曲线满足的关系直接代入被积函数的表达式中.

注　若二重积分 $I=\iint_D f(x,y)\mathrm{d}\sigma$ 的被积函数 $f(x,y)$ 可以写成 $f(x,y)=g\left(\frac{y}{x}\right)$ 的

形式, 则可以用极坐标将被积函数分离变量, 即 $I=\iint\limits_D f(x,y)\mathrm{d}\sigma=\iint\limits_D g\left(\dfrac{\cos\theta}{\sin\theta}\right)\rho\mathrm{d}\rho\mathrm{d}\theta$. 一般情况下, 这样可以使积分的计算变得容易一些.

例 8.16 计算二重积分 $\iint\limits_D xy[1+x^2+y^2]\mathrm{d}x\mathrm{d}y$, 其中

$$D=\{(x,y)\mid x^2+y^2\leqslant\sqrt{2},x\geqslant 0,\ \ y\geqslant 0\},$$

$[1+x^2+y^2]$ 表示不超过 $1+x^2+y^2$ 的最大整数.

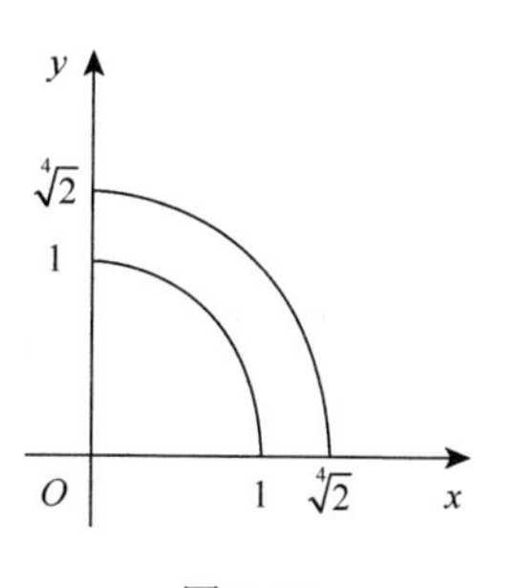

图 8-17

分析 积分区域为扇形域, 如图 8-17 所示.采用极坐标计算为宜.被积函数实际上是分段函数, 应将积分区域分开考虑.

解法 1
$$\begin{aligned}\iint\limits_D xy[1+x^2+y^2]\mathrm{d}x\mathrm{d}y&=\int_0^{\frac{\pi}{2}}\mathrm{d}\theta\int_0^{\sqrt[4]{2}}\rho^3\sin\theta\cos\theta[1+\rho^2]\mathrm{d}\rho\\&=\int_0^{\frac{\pi}{2}}\sin\theta\cos\theta\mathrm{d}\theta\cdot\left(\int_0^1\rho^3\mathrm{d}\rho+\int_1^{\sqrt[4]{2}}2\rho^3\mathrm{d}\rho\right)\\&=\frac{1}{2}\left(\int_0^1\rho^3\mathrm{d}\rho+\int_1^{\sqrt[4]{2}}2\rho^3\mathrm{d}\rho\right)=\frac{3}{8}.\end{aligned}$$

解法 2 可先将积分区域分开, 再作极坐标变换.记

$$D_1=\{(x,y)\mid x^2+y^2<1,x\geqslant 0,y\geqslant 0\},$$
$$D_2=\{(x,y)\mid 1\leqslant x^2+y^2\leqslant\sqrt{2},x\geqslant 0,y\geqslant 0\},$$

则当 $(x,y)\in D_1$ 时, $[1+x^2+y^2]=1$; 当 $(x,y)\in D_2$ 时, $[1+x^2+y^2]=2$, 于是

$$\begin{aligned}\iint\limits_D xy[1+x^2+y^2]\mathrm{d}x\mathrm{d}y&=\iint\limits_{D_1}xy\mathrm{d}x\mathrm{d}y+\iint\limits_{D_2}2xy\mathrm{d}x\mathrm{d}y\\&=\int_0^{\frac{\pi}{2}}d\theta\int_0^1\rho^3\sin\theta\cos\theta\mathrm{d}\rho+\int_0^{\frac{\pi}{2}}\mathrm{d}\theta\int_1^{\sqrt[4]{2}}2\rho^3\sin\theta\cos\theta\mathrm{d}\rho\\&=\frac{1}{8}+\frac{1}{4}=\frac{3}{8}.\end{aligned}$$

例 8.17 用二重积分求曲线 $(x^2+y^2)^2=9(x^2-y^2)$ 所围成区域的面积 A.

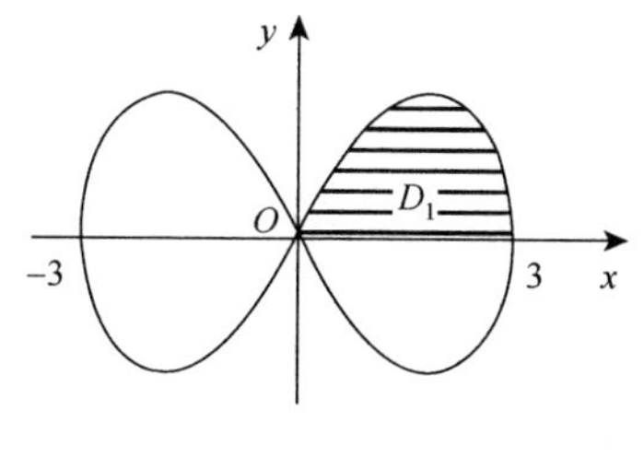

图 8-18

分析 由二重积分的几何意义可知, 当被积函数为 1 时, 曲顶柱体的体积在数值上等于积分区域 D 的面积.即 $A=\iint\limits_D\mathrm{d}x\mathrm{d}y$.又因为曲线方程中含有 x^2+y^2 项, 可以考虑在极坐标系下计算此二重积分.

解 令 $x=\rho\cos\theta,y=\rho\sin\theta$ 并代入曲线方程, 得 ρ^2=$9\cos 2\theta$, 画出曲线所围成的区域 D, 如图 8-18

所示. 利用对称性只需计算第一象限内的区域D_1的面积即可，其中

$$D_1=\left\{(\rho,\theta)\,|\,0\leqslant\rho\leqslant 3\sqrt{\cos 2\theta},0\leqslant\theta\leqslant\frac{\pi}{4}\right\},$$

即

$$A=\iint\limits_D \rho\mathrm{d}\rho\mathrm{d}\theta=4\iint\limits_{D_1}\rho\mathrm{d}\rho\mathrm{d}\theta=4\int_0^{\frac{\pi}{4}}\mathrm{d}\theta\int_0^{3\sqrt{\cos 2\theta}}\rho\mathrm{d}\rho=18\int_0^{\frac{\pi}{4}}\cos 2\theta\mathrm{d}\theta=9.$$

例 8.18　求球体$x^2+y^2+z^2\leqslant R^2$与$x^2+y^2+z^2\leqslant 2Rz$的公共部分的体积V.

分析　设该立体为Ω，其图形如图 8-19 所示，设Ω在坐标面xOy上的投影区域为D，则其体积可视为以D为底，分别以$z=\sqrt{R^2-x^2-y^2}$和$z=R-\sqrt{R^2-x^2-y^2}$为顶的两个曲顶柱体的体积之差，根据二重积分的几何意义可得

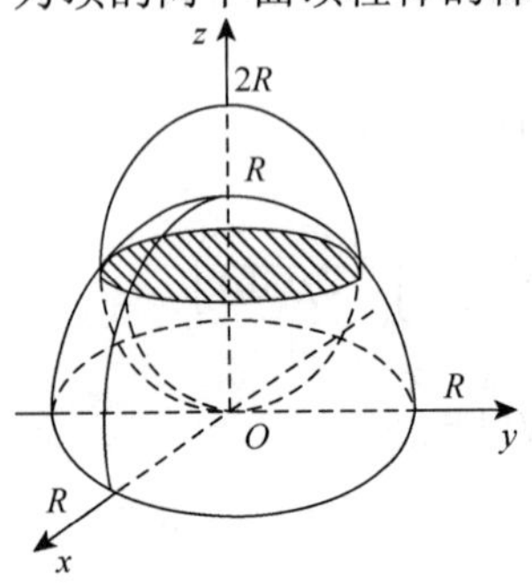

图 8-19

$$V=\iint\limits_D\sqrt{R^2-x^2-y^2}\mathrm{d}x\mathrm{d}y-\iint\limits_D[R-\sqrt{R^2-x^2-y^2}]\mathrm{d}x\mathrm{d}y;$$

还可以根据三重积分的几何意义，立体体积等于被积函数为 1，积分区域为该立体所围的空间区域所对应的三重积分.

解法 1　采用二重积分计算.

首先求区域D. 根据立体几何的知识，将$x^2+y^2+z^2=R^2$与$x^2+y^2+z^2=2Rz$联立并消去z，就得到此立体在xOy平面上的投影区域为

$D=\left\{(x,y)\,|\,x^2+y^2\leqslant\frac{3}{4}R^2\right\}$，显然$D$为一圆域.故所求立体体积

$$\begin{aligned}V&=\iint\limits_D\sqrt{R^2-x^2-y^2}\mathrm{d}x\mathrm{d}y-\iint\limits_D(R-\sqrt{R^2-x^2-y^2})\mathrm{d}x\mathrm{d}y\\&=2\iint\limits_D\sqrt{R^2-x^2-y^2}\mathrm{d}x\mathrm{d}y-\iint\limits_D R\mathrm{d}x\mathrm{d}y\\&=2\int_0^{2\pi}\mathrm{d}\theta\int_0^{\frac{\sqrt{3}}{2}R}\sqrt{R^2-\rho^2}\rho\mathrm{d}\rho-R\cdot\pi\left(\frac{\sqrt{3}}{2}R\right)^2\\&=-\frac{2}{3}\times 2\pi\cdot\left[(R^2-\rho^2)^{\frac{3}{2}}\right]_0^{\frac{\sqrt{3}}{2}R}-\frac{3}{4}\pi R^3=\frac{5}{12}\pi R^3.\end{aligned}$$

解法 2　采用三重积分，再将三重积分用“先一后二”的方法来计算.

$$\begin{aligned}V&=\iiint\limits_\Omega\mathrm{d}x\mathrm{d}y\mathrm{d}z=\iint\limits_D\mathrm{d}x\mathrm{d}y\int_{R-\sqrt{R^2-x^2-y^2}}^{\sqrt{R^2-x^2-y^2}}\mathrm{d}z\\&=\iint\limits_D\left[\sqrt{R^2-x^2-y^2}-\left(R-\sqrt{R^2-x^2-y^2}\right)\right]\mathrm{d}x\mathrm{d}y\end{aligned}$$

$$
\begin{aligned}
&=\iint\limits_{D}\sqrt{R^2-x^2-y^2}\,\mathrm{d}x\mathrm{d}y-\iint\limits_{D}\left(R-\sqrt{R^2-x^2-y^2}\right)\mathrm{d}x\mathrm{d}y\\
&=\frac{5}{12}\pi R^3 .
\end{aligned}
$$

注 在用重积分求立体的体积时，如果用三重积分来计算，则将三重积分用“先一后二”的方法来计算时，当把其中的“一”次积分计算出来后，得到的就是解法1中的二重积分，可见两种方法虽然意义不同，但计算是相通的.

例 8.19 计算三重积分 $\iiint\limits_{\Omega}xz\mathrm{d}\upsilon$，其中 Ω 是由平面 $x+y+z=1$ 及3个坐标面围成的四面体.

分析 积分区域 Ω 如图 8-20 所示，它由空间中的平面围成，宜选用直角坐标来描述.然后考虑将三重积分化为二重积分或定积分来计算，通常有两种方法:“先一后二”法和“先二后一”法.

解法 1 采用“先一后二”法.先确定将 Ω 投影到某个坐标平面，再用“穿线法”将二重积分化为二次积分. 积分区域为 $\Omega=\{(x,y,z)\,|\,x+y+z\leqslant 1,x\geqslant 0,y\geqslant 0,z\geqslant 0\}$，将 Ω 投影到坐标面 xOy 上，得到投影区域为 D_{xy}，$D_{xy}=\{(x,y)\,|\,0\leqslant y\leqslant 1-x,0\leqslant x\leqslant 1\}$，在 D_{xy} 内任取一点 (x,y)，过此点作平行于 z 轴的直线，该直线从平面 $z=0$ 穿入区域 Ω，然后从平面 $z=1-x-y$ 穿出 Ω，于是

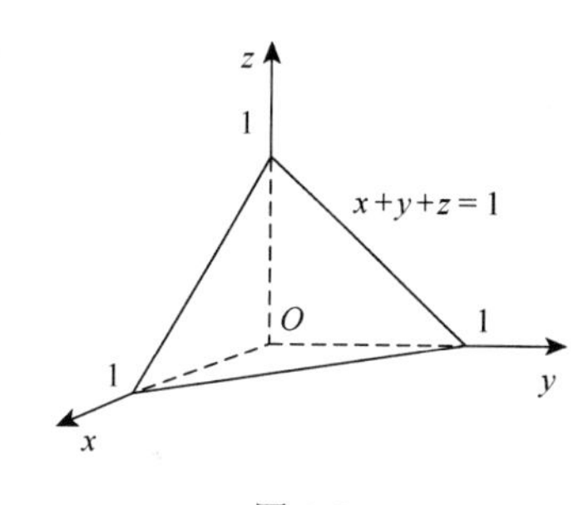

图 8-20

$$
\begin{aligned}
\iiint\limits_{\Omega}xz\mathrm{d}\upsilon&=\iint\limits_{D}\mathrm{d}x\mathrm{d}y\int_0^{1-x-y}xz\mathrm{d}z=\frac{1}{2}\iint\limits_{D}x(1-x-y)^2\mathrm{d}x\mathrm{d}y\\
&=\frac{1}{2}\int_0^1x\mathrm{d}x\int_0^{1-x}(1-x-y)^2\mathrm{d}y=\frac{1}{6}\int_0^1x(1-x)^3\mathrm{d}x=\frac{1}{120}.
\end{aligned}
$$

解法 2 采用“先二后一”法.先确定将 Ω 投影到某个坐标轴上，再用“截面法”. 空间区域 Ω 在 z 轴上的投影区间为 $[0,1]$，在此区间内任取一点 z，过该点作平面垂直于 z 轴，所得截面为 $D_z=\{(x,y)\,|\,0\leqslant y\leqslant 1-x-z,0\leqslant x\leqslant 1-z\}$（这里把 z 看作定值），则

$$
\begin{aligned}
\iiint\limits_{\Omega}xz\mathrm{d}\upsilon&=\int_0^1\mathrm{d}z\iint\limits_{D_z}xz\mathrm{d}x\mathrm{d}y=\int_0^1z\mathrm{d}z\int_0^{1-z}x\mathrm{d}x\int_0^{1-x-z}\mathrm{d}y\\
&=\int_0^1z\mathrm{d}z\int_0^{1-z}x(1-x-z)\mathrm{d}x=\frac{1}{6}\int_0^1z(1-z)^3\mathrm{d}z=\frac{1}{120}.
\end{aligned}
$$

注 计算重积分，首先要选择合适的坐标系，将重积分化为累次积分进行计算.对于三重积分，有直角坐标、柱面坐标和球面坐标3种坐标系可以选择:

（1）当积分区域是由较多平面或不具有对称性的曲面围成时，通常选用直角坐标进行计算；

（2）当积分区域含有 x^2+y^2 项，或者含有可以看作是以空间中某曲线为母线、绕某坐标轴旋转而得到的立体区域时，通常选用柱面坐标系较为简单；

（3）当积分区域含有 $x^2+y^2+z^2$ 项时，通常选用球面坐标计算.当然，选用哪种坐标系不仅要考虑积分区域的特点，还要兼顾被积函数的特点.

例 8.20 计算三重积分 $I=\iiint\limits_{\Omega} y\sin(x+z)\mathrm{d}\upsilon$, 其中 Ω 是由曲面 $y=\sqrt{x}$ 及平面 $y=0,\ \ z=0,\ x+z=\dfrac{\pi}{2}$ 围成.

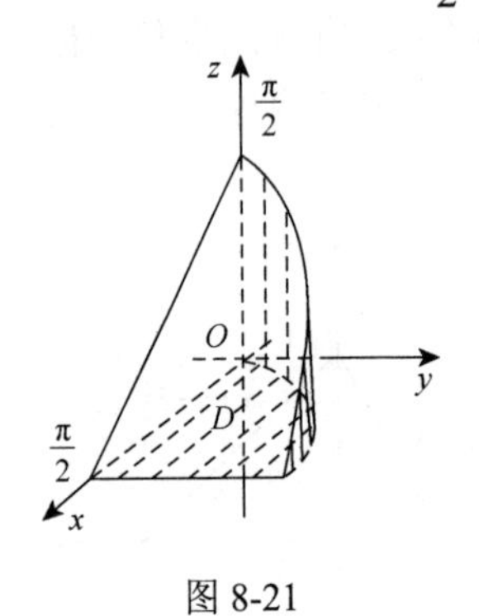

图 8-21

分析 积分区域 Ω 如图 8-21 示.根据 Ω 的特点，宜采用直角坐标系.注意到在 D 内任取一点用“穿线法”，易判断穿入点和穿出点分别为 $z=0$ 和 $z=\dfrac{\pi}{2}-x$.因而采用“先一后二”的方法较简单.

解法 1 用“先一后二”法. Ω 在 xOy 平面上的投影区域为 $D_{xy}=\left\{(x,y)\,|\,0\leqslant y\leqslant\sqrt{x},0\leqslant x\leqslant\dfrac{\pi}{2}\right\}$，再由“穿线法”得 $0\leqslant z\leqslant\dfrac{\pi}{2}-x$,

于是

$$I=\iiint\limits_{\Omega} y\sin(x+z)\mathrm{d}\upsilon=\iint\limits_{D}\mathrm{d}x\mathrm{d}y\int_0^{\frac{\pi}{2}-x} y\sin(x+z)\mathrm{d}z$$

$$=\iint\limits_{D} y\cos x\mathrm{d}x\mathrm{d}y=\int_0^{\frac{\pi}{2}}\mathrm{d}x\int_0^{\sqrt{x}} y\cos x\mathrm{d}y=\frac{1}{2}\int_0^{\frac{\pi}{2}} x\cos x\mathrm{d}x=\frac{\pi}{4}-\frac{1}{2}.$$

解法 2 用“先二后一”法.将 Ω 向 z 轴投影得 $0\leqslant z\leqslant\dfrac{\pi}{2}$，再用垂直于 z 轴的平面截 Ω 得 $D_z=\left\{(x,y)\,|\,0\leqslant y\leqslant\sqrt{x},0\leqslant x\leqslant\dfrac{\pi}{2}-z\right\}$，则

$$I=\iiint\limits_{\Omega} y\sin(x+z)\mathrm{d}\upsilon=\int_0^{\frac{\pi}{2}}\mathrm{d}z\iint\limits_{D_z} y\sin(x+z)\mathrm{d}x\mathrm{d}y$$

$$=\int_0^{\frac{\pi}{2}}\mathrm{d}z\int_x^{\frac{\pi}{2}-z}\mathrm{d}x\int_0^{\sqrt{x}} y\sin(x+z)\mathrm{d}y=\int_0^{\frac{\pi}{2}}\mathrm{d}z\int_x^{\frac{\pi}{2}-z}\frac{x\sin(x+z)}{2}\mathrm{d}x$$

$$=-\frac{1}{2}\int_0^{\frac{\pi}{2}}\mathrm{d}z\int_x^{\frac{\pi}{2}-z} x\mathrm{d}\cos(x+z)=-\frac{1}{2}\int_0^{\frac{\pi}{2}}(1-\sin z)\mathrm{d}z=\frac{\pi}{4}-\frac{1}{2}.$$

例 8.21　证明: $\iiint\limits_{\Omega} f(z)\mathrm{d}v = \pi\int_{-1}^{1} f(u)(1-u^2)\mathrm{d}u$, 其中 Ω 是由球体 $x^2+y^2+z^2\leqslant 1$ 所确定, $f(x)$ 是 R 上的可积函数.

分析　此被积函数只是关于变量 z 的函数 $f(z)$, 而且用垂直于 z 轴的平面截积分区域 Ω（图 8-22）得到的截面为圆域（与 z 有关）, 不妨记为 D_z, 截面圆的面积易求, 若采用"先二后一"的方法来计算, 则二重积分的积分区域即为上述圆域, 而由于被积函数是 1, 那么二重积分的值即为圆的面积, 再求一次定积分即得结果.

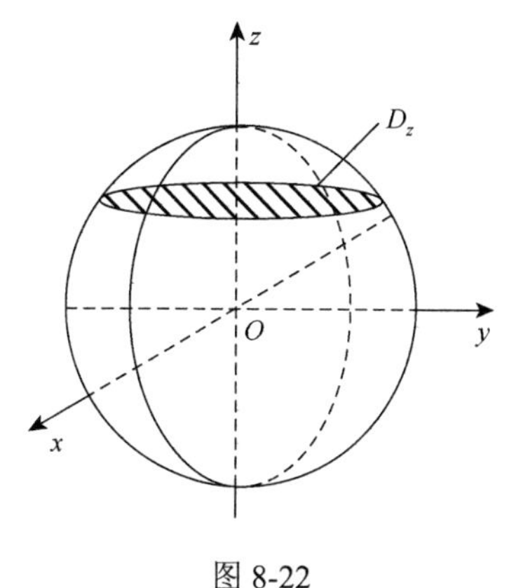

图 8-22

证明　用"先二后一"法. Ω 在 z 轴的投影区间为 $-1\leqslant z\leqslant 1$, 用垂直于 z 轴的平面去截 Ω 得到的圆域为 $x^2+y^2\leqslant 1-z^2$, 记为 D_z, 则

$$\iiint\limits_{\Omega} f(z)\mathrm{d}v = \int_{-1}^{1} f(z)\mathrm{d}z\iint\limits_{D_z}\mathrm{d}x\mathrm{d}y = \int_{-1}^{1} f(z)\cdot\pi(1-z^2)\mathrm{d}z$$

$$= \pi\int_{-1}^{1} f(u)(1-u^2)\mathrm{d}u .$$

证毕.

注　如果被积函数只是关于变量 z 的函数, 而用垂直于 z 轴的平面截 Ω 得到的截面面积容易求（如本例中截面为圆）时, 采用"先二后一"的方法较简单.

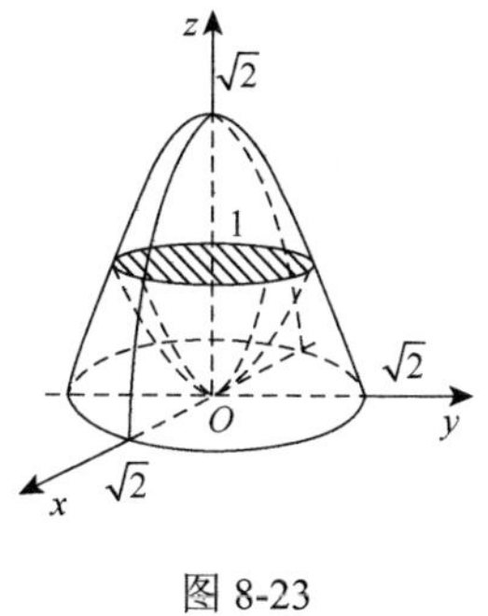

图 8-23

例 8.22　计算三重积分 $I=\iiint\limits_{\Omega} z^3\mathrm{d}v$, 其中 Ω 是由曲面 $z=\sqrt{2-x^2-y^2}$ 及 $z=x^2+y^2$ 围成.

分析　注意积分区域的表达式中含有 x^2+y^2 项, 可以考虑采用柱坐标计算; 或者如果注意被积函数只含有 z, 垂直于 z 轴的平面截积分区域 Ω（图 8-23）得到的截面为圆, 还可以采用"先二后一"的方法.

解法 1　用柱坐标变换.

$$\Omega=\{(z,\rho,\theta)\,|\,\rho^2\leqslant z\leqslant\sqrt{2-\rho^2}, 0\leqslant\rho\leqslant 1,\ 0\leqslant\theta\leqslant 2\pi\}.$$

则

$$I=\iiint\limits_{\Omega} z^3\mathrm{d}v = \int_0^{2\pi} d\theta\int_0^1\mathrm{d}\rho\int_{\rho^2}^{\sqrt{2-\rho^2}}\rho z^3\mathrm{d}z = \int_0^{2\pi}\mathrm{d}\theta\int_0^1\rho\mathrm{d}\rho\int_{\rho^2}^{\sqrt{2-\rho^2}} z^3\mathrm{d}z$$

$$=\int_0^{2\pi}\mathrm{d}\theta\int_0^1\rho\left[\frac{z^4}{4}\right]_{\rho^2}^{\sqrt{2-\rho^2}}\mathrm{d}\rho = \frac{1}{4}\int_0^{2\pi}\mathrm{d}\theta\int_0^1(4\rho-4\rho^3+\rho^5-\rho^9)\mathrm{d}\rho = \frac{8}{15}\pi .$$

解法 2 用“先二后一”法

$$I=\iiint\limits_{\Omega} z^3\mathrm{d}\upsilon=\int_0^1 z^3\mathrm{d}z\iint\limits_{D_1(z)}\mathrm{d}x\mathrm{d}y+\int_1^{\sqrt{2}} z^3\mathrm{d}z\iint\limits_{D_2(z)}\mathrm{d}x\mathrm{d}y,$$

其中 $D_1(z)$ 为垂直于 z 轴的平面截曲面 $z=x^2+y^2(0\leqslant z\leqslant 1)$ 所得的半径为 $\sqrt{z}$ 的圆域，$D_2(z)$ 为垂直于 z 轴的平面截曲面 $z=\sqrt{2-x^2-y^2}\,(1\leqslant z\leqslant\sqrt{2})$ 所得的半径为 $\sqrt{2-z^2}$ 的圆域，因此

$$\begin{aligned}I&=\iiint\limits_{\Omega} z^3\mathrm{d}\upsilon=\int_0^1 z^3\mathrm{d}z\iint\limits_{D_1(z)}\mathrm{d}x\mathrm{d}y+\int_1^{\sqrt{2}} z^3\mathrm{d}z\iint\limits_{D_2(z)}\mathrm{d}x\mathrm{d}y\\&=\int_0^1 z^3\pi z\mathrm{d}z+\int_1^{\sqrt{2}} z^3\pi(2-z^2)\mathrm{d}z=\frac{1}{5}\pi+\frac{1}{3}\pi=\frac{8}{15}\pi.\end{aligned}$$

注 当积分区域为圆柱体、扇形柱体、环形柱体，或被积函数含有 x^2+y^2 项时，通常选用柱坐标系较为简单.利用柱面坐标计算三重积分，可以看作是对三重积分的“先一后二”法中的二重积分利用极坐标计算.

例 8.23 计算 $I=\iiint\limits_{\Omega}(x^2+y^2)\mathrm{d}v$，其中 Ω 为平面曲线 $\begin{cases}y^2=2z,\\x=0\end{cases}$ 绕 z 轴旋转一周形成的曲面与平面 $z=8$ 所围成的区域.

分析 首先要将 Ω 的边界曲面弄清楚，它由两部分组成，一是旋转抛物面 $2z=x^2+y^2$ 的一部分，二是平面 $z=8$ 的一部分.由于被积函数与 Ω 的边界表达式中均含有 x^2+y^2，故可考虑用柱面坐标或用“先二后一”.

解法 1 曲线 $\begin{cases}y^2=2z,\\x=0\end{cases}$ 绕 z 轴旋转一周生成的旋转抛物面为 $z=\frac{1}{2}(x^2+y^2)$，它与平面 $z=8$ 围成 Ω，Ω 在平面 xOy 上的投影区域为 $x^2+y^2\leqslant 16$.选用柱坐标变换，由于被积函数与 z 无关，可选取先 z 后 ρ，θ 的积分顺序，则 Ω 可表示为

$$\Omega=\left\{(z,\rho,\theta)\,|\,\frac{\rho^2}{2}\leqslant z\leqslant 8,0\leqslant\rho\leqslant 4,0\leqslant\theta\leqslant 2\pi\right\},$$

故

$$\begin{aligned}I&=\int_0^{2\pi}\mathrm{d}\theta\int_0^4\mathrm{d}\rho\int_{\frac{\rho^2}{2}}^8\rho^2\cdot\rho\mathrm{d}z=2\pi\int_0^4\rho^3\left(8-\frac{1}{2}\rho^2\right)\mathrm{d}\rho\\&=2\pi\left[2\rho^4-\frac{1}{12}\rho^6\right]_0^4=2\pi\times 256\times\left(2-\frac{4}{3}\right)=\frac{1024}{3}\pi.\end{aligned}$$

解法 2 用“先二后一”法. $0\leqslant z\leqslant 8$，截面方程为 $\begin{cases}x^2+y^2\leqslant 2z,\\z=z,\end{cases}$ 于是

$$I=\int_0^8\mathrm{d}z\iint\limits_{x^2+y^2\leqslant 2z}(x^2+y^2)\mathrm{d}x\mathrm{d}y=\int_0^8\mathrm{d}z\int_0^{2\pi}\mathrm{d}\theta\int_0^{\sqrt{2z}}\rho^2\cdot\rho\mathrm{d}\rho=\frac{1024}{3}\pi.$$

例 8.24 计算 $I=\iiint\limits_{\Omega}\sqrt[4]{x^2+y^2+z^2}\mathrm{d}\upsilon$，其中 Ω 是由球体 $x^2+y^2+z^2\leqslant z$ 构成.

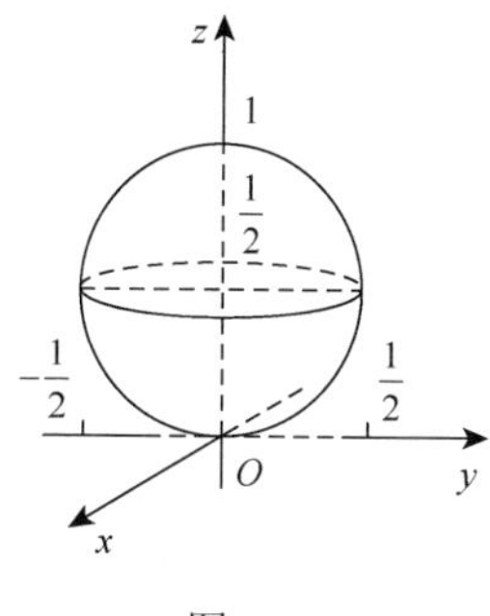

图 8-24

分析 由于被积函数和积分区域都含有 $x^2+y^2+z^2$ 项，适宜用球面坐标系来解.

解 积分区域 Ω 如图 8-24 所示，采用球面坐标，则由 $x^2+y^2+z^2\leqslant z$ 可得 $0\leqslant r\leqslant\cos\varphi$，此球体的球心为 $\left(0,0,\dfrac{1}{2}\right)$，半径为 $\dfrac{1}{2}$，因此 $0\leqslant\varphi\leqslant\dfrac{\pi}{2},0\leqslant\theta\leqslant 2\pi$，故 Ω 可以表示为

$$\Omega=\{(r,\varphi,\theta)\,|\,0\leqslant r\leqslant\cos\varphi,0\leqslant\varphi\leqslant\frac{\pi}{2},0\leqslant\theta\leqslant 2\pi\},$$

$$\begin{aligned}I&=\iiint\limits_{\Omega}\sqrt[4]{x^2+y^2+z^2}\mathrm{d}\upsilon=\iiint\limits_{\Omega}\sqrt[4]{r^2}\cdot r^2\sin\varphi\mathrm{d}r\mathrm{d}\varphi\mathrm{d}\theta\\&=\int_0^{2\pi}\mathrm{d}\theta\int_0^{\frac{\pi}{2}}\sin\varphi\mathrm{d}\varphi\int_0^{\cos\varphi}r^{\frac{5}{2}}\mathrm{d}r\\&=\frac{2}{7}\times 2\pi\int_0^{\frac{\pi}{2}}\sin\varphi\cos^{\frac{7}{2}}\varphi\mathrm{d}\varphi=\frac{8}{63}\pi.\end{aligned}$$

错误解答 $I=\iiint\limits_{\Omega}\left(\sqrt[4]{x^2+y^2+z^2}\right)\mathrm{d}\upsilon=\iiint\limits_{\Omega}\sqrt[4]{z}\mathrm{d}\upsilon=\iiint\limits_{\Omega}r^{\frac{1}{4}}\sin^{\frac{1}{4}}\varphi\cdot r^2\sin\varphi\mathrm{d}r\mathrm{d}\varphi\mathrm{d}\theta$

$$\begin{aligned}&=\int_0^{2\pi}\mathrm{d}\theta\int_0^{\frac{\pi}{2}}\sin^{\frac{5}{4}}\varphi\mathrm{d}\varphi\int_0^{\cos\varphi}r^{\frac{9}{4}}\mathrm{d}r=\frac{4}{13}\times 2\pi\int_0^{\frac{\pi}{2}}\sin^{\frac{5}{4}}\varphi\cos^{\frac{13}{4}}\varphi\mathrm{d}\varphi\\&=\frac{\pi}{13\sqrt[4]{2}}\int_0^{\frac{\pi}{2}}(\sin 2\varphi)^{\frac{5}{4}}(1-\cos 2\varphi)\mathrm{d}(2\varphi)\\&=\frac{\pi}{13\sqrt[4]{2}}\left\{\frac{8}{9}\left[(1-\cos 2\varphi)^{\frac{9}{8}}\right]_0^{\frac{\pi}{2}}-\frac{4}{9}\left[(\sin 2\varphi)^{\frac{9}{4}}\right]_0^{\frac{\pi}{2}}\right\}\\&=\frac{\pi}{13\sqrt[4]{2}}\times\left(-\frac{16\sqrt[8]{2}}{9}\right)=-\frac{16\pi}{111\sqrt[8]{2}}.\end{aligned}$$

错解分析 此解法之错误在于将三重积分计算与曲面积分计算相混淆.对于三重积分 $\iiint\limits_{\Omega}f(x,y,z)\mathrm{d}\upsilon$ 而言，被积函数 $f(x,y,z)$ 是定义在整个空间区域 Ω 上的（在本题中就是球体 $x^2+y^2+z^2\leqslant z$），而不仅是 Ω 的表面（在本题中就是球面 $x^2+y^2+z^2=z$），因而不能将被积函数 $\sqrt[4]{x^2+y^2+z^2}$ 直接换成 $\sqrt[4]{z}$.

例 8.25 计算三重积分 $I=\iiint\limits_{\Omega}\frac{z\ln(1+x^2+y^2+z^2)}{1+x^2+y^2+z^2}\mathrm{d}\upsilon$，其中 Ω 是球体 $x^2+y^2+z^2\leqslant 1$.

分析 被积函数中含有 $x^2+y^2+z^2$ 项，可考虑采用球面坐标计算；注意被积函数是关于 z 的奇函数，并且积分区域 Ω 是关于 $z=0$ 对称的，则可利用奇偶对称性简化计算.

解法 1 采用球面坐标计算.令 $x=r\sin\varphi\cos\theta, y=r\sin\varphi\sin\theta,\ z=r\cos\varphi$，则

$$I=\iiint\limits_{\Omega}\frac{z\ln(1+x^2+y^2+z^2)}{1+x^2+y^2+z^2}\mathrm{d}\upsilon=\int_0^{2\pi}\mathrm{d}\theta\int_0^{\pi}\mathrm{d}\varphi\int_0^1\frac{r\cos\varphi\ln(r^2+1)}{r^2+1}r^2\sin\varphi\mathrm{d}r$$

$$=\int_0^{2\pi}\mathrm{d}\theta\int_0^{\pi}\sin\varphi\cos\varphi\mathrm{d}\varphi\int_0^1\frac{r^3\ln(r^2+1)}{r^2+1}\mathrm{d}r=2\pi\cdot 0\cdot\int_0^1\frac{r^3\ln(r^2+1)}{r^2+1}\mathrm{d}r=0.$$

解法 2 由于被积函数 $\frac{z\ln(1+x^2+y^2+z^2)}{1+x^2+y^2+z^2}$ 是关于 z 的奇函数，而且积分区域 Ω 是关于平面 $z=0$（即 xOy 面）对称的，所以

$$I=\iiint\limits_{\Omega}\frac{z\ln(1+x^2+y^2+z^2)}{1+x^2+y^2+z^2}\mathrm{d}\upsilon=0.$$

例 8.26 计算三重积分 $I=\iiint\limits_{\Omega}(x+z)\mathrm{d}\upsilon$，其中 Ω 是锥面 $z=\sqrt{x^2+y^2}$ 和球面 $z=\sqrt{1-x^2-y^2}$ 所围的空间区域.

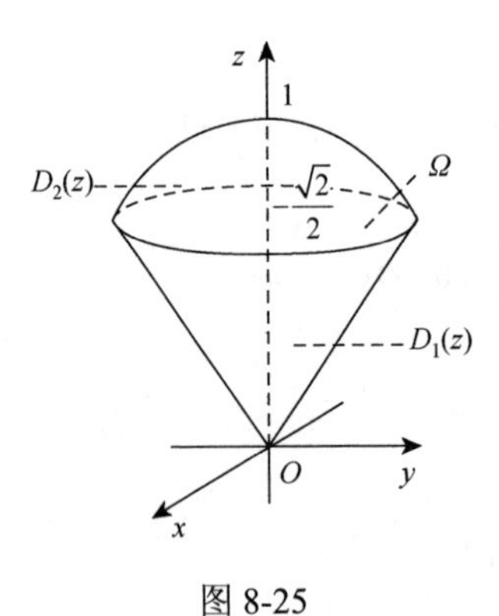

图 8-25

分析 积分区域 Ω（图 8-25）由锥面和球面围成，宜采用球面坐标计算；若注意 $\iiint\limits_{\Omega}x\mathrm{d}\upsilon=0$（被积函数是关于 x 的奇函数，并且积分区域 Ω 关于平面 $x=0$ 对称），则 $I=\iiint\limits_{\Omega}(x+z)\mathrm{d}\upsilon=\iiint\limits_{\Omega}z\mathrm{d}\upsilon$，而 $\iiint\limits_{\Omega}z\mathrm{d}\upsilon$ 只是关于 z 的函数，用垂直于 z 轴的平面截 Ω，截面为圆域，面积易求，故可采用“先二后一”法.

解法 1 采用球面坐标.容易看出 $0\leqslant r\leqslant 1, 0\leqslant\theta\leqslant 2\pi$，锥面的母线对应的 φ 角即与 z 轴正向的夹角，$z=\sqrt{r^2\sin^2\varphi\cos^2\theta+r^2\sin^2\varphi\sin^2\theta}=r\sin\varphi$，因此 $0\leqslant\varphi\leqslant\frac{\pi}{4}$，从而积分区域 Ω 可以表示为

$$\Omega=\{(r,\varphi,\theta)\,|\,0\leqslant r\leqslant 1, 0\leqslant\varphi\leqslant\frac{\pi}{4},\ 0\leqslant\theta\leqslant 2\pi\}.$$

于是

$$
\begin{aligned}
I &= \iiint_{\Omega}(x+z)\mathrm{d}\upsilon \\
&= \int_0^{2\pi}\mathrm{d}\theta\int_0^{\frac{\pi}{4}}\mathrm{d}\varphi\int_0^1 r(\sin\varphi\cos\theta+\cos\varphi)r^2\sin\varphi\mathrm{d}r \\
&= \int_0^{2\pi}\mathrm{d}\theta\int_0^{\frac{\pi}{4}}(\sin^2\varphi\cos\theta+\cos\varphi\sin\varphi)\mathrm{d}\varphi\int_0^1 r^3\mathrm{d}r \\
&= \frac{1}{4}\int_0^{2\pi}\mathrm{d}\theta\int_0^{\frac{\pi}{4}}\left(\frac{1-\cos 2\varphi}{2}\cos\theta+\frac{\sin 2\varphi}{2}\right)\mathrm{d}\varphi \\
&= \frac{1}{16}\int_0^{2\pi}\mathrm{d}\theta\int_0^{\frac{\pi}{4}}[(1-\cos 2\varphi)\cos\theta+\sin 2\varphi]\mathrm{d}(2\varphi) \\
&= \frac{1}{16}\int_0^{2\pi}\left\{[2\varphi-\sin 2\varphi]_0^{\frac{\pi}{4}}\cos\theta-[\cos 2\varphi]_0^{\frac{\pi}{4}}\right\}\mathrm{d}\theta \\
&= \frac{1}{16}\int_0^{2\pi}\left[\left(\frac{\pi}{2}+1\right)\cos\theta+1\right]\mathrm{d}\theta=\frac{\pi}{8}.
\end{aligned}
$$

解法 2　先利用被积函数的奇偶性和积分区域的对称性，然后采用“先二后一”法.

因为 $\iiint_{\Omega}x\mathrm{d}\upsilon$ 中被积函数是关于 x 的奇函数，而且积分区域 Ω 是关于平面 $x=0$ 对称的，故 $\iiint_{\Omega}x\mathrm{d}\upsilon=0$，于是

$$
\begin{aligned}
I &= \iiint_{\Omega}(x+z)\mathrm{d}\upsilon=\iiint_{\Omega}z\mathrm{d}\upsilon=\int_0^{\frac{\sqrt{2}}{2}}z\mathrm{d}z\iint_{D_1(z)}\mathrm{d}x\mathrm{d}y+\int_{\frac{\sqrt{2}}{2}}^1 z\mathrm{d}z\iint_{D_2(z)}\mathrm{d}x\mathrm{d}y \\
&= \int_0^{\frac{\sqrt{2}}{2}}z\pi z^2\mathrm{d}z+\int_{\frac{\sqrt{2}}{2}}^1 z\pi(1-z^2)\mathrm{d}z=\frac{\pi}{8}.
\end{aligned}
$$

注　计算三重积分，如果可以利用被积函数的奇偶性和积分区域的对称性，计算量将会大大减小.

例 8.27　设函数 $f(x)$ 连续且恒大于零，

$$
F(t)=\frac{\iiint_{\Omega(t)}f(x^2+y^2+z^2)\mathrm{d}v}{\iint_{D(t)}f(x^2+y^2)\mathrm{d}\sigma},\quad G(t)=\frac{\iint_{D(t)}f(x^2+y^2)\mathrm{d}\sigma}{\int_{-t}^{t}f(x^2)\mathrm{d}x},
$$

其中 $\Omega(t)=\{(x,y,z)\,|\,x^2+y^2+z^2\leqslant t^2\}$, $D(t)=\{(x,y)\,|\,x^2+y^2\leqslant t^2\}$.

（1）讨论 $F(x)$ 在区间 $(0,+\infty)$ 内的单调性.

（2）证明当 $t>0$ 时，$F(t)>\dfrac{2}{\pi}G(t)$.

分析　（1）要讨论 $F(x)$ 在区间 $(0,+\infty)$ 内的单调性，可以讨论 $F'(x)$ 的正负号，

为此需要先求出 $F(x)$ 的表达式，即需要将分子的三重积分与分母的二重积分先计算出来；

（2）要证明不等式 $F(t)>\frac{2}{\pi}G(t)$，可以先讨论 $F(t)-\frac{2}{\pi}G(t)$ 的单调性，为此需要先求出 $G(t)$ 的表达式，即要将分子的二重积分计算出来，由于

$$G(t)=\frac{\int_0^{2\pi}\mathrm{d}\theta\int_0^t f(r^2)r\mathrm{d}r}{2\int_0^t f(r^2)\mathrm{d}r}=\frac{\pi\int_0^t f(r^2)r\mathrm{d}r}{\int_0^t f(r^2)\mathrm{d}r},$$

要证 $t>0$ 时，$F(t)>\frac{2}{\pi}G(t)$，即证 $\dfrac{\int_0^t f(r^2)r^2\mathrm{d}r}{\int_0^t f(r^2)r\mathrm{d}r}>\dfrac{\int_0^t f(r^2)r\mathrm{d}r}{\int_0^t f(r^2)\mathrm{d}r}$，

亦即

$$\int_0^t f(r^2)\mathrm{d}r\int_0^t f(r^2)r^2\mathrm{d}r-\left[\int_0^t f(r^2)r\mathrm{d}r\right]^2>0.$$

解　（1）分别作球坐标变换：$x=r\sin\varphi\cos\theta,\ y=r\sin\varphi\sin\theta,\ z=r\cos\varphi$ 与极坐标变换：$x=\rho\cos\theta,\ y=\rho\sin\theta$. 于是

$$F(t)=\frac{\int_0^{2\pi}\mathrm{d}\theta\int_0^{\pi}\mathrm{d}\varphi\int_0^t f(r^2)r^2\sin\varphi\mathrm{d}r}{\int_0^{2\pi}\mathrm{d}\theta\int_0^t f(\rho^2)\rho\mathrm{d}\rho}=\frac{2\int_0^t f(r^2)r^2\mathrm{d}r}{\int_0^t f(\rho^2)\rho\mathrm{d}\rho},$$

由变限积分求导法得

$$F'(t)=2\cdot\frac{t^2f(t^2)\int_0^t f(r^2)r\mathrm{d}r-tf(t^2)\int_0^t f(r^2)r^2\mathrm{d}r}{\left[\int_0^t f(r^2)r\mathrm{d}r\right]^2}$$

$$=2\cdot\frac{tf(t^2)\int_0^t rf(r^2)(t-r)\mathrm{d}r}{\left[\int_0^t f(r^2)r\mathrm{d}r\right]^2}>0,\quad t\in(0,+\infty)$$

因此，$F(x)$ 在区间 $(0,+\infty)$ 单调增加.

（2）下面用两种方法来证明不等式 $F(t)>\frac{2}{\pi}G(t)$.

证法 1　构造函数，利用函数单调性证明.

令 $g(t)=\int_0^t f(r^2)r^2\mathrm{d}r\int_0^t f(r^2)\mathrm{d}r-\left[\int_0^t f(r^2)r\mathrm{d}r\right]^2$，则 $g'(t)=f(t^2)\int_0^t f(r^2)(t-r)^2\mathrm{d}r>0$，故 $g(t)$ 在 $(0,+\infty)$ 内单调增加.因为 $g(t)$ 在 $t=0$ 处连续且 $g(0)=0$，所以当 $t>0$ 时，有 $g(t)>g(0)=0$. 因此当 $t>0$ 时，不等式成立.证毕.

证法 2　利用柯西不等式的积分形式（即许瓦兹不等式）证明.

柯西不等式的积分形式为：若 $f(x),\ g(x)$ 在 $[a,b]$ 上连续（可放宽为可积），则有

$$\left[\int_a^b f(x)g(x)\mathrm{d}x\right]^2 \leqslant \int_a^b f^2(x)\mathrm{d}x\int_a^b g^2(x)\mathrm{d}x,$$

当且仅当存在常数α,β，使$\alpha f(x)=\beta g(x)$时，等号成立（α,β不同时为零）. 所以

$$\left[\int_0^t f(r^2)r\mathrm{d}r\right]^2=\left[\int_0^t r\sqrt{f(r^2)}\sqrt{f(r^2)}\mathrm{d}r\right]^2<\int_0^t r^2 f(r^2)\mathrm{d}r\int_0^t f(r^2)\mathrm{d}r,$$

即不等式成立.证毕.

例 8.28 计算三重积分$I=\iiint\limits_{\Omega} f(x,y,z)\mathrm{d}\upsilon$，其中$\Omega$是球体$x^2+y^2+z^2\leqslant 1$，被积函数

$$f(x,y,z)=\begin{cases}0, & z\geqslant\sqrt{x^2+y^2},\\ \sqrt{x^2+y^2}, & 0\leqslant z\leqslant\sqrt{x^2+y^2},\\ \sqrt{x^2+y^2+z^2}, & z<0.\end{cases}$$

分析 被积函数是分段函数，因此需将积分区域分成3个部分区域（图8-26）来计算.

解 根据被积函数的表达式及积分区域的特点，采用球面坐标进行计算，并将积分区域分为三部分：

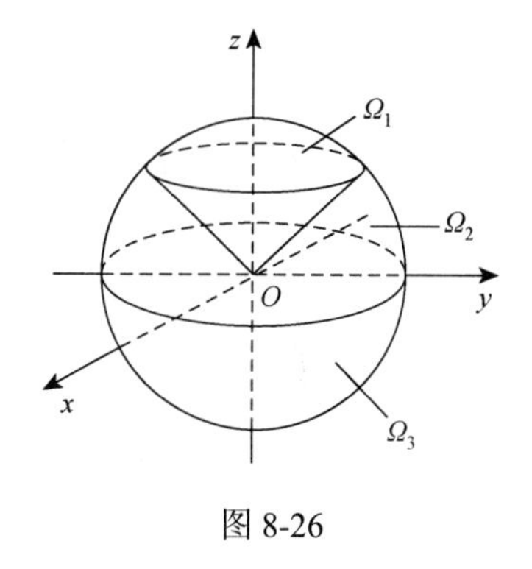

图 8-26

$$\Omega_1=\left\{0\leqslant r\leqslant 1, 0\leqslant\varphi\leqslant\frac{\pi}{4}, 0\leqslant\theta\leqslant 2\pi\right\},$$

$$\Omega_2=\left\{0\leqslant r\leqslant 1, \frac{\pi}{4}\leqslant\varphi\leqslant\frac{\pi}{2}, 0\leqslant\theta\leqslant 2\pi\right\},$$

$$\Omega_3=\left\{0\leqslant r\leqslant 1, \frac{\pi}{2}\leqslant\varphi\leqslant\pi, 0\leqslant\theta\leqslant 2\pi\right\},$$

则$I=\iiint\limits_{\Omega_1} f(x,y,z)\mathrm{d}\upsilon+\iiint\limits_{\Omega_2} f(x,y,z)\mathrm{d}\upsilon+\iiint\limits_{\Omega_3} f(x,y,z)\mathrm{d}\upsilon$

$$=\iiint\limits_{\Omega_1} 0\mathrm{d}\upsilon+\int_0^{2\pi}\mathrm{d}\theta\int_{\frac{\pi}{4}}^{\frac{\pi}{2}}\mathrm{d}\varphi\int_0^1 r\sin\varphi r^2\sin\varphi\mathrm{d}r+\int_0^{2\pi}\mathrm{d}\theta\int_{\frac{\pi}{2}}^{\pi}\mathrm{d}\varphi\int_0^1 r\cdot r^2\sin\varphi\mathrm{d}r$$

$$=0+2\pi\int_{\frac{\pi}{4}}^{\frac{\pi}{2}}\sin^2\varphi\mathrm{d}\varphi\int_0^1 r^3\mathrm{d}r+2\pi\int_{\frac{\pi}{2}}^{\pi}\sin\varphi\mathrm{d}\varphi\int_0^1 r^3\mathrm{d}r=\frac{\pi}{2}+\frac{\pi^2}{16}.$$

注 与二重积分类似，如果三重积分的被积函数含有绝对值，首先要考虑去掉绝对值符号，即将积分区域分为几部分，使得在每一部分区域上，被积函数都保持不变号.实际上就是将含有绝对值的被积函数化为分段函数来计算.

例 8.29 设半径为 R 的球面 Σ 的球心在定球面 $x^2+y^2+z^2=a^2\ (a>0)$ 上.问当 R 取何值时，球面 Σ 在定球面内部部分的面积最大？

分析 此题为考察二重积分与极值的综合题.利用二重积分求出球面在定球内的部分的面积.它是 R 的函数.再利用求极值的方法求出极值点.不失一般性，球面 Σ 的球心不妨选在 z 轴上.

解 设球面 Σ 的方程为 $x^2+y^2+(z-a)^2=R^2$，则两球面交线方程为

$$\begin{cases} x^2+y^2+z^2=a^2, \\ x^2+y^2+(z-a)^2=R^2, \end{cases}$$

消去 z 可得 $x^2+y^2=\dfrac{R^2}{4a^2}(4a^2-R^2)$，两球面的交线在 xOy 面上的投影为

$$\begin{cases} x^2+y^2=\dfrac{R^2}{4a^2}(4a^2-R^2), \\ z=0, \end{cases}$$

记此投影区域为 D_{xy}.球面 Σ 在定球面内的方程为 $z=a-\sqrt{R^2-x^2-y^2}$，则这部分球面的面积为

$$S(R)=\iint\limits_{D_{xy}}\sqrt{1+z_x^2+z_y^2}\mathrm{d}x\mathrm{d}y=\iint\limits_{D_{xy}}\frac{R}{\sqrt{R^2-x^2-y^2}}\mathrm{d}x\mathrm{d}y$$

$$=\int_0^{2\pi}\mathrm{d}\theta\int_0^{\frac{R}{2a}\sqrt{4a^2-R^2}}\frac{\rho R\mathrm{d}\rho}{\sqrt{R^2-\rho^2}}=2\pi R^2-\frac{\pi R^3}{a}\quad(0<R<2a),$$

对上式两端关于 R 求导得 $S'(R)=4\pi R-\dfrac{3\pi R^2}{a}$, $S''(R)=4\pi-\dfrac{6\pi R}{a}$.令 $S'(R)=0$，求得唯一驻点 $R=\dfrac{4}{3}a$.因为 $S''\left(\dfrac{4}{3}a\right)=-4\pi<0$，所以当 $R=\dfrac{4}{3}a$ 时，球面 Σ 在定球面内部部分的面积最大.

注 1 求曲面面积是二重积分的一个应用.解题步骤是先写出曲面方程，例如，$z=z(x,y)$.求出在相应坐标面上的投影区域及曲面微元公式 $\sqrt{1+z_x^2+z_y^2}\mathrm{d}\sigma$.则可得曲面面积为 $S=\iint\limits_{D}\sqrt{1+z_x^2+z_y^2}\mathrm{d}\sigma$.

注 2 求曲面在坐标面上的投影区域，一般就是求曲面的边界线在坐标面上的投影曲线所围成的区域.

例 8.30 设平面薄片所占的闭区域 D 由直线 $x+y=2, y=x$ 及 x 轴所围成，面密度函数 $\mu(x,y)=x^2+y^2$，求该薄片的质量.

解 设所求薄片的质量为 M，区域 D 如图 8-27 所示，则

$$M=\iint_D \mu(x,y)\mathrm{d}\sigma=\int_0^1\mathrm{d}y\int_y^{2-y}(x^2+y^2)\mathrm{d}x$$

$$=\int_0^1\left[\frac{1}{3}(2-y)^3+2y^2-\frac{7}{3}y^3\right]\mathrm{d}y$$

$$=\left[-\frac{1}{12}(2-y)^4+\frac{2}{3}y^3-\frac{7}{12}y^4\right]_0^1=\frac{4}{3}.$$

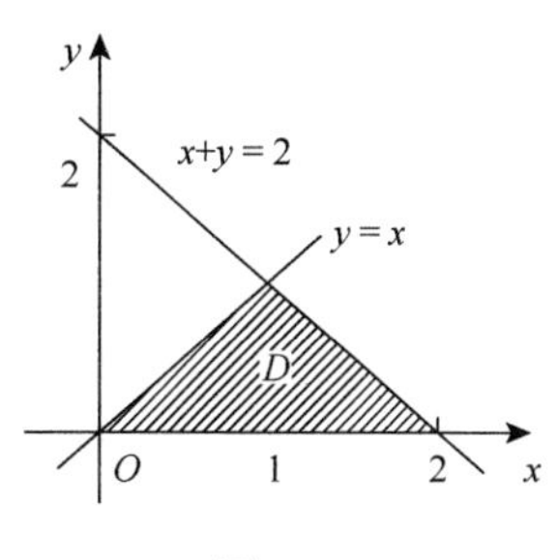

图 8-27

例 8.31　设有一球心在原点, 半径为 R 的球体, 在其上任意一点的密度的大小与这点到球心的距离成正比, 求这个球体的质量.

解　由题意可得, 该球体的密度函数为 $\mu(x,y,z)=k\sqrt{x^2+y^2+z^2}$（$k>0$ 为一常数）, 则所求质量为

$$M=\iiint_\Omega k\sqrt{x^2+y^2+z^2}\mathrm{d}\upsilon=\int_0^{2\pi}\mathrm{d}\theta\int_0^{\pi}\mathrm{d}\varphi\int_0^R kr\cdot r^2\sin\varphi\mathrm{d}r=k\pi R^4 .$$

例 8.32　设有一个等腰直角三角形薄片, 腰长为 a, 各点处的面密度等于该点到直角顶点的距离的平方, 求这薄片的质心.

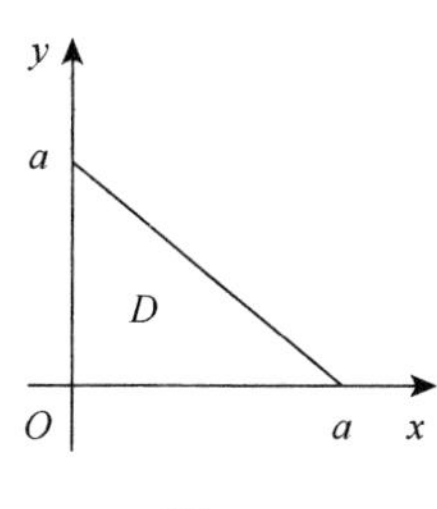

图 8-28

解　建立坐标系如图 8-28 所示, 则平面薄片所占的区域 $D=\{0\leqslant x\leqslant a,0\leqslant y\leqslant a-x\}$, 面密度函数为 $\mu(x,y)=x^2+y^2$, 则此薄片的质量为

$$M=\iint_D \mu(x,y)\mathrm{d}\sigma=\int_0^a\mathrm{d}x\int_0^{a-x}(x^2+y^2)\mathrm{d}y=\frac{1}{6}a^4,$$

此薄片对 y 轴的静距为

$$M_y=\iint_D x\mu(x,y)\mathrm{d}\sigma=\int_0^a x\mathrm{d}x\int_0^{a-x}(x^2+y^2)\mathrm{d}y=\frac{1}{15}a^5 ,$$

由对称性可知此薄片对 x 轴的静距 $M_x=M_y=\dfrac{a^5}{15}$, 故质心坐标为

$$(\bar{x},\bar{y})=\left(\frac{M_y}{M},\frac{M_x}{M}\right)=\left(\frac{2}{5}a,\frac{2}{5}a\right).$$

例 8.33　设有一半径为 R 的球体, P_0 是此球的表面上的一个定点, 球体上任一点的密度与该点到 P_0 距离的平方成正比（比例常数 $k>0$）, 求球体的质心位置.

分析　首先建立坐标系, 以球心为坐标原点, P_0 取在某个轴上, 例如, 可取在 x 轴上, 即 P_0 的坐标为 $(R,0,0)$. 也可以以 P_0 为坐标原点, 球心在某个坐标轴上, 例如, 以点 $(0,0,R)$ 为球心.直接利用质心坐标的计算公式, 采用球面坐标计算三重积分即可得质心坐标.

解法 1 记球体为Ω，以Ω的中心为坐标原点，射线OP_0为x轴建立空间直角坐标系，则球面方程为$x^2+y^2+z^2=R^2$，点P_0的坐标为$(R,0,0)$，球体的密度函数为

$$\mu(x,y,z)=k[(x-R)^2+y^2+z^2].$$

设Ω的质心位置为$(\overline{x},\overline{y},\overline{z})$，由对称性知$\overline{y}=0,\overline{z}=0$，而

$$\overline{x}=\frac{\iiint\limits_{\Omega}kx[(x-R)^2+y^2+z^2]\mathrm{d}v}{\iiint\limits_{\Omega}k[(x-R)^2+y^2+z^2]\mathrm{d}v}=\frac{\iiint\limits_{\Omega}x[(x-R)^2+y^2+z^2]\mathrm{d}v}{\iiint\limits_{\Omega}[(x-R)^2+y^2+z^2]\mathrm{d}v}.$$

采用球面坐标来计算上式中的三重积分，并利用奇偶对称性，得

$$\begin{aligned}\iiint\limits_{\Omega}[(x-R)^2+y^2+z^2]\mathrm{d}v&=\iiint\limits_{\Omega}(x^2+y^2+z^2-2xR+R^2)\mathrm{d}v\\&=\iiint\limits_{\Omega}(x^2+y^2+z^2)\mathrm{d}v-2R\iiint\limits_{\Omega}x\mathrm{d}v+\iiint\limits_{\Omega}R^2\mathrm{d}v\\&=8\int_0^{\frac{\pi}{2}}\mathrm{d}\theta\int_0^{\frac{\pi}{2}}\mathrm{d}\varphi\int_0^R r^2\cdot r^2\sin\varphi\mathrm{d}r-2R\cdot 0+\frac{4}{3}\pi R^5=\frac{32}{15}\pi R^5\end{aligned}$$

$$\begin{aligned}\iiint\limits_{\Omega}x[(x-R)^2+y^2+z^2]\mathrm{d}v&=-2R\iiint\limits_{\Omega}x^2\mathrm{d}v+\iiint\limits_{\Omega}x(x^2+y^2+z^2+R^2)\mathrm{d}v\\&=-2R\cdot\frac{1}{3}\iiint\limits_{\Omega}(x^2+y^2+z^2)\mathrm{d}v+0=-\frac{8}{15}\pi R^6,\end{aligned}$$

即得$\overline{x}=-\dfrac{R}{4}$.因此，在此坐标系下球体的质心位置为$\left(-\dfrac{R}{4},0,0\right)$.

解法 2 取P_0为坐标原点，球心在$(0,0,R)$，则球面方程为$x^2+y^2+z^2=2Rz$，球体的密度函数为$\mu(x,y,z)=k(x^2+y^2+z^2)$，设$\Omega$的质心位置为$(\overline{x},\overline{y},\overline{z})$，则由对称性知$\overline{x}=0,\ \overline{y}=0$，而

$$\overline{z}=\frac{\iiint\limits_{\Omega}kz(x^2+y^2+z^2)\mathrm{d}v}{\iiint\limits_{\Omega}k(x^2+y^2+z^2)\mathrm{d}v}=\frac{\iiint\limits_{\Omega}z(x^2+y^2+z^2)\mathrm{d}v}{\iiint\limits_{\Omega}(x^2+y^2+z^2)\mathrm{d}v},$$

采用球面坐标来计算式中的三重积分，球面方程为$r=2R\cos\varphi$，由奇偶对称性可得

$$\iiint\limits_{\Omega}(x^2+y^2+z^2)\mathrm{d}v=4\int_0^{\frac{\pi}{2}}\mathrm{d}\theta\int_0^{\frac{\pi}{2}}\sin\varphi\mathrm{d}\varphi\int_0^{2R\cos\varphi}r^4\mathrm{d}r$$

$$=2\pi\frac{32R^5}{5}\int_0^{\frac{\pi}{2}}\cos^5\varphi\sin\varphi\mathrm{d}\varphi=\frac{32}{15}\pi R^5.$$

$$\iiint_\Omega z(x^2+y^2+z^2)\mathrm{d}v=4\int_0^{\frac{\pi}{2}}\mathrm{d}\theta\int_0^{\frac{\pi}{2}}\cos\varphi\sin\varphi\mathrm{d}\varphi\int_0^{2R\cos\varphi}r^5\mathrm{d}r$$

$$=2\pi\frac{64R^6}{6}\int_0^{\frac{\pi}{2}}\cos^7\varphi\sin\varphi\mathrm{d}\varphi=\frac{8}{3}\pi R^6.$$

即得 $\bar{z}=\dfrac{5}{4}R$. 因此, 在此坐标系下球体的质心位置为 $\left(0,0,\dfrac{5}{4}R\right)$.

注　求质心是三重积分的应用之一, 要记住求质心的公式.在计算公式中的重积分时, 注意运用奇偶对称性.

例 8.34　设平面薄片所占的闭区域 D 由曲线 $y=x^2$, $x=1$ 及 $y=0$ 围成, 并且其面密度函数 $\rho(x,y)=xy$, 求该薄片对 x 轴、y 轴及原点 O 的转动惯量 I_x, I_y, I_O.

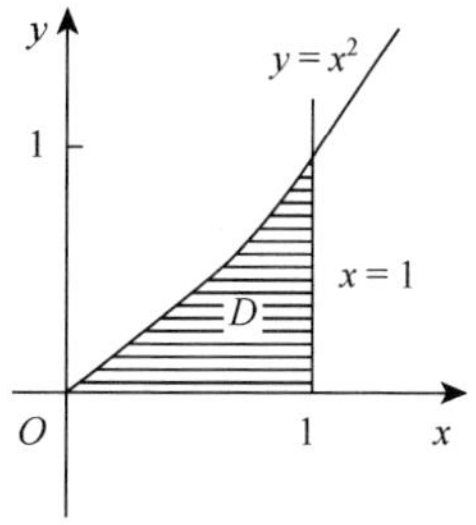

图 8-29

解　区域 D 如图 8-29 所示, 则

$$I_x=\iint_D y^2\rho\mathrm{d}\sigma=\iint_D xy^3\mathrm{d}\sigma=\int_0^1 x\mathrm{d}x\int_0^{x^2}y^3\mathrm{d}y=\frac{1}{4}\int_0^1 x^9\mathrm{d}x=\frac{1}{40},$$

$$I_y=\iint_D x^2\rho\mathrm{d}\sigma=\iint_D x^3y\mathrm{d}\sigma=\int_0^1 x^3\mathrm{d}x\int_0^{x^2}y\mathrm{d}y=\frac{1}{2}\int_0^1 x^7\mathrm{d}x=\frac{1}{16},$$

$$I_O=\iint_D(x^2+y^2)\rho\mathrm{d}\sigma=\iint_D(x^3y+xy^3)\mathrm{d}\sigma=I_x+I_y=\frac{7}{80}.$$

例 8.35　设有一半径为 R 的球体 Ω, 球体在动点 (x,y,z) 处的密度的与该点到球心的距离成正比, 并且在与球心距离为 1 处的密度为 $\dfrac{9}{4}$, 求此球体对直径的转动惯量.

解　以球心为坐标原点建立空间直角坐标系, 则 $\Omega=\{(x,y,z)\mid x^2+y^2+z^2\leqslant R^2\}$, 由题意可得该球体的密度函数为 $\mu(x,y,z)=k\sqrt{x^2+y^2+z^2}$, 并且满足 $x^2+y^2+z^2=1$ 时, $\mu=\dfrac{9}{4}$, 于是得 $k=\dfrac{9}{4}$, 即 $\mu(x,y,z)=\dfrac{9}{4}\sqrt{x^2+y^2+z^2}$, 则所求转动惯量为

$$I=\iiint_\Omega(x^2+y^2)\mu(x,y,z)\mathrm{d}\upsilon=\iiint_\Omega\frac{9}{4}\sqrt{x^2+y^2+z^2}(x^2+y^2)\mathrm{d}\upsilon$$

$$=\frac{9}{4}\int_0^{2\pi}\mathrm{d}\theta\int_0^{\pi}\sin^3\varphi d\varphi\int_0^R r^5\mathrm{d}r=\pi R^6.$$

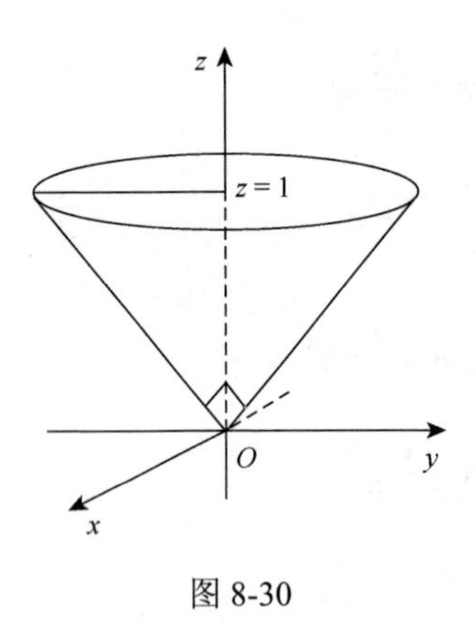

图 8-30

例 8.36　求一高为 1，顶角为 90° 的均匀正圆锥体（设密度为 1）对其顶点（质量为 1）的引力.

解　以圆锥的定点为坐标原点，圆锥的中心轴为 z 轴建立空间直角坐标系，如图 8-30 所示.由正圆锥体的对称性可知，引力沿 x 轴及 y 轴方向的分力相互平衡，即 $F_x = 0$，$F_y = 0$，而沿 z 轴方向的分力为

$$F_z = G\iiint_{\Omega}\frac{z}{r^3}\mathrm{d}\upsilon = E\int_0^{2\pi}\mathrm{d}\theta\int_0^{\frac{\pi}{4}}\mathrm{d}\varphi\int_0^{\frac{1}{\cos\varphi}}\frac{\cos\varphi}{r^2}r^2\sin\varphi\mathrm{d}\rho$$

$$=2\pi G\int_0^{\frac{\pi}{4}}\sin\varphi\cos\varphi\mathrm{d}\varphi\int_0^{\frac{1}{\cos\varphi}}\mathrm{d}\rho=(2-\sqrt{2})\pi G.$$

所以引力为 $\boldsymbol{F} = \{0,0,(2-\sqrt{2})\pi G\}$.

8.4　自我测试题

A 级自我测试题

一、选择题（每小题 3 分，共 18 分）

1. 设 D_1 和 D_2 为 xOy 平面上的非空有界闭区域，$D_1 \subset D_2$，函数 $f(x,y)$ 在区域 D_2 上连续，则下列结论中正确的是（　　）.

A. $\iint\limits_{D_1} f(x,y)\mathrm{d}\sigma$ 不一定存在

B. $\iint\limits_{D_1} f(x,y)\mathrm{d}\sigma \leqslant \iint\limits_{D_2} f(x,y)\mathrm{d}\sigma$

C. $\iint\limits_{D_1} |f(x,y)|\mathrm{d}\sigma \leqslant \iint\limits_{D_2} |f(x,y)|\mathrm{d}\sigma$

D. $\iint\limits_{D_1} f(x,y)\mathrm{d}\sigma \neq \iint\limits_{D_2} f(x,y)\mathrm{d}\sigma$

2. 设 $D = \{(x,y) \mid x^2 + y^2 \leqslant a^2\}$，则二重积分 $\iint\limits_{D} |xy|\mathrm{d}x\mathrm{d}y$ 的值为（　　）.

A. 0　　　B. a^4　　　C. $\frac{1}{2}a^4$　　　D. πa^4

3. 设 $D = \{(x,y) \mid x^2 + y^2 \leqslant a^2\}$（$a > 0$ 为常数），$\iint\limits_{D}\sqrt{a^2 - x^2 - y^2}\mathrm{d}x\mathrm{d}y = \pi$，则 a

的值为（　　）.

A. 1　　B. $\sqrt[3]{\frac{1}{2}}$　　C. $\sqrt[3]{\frac{3}{4}}$　　D. $\sqrt[3]{\frac{3}{2}}$

4. 设Ω是锥体$z\leqslant\sqrt{x^2+y^2}\,(z\geqslant 0)$介于$z=1$和$z=2$之间的部分，则三重积分$I=\iiint\limits_{\Omega}f(x^2+y^2+z^2)\mathrm{d}v$化为三次积分为（　　）.

A. $\int_1^2\mathrm{d}z\int_0^{2\pi}\mathrm{d}\theta\int_0^z f(\rho^2+z^2)\rho\mathrm{d}\rho$　　B. $\int_0^{2\pi}\mathrm{d}\theta\int_1^2\rho\mathrm{d}\rho\int_0^1 f(\rho^2+z^2)\mathrm{d}z$

C. $\int_0^{2\pi}\mathrm{d}\theta\int_0^{\frac{\pi}{4}}\mathrm{d}\varphi\int_1^2 f(r^2)r^2\sin\varphi\mathrm{d}r$　　D. $\int_0^{2\pi}\mathrm{d}\theta\int_{\frac{\pi}{4}}^{\frac{\pi}{2}}\mathrm{d}\varphi\int_1^2 f(r^2)r^2\sin\varphi\mathrm{d}r$

5. 设有空间区域$\Omega_1: x^2+y^2+z^2\leqslant R^2, z\geqslant 0$及$\Omega_2: x^2+y^2+z^2\leqslant R^2$，$x\geqslant 0$，$y\geqslant 0$，$z\geqslant 0$，则（　　）.

A. $\iiint\limits_{\Omega_1}x\mathrm{d}v=4\iiint\limits_{\Omega_2}x\mathrm{d}v$　　B. $\iiint\limits_{\Omega_1}y\mathrm{d}v=4\iiint\limits_{\Omega_2}y\mathrm{d}v$

C. $\iiint\limits_{\Omega_1}z\mathrm{d}v=4\iiint\limits_{\Omega_2}z\mathrm{d}v$　　D. $\iiint\limits_{\Omega_1}xyz\mathrm{d}v=4\iiint\limits_{\Omega_2}xyz\mathrm{d}v$

6. 设D是第一象限由曲线$4xy=1$，与直线$y=x$，$y=\sqrt{3}x$围成的平面区域，函数$f(x,y)$在D上连续，则$\iint\limits_D f(x,y)\mathrm{d}x\mathrm{d}y=$（　　）.

A. $\int_{\frac{\pi}{4}}^{\frac{\pi}{3}}\mathrm{d}\theta\int_{\frac{1}{2\sin 2\theta}}^{\frac{1}{\sin 2\theta}}f(r\cos\theta,r\sin\theta)r\mathrm{d}r$

B. $\int_{\frac{\pi}{4}}^{\frac{\pi}{3}}\mathrm{d}\theta\int_{\frac{1}{\sqrt{2\sin 2\theta}}}^{\frac{1}{\sqrt{\sin 2\theta}}}f(r\cos\theta,r\sin\theta)r\mathrm{d}r$

C. $\int_{\frac{\pi}{4}}^{\frac{\pi}{3}}\mathrm{d}\theta\int_{\frac{1}{2\sin 2\theta}}^{\frac{1}{\sin 2\theta}}f(r\cos\theta,r\sin\theta)\mathrm{d}r$

D. $\int_{\frac{\pi}{4}}^{\frac{\pi}{3}}\mathrm{d}\theta\int_{\frac{1}{\sqrt{2\sin 2\theta}}}^{\frac{1}{\sqrt{\sin 2\theta}}}f(r\cos\theta,r\sin\theta)\mathrm{d}r$

二、填空题（每小题 3 分，共 15 分）

1. 改变$I=\int_0^a\mathrm{d}y\int_{\frac{a^2-y^2}{2a}}^{\sqrt{a^2-y^2}}f(x,y)\mathrm{d}x$的积分次序，则$I=$________.

2. 设D是由$x=0,y=0,x+y=\frac{1}{2},x+y=1$围成，并且

$$I_1=\iint\limits_D[\ln(x+y)]^7\mathrm{d}\sigma,\ I_2=\iint\limits_D(x+y)^7\mathrm{d}\sigma,\ I_3=\iint\limits_D\sin^7(x+y)\mathrm{d}\sigma,$$

则 I_1, I_2, I_3 的大小顺序为________.

3. 设 Ω 是由 $z=x^2+y^2, y=x, x=1, y=0, z=0$ 围成，则三重积分 $\iiint\limits_{\Omega} f(x,y,z)\mathrm{d}\upsilon$ 表示成柱坐标下的累次积分是________.

4. 设平面薄片所占区域 D 由曲线 $ay=x^2$ 和 $x+y=2a(a>0)$ 所围成，其面密度 μ 是常数，则此薄片的质心为________.

5. 设 Ω 是由 $x^2+y^2+z^2=R^2$ 围成的区域，则 $I=\iiint\limits_{\Omega} \mathrm{e}^{\sqrt{x^2+y^2+z^2}}\mathrm{d}\upsilon=$________.

三、解答题（每小题 6 分，共 30 分）

1. 计算二重积分 $I=\iint\limits_{D} x\sin\dfrac{y}{x}\mathrm{d}x\mathrm{d}y$, 其中 D 由直线 $y=0, y=x, x=1$ 所围成.

2. 设 $f(x)=\int_x^1 \mathrm{e}^{-t^2}\mathrm{d}t$, 求 $\int_0^1 f(x)\mathrm{d}x$.

3. 计算双曲抛物面 $z=xy$ 被柱面 $x^2+y^2=1(x,y\geqslant 0)$ 截下部分的面积.

4. 计算 $I=\iiint\limits_{\Omega} xyz\mathrm{d}\upsilon$, 其中 Ω 是由 $x=a(a>0), y=x, z=y, z=0$ 围成.

5. 求曲面 $z=4-\dfrac{1}{2}(x^2+y^2)$ 与平面 $z=2$ 所围成的立体的体积.

四、（6 分）　计算 $I=\iint\limits_{D} \left|x^2+y^2-4\right|\mathrm{d}x\mathrm{d}y$, 其中 $D=\{(x,y)\,|\,x^2+y^2\leqslant 9\}$.

五、（6 分）　设区域 $D=\{(x,y)\,|\,x^2+y^2\leqslant 1, x\geqslant 0\}$，计算二重积分 $I=\iint\limits_{D} \dfrac{1+xy}{1+x^2+y^2}\mathrm{d}x\mathrm{d}y$.

六、（6 分）　设平面区域 $D=\{(x,y)\,|\,1\leqslant x^2+y^2\leqslant 4, x\geqslant 0, y\geqslant 0\}$，计算二重积分 $\iint\limits_{D} \dfrac{x\sin\left(\pi\sqrt{x^2+y^2}\right)}{x+y}\mathrm{d}x\mathrm{d}y$.

七、（6 分）　设 $F(t)=\iiint\limits_{\Omega} f(x^2+y^2+z^2)\mathrm{d}\upsilon$, 其中 Ω 为 $x^2+y^2+z^2\leqslant t^2(t>0)$, $f(u)$ 为连续函数，并且 $f'(0)=1, f(0)=0$. 证明：$\lim\limits_{t\to 0^+}\dfrac{F(t)}{t^5}=\dfrac{4\pi}{5}$.

八、（6 分）　求内外半径分别为 R_1，R_2，密度为 μ（常数）的半球壳，对位于它的球心且质量为 m 的质点的引力.

九、（7 分）　在底半径为 R, 高为 H 的均匀圆柱体上拼加一个同材质同半径的半球，使半球的底圆与圆柱体的一个底圆重合，要使整个立体的质心位于球心处，求 R 与 H 的关系.

B 级自我测试题

一、选择题（每小题 3 分，共 15 分）

1. 设 m, n 为正数，$D=\{(x,y)\,|\,x^2+y^2\leqslant a^2\}$（$a>0$ 为常数），若积分 $\iint\limits_D x^m y^n \mathrm{d}x\mathrm{d}y=0$，则下列结论中正确的是（　　）.

A. m，n 可以为任意正整数　　B. m，n 至少有一个是偶数

C. m，n 至少有一个是奇数　　D. 这样的 m，n 不存在

2. 设 $f(x,y)=\begin{cases}1-x-y, & x+y\leqslant 1,\\ 0, & x+y>1,\end{cases}$ $D=\{(x,y)\,|\,0\leqslant x\leqslant 1, 0\leqslant y\leqslant 1\}$，则二重积分 $\iint\limits_D f(x,y)\mathrm{d}x\mathrm{d}y$ 的值为（　　）.

A. $\dfrac{1}{2}$　　B. $\dfrac{1}{3}$　　C. $\dfrac{1}{4}$　　D. $\dfrac{1}{6}$

3. 设 $f(x,y)$ 为连续函数，则 $\int_0^{\frac{\pi}{4}}\mathrm{d}\theta\int_0^1 f(r\cos\theta, r\sin\theta)r\mathrm{d}r$ 等于（　　）.

A. $\int_0^{\frac{\sqrt{2}}{2}}\mathrm{d}x\int_x^{\sqrt{1-x^2}} f(x,y)\mathrm{d}y$　　B. $\int_0^{\frac{\sqrt{2}}{2}}\mathrm{d}x\int_0^{\sqrt{1-x^2}} f(x,y)\mathrm{d}y$

C. $\int_0^{\frac{\sqrt{2}}{2}}\mathrm{d}y\int_y^{\sqrt{1-y^2}} f(x,y)\mathrm{d}x$　　D. $\int_0^{\frac{\sqrt{2}}{2}}\mathrm{d}y\int_0^{\sqrt{1-y^2}} f(x,y)\mathrm{d}x$

4. 设 Ω 是 $z=x^2+y^2$ 与 $z=1$ 所围区域在第一卦限的部分，则 $\iiint\limits_{\Omega} f(x,y,z)\mathrm{d}v\neq$（　　）.

A. $\int_0^1\mathrm{d}z\int_0^{\sqrt{z}}\mathrm{d}x\int_0^{\sqrt{z-x^2}} f(x,y,z)\mathrm{d}y$

B. $\int_0^1\mathrm{d}x\int_0^{\sqrt{1-x^2}}\mathrm{d}y\int_0^{x^2+y^2} f(x,y,z)\mathrm{d}z$

C. $\int_0^{\frac{\pi}{2}}\mathrm{d}\theta\int_0^1 r\mathrm{d}r\int_{r^2}^1 f(r\cos\theta, r\sin\theta, z)\mathrm{d}z$

D. $\int_0^1\mathrm{d}x\int_0^{\sqrt{1-x^2}}\mathrm{d}y\int_{x^2+y^2}^1 f(x,y,z)\mathrm{d}z$

5. 设 D 是 xOy 平面上以 $(1,1),(-1,1)$ 和 $(-1,-1)$ 为顶点的三角形区域。D_1 是 D 在第一象限的部分，则 $\iint\limits_D (xy+\cos x\sin y)\mathrm{d}x\mathrm{d}y$ 等于（　　）.

A. $2\iint\limits_{D_1}\cos x\sin y\mathrm{d}x\mathrm{d}y$　　B. $2\iint\limits_{D_1} xy\mathrm{d}x\mathrm{d}y$

C. $4\iint\limits_{D_1}(xy+\cos x\sin y)\mathrm{d}x\mathrm{d}y$　　　　D. 0

二、填空题（每小题 3 分，共 15 分）

1. 改变 $I=\int_0^1\mathrm{d}x\int_0^{x^2}f(x,y)\mathrm{d}y+\int_1^3\mathrm{d}x\int_0^{\frac{3-x}{2}}f(x,y)\mathrm{d}y$ 的积分次序，则 $I=$________.

2. 二次积分 $\int_0^1\mathrm{d}y\int_y^{\sqrt{y}}\dfrac{\cos x}{x}\mathrm{d}x=$________.

3. 设 $D=\left\{(x,y)\mid\sqrt{2x-x^2}\leqslant y\leqslant\sqrt{4-x^2}\right\}$，将二重积分 $\iint\limits_D(x^2+y^2)\mathrm{d}\sigma$ 表示为极坐标下的二次积分为________.

4. 三次积分 $\int_0^1\mathrm{d}y\int_{-\sqrt{y-y^2}}^{\sqrt{y-y^2}}\mathrm{d}x\int_0^{\sqrt{3(x^2+y^2)}}f(x^2+y^2+z^2)\mathrm{d}z$ 在球坐标下的三次积分是________.

5. 设 $D=\{(x,y)\mid x^2+y^2\leqslant\pi\}$，$f(x,y)$ 为 D 上的连续函数，并且

$$f(x,y)=\sin(x^2+y^2)+\iint\limits_D f(u,v)\mathrm{d}u\mathrm{d}v,$$

则函数 $f(x,y)$ 的表达式为________.

三、解答题（每小题 6 分，共 30 分）

1. 计算二重积分 $\iint\limits_D\sqrt{y^2-xy}\mathrm{d}x\mathrm{d}y$，其中 D 是由曲线 $y=x$，$y=1$，$x=0$ 所围成的平面区域.

2. $D=\{(x,y)\mid x^2+y^2\leqslant 1,\ x\geqslant 0,y\geqslant 0\}$，计算 $I=\iint\limits_D\left(\sqrt{x^2+y^2-2xy}+2\right)\mathrm{d}x\mathrm{d}y$.

3. 计算三重积分 $I=\iiint\limits_\Omega|xyz|d\upsilon$，其中 Ω 由 $z=\sqrt{x^2+y^2},z=\sqrt{4-x^2-y^2}$ 所围成.

4. 求曲面 $az=y^2+x^2(a>0)$ 及 $z=\sqrt{y^2+x^2}$ 所围成的立体的体积.

5. 求锥面 $z=\sqrt{x^2+y^2}$ 被柱面 $z^2=2x$ 所截下部分的面积.

四、（8 分）　计算三重积分 $I=\iiint\limits_\Omega\sin(x^2+y^2+z^2)^{\frac{3}{2}}\mathrm{d}\upsilon$，其中 Ω 由 $z=\sqrt{R^2-x^2-y^2}$ $(R>0)$ 及 $z=\sqrt{3(x^2+y^2)}$ 围成.

五、（8 分）　计算三重积分 $I=\iiint\limits_\Omega(x^2+y^2+z^2)\mathrm{d}\upsilon$，其中 Ω 由 $\begin{cases}y^2=2z,\\ x=0\end{cases}$ 绕 z 轴

旋转一周而成的曲面与平面 $z=4$ 所围成的立体.

六、（8 分） 计算三重积分 $I=\iiint\limits_{\Omega} z\mathrm{e}^{(x+y)^2}\mathrm{d}v$，其中 Ω 为 $1\leqslant x+y\leqslant 2, x\geqslant 0,$ $y\geqslant 0, 0\leqslant z\leqslant 3$.

七、（8 分） 在一个形为旋转体（侧面为旋转抛物面 $z=x^2+y^2$）的容器内已经盛有 $8\pi(\mathrm{cm}^3)$ 的水，现在又注入 $120\pi(\mathrm{cm}^3)$ 的水，问水面比原来升高多少？

八、（8 分） 设有一个由曲线 $y=\ln x$，直线 $x=\mathrm{e}$ 及 x 轴所围成的密度为 1 的匀质薄片，求此薄片绕 $x=t$ 旋转的转动惯量 $I(t)$，并问 t 为何值时 $I(t)$ 最小.

第 9 章　曲线积分与曲面积分

9.1　知识结构图与学习要求

9.1.1　知识结构图

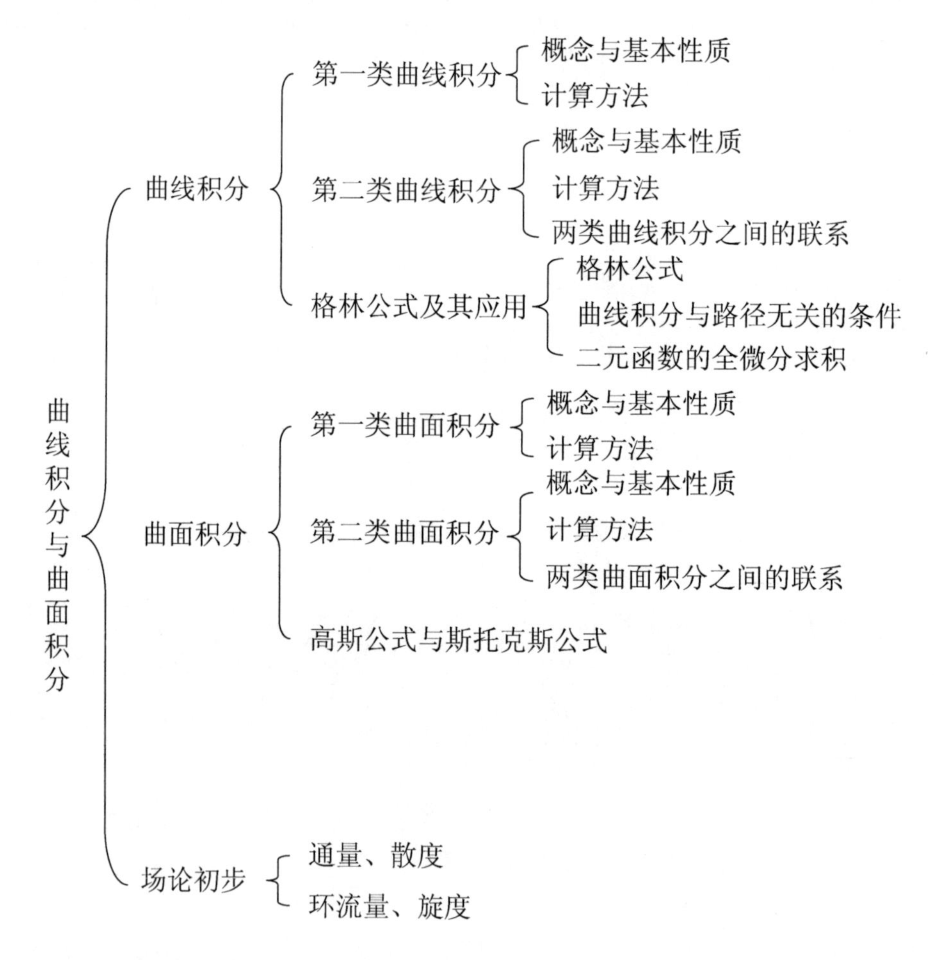

9.1.2　学习要求

（1）理解两类曲线积分的概念.

（2）了解两类曲线积分的性质及两类曲线积分的相互关系.

（3）熟练掌握两类曲线积分的计算.

（4）理解格林公式并会运用平面曲线积分与路径无关的条件, 会求全微分的原函数.

（5）了解两类曲面积分的概念、性质及两类曲面积分的关系, 掌握计算两类曲面积分的方法, 会用高斯公式、斯托克斯公式计算曲面积分.

（6）了解散度与旋度的概念, 并会计算.

（7）会用曲线积分和曲面积分求一些几何量和物理量（曲面面积、弧长、质量、重心、转动惯量、引力、功及流量等）.

9.2 内容提要

9.2.1 第一类曲线积分

1. 第一类曲线积分的概念

设 L 是 xOy 面内的一条光滑曲线弧, 函数 $f(x,y)$ 在 L 上有界, 则定义在 L 上第一类曲线积分为

$$\int_L f(x,y)\mathrm{d}s = \lim_{\lambda\to 0}\sum_{i=1}^{n} f(\xi_i,\eta_i)\Delta s_i .$$

若 Γ 是空间的一条曲线, 可以类似平面的情形, 第一类曲线积分定义为

$$\int_L f(x,y,z)\mathrm{d}s = \lim_{\lambda\to 0}\sum_{i=1}^{n} f(\xi_i,\eta_i,\zeta_i)\Delta s_i .$$

2. 第一类曲线积分的性质

（1）$\int_L [f(x,y)\pm g(x,y)]\mathrm{d}s = \int_L f(x,y)\mathrm{d}s \pm \int_L g(x,y)\mathrm{d}s$.

（2）$\int_L kf(x,y)\mathrm{d}s = k\int_L f(x,y)\mathrm{d}s$.

（3）$\int_L \mathrm{d}s = s$, 其中 s 为积分弧段 L 的弧长.

（4）$\int_L f(x,y)\mathrm{d}s = \int_{L_1} f(x,y)\mathrm{d}s + \int_{L_2} f(x,y)\mathrm{d}s$, 其中 $L = L_1 + L_2$.

3. 第一类曲线积分计算

（1）设平面上光滑曲线 L 的参数方程为 $\begin{cases} x=\varphi(t), \\ y=\psi(t), \end{cases}$ $\alpha \leqslant t \leqslant \beta$, 则

$$\int_L f(x,y)\mathrm{d}s = \int_\alpha^\beta f[\varphi(t),\psi(t)]\sqrt{\varphi'^2(t)+\psi'^2(t)}\mathrm{d}t \quad (\alpha \leqslant \beta).$$

该公式可以推广到空间曲线 Γ：

$$\begin{cases} x=\varphi(t), \\ y=\psi(t), \ \alpha \leqslant t \leqslant \beta, \\ z=\omega(t), \end{cases}$$

则 $\int_\Gamma f(x,y,z)\mathrm{d}s=\int_\alpha^\beta f[\varphi(t),\psi(t),\omega(t)]\sqrt{\varphi'^2(t)+\psi'^2(t)+\omega'^2(t)}\mathrm{d}t$.

（2）当曲线 L 的方程为 $y=\psi(x)(a\leqslant x\leqslant b)$ 时，可将 L 的参数方程设为

$$\begin{cases} x=x, \\ y=\psi(x), \end{cases} a\leqslant x\leqslant b,$$

则 $\int_L f(x,y)\mathrm{d}s=\int_a^b f[x,\psi(x)]\sqrt{1+[\psi'(x)]^2}\mathrm{d}x$.

（3）当曲线 L 的方程为 $x=\varphi(y)(c\leqslant y\leqslant d)$ 时，可将 L 的参数方程设为

$$\begin{cases} x=\varphi(y), \\ y=y, \end{cases} c\leqslant y\leqslant d,$$

则 $\int_L f(x,y)\mathrm{d}s=\int_c^d f[\varphi(y),y]\sqrt{[\varphi'(y)]^2+1}\mathrm{d}y$.

注　计算第一类曲线积分时，将曲线积分化为定积分时，要注意定积分的上限要不小于下限.

4. 第一类曲线积分的物理应用

（1）设曲线 L 的线密度为 $\rho(x,y)$，则其质量为 $M=\int_L\rho(x,y)\mathrm{d}s$.

（2）利用曲线积分求质心坐标：

设空间曲线 Γ 的线密度函数为 $\mu(x,y,z)$，则质心坐标 $(\overline{x},\overline{y},\overline{z})$ 可由下式给出，即

$$\overline{x}=\frac{1}{M}\int_\Gamma\mu(x,y,z)x\mathrm{d}s,\ \overline{y}=\frac{1}{M}\int_\Gamma\mu(x,y,z)y\mathrm{d}s,\ \overline{z}=\frac{1}{M}\int_\Gamma\mu(x,y,z)z\mathrm{d}s,$$

其中 $M=\int_\Gamma\mu(x,y,z)\mathrm{d}s$.

（3）求转动惯量：

设平面曲线弧 L 上任意一点 (x,y) 处的线密度为 $\rho(x,y)$，则绕 x 轴、y 轴和原点的转动惯量分别为

$$I_x=\int_L\rho(x,y)y^2\mathrm{d}s,\ I_y=\int_L\rho(x,y)x^2\mathrm{d}s,\ I_O=\int_L\rho(x,y)(x^2+y^2)\mathrm{d}s.$$

设空间曲线弧 Γ 上任意一点 (x,y,z) 处的线密度为 $\rho(x,y,z)$，则绕 x 轴、y 轴、z 轴和原点的转动惯量分别为

$$I_x=\int_\Gamma\rho(x,y,z)(y^2+z^2)\mathrm{d}s,\ I_y=\int_\Gamma\rho(x,y,z)(x^2+z^2)\mathrm{d}s,$$

$$I_z=\int_\Gamma\rho(x,y,z)(x^2+y^2)\mathrm{d}s,\ I_O=\int_\Gamma\rho(x,y,z)(x^2+y^2+z^2)\mathrm{d}s.$$

5. 第一类曲线积分的几何意义

当 $f(x,y)\equiv 1$ 时，$\int_L \mathrm{d}s$ 表示曲线 L 的弧长.

9.2.2 第二类曲线积分

1. 第二类曲线积分的概念

设 L 为 xOy 面内从点 A 到 B 的一条有向光滑曲线弧，函数 $P(x,y)$、$Q(x,y)$ 在 L 上有界. 则定义函数 $P(x,y)$ 在有向曲线弧 L 上关于坐标 x 的曲线积分为

$$\int_L P(x,y)\mathrm{d}x=\lim_{\lambda\to 0}\sum_{i=1}^{n}P(\xi_i,\eta_i)\Delta x_i,$$

类似可以定义关于坐标 y 的曲线积分为 $\int_L Q(x,y)\mathrm{d}y=\lim\limits_{\lambda\to 0}\sum\limits_{i=1}^{n}Q(\xi_i,\eta_i)\Delta y_i$. 关于坐标 x 的曲线积分和关于坐标 y 的曲线积分统称为第二类曲线积分。

常见的还有如下的组合形式

$$\int_L P(x,y)\mathrm{d}x+Q(x,y)\mathrm{d}y=\int_L P(x,y)\mathrm{d}x+\int_L Q(x,y)\mathrm{d}y.$$

2. 第二类曲线积分的性质

（1）$\int_L P(x,y)\mathrm{d}x+Q(x,y)\mathrm{d}y=\int_{L_1} P(x,y)\mathrm{d}x+\int_{L_2} Q(x,y)\mathrm{d}y$，其中 $L=L_1+L_2$.

（2）设 L^- 表示与 L 反向的光滑曲线弧，则

$$\int_L P(x,y)\mathrm{d}x+Q(x,y)\mathrm{d}y=-\int_{L^-} P(x,y)\mathrm{d}x+Q(x,y)\mathrm{d}y.$$

3. 第二类曲线积分的计算

（1）若曲线 L 的参数方程为 $\begin{cases}x=x(t),\\ y=y(t),\end{cases}$ 并且当 t 单调地由 α 变化到 β 时，曲线从 L 的起点 A 运动到点 B，则

$$\int_L P(x,y)\mathrm{d}x+Q(x,y)\mathrm{d}y=\int_\alpha^\beta \{P[(x(t),y(t)]x'(t)+Q[(x(t),y(t)]y'(t)\}\mathrm{d}t.$$

该公式可以推广到空间曲线 $\varGamma$：

$$\begin{cases}x=\varphi(t),\\ y=\psi(t),\\ z=\omega(t),\end{cases}$$

则 $\int_{\Gamma} P(x,y,z)\mathrm{d}x + Q(x,y,z)\mathrm{d}y + R(x,y,z)\mathrm{d}z$

$$=\int_{\alpha}^{\beta}\{P[(\varphi(t),\psi(t),\omega(t)]\varphi'(t)+Q[(\varphi(t),\psi(t),\omega(t)]\psi'(t)+R[(\varphi(t),\psi(t),\omega(t)]\omega'(t)\}\mathrm{d}t,$$

其中 α 对应于 Γ 的起点，β 对应于 Γ 的终点.

(2)若曲线 L 的方程为 $y=y(x)$，可将 L 的参数方程设为 $\begin{cases} x=x, \\ y=y(x), \end{cases}$ x 从 a 变化到 b，则

$$\int_{L} P(x,y)\mathrm{d}x + Q(x,y)\mathrm{d}y = \int_{a}^{b}\{P[x,y(x)]+Q[(x,y(x)]y'(x)\}\mathrm{d}x.$$

（3）若曲线 L 的方程为 $x=x(y)$，可将 L 的参数方程设为 $\begin{cases} x=x(y), \\ y=y, \end{cases}$ y 从 c 变化到 d，则

$$\int_{L} P(x,y)\mathrm{d}x + Q(x,y)\mathrm{d}y = \int_{c}^{d}\{P[x(y),y]x'(y)+Q[(x(y),y]\}\mathrm{d}y.$$

注　在计算此类曲线积分时候，积分下限值对应于曲线的起点的参数值，积分上限值对应于曲线的终点的参数值，上限值不一定大于下限值.

4. 第二类曲线积分的应用

设变力 $\boldsymbol{F}=P(x,y)\,\boldsymbol{i}+Q(x,y)\boldsymbol{j}$，则变力沿平面曲线 L 所做的功为

$$W=\int_{L} P(x,y)\mathrm{d}x + Q(x,y)\mathrm{d}y.$$

同理可利用第二类曲线积分求变力沿空间曲线所做的功.

5. 两类曲线积分之间的关系

（1）平面曲线 L 的情形：

$$\int_{L} P(x,y)\mathrm{d}x + Q(x,y)\mathrm{d}y = \int_{L}[P(x,y)\cos\alpha + Q(x,y)\cos\beta]\mathrm{d}s,$$

其中 $\cos\alpha,\cos\beta$ 为有向曲线 L 上点 (x,y) 处的切向量的方向余弦.

（2）空间曲线 Γ 的情形：

$$\int_{\Gamma} P(x,y,z)\mathrm{d}x + Q(x,y,z)\mathrm{d}y + R(x,y,z)\mathrm{d}z$$

$$=\int_{\Gamma}[P(x,y,z)\cos\alpha + Q(x,y,z)\cos\beta + R(x,y,z)\cos\gamma]\mathrm{d}s,$$

其中 $\cos\alpha,\cos\beta,\cos\gamma$ 为有向曲线 Γ 上点 (x,y,z) 处的切向量的方向余弦.

9.2.3　格林公式、曲线积分与路径无关的条件

1. 格林公式

设平面闭区域 D 由分段光滑的曲线 L 围成，函数 $P(x,y)$，$Q(x,y)$ 在 D 上具

有一阶连续偏导数，则有

$$\iint_D\left(\frac{\partial Q}{\partial x}-\frac{\partial P}{\partial y}\right)\mathrm{d}x\mathrm{d}y=\oint_L P\mathrm{d}x+Q\mathrm{d}y,$$

其中 L 是 D 的取正向的边界曲线.

2. 平面曲线积分与路径无关的条件

设 $P(x,y),Q(x,y)$ 在单连通区域 D 内有连续的一阶偏导数，则下列 4 个命题等价：

（1）$\int_L P(x,y)\mathrm{d}x+Q(x,y)\mathrm{d}y$ 在 D 内积分与路径无关；

（2）$\oint_L P(x,y)\mathrm{d}x+Q(x,y)\mathrm{d}y=0$，$L$ 为 D 内任一闭曲线；

（3）$\dfrac{\partial Q}{\partial x}=\dfrac{\partial P}{\partial y},(x,y)\in D$；

（4）存在可微函数 $u(x,y)$，使得 $\mathrm{d}u=P(x,y)\mathrm{d}x+Q(x,y)\mathrm{d}y$，并且有

$$u(x,y)=\int_{(x_0,y_0)}^{(x,y)}P\mathrm{d}x+Q\mathrm{d}y=\int_{x_0}^{x}P(x,y_0)\mathrm{d}x+\int_{y_0}^{y}Q(x,y)\mathrm{d}y$$

$$=\int_{y_0}^{y}Q(x_0,y)\mathrm{d}y+\int_{x_0}^{x}P(x,y)\mathrm{d}x,$$

其中 (x_0,y_0) 为 D 内任一点.

9.2.4　第一类曲面积分

1. 第一类曲面积分的概念

设曲面 Σ 是光滑的，函数 $f(x,y,z)$ 在 Σ 上有界. 则定义函数 $f(x,y,z)$ 在曲面 Σ 上第一类曲面积分为

$$\iint_\Sigma f(x,y,z)\mathrm{d}S=\lim_{\lambda\to 0}\sum_{i=1}^{n}f(\xi_i,\eta_i,\zeta_i)\Delta S_i.$$

2. 第一类曲面积分的性质

（1）$\iint_\Sigma \mathrm{d}S=A$，其中 A 为积分曲面 Σ 的面积.

（2）$\iint_\Sigma[f(x,y,z)\pm g(x,y,z)]\mathrm{d}S=\iint_\Sigma f(x,y,z)\mathrm{d}S\pm\iint_\Sigma g(x,y,z)\mathrm{d}S$.

（3）$\iint_\Sigma f(x,y,z)\mathrm{d}S=\iint_{\Sigma_1}f(x,y,z)\mathrm{d}S+\iint_{\Sigma_2}f(x,y,z)\mathrm{d}S$，其中 $\Sigma=\Sigma_1+\Sigma_2$.

3. 第一类曲面积分的计算

（1）若曲面 Σ 由方程 $z=z(x,y)$ 给出，Σ 在 xOy 面上的投影区域为 D_{xy}，函数 $z=z(x,y)$ 在 D_{xy} 上具有连续偏导数，被积函数 $f(x,y,z)$ 在 Σ 上连续，则

$$\iint_{\Sigma} f(x,y,z)\mathrm{d}S=\iint_{D_{xy}} f[x,y,z(x,y)]\sqrt{1+z_x^2(x,y)+z_y^2(x,y)}\mathrm{d}x\mathrm{d}y .$$

（2）若积分曲面 Σ 的方程为 $y=y(x,z)$，D_{xz} 为 Σ 在 zOx 面上的投影区域，则函数 $f(x,y,z)$ 在 Σ 上第一类曲面积分为

$$\iint_{\Sigma} f(x,y,z)\mathrm{d}S=\iint_{D_{zx}} f[x,y(z,x),z]\sqrt{1+y_z^2(z,x)+y_x^2(z,x)}\mathrm{d}z\mathrm{d}x .$$

（3）若积分曲面 Σ 的方程为 $x=x(y,z)$，D_{yz} 为 Σ 在 yOz 面上的投影区域，则函数 $f(x,y,z)$ 在 Σ 上第一类曲面积分为

$$\iint_{\Sigma} f(x,y,z)\mathrm{d}S=\iint_{D_{yz}} f[x(y,z),y,z]\sqrt{1+x_y^2(y,z)+x_z^2(y,z)}\mathrm{d}y\mathrm{d}z .$$

4. 第一类曲面积分的物理应用

设 Σ 为空间曲面，曲面上任意一点 (x,y,z) 处的面密度为 $\rho(x,y,z)$，则

（1）曲面薄片 Σ 绕 x 轴、y 轴、z 轴和原点的转动惯量分别为

$$I_x=\iint_{\Sigma}\rho(x,y,z)(y^2+z^2)\mathrm{d}S\ ,\ I_y=\iint_{\Sigma}\rho(x,y,z)(x^2+z^2)\mathrm{d}S\ ,$$

$$I_z=\iint_{\Sigma}\rho(x,y,z)(x^2+y^2)\mathrm{d}S\ ,\ I_O=\iint_{\Sigma}\rho(x,y,z)(x^2+y^2+z^2)\mathrm{d}S .$$

（2）曲面薄片 Σ 的质量为

$$M=\iint_{\Sigma}\rho(x,y,z)\mathrm{d}S .$$

（3）若曲面薄片 Σ 的重心坐标 $G(\overline{x},\overline{y},\overline{z})$，则有

$$\overline{x}=\frac{1}{M}\iint_{\Sigma}\rho(x,y,z)x\mathrm{d}S\ ,\ \overline{y}=\frac{1}{M}\iint_{\Sigma}\rho(x,y,z)y\mathrm{d}S\ ,\ \overline{z}=\frac{1}{M}\iint_{\Sigma}\rho(x,y,z)z\mathrm{d}S .$$

5. 第一类曲面积分的几何意义

$$\iint_{\Sigma}\mathrm{d}S=\Sigma\text{ 的面积}.$$

9.2.5　第二类曲面积分

1. 第二类曲面积分的概念

设 Σ 为光滑的有向曲面, 函数 $R(x,y,z)$ 在 Σ 上有界. 则定义函数 $R(x,y,z)$ 在有向曲面 Σ 上关于坐标 x, y 的曲面积分为

$$\iint_{\Sigma} R(x,y,z)\mathrm{d}x\mathrm{d}y = \lim_{\lambda\to 0}\sum_{i=1}^{n} R(\xi_i,\eta_i,\zeta_i)(\Delta S_i)_{xy}.$$

类似地可定义 $\displaystyle\iint_{\Sigma} P(x,y,z)\mathrm{d}y\mathrm{d}z = \lim_{\lambda\to 0}\sum_{i=1}^{n} P(\xi_i,\eta_i,\zeta_i)(\Delta S_i)_{yz}$,

$$\iint_{\Sigma} Q(x,y,z)\mathrm{d}z\mathrm{d}x = \lim_{\lambda\to 0}\sum_{i=1}^{n} Q(\xi_i,\eta_i,\zeta_i)(\Delta S_i)_{zx}.$$

通常将 $\displaystyle\iint_{\Sigma} P(x,y,z)\mathrm{d}y\mathrm{d}z + \iint_{\Sigma} Q(x,y,z)\mathrm{d}z\mathrm{d}x + \iint_{\Sigma} R(x,y,z)\mathrm{d}x\mathrm{d}y$ 简记为

$$\iint_{\Sigma} P(x,y,z)\mathrm{d}y\mathrm{d}z + Q(x,y,z)\mathrm{d}z\mathrm{d}x + R(x,y,z)\mathrm{d}x\mathrm{d}y.$$

2. 第二类曲面积分的性质

（1）$$\iint_{\Sigma} P\mathrm{d}y\mathrm{d}z + Q\mathrm{d}z\mathrm{d}x + R\mathrm{d}x\mathrm{d}y$$

$$= \iint_{\Sigma_1} P\mathrm{d}y\mathrm{d}z + Q\mathrm{d}z\mathrm{d}x + R\mathrm{d}x\mathrm{d}y + \iint_{\Sigma_2} P\mathrm{d}y\mathrm{d}z + Q\mathrm{d}z\mathrm{d}x + R\mathrm{d}x\mathrm{d}y,$$

其中 $\Sigma = \Sigma_1 + \Sigma_2$.

（2）$\displaystyle\iint_{\Sigma} P\mathrm{d}y\mathrm{d}z + Q\mathrm{d}z\mathrm{d}x + R\mathrm{d}x\mathrm{d}y = -\iint_{\Sigma^-} P\mathrm{d}y\mathrm{d}z + Q\mathrm{d}z\mathrm{d}x + R\mathrm{d}x\mathrm{d}y$,

其中 Σ^- 表示与 Σ 相反侧的有向曲面.

3. 第二类曲面积分的计算

（1）当积分曲面 Σ 由方程 $z=z(x,y)$ 给出, Σ 在 xOy 面上的投影区域为 D_{xy}, 则有

$$\iint_{\Sigma} R(x,y,z)\mathrm{d}x\mathrm{d}y = \pm\iint_{D_{xy}} R[x,y,z(x,y)]\mathrm{d}x\mathrm{d}y,$$

其中当 Σ 取上侧时（即 Σ 的法向量与 z 轴正向的夹角成锐角）, 等号右边取“+”; 当 Σ 取下侧时（即 Σ 的法向量与 z 轴正向的夹角成钝角）, 等号右边取“−”.

（2）如果 Σ 由 $x=x(y,z)$ 给出，则有

$$\iint_{\Sigma} P(x,y,z)\mathrm{d}y\mathrm{d}z = \pm\iint_{D_{yz}} P[x(y,z),y,z]\mathrm{d}y\mathrm{d}z .$$

（3）如果 Σ 由 $y=y(x,z)$ 给出，则有

$$\iint_{\Sigma} Q(x,y,z)\mathrm{d}z\mathrm{d}x = \pm\iint_{D_{zx}} Q[x,y(z,x),z]\mathrm{d}z\mathrm{d}x ,$$

其中等号右边符号由曲面的法向量与 y 轴正向的夹角或与 x 轴正向的夹角来确定，原则是“锐角为正，钝角为负”.

4. 两类曲面积分之间的关系

$$\iint_{\Sigma} P\mathrm{d}y\mathrm{d}z + Q\mathrm{d}z\mathrm{d}x + R\mathrm{d}x\mathrm{d}y = \iint_{\Sigma} (P\cos\alpha + Q\cos\beta + R\cos\gamma)\mathrm{d}S ,$$

其中 $\cos\alpha,\cos\beta,\cos\gamma$ 是有向曲面 Σ 上点 (x,y,z) 处的法向量的方向余弦.

9.2.6 高斯公式

设空间闭区域 Ω 是由分片光滑的闭曲面 Σ 所围成，函数 $P(x,y,z)$，$Q(x,y,z)$，$R(x,y,z)$ 在 Ω 上具有一阶连续偏导数，则有如下公式（即高斯公式）成立：

$$\iiint_{\Omega}\left(\frac{\partial P}{\partial x}+\frac{\partial Q}{\partial y}+\frac{\partial R}{\partial z}\right)\mathrm{d}v = \oiint_{\Sigma} P\mathrm{d}y\mathrm{d}z + Q\mathrm{d}z\mathrm{d}x + R\mathrm{d}x\mathrm{d}y ,$$

或

$$\iiint_{\Omega}\left(\frac{\partial P}{\partial x}+\frac{\partial Q}{\partial y}+\frac{\partial R}{\partial z}\right)\mathrm{d}v = \oiint_{\Sigma} (P\cos\alpha + Q\cos\beta + R\cos\gamma)\mathrm{d}S ,$$

这里 Σ 是 Ω 的整个边界曲面的外侧，$\cos\alpha,\cos\beta,\cos\gamma$ 是有向曲面 Σ 上点 (x,y,z) 处的法向量的方向余弦.

9.2.7 斯托克斯公式

设 Γ 为分段光滑的空间有向闭曲线，Σ 是以 Γ 为边界的分片光滑的有向曲面，Γ 的正向与 Σ 的侧符合右手规则，函数 $P(x,y,z)$、$Q(x,y,z)$、$R(x,y,z)$ 在曲面 Σ（连同边界）上具有一阶连续偏导数，则有如下公式（即斯托克斯公式）成立：

$$\iint_{\Sigma}\left(\frac{\partial R}{\partial y}-\frac{\partial Q}{\partial z}\right)\mathrm{d}y\mathrm{d}z + \left(\frac{\partial P}{\partial z}-\frac{\partial R}{\partial x}\right)\mathrm{d}z\mathrm{d}x + \left(\frac{\partial Q}{\partial x}-\frac{\partial P}{\partial y}\right)\mathrm{d}x\mathrm{d}y = \oint_{\Gamma} P\mathrm{d}x + Q\mathrm{d}y + R\mathrm{d}z .$$

或记为

$$\iint_{\Sigma}\begin{vmatrix} \mathrm{d}y\mathrm{d}z & \mathrm{d}z\mathrm{d}x & \mathrm{d}x\mathrm{d}y \\ \dfrac{\partial}{\partial x} & \dfrac{\partial}{\partial y} & \dfrac{\partial}{\partial z} \\ P & Q & R \end{vmatrix} = \oint_{\Gamma} P\mathrm{d}x + Q\mathrm{d}y + R\mathrm{d}z,$$

或

$$\iint_{\Sigma}\begin{vmatrix} \cos\alpha & \cos\beta & \cos\gamma \\ \dfrac{\partial}{\partial x} & \dfrac{\partial}{\partial y} & \dfrac{\partial}{\partial z} \\ P & Q & R \end{vmatrix} = \oint_{\Gamma} P\mathrm{d}x + Q\mathrm{d}y + R\mathrm{d}z,$$

其中 $\cos\alpha, \cos\beta, \cos\gamma$ 是有向曲面 Σ 上点 (x,y,z) 处的法向量的方向余弦.

9.2.8　通量、散度、环流量与旋度

设有向量场 $\boldsymbol{A} = P(x,y,z)\boldsymbol{i} + Q(x,y,z)\boldsymbol{j} + R(x,y,z)\boldsymbol{k}$，其中 $P(x,y,z)$，$Q(x,y,z)$ 和 $R(x,y,z)$ 具有一阶连续偏导数，Σ 是场内的一有向曲面，$\boldsymbol{n} = \{\cos\alpha, \cos\beta, \cos\gamma\}$ 是 Σ 上指定侧的单位法向量.

1. 向量场 $\boldsymbol{A}$ 通过曲面 Σ 向着指定侧的通量（或流量）

$$\iint_{\Sigma} \boldsymbol{A}\cdot\boldsymbol{n}\mathrm{d}S = \iint_{\Sigma} (P\cos\alpha + Q\cos\beta + R\cos\gamma)\mathrm{d}S = \iint_{\Sigma} P\mathrm{d}y\mathrm{d}z + Q\mathrm{d}z\mathrm{d}x + R\mathrm{d}x\mathrm{d}y.$$

2. 向量场 $\boldsymbol{A}$ 的散度

$$\mathrm{div}\,\boldsymbol{A} = \frac{\partial P}{\partial x} + \frac{\partial Q}{\partial y} + \frac{\partial R}{\partial z}.$$

3. 向量场 $\boldsymbol{A}$ 的旋度

$$\mathbf{rot}\,\boldsymbol{A} = \left(\frac{\partial R}{\partial y} - \frac{\partial Q}{\partial z}\right)\boldsymbol{i} + \left(\frac{\partial P}{\partial z} - \frac{\partial R}{\partial x}\right)\boldsymbol{j} + \left(\frac{\partial Q}{\partial x} - \frac{\partial P}{\partial y}\right)\boldsymbol{k} = \begin{vmatrix} \boldsymbol{i} & \boldsymbol{j} & \boldsymbol{k} \\ \dfrac{\partial}{\partial x} & \dfrac{\partial}{\partial y} & \dfrac{\partial}{\partial z} \\ P & Q & R \end{vmatrix}.$$

4. 向量场 $\boldsymbol{A}$ 沿闭曲线 Γ 的环流量

$$\oint_{\Gamma} P\mathrm{d}x + Q\mathrm{d}y + R\mathrm{d}z = \oint_{\Gamma} \boldsymbol{A}\cdot\boldsymbol{t}\mathrm{d}S,$$

其中 $\boldsymbol{t}$ 是 Γ 上点 (x,y,z) 处的单位切向量.

9.3　典型例题解析

例 9.1　计算曲线积分 $\int_L xy\mathrm{d}s$，其中曲线 L 的参数方程为 $\begin{cases} x=\cos t, \\ y=\sin t, \end{cases} 0\leqslant t\leqslant \dfrac{\pi}{2}$.

解　根据第一类曲线积分的计算公式，得

$$\int_L xy\mathrm{d}s = \int_0^{\frac{\pi}{2}} \cos t.\sin t\cdot\sqrt{\sin^2 t+\cos^2 t}\mathrm{d}t = \int_0^{\frac{\pi}{2}}\frac{1}{2}\sin 2t\mathrm{d}t = \frac{1}{2}.$$

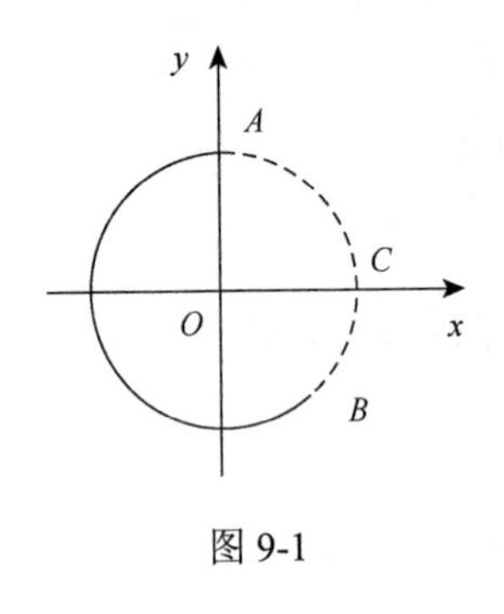

图 9-1

例 9.2　计算 $I=\int_L x\mathrm{d}s$，其中 L 是圆 $x^2+y^2=1$ 中 $A(0,1)$ 到 $B\left(\dfrac{1}{\sqrt{2}},-\dfrac{1}{\sqrt{2}}\right)$ 之间的一段劣弧.

解法 1　将积分弧段分为 $\overset{\frown}{AC}$ 和 $\overset{\frown}{CB}$ 两段弧来计算（图 9-1）：

$$\int_{\overset{\frown}{AB}} x\mathrm{d}s = \int_{\overset{\frown}{AC}} x\mathrm{d}s + \int_{\overset{\frown}{CB}} x\mathrm{d}s$$

而

$$\int_{\overset{\frown}{AC}} x\mathrm{d}s = \int_0^1 \frac{x}{\sqrt{1-x^2}}\mathrm{d}x = 1,$$

$$\int_{\overset{\frown}{CB}} x\mathrm{d}s = \int_{\frac{1}{\sqrt{2}}}^1 \frac{x}{\sqrt{1-x^2}}\mathrm{d}x = \frac{1}{\sqrt{2}}.$$

故

$$I=\int_L x\mathrm{d}s = 1+\frac{1}{\sqrt{2}}.$$

解法 2　$L=\overset{\frown}{AB}$ 的参数方程为：$x=\cos\theta, y=\sin\theta\left(-\dfrac{\pi}{4}\leqslant\theta\leqslant\dfrac{\pi}{2}\right)$，于是

$$I=\int_{-\frac{\pi}{4}}^{\frac{\pi}{2}}\cos\theta\sqrt{(-\sin\theta)^2+(\cos\theta)^2}\mathrm{d}\theta = \int_{-\frac{\pi}{4}}^{\frac{\pi}{2}}\cos\theta\mathrm{d}\theta = 1+\frac{1}{\sqrt{2}}.$$

错误解答　设 $C(1,0)$，因为 $\overset{\frown}{AC}: y=\sqrt{1-x^2}$，$\overset{\frown}{CB}: y=-\sqrt{1-x^2}$，则沿此两段弧均有 $\mathrm{d}s=\dfrac{\mathrm{d}x}{\sqrt{1-x^2}}$，故有 $\int_{\overset{\frown}{AB}} x\mathrm{d}s = \int_0^{\frac{1}{\sqrt{2}}}\dfrac{x}{\sqrt{1-x^2}}\mathrm{d}x = 1-\dfrac{1}{\sqrt{2}}$.

错解分析　错误原因在于选 x 作为参数时，y 表示为 x 的单值函数时有两个表达式，故必须分为两段计算.

注　在求第一类曲线积分时，若已知积分曲线的参数方程为 L：$x=\varphi(t)$，$y=\psi(t)$ 且 $t=\alpha$ 和 $t=\beta$ 分别对应点 A 与点 B 处的参数值，在将曲线积分转化为定积分时，除了要求积分的下限小于上限，还要注意：当 t 从 α 连续变化到 β 时，

相应的点$[\varphi(t),\psi(t)]$应在积分曲线上. 同时, 若将非参数的积分曲线转化为参数形式时, 参数方程不同, 积分限也不同, 计算的难易程度也不同, 所以, 一般要选取计算较为简单的参数方程形式.

例 9.3　计算$\oint_L (x+y+1)\mathrm{d}s$, 其中$L$是顶点为$O(0,0)$, $A(1,0)$及$B(0,1)$所成三角形的边界.

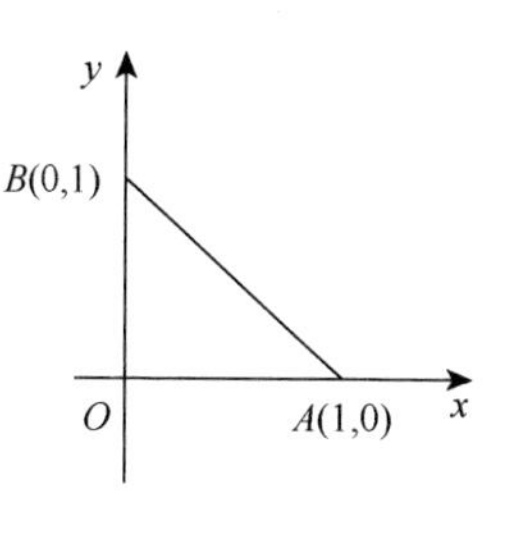

图 9-2

分析　L属于分段光滑的曲线, 由第一类曲线积分的性质可知, 应分三段来求.

解　L是分段光滑的闭曲线, 如图 9-2 所示, 根据积分的可加性, 则有

$$\begin{aligned}&\oint_L (x+y+1)\mathrm{d}s\\ &=\int_{OA}(x+y+1)\mathrm{d}s+\int_{AB}(x+y+1)\mathrm{d}s+\int_{BO}(x+y+1)\mathrm{d}s,\end{aligned}$$

由于OA: $y=0$, $0\leqslant x\leqslant 1$, 于是

$$\mathrm{d}s=\sqrt{1+\left(\frac{\mathrm{d}y}{\mathrm{d}x}\right)^2}\mathrm{d}x=\sqrt{1+0^2}\mathrm{d}x=\mathrm{d}x,$$

故

$$\int_{OA}(x+y+1)\mathrm{d}s=\int_0^1(x+0+1)\mathrm{d}x=\frac{3}{2},$$

而AB: $y=1-x$, $0\leqslant x\leqslant 1$, 于是

$$\mathrm{d}s=\sqrt{1+\left(\frac{\mathrm{d}y}{\mathrm{d}x}\right)^2}\mathrm{d}x=\sqrt{1+(-1)^2}\mathrm{d}x=\sqrt{2}\mathrm{d}x.$$

故

$$\int_{AB}(x+y+1)\mathrm{d}s=\int_0^1[x+(1-x)+1]\sqrt{2}\mathrm{d}x=2\sqrt{2},$$

同理可知BO: $x=0$ ($0\leqslant y\leqslant 1$), $\mathrm{d}s=\sqrt{1+\left(\frac{\mathrm{d}x}{\mathrm{d}y}\right)^2}\mathrm{d}y=\sqrt{1+0^2}\mathrm{d}y=\mathrm{d}y$, 则

$$\int_{BO}(x+y+1)\mathrm{d}s=\int_0^1(0+y+1)\mathrm{d}y=\frac{3}{2}.$$

综上所述$\oint_L (x+y+1)\mathrm{d}s=\frac{3}{2}+2\sqrt{2}+\frac{3}{2}=3+2\sqrt{2}$.

注　当L是分段光滑的闭曲线时, 应该分成光滑曲线逐段计算.

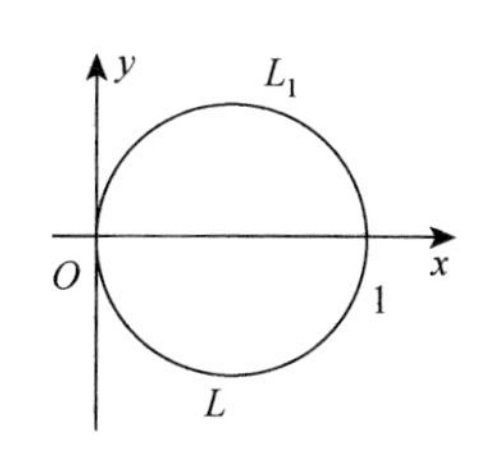

图 9-3

例 9.4　计算$\oint_L \sqrt{x^2+y^2}\mathrm{d}s$, 其中$L$为圆周$x^2+y^2=x$.

分析　积分曲线L关于x轴对称（图 9-3）, 被积函数为关于y的偶函数, 由对称性得

$$\oint_L \sqrt{x^2+y^2}\mathrm{d}s = 2\int_{L_1}\sqrt{x^2+y^2}\mathrm{d}s,$$

其中 $L_1: x^2+y^2=x(y\geqslant 0)$.

解法 1　直接化为定积分. L_1 的参数方程为

$$x=\frac{1}{2}+\frac{1}{2}\cos\theta,\ y=\frac{1}{2}\sin\theta \quad (0\leqslant\theta\leqslant\pi),$$

并且

$$\mathrm{d}s=\sqrt{[x'(\theta)]^2+[y'(\theta)]^2}\mathrm{d}\theta=\frac{1}{2}\mathrm{d}\theta.$$

于是

$$\oint_L\sqrt{x^2+y^2}\mathrm{d}s=\oint_L\sqrt{x}\mathrm{d}s=2\int_0^{\pi}\cos\frac{\theta}{2}\cdot\frac{1}{2}\mathrm{d}\theta=2.$$

解法 2　L_1 的极坐标方程为 $r(\theta)=\cos\theta\left(0\leqslant\theta\leqslant\frac{\pi}{2}\right)$，则

$$y=r(\theta)\sin\theta,\ x=r(\theta)\cos\theta,$$

$$\sqrt{x^2+y^2}=r(\theta)=\cos\theta,\ \mathrm{d}s=\sqrt{r^2+\left(\frac{\mathrm{d}r}{\mathrm{d}\theta}\right)^2}\mathrm{d}\theta=\mathrm{d}\theta,$$

$$\oint_L\sqrt{x^2+y^2}\mathrm{d}s=2\int_0^{\frac{\pi}{2}}\cos\theta\mathrm{d}\theta=2.$$

注 1　在解法 1 中，参数 θ 表示圆心角，而在解法 2 中，参数 θ 表示极坐标系下的极角，参数的意义不同，一般取值范围也不相同.

注 2　若曲线在极坐标系下的方程为 $r=r(\theta)$，则 $\mathrm{d}s=\sqrt{r^2+[r'(\theta)]^2}\mathrm{d}\theta$，可直接用此式.

注 3　当积分曲线 L 关于某个坐标轴对称时，可以考虑采用对称性来计算第一类曲线分. 一般地，有以下的结论：

（1）若曲线 L 关于 x 轴对称，记 L_1 是 L 的 $y\geqslant 0$ 的部分，$f(x,y)$ 在 L 上连续，则

a. $\int_L f(x,y)\mathrm{d}s = 2\int_{L_1} f(x,y)\mathrm{d}s$（若 $f(x,y)$ 是关于 y 的偶函数）.

b. $\int_L f(x,y)\mathrm{d}s = 0$（若 $f(x,y)$ 是关于 y 的奇函数）.

（2）若曲线 L 关于 y 轴对称，记 L_1 是 L 的 $x\geqslant 0$ 的部分，$f(x,y)$ 在 L 上连续，则

a. $\int_L f(x,y)\mathrm{d}s = 2\int_{L_1} f(x,y)\mathrm{d}s$（若 $f(x,y)$ 是关于 x 的偶函数）.

b. $\int_L f(x,y)\mathrm{d}s = 0$（若 $f(x,y)$ 是关于 x 的奇函数）.

例 9.5　计算 $\int_\Gamma \frac{1}{x^2+y^2+z^2}\mathrm{d}s$，$\Gamma$ 为曲线 $x=\mathrm{e}^t\cos t$，$y=\mathrm{e}^t\sin t$，$z=\mathrm{e}^t(0\leqslant t\leqslant 2)$.

解　因为 $\mathrm{d}s=\sqrt{x'^2(t)+y'^2(t)+z'^2(t)}\mathrm{d}t$

$$=\sqrt{(\mathrm{e}^t\cos t-\mathrm{e}^t\sin t)^2+(\mathrm{e}^t\sin t+\mathrm{e}^t\cos t)^2+(\mathrm{e}^t)^2}\,\mathrm{d}t$$

$$=\sqrt{3}\mathrm{e}^t\mathrm{d}t.$$

所以 $\int_\Gamma\frac{1}{x^2+y^2+z^2}\mathrm{d}s=\int_0^2\frac{(at)^2}{\mathrm{e}^{2t}\cos^2t+\mathrm{e}^{2t}\sin^2t+\mathrm{e}^{2t}}\sqrt{3}\mathrm{e}^t\mathrm{d}t$

$$=\frac{\sqrt{3}}{2}\int_0^2\mathrm{e}^{-t}\mathrm{d}t=\frac{\sqrt{3}}{2}(1-\mathrm{e}^{-2}).$$

例 9.6　计算 $\int_\Gamma x^2yz\mathrm{d}s$ 其中 Γ 为折线段 $ABCD$，这里 $A(0,0,0)$，$B(0,0,2)$, $C(1,0,2)$, $D(1,2,3)$.

分析　求本题曲线积分的关键是求三条线段 AB, BC, CD 的参数方程. 在空间中过点 (x_1,y_1,z_1)，(x_2,y_2,z_2) 的直线的对称式方程为

$$\frac{x-x_1}{x_2-x_1}=\frac{y-y_1}{y_2-y_1}=\frac{z-z_1}{z_2-z_1},$$

令该比例式等于 t，可得直线的参数方程.

解　如图 9-4 所示,

$$\int_\Gamma x^2yz\mathrm{d}s=\int_{\overline{AB}}x^2yz\mathrm{d}s+\int_{\overline{BC}}x^2yz\mathrm{d}s+\int_{\overline{CD}}x^2yz\mathrm{d}s.$$

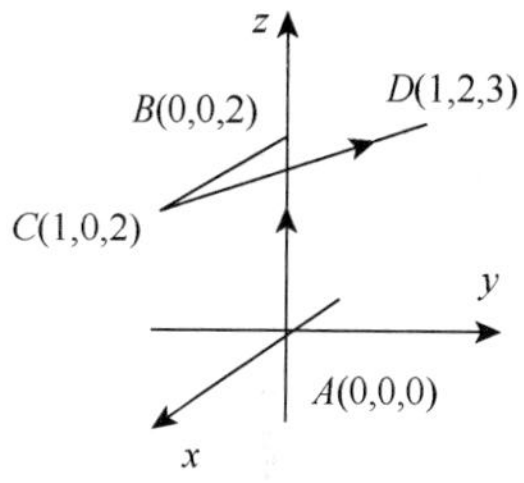

线段 $\overline{AB}$ 的参数方程为 $x=0,y=0,z=2t(0\leqslant t\leqslant 1)$，则

$$\mathrm{d}s=\sqrt{\left(\frac{\mathrm{d}x}{\mathrm{d}t}\right)^2+\left(\frac{\mathrm{d}y}{\mathrm{d}t}\right)^2+\left(\frac{\mathrm{d}z}{\mathrm{d}t}\right)^2}$$

$$=\sqrt{0^2+0^2+2^2}\mathrm{d}t=2\mathrm{d}t,$$

图 9-4

故

$$\int_{\overline{AB}}x^2yz\mathrm{d}s=\int_0^1\ 0\cdot0\cdot2t\cdot2\mathrm{d}t=0.$$

线段 $\overline{BC}$ 的参数方程为 $x=t,y=0,z=2(0\leqslant t\leqslant 1)$，则

$$\mathrm{d}s=\sqrt{1^2+0^2+0^2}\mathrm{d}t=\mathrm{d}t,$$

故

$$\int_{\overline{BC}}x^2yz\mathrm{d}s=\int_0^1t^2\cdot0\cdot2\cdot\mathrm{d}t=0,$$

线段 $\overline{CD}$ 的参数方程为 $x=1,y=2t,z=2+t\ (0\leqslant t\leqslant 1)$，则

$$\mathrm{d}s=\sqrt{0^2+2^2+1^2}\mathrm{d}t=\sqrt{5}\mathrm{d}t,$$

故

$$\int_{\overline{CD}}x^2yz\mathrm{d}s=\int_0^1 1^2\cdot2t\cdot(2+t)\cdot\sqrt{5}\mathrm{d}t=2\sqrt{5}\int_0^1\ (2t+t^2)\mathrm{d}t=\frac{8}{3}\sqrt{5},$$

所以

$$\int_{\Gamma} x^2yz\mathrm{d}s=\int_{\overline{AB}} x^2yz\mathrm{d}s+\int_{\overline{BC}} x^2yz\mathrm{d}s+\int_{\overline{CD}} x^2yz\mathrm{d}s=\frac{8}{3}\sqrt{5}.$$

例 9.7　计算$\oint_{\Gamma} y^2\mathrm{d}s$，$\Gamma$ 为球面 $x^2+y^2+z^2=1$ 与平面 $x+y+z=0$ 的交线.

分析　此题为对空间曲线弧的曲线积分，一般地，若 Γ 的参数方程为 $x=\varphi(t)$，$y=\psi(t)$，$z=\omega(t)$（$\alpha\leqslant t\leqslant\beta$）且在 $\alpha\leqslant t\leqslant\beta$ 上具有连续导数，则有

$$\int_{\Gamma} f(x,y,z)\mathrm{d}s=\int_{\alpha}^{\beta} f[\varphi(t),\psi(t),\omega(t)]\sqrt{[\varphi'(t)]^2+[\psi'(t)]^2+[\omega'(t)]^2}\,\mathrm{d}t.$$

解法 1　先将曲线 Γ 用参数方程表示，由于 Γ 是球面 $x^2+y^2+z^2=1$ 与经过球心的平面 $x+y+z=0$ 的交线，如图 9-5 所示，所以它是空间一个半径为1的圆周，它在 xOy 平面上的投影为椭圆，其方程可以从两个曲面方程中消去 z 而得到，即以 $z=-(x+y)$ 代入 $x^2+y^2+z^2=1$ 有 $x^2+xy+y^2=\dfrac{1}{2}$，即 $\left(x+\dfrac{1}{2}y\right)^2+\left(\dfrac{\sqrt{3}}{2}y\right)^2=\left(\dfrac{1}{\sqrt{2}}\right)^2$，将其化为参数方程，令 $\dfrac{\sqrt{3}}{2}y=\dfrac{1}{\sqrt{2}}\sin t$，即 $y=\sqrt{\dfrac{2}{3}}\sin t$，$x+\dfrac{1}{2}y=\dfrac{1}{\sqrt{2}}\cos t$，即有 $x=\dfrac{1}{\sqrt{2}}\cos t-\dfrac{1}{\sqrt{6}}\sin t$，代入 $x^2+y^2+z^2=1$（或 $x+y+z=0$ 中）得 $z=-\dfrac{1}{\sqrt{2}}\cos t-\dfrac{1}{\sqrt{6}}\sin t$，从而 Γ 的参数方程为

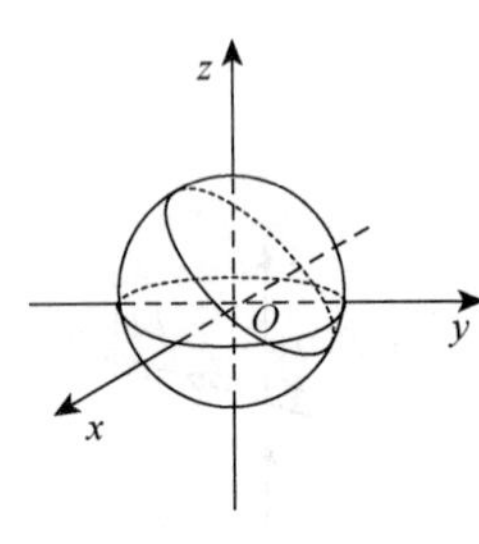

图 9-5

$$x=\frac{1}{\sqrt{2}}\cos t-\frac{1}{\sqrt{6}}\sin t,\ y=\sqrt{\frac{2}{3}}\sin t,\ z=-\frac{1}{\sqrt{2}}\cos t-\frac{1}{\sqrt{6}}\sin t\quad(0\leqslant t\leqslant 2\pi).$$

则 $\mathrm{d}s=\sqrt{[x'(t)]^2+[y'(t)]^2+[z(t)]^2}\,\mathrm{d}t$

$$=\sqrt{\left(\frac{\sin t}{\sqrt{2}}+\frac{\cos t}{\sqrt{6}}\right)^2+\frac{2}{3}\cos^2 t+\left(\frac{\sin t}{\sqrt{2}}-\frac{\cos t}{\sqrt{6}}\right)^2}\,\mathrm{d}t=\mathrm{d}t,$$

所以 $\oint_{\Gamma} y^2\mathrm{d}s=\int_0^{2\pi}\dfrac{2}{3}\sin^2 t\cdot\mathrm{d}t=\dfrac{2}{3}\int_0^{2\pi}\sin^2 t\mathrm{d}t=\dfrac{2}{3}\pi\cdot$

解法 2　利用对称性.

由于积分曲线方程中的变量 x,y,z 具有轮换对称性，即 3 个变量轮换位置，方程不变，故有

$$\oint_{\Gamma} x^2\mathrm{d}s=\oint_{\Gamma} y^2\mathrm{d}s=\oint_{\Gamma} z^2\mathrm{d}s,$$

因此

$$\oint_{\Gamma} y^2\mathrm{d}s=\frac{1}{3}\oint_{\Gamma}(x^2+y^2+z^2)\mathrm{d}s=\frac{1}{3}\oint_{\Gamma}\mathrm{d}s=\frac{1}{3}\cdot 2\pi=\frac{2}{3}\pi.$$

注　这里通过巧妙地利用轮换对称性，使计算大大简化，一般来讲，对于曲

线的方程, 若其坐标的位置完全平等（即将 x,y,z 轮换位置, 曲线方程的形式不变）, 则可以考虑轮换对称性. 另外, 对曲线积分, 若被积函数出现积分曲线方程的形式, 则将积分曲线方程代入被积函数中通常可以将积分化简.

例 9.8　设一段曲线 $y=\ln x$ $(0<a\leqslant x\leqslant b)$ 上任一点处的线密度的大小等于该点横坐标的平方, 求其质量 M.

解　依题意曲线的线密度为 $\rho=x^2$, 故所求质量为 $M=\int_L x^2\mathrm{d}s$, 其中 $L:y=\ln x$ $(0<a\leqslant x\leqslant b)$. 则 L 的参数方程为 $\begin{cases}x=x,\\ y=\ln x,\end{cases}$ $0<a\leqslant x\leqslant b$, 故

$$\mathrm{d}s=\sqrt{1+\left(\frac{\mathrm{d}y}{\mathrm{d}x}\right)^2}\mathrm{d}x=\sqrt{1+\frac{1}{x^2}}\mathrm{d}x=\frac{1}{x}\sqrt{1+x^2}\mathrm{d}x,$$

所以

$$M=\int_a^b\frac{x^2}{x}\sqrt{1+x^2}\mathrm{d}x=\left[\frac{1}{3}(1+x^2)^{\frac{3}{2}}\right]_a^b=\frac{1}{3}[(1+b^2)^{\frac{3}{2}}-(1+a^2)^{\frac{3}{2}}].$$

例 9.9　求八分之一球面 $x^2+y^2+z^2=1(x\geqslant 0,y\geqslant 0,z\geqslant 0)$ 的边界曲线的质心, 设曲线的密度 $\rho=1$.

分析　关于有质量的曲线的质心的计算, 可用第一类曲线积分来计算.

解　设曲线在 xOy,yOz,zOx 坐标平面内的弧段分别为 L_1, L_2, L_3, 曲线的质心坐标为 $(\overline{x},\overline{y},\overline{z})$, 则曲线的质量为 $M=\oint\limits_{L_1+L_2+L_3}\mathrm{d}s=3\int_{L_1}\mathrm{d}s=3\times\frac{2\pi R}{4}=\frac{3\pi R}{2}$. 由对称性可得质心坐标

$$\begin{aligned}\overline{x}=\overline{y}=\overline{z}&=\frac{1}{M}\oint\limits_{L_1+L_2+L_3}x\mathrm{d}s=\frac{1}{M}\left(\int_{L_1}x\mathrm{d}s+\int_{L_2}x\mathrm{d}s+\int_{L_3}x\mathrm{d}s\right)\\&=\frac{1}{M}\left(\int_{L_1}x\mathrm{d}s+0+\int_{L_3}x\mathrm{d}s\right)=\frac{2}{M}\int_{L_1}x\mathrm{d}s=\frac{2}{M}\int_0^R\frac{Rx\mathrm{d}x}{\sqrt{R^2-x^2}}=\frac{2R^2}{M}=\frac{4R}{3\pi}.\end{aligned}$$

故所求重心坐标为 $\left(\frac{4R}{3\pi},\frac{4R}{3\pi},\frac{4R}{3\pi}\right)$.

例 9.10　计算 $\int_L y^2\mathrm{d}x+x^2\mathrm{d}y$, 其中 L 是上半椭圆 $x=a\cos t,y=b\sin t$, 其方向为顺时针方向.

解　L 的参数方程: $x=a\cos t$, $y=a\sin t$, t: $\pi\to 0$,

所以

$$\begin{aligned}\int_L y^2\mathrm{d}x+x^2\mathrm{d}y&=\int_\pi^0[b^2\sin^2t\cdot(-a\sin t)+a^2\cos^2t\cdot b\cos t]\mathrm{d}t\\&=-ab^2\int_\pi^0\sin^3t\mathrm{d}t+a^2b\int_\pi^0\cos^3t\mathrm{d}t=\frac{4}{3}ab^2.\end{aligned}$$

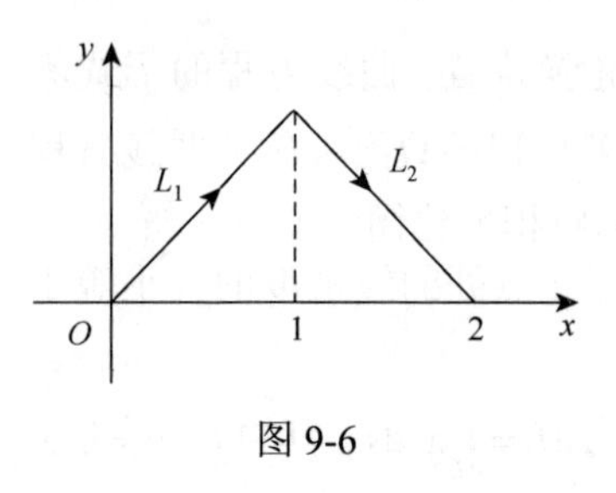

图 9-6

例 9.11 计算 $\int_L (x^2+y^2)\mathrm{d}x+(x^2-y^2)\mathrm{d}y$，其中 L 是曲线 $y=1-|1-x|$ 从对应于 $x=0$ 时的点到 $x=2$ 时的点的一段.

分析 由于曲线 L 是分段光滑的，所以先分别计算在每段光滑曲线的第二类曲线积分. 如图 9-6 所示，将积分分成两部分：

$$\int_L (x^2+y^2)\mathrm{d}x+(x^2-y^2)\mathrm{d}y=\int_{L_1}(x^2+y^2)\mathrm{d}x+(x^2-y^2)\mathrm{d}y$$
$$+\int_{L_2}(x^2+y^2)\mathrm{d}x+(x^2-y^2)\mathrm{d}y.$$

解法 1 L_1 的方程为 $y=x$，$x:0\to 1$，则有

$$\int_{L_1}(x^2+y^2)\mathrm{d}x+(x^2-y^2)\mathrm{d}y=\int_0^1 2x^2\mathrm{d}x=\frac{2}{3}.$$

L_2 的方程为 $y=2-x$，$x:1\to 2$，则

$$\int_{L_2}(x^2+y^2)\mathrm{d}x+(x^2-y^2)\mathrm{d}y$$
$$=\int_1^2[x^2+(2-x)^2]\mathrm{d}x+\int_1^2[x^2-(2-x)^2]\cdot(-1)\mathrm{d}x=\int_1^2 2(2-x)^2\mathrm{d}x=\frac{2}{3}$$

所以

$$\int_L (x^2+y^2)\mathrm{d}x+(x^2-y^2)\mathrm{d}y=\frac{4}{3}.$$

解法 2 以 y 为自变量，L_1 的方程为 $x=y$，$y:0\to 1$，则

$$\int_{L_1}(x^2+y^2)\mathrm{d}x+(x^2-y^2)\mathrm{d}y=\int_0^1 2y^2\mathrm{d}y=\frac{2}{3}.$$

L_2 的方程为 $x=2-y$, $y:1\to 0$. 由于 $\mathrm{d}x=-\mathrm{d}y$，故有

$$\int_{L_2}(x^2+y^2)\mathrm{d}x+(x^2-y^2)\mathrm{d}y=\int_1^0[-(2-y)^2-y^2+(2-y)^2-y^2]\mathrm{d}y=\int_1^0-2y^2\mathrm{d}y=\frac{2}{3},$$

所以

$$\int_L (x^2+y^2)\mathrm{d}x+(x^2-y^2)\mathrm{d}y=\frac{4}{3}.$$

注 将第二类曲线积分直接化为对参数变量的定积分时应当注意：

（1）当被积函数 P,Q 的形式较为简单，将积分曲线 L 的方程代入积分式计算定积分比较容易时，可直接计算.

（2）参变量的选取视积分曲线具体形式而定，积分下限与上限分别为积分路

径的起点与终点所对应的参数值，这与第一类曲线积分不同；当积分曲线分段光滑时，应分段积分，并注意各自选择适宜的参数变量作为积分变量.

例 9.12　计算 $\int_{\Gamma}(x+y+z)\mathrm{d}x$，其中 Γ 为曲线 $x=\cos t,\ y=\sin t,\ z=t$ 上从 $t=0$ 到 $t=\pi$ 一段.

分析　关于空间中的第二类曲线积分.

解

$$\begin{aligned}\int_{\Gamma}(x+y+z)\mathrm{d}x&=\int_0^{\pi}(\cos t+\sin t+t)(-\sin t)\mathrm{d}t\\&=\int_0^{\pi}(-\sin t\cos t-\sin^2 t-t\sin t)\mathrm{d}t\\&=\left[\frac{\cos 2t}{2}-\frac{t}{2}+\frac{\sin 2t}{4}+t\cos t-\sin t\right]_0^{\pi}=-\frac{3}{2}\pi.\end{aligned}$$

例 9.13　已知曲线 Γ 的方程为 $\begin{cases}z=\sqrt{2-x^2-y^2},\\ z=x,\end{cases}$ 起点为 $A(0,\sqrt{2},0)$，终点为 $B(0,-\sqrt{2},0)$，计算曲线积分 $I=\int_{\Gamma}(y+z)\mathrm{d}x+(z^2-x^2+y)\mathrm{d}y+(x^2+y^2)\mathrm{d}z$.

解　由于曲线 Γ（图 9-7）在 xOy 面上的投影为 $\begin{cases}x^2+\dfrac{y^2}{2}=1,\\ z=0,\end{cases}$ $x\geqslant 0,\ -\sqrt{2}\leqslant y\leqslant\sqrt{2}$，故曲线 Γ 的参数方程为

$$\begin{cases}x=\cos t,\\ y=\sqrt{2}\sin t,\\ z=\cos t,\end{cases}\quad t:\frac{\pi}{2}\to-\frac{\pi}{2},$$

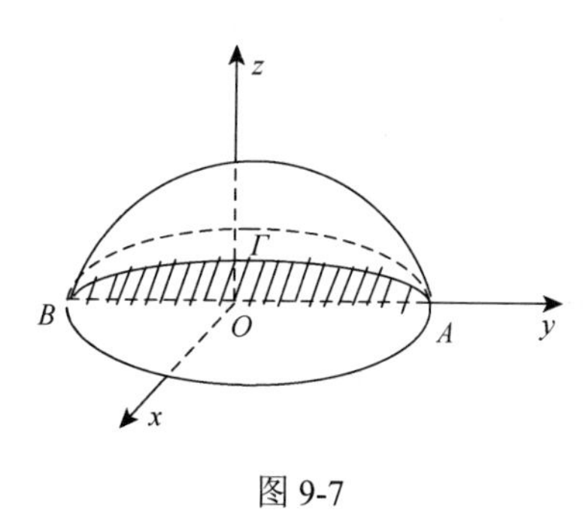

图 9-7

于是有

$$I=\int_{\frac{\pi}{2}}^{-\frac{\pi}{2}}[(\sqrt{2}\sin t+\cos t)(-\sin t)+(\cos^2 t-\cos^2 t+\sqrt{2}\sin t)\sqrt{2}\cos t+(\cos^2 t+2\sin^2 t)(-\sin t)]\mathrm{d}t$$

$$=\int_{-\frac{\pi}{2}}^{\frac{\pi}{2}}[\sqrt{2}\sin^2 t-\sin t\cos t+\sin t(1+\sin^2 t)]\mathrm{d}t=\int_{-\frac{\pi}{2}}^{\frac{\pi}{2}}\sqrt{2}\sin^2 t\mathrm{d}t=\frac{\sqrt{2}}{2}\pi.$$

例 9.14　计算 $\int_L y\mathrm{d}x+x\mathrm{d}y$，如图 9-8 所示，$L$ 是从点 $A(-a,0)$ 沿上半圆周 $x^2+y^2=a^2$ 到点 $B(a,0)$ 的一段弧.

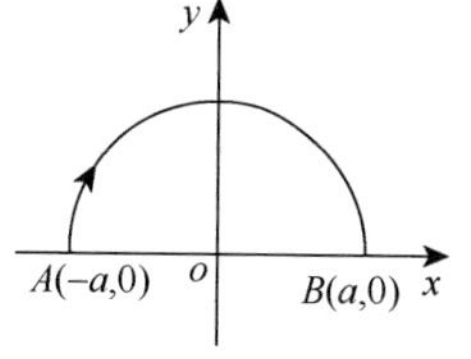

图 9-8

分析　关于第二类曲线积分的计算，与第一类曲线积分相似，也分 3 种，不同之处在于：第二类曲线积分中的曲线为有向的，因此化为定积分时，积分上、下限只与曲线的起点和终点有关，而与其大小无关.

解法 1　利用直角坐标计算. 记 L_1 为 $x^2+y^2=a^2$ 上从点

$C(0,a)$ 到点 $B(a,0)$ 的一段劣弧. 则

$$\int_L y\mathrm{d}x = \int_{-a}^{a}\sqrt{a^2-x^2}\,\mathrm{d}x = \frac{\pi}{2}a^2 \quad （定积分的几何意义）.$$

而

$$\int_L x\mathrm{d}y = 2\int_{L_1} x\mathrm{d}y = 2\int_a^0 \sqrt{a^2-y^2}\,\mathrm{d}y = -\frac{\pi}{2}a^2,$$

所以 $\int_L y\mathrm{d}x + x\mathrm{d}y = 0$.

解法 2 利用曲线的参数方程计算. L 的参数方程为：$x=a\cos\theta, y=a\sin\theta$，在起点 $A(-a,0)$ 处参数值取 π，在终点 $B(a,0)$ 处参数值相应取 0，故 θ 从 π 到 0. 则

$$\int_L y\mathrm{d}x + x\mathrm{d}y = \int_\pi^0 a\sin\theta\mathrm{d}(a\cos\theta) + a\cos\theta\mathrm{d}(a\sin\theta) = a^2\int_\pi^0 \cos 2\theta\mathrm{d}\theta = 0.$$

解法 3 设 $P=y, Q=x$，故 $\frac{\partial P}{\partial y} = \frac{\partial Q}{\partial x} = 1$，由曲线积分与积分路径无关得

$$\int_L y\mathrm{d}x + x\mathrm{d}y = \int_{\overline{AB}} y\mathrm{d}x + x\mathrm{d}y = 0, \text{其中 } \overline{AB}: y=0.$$

解法 4 利用格林公式. 设 $P=y, Q=x$，则有 $\frac{\partial P}{\partial y} = \frac{\partial Q}{\partial x} = 1$，由于积分路径不封闭，需要作辅助线 $\overline{BA}: y=0$，记 $\overline{BA}$ 与 L 所围成的闭区域为 D，得

$$\begin{aligned}\int_L y\mathrm{d}x + x\mathrm{d}y &= \int_{L+\overline{BA}} y\mathrm{d}x + x\mathrm{d}y - \int_{\overline{BA}} y\mathrm{d}x + x\mathrm{d}y \\ &= \iint_D 0\mathrm{d}\sigma + \int_{\overline{AB}} y\mathrm{d}x + x\mathrm{d}y = 0.\end{aligned}$$

注 1 当积分曲线 L 关于某个坐标轴对称时，可以考虑采用对称性来计算第二类曲线分. 一般地，有以下的结论：

若曲线 L 关于 x 轴对称，记 L_1 是 L 的 $y \geqslant 0$ 的部分，$f(x,y)$ 在 L 上连续，则

（1）$\int_L f(x,y)\mathrm{d}x = 2\int_{L_1} f(x,y)\mathrm{d}x$（若 $f(x,y)$ 是关于 y 的奇函数）.

（2）$\int_L f(x,y)\mathrm{d}x = 0$（若 $f(x,y)$ 是关于 y 的偶函数）.

若曲线 L 关于 y 轴对称，记 L_1 是 L 的 $x \geqslant 0$ 的部分，$f(x,y)$ 在 L 上连续，则

（1）$\int_L f(x,y)\mathrm{d}y = 2\int_{L_1} f(x,y)\mathrm{d}y$（若 $f(x,y)$ 是关于 x 的奇函数）.

（2）$\int_L f(x,y)\mathrm{d}y = 0$（若 $f(x,y)$ 是关于 x 的偶函数）.

注 2 利用格林公式计算第二类曲线积分 $\int_L P\mathrm{d}x + Q\mathrm{d}y$ 时，应注意以下几点：

（1）$\frac{\partial P}{\partial y}, \frac{\partial Q}{\partial x}$ 在区域 G 内连续，闭区域 D 的边界曲线 L 应取正向.

（2）若 L 为非封闭曲线，直接计算又较困难，可添加辅助线 G 使 $L+C$ 为封闭

曲线，然后使用格林公式，若 $L+C$ 的方向为负向，格林公式中二重积分前要加负号，并注意 $\int_L=\oint_{L+C}-\int_C$ ，同时注意补上的曲线要便于积分的计算.

（3）若 $\dfrac{\partial P}{\partial y},\dfrac{\partial Q}{\partial x}$ 在 D 中某点 (x_0,y_0) 不连续，要通过添加辅助曲线 G 挖去 (x_0,y_0) 后再使用格林公式，并要注意 C 的方向的选取.

（4）在曲线积分中，可将 L 的表达式代入被积表达式，但是使用格林公式将曲线积分化为二重积分后，在 D 内的点 (x,y) 已不再满足 L 的方程，不应再将 L 的表达式代入二重积分的被积表达式.

例 9.15　计算 $\int_L y\mathrm{d}x+(\sqrt[3]{\sin y}-x)\mathrm{d}y$，如图 9-9 所示，$L$ 是依次连接 $A(-1,0)$, $B(2,1)$, $C(1,0)$ 的折线段.

分析　若将直线 $\overline{AB}$ 和 $\overline{BC}$ 的方程写出，代入积分式直接计算则比较麻烦，所以考虑用格林公式计算，但是 L 不是封闭曲线，须添加辅助线段 $\overline{CA}$ 使曲线封闭，并注意封闭折线 $\overline{ABCA}$ 的方向为负向，应用格林公式时在二重积分前要添加负号.

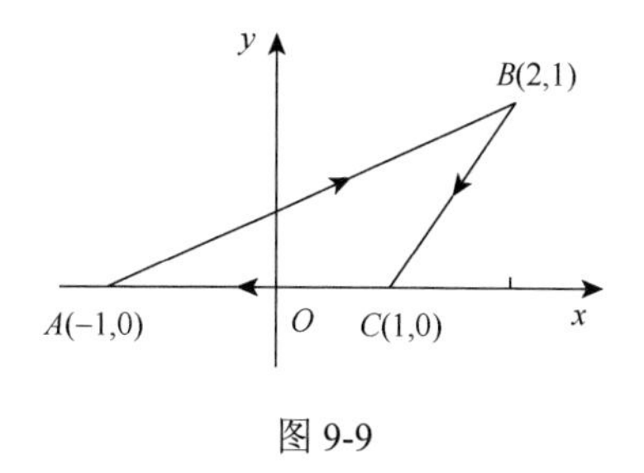

图 9-9

解　令 $P(x,y)=y$，$Q(x,y)=\sqrt[3]{\sin y}-x$，则 $\dfrac{\partial Q}{\partial x}-\dfrac{\partial P}{\partial y}=-1-1=-2$，并且线段 $\overline{CA}: y=0$，x 由 1 变化到−1，故有

$$
\begin{aligned}
&\int_L y\mathrm{d}x+\left(\sqrt[3]{\sin y}-x\right)\mathrm{d}y\\
&=\oint_{\overline{ABCA}} y\mathrm{d}x+\left(\sqrt[3]{\sin y}-x\right)\mathrm{d}y-\int_{\overline{CA}} y\mathrm{d}x+\left(\sqrt[3]{\sin y}-x\right)\mathrm{d}y\\
&=-\iint_D(-2)\mathrm{d}x\mathrm{d}y-\int_1^{-1}0\cdot\mathrm{d}x=2\iint_D\mathrm{d}x\mathrm{d}y=2\,.
\end{aligned}
$$

其中 D 为 $\overline{ABCA}$ 所围成的闭区域.

例 9.16　计算 $\oint_L\dfrac{x\mathrm{d}y-y\mathrm{d}x}{x^2+y^2}$，其中 L 为椭圆周 $x^2+y^2=1$，取逆时针方向（图 9-10）.

分析　此题可以直接计算，也可应用格林公式，但是应注意格林公式应用的条件.

解法 1　直接计算，L 的参数方程为：$x=\cos\theta$，$y=\sin\theta$，θ 从 0 到 2π，则

$$
\oint_L\frac{x\mathrm{d}y-y\mathrm{d}x}{x^2+y^2}=\int_0^{2\pi}\frac{\cos^2\theta+\sin^2\theta}{\cos^2\theta+\sin^2\theta}\mathrm{d}\theta=\int_0^{2\pi}\mathrm{d}\theta=2\pi\,.
$$

解法 2　用格林公式.

令 $P(x,y)=\dfrac{-y}{x^2+y^2}$，$Q(x,y)=\dfrac{x}{x^2+y^2}$，则当 $(x,y)\neq(0,0)$ 时，$\dfrac{\partial P}{\partial y}=\dfrac{\partial Q}{\partial x}=\dfrac{y^2-x^2}{(x^2+y^2)^2}$，但积分曲线 L 所围区域包含点 $(0,0)$，$P(x,y),Q(x,y)$ 在该点不具有连续的偏导数，因此不能直接应用格林公式计算，注意积分变量 x，y 满足 $x^2+y^2=1$，故可将积分中的分母去掉，然后再用格林公式计算.设 L 所围成的有界闭区域为 D，于是

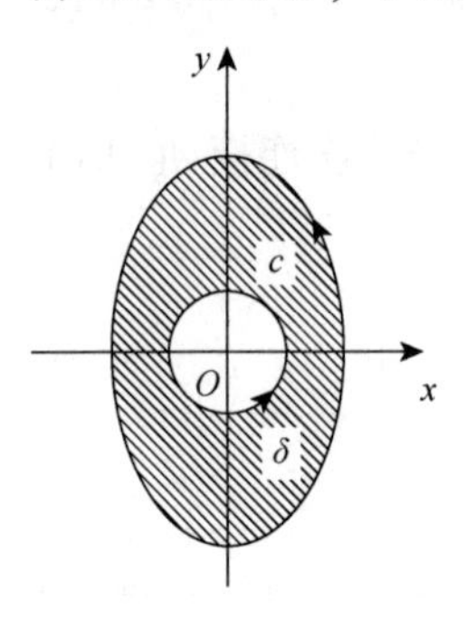

图 9-10

$$\oint_L \frac{x\mathrm{d}y-y\mathrm{d}x}{x^2+y^2}=\oint_L x\mathrm{d}y-y\mathrm{d}x$$
$$=\iint_D[1-(-1)]\mathrm{d}x\mathrm{d}y=2\iint_D\mathrm{d}x\mathrm{d}y=2\pi.$$

例 9.17　验证曲线积分 $\int_{(0,0)}^{(1,1)}(x-y)(\mathrm{d}x-\mathrm{d}y)$ 与路径无关，并求其值.

解　令 $P(x,y)=x-y$，$Q(x,y)=-(x-y)$，$\dfrac{\partial Q}{\partial x}=\dfrac{\partial P}{\partial y}=-1$，故积分与路径无关，取折线 $(0,0)\to((1,0)\to(1,1)$ 得

$$\int_{(0,0)}^{(1,1)}(x-y)(\mathrm{d}x-\mathrm{d}y)=\int_0^1 x\mathrm{d}x+\int_0^1-(1-y)\mathrm{d}y$$
$$=\frac{1}{2}-\frac{1}{2}=0.$$

例 9.18　验证在全平面上，$\mathrm{e}^x(1+\sin y)\mathrm{d}x+(\mathrm{e}^x+2\sin y)\cos y\mathrm{d}y$ 是全微分，并求出它的一个原函数.

解　令 $P(x,y)=\mathrm{e}^x(1+\sin y)$，$Q(x,y)=(\mathrm{e}^x+2\sin y)\cos y$，则在全平面上有 $\dfrac{\partial Q}{\partial x}=\dfrac{\partial P}{\partial y}=\mathrm{e}^x\cos y$，满足全微分存在定理的条件，故在全平面上，

$$\mathrm{e}^x(1+\sin y)\mathrm{d}x+(\mathrm{e}^x+2\sin y)\cos y\mathrm{d}y$$

是全微分.

下面用 3 种方法来求原函数.

解法 1　运用曲线积分公式，为了计算简单，如图 9-11 所示，可取定点 $O(0,0)$，动点 $A(x,0)$ 与 $M(x,y)$，于是原函数为

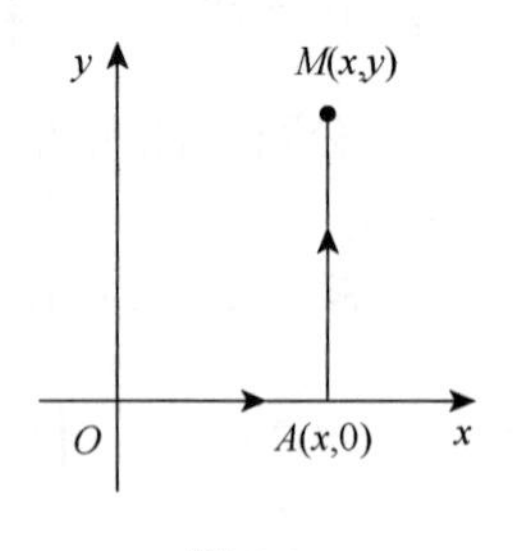

图 9-11

$$u(x,y)=\int_{(0,0)}^{(x,y)}\mathrm{e}^x(1+\sin y)\mathrm{d}x+(\mathrm{e}^x+2\sin y)\cos y\mathrm{d}y.$$

取路径：$\overline{OA}+\overline{AM}$，得

$$u(x,y)=\int_0^x\mathrm{e}^x(1+0)\mathrm{d}x+\int_0^y(\mathrm{e}^x+2\sin y)\cos y\mathrm{d}y$$

$$=e^x-1+e^x\sin y+\sin^2 y.$$

解法 2　从定义出发，设原函数为$u(x,y)$，则有$\dfrac{\partial u}{\partial x}=P(x,y)=e^x(1+\sin y)$，两边对$x$积分（$y$此时看作参数），得

$$u(x,y)=e^x(1+\sin y)+g(y) \tag{9-1}$$

待定函数$g(y)$作为对x积分时的任意常数，上式两边对y求偏导，又$\dfrac{\partial u}{\partial y}=Q(x,y)$，于是

$$e^x\cos y+g'(y)=(e^x+2\sin y)\cos y,$$

即$g'(y)=2\sin y\cos y$，从而$g(y)=\sin^2 y+C$（C为任意常数），代入式（9-1），得原函数$u(x,y)=e^x+e^x\sin y+\sin^2 y+C$.

解法 3　凑微分.

$$\begin{aligned}&e^x(1+\sin y)dx+(e^x+2\sin y)\cos ydy\\&=e^xdx+(e^x\sin ydx+e^x\cos ydy)+2\sin y\cos ydy\\&=de^x+d(e^x\sin y)+d(\sin^2 y)=d(e^x+e^x\sin y+\sin^2 y),\end{aligned}$$

故原函数为$u(x,y)=e^x+e^x\sin y+\sin^2 y+C$.

注 1　当积分与路径无关时，在选取路径时应使得计算简便.

注 2　$u(x,y)$不惟一，但它们之间相差一个常数.

例 9.19（98 研）　确定常数λ，使在右半平面$x>0$上的向量

$$\boldsymbol{A}(x,y)=2xy(x^4+y^2)^\lambda\boldsymbol{i}-x^2(x^4+y^2)^\lambda\boldsymbol{j}$$

为某二元函数$u(x,y)$的梯度，并求$u(x,y)$.

分析　平面单连通区域内向量场$\boldsymbol{A}(x,y)=P(x,y)\boldsymbol{i}+Q(x,y)\boldsymbol{j}$为某二元函数的梯度的充要条件是$\dfrac{\partial Q}{\partial x}=\dfrac{\partial P}{\partial y}$，由此可确定$\lambda$.然后，由曲线积分$\int_{(x_0,y_0)}^{(x,y)}P(x,y)dx+Q(x,y)dy$与路径无关即可求出$u(x,y)$.

解　由梯度定义$\textbf{grad}\,u(x,y)=\dfrac{\partial u}{\partial x}\boldsymbol{i}+\dfrac{\partial u}{\partial y}\boldsymbol{j}=\boldsymbol{A}(x,y)=P(x,y)\boldsymbol{i}+Q(x,y)\boldsymbol{j}$，其中

$$P=\frac{\partial u}{\partial x}=2xy(x^4+y^2)^\lambda,\ Q=\frac{\partial u}{\partial y}=-x^2(x^4+y^2)^\lambda,$$

而

$$\begin{aligned}\frac{\partial Q}{\partial x}&=-2x(x^4+y^2)^\lambda-\lambda x^2(x^4+y^2)^{\lambda-1}\cdot 4x^3,\\\frac{\partial P}{\partial y}&=2x(x^4+y^2)^\lambda+2\lambda xy(x^4+y^2)^{\lambda-1}\cdot 2y.\end{aligned}$$

$\boldsymbol{A}(x,y)$为$u(x,y)$的梯度.即$Pdx+Qdy$在$x>0$时存在原函数$u(x,y)$，故$\dfrac{\partial Q}{\partial x}=\dfrac{\partial P}{\partial y}$，

由此可得 $4x(x^4+y^2)(\lambda+1)=0$，可见当且仅当 $\lambda=-1$ 时，所给向量 $\boldsymbol{A}(x,y)$ 为 u 的梯度. 又由于 $P\mathrm{d}x+Q\mathrm{d}y=du$，于是曲线积分 $\int_{(x_0,y_0)}^{(x,y)}P(x,y)\mathrm{d}x+Q(x,y)\mathrm{d}y$ 与路径无关，故

$$\begin{aligned}u(x,y)&=\int_{(x_0,y_0)}^{(x,y)}P(x,y)\mathrm{d}x+Q(x,y)\mathrm{d}y+C\\&=\int_{(1,0)}^{(x,y)}P\mathrm{d}x+Q\mathrm{d}y+C\\&=\int_{(1,0)}^{(x,y)}(2xy\mathrm{d}x-x^2\mathrm{d}y)(x^4+y^2)^{-1}+C\\&=\int_1^x\frac{2x\cdot 0}{x^4+0^2}\mathrm{d}x-\int_0^y\frac{x^2\mathrm{d}y}{x^4+y^2}+C=-\arctan\frac{y}{x^2}+C.\end{aligned}$$

注　本题实质上是平面单连通区域内曲线积分与路径无关的题目，不过以梯度的形式考察.

例 9.20　试求由星形线 $x=a\cos^3 t, y=a\sin^3 t$ 所围成图形的面积.

分析　这是一道求平面图形的面积的题目，可用定积分计算，也可用二重积分计算，也可用曲线积分计算，下面用二重积分来计算，进一步利用格林公式，将重积分转化为曲线积分来计算.

解　由格林公式可知

$$\begin{aligned}A&=\iint_D\mathrm{d}x\mathrm{d}y=\frac{1}{2}\oint_L x\mathrm{d}y-y\mathrm{d}x\\&=\frac{1}{2}\int_0^{2\pi}[a\cos^3 t\cdot 3a\sin^2 t\cos t-a\sin^3 t\cdot 3a\cos^2 t\cdot(-\sin t)]\mathrm{d}t\\&=\frac{3a^2}{2}\int_0^{2\pi}\sin^2 t\cos^2 t\mathrm{d}t=\frac{3a^2}{8}\int_0^{2\pi}\sin^2 2t\mathrm{d}t=\frac{3a^2}{8}\left[\frac{t}{2}-\frac{1}{8}\sin 4t\right]_0^{2\pi}=\frac{3}{8}\pi a^2.\end{aligned}$$

注　由格林公式可知，要使 $\iint_D\left(\frac{\partial Q}{\partial x}-\frac{\partial P}{\partial y}\right)\mathrm{d}x\mathrm{d}y=\oint_C P\mathrm{d}x+Q\mathrm{d}y$ 表示曲线 C 所围区域 D 的面积时，只要选取适当的 P 和 Q，使 $\frac{\partial Q}{\partial x}-\frac{\partial P}{\partial y}$ 为非零常数即可.

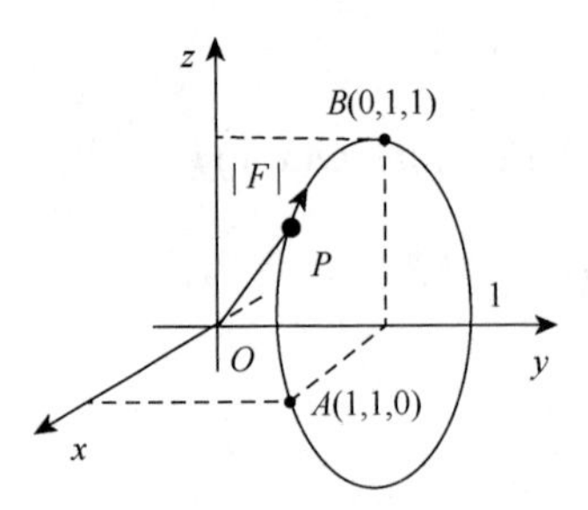

图 9-12

例 9.21　设有一力场，场力的大小与作用点 P 到 z 轴的距离成反比，方向垂直指向 z 轴，如图 9-12 所示，试求一质点沿圆周 $x=\cos t, y=1, z=\sin t$ 从点 $A(1,1,0)$ 沿 t 增长的方向移动到点 $B(0,1,1)$ 所做的功.

分析　变力沿曲线做功，可通过第二类曲线积分求得，将变力 $\boldsymbol{F}$ 表示为向量的形式：$\boldsymbol{F}=\{F_x,F_y,F_z\}$，确定曲线 L 的方向，则功 $W=\int_L F_x\mathrm{d}x+F_y\mathrm{d}y+F_z\mathrm{d}z$. 若为平面曲线，计算方法类似.

解　依题意可知, 点 P 所受的力 $\boldsymbol{F}$ 的大小为: $|\boldsymbol{F}|=\dfrac{k}{\sqrt{x^2+y^2}}$, 其中 k 为常数, $\boldsymbol{F}$ 的方向为 $\{-x,-y,0\}$, 将此向量单位化, 得

$$\boldsymbol{F}^0=\left\{-\frac{x}{\sqrt{x^2+y^2}},-\frac{y}{\sqrt{x^2+y^2}},0\right\},\quad \boldsymbol{F}=|\boldsymbol{F}|\boldsymbol{F}^0=-\frac{k}{x^2+y^2}\{x,y,0\}.$$

$$W=\int_L-\frac{k}{x^2+y^2}(x\mathrm{d}x+y\mathrm{d}y)=-k\int_0^{\frac{\pi}{2}}\frac{-\cos t\sin t}{1+\cos^2 t}\mathrm{d}t$$

$$=-\frac{k}{2}\int_0^{\frac{\pi}{2}}\frac{\mathrm{d}\cos^2 t}{1+\cos^2 t}=-\frac{k}{2}\Big[\ln(1+\cos^2 t)\Big]_0^{\frac{\pi}{2}}=\frac{k}{2}\ln 2.$$

例 9.22　求曲面积分 $I=\iint\limits_{\Sigma}\left(x+\dfrac{3y}{2}+\dfrac{z}{2}\right)\mathrm{d}S$, 其中 Σ 为平面 $\dfrac{x}{2}+\dfrac{y}{3}+\dfrac{z}{4}=1$ 在第一卦限的部分, 如图 9-13 所示.

分析　这是一道计算第一类曲面积分的基本题. 要把第一类曲面积分化为二重积分, 首先要求出曲面 Σ 在 xOy 平面 (或 yOz 平面, zOx 平面) 上的投影区域 D, 再根据 Σ 的方程确定面积元素 $\mathrm{d}S$. 最后由区域 D 定出二重积分化为二次积分的上、下限. 一般地, 若光滑曲面 Σ 的方程为 $z=z(x,y)$, Σ 在平面 xOy 上的投影为 D_{xy}, 并且 $f(x,y,z)$ 在 Σ 上连续, 则

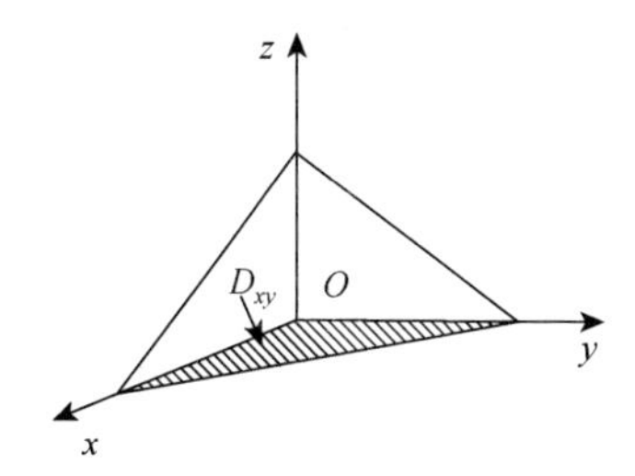

图 9-13

$$\iint\limits_{\Sigma}f(x,y,z)\mathrm{d}S=\iint\limits_{D_{xy}}f[x,y,z(x,y)]\sqrt{1+\left(\frac{\partial z}{\partial x}\right)^2+\left(\frac{\partial z}{\partial y}\right)^2}\mathrm{d}x\mathrm{d}y.$$

解　将曲面的方程改写为 $\Sigma: z=4\left(1-\dfrac{x}{2}-\dfrac{y}{3}\right)$, 则

$$\frac{\partial z}{\partial x}=-2,\quad \frac{\partial z}{\partial y}=-\frac{4}{3},$$

从而

$$\mathrm{d}S=\sqrt{1+\left(\frac{\partial z}{\partial x}\right)^2+\left(\frac{\partial z}{\partial y}\right)^2}\mathrm{d}x\mathrm{d}y=\frac{\sqrt{61}}{3}\mathrm{d}x\mathrm{d}y,$$

Σ 在 xOy 上的投影区域为 $D_{xy}=\left\{(x,y)\,|\,0\leqslant x\leqslant 2, 0\leqslant y\leqslant 3-\dfrac{3}{2}x\right\}$, 故

$$I=\iint\limits_{\Sigma}\left(x+\frac{3y}{2}+\frac{z}{2}\right)\mathrm{d}S=\iint\limits_{D_{xy}}\left[x+\frac{3}{2}y+2\left(1-\frac{x}{2}-\frac{y}{3}\right)\right]\frac{\sqrt{61}}{3}\mathrm{d}x\mathrm{d}y$$

$$=\frac{\sqrt{61}}{3}\int_0^2 dx\int_0^{3-\frac{3}{2}x}\left(2-\frac{5}{6}y\right)dy=\frac{7\sqrt{61}}{6}.$$

例 9.23　算曲面积分 $\iint\limits_{\Sigma}(x^2+y^2+z^2)dS$，其中 Σ 为 $x^2+y^2+z^2=a^2$ 的上半球面.

解　将曲面的方程改写为 $\Sigma: z=\sqrt{a^2-x^2-y^2}$，则

$$\frac{\partial z}{\partial x}=\frac{-x}{\sqrt{a^2-x^2-y^2}},\ \frac{\partial z}{\partial y}=\frac{-y}{\sqrt{a^2-x^2-y^2}},$$

从而

$$dS=\sqrt{1+\left(\frac{\partial z}{\partial x}\right)^2+\left(\frac{\partial z}{\partial y}\right)^2}dxdy=\frac{a}{\sqrt{a^2-x^2-y^2}}dxdy,$$

又 Σ 在 xOy 上的投影区域为 $D_{xy}=\{(x,y)\,|\,x^2+y^2\leqslant a^2,x\geqslant 0,y\geqslant 0\}$，所以

$$\iint\limits_{\Sigma}(x^2+y^2+z^2)dS=\iint\limits_{D_{xy}}\frac{a^3}{\sqrt{a^2-x^2-y^2}}dxdy$$

$$=\int_0^{\frac{\pi}{2}}d\theta\int_0^a\frac{a^3}{\sqrt{a^2-r^2}}rdr=\frac{\pi}{2}a^4.$$

例 9.24　计算曲面积分 $\iint\limits_{\Sigma}\frac{1}{x^2+y^2+z^2}dS$，其中 Σ 是介于平面 $z=0$ 及 $z=H$ 之间的圆柱面 $x^2+y^2=R^2$.

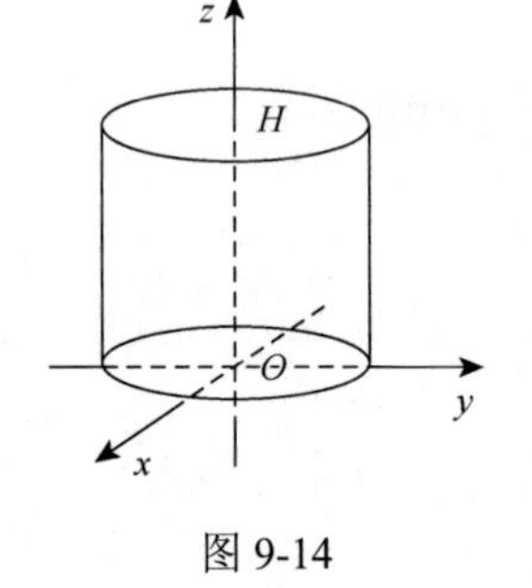

图 9-14

分析　由于柱面 Σ 在 xOy 坐标面上的投影为一条曲线，不能构成区域，即投影区域的面积等于零，所以 Σ 不能投影到 xOy 平面上，故考虑投影到 yOz 平面上或投影到 zOx 平面上，如图 9-14 所示.

解法 1　由于曲面 Σ 的方程可以写成

$$x=\pm\sqrt{R^2-y^2}\,(0\leqslant z\leqslant H),$$

所以考虑将曲面 Σ 向 yOz 平面投影，则 Σ 是由两片曲面 $\Sigma_1: x=\sqrt{R^2-y^2}\,(0\leqslant z\leqslant H)$ 和 $\Sigma_2: x=-\sqrt{R^2-y^2}\,(0\leqslant z\leqslant H)$ 组成，曲面 Σ_1 和 Σ_2 在 yOz 面上的投影区域均为 $D_{xz}: -R\leqslant y\leqslant R, 0\leqslant z\leqslant H$.

在 Σ_1 上：$\frac{\partial x}{\partial z}=0$，$\frac{\partial x}{\partial y}=\frac{-y}{\sqrt{R^2-y^2}}$；

在 Σ_2 上：$\frac{\partial x}{\partial z}=0$，$\frac{\partial x}{\partial y}=\frac{y}{\sqrt{R^2-y^2}}$.

因此 $\sqrt{1+\left(\dfrac{\partial x}{\partial y}\right)^2+\left(\dfrac{\partial x}{\partial z}\right)^2}=\sqrt{1+\dfrac{y^2}{R^2-y^2}}=\dfrac{R}{\sqrt{R^2-y^2}}$．又因为在 Σ_1 和 Σ_2 上，均有

$$x^2+y^2+z^2=R^2+z^2,$$

故

$$\begin{aligned}\iint_\Sigma \frac{1}{x^2+y^2+z^2}\mathrm{d}S&=\iint_\Sigma \frac{1}{R^2+z^2}\mathrm{d}S=\iint_{\Sigma_1}\frac{1}{R^2+z^2}\mathrm{d}S+\iint_{\Sigma_2}\frac{1}{R^2+z^2}\mathrm{d}S\\&=\iint_{D_{yz}}\frac{1}{R^2+z^2}\cdot\frac{R}{\sqrt{R^2-y^2}}\mathrm{d}y\mathrm{d}z+\iint_{D_{yz}}\frac{1}{R^2+z^2}\cdot\frac{R}{\sqrt{R^2-y^2}}\mathrm{d}y\mathrm{d}z\\&=2\iint_{D_{yz}}\frac{1}{R^2+z^2}\cdot\frac{R}{\sqrt{R^2-y^2}}\mathrm{d}y\mathrm{d}z=2R\int_0^H\frac{\mathrm{d}z}{R^2+z^2}\cdot\int_{-R}^R\frac{\mathrm{d}y}{\sqrt{R^2-y^2}}\\&=4\left[\arctan\frac{z}{R}\right]_0^H\cdot\int_0^R\frac{\mathrm{d}y}{\sqrt{R^2-y^2}}=4\arctan\frac{H}{R}\cdot\lim_{\varepsilon\to0^+}\int_0^{R-\varepsilon}\frac{\mathrm{d}y}{\sqrt{R^2-y^2}}\\&=4\arctan\frac{H}{R}\cdot\lim_{\varepsilon\to0^+}\left[\arcsin\frac{y}{R}\right]_0^{R-\varepsilon}=2\pi\arctan\frac{H}{R}.\end{aligned}$$

解法 2　由于曲面 Σ 的方程可以写成 $y=\pm\sqrt{R^2-x^2}\,(0\leqslant z\leqslant H)$．所以考虑将曲面 Σ 向 xOz 平面投影，则 Σ 是由两部分曲面 $\Sigma_1: y=\sqrt{R^2-x^2}\,(0\leqslant z\leqslant H)$ 和 $\Sigma_2: y=-\sqrt{R^2-x^2}\,(0\leqslant z\leqslant H)$ 组成．曲面 Σ_1 和 Σ_2 在 xOz 面上的投影区域均为 $D_{xz}:-R\leqslant x\leqslant R, 0\leqslant z\leqslant H$．

在 Σ_1 上：$\dfrac{\partial y}{\partial z}=0$，$\dfrac{\partial y}{\partial x}=\dfrac{-x}{\sqrt{R^2-x^2}}$；

在 Σ_2 上：$\dfrac{\partial y}{\partial z}=0$，$\dfrac{\partial y}{\partial x}=\dfrac{x}{\sqrt{R^2-x^2}}$．

因此 $\sqrt{1+\left(\dfrac{\partial y}{\partial x}\right)^2+\left(\dfrac{\partial y}{\partial z}\right)^2}=\sqrt{1+\dfrac{x^2}{R^2-x^2}}=\dfrac{R}{\sqrt{R^2-x^2}}$．又因为在 Σ_1 和 Σ_2 上，均有

$$x^2+y^2+z^2=R^2+z^2,$$

故 $\displaystyle\iint_\Sigma \frac{1}{x^2+y^2+z^2}\mathrm{d}S=\iint_\Sigma \frac{1}{R^2+z^2}\mathrm{d}S=\iint_{\Sigma_1}\frac{1}{R^2+z^2}\mathrm{d}S+\iint_{\Sigma_2}\frac{1}{R^2+z^2}\mathrm{d}S=2\pi\arctan\frac{H}{R}$.

解法 3　利用奇偶对称性，因为曲面 Σ 关于 xOz 坐标平面对称，并且被积函数 $f(x,y,z)=\dfrac{1}{x^2+y^2+z^2}$ 是关于 y 的偶函数，故有

$$\iint_\Sigma \frac{1}{x^2+y^2+z^2}\mathrm{d}S=2\iint_{\Sigma_1}\frac{1}{x^2+y^2+z^2}\mathrm{d}S=2\pi\arctan\frac{H}{R}$$（计算过程请参考解法 1）

其中 Σ_1 是 Σ 的 $y \geqslant 0$ 的部分，即 Σ_1 是 Σ 的右半部分.

错误解答　柱面 Σ 在 xOy 坐标面上的投影为一条曲线，不能构成区域，即投影区域的面积等于零，所以积分 $\iint\limits_{\Sigma} \dfrac{1}{x^2+y^2+z^2} \mathrm{d}S = 0$.

错解分析　这个结论是错误的，事实上，对于这类曲面积分的计算，首先要看曲面在哪个坐标面的投影区域的面积不为零，其次再用相应的公式进行计算，就可以得出正确的结果.

注　(1) 计算第一类曲面积分时，积分曲面投影到哪个坐标面，要根据积分曲面方程的表达式来确定. 一般地，Σ 投影到坐标面 xOy 时，Σ 的方程应写为 $z = f(x,y)$ 的形式；Σ 投影到 yOz（或 xOz）坐标面时，Σ 的方程应写为 $x = g(y,z)$（或 $y = h(x,z)$）的形式. 如果曲面 Σ 可以同时表示成 $x = x(y,z)$，$y = y(x,z)$，$z = z(x,y)$，可以将曲面 Σ 向任何一个坐标平面投影，那么第一类曲面积分都可化为二重积分计算. 但到底选择哪个坐标平面，首先选择 Σ 在坐标面上的投影区域越简单越好，其次要使 Σ 的方程代入被积函数后所得函数较简便，使二重积分易于计算.

(2) 当 Σ 是母线平行于坐标轴的柱面时，不能将 Σ 向垂直于母线的坐标面投影，例如，本例中就不能向 xOy 面投影，因为 Σ 的方程不能写成 $z = z(x,y)$ 的形式，从几何上看，Σ 在 xOy 面上的投影是曲线（圆周），不能形成区域.

(3) 当 Σ 的方程不是单值函数时，要将曲面分成两个单值函数表示的曲面分别进行计算，然后再相加.

例 9.25　计算 $\iint\limits_{\Sigma} (xy + yx + zx) \mathrm{d}S$，其中 Σ 是圆锥面 $z = \sqrt{x^2+y^2}$ 被柱面 $x^2 + y^2 = 2ax$ 所截得的部分.

分析　本题可以将 Σ 投影在坐标面 xOy，然后直接计算；又由于积分曲面 Σ 关于 zOx 面对称，也可考虑利用对称性来计算.

解法 1　直接计算.

如图 9-15 所示，Σ 在坐标面 xOy 上的投影区域 D_{xy} 为：$x^2 + y^2 \leqslant 2ax$. 因为

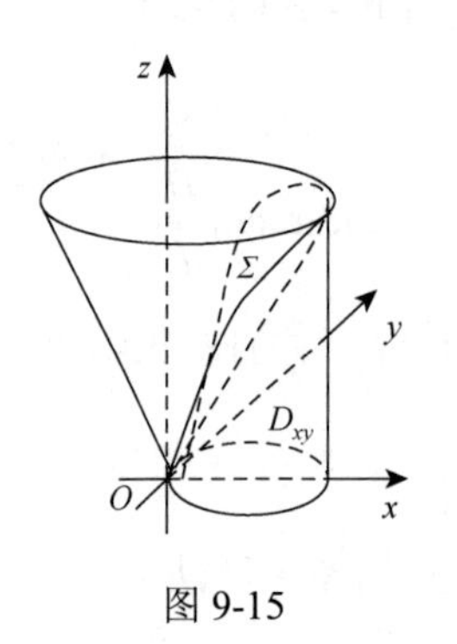

图 9-15

$z_x = \dfrac{x}{\sqrt{x^2+y^2}}, z_y = \dfrac{y}{\sqrt{x^2+y^2}}$，所以

$$\iint\limits_{\Sigma} (xy + yz + zx) \mathrm{d}S = \iint\limits_{D_{xy}} \left(xy + y\sqrt{x^2+y^2} + x\sqrt{x^2+y^2} \right) \sqrt{2} \mathrm{d}x\mathrm{d}y,$$

$$\sqrt{1 + z_x^2 + z_y^2} = \sqrt{1 + \frac{x^2}{x^2+y^2} + \frac{y^2}{x^2+y^2}} = \sqrt{2},$$

在极坐标系下 D_{xy} 为：$0 \leqslant r \leqslant 2a\cos\theta, -\dfrac{\pi}{2} \leqslant \theta \leqslant \dfrac{\pi}{2}$，故

$$\iint_{\Sigma}(xy+yz+zx)\mathrm{d}S=\sqrt{2}\iint_{D_{xy}}\left[xy+(x+y)\sqrt{x^2+y^2}\right]\mathrm{d}x\mathrm{d}y$$

$$=\sqrt{2}\int_{-\frac{\pi}{2}}^{\frac{\pi}{2}}\mathrm{d}\theta\int_0^{2a\cos\theta}[r^2\cos\theta\sin\theta+r^2(\cos\theta+\sin\theta)]\,r\mathrm{d}r$$

$$=\sqrt{2}\int_{-\frac{\pi}{2}}^{\frac{\pi}{2}}(\cos\theta\sin\theta+\cos\theta+\sin\theta)\cdot\frac{(2a\cos\theta)^4}{4}\mathrm{d}\theta$$

$$=8\sqrt{2}a^4\int_0^{\frac{\pi}{2}}\cos^5\theta\,\mathrm{d}\theta=8\sqrt{2}a^4\cdot\frac{4}{5}\cdot\frac{2}{3}=\frac{64}{15}\sqrt{2}a^4.$$

解法 2　利用奇偶对称性.

因为曲面 Σ 关于 zOx 面对称，并且被积函数 xy 和 yz 关于 y 是奇函数，故

$$\iint_{\Sigma}xy\mathrm{d}S=\iint_{\Sigma}yz\mathrm{d}S=0,$$

因此 $\iint_{\Sigma}(xy+yx+zx)\mathrm{d}S=\iint_{\Sigma}xz\mathrm{d}S$，为了计算 $\iint_{\Sigma}xz\mathrm{d}S$，将 Σ 向 xOy 面投影，投影区域为 D_{xy}，在极坐标系下可以表示为：$0\leqslant r\leqslant 2a\cos\theta\left(-\frac{\pi}{2}\leqslant\theta\leqslant\frac{\pi}{2}\right)$，于是

$$\iint_{\Sigma}xz\mathrm{d}S=\iint_{D_{xy}}x\sqrt{x^2+y^2}\sqrt{2}\mathrm{d}x\mathrm{d}y=\sqrt{2}\int_{-\frac{\pi}{2}}^{\frac{\pi}{2}}\mathrm{d}\theta\int_0^{2a\cos\theta}r^3\cos\theta\mathrm{d}r$$

$$=4\sqrt{2}a^4\int_{-\frac{\pi}{2}}^{\frac{\pi}{2}}\cos^5\theta\mathrm{d}\theta=8\sqrt{2}a^4\int_0^{\frac{\pi}{2}}\cos^5\theta\mathrm{d}\theta=\frac{64\sqrt{2}}{15}a^4.$$

所以

$$\iint_{\Sigma}(xy+yx+zx)\mathrm{d}S=\iint_{\Sigma}xy\mathrm{d}S+\iint_{\Sigma}yz\mathrm{d}S+\iint_{\Sigma}xz\mathrm{d}S=\frac{64\sqrt{2}}{15}a^4.$$

注　(1) 若曲面 Σ 关于 xOy 对称，记 Σ_1 是 Σ 的 $z\geqslant 0$ 的部分，即 Σ_1 是 Σ 的上半部分，$f(x,y,z)$ 在 Σ 上连续，则

a. $\iint_{\Sigma}f(x,y,z)\mathrm{d}S=2\iint_{\Sigma_1}f(x,y,z)\mathrm{d}S$（若 $f(x,y,z)$ 是关于 z 的偶函数）.

b. $\iint_{\Sigma}f(x,y,z)\mathrm{d}S=0$（若 $f(x,y,z)$ 是关于 z 的奇函数）.

(2) 若曲面 Σ 关于 zOx 对称，记 Σ_1 是 Σ 的 $y\geqslant 0$ 的部分，即 Σ_1 是 Σ 的右半部分，$f(x,y,z)$ 在 Σ 上连续，则

a. $\iint_{\Sigma}f(x,y,z)\mathrm{d}S=2\iint_{\Sigma_1}f(x,y,z)\mathrm{d}S$（若 $f(x,y,z)$ 是关于 y 的偶函数）.

b. $\iint_{\Sigma}f(x,y,z)\mathrm{d}S=0$（若 $f(x,y,z)$ 是关于 y 的奇函数）.

(3) 若曲面 Σ 关于 yOz 对称，记 Σ_1 是 Σ 的 $x\geqslant 0$ 的部分，即 Σ_1 是 Σ 的前半部分，$f(x,y,z)$ 在 Σ 上连续，则

a. $\iint\limits_{\Sigma} f(x,y,z)\mathrm{d}S = 2\iint\limits_{\Sigma_1} f(x,y,z)\mathrm{d}S$（若 $f(x,y,z)$ 是关于 x 的偶函数）.

b. $\iint\limits_{\Sigma} f(x,y,z)\mathrm{d}S = 0$（若 $f(x,y,z)$ 是关于 x 的奇函数）.

（4）设有界分片光滑曲面 $\Sigma: f(x,y,z)=0$ 具有轮换对称, 即对任意 $(x,y,z)\in\Sigma$, $(z,x,y)\in\Sigma$, $(z,y,x)\in\Sigma$, 并且 $f(x,y,z)$ 在 Σ 上连续, 则

$$\iint\limits_{\Sigma} f(x,y,z)\mathrm{d}S = \iint\limits_{\Sigma} f(z,x,y)\mathrm{d}S = \iint\limits_{\Sigma} f(z,y,x)\mathrm{d}S .$$

例 9.26　计算 $\iint\limits_{\Sigma}(x^2+y^2)\mathrm{d}S$, 其中 Σ 是 $\begin{cases} z=y, \\ x=0 \end{cases}$ $(0\leqslant z\leqslant 1)$ 绕 z 轴旋转一周所得到的旋转曲面.

分析　先写出 Σ 的方程, 将 Σ 投影到 3 个坐标面上, 积分的计算对应有 3 种解法, 这里仅给出了其中一种解法, 其他的解法请读者自行完成.

解　旋转曲面为 $z=\sqrt{x^2+y^2}\,(0\leqslant z\leqslant 1)$, 故

$$\mathrm{d}S=\sqrt{1+\left(\frac{\partial z}{\partial x}\right)^2+\left(\frac{\partial z}{\partial y}\right)^2}\mathrm{d}x\mathrm{d}y=\sqrt{1+\left(\frac{x}{\sqrt{x^2+y^2}}\right)^2+\left(\frac{y}{\sqrt{x^2+y^2}}\right)^2}\mathrm{d}x\mathrm{d}y=\sqrt{2}\mathrm{d}x\mathrm{d}y ,$$

所以 $\iint\limits_{\Sigma}(x^2+y^2)\mathrm{d}S=\iint\limits_{D_{xy}}\sqrt{2}(x^2+y^2)\mathrm{d}x\mathrm{d}y$, 其中 $D_{xy}=\{(x,y)\,|\,x^2+y^2\leqslant 1\}$ 是 Σ 在 xOy 坐标面上的投影区域, 利用极坐标计算此二重积分, 于是

$$\iint\limits_{\Sigma}(x^2+y^2)\mathrm{d}S=\sqrt{2}\int_0^{2\pi}\mathrm{d}\theta\int_0^1 r^2\cdot r\mathrm{d}r=\frac{\sqrt{2}}{2}\pi .$$

例 9.27　若球面上每一点的密度等于该点到球的某一定直径的距离的平方, 求球面的质量.

分析　此题考察曲面积分的物理意义, 应先将所求的物理量用数学式子表达出来, 然后再计算.

解法 1　设球面方程为 $x^2+y^2+z^2=a^2$, 定直径选在 z 轴, 依题意, 球面上点 $P(x,y,z)$ 的密度为 $\rho(x,y,z)=x^2+y^2$, 从而球面的质量为 $M=\iint\limits_{\Sigma}(x^2+y^2)\mathrm{d}S$. 由对称性可知

$$M=\iint\limits_{\Sigma}(x^2+y^2)\mathrm{d}S=2\iint\limits_{\Sigma_1}(x^2+y^2)\mathrm{d}S ,$$

其中 Σ_1 为上半球面 $z=\sqrt{a^2-x^2-y^2}$, $\dfrac{\partial z}{\partial x}=\dfrac{-x}{\sqrt{a^2-x^2-y^2}}$, $\dfrac{\partial z}{\partial y}=\dfrac{-y}{\sqrt{a^2-x^2-y^2}}$, 故

$$\mathrm{d}S=\sqrt{1+\left(\frac{-x}{\sqrt{a^2-x^2-y^2}}\right)^2+\left(\frac{-y}{\sqrt{a^2-x^2-y^2}}\right)^2}\mathrm{d}x\mathrm{d}y=\frac{a}{\sqrt{a^2-x^2-y^2}}\mathrm{d}x\mathrm{d}y,$$

其中 $D_{xy}=\{(x,y)\,|\,x^2+y^2\leqslant a^2\}$ 是 Σ_1 在 xOy 坐标面上的投影区域，利用极坐标计算此二重积分，于是得

$$M=\iint\limits_{\Sigma}(x^2+y^2)\mathrm{d}S=2a\int_0^{2\pi}\mathrm{d}\theta\int_0^a\frac{r^2}{\sqrt{a^2-r^2}}\cdot r\mathrm{d}r=4\pi a\int_0^a\frac{r^3}{\sqrt{a^2-r^2}}\mathrm{d}r$$

$$=4\pi a\int_0^{\frac{\pi}{2}}\frac{a^3\sin^3 t}{\sqrt{a^2-a^2\sin^2 t}}\cdot a\cos t\mathrm{d}t=4\pi a^4\int_0^{\frac{\pi}{2}}\sin^3 t\mathrm{d}t=\frac{8\pi a^4}{3}.$$

解法 2　设球面方程为 $x^2+y^2+z^2=a^2$，定直径在 z 轴上，依题意得球面上点 $P(x,y,z)$ 的密度为 $\rho(x,y,z)=x^2+y^2$，从而得球面的质量为 $M=\iint\limits_{\Sigma}(x^2+y^2)\mathrm{d}S$，

由轮换对称性可知：$\iint\limits_{\Sigma}x^2\mathrm{d}S=\iint\limits_{\Sigma}y^2\mathrm{d}S=\iint\limits_{\Sigma}z^2\mathrm{d}S$，故有

$$M=\frac{2}{3}\iint\limits_{\Sigma}(x^2+y^2+z^2)\mathrm{d}S=\frac{2}{3}a^2\cdot\iint\limits_{\Sigma}\mathrm{d}S=\frac{2}{3}a^2\cdot 4\pi a^2=\frac{8\pi a^4}{3}.$$

例 9.28　面密度 $\rho=1$ 的均匀半球面 $x^2+y^2+z^2=a^2(z\geqslant 0)$ 对 z 轴的转动惯量.

分析　先求出转动惯量的数学表达式.

解法 1　所求转动惯量 $I_z=\iint\limits_{\Sigma}(x^2+y^2)\mathrm{d}S$，考虑将半球面向 xOy 坐标面投影，则投影区域为 $D_{xy}=\{(x,y)\,|\,x^2+y^2\leqslant a^2\}$. 因为

$$z=\sqrt{a^2-x^2-y^2},\mathrm{d}S=\sqrt{1+\left(\frac{\partial z}{\partial x}\right)^2+\left(\frac{\partial z}{\partial y}\right)^2}\mathrm{d}x\mathrm{d}y=\frac{a}{\sqrt{a^2-x^2-y^2}}\mathrm{d}x\mathrm{d}y,$$

所以

$$I_z=\iint\limits_{\Sigma}(x^2+y^2)\mathrm{d}S=\iint\limits_{D_{xy}}a\cdot\frac{x^2+y^2}{\sqrt{a^2-x^2-y^2}}\mathrm{d}x\mathrm{d}y$$

$$=a\int_0^{2\pi}\mathrm{d}\theta\int_0^a\frac{r^2\cdot r}{\sqrt{a^2-r^2}}\mathrm{d}r\quad（利用极坐标变换）$$

$$=2\pi a^4\int_0^{\frac{\pi}{2}}\sin^3 t\mathrm{d}t=\frac{4}{3}\pi a^4\quad（令 r=a\sin t）.$$

解法 2　所求转动惯量是整个球面绕 z 轴的转动惯量的一半，而

$$\oiint\limits_{x^2+y^2+z^2\leqslant a^2}(x^2+y^2)\mathrm{d}S=\frac{2}{3}\oiint\limits_{x^2+y^2+z^2\leqslant a^2}(x^2+y^2+z^2)\mathrm{d}S=\frac{2}{3}a^2\oiint\limits_{x^2+y^2+z^2\leqslant a^2}\mathrm{d}S=\frac{8}{3}\pi a^4,$$

所以 $I_z=\dfrac{1}{2}\times\dfrac{8}{3}\pi a^4=\dfrac{4}{3}\pi a^4$.

例 9.29 计算 $\oint\!\!\!\oint_{\Sigma} z\mathrm{d}x\mathrm{d}y$，其中 Σ 为球面 $x^2+y^2+z^2=a^2$ 的外侧.

分析 此题可以直接计算, 也可应用高斯公式计算.

解法 1 将曲面将曲面 Σ 分为上半球面 Σ_1 和下半球面 Σ_2，其中 $\Sigma_1: z=\sqrt{a^2-x^2-y^2}$，取 Σ_1 的上侧； $\Sigma_2: z=-\sqrt{a^2-x^2-y^2}$，取 Σ_2 的下侧, 其中 Σ_1 和 Σ_2 在 xOy 坐标面上的投影区域均为 $D_{xy}=\{(y,z)\,|\,x^2+y^2\leqslant a\}$. 由第二类曲线积分的性质, 有

$$
\begin{aligned}
\oint\!\!\!\oint_{\Sigma} z\mathrm{d}x\mathrm{d}y &= \iint_{\Sigma_1} z\mathrm{d}x\mathrm{d}y+\iint_{\Sigma_2} z\mathrm{d}x\mathrm{d}y \\
&= \iint_{D_{xy}} \sqrt{a^2-x^2-y^2}\,\mathrm{d}x\mathrm{d}y-\iint_{D_{xy}} -\sqrt{a^2-x^2-y^2}\,\mathrm{d}x\mathrm{d}y \\
&= 2\iint_{D_{xy}} \sqrt{a^2-x^2-y^2}\,\mathrm{d}x\mathrm{d}y \\
&= 2\int_0^{2\pi}\mathrm{d}\theta\int_0^a \sqrt{a^2-r^2}\cdot r\mathrm{d}r=\frac{4}{3}\pi a^3 .
\end{aligned}
$$

解法 2 令 $P=Q=0,\ \ R=z$，$\dfrac{\partial P}{\partial x}=\dfrac{\partial Q}{\partial y}=0,\ \dfrac{\partial R}{\partial z}=1$，由高斯公式, 有

$$
\oint\!\!\!\oint_{\Sigma} z\mathrm{d}x\mathrm{d}y=\iiint_{\Omega}(0+0+1)\mathrm{d}x\mathrm{d}y\mathrm{d}z=\iiint_{\Omega}\mathrm{d}x\mathrm{d}y\mathrm{d}z=\frac{4}{3}\pi a^3 .
$$

其中 Ω 是曲面 $x^2+y^2+z^2=a^2$ 所围成的空间闭区域.

注 解法 1 中, $\iint_{D_{xy}} \sqrt{a^2-x^2-y^2}\,\mathrm{d}x\mathrm{d}y=\dfrac{2}{3}\pi a^3$ 也可由二重积分的几何意义直接求得.

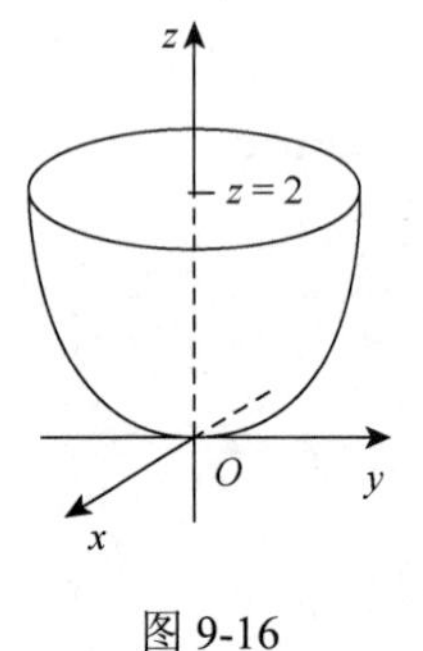

图 9-16

例 9.30 计算 $\iint_{\Sigma}(z^2+x)\mathrm{d}y\mathrm{d}z-z\mathrm{d}x\mathrm{d}y$，其中 $\Sigma: z=\dfrac{1}{2}(x^2+y^2)$ 为介于 $z=0, z=2$ 之间部分的下侧, 如图 9-16 所示.

分析 此题可以直接计算, 也可应用两类曲面积分之间的关系或应用高斯公式.

解法 1 将曲面 Σ 分为 Σ_1 和 Σ_2，其中 $\Sigma_1: x=\sqrt{2z-y^2}$，其在 yOz 坐标面上的投影区域 $D_{yz}:\left\{(y,z)\,|\,-2\leqslant y\leqslant 2, \dfrac{1}{2}y^2\leqslant z\leqslant 2\right\}$，取 Σ 的前侧； $\Sigma_2: x=-\sqrt{2z-y^2}$，其在 yOz 坐标面上的投影区域 $D_{yz}:\left\{(y,z)\,|\,-2\leqslant y\leqslant 2, \dfrac{1}{2}y^2\leqslant z\leqslant 2\right\}$，取 Σ 的后侧. 则

$$
\begin{aligned}
\iint_{\Sigma}(z^2+x)\mathrm{d}y\mathrm{d}z &= \iint_{\Sigma_1}(z^2+x)\mathrm{d}y\mathrm{d}z+\iint_{\Sigma_2}(z^2+x)\mathrm{d}y\mathrm{d}z \\
&= \iint_{D_{yz}}\left(z^2+\sqrt{2z-y^2}\right)\mathrm{d}y\mathrm{d}z-\iint_{D_{yz}}\left(z^2-\sqrt{2z-y^2}\right)\mathrm{d}y\mathrm{d}z \\
&= 2\iint_{D_{yz}}\sqrt{2z-y^2}\,\mathrm{d}y\mathrm{d}z=\int_{-2}^{2}\mathrm{d}y\int_{\frac{1}{2}y^2}^{2}\sqrt{2z-y^2}\,\mathrm{d}z \quad （令 \sqrt{2z-y^2}=u ） \\
&= 2\int_{-2}^{2}\mathrm{d}y\int_0^{\sqrt{4-y^2}}u^2\mathrm{d}u=\frac{2}{3}\int_{-2}^{2}(4-y^2)^{\frac{3}{2}}\mathrm{d}y=4\pi,
\end{aligned}
$$

而对于 $-\iint_{\Sigma}z\mathrm{d}x\mathrm{d}y$，考虑 $\Sigma: z=\dfrac{1}{2}(x^2+y^2)$ 的下侧，其在 xOy 坐标面上的投影为

$$
D_{xy}=\{(x,y)\,|\,x^2+y^2\leqslant 4\},
$$

则有

$$
-\iint_{\Sigma}z\mathrm{d}x\mathrm{d}y=\iint_{D_{xy}}\frac{1}{2}(x^2+y^2)\mathrm{d}x\mathrm{d}y=\int_0^{2\pi}\mathrm{d}\theta\int_0^2\frac{1}{2}r^2\cdot r\mathrm{d}r=4\pi.
$$

故

$$
\iint_{\Sigma}(z^2+x)\mathrm{d}y\mathrm{d}z-z\mathrm{d}x\mathrm{d}y=8\pi.
$$

解法 2　由两类曲面积分之间的联系可知：$\mathrm{d}y\mathrm{d}z=\cos\alpha\mathrm{d}S$，$\mathrm{d}x\mathrm{d}y=\cos\gamma\mathrm{d}S$，于是 $\mathrm{d}y\mathrm{d}z=\dfrac{\cos\alpha}{\cos\gamma}\mathrm{d}x\mathrm{d}y$，将曲面 $z=\dfrac{1}{2}(x^2+y^2)$ 取下侧，法向量为 $\boldsymbol{n}=\left\{\dfrac{\partial z}{\partial x},\dfrac{\partial z}{\partial y},-1\right\}=(x,y,-1)$，所以 $\cos\alpha=\dfrac{x}{\sqrt{x^2+y^2+1}}$，$\cos\gamma=\dfrac{-1}{\sqrt{x^2+y^2+1}}$，$\mathrm{d}y\mathrm{d}z=-x\mathrm{d}x\mathrm{d}y$，则有

$$
\begin{aligned}
\iint_{\Sigma}(z^2+x)\mathrm{d}y\mathrm{d}z &= \iint_{\Sigma}(z^2+x)(-x)\mathrm{d}x\mathrm{d}y=\iint_{D_{xy}}x\left[\frac{1}{4}(x^2+y^2)^2+x\right]\mathrm{d}x\mathrm{d}y \\
&= \int_0^{2\pi}\mathrm{d}\theta\int_0^2 r\cos\theta\left(\frac{1}{4}r^4+r\cos\theta\right)r\mathrm{d}r=4\pi,
\end{aligned}
$$

$$
\iint_{\Sigma}(-z)\mathrm{d}x\mathrm{d}y=-\iint_{D_{xy}}\left[-\frac{1}{2}(x^2+y^2)\right]\mathrm{d}x\mathrm{d}y=\int_0^{2\pi}\mathrm{d}\theta\int_0^2\frac{1}{2}r^2\cdot r\mathrm{d}r=4\pi,
$$

所以 $\iint_{\Sigma}(z^2+x)\mathrm{d}y\mathrm{d}z-z\mathrm{d}x\mathrm{d}y=8\pi$.

解法 3　增补 $\Sigma_1: z=2\ (x^2+y^2\leqslant 4)$，取上侧，由高斯公式得

$$
\oiint_{\Sigma+\Sigma_1}(z^2+x)\mathrm{d}y\mathrm{d}z-z\mathrm{d}x\mathrm{d}y=0,
$$

所以 $\iint_{\Sigma}(z^2+x)\mathrm{d}y\mathrm{d}z-z\mathrm{d}x\mathrm{d}y=-\left[\iint_{\Sigma_1}(z^2+x)\mathrm{d}y\mathrm{d}z-z\mathrm{d}x\mathrm{d}y\right]$

$$=-\iint_{\Sigma_1}(z^2+x)\mathrm{d}y\mathrm{d}z+\iint_{\Sigma_1}z\mathrm{d}x\mathrm{d}y=0+\iint_{D_{xy}}2\mathrm{d}x\mathrm{d}y=8\pi .$$

注　上述3种解法中，应用高斯公式最简单，因此在解题时，选择什么样的方法比较重要. 第二类曲面积分的计算问题，其主要方法有：

（1）直接计算：这种方法是将有向曲面分别投影到相应坐标面. 此方法往往计算量大，但是方法易于掌握；

（2）利用两类曲面积分之间的联系，将对不同坐标的计算转化为对相同坐标的计算，如解法2，再直接计算；

（3）应用高斯公式，将曲面积分化为三重积分.

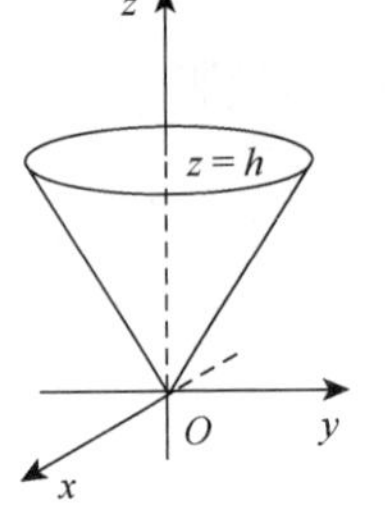

图 9-17

例 9.31　计算 $\oiint_{\Sigma}(y-z)\mathrm{d}y\mathrm{d}z+(z-x)\mathrm{d}z\mathrm{d}x+(x-y)\mathrm{d}x\mathrm{d}y$，其中 Σ 为曲面 $z=\sqrt{x^2+y^2}$ 及平面 $z=h(h>0)$ 所围成的空间区域的整个边界的外侧，如图 9-17 所示.

解法 1　用高斯公式来计算

令 $P=y-z$，$Q=z-x$，$R=x-y$，则

$$\oiint_{\Sigma}(y-z)\mathrm{d}y\mathrm{d}z+(z-x)\mathrm{d}z\mathrm{d}x+(x-y)\mathrm{d}x\mathrm{d}y$$

$$=\oiint_{\Sigma}P\mathrm{d}y\mathrm{d}z+Q\mathrm{d}z\mathrm{d}x+R\mathrm{d}x\mathrm{d}y$$

$$=\iiint_{\Omega}\left(\frac{\partial P}{\partial x}+\frac{\partial Q}{\partial y}+\frac{\partial R}{\partial z}\right)\mathrm{d}v=\iiint_{\Omega}(0+0+0)\mathrm{d}v=0,$$

其中 Ω 是曲面 $z=\sqrt{x^2+y^2}$ 及平面 $z=h(h>0)$ 所围成的空间闭区域.

解法 2　用奇偶对称性.

设 Σ 在平面 $z=h$ 及锥面 $z=\sqrt{x^2+y^2}$ 所围成的圆锥体的上侧为 Σ_1，侧面为 Σ_2. 为计算 $\oiint_{\Sigma}(y-z)\mathrm{d}y\mathrm{d}z$，须将 Σ_2 分成 Σ_3 和 Σ_3'，前半锥面

$$\Sigma_3：\ x=\sqrt{z^2-y^2}\,(z\geqslant 0),$$

后半锥面

$$\Sigma_3'：\ x=-\sqrt{z^2-y^2}\,(z\geqslant 0),$$

并且它们的法向量相反. 由于 $y-z$ 为 x 的偶函数，而积分曲面关于坐标面 yOz 对称，则有

$$\iint_{\Sigma_2}(y-z)\mathrm{d}y\mathrm{d}z=0 .$$

又因为 Σ_1 垂直 yOz 平面，故 $\iint_{\Sigma_1}(y-z)\mathrm{d}y\mathrm{d}z=0$，因而 $\oiint_{\Sigma}(y-z)\mathrm{d}y\mathrm{d}z=0$. 同理可得

$\oiint\limits_{\Sigma}(z-x)\mathrm{d}z\mathrm{d}x=0$，又因为

$$\oiint\limits_{\Sigma}(x-y)\mathrm{d}x\mathrm{d}y=\iint\limits_{\Sigma_1}(x-y)\mathrm{d}x\mathrm{d}y+\iint\limits_{\Sigma_2}(x-y)\mathrm{d}x\mathrm{d}y,$$

而 Σ_1 和 Σ_2 的法向量分别与 z 轴正向成锐角、钝角，并且二者在 xOy 面内的投影区域相同，均为 D_{xy}，故

$$\oiint\limits_{\Sigma}(x-y)\mathrm{d}x\mathrm{d}y=\iint\limits_{D_{xy}}(x-y)\mathrm{d}x\mathrm{d}y-\iint\limits_{D_{xy}}(x-y)\mathrm{d}x\mathrm{d}y=0.$$

所以

$$\oiint\limits_{\Sigma}(y-z)\mathrm{d}y\mathrm{d}z+(z-x)\mathrm{d}z\mathrm{d}x+(x-y)\mathrm{d}x\mathrm{d}y=0.$$

注 关于第二类曲面积分的奇偶对称性有以下结果会经常用到：

（1）设曲面 Σ 关于 xOy 面对称，记 Σ 的上方部分为 Σ_1，$f(x,y,z)$ 在 Σ 连续，则

a. $\iint\limits_{\Sigma}f(x,y,z)\mathrm{d}x\mathrm{d}y=2\iint\limits_{\Sigma_1}f(x,y,z)\mathrm{d}x\mathrm{d}y$（若 $f(x,y,z)$ 是关于 z 的奇函数）.

b. $\iint\limits_{\Sigma}f(x,y,z)\mathrm{d}x\mathrm{d}y=0$（若 $f(x,y,z)$ 是关于 z 的偶函数）.

（2）设曲面 Σ 关于 xOz 面对称，记 Σ 的右方部分为 Σ_1，$f(x,y,z)$ 在 Σ 连续，则

a. $\iint\limits_{\Sigma}f(x,y,z)\mathrm{d}x\mathrm{d}y=2\iint\limits_{\Sigma_1}f(x,y,z)\mathrm{d}x\mathrm{d}y$（若 $f(x,y,z)$ 是关于 y 的奇函数）.

b. $\iint\limits_{\Sigma}f(x,y,z)\mathrm{d}x\mathrm{d}y=0$（若 $f(x,y,z)$ 是关于 y 的偶函数）.

（3）设曲面 Σ 关于 yOz 面对称，记 Σ 的前方部分为 Σ_1，$f(x,y,z)$ 在 Σ 连续，则

a. $\iint\limits_{\Sigma}f(x,y,z)\mathrm{d}x\mathrm{d}y=2\iint\limits_{\Sigma_1}f(x,y,z)\mathrm{d}x\mathrm{d}y$（若 $f(x,y,z)$ 是关于 x 的奇函数）.

b. $\iint\limits_{\Sigma}f(x,y,z)\mathrm{d}x\mathrm{d}y=0$（若 $f(x,y,z)$ 是关于 x 的偶函数）.

（4）第二类曲面积分 $\iint\limits_{\Sigma}P\mathrm{d}y\mathrm{d}z+Q\mathrm{d}z\mathrm{d}x+R\mathrm{d}x\mathrm{d}y$ 也有轮换对称性. 这里轮换对称性是指：

a. 被积表达式满足轮换对称性；

b. 积分曲面及其指定侧也具有轮换对称性，这里指 Σ 在各坐标面上的投影区域相同，且相应的符号也相同.

例 9.32 计算 $\oiint\limits_{\Sigma}y^2z\mathrm{d}x\mathrm{d}y+xz\mathrm{d}y\mathrm{d}z+x^2y\mathrm{d}z\mathrm{d}x$，其中 Σ 是由旋转抛物面

$z=x^2+y^2$，圆柱面 $x^2+y^2=1$ 和坐标平面在第一卦限中所围成曲面的外侧，如图 9-18 所示.

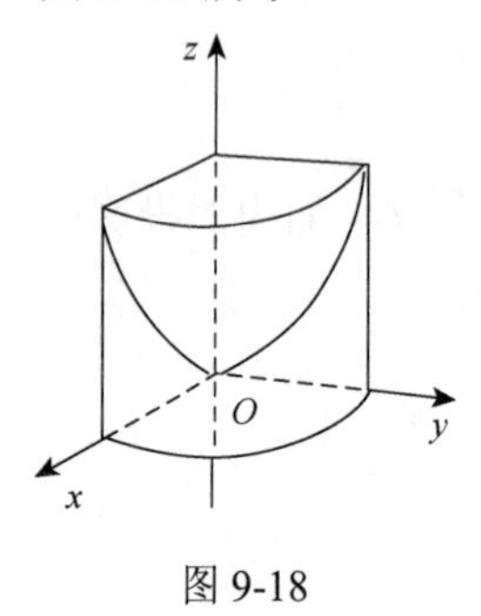

图 9-18

分析　对于第二类曲面积分问题，可以考虑采用直接的方法计算；也可以考虑用高斯公式来计算，但是，在应用高斯公式时要注意前提条件：曲面封闭且方向指向外侧，被积函数在积分曲面所围的闭区域 Ω 上具有一阶连续偏导数.

解法 1　设 Σ 在 3 个坐标面 $x=0,y=0,z=0$ 及曲面 $z=x^2+y^2$，$x^2+y^2=1$ 上的部分分别为 $\Sigma_1,\Sigma_2,\Sigma_3,\Sigma_4$ 及 Σ_5，则

$$\iint_{\Sigma_1} y^2z\mathrm{d}x\mathrm{d}y+xz\mathrm{d}y\mathrm{d}z+x^2y\mathrm{d}z\mathrm{d}x=\iint_{\Sigma_1} y^2z\mathrm{d}x\mathrm{d}y+\iint_{\Sigma_1} xz\mathrm{d}y\mathrm{d}z+\iint_{\Sigma_1} x^2y\mathrm{d}z\mathrm{d}x .$$

因为 Σ_1 在平面 xOy 上的投影没有形成区域，所以有 $\iint\limits_{\Sigma_1} y^2z\mathrm{d}x\mathrm{d}y=0$．而当 $x=0$ 时，被积函数 $xz=0$，$x^2y=0$，所以有 $\iint\limits_{\Sigma_1} xz\mathrm{d}y\mathrm{d}z=0$ 及 $\iint\limits_{\Sigma_1} x^2y\mathrm{d}y\mathrm{d}z=0$．故

$$\iint_{\Sigma_1} y^2z\mathrm{d}x\mathrm{d}y+xz\mathrm{d}y\mathrm{d}z+x^2y\mathrm{d}z\mathrm{d}x=0 .$$

同理可得 $\iint\limits_{\Sigma_2} y^2z\mathrm{d}x\mathrm{d}y+xz\mathrm{d}y\mathrm{d}z+x^2y\mathrm{d}z\mathrm{d}x=0$，$\iint\limits_{\Sigma_3} y^2z\mathrm{d}x\mathrm{d}y+xz\mathrm{d}y\mathrm{d}z+x^2y\mathrm{d}z\mathrm{d}x=0$．设 Σ_4 在 3 个坐标面上的投影区域分别为 D_{xy},D_{yz},D_{zx}．并注意 Σ_4 分别取上侧、后侧及左侧，则有

$$\iint_{\Sigma_4} y^2z\mathrm{d}x\mathrm{d}y+xz\mathrm{d}y\mathrm{d}z+x^2y\mathrm{d}z\mathrm{d}x=\iint_{\Sigma_4} y^2z\mathrm{d}x\mathrm{d}y+\iint_{\Sigma_4} xz\mathrm{d}y\mathrm{d}z+\iint_{\Sigma_4} x^2y\mathrm{d}z\mathrm{d}x ,$$

$$\iint_{\Sigma_4} y^2z\mathrm{d}x\mathrm{d}y=\iint_{D_{xy}} y^2(x^2+y^2)\mathrm{d}x\mathrm{d}y=\int_0^{\frac{\pi}{2}}\sin^2\theta\mathrm{d}\theta\int_0^1 r^4\cdot r\mathrm{d}r=\frac{\pi}{24},$$

$$\iint_{\Sigma_4} xz\mathrm{d}y\mathrm{d}z=-\iint_{D_{yz}}\sqrt{z-y^2}\,z\mathrm{d}y\mathrm{d}z=\int_0^1\mathrm{d}y\int_{y^2}^1 z\sqrt{z-y^2}\,\mathrm{d}z=-\frac{\pi}{12},$$

$$\iint_{\Sigma_4} x^2y\mathrm{d}z\mathrm{d}x=-\iint_{D_{xz}} x^2\sqrt{z-x^2}\,\mathrm{d}x\mathrm{d}z=\int_0^1 x^2\mathrm{d}x\int_{x^2}^1\sqrt{z-x^2}\,\mathrm{d}z=-\frac{\pi}{48},$$

所以 $\iint\limits_{\Sigma_4} y^2z\mathrm{d}x\mathrm{d}y+xz\mathrm{d}y\mathrm{d}z+x^2y\mathrm{d}z\mathrm{d}x=\dfrac{\pi}{24}-\dfrac{\pi}{12}-\dfrac{\pi}{48}=-\dfrac{\pi}{16}$.

由于 Σ_5 是母线平行于 z 轴的柱面，它在坐标平面 xOy 上的投影是一条曲线（1/4 圆弧），于是由定义可知 $\iint\limits_{\Sigma_5} y^2z\mathrm{d}x\mathrm{d}y=0$．$\Sigma_5$ 在坐标平面 yOz 和 zOx 上的投影是边长为 1 的正方形，分别取前侧和右侧，则有

$$\iint_{\Sigma_5} y^2 z\mathrm{d}x\mathrm{d}y + xz\mathrm{d}y\mathrm{d}z + x^2 y\mathrm{d}z\mathrm{d}x = 0 + \iint_{\Sigma_5} xz\mathrm{d}y\mathrm{d}z + \iint_{\Sigma_5} x^2 y\mathrm{d}z\mathrm{d}x$$

$$= \int_0^1 \sqrt{1-y^2}\mathrm{d}y\int_0^1 z\mathrm{d}z + \int_0^1 \mathrm{d}z\int_0^1 x^2\sqrt{1-x^2}\mathrm{d}x$$

$$= \frac{\pi}{8} + \frac{\pi}{16} = \frac{3\pi}{16}.$$

所以

$$\oiint_{\Sigma} y^2 z\mathrm{d}x\mathrm{d}y + xz\mathrm{d}y\mathrm{d}z + x^2 y\mathrm{d}z\mathrm{d}x = \frac{3\pi}{16} - \frac{\pi}{16} = \frac{\pi}{8}.$$

解法 2　上面的解法显然很烦琐，由于 Σ 为封闭曲面，故考虑用高斯公式化为三重积分计算. 令 $P(x,y,z) = xz$ ，$Q(x,y,z) = x^2 y$ ，$R(x,y,z) = y^2 z$ ，则 $\dfrac{\partial P}{\partial x} = z$ ，$\dfrac{\partial Q}{\partial y} = x^2$ ，$\dfrac{\partial R}{\partial z} = y^2$. 由高斯公式得

$$\oiint_{\Sigma} y^2 z\mathrm{d}x\mathrm{d}y + xz\mathrm{d}y\mathrm{d}z + x^2 y\mathrm{d}z\mathrm{d}x = \iiint_{\Omega} (z + x^2 + y^2)\mathrm{d}x\mathrm{d}y\mathrm{d}z,$$

其中 Ω 是由 Σ 所围成的空间闭区域.

在柱面坐标系下，Ω 可以表示为:$0 \leqslant \theta \leqslant \dfrac{\pi}{2}, 0 \leqslant r \leqslant 1, 0 \leqslant z \leqslant r^2$，因此

$$\oiint_{\Sigma} y^2 z\mathrm{d}x\mathrm{d}y + xz\mathrm{d}y\mathrm{d}z + x^2 y\mathrm{d}z\mathrm{d}x = \int_0^{\frac{\pi}{2}} \mathrm{d}\theta \int_0^1 r\mathrm{d}r \int_0^{r^2} (z + r^2)\mathrm{d}z$$

$$= \frac{\pi}{2}\int_0^1 r\left[\frac{r^4}{2} + r^4\right]\mathrm{d}r = \frac{3\pi}{4}\int_0^1 r^5\mathrm{d}r = \frac{\pi}{8}.$$

注　在计算第二类曲面积分时，应该注意:

（1）由于被积函数定义在积分曲面上，所以首先观察是否可以利用曲面方程化简被积函数，同时要观察对哪两个坐标积分，例如，关于坐标 x 和 y 积分时，则只能将曲面向 xOy 坐标面投影，而不能向其他坐标面投影，在将第二类曲面积分转化为二重积分时，要注意二重积分前的正负号与积分曲面的侧的关系.

（2）若积分曲面表示为显函数后不是单值函数，则应将曲面分片，使每片曲面的显函数表示为单值函数. 然后再计算.

（3）与第一类曲面积分不同，若积分曲面在某个坐标面上的投影区域的面积为零，则对这两个坐标的曲面积分的值为零.

（4）应用高斯公式计算第二类曲面积分时，一定要满足高斯公式的条件，如果不满足，例如，曲面不为封闭曲面时，采取添加有向曲面的方法使之封闭，当然在应用高斯公式计算曲面积分时，也要注意积分曲面的侧.

（5）在第二类曲面积分中，可将 Σ 的表达式代入被积表达式，但是使用高斯

公式将曲面积分化为三重积分后，在 Ω 内的点 (x,y,z) 已不再满足 Σ 的方程，不应再将 Σ 的表达式代入三重积分的被积表达式.

例 9.33　计算曲面积分 $I=\oiint\limits_{\Sigma}x^3\mathrm{d}y\mathrm{d}z+y^3\mathrm{d}z\mathrm{d}x+z^3\mathrm{d}x\mathrm{d}y$，其中 Σ 为球面 $x^2+y^2+z^2=a^2$ 的内侧.

分析　由题知 Σ 为封闭曲面，但 Σ 的侧是球面的内侧，因此，不能直接应用高斯公式计算.

解　由第二类曲面积分的性质可知

$$\iint\limits_{\Sigma}P(x,y,z)\mathrm{d}y\mathrm{d}z+Q(x,y,z)\mathrm{d}z\mathrm{d}x+R(x,y,z)\mathrm{d}x\mathrm{d}y$$

$$=-\iint\limits_{\Sigma^-}P(x,y,z)\mathrm{d}y\mathrm{d}z+Q(x,y,z)\mathrm{d}z\mathrm{d}x+R(x,y,z)\mathrm{d}x\mathrm{d}y,$$

于是有 $I=-\oiint\limits_{\Sigma^-}x^3\mathrm{d}y\mathrm{d}z+y^3\mathrm{d}z\mathrm{d}x+z^3\mathrm{d}x\mathrm{d}y$，其中 Σ^- 为球面 $x^2+y^2+z^2=a^2$ 且取外侧.

记 Σ 围成的立体为 Ω，由高斯公式得

$$I=-\iiint\limits_{\Omega}3(x^2+y^2+z^2)\mathrm{d}x\mathrm{d}y\mathrm{d}z$$

$$=-3\int_0^{2\pi}\mathrm{d}\theta\int_0^{\pi}\mathrm{d}\varphi\int_0^a r^2\cdot r^2\sin\varphi\mathrm{d}r$$

$$=(-3)\times\frac{a^5}{5}\times2\times2\pi=-\frac{12}{5}\pi a^5.$$

例 9.34　计算曲面积分 $I=\iint\limits_{\Sigma}(2x+z)\mathrm{d}y\mathrm{d}z+z\mathrm{d}x\mathrm{d}y$，其中 Σ 为曲面 $z=x^2+y^2\ (0\leqslant z\leqslant1)$ 法向量指向与 z 轴正向夹角为锐角的一侧，如图 9-19 所示.

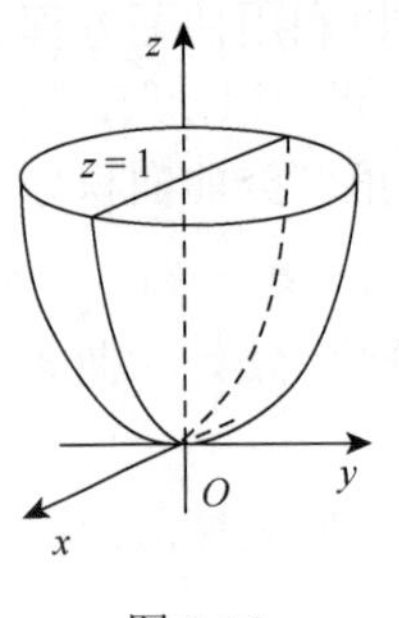

图 9-19

分析　由于是法向量指向与 z 轴正向夹角为锐角的一侧，并且不封闭，不能直接应用高斯公式，应添加辅助曲面并改变曲面的侧，然后再应用高斯公式.

解　首先作辅助曲面 $\Sigma_1:z=1(x^2+y^2\leqslant1)$，取下侧，和 Σ 围成立体为 Ω，根据第二类曲面积分的性质

$$\iint\limits_{\Sigma}(2x+z)\mathrm{d}y\mathrm{d}z+z\mathrm{d}x\mathrm{d}y+\iint\limits_{\Sigma_1}(2x+z)\mathrm{d}y\mathrm{d}z+z\mathrm{d}x\mathrm{d}y$$

$$=-\oiint\limits_{(\Sigma+\Sigma_1)^-}(2x+z)\mathrm{d}y\mathrm{d}z+z\mathrm{d}x\mathrm{d}y,$$

其中 $(\Sigma+\Sigma_1)^-$ 表示 Ω 的整个边界曲面，并且取外侧. 由高斯公式可知

$$\oiint\limits_{(\Sigma+\Sigma_1)^-}(2x+z)\mathrm{d}y\mathrm{d}z+z\mathrm{d}x\mathrm{d}y=\iiint\limits_{\Omega}(2+1)\mathrm{d}x\mathrm{d}y\mathrm{d}z,$$

利用柱面坐标计算得 $3\iiint\limits_{\Omega}\mathrm{d}x\mathrm{d}y\mathrm{d}z=3\int_0^{2\pi}\mathrm{d}\theta\int_0^1 r\mathrm{d}r\int_{r^2}^1\mathrm{d}z=\frac{3\pi}{2}$,

$$\begin{aligned}I&=\iint\limits_{\Sigma}(2x+z)\mathrm{d}y\mathrm{d}z+z\mathrm{d}x\mathrm{d}y\\&=-\oiint\limits_{(\Sigma+\Sigma_1)^-}(2x+z)\mathrm{d}y\mathrm{d}z+z\mathrm{d}x\mathrm{d}y-\iint\limits_{\Sigma_1}(2x+z)\mathrm{d}y\mathrm{d}z+z\mathrm{d}x\mathrm{d}y\\&=-\frac{3\pi}{2}-\iint\limits_{\Sigma_1}(2x+z)\mathrm{d}y\mathrm{d}z+z\mathrm{d}x\mathrm{d}y,\end{aligned}$$

注意 Σ_1 在坐标平面 yOz 上的投影是曲线, 不能构成区域, 故有 $\iint\limits_{\Sigma_1}(2x+z)\mathrm{d}y\mathrm{d}z=0$，而

$$\iint\limits_{\Sigma_1}z\mathrm{d}x\mathrm{d}y=-\iint\limits_{D_{xy}}1\mathrm{d}x\mathrm{d}y=(-1)\times\pi=-\pi,$$

于是有

$$I=\iint\limits_{\Sigma}(2x+z)\mathrm{d}y\mathrm{d}z+z\mathrm{d}x\mathrm{d}y=-\frac{3\pi}{2}-(-\pi)=-\frac{\pi}{2}.$$

注　从上面两道例题可以看出, 虽然题设所给的曲面 Σ 既不封闭又取内侧, 本身不满足高斯公式的条件, 但是可以通过引入辅助曲面的手段使其封闭, 利用曲面积分的性质调换它的侧, 创造条件使 Σ 满足高斯公式的条件, 以便利用高斯公式, 所以高斯公式是简化曲面积分计算的重要工具.

例 9.35　计算 $I=\iint\limits_{\Sigma}x^3\mathrm{d}y\mathrm{d}z+y^3\mathrm{d}z\mathrm{d}x+z^3\mathrm{d}x\mathrm{d}y$，其中 Σ 为上半球面 $z=\sqrt{R^2-x^2-y^2}$ 的下侧, 如图 9-20 所示.

解　添加辅助曲面 $\Sigma_1: z=0(x^2+y^2\leqslant R^2)$，取上侧, 则由第二类曲面积分的性质知

$$\begin{aligned}&\oiint\limits_{\Sigma+\Sigma_1}x^3\mathrm{d}y\mathrm{d}z+y^3\mathrm{d}z\mathrm{d}x+z^3\mathrm{d}x\mathrm{d}y\\&=-\oiint\limits_{(\Sigma+\Sigma_1)^-}x^3\mathrm{d}y\mathrm{d}z+y^3\mathrm{d}z\mathrm{d}x+z^3\mathrm{d}x\mathrm{d}y,\end{aligned}$$

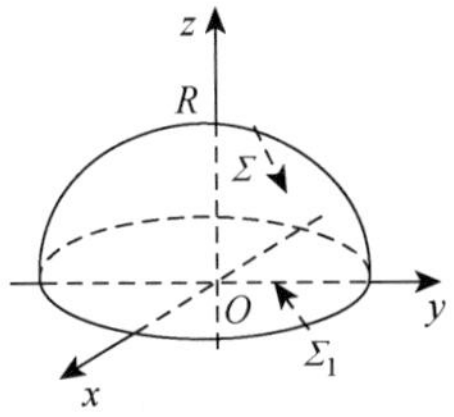

图 9-20

其中 $(\Sigma+\Sigma_1)^-$ 表示由 Σ 和 Σ_1 围成立体 Ω 的取外侧的整个边界曲面. 则由高斯公式得

$$-\oiint\limits_{(\Sigma+\Sigma_1)^-}x^3\mathrm{d}y\mathrm{d}z+y^3\mathrm{d}z\mathrm{d}x+z^3\mathrm{d}x\mathrm{d}y=-3\iiint\limits_{\Omega}(x^2+y^2+z^2)\mathrm{d}x\mathrm{d}y\mathrm{d}z,$$

由球面坐标得 $-3\iiint\limits_{\Omega}(x^2+y^2+z^2)\mathrm{d}x\mathrm{d}y\mathrm{d}z=-3\int_0^{2\pi}\mathrm{d}\theta\int_0^{\frac{\pi}{2}}\mathrm{d}\varphi\int_0^R r^2\cdot r^2\sin\varphi\mathrm{d}r=-\frac{6}{5}\pi R^5$,

所以

$$\oiint_{\Sigma+\Sigma_1} x^3\mathrm{d}y\mathrm{d}z + y^3\mathrm{d}z\mathrm{d}x + z^3\mathrm{d}x\mathrm{d}y = -\frac{6}{5}\pi R^5$$

又由于 Σ_1 在坐标平面 yOz 和 zOx 上的投影是曲线不能构成区域，故有

$$\iint_{\Sigma_1} x^3\mathrm{d}y\mathrm{d}z = 0,\ \iint_{\Sigma_1} y^3\mathrm{d}z\mathrm{d}x = 0,\ \iint_{\Sigma_1} z^3\mathrm{d}x\mathrm{d}y = -\iint_{D_{xy}} 0^3\mathrm{d}x\mathrm{d}y = 0,$$

所以 $I = \iint_{\Sigma} x^3\mathrm{d}y\mathrm{d}z + y^3\mathrm{d}z\mathrm{d}x + z^3\mathrm{d}x\mathrm{d}y = -\frac{6}{5}\pi R^5 - 0 = -\frac{6}{5}\pi R^5$.

错误解法 1 由高斯公式得

$$I = 3\iiint_{\Omega}(x^2+y^2+z^2)\mathrm{d}x\mathrm{d}y\mathrm{d}z = 3\int_0^{2\pi}\mathrm{d}\theta\int_0^{\frac{\pi}{2}}\mathrm{d}\varphi\int_0^R r^2\cdot r^2\sin\varphi\mathrm{d}r = \frac{6}{5}\pi R^5.$$

错解分析 题设中的 Σ 只是上半球面的下侧，其自身并非封闭曲面，因而不能直接应用高斯公式.

错误解法 2 添加辅助曲面 $\Sigma_1: z=0(x^2+y^2\leqslant R^2)$，取下侧，则由高斯公式

$$\begin{aligned}\iint_{\Sigma+\Sigma_1} x^3\mathrm{d}y\mathrm{d}z + y^3\mathrm{d}z\mathrm{d}x + z^3\mathrm{d}x\mathrm{d}y &= 3\iiint_{\Omega}(x^2+y^2+z^2)\mathrm{d}x\mathrm{d}y\mathrm{d}z \\ &= 3\int_0^{2\pi}\mathrm{d}\theta\int_0^{\frac{\pi}{2}}\mathrm{d}\varphi\int_0^R r^2r^2\sin\varphi\mathrm{d}r = \frac{6}{5}\pi R^5,\end{aligned}$$

而 $\iint_{\Sigma_1} x^3\mathrm{d}y\mathrm{d}z + y^3\mathrm{d}z\mathrm{d}x + z^3\mathrm{d}x\mathrm{d}y = \iint_{\Sigma_1} z^3\mathrm{d}x\mathrm{d}y = \iint_{D_{xy}} 0^3\mathrm{d}x\mathrm{d}y = 0$,所以

$$I = \frac{6}{5}\pi R^5 - \iint_{\Sigma_1} x^3\mathrm{d}y\mathrm{d}z + y^3\mathrm{d}z\mathrm{d}x + z^3\mathrm{d}x\mathrm{d}y = \frac{6}{5}\pi R^5 - 0 = \frac{6}{5}\pi R^5.$$

错解分析 该解法注意了曲面 Σ 不是封闭曲面，添加辅助曲面

$$\Sigma_1: z=0\ (x^2+y^2\leqslant R^2),$$

由于取的是 Σ_1 的下侧，$\Sigma+\Sigma_1$ 虽然封闭，但是未构成整个封闭曲面的外侧，因而也不能直接应用高斯公式.

错误解法 3 添加辅助曲面 $\Sigma_1: z=0(x^2+y^2\leqslant R^2)$，取上侧，则由高斯公式

$$\oiint_{\Sigma+\Sigma_1} x^3\mathrm{d}y\mathrm{d}z + y^3\mathrm{d}z\mathrm{d}x + z^3\mathrm{d}x\mathrm{d}y = -\oiint_{(\Sigma+\Sigma_1)^-} x^3\mathrm{d}y\mathrm{d}z + y^3\mathrm{d}z\mathrm{d}x + z^3\mathrm{d}x\mathrm{d}y,$$

其中 $(\Sigma+\Sigma_1)^-$ 表示由 Σ 和 Σ_1 围成立体的整个边界曲面的外侧. 则由高斯公式得

$$\begin{aligned}\oiint_{\Sigma+\Sigma_1} x^3\mathrm{d}y\mathrm{d}z + y^3\mathrm{d}z\mathrm{d}x + z^3\mathrm{d}x\mathrm{d}y &= -3\iiint_{\Omega}(x^2+y^2+z^2)\mathrm{d}x\mathrm{d}y\mathrm{d}z \\ &= -3\iiint_{\Omega} R^2\mathrm{d}x\mathrm{d}y\mathrm{d}z = (-3)\cdot R^2\cdot\frac{1}{2}\cdot\frac{4\pi R^3}{3} = -2\pi R^5.\end{aligned}$$

由于

$$\iint_{\Sigma_1} x^3\mathrm{d}y\mathrm{d}z + y^3\mathrm{d}z\mathrm{d}x + z^3\mathrm{d}x\mathrm{d}y = \iint_{\Sigma_1} z^3\mathrm{d}x\mathrm{d}y = \iint_{D_{xy}} 0^3\mathrm{d}x\mathrm{d}y = 0,$$

所以

$$I=-2\pi R^5-\iint_{\Sigma_1}x^3\mathrm{d}y\mathrm{d}z+y^3\mathrm{d}z\mathrm{d}x+z^3\mathrm{d}x\mathrm{d}y=-2\pi R^5-0=-2\pi R^5.$$

错解分析　该解法由于添加了在曲面 $\Sigma_1: z=0(x^2+y^2\leqslant R^2)$ 取上侧的曲面积分，使 $(\Sigma+\Sigma_1)^-$ 满足高斯公式定理的条件，但是在计算三重积分时将曲面方程直接代入到三重积分的被积函数中，这是一种常见的错误. 在第二类曲面积分中，可将 Σ 的表达式代入被积表达式，但是使用高斯公式将曲面积分化为三重积分后，在 Ω 内的点 (x,y,z) 已不再满足 Σ 的方程，千万不能再将 Σ 的表达式代入三重积分的被积表达式后再进行计算.

例 9.36　计算 $I=\oiint_{\Sigma}\frac{x}{r^3}\mathrm{d}y\mathrm{d}z+\frac{y}{r^3}\mathrm{d}z\mathrm{d}x+\frac{z}{r^3}\mathrm{d}x\mathrm{d}y$，其中 $r=\sqrt{x^2+y^2+z^2}$，并且

（1）Σ 为球面 $x^2+y^2+z^2=a^2$ 的外侧；

（2）Σ 为椭球面 $\frac{x^2}{a^2}+\frac{y^2}{b^2}+\frac{z^2}{c^2}=1$ 的外侧.

解　（1）**解法 1**　由于积分曲面与被积函数具有轮换对称性，故

$$\oiint_{\Sigma}\frac{x}{r^3}\mathrm{d}y\mathrm{d}z=\oiint_{\Sigma}\frac{y}{r^3}\mathrm{d}z\mathrm{d}x=\oiint_{\Sigma}\frac{z}{r^3}\mathrm{d}x\mathrm{d}y,$$

又因为 Σ 分为上半球面 Σ_1 和下半球面 Σ_2 两部分，Σ_1 取上侧，Σ_2 取下侧，并且在 xOy 面上的投影均为：$D_{xy}: x^2+y^2\leqslant a^2$. 所以

$$\begin{aligned}I&=\oiint_{\Sigma}\frac{x}{r^3}\mathrm{d}y\mathrm{d}z+\frac{y}{r^3}\mathrm{d}z\mathrm{d}x+\frac{z}{r^3}\mathrm{d}x\mathrm{d}y=3\oiint_{\Sigma}\frac{z}{r^3}\mathrm{d}x\mathrm{d}y=3\left(\iint_{\Sigma_1}\frac{z}{r^3}\mathrm{d}x\mathrm{d}y+\iint_{\Sigma_2}\frac{z}{r^3}\mathrm{d}x\mathrm{d}y\right)\\&=3\left(\iint_{D_{xy}}\frac{\sqrt{a^2-x^2-y^2}}{a^3}\mathrm{d}x\mathrm{d}y-\iint_{D_{xy}}\frac{-\sqrt{a^2-x^2-y^2}}{a^3}\mathrm{d}x\mathrm{d}y\right)\\&=\frac{6}{a^3}\iint_{D_{xy}}\sqrt{a-x^2-y^2}\mathrm{d}x\mathrm{d}y=\frac{6}{a^3}\int_0^{2\pi}\mathrm{d}\theta\int_0^a\sqrt{a^2-r^2}\,r\mathrm{d}r=4\pi.\end{aligned}$$

解法 2　利用两类曲面积分之间的联系，将第二类曲面积分转化为第一类曲面积分. 设 $P(x,y,z)$ 为 Σ 上任意点，则 Σ 过点 $P(x,y,z)$ 的方向余弦为

$$\cos\alpha=\frac{x}{a},\quad \cos\beta=\frac{y}{a},\quad \cos\gamma=\frac{z}{a},$$

故有 $I=\oiint_{\Sigma}\left(\frac{x^2}{a\cdot r^3}+\frac{y^2}{a\cdot r^3}+\frac{z^2}{a\cdot r^3}\right)\mathrm{d}S=\frac{1}{a}\oiint_{\Sigma}\left(\frac{a^2}{a^3}\right)\mathrm{d}S=\frac{1}{a^2}\oiint_{\Sigma}\mathrm{d}S=\frac{1}{a^2}\cdot 4\pi a^2=4\pi.$

解法 3　注意点 (x,y,z) 是曲面 Σ 上的点，因此有 $x^2+y^2+z^2=a^2$，故将 Σ 的方程代入积分式，再应用高斯公式

$$I=\frac{1}{a^3}\oiint_{\Sigma}x\mathrm{d}y\mathrm{d}z+y\mathrm{d}z\mathrm{d}x+z\mathrm{d}x\mathrm{d}y=\frac{1}{a^3}\iiint_{\Omega}(1+1+1)\mathrm{d}v=\frac{3}{a^3}\iiint_{\Omega}\mathrm{d}V=\frac{3}{a^3}\cdot\frac{4}{3}\pi a^3=4\pi .$$

注 1 可根据二重积分的几何意义得 $I_1=\iint_{D_{xy}}\sqrt{a-x^2-y^2}\mathrm{d}x\mathrm{d}y$ 为上半球体的体积，即 $I_1=\frac{2}{3}\pi a^3$，故 $I=\frac{2}{3}\pi a^3\times\frac{6}{a^3}=4\pi$.

注 2 由于 $\oiint_{\Sigma}\mathrm{d}S$ 表示球面 Σ 的表面积，所以得 $\oiint_{\Sigma}\mathrm{d}S=4\pi a^2$.

注 3 $\iiint_{\Omega}\mathrm{d}v$ 表示球体的体积，故有 $\iiint_{\Omega}\mathrm{d}v=\frac{4}{3}\pi a^3$.

错误解答 设 Ω 是由 Σ 所围成的空间区域，$P=\frac{x}{r^3}$，$Q=\frac{y}{r^3}$，$R=\frac{z}{r^3}$，根据高斯公式

$$\oiint_{\Sigma}\frac{x}{r^3}\mathrm{d}y\mathrm{d}z+\frac{y}{r^3}\mathrm{d}z\mathrm{d}x+\frac{z}{r^3}\mathrm{d}x\mathrm{d}y=\iiint_{\Omega}\left(\frac{\partial P}{\partial x}+\frac{\partial Q}{\partial y}+\frac{\partial R}{\partial z}\right)\mathrm{d}x\mathrm{d}y\mathrm{d}z=\iiint_{\Omega}\frac{3r^2-3r^2}{r^5}\mathrm{d}x\mathrm{d}y\mathrm{d}z=0 .$$

错解分析 因为 P,Q,R 及一阶偏导数在 $(0,0,0)\in\Omega$ 处不连续，不满足高斯公式的条件，所以直接应用高斯公式计算这个积分是错误的. 若要应用高斯公式计算包含奇点的曲面积分时，需将奇点挖掉. 如下面的（2）题.

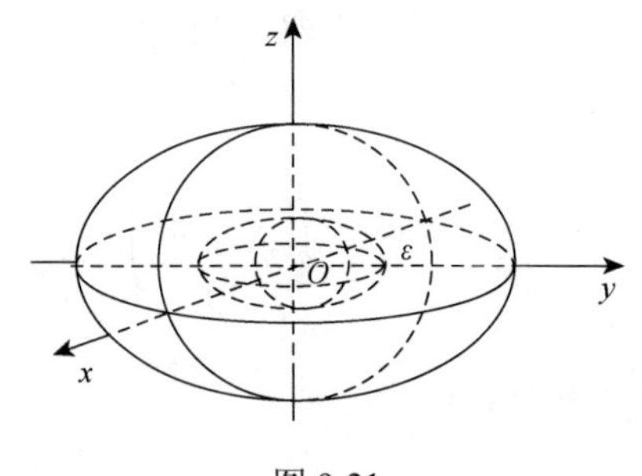

图 9-21

（2）如图 9-21 所示，因为 Σ 包含原点，$\frac{\partial P}{\partial x}$，$\frac{\partial Q}{\partial y}$，$\frac{\partial R}{\partial z}$ 在 Σ 所围成的区域上不连续，不能直接使用高斯公式，设 Ω 是由 Σ 所围成的空间区域，在 Ω 内以原点为中心，作球面 $\Sigma_1: x^2+y^2+z^2=\varepsilon^2$，$\varepsilon$ 是较小的正数，取其内侧. Σ 与 Σ_1 所围成的闭区域记为 Ω_1，P，Q，R 在 Ω_1 内具有一阶连续的偏导数，由 $P=\frac{x}{r^3}$，$Q=\frac{y}{r^3}$，$R=\frac{z}{r^3}$，及

$$\frac{\partial P}{\partial x}=\frac{r^3-x\cdot 3r^2\frac{x}{r}}{r^6}=\frac{r^2-3x^2}{r^5}，\frac{\partial Q}{\partial y}=\frac{r^2-3y^2}{r^5}，\frac{\partial R}{\partial z}=\frac{r^2-3z^2}{r^5},$$

根据高斯公式，得

$$\begin{aligned}&\iint_{\Sigma+\Sigma_1}\frac{x}{r^3}\mathrm{d}y\mathrm{d}z+\frac{y}{r^3}\mathrm{d}z\mathrm{d}x+\frac{z}{r^3}\mathrm{d}x\mathrm{d}y\\&=\iiint_{\Omega_1}\left(\frac{\partial P}{\partial x}+\frac{\partial Q}{\partial y}+\frac{\partial R}{\partial z}\right)\mathrm{d}x\mathrm{d}y\mathrm{d}z=\iiint_{\Omega_1}\frac{3r^2-3r^2}{r^5}\mathrm{d}x\mathrm{d}y\mathrm{d}z=0,\end{aligned}$$

于是 $\oiint\limits_{\Sigma}\frac{x}{r^3}\mathrm{d}y\mathrm{d}z+\frac{y}{r^3}\mathrm{d}z\mathrm{d}x+\frac{z}{r^3}\mathrm{d}x\mathrm{d}y=0-\oiint\limits_{\Sigma_1}\frac{x}{r^3}\mathrm{d}y\mathrm{d}z+\frac{y}{r^3}\mathrm{d}z\mathrm{d}x+\frac{z}{r^3}\mathrm{d}x\mathrm{d}y$,

由（1）可知：$\oiint\limits_{\Sigma_1}\frac{x}{r^3}\mathrm{d}y\mathrm{d}z+\frac{y}{r^3}\mathrm{d}z\mathrm{d}x+\frac{z}{r^3}\mathrm{d}x\mathrm{d}y=-4\pi$. 所以

$$I=\oiint\limits_{\Sigma}\frac{x}{r^3}\mathrm{d}y\mathrm{d}z+\frac{y}{r^3}\mathrm{d}z\mathrm{d}x+\frac{z}{r^3}\mathrm{d}x\mathrm{d}y=0-(-4\pi)=4\pi.$$

例 9.37　计算曲面积分

$$I=\iint\limits_{\Sigma}[f(x,y,z)+x]\mathrm{d}y\mathrm{d}z+[2f(x,y,z)+y]\mathrm{d}z\mathrm{d}x+[f(x,y,z)+z]\mathrm{d}x\mathrm{d}y,$$

其中 $f(x,\ y,\ z)$ 是连续函数，Σ 是平面 $x-y+z=1$ 在第四卦限部分的上侧.

分析　在被积函数中含有未知函数 $f(x,y,z)$, 而根据已知条件不能求出 $f(x,y,z)$, 因此不能直接计算积分. 虽然已知被积函数连续，但没有偏导数存在的条件，不能用高斯公式计算积分. 在此题中，Σ 上任意一点的法向量的方向余弦是常数，化为第一类曲面积分可以消去 $f(x,y,z)$.

解　由于 Σ 取上侧，故 Σ 上任意一点的法向量 $\boldsymbol{n}$ 与 z 轴的夹角为锐角，其方向余弦为

$$\cos\alpha=\frac{1}{\sqrt{3}},\cos\beta=-\frac{1}{\sqrt{3}},\cos\gamma=\frac{1}{\sqrt{3}},$$

于是

$$\begin{aligned}I&=\iint\limits_{\Sigma}\{[f(x,y,z)+x]\cos\alpha+[2f(x,y,z)+y]\cos\beta+[f(x,y,z)+z]\cos\gamma\}\mathrm{d}S\\&=\frac{1}{\sqrt{3}}\iint\limits_{\Sigma}[x-y+z+f(x,y,z)-2f(x,y,z)+f(x,y,z)]\mathrm{d}S\\&=\frac{1}{\sqrt{3}}\iint\limits_{\Sigma}\mathrm{d}S=\frac{1}{2}\end{aligned}$$

（$\iint\limits_{\Sigma}\mathrm{d}S$ 表示一边长为 $\sqrt{2}$ 的等边三角形的面积）.

例 9.38　计算 $\oint_C y\mathrm{d}x+z\mathrm{d}y+x\mathrm{d}z$, 其中 C 为圆周 $x^2+y^2+z^2=a^2$，$x+y+z=0$，从 Ox 的正方向看去 C 的方向是逆时针方向.

解　设在平面 $x+y+z=0$ 上以 C 为边界的曲面为 Σ，则 Σ 取上侧，故 Σ 上任意一点的法向量 $\boldsymbol{n}$ 与 z 轴的夹角为钝角，其方向余弦为

$$\cos\alpha=\frac{1}{\sqrt{3}},\ \cos\beta=\frac{1}{\sqrt{3}},\ \cos\gamma=\frac{1}{\sqrt{3}},$$

由斯托克斯公式，有

$$\oint_C y\mathrm{d}x+z\mathrm{d}y+x\mathrm{d}z=\iint\limits_{\Sigma}\begin{vmatrix}\cos\alpha & \cos\beta & \cos\gamma\\ \dfrac{\partial}{\partial x} & \dfrac{\partial}{\partial y} & \dfrac{\partial}{\partial z}\\ y & z & x\end{vmatrix}\mathrm{d}S$$

$$=\iint_{\Sigma}\begin{vmatrix}\frac{1}{\sqrt{3}} & \frac{1}{\sqrt{3}} & \frac{1}{\sqrt{3}} \\ \frac{\partial}{\partial x} & \frac{\partial}{\partial y} & \frac{\partial}{\partial z} \\ y & z & x\end{vmatrix}\mathrm{d}S=-\sqrt{3}\iint_{\Sigma}\mathrm{d}S=-\sqrt{3}\pi a^2 .$$

例 9.39 计算曲线积分 $\oint_C (z-y)\mathrm{d}x+(x-z)\mathrm{d}y+(x-y)\mathrm{d}z$，其中 C 为曲线 $\begin{cases}x^2+y^2=1,\\ x-y+z=2,\end{cases}$ 从 Oz 轴正向看去 C 的方向是顺时针方向，如图 9-22 所示.

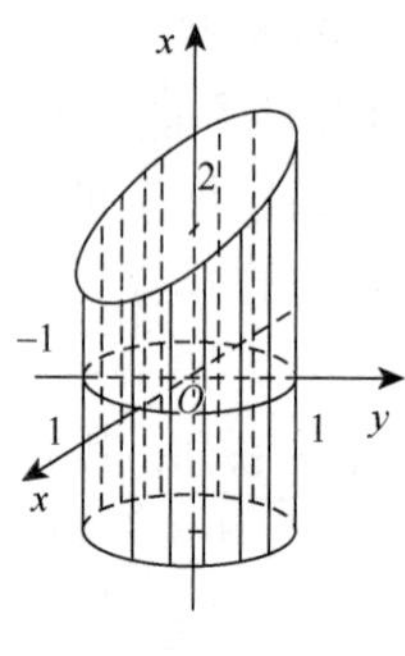

图 9-22

分析 计算三维空间的曲线积分，一般将积分路径用参数形式给出比较方便. 积分路径 C 在柱面 $x^2+y^2=1$ 上，故令 $x=\cos\theta$，$y=\sin\theta$，则由 $x-y+z=2$ 得 $z=2-\cos\theta+\sin\theta$. 此时应注意 C 的起点与终点所对应的 θ 值. 由题中所给的 C 的方向知 C 在 xOy 平面上的投影是沿圆 $x^2+y^2=1$ 的顺时针方向. 故起点对应 $\theta=2\pi$，终点对应 $\theta=0$. 又因为所给曲线积分为闭曲线积分，并且 C 落在平面 $x-y+z=2$ 上，故也可用斯托克斯公式将其化为 C 在平面 $x-y+z=2$ 所围成的区域 S 上的曲面积分. 并且 S 为下侧. 由于被积表达式 $P\mathrm{d}x+Q\mathrm{d}y+R\mathrm{d}z$ 中的 P, Q, R 皆为 x, y, z 的一次式，而斯托克斯公式中的被积表达式是 P, Q, R 的导数，即为常数，所以得出的曲面积分比较简单，容易计算.

解法 1 C 的参数方程为 $\begin{cases}x=\cos\theta,\\ y=\sin\theta,\\ z=2-\cos\theta+\sin\theta,\end{cases}$ θ 从 2π 变化到 0，则

$$\oint_C (z-y)\mathrm{d}x+(x-z)\mathrm{d}y+(x-y)\mathrm{d}z$$

$$=\int_{2\pi}^{0}[2-\cos\theta(-\sin\theta)+(2\cos\theta-2-\sin\theta)\cos\theta+(\cos\theta-\sin\theta)(\sin\theta+\cos\theta)]\mathrm{d}\theta$$

$$=-\int_{2\pi}^{0}[2(\sin\theta+\cos\theta)-2\cos 2\theta-1]\mathrm{d}\theta=-2\pi .$$

解法 2 设在平面 $x-y+z=2$ 上以 C 为边界的曲面为 Σ，则 Σ 取下侧，故 Σ 上任意一点的法向量 $\boldsymbol{n}$ 与 z 轴的夹角为钝角，其方向余弦为

$$\cos\alpha=-\frac{1}{\sqrt{3}},\ \cos\beta=\frac{1}{\sqrt{3}},\ \cos\gamma=-\frac{1}{\sqrt{3}} .$$

由斯托克斯公式可得

$$\oint_C (z-y)\mathrm{d}x+(x-z)\mathrm{d}y+(x-y)\mathrm{d}z$$

$$=\iint_{\Sigma}\begin{vmatrix} -\frac{1}{\sqrt{3}} & \frac{1}{\sqrt{3}} & -\frac{1}{\sqrt{3}} \\ \frac{\partial}{\partial x} & \frac{\partial}{\partial y} & \frac{\partial}{\partial z} \\ z-y & x-z & x-y \end{vmatrix}\mathrm{d}S=-\frac{2}{\sqrt{3}}\iint_{\Sigma}\mathrm{d}S=-2\iint_{D_{xy}}\mathrm{d}x\mathrm{d}y=-2\pi,$$

其中 D_{xy} 为 Σ 在 xOy 平面上的投影区域：$x^2+y^2\leqslant 1$.

解法 3　积分曲线 C 在 xOy 平面上的投影为 $C_1: x^2+y^2=1$，$z=0$. 取顺时针方向. 又 $z=2-x+y, \mathrm{d}z=-\mathrm{d}x+\mathrm{d}y$. 于是

$$\oint_C (z-y)\mathrm{d}x+(x-z)\mathrm{d}y+(x-y)\mathrm{d}z$$

$$=\oint_{C_1}(2-x)\mathrm{d}x+(2x-y-2)\mathrm{d}y+(x-y)(-\mathrm{d}x+\mathrm{d}y)$$

$$=\oint_{C_1}(y-2x+2)\mathrm{d}x+(3x-2y-2)\mathrm{d}y.$$

由格林公式可得

$$\oint_C (z-y)\mathrm{d}x+(x-z)\mathrm{d}y+(x-y)\mathrm{d}z$$

$$=\oint_{C_1}(y-2x+2)\mathrm{d}x+(3x-2y-2)\mathrm{d}y$$

$$=-\iint_D\left[\frac{\partial(3x-2y-2)}{\partial x}-\frac{\partial(y-2x+2)}{\partial y}\right]\mathrm{d}x\mathrm{d}y=-2\iint_{D_{xy}}\mathrm{d}x\mathrm{d}y=-2\pi.$$

其中 D 是 C_1 所围的闭区域：$x^2+y^2\leqslant 1$.

注　解法 3 中由于 C_1 取顺时针方向，注意利用格林公式的时候要加负号.

例 9.40　已知流体的速度为 $\boldsymbol{v}=(2x-y)\boldsymbol{i}+xy\boldsymbol{j}-yz\boldsymbol{k}$，试求单位时间内流过单位球体的全表面的外侧的流量（通量），并计算 div $\boldsymbol{v}$，**rot** $\boldsymbol{v}$（设流体的密度为 1）.

分析　这是一道考查通量、散度和旋度概念的题.

解　由第二类曲面积分的物理意义可知，流量为 $\Phi=\oiint_{\Sigma}\boldsymbol{v}\cdot\boldsymbol{n}\mathrm{d}S$，其中 $\boldsymbol{n}$ 为曲面 Σ 的外法向量的方向余弦，于是

$$\oiint_{\Sigma}\boldsymbol{v}\cdot\boldsymbol{n}\mathrm{d}S=\oiint_{\Sigma}[(2x-y)\cos\alpha+xy\cos\beta-yz\cos\gamma)]\mathrm{d}S$$

$$=\oiint_{\Sigma}(2x-y)\mathrm{d}y\mathrm{d}z+xy\mathrm{d}z\mathrm{d}x-yz\mathrm{d}x\mathrm{d}y$$

$$=\iiint_{x^2+y^2+z^2\leqslant 1}(2+x-y)\mathrm{d}x\mathrm{d}y\mathrm{d}z,$$

由于

$$\iiint\limits_{x^2+y^2+z^2\leqslant 1} (x-y)\mathrm{d}x\mathrm{d}y\mathrm{d}z = 0,$$

所以

$$\iiint\limits_{x^2+y^2+z^2\leqslant 1} (2+x-y)\mathrm{d}x\mathrm{d}y\mathrm{d}z = 2\iiint\limits_{x^2+y^2+z^2\leqslant 1} \mathrm{d}x\mathrm{d}y\mathrm{d}z = \frac{8}{3}\pi,$$

故所求流量为 $\Phi = \oiint\limits_{\Sigma} \boldsymbol{v}\cdot\boldsymbol{n}\mathrm{d}S = \frac{8}{3}\pi$.

设 $P = 2x - y$，$Q = xy$，$R = -yz$，则

$$\mathrm{div}\,\boldsymbol{v} = \frac{\partial P}{\partial x} + \frac{\partial Q}{\partial y} + \frac{\partial R}{\partial z} = 2 + x - y,$$

$$\mathbf{rot}\,\boldsymbol{v} = \left\{\frac{\partial R}{\partial y} - \frac{\partial Q}{\partial z}, \frac{\partial P}{\partial z} - \frac{\partial R}{\partial x}, \frac{\partial Q}{\partial x} - \frac{\partial P}{\partial y}\right\} = \{-z, 0, y+1\}.$$

9.4 自我测试题

A 级自我测试题

一、选择题（每小题 3 分, 共 15 分）

1. 设 L 是从原点 $O(0,0)$ 沿折线 $y = 1 - |x-1|$ 至点 $A(2,0)$ 的折线段, 则曲线积分 $\int_L -y\mathrm{d}x + x\mathrm{d}y$ 等于（　　）.

A. 0　　B. -1　　C. 2　　D. -2

2. 若微分 $(x^4 + 4xy^3)\mathrm{d}x + (ax^2y^2 - 5y^4)\mathrm{d}y$ 为全微分, 则 a 等于（　　）.

A. 0　　B. 6　　C. -6　　D. -2

3. 空间曲线 $\varGamma: x = \mathrm{e}^{-t}\cos t, y = \mathrm{e}^{-t}\sin t, z = \mathrm{e}^{-t}\ (0 < t < +\infty)$ 的弧长等于（　　）.

A. 1　　B. $\sqrt{2}$　　C. $\sqrt{3}$　　D. 6

4. 设 $\varSigma$ 为球面 $x^2 + y^2 + z^2 = 1$，$\varSigma_1$ 为上半球面 $z = \sqrt{1 - x^2 - y^2}$，$\varSigma_2$ 为 $\varSigma$ 在第一卦限的部分, 则下列等式正确的是（　　）.

A. $\oiint\limits_{\varSigma} z\mathrm{d}S = 2\oiint\limits_{\varSigma_1} z\mathrm{d}S$　　B. $\oiint\limits_{\varSigma} z^3\mathrm{d}S = 4\oiint\limits_{\varSigma_2} z^3\mathrm{d}S$

C. $\oiint\limits_{\varSigma_1} xz^2\mathrm{d}S = 4\oiint\limits_{\varSigma_2} xz^2\mathrm{d}S$　　D. $\oiint\limits_{\varSigma} z\mathrm{d}S = 0$

5. 设 $\varSigma$ 为球面 $x^2 + y^2 + z^2 = 1$ 的外侧, 则积分 $\iint\limits_{\varSigma} y^2\mathrm{d}x\mathrm{d}y$ 等于（　　）.

A. 0　　B. $2\iint\limits_{x^2+z^2\leqslant 1} (1 - x^2 - y^2)\mathrm{d}x\mathrm{d}y$

C. 1　　　　D. $-2\iint\limits_{x^2+z^2\leqslant 1}(1-x^2-y^2)\mathrm{d}x\mathrm{d}y$

二、填空题（每小题 3 分，共 15 分）

1．设平面曲线 L 为下半圆周 $y=-\sqrt{1-x^2}$，则曲线积分 $\int_L(x^2+y^2)\mathrm{d}s=$ ________.

2. 设 $\varSigma$ 是以原点为球心，R 为半径的球面，则 $\oiint\limits_{\varSigma}\dfrac{1}{x^2+y^2+z^2}\mathrm{d}S=$ ________.

3．设 L 为正向圆周 $x^2+y^2=9$，则曲线积分 $\oint_L(2xy-2y)\mathrm{d}x+(x^2-4y)\mathrm{d}y=$ ________.

4. 设 $\varSigma$ 为球面 $x^2+y^2+z^2=1$ 的上半部分的下侧，则曲面积分 $\iint\limits_{\varSigma}(z-1)\mathrm{d}x\mathrm{d}y=$ ________.

5. 向量场 $\boldsymbol{A}=(2z-3y)\boldsymbol{i}+(3x-z)\boldsymbol{j}+(y-2x)\boldsymbol{k}$ 的旋度 $\mathbf{rot}\,\boldsymbol{A}=$ ________.

三、计算题（每小题 6 分，共 30 分）

1. 计算 $\oint_L(x^2+y^2)^n\mathrm{d}s$ 其中 L 为圆周 $x=a\cos t,\ y=a\sin t\ (a>0,0\leqslant t\leqslant 2\pi)$.

2. 计算 $\int_L xy^2\mathrm{d}y-x^2y\mathrm{d}x$，其中 L 沿上半圆 $x^2+y^2=R^2$ 以点 $A(-R,0)$ 为起点，经过点 $C(0,R)$ 到终点 $B(R,0)$ 的路径.

3. 计算曲面积分 $\iint\limits_{\varSigma}z\mathrm{d}S$，其中 $x^2+y^2+z^2=R^2(z\geqslant 0)$.

4. 求 $(x^2+2xy-y^2)\mathrm{d}x+(x^2-2xy-y^2)\mathrm{d}y$ 的原函数.

5. 计算曲线积分 $I=\oint_\varGamma(z-y)\mathrm{d}x+(x-z)\mathrm{d}y+(x-z)\mathrm{d}z$，$\varGamma$ 为椭圆周 $\begin{cases}x^2+y^2=1,\\x-y+z=2\end{cases}$ 且从 z 轴正方向看去，$\varGamma$ 取顺时针方向.

四、（8 分）　计算曲面积分 $\iint\limits_{\varSigma}(z^2+x)\mathrm{d}y\mathrm{d}z-z\mathrm{d}x\mathrm{d}y$，其中 $\varSigma$ 为 zOx 上的抛物线 $\begin{cases}z=\dfrac{1}{2}x^2,\\y=0\end{cases}$ 绕 z 轴旋转一周所得的旋转曲面介于 $z=0$ 和 $z=2$ 之间的部分的下侧.

五、（8 分）　设一段锥面螺线 $x=\mathrm{e}^t\cos t,y=\mathrm{e}^t\sin t,z=\mathrm{e}^t(t_1\leqslant t\leqslant t_2)$ 上任一点处的线密度与该点向径的长度成反比，并且在点 $(1,0,1)$ 处线密度等于1，求它的质量.

六、(8 分) 计算曲面积分 $\iint\limits_{\Sigma}(x^2+y^2)\mathrm{d}S$，其中 Σ 是线段 $\begin{cases} z=y, \\ x=0 \end{cases}$ $(0\leqslant z\leqslant 1)$ 绕 Oz 轴旋转一周所得的旋转曲面.

七、(8 分) 设 $f(x)$ 具有一阶连续导数, 积分 $\int_L f(x)(y\mathrm{d}x+\mathrm{d}y)$ 在右半平面 $x>0$ 内与路径无关, 试求满足条件 $f(0)=1$ 的函数 $f(x)$.

八、(8 分) 设空间区闭域 Ω 由曲面 $z=a^2-x^2-y^2$ 与平面 $z=0$ 围成, 其中 a 为正常数, 记 Ω 表面的外侧为 Σ，Ω 的体积为 V，证明：

$$\oiint\limits_{\Sigma} x^2yz^2\mathrm{d}y\mathrm{d}z-xy^2z^2\mathrm{d}z\mathrm{d}x+(1+xyz)z\mathrm{d}x\mathrm{d}y=V.$$

B 级自我测试题

一、选择题（每小题 3 分, 共 15 分）

1. 若微分 $\mathrm{e}^x[\mathrm{e}^y(x-y+2)+y]\mathrm{d}x+\mathrm{e}^x[\mathrm{e}^y(x-y)+1]\mathrm{d}y$ 为全微分, 则其原函数是（　　）.

A. $\mathrm{e}^{x+y}(x-y+1)+y\mathrm{e}^x+C$　　B. $\mathrm{e}^{x+y}(x+y+1)+y\mathrm{e}^x+C$

C. $\mathrm{e}^{x+y}(x-y-1)+y\mathrm{e}^x+C$　　D. $\mathrm{e}^{x+y}(x-y+1)-y\mathrm{e}^x+C$

2. 设 Σ 是由 $y=1+\sqrt{x^2+z^2}, y=5-\sqrt{x^2+z^2}$ 围成的闭曲面且取外侧, 则曲面积分 $\iint\limits_{\Sigma}\frac{\mathrm{e}^y}{\sqrt{x^2+z^2}}\mathrm{d}z\mathrm{d}x$ 等于（　　）.

A. 0　　B. $2\pi(\mathrm{e}^5-\mathrm{e})$　　C. $4\pi(\mathrm{e}^5-\mathrm{e})$　　D. $2\pi\mathrm{e}(\mathrm{e}^2-1)^2$

3. 设 $S: x^2+y^2+z^2=a^2\ (z\geqslant 0)$，$S_1$ 为 S 在第一卦限中的部分, 则有（　　）.

A. $\iint\limits_{S}x\mathrm{d}S=4\iint\limits_{S_1}x\mathrm{d}S$　　B. $\iint\limits_{S}y\mathrm{d}S=4\iint\limits_{S_1}x\mathrm{d}S$

C. $\iint\limits_{S}z\mathrm{d}S=4\iint\limits_{S_1}x\mathrm{d}S$　　D. $\iint\limits_{S}xyz\mathrm{d}S=4\iint\limits_{S_1}xyz\mathrm{d}S$

4. 设 Γ 为椭球面 $\frac{x^2}{a^2}+\frac{y^2}{b^2}+\frac{z^2}{c^2}=1$ 和平面 $y=x$ 的交线, 且从 x 轴正向看去 Γ 为顺时针方向, 则积分 $\oint_{\Gamma}(y-z)\mathrm{d}x+(z-x)\mathrm{d}y+(x-y)\mathrm{d}z$ 等于（　　）.

A. 0　　B. $-2\sqrt{2}\pi ac$　　C. $2\sqrt{2}\pi ac$　　D. $3\sqrt{2}\pi ac$

5. 设 Γ 是 $A(-1,0), B(-3,2)$ 及 $C(3,0)$ 为顶点的三角形区域的边界沿 $ABCA$ 的

方向，则曲线积分 $\oint_{\Gamma}(3x-y)\mathrm{d}x+(x-2y)\mathrm{d}y$ 等于（　　）.

A. 16　　B. −16　　C. 8　　D. −8

二、填空题（每小题 3 分，共 15 分）

1. 设 L 为椭圆 $\dfrac{x^2}{4}+\dfrac{y^2}{3}=1$，其周长为 a，则 $\oint_L(2xy+3x^2+4y^2)\mathrm{d}s=$________.

2. 设 L 为正向圆周 $x^2+y^2=2$ 在第一象限中的部分，则曲线积分 $\int_L x\mathrm{d}y-2y\mathrm{d}x$ 的值为________.

3. 设 Σ 是柱面 $x^2+y^2=1$ 介于 $z=0$ 和 $z=1$ 之间部分的外侧，则第二类曲面积分

$$I=\iint_{\Sigma}P(x,y,z)\mathrm{d}x\mathrm{d}y+Q(x,y,z)\mathrm{d}z\mathrm{d}x$$

化为第一类曲面积分为________.

4. 设 Ω 是由锥面：$z=\sqrt{x^2+y^2}$ 与半球面 $z=\sqrt{R^2-x^2-y^2}$ 围成的空间区域，Σ 是 Ω 的整个边界的外侧，则 $\iint_{\Sigma}x\mathrm{d}y\mathrm{d}z+y\mathrm{d}z\mathrm{d}x+z\mathrm{d}x\mathrm{d}y=$________.

5. 设 $r=\sqrt{x^2+y^2+z^2}$，则 $\mathrm{div}(\mathbf{grad}\,\boldsymbol{r})|_{(1,-2,2)}=$________.

三、计算题（每小题 6 分，共 30 分）

1. 计算曲线积分 $I=\oint_L\dfrac{x\mathrm{d}y-y\mathrm{d}x}{4x^2+y^2}$，其中 L 是以点 $(1,0)$ 为中心，R 为半径的圆周（$R>1$），取逆时针方向.

2. 计算 $\oint_{\Gamma}\sqrt{5x^2+z^2}\mathrm{d}s$，其中 Γ 为球面 $x^2+y^2+z^2=a^2$ 与平面 $2x-y=0$ 相交的圆周.

3. 求 $I=\int_L(\mathrm{e}^x\sin y-b(x+y))\mathrm{d}x+(\mathrm{e}^x\cos y-ax)\mathrm{d}y$，其中 a,b 为正的常数，L 为从点 $A(2a,0)$ 沿曲线 $y=\sqrt{2ax-x^2}$ 到点 $O(0,0)$ 的弧.

4. 计算曲面积分 $I=\iint_{\Sigma}2x^3\mathrm{d}y\mathrm{d}z+2y^3\mathrm{d}z\mathrm{d}x+3(z^2-1)\mathrm{d}x\mathrm{d}y$，其中 Σ 是曲面 $z=1-x^2-y^2\ (z\geqslant 0)$ 的上侧.

5. 球面 $x^2+y^2+z^2=25$ 被旋转抛物面 $z=13-x^2-y^2$ 分成 3 部分，求 3 部分曲面面积之比.

四、（8 分）　计算曲线积分 $I=\oint_{\Gamma}(y^2-z^2)\mathrm{d}x+(2z^2-x^2)\mathrm{d}y+(3x^2-y^2)\mathrm{d}z$，其中 Γ 是平面 $x+y+z=2$ 与柱面 $|x|+|y|=1$ 的交线，从 z 轴正向看去，Γ 为逆时针方向.

五、（8 分）　计算 $I=\iint\limits_{\Sigma}\frac{x}{r^3}\mathrm{d}y\mathrm{d}z+\frac{y}{r^3}\mathrm{d}z\mathrm{d}x+\frac{z}{r^3}\mathrm{d}x\mathrm{d}y$，$r=\sqrt{x^2+y^2+z^2}$，其中 Σ 为曲面 $1-\frac{z}{5}=\frac{(x-2)^2}{16}+\frac{(y-1)^2}{9}(z\geqslant 0)$ 的上侧.

六、（8 分）　在变力 $\boldsymbol{F}=yz\boldsymbol{i}+zx\boldsymbol{j}+xy\boldsymbol{k}$ 的作用下，质点由原点沿直线运动到椭球面 $\frac{x^2}{a^2}+\frac{y^2}{b^2}+\frac{z^2}{c^2}=1$ 上第一卦限的点 $M(\xi,\eta,\zeta)$，问当 ξ,η,ζ 取何值时，力 $\boldsymbol{F}$ 所做的功 W 最大？并求出 W 的最大值.

七、（8 分）　设 S 为椭球面 $\frac{x^2}{2}+\frac{y^2}{2}+z^2=1$ 的上半部分，点 $P(x,y,z)\in S$，Π 为 S 在点 P 处的切平面，$\rho(x,y,z)$ 为点 $O(0,0,0)$ 到平面 Π 的距离，求 $\iint\limits_{S}\frac{z}{\rho(x,y,z)}\mathrm{d}S$.

八、（8 分）　已知平面区域 $D=\{(x,y)\,|\,0\leqslant x,y\leqslant \pi\}$，$L$ 为 D 的正向边界，试证：

（1）$\oint_{L}x\mathrm{e}^{\sin y}\mathrm{d}y-y\mathrm{e}^{-\sin x}\mathrm{d}x=\oint_{L}x\mathrm{e}^{-\sin y}\mathrm{d}y-y\mathrm{e}^{\sin x}\mathrm{d}x$；

（2）$\oint_{L}x\mathrm{e}^{\sin y}\mathrm{d}y-y\mathrm{e}^{-\sin x}\mathrm{d}x\geqslant 2\pi^2$.

第 10 章　无 穷 级 数

10.1　知识结构图与学习要求

10.1.1　知识结构图

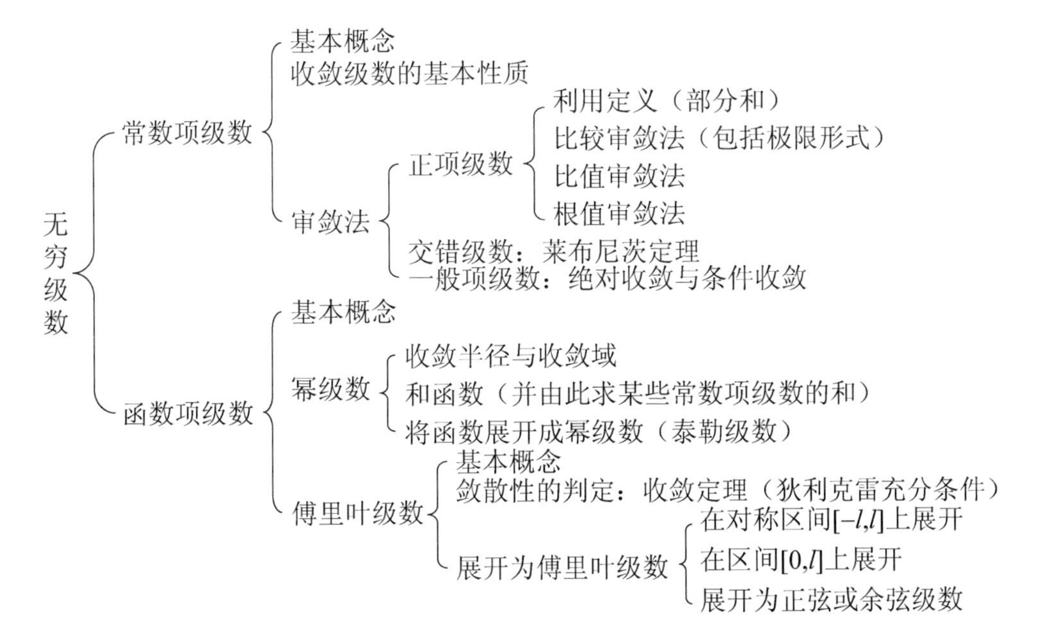

10.1.2　学习要求

（1）理解常数项级数收敛、发散及收敛级数的和的概念，掌握级数的基本性质及收敛的必要条件.

（2）掌握几何级数与 p-级数的收敛与发散的条件.

（3）掌握正项级数敛散性判定的比较审敛法和比值审敛法，会用根值审敛法.

（4）掌握交错级数的莱布尼茨定理.

（5）了解一般项级数绝对收敛与条件收敛的概念，以及绝对收敛与条件收敛的关系.

（6）了解函数项级数的收敛域及和函数的概念.

（7）理解幂级数的收敛半径的概念、掌握幂级数的收敛半径、收敛区间及收敛域的求法.

（8）了解幂级数在其收敛区间内的一些基本性质（和函数的连续性、逐项求导和逐项积分），会求一些幂级数在收敛区间内的和函数，并能由此求出某些常数项级数的和.

（9）了解函数展开为泰勒级数的充分必要条件.

（10）掌握 e^x，$\sin x$，$\cos x$，$\ln(1+x)$ 和 $(1+x)^\alpha$ 的麦克劳林展开式，会用它们将一些简单函数间接展开成幂级数.

（11）了解傅里叶级数的概念和收敛定理，会将定义在 $[-l,l]$ 上的函数展开为傅里叶级数，会将定义在 $[0,l]$ 上的函数展开为正弦级数和余弦级数，会写出傅里叶级数的和的表达式.

10.2 内 容 提 要

10.2.1 常数项级数

1. 概念

（1）若级数 $\sum\limits_{n=1}^{\infty}u_n$ 的部分和数列 $\{s_n\}(s_n=u_1+u_2+\cdots+u_n)$ 有极限 s，即 $\lim\limits_{n\to\infty}s_n=s$，则称无穷级数 $\sum\limits_{n=1}^{\infty}u_n$ 收敛，并称 s 为它的和，记为 $s=\sum\limits_{n=1}^{\infty}u_n$；否则称它发散.

（2）称级数 $\sum\limits_{n=1}^{\infty}u_n(u_n\geqslant 0,n=1,2,\cdots)$ 为正项级数. 称级数 $\sum\limits_{n=1}^{\infty}(-1)^{n-1}u_n$ 或 $\sum\limits_{n=1}^{\infty}(-1)^n u_n$（其中 $u_n>0$）为交错级数.

（3）如果级数 $\sum\limits_{n=1}^{\infty}|u_n|$ 收敛，则称级数 $\sum\limits_{n=1}^{\infty}u_n$ 绝对收敛；如果级数 $\sum\limits_{n=1}^{\infty}|u_n|$ 发散，而级数 $\sum\limits_{n=1}^{\infty}u_n$ 收敛，则称级数 $\sum\limits_{n=1}^{\infty}u_n$ 条件收敛.

2. 定理（性质）

（1）几何级数：

$$\sum_{n=0}^{\infty}q^n=1+q+q^2+\cdots+q^n+\cdots,$$

当 $|q|<1$ 时收敛，其和为 $\dfrac{1}{1-q}$；当 $|q|\geqslant 1$ 时发散.

（2）p-级数：

$$\sum_{n=1}^{\infty}\frac{1}{n^p}=1+\frac{1}{2^p}+\frac{1}{3^p}+\cdots+\frac{1}{n^p}+\cdots (p\text{ 是常数}),$$

当 $p>1$ 时收敛；当 $p\leqslant 1$ 时发散. 特别地，当 $p=1$ 时，调和级数

$$\sum_{n=1}^{\infty}\frac{1}{n}=1+\frac{1}{2}+\frac{1}{3}+\cdots+\frac{1}{n}+\cdots$$

发散.

（3）设级数 $\sum_{n=1}^{\infty}u_n$ 和 $\sum_{n=1}^{\infty}v_n$ 都收敛，则级数 $\sum_{n=1}^{\infty}(u_n \pm v_n)$ 收敛. 类似的结论：

a. 若 $\sum_{n=1}^{\infty}u_n$ 收敛，$\sum_{n=1}^{\infty}v_n$ 发散，则 $\sum_{n=1}^{\infty}(u_n \pm v_n)$ 发散；

b. 若 $\sum_{n=1}^{\infty}u_n$ 发散，$\sum_{n=1}^{\infty}v_n$ 发散，则 $\sum_{n=1}^{\infty}(u_n \pm v_n)$ 敛散性不定；

c. 若 $\sum_{n=1}^{\infty}u_n$ 与 $\sum_{n=1}^{\infty}v_n$ 均绝对收敛，则 $\sum_{n=1}^{\infty}(u_n \pm v_n)$ 绝对收敛；

d. 若 $\sum_{n=1}^{\infty}u_n$ 绝对收敛，$\sum_{n=1}^{\infty}v_n$ 条件收敛，则 $\sum_{n=1}^{\infty}(u_n \pm v_n)$ 条件收敛.

（4）设级数 $\sum_{n=1}^{\infty}u_n$ 收敛，k 为一个常数，则

a. $\sum_{n=1}^{\infty}ku_n$ 收敛且 $\lim_{n\to\infty}u_n=0$（若 u_n 不趋于零，则级数 $\sum_{n=1}^{\infty}u_n$ 发散）；

b. 对 $\sum_{n=1}^{\infty}u_n$ 中的项任意加括号后所得的级数仍收敛（如果对级数 $\sum_{n=1}^{\infty}u_n$ 的项加括号后所得级数发散，则原级数发散）.

（5）在级数中去掉、加上或改变有限项，不改变级数的敛散性.

（6）如果级数 $\sum_{n=1}^{\infty}u_n$ 绝对收敛，则级数 $\sum_{n=1}^{\infty}u_n$ 必定收敛.

3. *方法*

（1）正项级数的审敛法：

a. 利用级数收敛的定义；

b. 利用级数收敛的充要条件（级数收敛 $\Leftrightarrow$ 部分和数列有界）；

c. 比较审敛法（包括极限形式）；

d. 比值审敛法；

e. 根值审敛法.

（2）交错级数的审敛法：莱布尼茨定理.

（3）一般项级数 $\sum\limits_{n=1}^{\infty}u_n$ 的审敛法：先转换为判定 $\sum\limits_{n=1}^{\infty}|u_n|$ 是否是收敛，若收敛，则原级数绝对收敛；否则判定是条件收敛还是发散.

10.2.2 函数项级数

1. 概念

（1）由定义在区间 I 上的函数列 $\{u_n(x)\}$ 所构成的表达式：

$$u_1(x)+u_2(x)+\cdots+u_n(x)+\cdots$$

称为定义在区间 I 的函数项级数，记为 $\sum\limits_{n=1}^{\infty}u_n(x)$.

（2）对于某个 $x_0\in I$，如果 $\sum\limits_{n=1}^{\infty}u_n(x_0)$ 收敛，则称 x_0 是函数项级数 $\sum\limits_{n=1}^{\infty}u_n(x)$ 的收敛点；如果 $\sum\limits_{n=1}^{\infty}u_n(x_0)$ 发散，则称 x_0 是函数项级数 $\sum\limits_{n=1}^{\infty}u_n(x)$ 的发散点. 收敛点的全体称为 $\sum\limits_{n=1}^{\infty}u_n(x)$ 的收敛域，发散点的全体称为 $\sum\limits_{n=1}^{\infty}u_n(x)$ 的发散域.

（3）在收敛域 I 上，函数项级数 $\sum\limits_{n=1}^{\infty}u_n(x)$ 的和是 x 的函数，记为 $s(x)$，称 $s(x)$ 为函数项级数 $\sum\limits_{n=1}^{\infty}u_n(x)$ 的和函数，即有

$$s(x)=\sum_{n=1}^{\infty}u_n(x)=u_1(x)+u_2(x)+\cdots+u_n(x)+\cdots,x\in I.$$

（4） $s_n(x)=u_1(x)+u_2(x)+\cdots+u_n(x)$ 称为函数项级数 $\sum\limits_{n=1}^{\infty}u_n(x)$ 的部分和，在收敛域上有 $\lim\limits_{n\to\infty}s_n(x)=s(x)$，称 $r_n(x)=s(x)-s_n(x)$ 为函数项级数 $\sum\limits_{n=1}^{\infty}u_n(x)$ 的余项.

（5）形如

$$\sum_{n=0}^{\infty}a_nx^n=a_0+a_1x+a_2x^2+\cdots+a_nx^n+\cdots$$

的函数项级数称为 x 的幂级数，而形如

$$\sum_{n=0}^{\infty}a_n(x-x_0)^n=a_0+a_1(x-x_0)+a_2(x-x_0)^2+\cdots+a_n(x-x_0)^n+\cdots$$

的幂级数称为 $(x-x_0)$ 的幂级数，其中 a_n $(n=0,1,2,\cdots)$ 称为幂级数的系数.

（6）如果幂级数$\sum_{n=0}^{\infty}a_nx^n$不是仅在$x=0$一点收敛，也不是在整个实数轴上都收敛，则必有唯一确定的正数R存在，使得当$|x|<R$时，幂级数$\sum_{n=0}^{\infty}a_nx^n$绝对收敛，当$|x|>R$时，幂级数$\sum_{n=0}^{\infty}a_nx^n$发散，此时称正数$R$为幂级数$\sum_{n=0}^{\infty}a_nx^n$的收敛半径. 当$x=R$与$x=-R$时，幂级数$\sum_{n=0}^{\infty}a_nx^n$可能收敛也可能发散. 如果幂级数$\sum_{n=0}^{\infty}a_nx^n$仅在$x=0$处收敛，则它的收敛半径$R=0$；如果幂级数$\sum_{n=0}^{\infty}a_nx^n$在整个实数轴上收敛，则它的收敛半径$R=+\infty$.

开区间$(-R,R)$称为幂级数$\sum_{n=0}^{\infty}a_nx^n$的收敛区间，而幂级数$\sum_{n=0}^{\infty}a_nx^n$的收敛域是$(-R,R)$，$(-R,R]$，$[-R,R)$及$[-R,R]$其中之一.

（7）如果函数$f(x)$在点x_0的某邻域内具有各阶导数$f'(x),f''(x),\cdots,f^{(n)}(x),\cdots$，则$(x-x_0)$的幂级数

$$f(x_0)+f'(x_0)(x-x_0)+\frac{f''(x_0)}{2!}(x-x_0)^2+\cdots+\frac{f^{(n)}(x_0)}{n!}(x-x_0)^n+\cdots=\sum_{n=0}^{\infty}\frac{f^{(n)}(x_0)}{n!}(x-x_0)^n$$

称为函数$f(x)$的泰勒级数. 特别地，取$x_0=0$，则级数变为

$$f(0)+f'(0)x+\frac{f''(0)}{2!}x^2+\cdots+\frac{f^{(n)}(0)}{n!}x^n+\cdots=\sum_{n=0}^{\infty}\frac{f^{(n)}(0)}{n!}x^n,$$

称此级数为麦克劳林级数.

2. 定理（性质）

（1）阿贝尔（Abel）定理：如果幂级数$\sum_{n-0}^{\infty}a_nx^n$当$x=x_0$ $(x_0\neq 0)$时收敛，则适合不等式$|x|<|x_0|$的一切x使该幂级数绝对收敛；反之，如果幂级数$\sum_{n=0}^{\infty}a_nx^n$当$x=x_0$时发散，则适合不等式$|x|>|x_0|$的一切$x$使该幂级数发散.

（2）设幂级数$\sum_{n=0}^{\infty}a_nx^n$，如果$\lim_{n\to\infty}\left|\frac{a_{n+1}}{a_n}\right|=\rho$，其中$a_n$，$a_{n+1}$是幂级数$\sum_{n=0}^{\infty}a_nx^n$的相邻两项的系数，则该幂级数的收敛半径

$$R=\begin{cases}\dfrac{1}{\rho}, & \rho\neq 0,\\ +\infty, & \rho=0,\\ 0, & \rho=+\infty.\end{cases}$$

注　定理中条件 $\lim\limits_{n\to\infty}\left|\dfrac{a_{n+1}}{a_n}\right|=\rho$ 仅是求幂级数收敛半径的充分条件，而非必要条件.

（3）幂级数 $\sum\limits_{n=0}^{\infty}a_nx^n$ 的和函数 $s(x)$ 在其收敛域 I 上连续.

（4）幂级数 $\sum\limits_{n=0}^{\infty}a_nx^n$ 的和函数 $s(x)$ 在其收敛区间 I 上可积，并有逐项积分公式

$$\int_0^x s(x)\mathrm{d}x=\int_o^x\left[\sum_{n=0}^{\infty}a_nx^n\right]\mathrm{d}x=\sum_{n=0}^{\infty}\int_0^x a_nx^n\mathrm{d}x=\sum_{n=0}^{\infty}\frac{a_n}{n+1}x^{n+1},\ x\in I.$$

逐项积分后所得到的幂级数与原级数有相同的收敛半径（端点处的敛散性可能会有变化）.

（5）幂级数 $\sum\limits_{n=0}^{\infty}a_nx^n$ 的和函数 $s(x)$ 在其收敛区间 $(-R,R)$ 内可导，并有逐项求导公式

$$s'(x)=\left(\sum_{n=0}^{\infty}a_nx^n\right)'=\sum_{n=0}^{\infty}(a_nx^n)'=\sum_{n=1}^{\infty}na_nx^{n-1},\ |x|<R.$$

逐项求导后所得到的幂级数与原级数有相同的收敛半径.

（6）设函数 $f(x)$ 在点 x_0 的某一邻域 $U(x_0)$ 内具有各阶导数，则 $f(x)$ 在该邻域内能展开成泰勒级数 $\sum\limits_{n=0}^{\infty}\dfrac{f^{(n)}(x_0)}{n!}(x-x_0)^n$ 的充要条件是 $f(x)$ 的泰勒公式中的余项

$$R_n(x)=\frac{f^{(n+1)}(\xi)}{(n+1)!}(x-x_0)^{n+1}\qquad(\xi\text{ 是介于 }x\text{ 与 }x_0\text{ 之间的某个值})$$

当 $n\to\infty$ 时的极限为零，即

$$\lim_{n\to\infty}R_n(x)=0,\quad x\in U(x_0).$$

（7）如果函数 $f(x)$ 在点 x_0 的某一邻域 $U(x_0)$ 内能展开成泰勒级数 $\sum\limits_{n=0}^{\infty}a_n(x-x_0)^n$，则 a_n 是唯一的，即 $a_n=\dfrac{f^{(n)}(x_0)}{n!}\ (n=0,1,2,\cdots)$.

3. *方法*

（1）幂级数的敛散性判定.

a. 形如$\sum_{n=0}^{\infty}a_n x^n$的幂级数，利用阿贝尔定理.

b. 对于幂级数$\sum_{n=0}^{\infty}a_n(x-x_0)^n$，只要令$x-x_0=t$，就可以转化为幂级数$\sum_{n=0}^{\infty}a_n t^n$，再利用阿贝尔定理.

c. 对于一般函数项级数$\sum_{n=1}^{\infty}u_n(x)$的敛散性判定，通常是把$x$看成常数，先讨论$\sum_{n=1}^{\infty}|u_n(x)|$的敛散性，得到收敛区间，再讨论区间端点处的敛散性.

（2）幂级数的收敛半径的求法.

a. 对于$a_n\neq 0\ (n=0,1,2,\cdots)$的幂级数$\sum_{n=0}^{\infty}a_n x^n$，由$\lim\limits_{n\to\infty}\left|\frac{a_{n+1}}{a_n}\right|=\rho$或$\lim\limits_{n\to\infty}\sqrt[n]{|a_n|}=\rho$，得收敛半径

$$R=\begin{cases}\dfrac{1}{\rho}, & \rho\neq 0,\\ +\infty, & \rho=0,\\ 0, & \rho=+\infty.\end{cases}$$

b. 对于缺项的幂级数$\sum_{n=1}^{\infty}u_n(x)$，不能用上述公式，而应直接使用函数项级数的比值审敛法求极限$\lim\limits_{n\to\infty}\left|\frac{u_{n+1}(x)}{u_n(x)}\right|=\rho(x)$，或使用根值审敛法求极限$\lim\limits_{n\to\infty}\sqrt[n]{|u_n(x)|}=\rho(x)$. 当$\rho(x)<1$时，幂级数收敛；当$\rho(x)>1$时，幂级数发散，从而根据幂级数收敛半径的定义求收敛半径R.

（3）幂级数的收敛域的求法.

求出幂级数的收敛半径R后，再对$x=\pm R$时所得常数项级数判定其敛散性，最终求出收敛域，即区间$(-R,R)$，$(-R,R]$，$[-R,R)$和$[-R,R]$其中之一.

（4）幂级数在收敛域内的和函数.

a. 熟知的一些常用级数的和函数：

$$\mathrm{e}^x=1+x+\frac{1}{2!}x^2+\cdots+\frac{1}{n!}x^n+\cdots=\sum_{n=0}^{\infty}\frac{1}{n!}x^n\quad(-\infty<x<+\infty),$$

$$\sin x=x-\frac{1}{3!}x^3+\cdots+(-1)^{n-1}\frac{1}{(2n-1)!}x^{2n-1}+\cdots=\sum_{n=1}^{\infty}(-1)^{n-1}\frac{1}{(2n-1)!}x^{2n-1}\quad(-\infty<x<+\infty),$$

$$\cos x = 1 - \frac{1}{2!}x^2 + \frac{1}{4!}x^4 - \cdots + (-1)^n \frac{1}{(2n)!}x^{2n} + \cdots = \sum_{n=0}^{\infty}(-1)^n \frac{1}{(2n)!}x^{2n} \quad (-\infty < x < +\infty),$$

$$\frac{1}{1-x} = 1 + x + x^2 + \cdots + x^n + \cdots = \sum_{n=0}^{\infty} x^n \quad (-1 < x < 1),$$

$$\ln(1+x) = x - \frac{x^2}{2} + \frac{x^3}{3} - \cdots + (-1)^n \frac{x^{n+1}}{n+1} + \cdots = \sum_{n=0}^{\infty}(-1)^n \frac{x^{n+1}}{n+1} \quad (-1 < x \leqslant 1),$$

$$(1+x)^m = 1 + mx + \frac{m(m-1)}{2!}x^2 + \cdots + \frac{m(m-1)\cdots(m-n+1)}{n!}x^n + \cdots \quad (-1 < x < 1).$$

b. 要善于利用适当的变量代换、幂级数的代数运算和幂级数在其收敛域内的逐项求导、积分运算，把所讨论级数化成其和函数是已知的幂级数的形式，并求其和；然后再作相应的逆运算，即可求得原幂级数的和函数；

c. 但要注意，上述运算均应在幂级数的收敛区间内进行，故和函数的后面，必须注明收敛区间. 因此，在求和函数之前要先求收敛域.

（5）利用幂级数求某些常数项级数的和.

根据该常数项级数的特点，构造出一个幂级数或几个幂级数的和，使其在收敛域中某一点 x_0 的值恰好是这个常数项级数，然后再按照求幂级数和函数的方法求出幂级数的和函数，最后求出该和函数在 x_0 处的值，即得所求常数项级数的和.

（6）幂级数的运算.

a. 两个收敛的幂级数相加、相减或相乘，所得幂级数的收敛区间取原来两个幂级数的收敛区间的公共部分，而相除所得的幂级数的收敛区间则可能比原来两个幂级数的收敛区间小.

b. 对幂级数逐项求导或逐项积分所得的幂级数与原来幂级数有相同的收敛半径 R，但在点 $x = \pm R$ 处，幂级数的敛散性可能发生变化，必须重新讨论.

（7）函数展开成 x 的幂级数.

a. 直接法. 可分如下 4 步进行：

第一步，求出函数 $f(x)$ 的各阶导数 $f'(x), f''(x), \cdots, f^{(n)}(x), \cdots$，如果在 $x=0$ 的邻域内某阶导数不存在，表明该函数不能展开为幂级数.

第二步，求出函数 $f(x)$ 的各阶导数 $f'(x), f''(x), \cdots, f^{(n)}(x), \cdots$ 在 $x=0$ 处的值：

$$f(0), f'(0), f''(0), \cdots, f^{(n)}(0), \cdots$$

第三步，写出幂级数

$$f(0) + f'(0)x + \frac{f''(0)}{2!}x^2 + \cdots + \frac{f^{(n)}(0)}{n!}x^n + \cdots \text{或} \sum_{n=0}^{\infty}\frac{f^{(n)}(0)}{n!}x^n,$$

并求出收敛半径 R.

第四步：考察当 x 在区间 $(-R,R)$ 内时的余项

$$R_n(x)=\frac{f^{(n+1)}(\xi)}{(n+1)!}x^{n+1}$$

的极限

$$\lim_{n\to\infty}R_n(x)=\lim_{n\to\infty}\frac{f^{(n+1)}(\xi)}{(n+1)!}x^{n+1}\quad(\xi\text{ 在 }0\text{ 与 }x\text{ 之间})$$

是否为零. 如果为零, 则函数 $f(x)$ 在区间 $(-R,R)$ 内的幂级数展开式为

$$f(x)=f(0)+f'(0)x+\frac{f''(0)}{2!}x^2+\cdots+\frac{f^{(n)}(0)}{n!}x^n+\cdots=\sum_{n=0}^{\infty}\frac{f^{(n)}(0)}{n!}x^n,$$

其中 $-R<x<R$.

b. 间接法.

将所给函数拆成部分和的形式或者通过求导数、求积分将其化成其幂级数展开式为已知的函数（如 $\mathrm{e}^x,\sin x,\cos x,\dfrac{1}{1-x},\ln(1+x)$ 及 $(1+x)^m$ 等），然后再利用这些函数的幂级数展开式进行逐项求导或逐项积分, 将所给函数展开成幂级数. 这样做不但计算简单, 而且可以避免研究余项. 但要注意, 这种展开运算也是在幂级数的收敛区间内进行的, 因此, 最后必须注明幂级数的收敛域.

10.2.3 傅里叶级数

1. 概念

（1）形如

$$\frac{a_0}{2}+\sum_{n=1}^{\infty}(a_n\cos nx+b_n\sin nx)$$

的级数称为三角级数.

（2）三角函数系

$$\{1,\cos x,\sin x,\cdots,\cos nx,\sin nx,\cdots\}$$

中任何两个不同函数的乘积在区间 $[-\pi,\pi]$ 上的积分等于零, 即

$$\int_{-\pi}^{\pi}\cos nx\mathrm{d}x=0\quad(n=1,2,3,\cdots),$$

$$\int_{-\pi}^{\pi}\sin nx\mathrm{d}x=0\quad(n=1,2,3,\cdots),$$

$$\int_{-\pi}^{\pi}\sin kx\cos nx\mathrm{d}x=0\quad(k,n=1,2,3,\cdots),$$

$$\int_{-\pi}^{\pi}\cos kx\cos nx\mathrm{d}x=0\quad(k,n=1,2,3,\cdots,k\neq n),$$

$$\int_{-\pi}^{\pi}\sin kx\sin nx\mathrm{d}x=0\quad(k,n=1,2,3,\cdots,k\neq n).$$

称此三角函数系在区间$[-\pi,\pi]$上正交.

（3）设函数$f(x)$在区间$[-\pi,\pi]$上可积，则

$$a_n=\frac{1}{\pi}\int_{-\pi}^{\pi}f(x)\cos nx\mathrm{d}x\ \ (n=0,1,\cdots),\quad b_n=\frac{1}{\pi}\int_{-\pi}^{\pi}f(x)\sin nx\mathrm{d}x\ \ (n=1,2,\cdots),$$

称为函数$f(x)$的傅里叶系数.

（4）由函数$f(x)$的傅里叶系数所构成的三角级数

$$\frac{a_0}{2}+\sum_{n=1}^{\infty}(a_n\cos nx+b_n\sin nx)$$

称为函数$f(x)$的傅里叶级数，记为

$$f(x)\sim\frac{a_0}{2}+\sum_{n=1}^{\infty}(a_n\cos nx+b_n\sin nx).$$

（5）设函数$f(x)$在区间$[-\pi,\pi]$上可积. 当$f(x)$为奇函数时，$f(x)$的傅里叶系数为

$$a_n=0\ \ (n=0,1,2,\cdots),\quad b_n=\frac{2}{\pi}\int_0^{\pi}f(x)\sin nx\mathrm{d}x\ \ (n=1,2,\cdots),$$

$f(x)$的傅里叶级数为$\sum\limits_{n=1}^{\infty}b_n\sin nx$，此时称其为正弦级数；当$f(x)$为偶函数时，$f(x)$的傅里叶系数为

$$a_n=\frac{2}{\pi}\int_0^{\pi}f(x)\cos nx\mathrm{d}x\ \ (n=0,1,2,\cdots),\quad b_n=0\ \ (n=1,2,\cdots),$$

$f(x)$的傅里叶级数为$\dfrac{a_0}{2}+\sum\limits_{n=1}^{\infty}a_n\cos nx$，此时称其为余弦级数.

（6）设函数$f(x)$定义在区间$[0,\pi]$上且满足收敛定理的条件，在开区间$(-\pi,0)$内补充函数$f(x)$的定义，得到定义在$(-\pi,\pi]$上的函数$F(x)$，使它在$(-\pi,\pi)$上成为奇函数（偶函数）. 按这种方式拓广函数定义域的过程称为奇延拓（偶延拓）.

2. 定理（性质）

（1）收敛定理（狄利克雷充分条件）. 设$f(x)$是周期为2π的周期函数，如果它满足：在一个周期内连续或至多有有限个第一类间断点，并且在一个周期内至多只有有限个极值点，则$f(x)$的傅里叶级数收敛，并且其和函数

$$s(x)=\frac{a_0}{2}+\sum_{n=1}^{\infty}(a_n\cos nx+b_n\sin nx)$$

满足：

$$s(x)=\begin{cases}f(x), & x\text{为}f(x)\text{的连续点},\\ \dfrac{1}{2}[f(x^-)+f(x^+)], & x\text{为}f(x)\text{的间断点}.\end{cases}$$

（2）设周期为 $2l$ 的周期函数 $f(x)$ 满足收敛定理的条件，则它的傅里叶级数展开为

$$f(x)=\frac{a_0}{2}+\sum_{n=1}^{\infty}\left(a_n\cos\frac{n\pi x}{l}+b_n\sin\frac{n\pi x}{l}\right)\quad(x\in C),$$

其中，

$$a_n=\frac{1}{l}\int_{-l}^{l}f(x)\cos\frac{n\pi x}{l}\,\mathrm{d}x\quad(n=0,1,2,\cdots),$$

$$b_n=\frac{1}{l}\int_{-l}^{l}f(x)\sin\frac{n\pi x}{l}\,\mathrm{d}x\quad(n=1,2,3,\cdots),$$

$$C=\{x\,|\,f(x)=\frac{1}{2}[f(x^-)+f(x^+)]\}.$$

a. 当 $f(x)$ 为奇函数时，$f(x)=\sum\limits_{n=1}^{\infty}b_n\sin\frac{n\pi x}{l}(x\in C)$，其中，

$$b_n=\frac{2}{l}\int_0^{l}f(x)\sin\frac{n\pi x}{l}\,\mathrm{d}x\quad(n=1,2,3,\cdots).$$

b. 当 $f(x)$ 为偶函数时，$f(x)=\frac{a_0}{2}+\sum\limits_{n=1}^{\infty}a_n\cos\frac{n\pi x}{l}(x\in C)$，其中，

$$a_n=\frac{2}{l}\int_0^{l}f(x)\cos\frac{n\pi x}{l}\,\mathrm{d}x\quad(n=0,1,2,\cdots).$$

10.3　典型例题解析

例 10.1　判定下列级数的敛散性，若收敛，求其和.

（1）$\sum\limits_{n=1}^{\infty}(\sqrt[2n+1]{a}-\sqrt[2n-1]{a})(a>0)$；

（2）$\frac{1}{1\cdot 6}+\frac{1}{6\cdot 11}+\cdots+\frac{1}{(5n-4)(5n+1)}+\cdots$；

（3）$\frac{1}{2}-\frac{1}{3}+\frac{1}{2^2}-\frac{1}{3^2}+\cdots+\frac{1}{2^n}-\frac{1}{3^n}+\cdots$.

分析　（1）一般项是两项之差，前 n 项的和 s_n 可以通过消项来求得；

（2）一般项需先拆项，然后前 n 项的和 s_n 可以通过消项来求得；

（3）级数前 n 项的和 s_n 不容易求得，因此，$\lim\limits_{n\to\infty}s_n$ 不易求出. 但级数前 $2n$ 项的部分和 s_{2n} 和前 $(2n-1)$ 项的部分和 s_{2n-1} 却容易求出，于是可先求 $\lim\limits_{n\to\infty}s_{2n}$ 和 $\lim\limits_{n\to\infty}s_{2n-1}$，从而可求出 $\lim\limits_{n\to\infty}s_n$.

解　（1）由于

$$s_n=(\sqrt[3]{a}-a)+(\sqrt[5]{a}-\sqrt[3]{a})+(\sqrt[7]{a}-\sqrt[5]{a})+\cdots+(\sqrt[2n-1]{a}-\sqrt[2n-3]{a})+(\sqrt[2n+1]{a}-\sqrt[2n-1]{a})=\sqrt[2n+1]{a}-a.$$

故 $\lim\limits_{n\to\infty}s_n=\lim\limits_{n\to\infty}(\sqrt[2n+1]{a}-a)=\lim\limits_{n\to\infty}\sqrt[2n+1]{a}-a=1-a$，即原级数收敛且其和为 $1-a$.

（2）由于
$$\begin{aligned}s_n&=\frac{1}{1\cdot6}+\frac{1}{6\cdot11}+\cdots+\frac{1}{(5n-4)(5n+1)}\\&=\frac{1}{5}\left(1-\frac{1}{6}\right)+\frac{1}{5}\left(\frac{1}{6}-\frac{1}{11}\right)+\cdots+\frac{1}{5}\left(\frac{1}{5n-4}-\frac{1}{5n+1}\right)\\&=\frac{1}{5}\left(1-\frac{1}{6}+\frac{1}{6}-\frac{1}{11}+\cdots+\frac{1}{5n-4}-\frac{1}{5n+1}\right)\\&=\frac{1}{5}\left(1-\frac{1}{5n+1}\right)=\frac{1}{5}-\frac{1}{5(5n+1)}.\end{aligned}$$

故 $\lim\limits_{n\to\infty}s_n=\frac{1}{5}-\lim\limits_{n\to\infty}\frac{1}{5(5n+1)}=\frac{1}{5}$，即原级数收敛且和为 $\frac{1}{5}$.

（3）级数 $\frac{1}{2}-\frac{1}{3}+\frac{1}{2^2}-\frac{1}{3^2}+\cdots+\frac{1}{2^n}-\frac{1}{3^n}+\cdots$ 前 $2n$ 项的部分和为

$$\begin{aligned}s_{2n}&=\frac{1}{2}-\frac{1}{3}+\frac{1}{2^2}-\frac{1}{3^2}+\cdots+\frac{1}{2^n}-\frac{1}{3^n}\\&=\left(\frac{1}{2}+\frac{1}{2^2}+\cdots+\frac{1}{2^n}\right)-\left(\frac{1}{3}+\frac{1}{3^2}+\cdots+\frac{1}{3^n}\right)\\&=\frac{\frac{1}{2}\left(1-\frac{1}{2^n}\right)}{1-\frac{1}{2}}-\frac{\frac{1}{3}\left(1-\frac{1}{3^n}\right)}{1-\frac{1}{3}}=\frac{1}{2}-\frac{1}{2^n}+\frac{1}{2\cdot3^n},\end{aligned}$$

故 $\lim\limits_{n\to\infty}s_{2n}=\frac{1}{2}$，又因为 $\lim\limits_{n\to\infty}s_{2n-1}=\lim\limits_{n\to\infty}(s_{2n}+\frac{1}{3^n})=\frac{1}{2}$，从而 $\lim\limits_{n\to\infty}s_n=\frac{1}{2}$. 故原级数收敛且和为 $\frac{1}{2}$.

例 10.2　设级数 $\sum\limits_{n=1}^{\infty}a_n$ 收敛，问级数 $\sum\limits_{n=1}^{\infty}{a_n}^2$ 是否收敛？为什么？

解　级数 $\sum\limits_{n=1}^{\infty}a_n$ 收敛，级数 $\sum\limits_{n=1}^{\infty}{a_n}^2$ 可能收敛也可能发散. 如级数 $\sum\limits_{n=1}^{\infty}(-1)^n\frac{1}{\sqrt{n}}$ 收敛，但级数 $\sum\limits_{n=1}^{\infty}\frac{1}{n}$ 却发散；又如级数 $\sum\limits_{n=1}^{\infty}(-1)^n\frac{1}{n}$ 收敛，级数 $\sum\limits_{n=1}^{\infty}\frac{1}{n^2}$ 也收敛.

错误解答　由于级数 $\sum\limits_{n=1}^{\infty}a_n$ 收敛，所以 $\lim\limits_{n\to\infty}a_n=0$，故 $\lim\limits_{n\to\infty}\frac{{a_n}^2}{a_n}=0$，从而由比较审敛法知级数 $\sum\limits_{n=1}^{\infty}{a_n}^2$ 收敛.

错解分析 比较审敛法只适用于正项级数，而题目中并未告知级数 $\sum_{n=1}^{\infty} a_n$ 是正项级数，故此种解法是错误的.

例 10.3 判定下列级数是否收敛？

（1）$\sum_{n=1}^{\infty} \frac{2+(-1)^n}{2^n}$；（2）$\sum_{n=1}^{\infty} e^{-\sqrt{n}}$；

（3）$\sum_{n=2}^{\infty} n^2 \tan\frac{\pi}{2^n}$；（4）$\sum_{n=1}^{\infty} \frac{1}{\int_0^n \sqrt[4]{1+x^4}\,dx}$.

分析 （1）所给级数是正项级数，其一般项是 $u_n = \frac{2+(-1)^n}{2^n}$，由于

$$u_n = 2\times\left(\frac{1}{2}\right)^n + \left(-\frac{1}{2}\right)^n, \quad u_n \leqslant \frac{2+1}{2^n} = 3\times\left(\frac{1}{2}\right)^n,$$

故此级数的敛散性可用收敛级数的性质、比较审敛法或根值审敛法等方法来判定.

（2）所给级数是正项级数，其一般项是 $u_n = e^{-\sqrt{n}}$. 由于

$$\rho = \lim_{n\to\infty}\frac{u_{n+1}}{u_n} = \lim_{n\to\infty} e^{\sqrt{n}-\sqrt{n+1}} = \lim_{n\to\infty} e^{-\frac{1}{\sqrt{n}+\sqrt{n+1}}} = e^0 = 1,$$

故不能用比值审敛法，可用比较审敛法.

（3）所给级数是正项级数，其一般项是 $u_n = n^2\tan\frac{\pi}{2^n}$，注意当 $n\to\infty$ 时，

$$u_n = n^2 \tan\frac{\pi}{2^n} \sim \frac{\pi n^2}{2^n},$$

因此原级数与级数 $\sum_{n=2}^{\infty}\frac{\pi n^2}{2^n}$ 同时收敛同时发散. 故只需判定级数 $\sum_{n=2}^{\infty}\frac{\pi n^2}{2^n}$ 的敛散性就可以了.

（4）所给级数是正项级数，其一般项是 $u_n = \frac{1}{\int_0^n \sqrt[4]{1+x^4}\,dx}$. 由于一般项中含有定积分，故用比较审敛法来判定其敛散性为宜.

解 （1）**解法 1** 由于 $u_n = 2\times\left(\frac{1}{2}\right)^n + \left(-\frac{1}{2}\right)^n$，而级数 $\sum_{n=1}^{\infty} 2\times\left(\frac{1}{2}\right)^n$ 和 $\sum_{n=1}^{\infty}\left(-\frac{1}{2}\right)^n$ 都收敛，由收敛级数的性质可知所给级数收敛.

解法 2 由于 $u_n = \frac{2+(-1)^n}{2^n} > 0\ (n=1,2,\cdots)$，故所给级数是正项级数. 又由于

$$u_n \leqslant \frac{2+1}{2^n} = 3\times\left(\frac{1}{2}\right)^n,$$

并且正项级数 $\sum_{n=1}^{\infty} 3\times\left(\frac{1}{2}\right)^n$ 收敛，故由比较审敛法知所给级数收敛.

解法 3　由于 $u_n=\dfrac{2+(-1)^n}{2^n}>0\ (n=1,2,\cdots)$，故所给级数是正项级数. 又由于

$$\rho=\lim_{n\to\infty}\sqrt[n]{u_n}=\lim_{n\to\infty}\sqrt[n]{\frac{2+(-1)^n}{2^n}}=\frac{1}{2}<1,$$

故由根值审敛法知原级数收敛.

错误解答　因为极限

$$\lim_{n\to\infty}\frac{u_{n+1}}{u_n}=\lim_{n\to\infty}\frac{2+(-1)^{n+1}}{2^{n+1}}\cdot\frac{2^n}{2+(-1)^n}=\frac{1}{2}\lim_{n\to\infty}\frac{2+(-1)^{n+1}}{2+(-1)^n}$$

不存在[因为，若令 $x_n=\dfrac{2+(-1)^{n+1}}{2+(-1)^n}$，则它有两个子数列：$x_{2k-1}\to 3, x_{2k}\to\dfrac{1}{3}$（$k\to+\infty$）.所以，$\lim\limits_{n\to\infty}x_n=\lim\limits_{n\to\infty}\dfrac{2+(-1)^{n+1}}{2+(-1)^n}$ 不存在］. 由比值审敛法可知原级数的敛散性不能确定.

错解分析　在比值审敛法中，极限 $\lim\limits_{n\to\infty}\dfrac{u_{n+1}}{u_n}$ 存在只是判定正项级数敛散性的充分条件，而不是必要条件. 极限 $\lim\limits_{n\to\infty}\dfrac{u_{n+1}}{u_n}$ 不存在只表明用比值审敛法判定不出原级数的敛散性，但仍可用其它审敛法判定其敛散性.

（2）由于 $u_n=\mathrm{e}^{-\sqrt{n}}>0\ (n=1,2,\cdots)$，故所给级数是正项级数. 由幂级数展开式：

$$\mathrm{e}^x=1+x+\frac{x^2}{2!}+\cdots+\frac{x^n}{n!}+\cdots\quad(-\infty<x<+\infty),$$

可得

$$u_n=\frac{1}{\mathrm{e}^{\sqrt{n}}}\leqslant\frac{1}{1+\sqrt{n}+\frac{(\sqrt{n})^2}{2!}+\frac{(\sqrt{n})^3}{3!}+\frac{(\sqrt{n})^4}{4!}}<\frac{24}{n^2},$$

而正项级数 $\sum_{n=1}^{\infty}\frac{24}{n^2}$ 收敛，由比较审敛法知原级数收敛.

（3）由于 $u_n=n^2\tan\dfrac{\pi}{2^n}>0\ (n=2,3,4,\cdots)$，故所给级数是正项级数. 又由于当 $n\to\infty$ 时

$$u_n=n^2\tan\frac{\pi}{2^n}\sim\frac{\pi n^2}{2^n},\text{即 } n^2\tan\frac{\pi}{2^n}\Big/\frac{\pi n^2}{2^n}\to 1$$

令 $v_n=\dfrac{\pi n^2}{2^n}$，由比较审敛法知原级数与正项级数 $\sum_{n=2}^{\infty}v_n$ 同时收敛同时发散. 注意

$$\rho=\lim_{n\to\infty}\frac{v_{n+1}}{v_n}=\lim_{n\to\infty}\frac{\pi(n+1)^2}{2^{n+1}}\cdot\frac{2^n}{\pi n^2}=\lim_{n\to\infty}\frac{(n+1)^2}{2n^2}=\frac{1}{2}<1,$$

可知级数 $\sum_{n=2}^{\infty}v_n$ 收敛，因此原级数也收敛.

（4）由于 $u_n=\dfrac{1}{\int_0^n\sqrt[4]{1+x^4}\,dx}>0\ (n=1,2,3,\cdots)$，故所给级数是正项级数. 又由于

$$u_n=\frac{1}{\int_0^n\sqrt[4]{1+x^4}\,dx}\leqslant\frac{1}{\int_0^n\sqrt[4]{x^4}\,dx}=\frac{1}{\int_0^n x\,dx}=\frac{2}{n^2},$$

并且正项级数 $\sum_{n=1}^{\infty}\frac{2}{n^2}$ 收敛，故由比较审敛法知原级数收敛.

注 1　用比较审敛法来判定正项级数的敛散性时

a. 若用不等式形式，则应将原级数的一般项放大为一个收敛级数的一般项（此时可断定原级数收敛），或者将原级数的一般项缩小为一个发散级数的一般项（此时可断定原级数发散）.

b. 若用极限形式，则应先考察级数一般项是否为无穷小，如果不是，可断定原级数发散；如果是，再考察一般项的阶. 当它是 $\frac{1}{n}$ 的 $k\ (k>1)$ 阶无穷小时，则可断定原级数收敛；当它是 $\frac{1}{n}$ 的同阶或低阶无穷小时，则断定原级数发散.

注 2　判定级数敛散性时必须先确定级数的类型，然后用相应的审敛法.

例 10.4　判定下列级数的敛散性：

（1）$\sum_{n=1}^{\infty}\frac{(n!)^2}{(2n)!}$；　　（2）$\sum_{n=2}^{\infty}n^{\alpha}\beta^n$（$\alpha$ 为任意实数，$\beta\geqslant 0$）；

（3）$\sum_{n=1}^{\infty}\frac{a^n n!}{n^n}$（$a>0$）.

分析　（1）所给级数是正项级数，其一般项是 $u_n=\frac{(n!)^2}{(2n)!}$，含有阶乘，故用比值审敛法比较好.

（2）所给级数是正项级数，其一般项是 $u_n=n^{\alpha}\beta^n$，含有 n 次幂，故可用根值审敛法也可用比值审敛法来判定.

（3）所给级数是正项级数，其一般项是 $u_n=\frac{a^n n!}{n^n}$，含有阶乘，故用比值审敛法判定敛散性比较好.

解　（1）由于 $u_n=\frac{(n!)^2}{(2n)!}>0$（$n=1,2,3,\cdots$），故所给级数是正项级数. 又由于

$$\rho=\lim_{n\to\infty}\frac{u_{n+1}}{u_n}=\lim_{n\to\infty}\frac{[(n+1)!]^2}{[2(n+1)]!}\cdot\frac{(2n)!}{(n!)^2}=\lim_{n\to\infty}\frac{(n+1)^2}{(2n+2)(2n+1)}=\frac{1}{4}<1,$$

故由比值审敛法知原级数收敛.

（2）由于 $u_n=n^\alpha\beta^n\geqslant 0(n=2,3,4,\cdots)$，故所给级数是正项级数. 又由于

$$\rho=\lim_{n\to\infty}\sqrt[n]{u_n}=\lim_{n\to\infty}\sqrt[n]{n^\alpha\beta^n}=\beta\lim_{n\to\infty}\sqrt[n]{n^\alpha}=\beta,$$

或

$$\rho=\lim_{n\to\infty}\frac{u_{n+1}}{u_n}=\lim_{n\to\infty}\frac{(n+1)^\alpha\beta^{n+1}}{n^\alpha\beta^n}=\lim_{n\to\infty}\beta\left(\frac{n+1}{n}\right)^\alpha=\beta,$$

故由根值审敛法（或比值审敛法）知：当 $0\leqslant\beta<1$ 时，原级数收敛；当 $\beta>1$ 时，原级数发散；而当 $\beta=1$ 时，原级数变为 $\sum\limits_{n=1}^{\infty}n^\alpha$，当 $\alpha<-1$ 时，级数收敛；当 $\alpha\geqslant-1$ 时，级数发散.

综上所述：当 $0\leqslant\beta<1$，α 为任意实数时，原级数收敛；当 $\beta>1$，α 为任意实数时，原级数发散；当 $\beta=1$，$\alpha<-1$ 时，原级数收敛；当 $\beta=1$，$\alpha\geqslant-1$ 时，原级数发散.

（3）由于 $u_n=\dfrac{a^n n!}{n^n}>0\ (a>0,n=1,2,3,\cdots)$，故所给级数是正项级数. 又由于

$$\rho=\lim_{n\to\infty}\frac{u_{n+1}}{u_n}=\lim_{n\to\infty}\frac{a^{n+1}(n+1)!}{(n+1)^{n+1}}\cdot\frac{n^n}{a^n n!}=\lim_{n\to\infty}\frac{a}{\left(1+\frac{1}{n}\right)^n}=\frac{a}{\mathrm{e}},$$

故由比值审敛法知当 $0<a<\mathrm{e}$ 时，原级数收敛；当 $a>\mathrm{e}$ 时，原级数发散；当 $a=\mathrm{e}$ 时，考察

$$\frac{u_{n+1}}{u_n}=\frac{\mathrm{e}}{\left(1+\frac{1}{n}\right)^n}\quad(n=1,2,3,\cdots)$$

的值. 由极限 $\lim\limits_{n\to\infty}\left(1+\dfrac{1}{n}\right)^n=\mathrm{e}$ 的推导过程可知：数列 $\left(1+\dfrac{1}{n}\right)^n(n=1,2,3,\cdots)$ 是单调增加的，并且有上界 e，即有

$$\left(1+\frac{1}{n}\right)^n<\mathrm{e}\quad(n=1,2,3,\cdots),$$

因此有

$$\frac{u_{n+1}}{u_n}=\frac{\mathrm{e}}{\left(1+\frac{1}{n}\right)^n}>1,$$

由此可得$u_{n+1}>u_n(n=1,2,3,\cdots)$. 而$u_1=\mathrm{e}$，故一般项不趋于零，由级数收敛的必要条件可知原级数发散.

综上所述：当$0<a<\mathrm{e}$时，原级数收敛；当$a\geqslant\mathrm{e}$时，原级数发散.

例 10.5　证明级数$\sum\limits_{n=1}^{\infty}\frac{1}{3^n}\left(1+\frac{1}{n}\right)^{n^2}$收敛，并由此证明$\lim\limits_{n\to\infty}\frac{1}{n}\sum\limits_{k=1}^{n}\frac{1}{3^k}\left(1+\frac{1}{k}\right)^{k^2}=0$.

分析　所给级数是正项级数，其一般项是$u_n=\frac{1}{3^n}\left(1+\frac{1}{n}\right)^{n^2}$，含有$n$次幂，故用根值审敛法来判定其敛散性. 注意到$\sum\limits_{k=1}^{n}\frac{1}{3^k}\left(1+\frac{1}{k}\right)^{k^2}$刚好是级数$\sum\limits_{n=1}^{\infty}\frac{1}{3^n}\left(1+\frac{1}{n}\right)^{n^2}$的部分和$s_n$，若级数收敛，则$s_n$有界，从而可得所要证的结论.

证明　由于

$$u_n=\frac{1}{3^n}\left(1+\frac{1}{n}\right)^{n^2}>0\quad(n=1,2,3,\cdots),$$

故所给级数是正项级数. 又由于

$$\rho=\lim_{n\to\infty}\sqrt[n]{u_n}=\lim_{n\to\infty}\sqrt[n]{\frac{1}{3^n}\left(1+\frac{1}{n}\right)^{n^2}}=\lim_{n\to\infty}\frac{1}{3}\left(1+\frac{1}{n}\right)^{n}=\frac{\mathrm{e}}{3}<1,$$

故由根值审敛法知所给级数收敛. 由此可知该级数的部分和数列$\{s_n\}$有界，所以

$$\lim_{n\to\infty}\frac{1}{n}\sum_{k=1}^{n}\frac{1}{3^k}\left(1+\frac{1}{k}\right)^{k^2}=\lim_{n\to\infty}\frac{1}{n}s_n=0.$$

注　在证明级数$\sum\limits_{n=1}^{\infty}\frac{1}{3^n}\left(1+\frac{1}{n}\right)^{n^2}$收敛时，若用比值审敛法，则求$\rho$时较复杂.

例 10.6　（1）下列说法正确的是（　　）.

A. 若$\sum\limits_{n=1}^{\infty}u_n$收敛，则$\sum\limits_{n=1}^{\infty}|u_n|$收敛

B. 若$\sum\limits_{n=1}^{\infty}u_n$收敛，则$\sum\limits_{n=1}^{\infty}u_n{}^2$收敛

C. 若$\sum\limits_{n=1}^{\infty}u_n$收敛，则$\lim\limits_{n\to\infty}nu_n=0$

D. 若$\sum\limits_{n=1}^{\infty}u_n$收敛且$\lim\limits_{n\to\infty}\frac{u_n}{v_n}=1$，则$\sum\limits_{n=1}^{\infty}v_n$不一定收敛

（2）若级数$\sum\limits_{n=1}^{\infty}a_n$收敛，则级数（　　）.

A. $\sum\limits_{n=1}^{\infty}|a_n|$收敛　　B. $\sum\limits_{n=1}^{\infty}(-1)^n a_n$ 收敛

C. $\sum\limits_{n=1}^{\infty}a_n a_{n+1}$ 收敛　　D. $\sum\limits_{n=1}^{\infty}\dfrac{a_n+a_{n+1}}{2}$收敛

（3）设有两个数列$\{a_n\},\{b_n\}$，若$\lim\limits_{n\to\infty}a_n=0$，则（　　）

A. 当$\sum\limits_{n=1}^{\infty}b_n$ 收敛时，$\sum\limits_{n=1}^{\infty}a_n b_n$ 收敛

B. $\sum\limits_{n=1}^{\infty}b_n$ 发散时，$\sum\limits_{n=1}^{\infty}a_n b_n$ 发散

C. 当$\sum\limits_{n=1}^{\infty}|b_n|$收敛时，$\sum\limits_{n=1}^{\infty}a_n^2 b_n^2$ 收敛

D. $\sum\limits_{n=1}^{\infty}|b_n|$发散时，$\sum\limits_{n=1}^{\infty}a_n^2 b_n^2$ 发散

解　（1）取$u_n=(-1)^n\dfrac{1}{\sqrt{n}}$，则可知 A, B 及 C 错误. 故选 D. 另外，如果取$u_n=(-1)^n\dfrac{1}{\sqrt{n}}$，$v_n=(-1)^n\dfrac{1}{\sqrt{n}}+\dfrac{1}{n}$，则可知虽然级数$\sum\limits_{n=1}^{\infty}u_n$收敛且有$\lim\limits_{n\to\infty}\dfrac{u_n}{v_n}=1$，但级数$\sum\limits_{n=1}^{\infty}v_n$ 发散；若级数$\sum\limits_{n=1}^{\infty}u_n$收敛且$\lim\limits_{n\to\infty}\dfrac{u_n}{v_n}=1$，当$\sum\limits_{n=1}^{\infty}u_n$和$\sum\limits_{n=1}^{\infty}v_n$ 都是正项级数时，由比较审敛可知$\sum\limits_{n=1}^{\infty}v_n$ 也收敛。这从另一方面说明了 D 是正确的.

（2）因为级数$\sum\limits_{n=1}^{\infty}a_n$ 收敛，故级数$\sum\limits_{n=1}^{\infty}a_{n+1}$也收敛，由收敛级数的性质可知 D 正确. 另外，如果取$a_n=(-1)^n\dfrac{1}{\sqrt{n}}$，则可知 A, B 及 C 错误.

（3）因$\sum\limits_{n=1}^{\infty}|b_n|$收敛，故$\lim\limits_{n\to\infty}|b_n|=0$，又$\lim\limits_{n\to\infty}|a_n|=0$，必存在$N$，使当$n>N$时$|b_n|<1$且$|a_n|<1$（极限的有界性），$a_n^2b_n^2<|b_n|$，由正项级数的比较审敛法可知，当$\sum\limits_{n=1}^{\infty}|b_n|$收敛时，$\sum\limits_{n=1}^{\infty}|a_n^2b_n^2|$收敛。故应选 C。另外，对 A 取$a_n=b_n=(-1)^n\dfrac{1}{\sqrt{n}}$，对 B 取$a_n=b_n=\dfrac{1}{n}$，对 D 取$a_n=b_n=\dfrac{1}{n}$，可知 A, B 及 D 错误。

例 10.7　判定下列级数是否收敛？如果收敛，是绝对收敛还是条件收敛？

（1）$\sum_{n=1}^{\infty}\frac{(-1)^{n-1}}{n^p}$；　（2）$\sum_{n=1}^{\infty}(-1)^n(\sqrt{n+1}-\sqrt{n})$；

（3）$\sum_{n=1}^{\infty}(-1)^n\frac{n^{n+1}}{(n+1)!}$；　（4）$\sum_{n=2}^{\infty}\frac{(-1)^n}{\sqrt{n+(-1)^n}}$.

分析　这些级数都是交错级数，属一般项级数范畴. 判定其敛散性的一般方法是：先对各项加绝对值后得到的正项级数用正项级数的审敛法判定是否收敛，若收敛，则该级数绝对收敛，判定工作完成；若发散，再判定该级数本身是否收敛，若它满足莱布尼茨定理的两个条件，则它本身收敛，即条件收敛，判定工作完成；若它不满足莱布尼茨定理的两个条件，则需要另找方法判定它的敛散性. 值得注意的是，在用比值审敛法或根值审敛法判定绝对收敛的过程中，若 $\rho>1$，则该级数不仅不绝对收敛，而且其本身一定发散.

解　（1）$u_n=\frac{(-1)^{n-1}}{n^p}$，$|u_n|=\frac{1}{n^p}$. 故当 $p>1$ 时，$\sum_{n=1}^{\infty}|u_n|$ 收敛，即原级数绝对收敛；当 $0<p\leqslant 1$ 时，$\sum_{n=1}^{\infty}|u_n|$ 发散，但由莱布尼茨定理知 $\sum_{n=1}^{\infty}u_n$ 收敛，即原级数条件收敛；当 $p\leqslant 0$ 时，原级数的一般项不趋于零，故原级数发散.

（2）$u_n=(-1)^n(\sqrt{n+1}-\sqrt{n})$，$|u_n|=\sqrt{n+1}-\sqrt{n}=\frac{1}{\sqrt{n+1}+\sqrt{n}}\sim\frac{1}{2\sqrt{n}}$（$n\to\infty$），而 $\sum_{n=1}^{\infty}\frac{1}{2\sqrt{n}}$ 发散，故由比较审敛法知 $\sum_{n=1}^{\infty}|u_n|$ 发散. 注意 $\sum_{n=1}^{\infty}u_n$ 满足莱布尼茨定理条件，收敛，故原级数条件收敛.

（3）$u_n=(-1)^n\frac{n^{n+1}}{(n+1)!}$，$|u_n|=\frac{n^{n+1}}{(n+1)!}$. 由于

$$\rho=\lim_{n\to\infty}\frac{|u_{n+1}|}{|u_n|}=\lim_{n\to\infty}\frac{(n+1)^{n+2}}{(n+2)!}\cdot\frac{(n+1)!}{n^{n+1}}=\lim_{n\to\infty}\frac{n+1}{n+2}\cdot\frac{(n+1)^{n+1}}{n^{n+1}}$$

$$=\lim_{n\to\infty}\frac{n+1}{n+2}\cdot\left(1+\frac{1}{n}\right)\left(1+\frac{1}{n}\right)^n=\mathrm{e}>1,$$

故由比值审敛法知 $\sum_{n=1}^{\infty}|u_n|$ 发散，从而原级数发散.

（4）**解法 1**　$u_n=\frac{(-1)^n}{\sqrt{n+(-1)^n}}=\frac{(-1)^n}{\sqrt{n}}\frac{1}{\sqrt{1+\frac{(-1)^n}{n}}}=\frac{(-1)^n}{\sqrt{n}}\left[1-\frac{1}{2}\frac{(-1)^n}{n}+o\left(\frac{1}{n}\right)\right]$

$$=\frac{(-1)^n}{\sqrt{n}}-\frac{1}{2\sqrt{n^3}}+\frac{(-1)^n}{\sqrt{n}}o\left(\frac{1}{n}\right),$$

因为 $\sum_{n=2}^{\infty}\frac{(-1)^n}{\sqrt{n}}$ 条件收敛，级数 $\sum_{n=2}^{\infty}\frac{1}{2\sqrt{n^3}}$ 和 $\sum_{n=2}^{\infty}\frac{(-1)^n}{\sqrt{n}}o\left(\frac{1}{n}\right)$ 绝对收敛，故原级数条件收敛.

解法 2　因为

$$u_n=\frac{(-1)^n}{\sqrt{n+(-1)^n}},\quad |u_n|=\frac{1}{\sqrt{n+(-1)^n}}\geqslant\frac{1}{\sqrt{n+1}}>\frac{1}{n+1}\quad(n=2,3,\cdots),$$

故级数 $\sum_{n=2}^{\infty}|u_n|$ 发散（虽然原级数是交错级数，但不满足莱布尼茨定理条件，因此不能用莱布尼茨定理来判定其敛散性），下面用收敛定义来判定.

$$\begin{aligned}s_{2n}&=\frac{1}{\sqrt{3}}-\frac{1}{\sqrt{2}}+\frac{1}{\sqrt{5}}-\frac{1}{\sqrt{4}}+\frac{1}{\sqrt{7}}-\frac{1}{\sqrt{6}}+\cdots+\frac{1}{\sqrt{2n+1}}-\frac{1}{\sqrt{2n}}\\&=\left(\frac{1}{\sqrt{3}}-\frac{1}{\sqrt{2}}\right)+\left(\frac{1}{\sqrt{5}}-\frac{1}{\sqrt{4}}\right)+\left(\frac{1}{\sqrt{7}}-\frac{1}{\sqrt{6}}\right)+\cdots+\left(\frac{1}{\sqrt{2n+1}}-\frac{1}{\sqrt{2n}}\right),\end{aligned}$$

由此可见 $\{s_{2n}\}$ 是单调减少的. 注意

$$\begin{aligned}s_{2n}&=-\frac{1}{\sqrt{2}}+\frac{1}{\sqrt{3}}-\frac{1}{\sqrt{4}}+\frac{1}{\sqrt{5}}-\frac{1}{\sqrt{6}}+\frac{1}{\sqrt{7}}-\cdots-\frac{1}{\sqrt{2n}}+\frac{1}{\sqrt{2n+1}}\\&=-\frac{1}{\sqrt{2}}+\left(\frac{1}{\sqrt{3}}-\frac{1}{\sqrt{4}}\right)+\left(\frac{1}{\sqrt{5}}-\frac{1}{\sqrt{6}}\right)+\cdots+\left(\frac{1}{\sqrt{2n-1}}-\frac{1}{\sqrt{2n}}\right)+\frac{1}{\sqrt{2n+1}}\\&>-\frac{1}{\sqrt{2}},\end{aligned}$$

故数列 $\{s_{2n}\}$ 有界，因而存在极限，不妨设 $\lim\limits_{n\to\infty}s_{2n}=s$. 又 $\lim\limits_{n\to\infty}u_{2n+1}=0$，因此有

$$\lim_{n\to\infty}s_{2n+1}=\lim_{n\to\infty}(s_{2n}+u_{2n+1})=s,$$

从而数列 $\{s_n\}$ 有极限 $\lim\limits_{n\to\infty}s_n=s$，即原级数条件收敛.

例 10.8　设正项级数 $\sum_{n=1}^{\infty}a_n$ 与 $\sum_{n=1}^{\infty}b_n$ 均收敛，证明级数 $\sum_{n=1}^{\infty}\sqrt{a_nb_n}$ 收敛.

证明　正项级数 $\sum_{n=1}^{\infty}a_n$ 与 $\sum_{n=1}^{\infty}b_n$ 均收敛，故由收敛级数的性质知级数 $\sum_{n=1}^{\infty}\frac{a_n+b_n}{2}$ 收敛. 由于 $a_n>0, b_n>0$，则

$$\sqrt{a_nb_n}\leqslant\frac{(\sqrt{a_n})^2+(\sqrt{b_n})^2}{2}=\frac{a_n+b_n}{2},$$

由比较审敛法知级数 $\sum_{n=1}^{\infty}\sqrt{a_nb_n}$ 收敛.

错误证明　由于正项级数 $\sum_{n=1}^{\infty}a_n$ 与 $\sum_{n=1}^{\infty}b_n$ 均收敛，故 $\lim\limits_{n\to\infty}\frac{a_{n+1}}{a_n}<1$，$\lim\limits_{n\to\infty}\frac{b_{n+1}}{b_n}<1$，

$$\rho = \lim_{n\to\infty}\frac{\sqrt{a_{n+1}b_{n+1}}}{\sqrt{a_n b_n}} = \lim_{n\to\infty}\sqrt{\frac{a_{n+1}}{a_n}}\sqrt{\frac{b_{n+1}}{b_n}} = \lim_{n\to\infty}\sqrt{\frac{a_{n+1}}{a_n}}\lim_{n\to\infty}\sqrt{\frac{b_{n+1}}{b_n}} < 1,$$

由比值审敛法知级数 $\sum_{n=1}^{\infty}\sqrt{a_n b_n}$ 收敛.

错解分析　正项级数的比值审敛法的逆命题不成立, 也就是说, 若 $\rho<1$, 则正项级数 $\sum_{n=1}^{\infty}a_n$ 收敛; 反之, 若正项级数 $\sum_{n=1}^{\infty}a_n$ 收敛, 并非一定有 $\rho<1$. 也有可能 $\rho=1$ 或极限 $\lim_{n\to\infty}\frac{a_{n+1}}{a_n}$ 不存在. 同样需要注意的是, 正项级数的根值审敛法的逆命题也不成立.

例 10.9　若幂级数 $\sum_{n=0}^{\infty}a_n x^n$ 在 $x=2$ 处收敛, 则该级数在 $x=-1$ 处(　　).

A. 绝对收敛　　B. 条件收敛　　C. 发散　　D. 敛散性不能确定

解　因为幂级数 $\sum_{n=0}^{\infty}a_n x^n$ 在 $x=2$ 处收敛, 由阿贝尔定理可知, 对于适合不等式 $|x|<2$ 的一切 x 使该级数绝对收敛, 即该级数在区间 $(-2,2)$ 内绝对收敛. 而 $-1\in(-2,2)$, 故该级数在 $x=-1$ 处绝对收敛, 因此答案是 A.

例 10.10　若幂级数 $\sum_{n=0}^{\infty}a_n(x-1)^n$ 在 $x=-1$ 处收敛,

(1) 试讨论该幂级数在 $x=2$ 处的敛散性;

(2) 该幂级数在 $x=4$ 处敛散性如何?

解　(1) 令 $t=x-1$, 则

$$\sum_{n=0}^{\infty}a_n(x-1)^n = \sum_{n=0}^{\infty}a_n t^n ,$$

由幂级数 $\sum_{n=0}^{\infty}a_n(x-1)^n$ 在 $x=-1$ 处收敛知, 幂级数 $\sum_{n=0}^{\infty}a_n t^n$ 在 $t=-2$ 处收敛, 由阿贝尔定理可知, 对于适合不等式 $|t|<2$ 的一切 t 使该级数绝对收敛, 即幂级数 $\sum_{n=0}^{\infty}a_n t^n$ 在区间 $(-2,2)$ 内绝对收敛, 从而可知 $\sum_{n=0}^{\infty}a_n(x-1)^n$ 在 $(-1,3)$ 内绝对收敛. 故幂级数 $\sum_{n=0}^{\infty}a_n(x-1)^n$ 在 $x=2$ 处绝对收敛.

(2) 由 (1) 知, 幂级数 $\sum_{n=0}^{\infty}a_n(x-1)^n$ 在 $x=4$ 处的敛散性不能确定.

错误解答　(1) 因为幂级数 $\sum_{n=0}^{\infty}a_n(x-1)^n$ 在 $x=-1$ 处收敛, 由阿贝尔定理可知,

对于适合不等式$|x-1|<1$的一切x使该级数绝对收敛，即该级数在区间$(0,2)$内绝对收敛. 而$x=2$是区间$(0,2)$的端点，故该级数在$x=2$处的敛散性不能确定.

（2）由（1）知，该级数在$x=4$处的敛散性也不能确定.

错解分析　上面的错误原因在于错误地使用了阿贝尔定理，阿贝尔定理是对形如$\sum_{n=0}^{\infty}a_n x^n$的级数适用，而对于$\sum_{n=0}^{\infty}a_n(x-x_0)^n$则不能直接用.

例 10.11　求下列幂级数的收敛半径与收敛域：

（1）$\sum_{n=1}^{\infty}\frac{2^n}{n^2+1}x^n$；　　（2）$\sum_{n=1}^{\infty}(-1)^n\frac{x^{2n+1}}{2n+1}$；

（3）$\sum_{n=0}^{\infty}\frac{(x-3)^n}{n-3^n}$；　　（4）$\sum_{n=1}^{\infty}(-1)^{n-1}\frac{4^n}{n}x^{2n}$.

分析　(1)所给幂级数不缺项，故可直接用公式来求幂级数的收敛半径，求ρ时可用比值审敛法也可用根值审敛法，用后者时要用到结论：$\lim\limits_{n\to\infty}\sqrt[n]{n^2+1}=1$.

（2）$u_n(x)=(-1)^n\frac{x^{2n+1}}{2n+1}$，幂级数缺少偶次项，故不能直接用公式求幂级数的半径，而用比值审敛法或根值审敛法，这里用比值审敛法较好.

（3）令$t=x-3$，则原级数可化为$\sum_{n=0}^{\infty}\frac{1}{n-3^n}t^n$，这样就可按前面的方法来求该幂级数的收敛域，再利用关系$t=x-3$就可求得原级数的收敛域.

（4）$u_n(x)=(-1)^{n-1}\frac{4^n}{n}x^{2n}$，幂级数缺少奇次项，故不能直接用公式求幂级数的半径，而用比值审敛法或根值审敛法，这里用根值审敛法较好.

解　（1）由于

$$\rho=\lim_{n\to\infty}\left|\frac{a_{n+1}}{a_n}\right|=\lim_{n\to\infty}\frac{2^{n+1}}{(n+1)^2+1}\cdot\frac{n^2+1}{2^n}=2\lim_{n\to\infty}\frac{n^2+1}{(n+1)^2+1}=2\lim_{n\to\infty}\frac{1+\frac{1}{n^2}}{\left(1+\frac{1}{n}\right)^2+\frac{1}{n^2}}=2,$$

故所求幂级数的收敛半径为$R=\frac{1}{\rho}=\frac{1}{2}$. 当$x=\frac{1}{2}$时，原级数为$\sum_{n=1}^{\infty}\frac{1}{n^2+1}$，收敛；当$x=-\frac{1}{2}$时，原级数为$\sum_{n=1}^{\infty}\frac{(-1)^n}{n^2+1}$，收敛. 故所求幂级数的收敛域为$\left[-\frac{1}{2},\frac{1}{2}\right]$.

（2）由于

$$\rho(x)=\lim_{n\to\infty}\left|\frac{u_{n+1}(x)}{u_n(x)}\right|=\lim_{n\to\infty}\left|(-1)^{n+1}\frac{x^{2n+3}}{2n+3}\cdot(-1)^n\frac{2n+1}{x^{2n+1}}\right|=\lim_{n\to\infty}\frac{2n+1}{2n+3}|x|^2=|x|^2,$$

由比值审敛法知：当$\rho(x)=|x|^2<1$，即$|x|<1$时，幂级数绝对收敛；当$\rho(x)=|x|^2>1$，

即$|x|>1$时，幂级数发散. 由幂级数收敛半径的定义知，所求幂级数的收敛半径为$R=1$. 又因为当$x=1$时，级数为$\sum\limits_{n=1}^{\infty}(-1)^n\dfrac{1}{2n+1}$，收敛；当$x=-1$时，级数为$\sum\limits_{n=1}^{\infty}(-1)^{n+1}\dfrac{1}{2n+1}$，收敛. 故所求幂级数的收敛域为$[-1,1]$.

（3）**解法1**　令$t=x-3$，则原级数可化为$\sum\limits_{n=0}^{\infty}\dfrac{1}{n-3^n}t^n$，由于

$$\rho=\lim_{n\to\infty}\left|\frac{a_{n+1}}{a_n}\right|=\lim_{n\to\infty}\left|\frac{n-3^n}{n+1-3^{n+1}}\right|=\lim_{n\to\infty}\left|\frac{\frac{n}{3^n}-1}{\frac{n+1}{3^n}-3}\right|=\frac{1}{3},$$

故幂级数$\sum\limits_{n=0}^{\infty}\dfrac{1}{n-3^n}t^n$的收敛半径为$R=3$. 又因为当$t=3$时，级数即为$\sum\limits_{n=0}^{\infty}\dfrac{3^n}{n-3^n}$，由于

$$\lim_{n\to\infty}\frac{3^n}{n-3^n}=\lim_{n\to\infty}\frac{1}{\frac{n}{3^n}-1}=-1\neq 0,$$

故此时幂级数发散；当$t=-3$时，级数为$\sum\limits_{n=0}^{\infty}\dfrac{(-3)^n}{n-3^n}$，其一般项极限不存在，故此时幂级数也发散. 故幂级数$\sum\limits_{n=0}^{\infty}\dfrac{1}{n-3^n}t^n$的收敛域为$(-3,3)$. 而当$t=3$时，$x=6$；当$t=-3$时，$x=0$. 故原级数的收敛半径为$R=3$，收敛域为$(0,6)$.

解法2　由于

$$\rho(x)=\lim_{n\to\infty}\left|\frac{u_{n+1}(x)}{u_n(x)}\right|=\lim_{n\to\infty}\left|\frac{(x-3)^{n+1}}{(n+1)-3^{n+1}}\cdot\frac{n-3^n}{(x-3)^n}\right|=\lim_{n\to\infty}\frac{\frac{n}{3^n}-1}{\frac{n+1}{3^n}-3}|x-3|=\frac{1}{3}|x-3|,$$

故由比值审敛法可知，当$\rho(x)=\dfrac{1}{3}|x-3|<1$，即$0<x<6$时，幂级数绝对收敛；当$\rho(x)=\dfrac{1}{3}|x-3|>1$即$x<0$或$x>6$时，幂级数发散. 由此可知所求幂级数的收敛半径为$R=3$. 不难验证，当$x=0$和$x=6$时幂级数发散. 故所求幂级数的收敛域为$(0,6)$.

（4）**解法1**　由于

$$\rho(x)=\lim_{n\to\infty}\sqrt[n]{|u_n(x)|}=\lim_{n\to\infty}\sqrt[n]{\left|(-1)^{n-1}\frac{4^n}{n}x^{2n}\right|}=4|x|^2\lim_{n\to\infty}\frac{1}{\sqrt[n]{n}}=4|x|^2.$$

故由比值审敛法知：当 $\rho(x)=4|x|^2<1$，即 $|x|<\dfrac{1}{2}$ 时，幂级数绝对收敛；当 $\rho(x)=4|x|^2>1$，即 $|x|>\dfrac{1}{2}$ 时，幂级数发散. 由幂级数收敛半径的定义知，所求幂级数的收敛半径为 $R=\dfrac{1}{2}$. 又因为当 $x=\pm\dfrac{1}{2}$ 时，级数为 $\sum\limits_{n=1}^{\infty}\dfrac{(-1)^{n-1}}{n}$，收敛，故所求幂级数的收敛域为 $\left[-\dfrac{1}{2},\dfrac{1}{2}\right]$.

解法 2　令 $t=4x^2$，则原级数可化为 $\sum\limits_{n=1}^{\infty}\dfrac{(-1)^{n-1}}{n}t^n$，这里 $a_n=\dfrac{(-1)^{n-1}}{n}$，由公式法求得其收敛半径为 $R=1$，故当 $|t|<1$，即 $|x|<\dfrac{1}{2}$ 时，原级数收敛；当 $|t|>1$，即 $|x|>\dfrac{1}{2}$ 时，原级数发散. 由此可知原级数的收敛半径为 $R=\dfrac{1}{2}$，当 $x=\pm\dfrac{1}{2}$ 时，级数为 $\sum\limits_{n=1}^{\infty}\dfrac{(-1)^{n-1}}{n}$，收敛，故所求幂级数的收敛域为 $\left[-\dfrac{1}{2},\dfrac{1}{2}\right]$.

例 10.12　设幂级数 $\sum\limits_{n=0}^{\infty}a_nx^n$ 的收敛半径为 $R_1=1$，求幂级数 $\sum\limits_{n=0}^{\infty}\dfrac{a_n}{n!}x^n$ 的收敛半径 R_2.

解　由 $R_1=1$ 可知，任取 $x_0\in(-1,0)\cup(0,1)$，级数 $\sum\limits_{n=0}^{\infty}a_nx_0{}^n$ 绝对收敛，故 $|a_nx_0{}^n|\to 0(n\to\infty)$，从而数列 $\{|a_nx_0{}^n|\}$ 有界，即存在正数 M，使 $|a_nx_0{}^n|\leqslant M$ 成立. 于是对于 $(-\infty,+\infty)$ 的任意一点 x，有

$$\left|\frac{a_n}{n!}x^n\right|=\left|\frac{a_nx_0{}^n}{n!}\frac{x^n}{x_0{}^n}\right|\leqslant\frac{M}{n!|x_0{}^n|}|x^n|,$$

由比值审敛法可以判定级数 $\sum\limits_{n=0}^{\infty}\dfrac{M}{n!|x_0{}^n|}|x^n|$ 对任何 x 都收敛，从而由比较审敛法可知幂级数 $\sum\limits_{n=0}^{\infty}\dfrac{a_n}{n!}x^n$ 对任何 x 绝对收敛，即 $R_2=+\infty$.

错误解答　由 $R_1=1$ 有 $\lim\limits_{n\to\infty}\left|\dfrac{a_{n+1}}{a_n}\right|=1$，故

$$\lim_{n\to\infty}\left|\frac{a_{n+1}}{(n+1)!}\cdot\frac{n!}{a_n}\right|=\lim_{n\to\infty}\frac{1}{n+1}\left|\frac{a_{n+1}}{a_n}\right|=0\times1=0,$$

从而 $R_2=+\infty$.

错解分析 虽然结果正确但解法错误. 因为 $R_1=1$，不能推出 $\lim\limits_{n\to\infty}\left|\dfrac{a_{n+1}}{a_n}\right|=1$. 例如, 幂级数

$$\sum_{n=0}^{\infty}\frac{2+(-1)^n}{2^n}x^n,\quad \left|\frac{a_{n+1}}{a_n}\right|=\begin{cases}\dfrac{1}{6}, & \text{当}n\text{为偶数时},\\ \dfrac{3}{2}, & \text{当}n\text{为奇数时},\end{cases}$$

即极限 $\lim\limits_{n\to\infty}\left|\dfrac{a_{n+1}}{a_n}\right|$ 不存在, 但用根值审敛法易知此幂级数的收敛半径为 $R=2$.

例 10.13 求幂级数 $1+\dfrac{x}{4}+\dfrac{x^2}{2\times 4^2}+\dfrac{x^3}{3\times 4^3}+\cdots+\dfrac{x^n}{n\times 4^n}+\cdots$ 的和函数.

分析 求幂级数的和函数, 通常要利用和函数的分析运算性质, 将其转化为和函数已知或者容易求出的形式.

解 容易求得所给幂级数的收敛半径 $R=4$，设

$$s(x)=1+\frac{x}{4}+\frac{x^2}{2\times 4^2}+\frac{x^3}{3\times 4^3}+\cdots+\frac{x^n}{n\times 4^n}+\cdots, x\in(-4,4),$$

则

$$s'(x)=\frac{1}{4}+\frac{x}{4^2}+\frac{x^2}{4^3}+\cdots+\frac{x^{n-1}}{4^n}+\cdots=\frac{1}{4-x}, x\in(-4,4),$$

故

$$s(x)-s(0)=\int_0^x\frac{1}{4-x}\mathrm{d}x=-[\ln(4-x)]_0^x=\ln 4-\ln(4-x), x\in(-4,4).$$

又因为 $s(0)=1$，故 $s(x)=1+\ln 4-\ln(4-x)$， $x\in(-4,4)$. 此外，当 $x=-4$ 时，所给幂级数收敛；当 $x=4$ 时，所给幂级数发散. 故幂级数的收敛域为 $[-4,4)$.

于是 $s(x)=1+\ln 4-\ln(4-x)$， $x\in[-4,4)$ 为所求.

错误解答 容易求得所给幂级数的收敛半径 $R=4$，设

$$s(x)=1+\frac{x}{4}+\frac{x^2}{2\times 4^2}+\frac{x^3}{3\times 4^3}+\cdots+\frac{x^n}{n\times 4^n}+\cdots, x\in(-4,4),$$

则

$$s'(x)=\frac{1}{4}+\frac{x}{4^2}+\frac{x^2}{4^3}+\cdots+\frac{x^{n-1}}{4^n}+\cdots=\frac{1}{4-x}, x\in(-4,4).$$

故

$$s(x)=\int_0^x\frac{1}{4-x}\mathrm{d}x=-[\ln(4-x)]_0^x=\ln 4-\ln(4-x), x\in(-4,4).$$

错解分析 因为 $s(0)=1\neq 0$，所以 $s(x)\neq\int_0^x\dfrac{1}{4-x}\mathrm{d}x$. 另外，当 $x=-4$ 时，所给幂级数收敛, 其和函数也连续. 故收敛域应包括区间的左端点 $x=-4$.

例 10.14　求下列幂级数的和函数：

（1）$\sum_{n=1}^{\infty} nx^{n-1}$；　　（2）$\sum_{n=1}^{\infty} n(n+1)x^n$；　　（3）$\sum_{n=1}^{\infty} \frac{x^n}{n(n+1)}$.

分析　（1）关键是通过逐项积分消去 n，使级数化为 $\sum x^n$ 的形式求和.

（2）关键是通过两次逐项积分消去 $n(n+1)$，使级数化为 $\sum x^n$ 的形式求和.

（3）关键是通过两次逐项求导消去分母中的 $n(n+1)$，使级数化为 $\sum x^n$ 的形式求和.

解　（1）先求收敛域. 由 $\rho = \lim_{n\to\infty}\left|\frac{a_{n+1}}{a_n}\right| = \lim_{n\to\infty}\frac{n+2}{n+1} = 1$ 得收敛半径 $R=1$. 当 $x=1$ 时，幂级数变成 $\sum_{n=1}^{\infty} n$，发散；当 $x=-1$ 时，幂级数变成 $\sum_{n=1}^{\infty}(-1)^{n-1}n$，发散，因此收敛域为 $(-1,1)$.

下面求和函数. 设 $s(x) = \sum_{n=1}^{\infty} nx^{n-1}$，$x\in(-1,1)$. 上式两边从 0 到 x 逐项积分，得

$$\int_0^x s(x)\mathrm{d}x = \int_0^x\left(\sum_{n=1}^{\infty} nx^{n-1}\right)\mathrm{d}x = \sum_{n=1}^{\infty}\int_0^x nx^{n-1}\mathrm{d}x = \sum_{n=1}^{\infty} x^n = \frac{x}{1-x} \quad (-1<x<1),$$

上式两边再对 x 求导，得

$$s(x) = \left(\frac{x}{1-x}\right)' = \frac{1}{(1-x)^2} \quad (-1<x<1).$$

（2）先求收敛域. 由

$$\rho = \lim_{n\to\infty}\left|\frac{a_{n+1}}{a_n}\right| = \lim_{n\to\infty}\frac{(n+1)(n+2)}{n(n+1)} = 1$$

得收敛半径 $R=1$. 当 $x=1$ 时，幂级数变成 $\sum_{n=1}^{\infty} n(n+1)$，发散；当 $x=-1$ 时，幂级数变成 $\sum_{n=1}^{\infty}(-1)^n n(n+1)$，发散，因此收敛域为 $(-1,1)$.

下面求和函数.设 $s(x) = \sum_{n=1}^{\infty} n(n+1)x^n$，$x\in(-1,1)$. 上式两边从 0 到 x 逐项积分，得

$$\int_0^x s(x)\mathrm{d}x = \int_0^x\left[\sum_{n=1}^{\infty} n(n+1)x^n\right]\mathrm{d}x = \sum_{n=1}^{\infty}\int_0^x n(n+1)x^n\mathrm{d}x = \sum_{n=1}^{\infty} nx^{n+1} = x^2\sum_{n=1}^{\infty} nx^{n-1} \quad (-1<x<1).$$

令

$$s_1(x) = \sum_{n=1}^{\infty} nx^{n-1} \quad (-1<x<1),$$

由（1）可知

$$s_1(x)=\frac{1}{(1-x)^2}\quad(-1<x<1),$$

于是

$$\int_0^x s(x)\mathrm{d}x=x^2\sum_{n=1}^{\infty}nx^{n-1}=\frac{x^2}{(1-x)^2}\quad(-1<x<1).$$

上式两边再对 x 求导，得

$$s(x)=\left[\frac{x^2}{(1-x)^2}\right]'=\frac{2x}{(1-x)^3}\quad(-1<x<1).$$

（3）**解法 1** 先求收敛域. 由

$$\rho=\lim_{n\to\infty}\left|\frac{a_{n+1}}{a_n}\right|=\lim_{n\to\infty}\frac{n(n+1)}{(n+1)(n+2)}=1$$

得收敛半径 $R=1$，当 $x=1$ 时，幂级数变成 $\sum\limits_{n=1}^{\infty}\frac{1}{n(n+1)}$，收敛；当 $x=-1$ 时，幂级数变成 $\sum\limits_{n=1}^{\infty}(-1)^n\frac{1}{n(n+1)}$，也收敛，因此收敛域为 $[-1,1]$.

下面求和函数. 设 $s(x)=\sum\limits_{n=1}^{\infty}\frac{x^n}{n(n+1)},x\in[-1,1]$. 当 $x\neq 0$ 时，则

$$s_1(x)=xs(x)=\sum_{n=1}^{\infty}\frac{x^{n+1}}{n(n+1)},x\in[-1,1].$$

上式两边对 x 逐项求导，得

$$s_1'(x)=[xs(x)]'=\left[\sum_{n=1}^{\infty}\frac{x^{n+1}}{n(n+1)}\right]'=\sum_{n=1}^{\infty}\left[\frac{x^{n+1}}{n(n+1)}\right]'=\sum_{n=1}^{\infty}\frac{x^n}{n}\quad(-1<x<1),$$

上式两边再对 x 逐项求导，得

$$s_1''(x)=[xs(x)]''=\left(\sum_{n=1}^{\infty}\frac{x^n}{n}\right)'=\sum_{n=1}^{\infty}\left(\frac{x^n}{n}\right)'=\sum_{n=1}^{\infty}x^{n-1}=\frac{1}{1-x}\quad(-1<x<1).$$

两边从 0 到 x 积分，并注意 $s_1'(0)=0$，得

$$s_1'(x)-s_1'(0)=\int_0^x s_1''(x)\mathrm{d}x=\int_0^x\frac{1}{1-x}\mathrm{d}x=-\ln(1-x)\quad(-1<x<1).$$

$$s_1'(x)=s_1'(0)-\ln(1-x)=-\ln(1-x)\quad(-1<x<1).$$

两边再从 0 到 x 积分，并注意 $s_1(0)=0$，得

$$s_1(x)-s_1(0)=\int_0^x s_1'(x)\mathrm{d}x=-\int_0^x\ln(1-x)\mathrm{d}x=x+(1-x)\ln(1-x)\quad(-1<x<1).$$

$$s_1(x)=s_1(0)+x+(1-x)\ln(1-x)=x+(1-x)\ln(1-x)\quad(-1<x<1),$$

即

$$xs(x)=x+(1-x)\ln(1-x)\quad(-1<x<1).$$

故当 $x\neq 0$ 且 $-1\leqslant x<1$ 时,

$$s(x)=\frac{x+(1-x)\ln(1-x)}{x};$$

当 $x=0$ 时,

$$s(x)=s(0)=0;$$

当 $x=1$ 时,

$$s(x)=s(1)=\sum_{n=1}^{\infty}\frac{1}{n(n+1)}=1.$$

综上所述, 所求的和函数为

$$s(x)=\begin{cases}\dfrac{x+(1-x)\ln(1-x)}{x}, & x\in[-1,0)\cup(0,1),\\ 0, & x=0,\\ 1, & x=1.\end{cases}$$

解法 2　求收敛域与前面解法 1 相同; 下面求和函数, 将原级数拆成两个级数的和:

$$s(x)=\sum_{n=1}^{\infty}\frac{x^n}{n(n+1)}=\sum_{n=1}^{\infty}\left(\frac{1}{n}-\frac{1}{n+1}\right)x^n=\sum_{n=1}^{\infty}\frac{1}{n}x^n-\sum_{n=1}^{\infty}\frac{1}{n+1}x^n,$$

记

$$s_1(x)=\sum_{n=1}^{\infty}\frac{1}{n}x^n,\quad s_2(x)=\sum_{n=1}^{\infty}\frac{1}{n+1}x^n,$$

则

$$s_1'(x)=\left(\sum_{n=1}^{\infty}\frac{1}{n}x^n\right)'=\sum_{n=1}^{\infty}\left(\frac{1}{n}x^n\right)'=\sum_{n=1}^{\infty}x^{n-1}=\frac{1}{1-x}\quad(|x|<1),$$

故

$$s_1(x)=s_1(0)+\int_0^x s_1'(x)\mathrm{d}x=0+\int_0^x\frac{1}{1-x}\mathrm{d}x=-\ln(1-x)\quad(-1<x<1).$$

令 $s_3(x)=xs_2(x)=\sum_{n=1}^{\infty}\frac{1}{n+1}x^{n+1}$, 则

$$s_3'(x)=\left(\sum_{n=1}^{\infty}\frac{1}{n+1}x^{n+1}\right)'=\sum_{n=1}^{\infty}\left(\frac{1}{n+1}x^{n+1}\right)'=\sum_{n=1}^{\infty}x^n=\frac{x}{1-x}\quad(|x|<1).$$

故

$$s_3(x)=s_3(0)+\int_0^x s_3'(x)\mathrm{d}x=0+\int_0^x\frac{x}{1-x}\mathrm{d}x=-x-\ln(1-x)\quad(-1<x<1),$$

即

$$xs_2(x) = -x - \ln(1-x),$$

故

$$s_2(x) = \begin{cases} -\dfrac{x+\ln(1-x)}{x}, & x \in (-1,0) \cup (0,1), \\ 0, & x = 0, \end{cases}$$

于是

$$s(x) = s_1(x) - s_2(x) = \begin{cases} \dfrac{x+(1-x)\ln(1-x)}{x}, & x \in [-1,0) \cup (0,1), \\ 0, & x = 0, \\ 1, & x = 1. \end{cases}$$

例 10.15　求常数项级数$\sum\limits_{n=2}^{\infty} \dfrac{(-1)^n}{n^2+n-2}$的和.

分析　先将原级数化成两个级数之和, 即

$$\sum_{n=2}^{\infty} \frac{(-1)^n}{n^2+n-2} = \frac{1}{3}\left[\sum_{n=2}^{\infty} \frac{(-1)^n}{n-1} - \sum_{n=2}^{\infty} \frac{(-1)^n}{n+2}\right],$$

再利用幂级数与常数项级数的关系来求级数$\sum\limits_{n=2}^{\infty} \dfrac{(-1)^n}{n-1}$和$\sum\limits_{n=2}^{\infty} \dfrac{(-1)^n}{n+2}$的和. 关键是构造两个幂级数, 求出其和函数. 要求所构造的这两个幂级数在它们的某一收敛点处恰好分别是$\sum\limits_{n=2}^{\infty} \dfrac{(-1)^n}{n-1}$与$\sum\limits_{n=2}^{\infty} \dfrac{(-1)^n}{n+2}$.

解　考察两个幂级数：$\sum\limits_{n=2}^{\infty} \dfrac{(-1)^n}{n-1} x^{n-1}$和$\sum\limits_{n=2}^{\infty} \dfrac{(-1)^n}{n+2} x^{n+2}$. 由莱布尼茨判别法知它们在$x=1$处都收敛. 令$s_1(x) = \sum\limits_{n=2}^{\infty} \dfrac{(-1)^n}{n-1} x^{n-1}$, $s_2(x) = \sum\limits_{n=2}^{\infty} \dfrac{(-1)^n}{n+2} x^{n+2}$, 则

$$s_1'(x) = \left[\sum_{n=2}^{\infty} \frac{(-1)^n}{n-1} x^{n-1}\right]' = \sum_{n=2}^{\infty} (-1)^n x^{n-2} = \sum_{n=2}^{\infty} (-x)^{n-2} = \frac{1}{1+x} \quad (|x|<1),$$

$$s_1(x) = s_1(0) + \int_0^x s_1'(x)\mathrm{d}x = 0 + \int_0^x \frac{1}{1+x}\mathrm{d}x = \ln(1+x) \quad (-1<x<1),$$

$$s_2'(x) = \left[\sum_{n=2}^{\infty} \frac{(-1)^n}{n+2} x^{n+2}\right]' = \sum_{n=2}^{\infty} (-1)^n x^{n+1} = -\sum_{n=2}^{\infty} (-x)^{n+1} = \frac{x^3}{1+x} \quad (|x|<1),$$

$$s_2(x) = s_2(0) + \int_0^x s_2'(x)\mathrm{d}x = 0 + \int_0^x \frac{x^3}{1+x}\mathrm{d}x = \frac{1}{3}x^3 - \frac{1}{2}x^2 + x - \ln(1+x) \quad (-1<x<1).$$

由和函数的连续性知

$$\sum_{n=2}^{\infty}\frac{(-1)^n}{n-1}x^{n-1}=s_1(x)=\ln(1+x)\quad(-1<x\leqslant 1),$$

$$\sum_{n=2}^{\infty}\frac{(-1)^n}{n+2}x^{n+2}=s_2(x)=\frac{1}{3}x^3-\frac{1}{2}x^2+x-\ln(1+x)\quad(-1<x\leqslant 1).$$

故

$$\sum_{n=2}^{\infty}\frac{(-1)^n}{n-1}=s_1(1)=\ln 2,\quad \sum_{n=2}^{\infty}\frac{(-1)^n}{n+2}=s_2(1)=\frac{1}{3}-\frac{1}{2}+1-\ln 2=\frac{5}{6}-\ln 2,$$

因此

$$\begin{aligned}\sum_{n=2}^{\infty}\frac{(-1)^n}{n^2+n-2}&=\frac{1}{3}\left[\sum_{n=2}^{\infty}\frac{(-1)^n}{n-1}-\sum_{n=2}^{\infty}\frac{(-1)^n}{n+2}\right]=\frac{1}{3}[s_1(1)-s_2(1)]=\frac{1}{3}\left[\ln 2-\left(\frac{5}{6}-\ln 2\right)\right]\\&=\frac{2}{3}\ln 2-\frac{5}{18}.\end{aligned}$$

注　利用函数项级数求常数项级数 $\sum a_n$ 的方法：

先构造一个函数项级数 $\sum u_n(x)$，使得 $\sum u_n(x_0)=\sum a_n$，而 x_0 是函数项级数 $\sum u_n(x)$ 的一个收敛点，再求出 $\sum u_n(x)$ 的和函数 $s(x)$，则 $\sum a_n=s(x_0)$ 为所求.

例 10.16　（1）将函数 $f(x)=\dfrac{1}{x^2-2x-3}$ 展开成 $(x-2)$ 的幂级数；

（2）将函数 $f(x)=\arctan\dfrac{1-2x}{1+2x}$ 展开成 x 的幂级数，并求 $\sum\limits_{n=0}^{\infty}\dfrac{(-1)^n}{2n+1}$ 的和.

分析　（1）关键是将函数拆分成部分分式之和：

$$f(x)=\frac{1}{x^2-2x-3}=\frac{1}{(x-3)(x+1)}=\frac{1}{4}\left(\frac{1}{x-3}-\frac{1}{x+1}\right),$$

然后再利用已知的幂级数展开式将 $\dfrac{1}{x-3}$ 和 $\dfrac{1}{x+1}$ 展开成幂级数.

（2）所给函数是反三角函数，不便套用已知的幂级数展开式. 因此将函数求导：

$$f'(x)=\left(\arctan\frac{1-2x}{1+2x}\right)'=\frac{1}{1+\left(\dfrac{1-2x}{1+2x}\right)^2}\cdot\left(\frac{1-2x}{1+2x}\right)'=-\frac{2}{1+4x^2},$$

然后再利用已知的幂级数展开式将 $f'(x)=-\dfrac{2}{1+4x^2}$ 展开成幂级数，最后通过逐项积分即可求得 $f(x)$ 幂级数展开式.

解　（1）将函数拆分成部分分式之和：

$$f(x)=\frac{1}{x^2-2x-3}=\frac{1}{(x-3)(x+1)}=\frac{1}{4}\left(\frac{1}{x-3}-\frac{1}{x+1}\right),$$

$$\frac{1}{x-3}=\frac{1}{(x-2)-1}=-\frac{1}{1-(x-2)}=-\sum_{n=0}^{\infty}(x-2)^n \quad (|x-2|<1\text{，即}1<x<3),$$

$$\frac{1}{x+1}=\frac{1}{(x-2)+3}=\frac{1}{3}\frac{1}{1+\frac{x-2}{3}}=\frac{1}{3}\sum_{n=0}^{\infty}(-1)^n\left(\frac{x-2}{3}\right)^n \quad \left(\left|\frac{x-2}{3}\right|<1,\ \text{即}-1<x<5\right),$$

故

$$\begin{aligned}f(x)&=\frac{1}{x^2-2x-3}=\frac{1}{4}\left(\frac{1}{x-3}-\frac{1}{x+1}\right)\\&=\frac{1}{4}\left[-\sum_{n=0}^{\infty}(x-2)^n-\frac{1}{3}\sum_{n=0}^{\infty}(-1)^n\left(\frac{x-2}{3}\right)^n\right]\\&=-\frac{1}{4}\sum_{n=0}^{\infty}\left[1+\frac{(-1)^n}{3^{n+1}}\right](x-2)^n \quad (1<x<3).\end{aligned}$$

（2）因为

$$\begin{aligned}f'(x)&=\left(\arctan\frac{1-2x}{1+2x}\right)'=\frac{1}{1+\left(\frac{1-2x}{1+2x}\right)^2}\cdot\left(\frac{1-2x}{1+2x}\right)'=-\frac{2}{1+4x^2}\\&=-2\sum_{n=0}^{\infty}(-4x^2)^n=-2\sum_{n=0}^{\infty}(-1)^n4^nx^{2n} \quad \left(|-4x^2|<1,\ \text{即}-\frac{1}{2}<x<\frac{1}{2}\right).\end{aligned}$$

上式两边从 0 到 x 逐项积分，并注意 $f(0)=\frac{\pi}{4}$，于是得

$$\begin{aligned}f(x)&=f(0)+\int_0^x f'(x)\mathrm{d}x\\&=\frac{\pi}{4}-2\int_0^x\left[\sum_{n=0}^{\infty}(-1)^n4^nx^{2n}\right]\mathrm{d}x\\&=\frac{\pi}{4}-2\sum_{n=0}^{\infty}\int_0^x(-1)^n4^nx^{2n}\mathrm{d}x\\&=\frac{\pi}{4}-2\sum_{n=0}^{\infty}\frac{(-1)^n4^n}{2n+1}x^{2n+1},\end{aligned}$$

显然当 $x=\frac{1}{2}$ 时，幂级数 $2\sum_{n=0}^{\infty}\frac{(-1)^n4^n}{2n+1}x^{2n+1}$ 成为常数项级数 $\sum_{n=0}^{\infty}\frac{(-1)^n}{2n+1}$，收敛. 又 $f(x)$ 在 $x=\frac{1}{2}$ 处连续，因此有

$$f(x)=\frac{\pi}{4}-2\sum_{n=0}^{\infty}\frac{(-1)^n4^n}{2n+1}x^{2n+1} \quad \left(-\frac{1}{2}<x\leqslant\frac{1}{2}\right),$$

再求级数 $\sum_{n=0}^{\infty}\frac{(-1)^n}{2n+1}$ 的和. 在上式中令 $x=\frac{1}{2}$，并注意 $f\left(\frac{1}{2}\right)=0$，得

$$f\left(\frac{1}{2}\right)=\frac{\pi}{4}-2\sum_{n=0}^{\infty}\frac{(-1)^n4^n}{2n+1}\left(\frac{1}{2}\right)^{2n+1}$$

从而

$$\sum_{n=0}^{\infty}\frac{(-1)^n}{2n+1}=\frac{\pi}{4}-f\left(\frac{1}{2}\right)=\frac{\pi}{4}.$$

例 10.17　填空题：

（1）设 $x^2=\sum_{n=0}^{\infty}a_n\cos nx(-\pi\leqslant x\leqslant\pi)$，则 $a_2=$__________.

（2）设 $f(x)$ 是周期为 2 的周期函数，它在区间 $(-1,1]$ 上的定义为

$$f(x)=\begin{cases}2, & -1<x\leqslant 0,\\ x^3, & 0<x\leqslant 1,\end{cases}$$

则 $f(x)$ 的傅里叶级数在 $x=1$ 处收敛于__________.

解　（1）由于 $f(x)=x^2(-\pi\leqslant x\leqslant\pi)$ 是偶函数，故

$$\begin{aligned}a_2&=\frac{2}{\pi}\int_0^{\pi}x^2\cos 2x\mathrm{d}x=\frac{2}{\pi}\int_0^{\pi}\frac{1}{2}x^2\mathrm{d}\sin 2x=-\frac{1}{\pi}\int_0^{\pi}2x\sin 2x\mathrm{d}x\\&=\frac{1}{\pi}\int_0^{\pi}x\mathrm{d}\cos 2x=\frac{1}{\pi}[x\cos 2x]_0^{\pi}-\frac{1}{\pi}\int_0^{\pi}\cos 2x\mathrm{d}x=1.\end{aligned}$$

（2）$x=1$ 是 $f(x)$ 的间断点，$f(1^-)=1$, $f(1^+)=2$. 根据收敛定理，级数在 $x=1$ 处收敛于

$$\frac{1}{2}[f(1^-)+f(-1^+)]=\frac{3}{2}.$$

例 10.18　将函数 $f(x)=\begin{cases}x+1, & 0\leqslant x\leqslant\pi,\\ 1, & -\pi<x<0\end{cases}$ 展开成傅里叶级数，并讨论其敛散性.

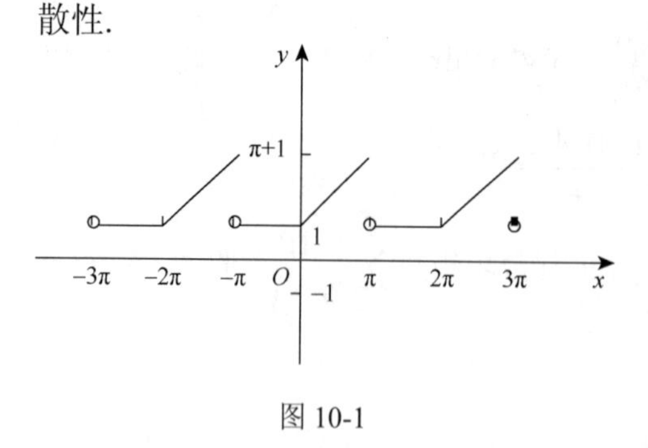

图 10-1

分析　先画函数 $f(x)$ 图像的草图，借助图形检验该函数是否满足收敛定理条件. 由于该函数只定义在 $(-\pi,\pi]$，故首先进行周期延拓，使其成为以 2π 为周期的周期函数，然后再计算傅里叶系数.

解　函数 $f(x)$ 及其周期延拓后的图像如图 10-1 所示. 则它在 $[-\pi,\pi]$ 上满足狄利克雷充分条件，于是可以展开成傅里叶级数. 由于

$$a_0=\frac{1}{\pi}\int_{-\pi}^{\pi}f(x)\mathrm{d}x=\frac{1}{\pi}\int_{-\pi}^{0}\mathrm{d}x+\frac{1}{\pi}\int_{0}^{\pi}(x+1)\mathrm{d}x=2+\frac{\pi}{2},$$

当 $n\geqslant 1$ 时，
$$\begin{aligned}a_n&=\frac{1}{\pi}\int_{-\pi}^{\pi}f(x)\cos nx\mathrm{d}x=\frac{1}{\pi}\int_{-\pi}^{0}\cos nx\mathrm{d}x+\frac{1}{\pi}\int_{0}^{\pi}(x+1)\cos nx\mathrm{d}x\\&=\frac{1}{\pi}\int_{-\pi}^{\pi}\cos nx\mathrm{d}x+\frac{1}{\pi}\int_{0}^{\pi}x\cos nx\mathrm{d}x=0+\frac{1}{n\pi}[x\sin nx]_0^{\pi}-\frac{1}{n\pi}\int_0^{\pi}\sin nx\mathrm{d}x\\&=\frac{1}{n^2\pi}[\cos nx]_0^{\pi}=\frac{1}{n^2\pi}(\cos n\pi-1)=\frac{1}{n^2\pi}[(-1)^n-1]=\begin{cases}-\dfrac{2}{n^2\pi}, & \text{当}n\text{为奇数时},\\0, & \text{当}n\text{为偶数时}.\end{cases}\end{aligned}$$

$$\begin{aligned}b_n&=\frac{1}{\pi}\int_{-\pi}^{\pi}f(x)\sin nx\mathrm{d}x=\frac{1}{\pi}\int_{-\pi}^{0}\sin nx\mathrm{d}x+\frac{1}{\pi}\int_{0}^{\pi}(x+1)\sin nx\mathrm{d}x\\&=\frac{1}{\pi}\int_{-\pi}^{\pi}\sin nx\mathrm{d}x+\frac{1}{\pi}\int_{0}^{\pi}x\sin nx\mathrm{d}x\\&=0-\frac{1}{n\pi}[x\cos nx]_0^{\pi}+\frac{1}{n\pi}\int_0^{\pi}\cos nx\mathrm{d}x\\&=0+\frac{(-1)^{n+1}}{n}+\frac{1}{n^2\pi}[\sin nx]_0^{\pi}=\frac{(-1)^{n+1}}{n}.\end{aligned}$$

所以在开区间 $(-\pi,\pi)$ 内（因 $f(x)$ 连续）有

$$f(x)=1+\frac{\pi}{4}+\left(-\frac{2}{\pi}\cos x+\sin x\right)-\frac{1}{2}\sin 2x+\left(-\frac{2}{9\pi}\cos 3x+\frac{1}{3}\sin 3x\right)+\cdots$$

在 $x=\pm\pi$ 处，上式右边收敛于

$$\frac{f(\pi^-)+f(-\pi^+)}{2}=\frac{(\pi+1)+1}{2}=1+\frac{\pi}{2}.$$

于是，在 $[-\pi,\pi]$ 上 $f(x)$ 的傅里叶级数的和函数的图像如图 10-2 所示（注意它与图 10-1 的差别）.

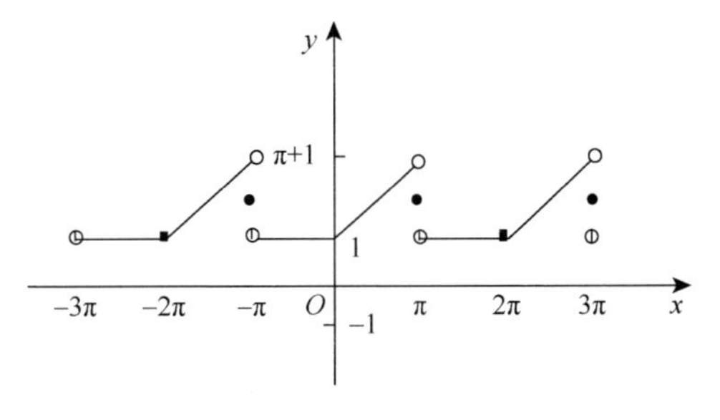

图 10-2

例 10.19 设 $f(x)$ 是以 2π 为周期的周期函数，并且其傅里叶系数为 a_n 和 b_n，则 $f(x+h)$（h 为实数）的傅里叶系数为 $a_n'=$________，$b_n'=$________.

解
$$\begin{aligned}a_n'&=\frac{1}{\pi}\int_{-\pi}^{\pi}f(x+h)\cos nx\mathrm{d}x=\frac{1}{\pi}\int_{-\pi}^{\pi}f(x+h)\cos[n(x+h)-nh]\mathrm{d}x\\&=\frac{1}{\pi}\int_{-\pi}^{\pi}f(x+h)\cos nh\cos n(x+h)\mathrm{d}x+\frac{1}{\pi}\int_{-\pi}^{\pi}f(x+h)\sin nh\sin n(x+h)\mathrm{d}x\end{aligned}$$

$$=\cos nh\cdot\frac{1}{\pi}\int_{-\pi}^{\pi}f(x+h)\cos n(x+h)\mathrm{d}x+\sin nh\cdot\frac{1}{\pi}\int_{-\pi}^{\pi}f(x+h)\sin n(x+h)\mathrm{d}x$$

$$=\cos nh\cdot\frac{1}{\pi}\int_{-\pi+h}^{\pi+h}f(t)\cos nt\mathrm{d}t+\sin nh\cdot\frac{1}{\pi}\int_{-\pi+h}^{\pi+h}f(t)\sin nt\mathrm{d}t,$$

其中 $t=x+h$. 由于 $f(t)\cos nt, f(t)\sin nt$ 都是以 2π 为周期的周期函数, 故

$$\frac{1}{\pi}\int_{-\pi+h}^{\pi+h}f(t)\cos nt\mathrm{d}t=\frac{1}{\pi}\int_{-\pi}^{\pi}f(x)\cos nx\mathrm{d}x=a_n,$$

$$\frac{1}{\pi}\int_{-\pi+h}^{\pi+h}f(t)\sin nt\mathrm{d}t=\frac{1}{\pi}\int_{-\pi}^{\pi}f(x)\sin nx\mathrm{d}x=b_n,$$

于是 $a_n'=a_n\cos nh+b_n\sin nh$;

同理可得 $b_n'=b_n\cos nh-a_n\sin nh$.

例 10.20　将函数 $f(x)=2+|x|\ (-1\leqslant x\leqslant 1)$ 展开成以 2 为周期的傅里叶级数, 并由此求级数 $\sum_{n=1}^{\infty}\frac{1}{n^2}$ 的和.

分析　这是求周期为 $2l=2$ 的一般周期函数的傅里叶级数问题. 与前面方法类似, 先画函数 $f(x)$ 图像的草图, 借助图形检验该函数是否满足狄利克雷充分条件. 由于该函数只定义在 $[-1,1]$, 故首先进行周期延拓, 使其成为以 2 为周期的周期函数, 然后再计算傅里叶系数. 在算系数时要注意两点：一是要用到一般周期函数的傅里叶系数公式；二是所给函数为偶函数, 故 $b_n=0$.

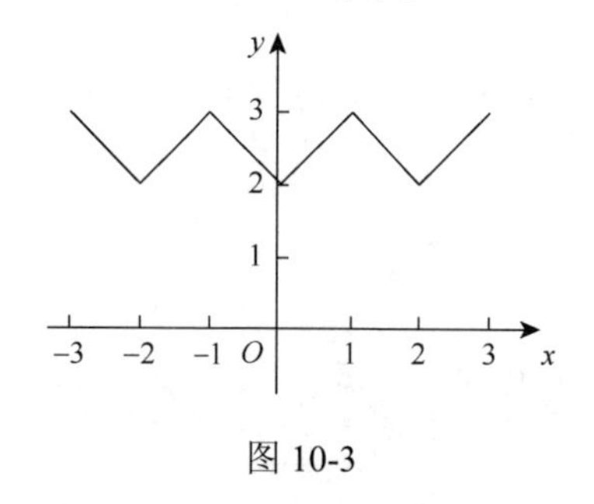

图 10-3

解　先求傅里叶级数. 函数 $f(x)$ 及其周期延拓后的图像如图 10-3 所示. 则它在 $[-1,1]$ 上满足狄利克雷充分条件. 于是可以展开成傅里叶级数. 由于 $f(x)$ 是偶函数, 故

$$b_n=0\quad(n=1,2,3,\cdots),$$

$$a_0=\frac{2}{l}\int_0^l f(x)\mathrm{d}x=\frac{2}{1}\int_0^1(2+x)\mathrm{d}x=5,$$

$$a_n=\frac{2}{l}\int_0^l f(x)\cos\frac{n\pi x}{l}\mathrm{d}x=\frac{2}{1}\int_0^1(2+x)\cos(n\pi x)\mathrm{d}x$$

$$=2\int_0^1\cos(n\pi x)\mathrm{d}x+2\int_0^1 x\cos(n\pi x)\mathrm{d}x=2\int_0^1 x\cos(n\pi x)\mathrm{d}x$$

$$=\left[\frac{2x}{n\pi}\sin(n\pi x)\right]_0^1-\frac{2}{n\pi}\int_0^1\sin(n\pi x)\mathrm{d}x=\frac{2}{(n\pi)^2}[\cos(n\pi x)]_0^1$$

$$=\frac{2}{n^2\pi^2}[(-1)^n-1]=\begin{cases}-\dfrac{4}{n^2\pi^2}, & 当n为奇数时,\\ 0, & 当n为偶数时,\end{cases}$$

所以在闭区间$[-1,1]$上（注意$f(x)$连续）

$$f(x)=\frac{5}{2}-\frac{4}{\pi^2}\left[\frac{\cos\pi x}{1^2}+\frac{\cos 3\pi x}{3^2}+\frac{\cos 5\pi x}{5^2}+\cdots+\frac{\cos(2k+1)\pi x}{(2k+1)^2}+\cdots\right]$$

$$=\frac{5}{2}-\frac{4}{\pi^2}\sum_{k=0}^{\infty}\frac{\cos(2k+1)\pi x}{(2k+1)^2},$$

再求级数$\sum_{n=1}^{\infty}\frac{1}{n^2}$的和. 在上式中令$x=0$，并注意$f(0)=2$，得

$$2=\frac{5}{2}-\frac{4}{\pi^2}\sum_{k=0}^{\infty}\frac{1}{(2k+1)^2}\ 即\ \sum_{k=0}^{\infty}\frac{1}{(2k+1)^2}=\frac{\pi^2}{8},$$

而

$$\sum_{n=1}^{\infty}\frac{1}{n^2}=\sum_{k=0}^{\infty}\frac{1}{(2k+1)^2}+\sum_{k=1}^{\infty}\frac{1}{(2k)^2}=\sum_{k=0}^{\infty}\frac{1}{(2k+1)^2}+\frac{1}{4}\sum_{k=1}^{\infty}\frac{1}{k^2}$$

$$=\sum_{k=0}^{\infty}\frac{1}{(2k+1)^2}+\frac{1}{4}\sum_{k=1}^{\infty}\frac{1}{n^2},$$

故

$$\sum_{n=1}^{\infty}\frac{1}{n^2}=\frac{4}{3}\sum_{k=0}^{\infty}\frac{1}{(2k+1)^2}=\frac{\pi^2}{6}.$$

例 10.21　将函数$f(x)=\begin{cases}1, & 0\leqslant x\leqslant h,\\ 0, & h<x\leqslant\pi\end{cases}$分别展开成正弦级数和余弦级数.

解　（1）将函数展开成正弦级数.

首先将定义在$[0,\pi]$上的函数$f(x)$进行奇延拓到到$[-\pi,\pi]$上，再作周期延拓到整个实数轴上，如图 10-4 所示. 则延拓后的函数满足狄利克雷充分条件，它在$[0,\pi]$上$x=0,x=h$是间断点（注意：$x=\pi$是连续点）. 由傅里叶系数计算公式得

$$a_n=0\quad(n=0,1,2,\cdots),$$

$b_n=\frac{2}{\pi}\int_0^{\pi}f(x)\sin nx\mathrm{d}x=\frac{2}{\pi}\int_0^{h}\sin nx\mathrm{d}x=\left[-\frac{2}{n\pi}\cos nx\right]_0^h=\frac{2}{n\pi}(1-\cos nh)$，其中$n=1,2,3,\cdots$.

所以$f(x)=\frac{2}{\pi}\cdot\sum_{n=1}^{\infty}\frac{(1-\cos nh)}{n}\sin nx$，$x\in(0,h)\cup(h,\pi]$为所求的正弦级数.

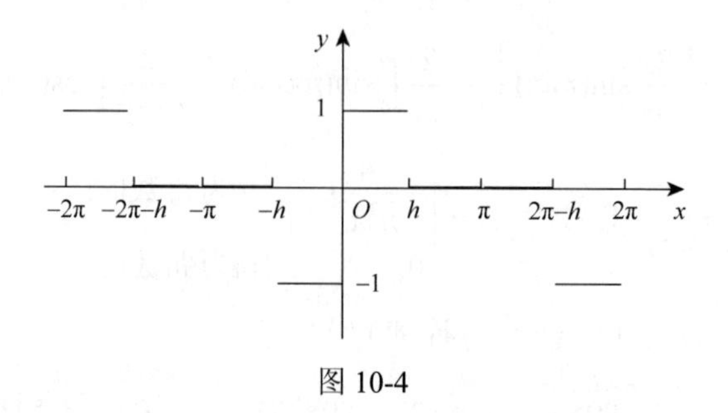

图 10-4

（2）将函数展开成余弦级数.

首先将定义在$[0,\pi]$上的函数$f(x)$进行偶延拓到$[-\pi,\pi]$上，再作周期延拓到整个实数轴上，如图 10-5 所示. 则延拓后的函数满足狄利克雷充分条件，它在$[0,\pi]$上只有$x=h$是间断点（注意：$x=0$和$x=\pi$是连续点）. 由傅里叶系数计算公式得

$$b_n=0\quad(n=1,2,3,\cdots),$$

$$a_0=\frac{2}{\pi}\int_0^{\pi}f(x)\mathrm{d}x=\frac{2}{\pi}\int_0^{h}\mathrm{d}x=\frac{2h}{\pi},$$

$$a_n=\frac{2}{\pi}\int_0^{\pi}f(x)\cos nx\mathrm{d}x=\frac{2}{\pi}\int_0^{h}\cos nx\mathrm{d}x=\frac{2}{n\pi}[\sin nx]_0^h=\frac{2}{n\pi}\sin nh\quad(n=1,2,3,\cdots),$$

所以$f(x)=\dfrac{h}{\pi}+\dfrac{2}{\pi}\cdot\sum\limits_{n=1}^{\infty}\dfrac{\sin nh}{n}\cos nx$，$x\in[0,h)\cup(h,\pi]$为所求的余弦级数.

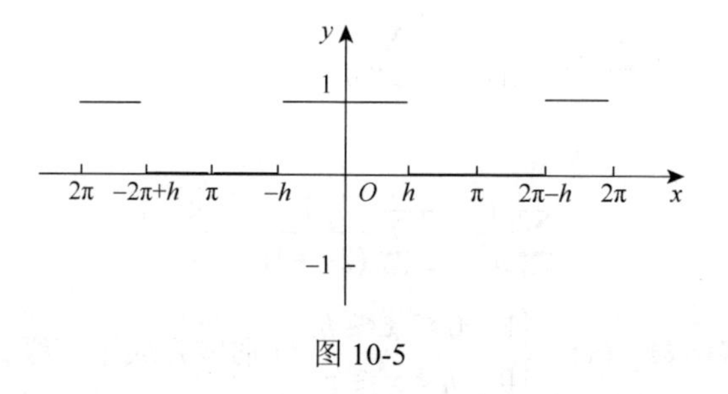

图 10-5

10.4　自我测试题

A 级自我测试题

一、选择题（每小题 3 分，共 12 分）

1. 常数项级数$\sum\limits_{n=1}^{\infty}(-1)^{n+1}\ln\left(1+\dfrac{1}{n}\right)$（　　）.

A. 条件收敛　　　　B. 绝对收敛

C. 发散　　　　D. 可能收敛，也可能发散

2. 正项级数$\sum_{n=1}^{\infty} a_n$收敛是级数$\sum_{n=1}^{\infty} a_n^{\ 2}$收敛的（　　）.

A. 必要条件　　　　B. 充分条件

C. 充分必要条件　　　　D. 既非充分也非必要条件

3. 若常数项级数$(u_1+u_2)+(u_3+u_4)+\cdots+(u_{2n-1}+u_{2n})+\cdots$收敛，则（　　）.

A. 级数$u_1+u_2+u_3+u_4+\cdots+u_{2n-1}+u_{2n}+\cdots$必定收敛于原来级数的和

B. 级数$u_1+u_2+u_3+u_4+\cdots+u_{2n-1}+u_{2n}+\cdots$必定收敛，但不一定收敛于原来级数的和

C. 级数$u_1+u_2+u_3+u_4+\cdots+u_{2n-1}+u_{2n}+\cdots$不一定收敛

D. 级数$u_1+u_2+u_3+u_4+\cdots+u_{2n-1}+u_{2n}+\cdots$必定发散

4. 级数$\sum_{n=1}^{\infty}(-1)^{n-1}n^p$（$p$为常数）（　　）.

A. 一定条件收敛　　　　B. 一定绝对收敛

C. 一定发散　　　　D. 敛散性与常数p有关

二、填空题（每小题4分，共16分）

1. 正项级数$\sum_{n=1}^{\infty}\frac{1}{2+a^n}$（$a>0$）当$a$_________时收敛.

2. 已知幂级数$\sum_{n=1}^{\infty}a_n x^n$的收敛半径为$R$，和函数为$s(x)$，则级数

$$a_1+2a_2x+3a_3x^2+4a_4x^3+\cdots$$

的收敛半径为_________，和函数为_________.

3. 幂级数$\sum_{n=1}^{\infty}\frac{x^n}{n\cdot 2^n}$的收敛域为_________.

4. 设$f(x)=\begin{cases}-1, & -\pi<x\leqslant 0,\\ 1+x^2, & 0<x\leqslant\pi,\end{cases}$则其以$2\pi$为周期的傅里叶级数在点$x=\pi$处收敛于_________.

三、判定下列级数的敛散性（每小题7分，共28分）

1. 判定级数$\sum_{n=1}^{\infty}\frac{1}{(3n+1)(3n+4)}$的敛散性，若收敛，求其和.

2. 判定级数$\sum_{n=1}^{\infty}\frac{1}{1+n^p}(p>0)$是否收敛.

3. 判定级数$\sum_{n=1}^{\infty}\left(\frac{2}{u_n}\right)^n$是否收敛，其中$\lim\limits_{n\to\infty}u_n=a$，$u_n$及$a$都为正数.

4. 判定级数$\sum_{n=2}^{\infty}(-1)^n\frac{1}{\pi^{n-1}}\sin\frac{\pi}{n}$是否收敛，若收敛，指出是绝对收敛还是条件收敛？

四、求下列幂级数的收敛域与和函数（每小题 8 分，共 16 分）

1. 求幂级数$\sum_{n=1}^{\infty}(-1)^{n-1}\frac{(x+1)^n}{n}$的收敛域.

2. 求幂级数$\sum_{n=1}^{\infty}\frac{1}{2n-1}x^{2n-1}$的收敛域，并求和函数.

五、求解下列各题（每小题 7 分，共 21 分）

1. 将函数$f(x)=\frac{1}{x^2-x-2}$展开成（$x-1$）的幂级数.

2. 将$f(x)=\frac{\mathrm{d}}{\mathrm{d}x}\left(\frac{\mathrm{e}^x-1}{x}\right)$展开为$x$的幂级数，并求级数$\sum_{n=1}^{\infty}\frac{n}{(n+1)!}$的和.

3. 设$f(x)$是以2π为周期的周期函数，它在$[-\pi,\pi)$上的表达式为：$f(x)=3x^2+1\ (-\pi\leqslant x<\pi)$，试将它展开成傅里叶级数.

六、（7 分） 设级数$\sum_{n=1}^{\infty}a_n$，$\sum_{n=1}^{\infty}b_n$都收敛，并且$a_n\leqslant u_n\leqslant b_n\ (n=1,2,3,\cdots)$，求证级数$\sum_{n=1}^{\infty}u_n$也收敛.

B 级自我测试题

一、选择题（每小题 3 分，共 15 分）

1. 设$\sum_{n=1}^{\infty}a_n$为正项级数. 下列结论中正确的是（　　）.

A. 若$\lim\limits_{n\to\infty}na_n=0$，则级数$\sum_{n=1}^{\infty}a_n$收敛

B. 若存在非零常数λ，使得$\lim\limits_{n\to\infty}na_n=\lambda$，则级数$\sum_{n=1}^{\infty}a_n$发散

C. 若级数$\sum_{n=1}^{\infty}a_n$收敛，则$\lim\limits_{n\to\infty}n^2a_n=0$

D. 若级数$\sum_{n=1}^{\infty}a_n$发散，则存在非零常数λ，使得$\lim\limits_{n\to\infty}na_n=\lambda$

2. 已知级数 $\sum_{n=1}^{\infty}(-1)^{n-1}a_n=2, \sum_{n=1}^{\infty}a_{2n-1}=5$，则级数 $\sum_{n=1}^{\infty}a_n$ 等于（　　）.

A. 3　　B. 7　　C. 8　　D. 9

3. 若 $\lim_{x\to\infty}u_n=+\infty$，则级数 $\sum_{n=1}^{\infty}\left(\frac{1}{u_n}-\frac{1}{u_{n+1}}\right)$（　　）.

A. 发散　　B. 收敛于 0　　C. 收敛于 $\frac{1}{u_1}$　　D. 敛散性不确定

4. 若级数 $\sum_{n=1}^{\infty}a_n(a_n\geqslant 0)$ 收敛，则有（　　）.

A. $\sum_{n=1}^{\infty}(a_n)^2$ 发散　　B. $\sum_{n=1}^{\infty}\frac{\sqrt{a_n}}{n}$ 收敛

C. $\sum_{n=1}^{\infty}\frac{a_n}{1+a_n}$ 发散　　D. $\sum_{n=k}^{\infty}\frac{a_n}{n}$ 发散

5. 设有两个数列 $\{a_n\},\{b_n\}$，若 $\lim_{n\to\infty}a_n=0$，则（　　）.

A. 当 $\sum_{n=1}^{\infty}b_n$ 收敛时，$\sum_{n=1}^{\infty}a_nb_n$ 收敛

B. $\sum_{n=1}^{\infty}b_n$ 发散时，$\sum_{n=1}^{\infty}a_nb_n$ 发散

C. 当 $\sum_{n=1}^{\infty}|b_n|$ 收敛时，$\sum_{n=1}^{\infty}a_n^2b_n^2$ 收敛

D. $\sum_{n=1}^{\infty}|b_n|$ 发散时，$\sum_{n=1}^{\infty}a_n^2b_n^2$ 发散

二、填空题（每小题 4 分，共 16 分）

1. 若级数 $\sum_{n=1}^{\infty}\frac{\sqrt{n+1}}{n^a}$ 收敛，则 a 应满足________.

2. 设幂级数 $\sum_{n=1}^{\infty}a_n(x+1)^n$ 在 $x=3$ 处条件收敛，则该幂级数的收敛半径为 $R=$________.

3. 函数 $f(x)=x^2+2x+1$ 展开成 $(x-1)$ 的幂级数为________.

4. 设函数 $f(x)=\pi x+x^2\ (-\pi<x<\pi)$ 的傅里叶级数展开式为

$$\frac{a_0}{2}+\sum_{n=1}^{\infty}(a_n\cos nx+b_n\sin nx),$$

则其中系数 b_3 的值为________.

三、(7 分)　讨论级数$\sum_{n=1}^{\infty}\left[\frac{1}{\sqrt{n}}-\sqrt{\ln\left(1+\frac{1}{n}\right)}\right]$的敛散性.

四、(7 分)　设$u_n\neq 0\ (n=1,2,3,\cdots)$，并且$\lim_{n\to\infty}\frac{n}{u_n}=1$，问级数$\sum_{n=1}^{\infty}(-1)^{n+1}\left(\frac{1}{u_n}+\frac{1}{u_{n+1}}\right)$是否收敛？若收敛，是绝对收敛还是条件收敛？

五、(7 分)　求幂级数$\sum_{n=1}^{\infty}(-1)^{n-1}n^2x^n$的和函数.

六、(7 分)　求级数$\sum_{n=2}^{\infty}\frac{1}{(n^2-1)2^n}$的和.

七、(7 分)　设a_n为曲线$y=x^n$与$y=x^{n+1}(n=1,2,\cdots)$所围成区域的面积，记$S_1=\sum_{n=1}^{\infty}a_n$，$S_2=\sum_{n=1}^{\infty}a_{2n-1}$，求$S_1$与$S_2$的值.

八、(7 分)　将函数$f(x)=\frac{x}{2+x-x^2}$展开成x的幂级数.

九、(7 分)　将函数$f(x)=x-1\ (0\leqslant x\leqslant 2)$展开成周期为 4 的余弦级数.

十、(9 分)　设有方程$x^n+nx-1=0$，其中n为正整数，证明此方程存在惟一正实根x_n，并证明当$\alpha>1$时，级数$\sum_{n=1}^{\infty}x_n^{\alpha}$收敛.

十一、(11 分)　设$f(x)$在$x=0$的某邻域内具有二阶连续导数且$\lim_{x\to 0}\frac{f(x)}{x}=0$，证明级数$\sum_{n=1}^{\infty}f\left(\frac{1}{n}\right)$绝对收敛.

第 11 章　微 分 方 程

11.1　知识结构图与学习要求

11.1.1　知识结构图

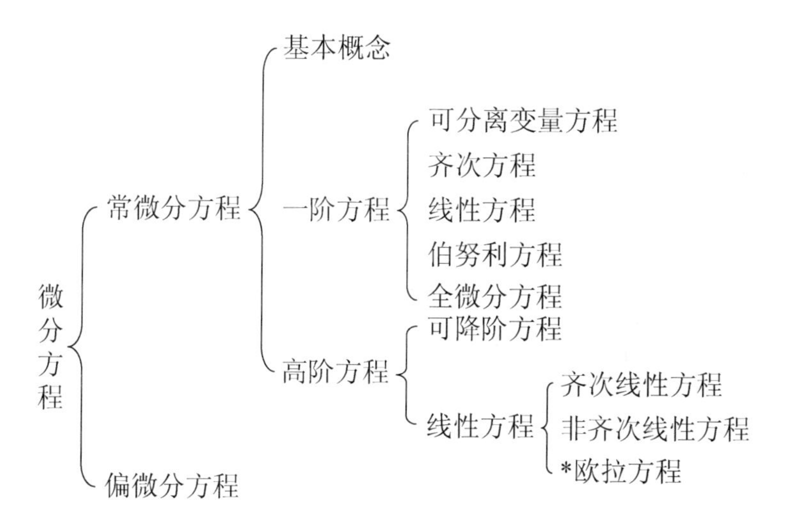

11.1.2　学习要求

（1）理解常微分方程及其解、通解、阶、初始条件和特解等基本概念.

（2）熟练掌握一阶微分方程的解法（可分离变量的微分方程、齐次方程、一阶线性微分方程、全微分方程），会用简单的变量代换求解某些微分方程.

（3）理解线性微分方程解的性质及解的结构定理, 会用降阶法解下列 3 种类型的方程：

$$y^{(n)} = f(x),\quad y'' = f(x, y') \text{ 和 } y'' = f(y, y').$$

（4）掌握二阶常系数齐次线性微分方程的解法, 并会解某些高于二阶的常系数齐次线性微分方程.

（5）掌握几种特殊的二阶常系数非齐次线性微分方程的求解方法, 如自由项为 $f(x) = \mathrm{e}^{\lambda x} P_m(x)$ 或 $f(x) = \mathrm{e}^{\lambda x}[P_l(x)\cos\omega x + P_n(x)\sin\omega x]$ 型, 会解欧拉方程.

（6）会用微分方程解决一些简单的应用问题.

11.2　内 容 提 要

11.2.1　微分方程的基本概念

（1）凡表示未知函数、未知函数的导数与自变量之间的关系的方程，称为微分方程. 未知函数是一元函数的，称为常微分方程. 未知函数是多元函数的，称为偏微分方程.

（2）微分方程中所出现的未知函数的最高阶导数的阶数，称为微分方程的阶.

（3）如果一个函数代入微分方程能使该方程成为恒等式，则称这个函数为微分方程的解. 如果微分方程的解中所含的独立的任意常数的个数与方程的阶数相同，那么此解称为微分方程的通解. 不含任意常数的解称为微分方程的特解.

（4）求微分方程 $y' = f(x,y)$ 满足初始条件 $y|_{x=x_0} = y_0$ 的特解，称为一阶微分方程的初值问题，记作

$$\begin{cases} y' = f(x,y), \\ y|_{x=x_0} = y_0, \end{cases}$$

微分方程的解的图形是一条曲线，称为微分方程的积分曲线，以上初值问题的几何意义就是求微分方程的通过定点 (x_0, y_0) 的积分曲线.

11.2.2　一阶微分方程

1. 可分离变量的微分方程

一般地，如果一个一阶微分方程能写成 $g(y)\mathrm{d}y = f(x)\mathrm{d}x$ 的形式，那么原方程就称为可分离变量的微分方程，这类方程只需要在 $g(y)\mathrm{d}y = f(x)\mathrm{d}x$ 两边同时积分即可求解. 这是微分方程中最基本的类型.

2. 齐次方程

如果一阶微分方程 $\frac{\mathrm{d}y}{\mathrm{d}x} = f(x,y)$ 中的函数 $f(x,y)$ 可写成 $\frac{y}{x}$ 的函数，即 $f(x,y) = \varphi\left(\frac{y}{x}\right)$，则该方程称为齐次方程.

求解齐次方程，通常作变换 $u = \frac{y}{x}$，即 $y = ux$，并对其两端关于 x 求导得

$$\frac{\mathrm{d}y}{\mathrm{d}x} = u + x\frac{\mathrm{d}u}{\mathrm{d}x},$$

代入原方程，原方程即可化为可分离变量方程，求出此可分离变量方程的通解后，以 $\frac{y}{x}$ 代替 u，即可得到原方程的通解.

3. 一阶线性微分方程

（1）形如 $\frac{dy}{dx}+P(x)y=Q(x)$ 的方程称为一阶线性微分方程.

a. 如果 $Q(x)\equiv 0$，则该方程称为齐次的，此时方程属于可分离变量的微分方程，其通解为 $y=Ce^{-\int P(x)dx}$（此处用 $\int P(x)dx$ 表示 $P(x)$ 的某个确定的原函数）.

b. 如果 $Q(x)$ 不恒等于零，则该方程称为非齐次的，利用常数变易法可求该非齐次线性方程的通解. 用常数变易法求 $\frac{dy}{dx}+P(x)y=Q(x)$ 通解的一般步骤如下：

第一步，求出 $\frac{dy}{dx}+P(x)y=0$ 的通解 $y=Ce^{-\int P(x)dx}$；

第二步，变易常数，即令 $y=C(x)e^{-\int P(x)dx}$ 是 $\frac{dy}{dx}+P(x)y=Q(x)$ 的解；

第三步，将 $y=C(x)e^{-\int P(x)dx}$ 代入 $\frac{dy}{dx}+P(x)y=Q(x)$，求出

$$C(x)=\int Q(x)e^{\int P(x)dx}dx+C;$$

第四步，将 $C(x)=\int Q(x)e^{\int P(x)dx}dx+C$ 代入 $y=C(x)e^{-\int P(x)dx}$ 中即可得到一阶线性非齐次方程 $\frac{dy}{dx}+P(x)y=Q(x)$ 的通解为

$$y=e^{-\int P(x)dx}\left(\int Q(x)e^{\int P(x)dx}dx+C\right).$$

约定　本章中出现的 C，如果未加说明均指任意常数.

（2）形如 $\frac{dy}{dx}+P(x)y=Q(x)y^n\ (n\neq 0,1)$ 的方程称为伯努利方程，当 $n=0$ 或 1 时，方程是线性微分方程.

伯努利方程的求解：令 $z=y^{1-n}$ 得 $\frac{dz}{dx}=(1-n)y^{-n}\frac{dy}{dx}$，原方程即可化为一阶线性方程

$$\frac{dz}{dx}+(1-n)P(x)z=(1-n)Q(x),$$

求出该方程的通解，再将 $z=y^{1-n}$ 代入即得原伯努利方程的通解.

4. 全微分方程

（1）若一阶微分方程 $P(x,y)\mathrm{d}x+Q(x,y)\mathrm{d}y=0$ 的左端恰好是某一个函数 $u=u(x,y)$ 的全微分，即 $\mathrm{d}u(x,y)=P(x,y)\mathrm{d}x+Q(x,y)\mathrm{d}y$，则该方程称为全微分方程. 因此，$u(x,y)=C$ 是全微分方程的隐式通解.

（2）当 $P(x,y)$，$Q(x,y)$ 在单连通域 G 内具有一阶连续偏导数时，则方程

$$P(x,y)\mathrm{d}x+Q(x,y)\mathrm{d}y=0$$

为全微分方程的充要条件是 $\frac{\partial P}{\partial y}=\frac{\partial Q}{\partial x}$ 在区域 G 内恒成立.

（3）求全微分方程的通解有如下 3 种常用方法.

方法 1　利用方程 $P(x,y)\mathrm{d}x+Q(x,y)\mathrm{d}y=0$ 在单连通域 G 内是全微分方程的充要条件是 $\frac{\partial P}{\partial y}=\frac{\partial Q}{\partial x}$，即曲线积分 $\int_L P(x,y)\mathrm{d}x+Q(x,y)\mathrm{d}y$ 在单连通域 G 内与积分路径无关，得

$$u(x,y)=\int_{(x_0,y_0)}^{(x,y)}P\mathrm{d}x+Q\mathrm{d}y=\int_{x_0}^{x}P(x,y_0)\mathrm{d}x+\int_{y_0}^{y}Q(x,y)\mathrm{d}y$$

或者

$$u(x,y)=\int_{y_0}^{y}Q(x_0,y)\mathrm{d}y+\int_{x_0}^{x}P(x,y)\mathrm{d}x,$$

其中 (x_0,y_0) 为 G 内任一定点.

方法 2　设 $\mathrm{d}u=P(x,y)\mathrm{d}x+Q(x,y)\mathrm{d}y$，则

$$\frac{\partial u(x,y)}{\partial x}=P(x,y), \quad \frac{\partial u(x,y)}{\partial y}=Q(x,y),$$

在 $\frac{\partial u(x,y)}{\partial x}=P(x,y)$ 两边积分，得

$$u(x,y)=\int P(x,y)\mathrm{d}x+\varphi(y),$$

而由 $\frac{\partial u(x,y)}{\partial y}=Q(x,y)$ 可得

$$\begin{aligned}Q(x,y)&=\frac{\partial u(x,y)}{\partial y}=\frac{\partial}{\partial y}\left[\int P(x,y)\mathrm{d}x+\varphi(y)\right]\\&=\int\frac{\partial P(x,y)}{\partial y}\mathrm{d}x+\varphi'(y),\end{aligned}$$

由此式解出 $\varphi'(y)$，积分得 $\varphi(y)$. 从而求出函数 $u(x,y)$.

同理，也可以先由 $\frac{\partial u(x,y)}{\partial y}=Q(x,y)$ 求得

$$u(x,y)=\int Q(x,y)\mathrm{d}y+\Phi(x),$$

再由 $\dfrac{\partial u(x,y)}{\partial x}=P(x,y)$ 和上式得

$$P(x,y)=\int\frac{\partial Q(x,y)}{\partial x}\mathrm{d}y+\Phi'(x),$$

解出 $\Phi'(x)$，积分求得 $\Phi(x)$，从而可求出函数 $u(x,y)$.

方法 3　把 $P(x,y)\mathrm{d}x+Q(x,y)\mathrm{d}y=0$ 左边凑成 $\mathrm{d}u(x,y)=P(x,y)\mathrm{d}x+Q(x,y)\mathrm{d}y$，则 $u(x,y)=C$ 即为所求的通解.

（4）当方程 $P(x,y)\mathrm{d}x+Q(x,y)\mathrm{d}y=0$ 不是全微分方程，这时如果存在一个适当的函数 $\mu=\mu(x,y)$ $[\mu(x,y)\neq 0]$ 使 $\mu(x,y)P(x,y)\mathrm{d}x+\mu(x,y)Q(x,y)\mathrm{d}y=0$ 是全微分方程，则称函数 $\mu(x,y)$ 为该方程的积分因子. 求积分因子一般比较困难，积分因子如果存在则不唯一，因而通解可能具有不同的形式.

常见的一些凑微分公式：

$$x\mathrm{d}y+y\mathrm{d}x=\mathrm{d}(xy),\qquad x\mathrm{d}x+y\mathrm{d}y=\frac{1}{2}\mathrm{d}(x^2+y^2),$$

$$\frac{x\mathrm{d}x+y\mathrm{d}y}{x^2+y^2}=\frac{1}{2}\mathrm{d}\left[\ln(x^2+y^2)\right],\qquad \frac{x\mathrm{d}y-y\mathrm{d}x}{x^2}=\mathrm{d}\left(\frac{y}{x}\right),$$

$$\frac{x\mathrm{d}y-y\mathrm{d}x}{y^2}=\mathrm{d}\left(-\frac{x}{y}\right),\qquad \frac{x\mathrm{d}y-y\mathrm{d}x}{x^2+y^2}=\mathrm{d}\left(\arctan\frac{y}{x}\right),$$

$$\frac{x\mathrm{d}y-y\mathrm{d}x}{x^2-y^2}=\mathrm{d}\left(\frac{1}{2}\ln\frac{x+y}{x-y}\right),\qquad \frac{x\mathrm{d}y-y\mathrm{d}x}{xy}=\mathrm{d}\left(\ln\frac{y}{x}\right),$$

$$\frac{2xy\mathrm{d}y-y^2\mathrm{d}x}{x^2}=\mathrm{d}\left(\frac{y^2}{x}\right),\qquad \frac{2xy\mathrm{d}x-x^2\mathrm{d}y}{y^2}=\mathrm{d}\left(\frac{x^2}{y}\right).$$

11.2.3　可降阶的高阶微分方程

下面介绍三种容易降阶的高阶微分方程的求解方法.

1. $y^{(n)}=f(x)$ 型的微分方程

对此方程两边连续积分 n 次，每积分一次增加一个任意常数，便得此方程的含有 n 个任意常数的通解.

2. $y''=f(x,y')$ 型的微分方程

此方程的特点是方程中不显含 y，设 $y'=p$，则有 $y''=\dfrac{\mathrm{d}p}{\mathrm{d}x}=p'$，那么原方程转化为一阶方程 $p'=f(x,p)$，这是关于 x、p 的一阶微分方程，求出其通解 $p=$

$\varphi(x,C_1)$，即得到另一个一阶方程 $y'=\varphi(x,C_1)$，两边积分即可得到原方程的通解为 $y=\int\varphi(x,C_1)\mathrm{d}x+C_2$，其中 C_1，C_2 是任意常数.

3. $y''=f(y,y')$ 型的微分方程

此方程的特点是方程中不显含自变量 x，令 $y'=p$，则有

$$y''=\frac{\mathrm{d}p}{\mathrm{d}x}=\frac{\mathrm{d}p}{\mathrm{d}y}\frac{\mathrm{d}y}{\mathrm{d}x}=p\frac{\mathrm{d}p}{\mathrm{d}y},$$

原方程转化为 $p\dfrac{\mathrm{d}p}{\mathrm{d}y}=f(y,p)$，这是关于变量 y、p 的一阶微分方程，设求出的通解为 $y'=p=\varphi(y,C_1)$，此方程为可分离变量的方程，分离变量然后积分即可得到原方程的通解为 $\int\dfrac{\mathrm{d}y}{\varphi(y,C_1)}=x+C_2$，其中 C_1，C_2 是任意常数.

11.2.4　高阶线性微分方程

1. 线性微分方程的解的结构

（1）对于二阶齐次线性微分方程 $y''+P(x)y'+Q(x)y=0$ 有如下结论：

定理 11.1　如果 $y_1(x)$ 与 $y_2(x)$ 是该齐次线性方程的两个解，那么 $y=C_1y_1(x)+C_2y_2(x)$ 也是该齐次线性方程的解，其中 C_1，C_2 是任意常数.

齐次线性方程的这个性质称为解的叠加原理.

定理 11.2　如果 $y_1(x)$ 与 $y_2(x)$ 是该齐次线性方程的两个线性无关的特解，则

$$y=C_1y_1(x)+C_2y_2(x)\quad (C_1、C_2\text{是任意常数})$$

是该齐次线性方程的通解.

相应于定理 11.2，对于 n 阶齐次线性方程有如下推论：

推论 11.1　如果 $y_1(x),y_2(x),\cdots,y_n(x)$ 是 n 阶齐次线性微分方程

$$y^{(n)}+a_1(x)y^{(n-1)}+\cdots+a_{n-1}(x)y'+a_n(x)y=0$$

的 n 个线性无关的解，那么此方程的通解为 $y=C_1y_1(x)+C_2y_2(x)+\cdots+C_ny_n(x)$，其中 $C_1,C_2,\cdots,C_n$ 为任意常数.

（2）对于二阶非齐次线性方程 $y''+P(x)y'+Q(x)y=f(x)$（其中 $f(x)\neq0$），有如下定理成立：

定理 11.3　设 $y_1(x)$ 与 $y_2(x)$ 是二阶非齐次线性方程 $y''+P(x)y'+Q(x)y=f(x)$ 的两个解，则 $y_1(x)-y_2(x)$ 是对应的二阶齐次线性微分方程 $y''+P(x)y'+Q(x)y=0$ 的解.

定理 11.4　设 $y_1(x)$ 是二阶齐次线性微分方程

$$y''+P(x)y'+Q(x)y=0$$

的解. 而 $y_2(x)$ 是二阶非齐次线性方程

$$y''+P(x)y'+Q(x)y=f(x)$$

的解, 则 $y_1(x)+y_2(x)$ 是二阶非齐次线性微分方程

$$y''+P(x)y'+Q(x)y=f(x)$$

的解.

定理 11.5　设 $y^*(x)$ 是二阶非齐次线性方程

$$y''+P(x)y'+Q(x)y=f(x)$$

的一个特解, $Y(x)$ 是对应的齐次方程的通解, 那么

$$y=Y(x)+y^*(x)$$

是该二阶非齐次线性方程的通解.

定理 11.6　设二阶非齐次线性方程的右端 $f(x)$ 是几个函数之和, 例如,

$$y''+P(x)y'+Q(x)y=f_1(x)+f_2(x),$$

而 $y_1(x)$ 与 $y_2(x)$ 分别是方程

$$y''+P(x)y'+Q(x)y=f_1(x),\quad y''+P(x)y'+Q(x)y=f_2(x),$$

的解, 那么 $y_1(x)+y_2(x)$ 是方程 $y''+P(x)y'+Q(x)y=f_1(x)+f_2(x)$ 的解.

该定理通常称为非齐次线性微分方程解的叠加原理. 定理 11.5 与定理 11.6 也可以推广到 n 阶非齐次线性微分方程.

2. 常系数齐次线性微分方程

（1）二阶常系数齐次线性方程.

a. 称方程 $y''+py'+qy=0$（其中 p, q 是常数）为二阶常系数齐次线性方程. 代数方程 $r^2+pr+q=0$ 称为微分方程 $y''+py'+qy=0$ 的特征方程, 其中 r^2, r 的系数及常数项恰好依次是该齐次微分方程中 y'',y' 及 y 的系数.

b. 求二阶常系数齐次线性微分方程 $y''+py'+qy=0$ 的通解的步骤:

第一步, 写出特征方程 $r^2+pr+q=0$;

第二步, 在复数域内解特征方程, 得两根 r_1 与 r_2;

第三步, 根据特征方程的两个根的不同情形, 按照表 11-1 写出微分方程的通解.

表 11-1

特征方程 $r^2+pr+q=0$ 的根 r_1,r_2	微分方程 $y''+py'+qy=0$ 的通解
两个不等实根 r_1,r_2	$y=C_1e^{r_1x}+C_2e^{r_2x}$
两个相等实根 $r_1=r_2$	$y=(C_1+C_2x)e^{r_1x}$
一对共轭复根 $r_{1,2}=\alpha\pm i\beta$	$y=e^{\alpha x}(C_1\cos\beta x+C_2\sin\beta x)$

（2）n阶常系数齐次线性微分方程.

n阶常系数齐次线性微分方程的一般形式为

$$y^{(n)}+p_1y^{(n-1)}+p_2y^{(n-2)}+\cdots+p_{n-1}y'+p_ny=0,$$

其中 $p_1,p_2,\cdots,p_{n-1},p_n$ 都是常数，其对应的特征方程为

$$r^n+p_1r^{n-1}+p_2r^{n-2}+\cdots+p_{n-1}r+p_n=0.$$

依据特征方程的根，按如下规律写出微分方程通解中的各项（表 11-2）.

表 11-2

特征方程的根	微分方程通解中的对应项
单实根 r	给出一项：Ce^{rx}
一对单复根 $r=\alpha\pm i\beta$	给出两项：$e^{\alpha x}(C_1\cos\beta x+C_2\sin\beta x)$
k 重实根 r	给出 k 项：$e^{rx}(C_1+C_2x+\cdots+C_kx^{k-1})$
一对 k 重复根 $r_{1,2}=\alpha\pm i\beta$	给出 $2k$ 项：$e^{\alpha x}[(C_1+C_2x+\cdots+C_kx^{k-1})\cos\beta x+(D_1+D_2x+\cdots+D_kx^{k-1})\sin\beta x]$

特征方程的每一个根都对应着通解中的一项，并且每项各含一个任意常数，这样就得到n阶常系数齐次线性微分方程的通解：$y=C_1y_1+C_2y_2+\cdots+C_ny_n$.

3. 常系数非齐次线性微分方程

二阶常系数非齐次线性微分方程的一般形式为 $y''+py'+qy=f(x)$. 求二阶常系数非齐次线性微分方程的通解，归结为求对应的齐次方程 $y''+py'+qy=0$ 的通解和该非齐次方程的一个特解.

当方程 $y''+py'+qy=f(x)$ 中 $f(x)$ 取以下两种常见形式时，用待定系数法求特解 y^*.

（1）$f(x)=e^{\lambda x}P_m(x)$ 型.

方程 $y''+py'+qy=f(x)$ 有形如 $y^*=x^kQ_m(x)e^{\lambda x}$ 的特解，其中 $k=0,1,2$ 分别对应于λ不是特征方程 $r^2+pr+q=0$ 的根、是特征方程的单根、是特征方程的二重根，而 $Q_m(x)$ 是和 $P_m(x)$ 同次的多项式.

（2）$f(x)=e^{\lambda x}[P_l(x)\cos\omega x+P_n(x)\sin\omega x]$ 型.

方程 $y''+py'+qy=f(x)$ 有形如

$$y^*=x^ke^{\lambda x}[R_m(x)\cos\omega x+S_m(x)\sin\omega x]$$

的特解，对应于$\lambda+i\omega$（或$\lambda-i\omega$）不是特征方程 $r^2+pr+q=0$ 的根、是特征方程的根，k取0或1，而 $R_m(x)$ 与 $S_m(x)$ 同为 m 次多项式，其中 $m=\max\{l,n\}$.

4. 欧拉方程

形如 $x^n y^{(n)} + p_1 x^{n-1} y^{(n-1)} + \cdots + p_{n-1} x y' + p_n y = f(x)$ 的方程（其中 $p_1, p_2, \cdots, p_n$ 为常数）称为欧拉方程. 作变换 $x = \mathrm{e}^t$ 或 $t = \ln x$，如果采用记号 D 表示对 t 的求导运算 $\dfrac{\mathrm{d}}{\mathrm{d}t}$，则 $x^k y^{(k)} = D(D-1)\cdots(D-k+1)y$，将其代入上述欧拉方程，得到以 t 为自变量的常系数线性微分方程：

$$\sum_{k=0}^{n} p_k D(D-1)\cdots(D-k+1)y = f(\mathrm{e}^t), \quad 其中\ p_0 = 1,$$

求得该方程的解后，将 $t = \ln x$ 代入即得原欧拉方程的解.

11.2.5　微分方程的应用

应用微分方程解决实际问题关键是根据实际问题建立微分方程并确定初始条件，但这没有现成的模式可套，只能根据已知的条件及应用背景中的一些基本概念和定律来建立微分方程. 这就要求读者熟悉应用背景相关学科的一些基本概念和定律.

11.3　典型例题解析

例 11.1　求通解为 $y = c_1 \mathrm{e}^x + c_2 x$ 的微分方程，其中 c_1, c_2 是任意常数.

分析　所给通解表达式中含两个任意常数，故所求的方程应该是二阶的.

解　由 $y' = c_1 \mathrm{e}^x + c_2, y'' = c_1 \mathrm{e}^x$，解得 $c_1 = \dfrac{y''}{\mathrm{e}^x}, c_2 = y' - y''$，将 c_1, c_2 代入 $y = c_1 \mathrm{e}^x + c_2 x$ 整理得 $(x-1)y'' - xy' + y = 0$，此即为所求微分方程.

例 11.2　试证 $y = c_1 \mathrm{e}^{c_2 - 3x} - 1$ 是方程 $y'' - 9y = 9$ 的解，但不是它的通解，其中 c_1, c_2 是任意常数.

分析　这类题验证所给函数是相应微分方程的通解或解，只需求出函数的各阶导数，代入微分方程，看是否使微分方程成为恒等式.

证明　因为

$$y = c_1 \mathrm{e}^{c_2 - 3x} - 1 = c_1 \mathrm{e}^{c_2} \times \mathrm{e}^{-3x} - 1, \quad 记\ c = c_1 \mathrm{e}^{c_2},$$

则有 $y = c\mathrm{e}^{-3x} - 1$，将其代入方程 $y'' - 9y = 9$ 得

$$\begin{aligned} 左端 &= (c\mathrm{e}^{-3x} - 1)'' - 9(c\mathrm{e}^{-3x} - 1) = (-3c\mathrm{e}^{-3x})' - 9c\mathrm{e}^{-3x} + 9 \\ &= 9c\mathrm{e}^{-3x} - 9c\mathrm{e}^{-3x} + 9 = 9 \equiv 右端, \end{aligned}$$

所以 $y=c_1\mathrm{e}^{c_2-3x}-1$ 是方程的解，但由于解中只含有一个独立的任意常数，故它不是该方程的通解.

注　需要弄清楚解、通解的定义，通解中独立常数的个数应与方程的阶数相同.

例 11.3　求下列微分方程的通解：

（1）$xyy'=(x+a)(y+b)$；　　（2）$xy'-y[\ln(xy)-1]=0$.

分析　在求解微分方程时，先要判断方程的类型，然后根据不同类型确定解题方法.

解（1）原方程可变形为

$$\frac{y}{y+b}\mathrm{d}y=\frac{x+a}{x}\mathrm{d}x\ \ (y+b\neq 0,x\neq 0),$$

积分得

$$y-b\ln|y+b|=x+a\ln|x|+c_1,$$

故通解为

$$|x|^a|y+b|^b=\mathrm{e}^{-c_1}\mathrm{e}^{y-x},$$

令 $\mathrm{e}^{-c_1}=C$，则

$$|x|^a|y+b|^b=C\mathrm{e}^{y-x},$$

而 $y=-b$ 是方程的解，如果在上述通解中允许 $C=0$，则 $y=-b$ 也包含在该通解中，因而，原方程的通解是

$$|x|^a|y+b|^b=C\mathrm{e}^{y-x},$$

其中 C 是任意常数.

（2）令 $u=xy$，则有 $u'=y+xy'$，代入原方程，得

$$u'-y-y(\ln u-1)=0,$$

即 $u'=y\ln u$，所以 $u'=\frac{u}{x}\ln u$，分离变量得 $\frac{\mathrm{d}u}{u\ln u}=\frac{\mathrm{d}x}{x}$，于是 $\ln|\ln u|=\ln|x|+\ln c_1$，即有

$$\left|\frac{\ln u}{x}\right|=c_1,\quad \frac{\ln u}{x}=\pm c_1,$$

得原方程的通解为

$$\ln(xy)=Cx\quad (这里\ C=\pm c_1).$$

注 1　如果题目是求方程的所有解，本题(1)中，当用 $x(y+b)$ 去除方程时，可能导致方程失去满足 $x(y+b)=0$ 的解，即 $y=-b$，所以要对此解进行分析.

注 2　当方程中出现 $f(xy), f(x\pm y), f\left(\dfrac{y}{x}\right)$ 等形式的项时，相应地，通常要做如下一些变量替换 $u=xy$, $u=x\pm y$, $u=\dfrac{y}{x}$，等等.

例 11.4　解方程 $\dfrac{\mathrm{d}y}{\mathrm{d}x}=y^2\cos x$，并求满足初始条件 $y|_{x=0}=1$ 时的特解.

解　分离变量得 $\dfrac{\mathrm{d}y}{y^2}=\cos x\mathrm{d}x\ (y\neq 0)$，

两边积分则有

$$-\frac{1}{y}=\sin x+c,$$

从而可得通解为

$$y=-\frac{1}{\sin x+c},\quad \text{其中 } c \text{ 是任意常数.}$$

另外，方程还有解 $y=0$，不包含在该通解中，故需补上.

为了求特解，将 $x=0, y=1$ 代入通解得 $c=-1$，故所求的特解为

$$y=\frac{1}{1-\sin x}.$$

例 11.5　设函数 $f(x)$ 在 $(0,+\infty)$ 内连续，$f(1)=\dfrac{5}{2}$，并且对任意 $x,t\in(0,+\infty)$ 有

$$\int_1^{xt} f(u)\mathrm{d}u=t\int_1^x f(u)\mathrm{d}u+x\int_1^t f(u)\mathrm{d}u,$$

求 $f(x)$.

分析　条件给出了一个积分方程且含有变上限积分，通常是对积分方程两边求导，将积分方程转化为解微分方程. 解此微分方程，并利用已知条件即可求出函数 $f(x)$.

解　在等式

$$\int_1^{xt} f(u)\mathrm{d}u=t\int_1^x f(u)\mathrm{d}u+x\int_1^t f(u)\mathrm{d}u$$

两端关于 t 求导，得

$$xf(xt)=\int_1^x f(u)\mathrm{d}u+xf(t),$$

令 $t=1$ 可得

$$xf(x)=\int_1^x f(u)\mathrm{d}u+xf(1),$$

由于 $f(1)=\dfrac{5}{2}$，从而有

$$xf(x)=\int_1^x f(u)\mathrm{d}u+\frac{5}{2}x,$$

对上式两端关于 x 求导，得

$$f(x)+xf'(x)=f(x)+\frac{5}{2},$$

即 $f'(x)=\frac{5}{2x}$，所以

$$f(x)=\frac{5}{2}\ln x+C,$$

将 $f(1)=\frac{5}{2}$ 代入上式，得 $C=\frac{5}{2}$，故

$$f(x)=\frac{5}{2}(\ln x+1).$$

例 11.6　已知函数 $y=y(x)$ 在任意点 x 处的增量

$$\Delta y=\frac{y\Delta x}{1+x^2}+\alpha,$$

并且当 $\Delta x\to 0$ 时，α 是 Δx 的高阶无穷小，$y(0)=\pi$，则 $y(1)$ 等于（　　）.

A. 2π　　B. π　　C. $e^{\frac{\pi}{4}}$　　D. $\pi e^{\frac{\pi}{4}}$

分析　由微分定义及原题设可知 $\mathrm{d}y=\frac{y\mathrm{d}x}{1+x^2}$，解此方程可求得 $y(x)$，进而可求得 $y(1)$.

解法 1　由于 $\Delta y=\frac{y\Delta x}{1+x^2}+\alpha$，并且当 $\Delta x\to 0$ 时，α 是 Δx 的高阶无穷小，由微分的定义可知

$$\mathrm{d}y=\frac{y\Delta x}{1+x^2}=\frac{y}{1+x^2}\mathrm{d}x,\quad 即\ \frac{\mathrm{d}y}{y}=\frac{\mathrm{d}x}{1+x^2},$$

两边积分得

$$\ln|y|=\arctan x+C_1,\quad 即\ y=Ce^{\arctan x},$$

其中 $C=\pm e^{C_1}$．由 $y(0)=\pi$，则有 $C=\pi$．于是

$$y(1)=\pi e^{\arctan 1}=\pi e^{\frac{\pi}{4}},$$

故选 D.

解法 2　等式 $\Delta y=\frac{y\Delta x}{1+x^2}+\alpha$ 两边除以 Δx 并令 $\Delta x\to 0$，得

$$\lim_{\Delta x\to 0}\frac{\Delta y}{\Delta x}=\frac{y}{1+x^2}+\lim_{\Delta x\to 0}\frac{\alpha}{\Delta x},$$

即 $\frac{\mathrm{d}y}{\mathrm{d}x}=\frac{y}{1+x^2}$，以下过程同解法 1.

例 11.7 求方程 $xy' + y = 2\sqrt{xy}$ 的通解.

分析 原方程可化为齐次方程 $y' + \dfrac{y}{x} = 2\sqrt{\dfrac{y}{x}}$；也可写成 $y' + \dfrac{1}{x}y = \dfrac{2}{\sqrt{x}}y^{\frac{1}{2}}$；还可换元令 $xy = u$.

解法 1 将方程化为齐次方程 $y' + \dfrac{y}{x} = 2\sqrt{\dfrac{y}{x}}$，令 $\dfrac{y}{x} = u$，则有 $y' = u + xu'$，代入原方程得

$$u + xu' + u = 2\sqrt{u},$$

即

$$\frac{2}{x}\mathrm{d}x + \frac{\mathrm{d}u}{\sqrt{u}(\sqrt{u}-1)} = 0,$$

于是

$$\frac{\mathrm{d}x}{x} + \frac{\mathrm{d}\sqrt{u}}{\sqrt{u}-1} = 0,$$

积分得

$$\ln|x| + \ln|\sqrt{u}-1| = C_1,$$

将 $\dfrac{y}{x} = u$ 代入该式, 故通解为

$$\sqrt{xy} - x = C \quad (这里 C = \pm e^{C_1}).$$

解法 2 原方程可写成 $y' + \dfrac{1}{x}y = \dfrac{2}{\sqrt{x}}y^{\frac{1}{2}}$，为 $n = \dfrac{1}{2}$ 时对应的伯努利方程，令 $z = y^{\frac{1}{2}}$，得线性方程

$$\frac{\mathrm{d}z}{\mathrm{d}x} + \frac{1}{2x}z = \frac{1}{\sqrt{x}},$$

由一阶非齐次线性方程的通解公式可得

$$z = e^{-\int P(x)\mathrm{d}x}\left[\int Q(x)e^{\int P(x)\mathrm{d}x}\mathrm{d}x + C\right],$$

其中 $P(x) = \dfrac{1}{2x}, Q(x) = \dfrac{1}{\sqrt{x}}$. 积分求出 z 并代入 $z = y^{\frac{1}{2}}$ 得通解

$$\sqrt{xy} - x = C,$$

其中 C 取任意常数.

解法 3 令 $xy = u$，则 $xy' + y = u'$, 可得

$$u' = 2\sqrt{u}, \quad 即 \frac{\mathrm{d}u}{\sqrt{u}} = 2\mathrm{d}x,$$

积分得

$$2\sqrt{u}=2x+C_1,$$

即有

$$x-\sqrt{xy}=C,$$

其中 C 为任意常数.

例 11.8 求微分方程 $\frac{dy}{dx}+3y=e^{2x}$ 的解.

分析 这是一阶非齐次线性方程, 可用常数变易法, 也可直接利用公式.

解法 1 套用公式直接求其通解. 这里 $P(x)=3$，$Q(x)=e^{2x}$，将其代入公式

$$y=e^{-\int P(x)dx}\left[\int Q(x)e^{\int P(x)dx}dx+C\right],$$

得原方程的通解为

$$y=e^{-\int 3dx}\left(\int e^{2x}e^{\int 3dx}dx+C\right)=\frac{1}{5}e^{2x}+Ce^{-3x}.$$

解法 2 用常数变易法求其通解, 其对应的齐次线性方程为 $\frac{dy}{dx}+3y=0$，分离变量后求得其通解为 $y=Ce^{-3x}$，假设 $y=C(x)e^{-3x}$ 是原方程的解, 代入原方程得 $C'(x)=e^{5x}$，积分则有

$$C(x)=\frac{1}{5}e^{5x}+C,$$

故原方程的通解为

$$y=Ce^{-3x}+\frac{1}{5}e^{2x}.$$

例 11.9 求微分方程 $\frac{dy}{dx}=\frac{y}{x+y}$ 的解.

解法 1 原方程化为 $\frac{dy}{dx}=\frac{\frac{y}{x}}{1+\frac{y}{x}}$，此为齐次方程, 令 $u=\frac{y}{x}$，得

$$u+u'x=\frac{u}{1+u},$$

分离变量有 $\left(-\frac{1}{u^2}-\frac{1}{u}\right)du=\frac{1}{x}dx$，积分得

$$\frac{1}{u}-\ln|u|=\ln|x|+C,$$

将 $u=\frac{y}{x}$ 代入上式得该方程通解为

$$x = Cy + y\ln|y|.$$

解法 2 原方程可变形为 $\dfrac{dx}{dy} - \dfrac{1}{y}x = 1$，此为一阶线性非齐次方程，其中 $P(y) = -\dfrac{1}{y}$，$Q(y) = 1$，由一阶线性非齐次方程的通解公式，可求得通解为

$$x = Cy + y\ln|y|.$$

例 11.10 设曲线积分

$$\int_L [f(x) - e^x]\sin y dx - f(x)\cos y dy$$

与路径无关，其中 $f(x)$ 具有一阶连续导数且 $f(0) = 0$，$\cos y$ 不恒等于零，则 $f(x)$ 等于（　　）.

A. $\dfrac{1}{2}(e^{-x} - e^x)$　　　　B. $\dfrac{1}{2}(e^x - e^{-x})$

C. $\dfrac{1}{2}(e^x + e^{-x}) - 1$　　　　D. $1 - \dfrac{1}{2}(e^x + e^{-x})$

分析 由曲线积分

$$\int_L [f(x) - e^x]\sin y dx - f(x)\cos y dy$$

与路径无关的充分必要条件可知，

$$\frac{\partial}{\partial x}[-f(x)\cos y] = \frac{\partial}{\partial y}\{[f(x) - e^x]\sin y\},$$

从而可得关于 $f(x)$ 的微分方程，解此微分方程即可.

解 由题设可得

$$\frac{\partial}{\partial x}[-f(x)\cos y] = \frac{\partial}{\partial y}\{[f(x) - e^x]\sin y\},$$

于是结合 $\cos y$ 不恒等于零，即得

$$f'(x) + f(x) = e^x,$$

解得

$$f(x) = e^{-x}\left(\frac{1}{2}e^{2x} + C\right).$$

由 $f(0) = 0$ 得 $C = -\dfrac{1}{2}$ 故有

$$f(x) = \frac{e^x - e^{-x}}{2},$$

故选 B.

例 11.11 设对于半空间 $x > 0$ 内任意光滑有向封闭曲面 S 都有

$$\oiint_S xf(x)\mathrm{d}y\mathrm{d}z - xyf(x)\mathrm{d}z\mathrm{d}x - \mathrm{e}^{2x}z\mathrm{d}x\mathrm{d}y = 0,$$

其中函数 $f(x)$ 在 $(0,+\infty)$ 内具有连续的一阶导数且 $\lim\limits_{x\to0^+} f(x)=1$，求 $f(x)$.

解 不失一般性，假设曲面 S 取外侧，设 S 所围成的立体为 Ω，根据高斯公式，有

$$\begin{aligned}&\oiint_S xf(x)\mathrm{d}y\mathrm{d}z - xyf(x)\mathrm{d}z\mathrm{d}x - \mathrm{e}^{2x}z\mathrm{d}x\mathrm{d}y\\ &=\iiint_\Omega [xf'(x)+f(x)-xf(x)-\mathrm{e}^{2x}]\mathrm{d}v = 0,\end{aligned}$$

由 S 的任意性，知

$$xf'(x)+f(x)-xf(x)-\mathrm{e}^{2x}=0,$$

即

$$f'(x)+\left(\frac{1}{x}-1\right)f(x)=\frac{1}{x}\mathrm{e}^{2x},$$

此为一阶线性非齐次方程，其通解为

$$f(x)=\mathrm{e}^{\int\left(1-\frac{1}{x}\right)\mathrm{d}x}\left[\int\frac{1}{x}\mathrm{e}^{2x}\mathrm{e}^{\int\left(\frac{1}{x}-1\right)\mathrm{d}x}\mathrm{d}x+C\right]=\frac{\mathrm{e}^x}{x}(\mathrm{e}^x+C).$$

又

$$\lim_{x\to0^+}f(x)=\lim_{x\to0^+}\left(\frac{\mathrm{e}^{2x}+C\mathrm{e}^x}{x}\right)=1,$$

故 $\lim\limits_{x\to0^+}(\mathrm{e}^{2x}+C\mathrm{e}^x)=0$，即有 $C+1=0$，得 $C=-1$，于是

$$f(x)=\frac{\mathrm{e}^x}{x}(\mathrm{e}^x-1).$$

例 11.12 求方程 $\dfrac{\mathrm{d}y}{\mathrm{d}x}=6\dfrac{y}{x}-xy^2$ 的通解.

分析 原方程可写成 $\dfrac{\mathrm{d}y}{\mathrm{d}x}-\dfrac{6}{x}y=-xy^2$，这是 $n=2$ 时的伯努利方程.

解 令 $z=y^{-1}$，得 $\dfrac{\mathrm{d}z}{\mathrm{d}x}=-y^{-2}\dfrac{\mathrm{d}y}{\mathrm{d}x}$，代入原方程则有 $\dfrac{\mathrm{d}z}{\mathrm{d}x}=-\dfrac{6}{x}z+x$，即

$$\frac{\mathrm{d}z}{\mathrm{d}x}+\frac{6}{x}z=x,$$

此为一阶线性非齐次方程，利用一阶线性非齐次方程的通解公式求得其通解为

$$z=\frac{c}{x^6}+\frac{x^2}{8},$$

于是得

$$\frac{1}{y}=\frac{c}{x^6}+\frac{x^2}{8},$$

即为原方程的通解.

例 11.13 判断下列方程是否为全微分方程, 并求出其解.

（1）$(y\sin x-1)\mathrm{d}x-\cos x\mathrm{d}y=0$； （2）$y\mathrm{d}x+(y-x)\mathrm{d}y=0$.

分析 方程

$$P(x,y)\mathrm{d}x+Q(x,y)\mathrm{d}y=0$$

为全微分方程的充要条件是$\dfrac{\partial P}{\partial y}=\dfrac{\partial Q}{\partial x}$. 如果

$$P(x,y)\mathrm{d}x+Q(x,y)\mathrm{d}y=0$$

不是全微分方程, 此时若存在一个积分因子$\mu(x,y)$, 使得

$$\mu(x,y)P(x,y)\mathrm{d}x+\mu(x,y)Q(x,y)\mathrm{d}y=0$$

是全微分方程, 则方程可转化为全微分方程来求解.

解（1）这里$P=y\sin x-1,Q=-\cos x$, 由于$\dfrac{\partial P}{\partial y}=\sin x=\dfrac{\partial Q}{\partial x}$, 该方程是全微分方程. 设

$$(y\sin x-1)\mathrm{d}x-\cos x\mathrm{d}y=\mathrm{d}u(x,y).$$

则$u(x,y)=C$即为所求的通解, 以下用 3 种方法来求$u(x,y)$.

解法 1 选择积分路径为折线路径：$(0,0)\to(x,0)\to(x,y)$, 则

$$\begin{aligned}u(x,y)&=\int_{(0,0)}^{(x,y)}(y\sin x-1)\mathrm{d}x-\cos x\mathrm{d}y\\&=\int_0^x(-1)\mathrm{d}x+\int_0^y(-\cos x)\mathrm{d}y\\&=-x-y\cos x.\end{aligned}$$

解法 2 方程左端$=-\mathrm{d}x+(y\sin x\mathrm{d}x-\cos x\mathrm{d}y)$
$=-\mathrm{d}x-\mathrm{d}(y\cos x)=\mathrm{d}(-x-y\cos x)$,

所以

$$u(x,y)=-x-y\cos x.$$

解法 3 由于$\dfrac{\partial u(x,y)}{\partial x}=y\sin x-1,\dfrac{\partial u(x,y)}{\partial y}=-\cos x$. 则

$$u(x,y)=\int(-\cos x)\mathrm{d}y=-y\cos x+C(x),$$

其中$C(x)$为待定的可微函数, 上式两端分别对x求导, 得

$$\frac{\partial u(x,y)}{\partial x}=y\sin x+C'(x).$$

由

$$\frac{\partial u(x,y)}{\partial x}=y\sin x-1\text{得}\ y\sin x+C'(x)=y\sin x-1,$$

所以 $C'(x) = -1$. 故可取 $C(x) = -x$，故

$$u(x,y) = -x - y\cos x .$$

由上面的任意一种方法都可以得到此方程的通解为

$$-x - y\cos x = C ,$$

其中 C 为任意的常数.

（2）$P = y, Q = y - x, \dfrac{\partial P}{\partial y} = 1, \dfrac{\partial Q}{\partial x} = -1$，原方程不是全微分方程. 可考虑寻求原方程的积分因子.

解法 1　原方程可化为 $y\mathrm{d}x - x\mathrm{d}y = -y\mathrm{d}y$，此时，方程的左端有积分因子 $\mu = \dfrac{1}{y^2}$、$\mu = \dfrac{1}{x^2}$ 等. 由于右端只有 y，故取 $\mu = \dfrac{1}{y^2}$ 为积分因子，即有

$$\frac{y\mathrm{d}x - x\mathrm{d}y}{y^2} = -\frac{1}{y}\mathrm{d}y ,$$

从而可得其通解为

$$\frac{x}{y} + \ln|y| = C .$$

此外，$y = 0$ 亦为原方程的解.

解法 2　原方程可写为 $\dfrac{\mathrm{d}y}{\mathrm{d}x} = \dfrac{y}{x-y}$ 即 $\dfrac{\mathrm{d}y}{\mathrm{d}x} = \dfrac{\frac{y}{x}}{1-\frac{y}{x}}$，此为齐次方程，令 $\dfrac{y}{x} = u$，则有

$$x\frac{\mathrm{d}u}{\mathrm{d}x} + u = \frac{u}{1-u} ,$$

即

$$\frac{1-u}{u^2}\mathrm{d}u = \frac{\mathrm{d}x}{x} ,$$

得其通解为

$$-\frac{1}{u} - \ln|u| = \ln|x| - C ,$$

于是原方程通解为

$$\frac{x}{y} + \ln|y| = C \cdot$$

另外，$y = 0$ 也是原方程的解.

解法 3　将 x 看成是以 y 为自变量的函数，原方程可化为线性方程

$$\frac{\mathrm{d}x}{\mathrm{d}y} - \frac{x}{y} = -1 ,$$

求得其通解为

$$\frac{x}{y}+\ln|y|=C.$$

此外，易见 $y=0$ 也是原方程的解.

例 11.14 求 $y'''=\frac{\ln x}{x^2}$ 满足初始条件 $y(1)=0,\ y'(1)=1,\ y''(1)=2$ 的解.

分析 该方程为 $y^{(n)}=f(x)$ 型可降阶的高阶微分方程，方程的右端仅含有自变量 x，将 $y^{(n-1)}$ 作为新的未知函数，原方程则为新未知函数的一阶微分方程，两边积分得关于 x 的 $n-1$ 阶微分方程. 依此法连续积分 n 次可得原方程的含有 n 个任意常数的通解.

解 两端积分得

$$y''=\int\frac{\ln x}{x^2}\mathrm{d}x=-\frac{\ln x}{x}-\frac{1}{x}+C_1,$$

又 $y''(1)=2$，则得 $C_1=3$，故

$$y''=-\frac{\ln x}{x}-\frac{1}{x}+3,$$

对其积分得

$$y'=\int\left(-\frac{\ln x}{x}-\frac{1}{x}+3\right)\mathrm{d}x=-\frac{1}{2}\ln^2 x-\ln x+3x+C_2,$$

将 $y'(1)=1$ 代入上式，得 $C_2=-2$，于是

$$y'=-\frac{1}{2}\ln^2 x-\ln x+3x-2,$$

对该式再次积分得

$$y=\int\left(-\frac{1}{2}\ln^2 x-\ln x+3x-2\right)\mathrm{d}x=-\frac{1}{2}x\ln^2 x+\frac{3}{2}x^2-2x+C_3,$$

由于 $y(1)=0$，可得 $C_3=\frac{1}{2}$，故所求的特解为

$$y=-\frac{1}{2}x\ln^2 x+\frac{3}{2}x^2-2x+\frac{1}{2}.$$

注 在此类题目中，一般若出现任意常数，可依据初始条件逐步确定，使后面的运算简化. 若先求出通解，再由初值条件定特解也可以，只是计算将会麻烦一点.

例 11.15 微分方程 $xy''+3y'=0$ 的通解是________.

分析 该方程中不显含 y，可以看成是 $y''=f(x,y')$ 型的可降阶微分方程；另外原方程可化为欧拉方程 $x^2y''+3xy'=0$.

解法 1　方程属于 $y''=f(x,y')$ 型的可降阶微分方程. 令 $y'=p(x)$，则 $y''=p'$，原方程化为一阶线性方程

$$xp'+3p=0,\quad \text{即 } p'+\frac{3}{x}p=0,$$

其通解为

$$y'=p=\frac{C_1}{x^3},$$

再对其积分得通解为

$$y=-\frac{C_1}{2x^2}+C_2.$$

解法 2　原方程可化为欧拉方程 $x^2y''+3xy'=0$. 令 $x=\mathrm{e}^t$，则原方程可化为

$$\frac{\mathrm{d}^2y}{\mathrm{d}t^2}+2\frac{\mathrm{d}y}{\mathrm{d}t}=0,$$

求得其通解为

$$y=C_1+C_2\mathrm{e}^{-2t}=C_1+\frac{C_2}{x^2}.$$

例 11.16　微分方程 $yy''+y'^2=0$ 满足初始条件 $y|_{x=0}=1$，$y'|_{x=0}=\frac{1}{2}$ 的特解是________.

分析　该方程中不显含 x，可以看成是 $y''=f(y,y')$ 型的可降阶微分方程；另外原方程可化为 $(yy')'=0$.

解法 1　此微分方程属于 $y''=f(y,y')$ 型. 令 $y'=p$，则

$$y''=\frac{\mathrm{d}y'}{\mathrm{d}x}=\frac{\mathrm{d}p}{\mathrm{d}x}=\frac{\mathrm{d}p}{\mathrm{d}y}\cdot\frac{\mathrm{d}y}{\mathrm{d}x}=p\frac{\mathrm{d}p}{\mathrm{d}y},$$

于是原方程为 $yp\frac{\mathrm{d}p}{\mathrm{d}y}+p^2=0$，得 $p=0$ 或 $y\frac{\mathrm{d}p}{\mathrm{d}y}+p=0$. 前者不满足初始条件 $y'|_{x=0}=\frac{1}{2}$，故由后者得 $py=C_1$，即 $yy'=C_1$. 由初始条件当 $x=0$ 时，$y=1$，$y'=\frac{1}{2}$. 于是 $C_1=\frac{1}{2}$，则有 $yy'=\frac{1}{2}$，即 $y\mathrm{d}y=\frac{1}{2}\mathrm{d}x$. 积分得 $y^2=x+C_2$. 由初始条件 $y|_{x=0}=1$ 得 $y^2=x+1$，故所求特解为 $y=\sqrt{x+1}$.

解法 2　由 $yy''+y'^2=0$ 得 $(yy')'=0$. 从而 $yy'=C_1$，余下解法同解法 1.

例 11.17　设线性无关的函数 y_1,y_2,y_3 都是二阶非齐次线性方程

$$y''+p(x)y'+q(x)y=f(x)$$

的解，其中 C_1, C_2 是任意常数，则该非齐次方程的通解是（　　）.

A. $C_1y_1+C_2y_2$　　B. $C_1y_1+C_2y_2-(C_1+C_2)y_3$

C. $C_1y_1+C_2y_2-(1-C_1-C_2)y_3$　　D. $C_1y_1+C_2y_2+(1-C_1-C_2)y_3$

解 非齐次线性方程通解的结构是对应齐次线性方程的通解加上非齐次线性方程的一个特解.

A 项, 当 $C_1+C_2\neq 1$ 时, $C_1y_1+C_2y_2$ 不是方程的解, 当然就不会是通解, 显然不对;

B 项, 写成 $C_1(y_1-y_3)+C_2(y_2-y_3)$, y_1-y_3 与 y_2-y_3 是齐次方程的解, 因而不是非齐次方程的通解, 也不对;

C 项, 将 $C_1y_1+C_2y_2-(1-C_1-C_2)y_3$ 代入方程左边得 $(2C_1+2C_2-1)f(x)$, 因而当 $2C_1+2C_2-1\neq 1$ 时, $C_1y_1+C_2y_2-(1-C_1-C_2)y_3$ 不是该方程的解, 故也不是通解;

D 项写成 $C_1(y_1-y_3)+C_2(y_2-y_3)+y_3$, y_1-y_3 与 y_2-y_3 是齐次方程的两个线性无关的特解, y_3 是非齐次方程的特解, 故 $C_1(y_1-y_3)+C_2(y_2-y_3)+y_3$ 是非齐次方程的通解, 从而选 D.

例 11.18 求下列常系数齐次线性方程的通解.

(1) $3y''-2y'-8y=0$; (2) $y''-2y'+5y=0$;

(3) $9y''-30y'+25y=0$.

解 (1)所给微分方程的特征方程为 $3r^2-2r-8=0$, 解得两特征根为 $r_1=-\dfrac{4}{3}$, $r_2=2$, 属于两个不相等特征根的情形, 故其通解为

$$y=C_1\mathrm{e}^{-\frac{4}{3}x}+C_2\mathrm{e}^{2x},$$

其中 C_1 与 C_2 为任意常数.

(2) 所给微分方程的特征方程为 $r^2-2r+5=0$, 其根 $r_{1,2}=1\pm 2\mathrm{i}$ 为一对共轭复根, 则所求通解为

$$y=\mathrm{e}^x(C_1\cos 2x+C_2\sin 2x),$$

其中 C_1 与 C_2 为任意常数.

(3) 所给方程的特征方程为 $9r^2-30r+25=0$, 解得 $r=\dfrac{5}{3}$ (二重根), 故通解为

$$y=(C_1+C_2x)\mathrm{e}^{\frac{5}{3}x},$$

其中 C_1 与 C_2 为任意常数.

例 11.19 设函数 $f(u)$ 具有二阶连续导数, 而 $z=f(\mathrm{e}^x\sin y)$ 满足方程

$$\frac{\partial^2 z}{\partial x^2}+\frac{\partial^2 z}{\partial y^2}=\mathrm{e}^{2x}z,$$

求 $f(u)$.

分析　先求出$\frac{\partial^2 z}{\partial x^2}$与$\frac{\partial^2 z}{\partial y^2}$，然后将其代入到方程$\frac{\partial^2 z}{\partial x^2}+\frac{\partial^2 z}{\partial y^2}=\mathrm{e}^{2x}z$中即可得到一个以$f(u)$为未知函数的微分方程.

解　令$u=\mathrm{e}^x\sin y$，则有

$$\frac{\partial z}{\partial x}=f'(u)\mathrm{e}^x\sin y,\quad \frac{\partial^2 z}{\partial x^2}=f'(u)\mathrm{e}^x\sin y+f''(u)\mathrm{e}^{2x}\sin^2 y,$$

$$\frac{\partial z}{\partial y}=f'(u)\mathrm{e}^x\cos y,\quad \frac{\partial^2 z}{\partial y^2}=-f'(u)\mathrm{e}^x\sin y+f''(u)\mathrm{e}^{2x}\cos^2 y.$$

将$\frac{\partial^2 z}{\partial x^2}$与$\frac{\partial^2 z}{\partial y^2}$代入方程

$$\frac{\partial^2 z}{\partial x^2}+\frac{\partial^2 z}{\partial y^2}=\mathrm{e}^{2x}z,$$

可得

$$f''(u)-f(u)=0,$$

其特征方程$r^2-1=0$，特征根为$r_{1,2}=\pm 1$，于是

$$f(u)=C_1\mathrm{e}^u+C_2\mathrm{e}^{-u},$$

其中C_1与C_2为任意常数.

例 11.20　设$y=\mathrm{e}^x(C_1\sin x+C_2\cos x)$（$C_1,C_2$为任意常数）为某二阶常系数线性齐次微分方程的通解，则该方程为_________.

分析　已知常系数齐次线性微分方程来求其通解与已知通解来确定其方程互为逆运算. 已知通解来确定其方程, 可以直接求导求出任意常数代入通解中得到其方程, 也可以借助于特征方程及特征根与方程的关系来确定方程. 由此题所给通解形式可知, 特征方程有一对共轭复根.

解法 1　类似例 1, 可通过求出y'与y''消去c_1, c_2的方法得到所求微分方程, 请读者自行完成.

解法 2　由通解的形式可知特征方程的两个根是$r_{1,2}=1\pm i$，从而得知特征方程为

$$(r-r_1)(r-r_2)=r^2-(r_1+r_2)r+r_1r_2=r^2-2r+2=0.$$

故所求微分方程为

$$y''-2y'+2y=0.$$

例 11.21　求下列常系数齐次线性方程的通解.

（1）$y'''-3y''+3y'-y=0$；　　（2）$y^{(4)}+2y''+y=0$.

解　（1）原方程对应的特征方程为$r^3-3r^2+3r-1=0$即$(r-1)^3=0$，得$r=1$，为三重根, 因此方程的通解为

$$y=(C_1+C_2x+C_3x^2)\mathrm{e}^x,$$

其中C_1, C_2, C_3为任意常数.

（2）原方程对应的特征方程为$r^4+2r^2+1=0$即$(r^2+1)^2=0$，特征根$r=\pm i$是二重共轭复根，故原方程的通解为

$$y=(C_1+C_2x)\cos x+(C_3+C_4x)\sin x,$$

其中C_1,C_2,C_3,C_4为任意常数.

例 11.22　设$f(x)=\sin x-\int_0^x(x-t)f(t)\mathrm{d}t$，其中$f(x)$为连续函数，求$f(x)$.

分析　条件给出了一个积分方程且含有变上限积分，通常是对积分方程两边求导，将积分方程转化为解微分方程，但是$\int_0^x(x-t)f(t)\mathrm{d}t$的被积函数中含有$x$，不能直接求导，先要将其提到积分号外然后才能求导.

解　因为$f(x)$为连续函数，故

$$\sin x-\int_0^x(x-t)f(t)\mathrm{d}t$$

为可导函数，对题设等式两边关于x求导得

$$f'(x)=\cos x-\left[x\int_0^x f(t)\mathrm{d}t-\int_0^x tf(t)\mathrm{d}t\right]'$$

$$=\cos x-\int_0^x f(t)\mathrm{d}t-xf(x)+xf(x)=\cos x-\int_0^x f(t)\mathrm{d}t,$$

再对上式两边关于x求导得

$$f''(x)+f(x)=-\sin x,$$

该方程对应的齐次方程的特征方程为$r^2+1=0$，得$r=\pm\mathrm{i}$，则齐次方程的通解为

$$\bar{y}=C_1\cos x+C_2\sin x,$$

其中C_1, C_2为任意常数. 下面求非齐次方程

$$f''(x)+f(x)=-\sin x$$

的一个特解. 由于$r=\pm\mathrm{i}$是特征方程的单根，故所求非齐次方程的特解形如

$$y^*=x(a\cos x+b\sin x),$$

于是将y^*代入该非齐次方程中比较系数可得$b=0, a=\frac{1}{2}$，则该非齐次方程的通解为

$$f(x)=C_1\cos x+C_2\sin x+\frac{1}{2}x\cos x,$$

其中C_1, C_2为任意常数. 由题设等式

$$f(x)=\sin x-\int_0^x(x-t)f(t)\mathrm{d}t$$

可知存在隐含初始条件$f(0)=0$，又由

$$f'(x) = \cos x - \int_0^x f(t)\mathrm{d}t$$

可知 $f'(0)=1$，将 $f(0)=0$ 与 $f'(0)=1$ 代入上述非齐次方程的通解中解得 $C_1=0$，$C_2=\frac{1}{2}$，故

$$f(x)=\frac{1}{2}(\sin x + x\cos x).$$

例 11.23 求微分方程 $y''+2y'-3y=\mathrm{e}^{-3x}$ 的通解.

解 原方程对应的齐次方程的特征方程为 $r^2+2r-3=0$，其两个根为 $r_1=1$，$r_2=-3$；而对于非齐次项 $\mathrm{e}^{\lambda x}$，$\lambda=r_2=-3$ 为特征方程的单根，故非齐次方程有形如 $y^*=ax\mathrm{e}^{-3x}$ 的特解，代入原方程可得 $a=-\frac{1}{4}$. 故所求通解为

$$y=C_1\mathrm{e}^x+C_2\mathrm{e}^{-3x}-\frac{x}{4}\mathrm{e}^{-3x},$$

其中 C_1，C_2 为任意常数.

例 11.24 求下列各非齐次线性微分方程的通解.

（1）$y''-2y'-3y=3x+1$；（2）$y''+4y'+4y=\mathrm{e}^{-2x}$；

（3）$y''+2y'+2y=\mathrm{e}^{-x}\sin x$；（4）$y''-3y'+2y=4x+\mathrm{e}^{2x}+10\mathrm{e}^{-x}\cos x$.

解 （1）先求原方程对应的齐次方程 $y''-2y'-3y=0$ 的通解，对应齐次方程的特征方程为 $r^2-2r-3=0$，解得 $r_1=3, r_2=-1$，则对应的齐次方程的通解为 $y=C_1\mathrm{e}^{3x}+C_2\mathrm{e}^{-x}$，其中 C_1, C_2 为任意常数. 下面再求非齐次线性方程的一个特解.

$f(x)=3x+1$ 属于 $f(x)=\mathrm{e}^{\lambda x}P_m(x)$ 型，其中 $\lambda=0$，$m=1$，又 $\lambda=0$ 不是特征根，故原方程有形如 $y^*=x^kQ_m(x)\mathrm{e}^{\lambda x}(k=0, m=1, \lambda=0)$ 的特解，可设 $y^*=A+Bx$，其中 A, B 为待定常数，将 $y^*=A+Bx$ 代入原方程，得到 $-2B-3A-3Bx=3x+1$，比较系数得 $A=\frac{1}{3}, B=-1$，从而 $y^*=\frac{1}{3}-x$，则原方程的通解为

$$y=C_1\mathrm{e}^{3x}+C_2\mathrm{e}^{-x}-x+\frac{1}{3},$$

其中 C_1, C_2 为任意常数.

（2）所给方程对应的齐次方程的特征方程为 $r^2+4r+4=0$，即 $(r+2)^2=0$，有二重根 $r_1=r_2=-2$，而 $f(x)=\mathrm{e}^{-2x}$ 属于 $\mathrm{e}^{\lambda x}P_m(x)$ 型，对于非齐次项 $\mathrm{e}^{\lambda x}$，$\lambda=-2$ 为二重根. 故可设非齐次方程的特解为 $y^*=ax^2\mathrm{e}^{-2x}$，代入原方程可得 $a=\frac{1}{2}$，故所求通解为

$$y=(C_1+C_2x)\mathrm{e}^{-2x}+\frac{1}{2}x^2\mathrm{e}^{-2x},$$

其中 C_1, C_2 为任意常数.

（3）**解法 1** 由于 $f(x)=\mathrm{e}^{-x}\sin x$，属于非齐次项为

$$f(x)=\mathrm{e}^{\lambda x}[P_l(x)\cos\omega x+P_n(x)\sin\omega x]$$

型的非齐次线性微分方程, 其中 $\lambda=-1$，$P_l(x)\equiv 0, P_n(x)=1, \omega=1$，其相应的齐次线性微分方程为 $y''+2y'+2y=0$，特征方程为 $r^2+2r+2=0$，求得特征根 $r_1=-1+\mathrm{i}$, $r_2=-1-\mathrm{i}$，故该齐次方程的通解为

$$y=\mathrm{e}^{-x}(C_1\cos x+C_2\sin x),$$

由于 $r=-1\pm\mathrm{i}$ 是特征根, 故原方程有形如

$$y^*=x^k\mathrm{e}^{\lambda x}[R_m(x)\cos\omega x+S_m(x)\sin\omega x]$$

的特解, 这里 $k=1, \lambda=-1, \omega=1, m=0$，即原方程的一个特解可设为

$$y^*=\mathrm{e}^{-x}(Ax\cos x+Bx\sin x),$$

代入原方程得

$$2A(-\mathrm{e}^{-x}\cos x-\mathrm{e}^{-x}\sin x)+2B(-\mathrm{e}^{-x}\sin x+\mathrm{e}^{-x}\cos x)+2A\mathrm{e}^{-x}\cos x+2B\mathrm{e}^{-x}\sin x=\mathrm{e}^{-x}\sin x,$$

比较方程两边的系数, 得 $A=-\dfrac{1}{2}, B=0$，故原方程的特解为

$$y^*=-\frac{1}{2}x\mathrm{e}^{-x}\cos x.$$

从而原方程的通解为

$$y=-\frac{1}{2}x\mathrm{e}^{-x}\cos x+\mathrm{e}^{-x}(C_1\cos x+C_2\sin x),$$

其中 C_1, C_2 为任意常数.

解法 2 求其对应的齐次方程的通解同解法 1, 在求非齐次线性微分方程

$$y''+2y'+2y=\mathrm{e}^{-x}\sin x$$

的一个特解时, 可利用复数法求. 考虑方程

$$z''+2z'+2z=\mathrm{e}^{-x}(\cos x+\mathrm{i}\sin x),$$

即 $z''+2z'+2z=\mathrm{e}^{(-1+\mathrm{i})x}$，属于非齐次项为 $f(x)=\mathrm{e}^{\lambda x}P_m(x)$ 型的非齐次线性微分方程, 由于 $\lambda=-1+\mathrm{i}$ 是对应齐次方程的特征根, 故可设其一个特解为 $z_0(x)=Ax\mathrm{e}^{(-1+\mathrm{i})x}$，将其代入方程

$$z''+2z'+2z=\mathrm{e}^{-x}(\cos x+\mathrm{i}\sin x)$$

可得

$$2(-1+\mathrm{i})A\mathrm{e}^{(-1+\mathrm{i})x}+2A\mathrm{e}^{(-1+\mathrm{i})x}=\mathrm{e}^{(-1+\mathrm{i})x},$$

得 $A=-\dfrac{\mathrm{i}}{2}$, 于是特解

$$z_0(x)=-\frac{i}{2}x\mathrm{e}^{(-1+\mathrm{i})x}=\left(\frac{x}{2}\sin x-\frac{\mathrm{i}}{2}x\cos x\right)\mathrm{e}^{-x},$$

取 $z_0(x)$ 的虚部便可得到原方程 $y''+2y'+2y=\mathrm{e}^{-x}\sin x$ 的一个特解为

$$y^*=-\frac{x}{2}\mathrm{e}^{-x}\cos x.$$

于是得原方程的通解为

$$y=-\frac{1}{2}x\mathrm{e}^{-x}\cos x+\mathrm{e}^{-x}(C_1\cos x+C_2\sin x),$$

其中 C_1，C_2 为任意常数.

（4）该方程的非齐次项由

$$f_1(x)=4x, f_2(x)=\mathrm{e}^{2x}, f_3(x)=10\mathrm{e}^{-x}\cos x$$

构成, 根据非齐次线性微分方程解的叠加原理求其特解;

原方程对应的齐次方程 $y''-3y'+2y=0$ 的特征方程为 $r^2-3r+2=0$，其特征根为 $r_1=1, r_2=2$，故对应的齐次方程的通解为 $\overline{y}=C_1\mathrm{e}^x+C_2\mathrm{e}^{2x}$，其中 C_1, C_2 为任意常数;

a. 对于非齐次线性微分方程 $y''-3y'+2y=4x$，$\lambda=0$ 不是特征方程的根, 故可设其特解为 $y_1=Ax+B$，代入该非齐次方程, 得 $A=2, B=3$，从而其特解为 $y_1=2x+3$；

b. 对于非齐次方程 $y''-3y'+2y=\mathrm{e}^{2x}$，$\lambda=2$ 是特征方程的单根, 故可设其特解为 $y_2=Ax\mathrm{e}^{2x}$，代入该非齐次方程得 $A=1$，从而其特解为 $y_2=x\mathrm{e}^{2x}$；

c. 对于非齐次线性微分方程 $y''-3y'+2y=10\mathrm{e}^{-x}\cos x$，$\lambda=-1+\mathrm{i}$ 不是特征方程的根, 故可设其特解为 $y_3=\mathrm{e}^{-x}(A\cos x+B\sin x)$，代入该非齐次线方程得 $A=1$, $B=-1$，从而其特解为 $y_3=\mathrm{e}^{-x}(\cos x-\sin x)$；

根据解的叠加原理与通解结构定理可得原方程的通解为 $y=\overline{y}+y_1+y_2+y_3$，即所求通解为

$$y=C_1\mathrm{e}^x+C_2\mathrm{e}^{2x}+2x+3+x\mathrm{e}^{2x}+\mathrm{e}^{-x}(\cos x-\sin x),$$

其中 C_1, C_2 为任意常数.

注　对于 $f(x)=\mathrm{e}^{\lambda x}[P_l(x)\cos\omega x+P_n(x)\sin\omega x]$ 类型的特殊情形:

$$f(x)=A(x)\mathrm{e}^{\alpha x}\cos\beta x \text{ 与 } f(x)=B(x)\mathrm{e}^{\alpha x}\sin\beta x$$

均可用（3）中的解法 2 来求特解, 其中 $A(x), B(x)$ 为实系数多项式.

例 11.25　设函数 $y=y(x)$ 在 $(-\infty,+\infty)$ 内具有二阶导数, 并且 $y'\neq 0$，$x=x(y)$ 是 $y=y(x)$ 的反函数.

（1）试将 $x=x(y)$ 所满足的微分方程 $\dfrac{\mathrm{d}^2x}{\mathrm{d}y^2}+(y+\sin x)\left(\dfrac{\mathrm{d}x}{\mathrm{d}y}\right)^3=0$ 变换为 $y=y(x)$ 满足的微分方程.

（2）求变换后的微分方程满足初始条件 $y(0)=0$，$y'(0)=\dfrac{3}{2}$ 的解.

分析　由反函数求导公式，把 $\dfrac{\mathrm{d}x}{\mathrm{d}y},\dfrac{\mathrm{d}^2x}{\mathrm{d}y^2}$ 用含有 y 及 y 的各阶导数的函数表示，代入题设等式验证即可.

解　（1）由反函数求导公式知 $\dfrac{\mathrm{d}x}{\mathrm{d}y}=\dfrac{1}{y'}$，即 $y'\dfrac{\mathrm{d}x}{\mathrm{d}y}=1$，再对该式两端关于 x 求导，得

$$y''\frac{\mathrm{d}x}{\mathrm{d}y}+\frac{\mathrm{d}^2x}{\mathrm{d}y^2}(y')^2=0,$$

所以

$$\frac{\mathrm{d}^2x}{\mathrm{d}y^2}=\frac{\left(-\dfrac{\mathrm{d}x}{\mathrm{d}y}\right)y''}{(y')^2}=-\frac{y''}{(y')^3},$$

代入原微分方程可得

$$y''-y=\sin x.$$

（2）方程 $y''-y=\sin x$ 所对应的齐次方程 $y''-y=0$ 的通解为 $Y=C_1\mathrm{e}^x+C_2\mathrm{e}^{-x}$，设该非齐次方程的特解为

$$y^*=A\cos x+B\sin x,$$

代入可得 $A=0,\ B=-\dfrac{1}{2}$，故

$$y^*=-\frac{1}{2}\sin x,$$

从而 $y''-y=\sin x$ 的通解是

$$y(x)=C_1\mathrm{e}^x+C_2\mathrm{e}^{-x}-\frac{1}{2}\sin x,$$

其中 C_1,C_2 为任意常数. 由 $y(0)=0,y'(0)=\dfrac{3}{2}$，得 $C_1=1,C_2=-1$. 故所求初值问题的解为

$$y=\mathrm{e}^x-\mathrm{e}^{-x}-\frac{1}{2}\sin x.$$

例 11.26　求方程 $x^2y''+2xy'-2y=x$ 的通解.

分析　此方程为欧拉方程，作变量代换 $x=\mathrm{e}^t$ 求解.

解　当 $x>0$ 时，作变换 $x=\mathrm{e}^t$，或 $t=\ln x$，则有

$$\frac{\mathrm{d}y}{\mathrm{d}x}=\frac{\mathrm{d}y}{\mathrm{d}t}\cdot\frac{\mathrm{d}t}{\mathrm{d}x}=\frac{1}{x}\frac{\mathrm{d}y}{\mathrm{d}t},\quad \frac{\mathrm{d}^2y}{\mathrm{d}x^2}=\frac{1}{x^2}\left(\frac{\mathrm{d}^2y}{\mathrm{d}t^2}-\frac{\mathrm{d}y}{\mathrm{d}t}\right),$$

原方程化为

$$\frac{\mathrm{d}^2y}{\mathrm{d}t^2}+\frac{\mathrm{d}y}{\mathrm{d}t}-2y=\mathrm{e}^t.$$

对应的齐次方程为

$$\frac{\mathrm{d}^2y}{\mathrm{d}t^2}+\frac{\mathrm{d}y}{\mathrm{d}t}-2y=0,$$

其通解为

$$\overline{y}=C_1\mathrm{e}^t+C_2\mathrm{e}^{-2t},$$

非齐次方程 $\frac{\mathrm{d}^2y}{\mathrm{d}t^2}+\frac{\mathrm{d}y}{\mathrm{d}t}-2y=\mathrm{e}^t$ 的特解可设为 $y^*=At\mathrm{e}^t$，代入该方程得 $y^*=\frac{1}{3}t\mathrm{e}^t$，故其通解为

$$y=C_1\mathrm{e}^t+C_2\mathrm{e}^{-2t}+\frac{1}{3}t\mathrm{e}^t,$$

其中 C_1,C_2 为任意常数. 即原方程在 $x>0$ 时的通解为

$$y=C_1x+C_2x^{-2}+\frac{1}{3}x\ln x.$$

当 $x<0$ 时，令 $x=-\mathrm{e}^t$，类似地，可求出原方程在 $x<0$ 时的通解为

$$y=C_1x+C_2x^{-2}+\frac{1}{3}x\ln(-x).$$

综上所述，原方程的通解为

$$y=C_1x+C_2x^{-2}+\frac{1}{3}x\ln|x|,$$

其中 C_1,C_2 为任意常数.

例 11.27　设有连接点 $O(0,0)$ 与 $A(1,1)$ 的一条上凸的曲线弧 $\overset{\frown}{OA}$，对于其上任一点 $M(x,y)$，曲线弧 $\overset{\frown}{OM}$ 与直线段 OM 围成的图形的面积为 x^2，求曲线弧 $\overset{\frown}{OA}$ 的方程.

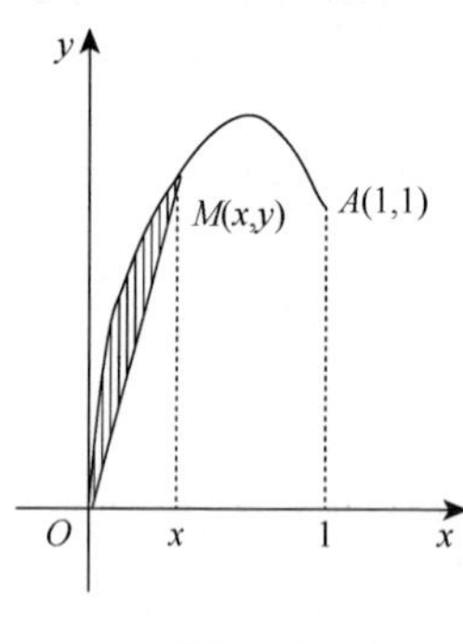

图 11-1

分析　如图 11-1 所示，利用定积分的几何意义即可求出曲线弧 $\overset{\frown}{OM}$ 与直线段 OM 围成的图形的面积，利用已知条件，可得一个含有未知函数的积分方程，对其求导得一微分方程，解之即可.

解　设曲线弧 $\overset{\frown}{OA}$ 的方程为 $y=y(x)$，由题设其上任一点 $M(x,y)$ 的坐标满足 $x\geqslant 0,\ y\geqslant 0$，曲线弧 $\overset{\frown}{OA}$ 与直线段 OM 围成的图形的面积

$$S=\int_0^x y\mathrm{d}x-\frac{1}{2}xy,$$

依题意有 $S=x^2$，即

$$x^2=\int_0^x y\mathrm{d}x-\frac{1}{2}xy,$$

两端对 x 求导，整理得

$$\frac{\mathrm{d}y}{\mathrm{d}x}-\frac{1}{x}y=-4,$$

于是所求问题转化为初值问题

$$\begin{cases}\dfrac{\mathrm{d}y}{\mathrm{d}x}-\dfrac{1}{x}y=-4,\\ y(1)=1,\end{cases}$$

解此微分方程，得通解

$$y=x(C-4\ln x),$$

将初始条件代入得 $C=1$，所以

$$y=x(1-4\ln x).$$

综上所述，曲线弧 $\overset{\frown}{OA}$ 的方程为

$$y=\begin{cases}x(1-4\ln x), & 0<x\leqslant 1,\\ 0, & x=0.\end{cases}$$

例 11.28 在上半平面求一条向上凹的曲线，其上任一点 $P(x,y)$ 处的曲率等于此曲线在该点的法线段 PQ 长度的倒数（Q 是法线与 x 轴的交点），并且曲线在点 $(1,1)$ 处的切线与 x 轴平行.

解 设所求曲线为 $y=y(x)$，由题意，有 $y(x)>0$，$y''>0$，则 $y(x)$ 上的点 $P(x,y)$ 处法线方程为

$$Y-y=-\frac{1}{y'}(X-x),\quad y'\neq 0,$$

它与 x 轴的交点为 $Q(x+yy',0)$，于是

$$|\overline{PQ}|=\sqrt{(yy')^2+y^2}=y\sqrt{1+y'^2},$$

得方程

$$\frac{|y''|}{\sqrt{(1+y'^2)^3}}=\frac{1}{y\sqrt{1+y'^2}},\quad y''>0,$$

由题意可知即要求解如下初值问题：

$$\begin{cases}yy''=1+y'^2,\\ y(1)=1,\ y'(1)=0,\end{cases}$$

方程 $yy''=1+y'^2$ 不显含 x，令 $y'=p$，则有

$$y''=\frac{\mathrm{d}p}{\mathrm{d}y}\frac{\mathrm{d}y}{\mathrm{d}x}=p\frac{\mathrm{d}p}{\mathrm{d}y},$$

于是 $yy''=1+y'^2$ 可化为

$$yp\frac{\mathrm{d}p}{\mathrm{d}y}=1+p^2,$$

即 $\frac{p\mathrm{d}p}{1+p^2}=\frac{\mathrm{d}y}{y}$，解之得

$$\frac{1}{2}\ln(1+p^2)=\ln y+\ln C_1,$$

从而有

$$\sqrt{1+p^2}=C_1y,$$

又 $p(1)=y'(1)=0$，$y(1)=1$，可得

$$C_1=1,\quad y=\sqrt{1+y'^2},$$

有

$$y'=\pm\sqrt{y^2-1}.$$

于是

$$\frac{\mathrm{d}y}{\sqrt{y^2-1}}=\pm\mathrm{d}x,\quad \ln(y+\sqrt{y^2-1})=\pm x+C_2.$$

由 $y(1)=1$ 得 $C_2=\mp1$，所以

$$\ln(y+\sqrt{y^2-1})=\pm(x-1),$$

即

$$y+\sqrt{y^2-1}=\mathrm{e}^{\pm(x-1)},$$

$$y-\sqrt{y^2-1}=\frac{1}{y+\sqrt{y^2-1}}=\mathrm{e}^{\mp(x-1)},$$

于是上面两式相加即得所求曲线方程为

$$y=\frac{1}{2}(\mathrm{e}^{x-1}+\mathrm{e}^{-x+1}).$$

注　对于几何问题，一般是求曲线方程，依据题意，由几何中的定理、公式建立微分方程并给出可能的初始条件求解. 下面这些结果经常会用：

（1）y' 表示曲线 $y=y(x)$ 在点 (x,y) 处切线的斜率；

（2）$-\frac{\mathrm{d}x}{\mathrm{d}y}$ 表示曲线 $y=y(x)$ 在点 (x,y) 处的法线斜率；

（3）$\int_a^x f(t)\mathrm{d}t$ 表示由曲线 $y=f(x)$，$f(x)>0$，直线 $x=x$，$x=a$ 及 x 轴所围成的图形的面积；

（4）曲线 $y=y(x)$ 上横坐标为 x 的点的曲率为

$$K=\frac{|y''|}{\sqrt{(1+y'^2)^3}};$$

（5）弧长的微分

$$\mathrm{d}s=\sqrt{(\mathrm{d}x)^2+(\mathrm{d}y)^2}=\sqrt{1+\left(\frac{\mathrm{d}y}{\mathrm{d}x}\right)^2}\mathrm{d}x=\sqrt{1+\left(\frac{\mathrm{d}x}{\mathrm{d}y}\right)^2}\mathrm{d}y.$$

例 11.29　已知某车间的容积为 $30\text{ m}\times 30\text{ m}\times 6\text{ m}$，其中的空气含 0.12%的 CO_2（以容积计算），现以含 CO_2 为 0.04%的新鲜空气输入，问每分钟应输入多少，才能在 30 分钟后使车间空气中 CO_2 的含量不超过 0.06%？（假定输入的新鲜空气与原有空气很快混合均匀后，以相同的流量排出）

解　设每分钟应输入 M m^3 新鲜空气，同时设在 t 时刻，车间内含 CO_2 的量为 $x(t)$，考虑在 t 到 $t+\Delta t$ 的时段内 CO_2 的变化，根据题意则有

$$\begin{aligned}\Delta x&=CO_2\text{的输入量}-CO_2\text{的排出量}\\&=M\Delta t\times 0.04\%-M\Delta t\frac{x}{5400},\end{aligned}$$

故

$$\frac{\Delta x}{\Delta t}=\frac{M}{100}\left(0.04-\frac{x}{54}\right)=\frac{M}{5400}(2.16-x).$$

令 $\Delta t\to 0$, 则可得如下初值问题：

$$\begin{cases}\dfrac{\mathrm{d}x}{\mathrm{d}t}=\dfrac{M}{5400}(2.16-x),\\ x|_{t=0}=6.48.\end{cases}$$

分离变量求得其通解为 $x-2.16=C\mathrm{e}^{-\frac{M}{5400}t}$．再由初始条件得 $C=4.32$，故

$$x(t)=2.16+4.32\mathrm{e}^{-\frac{M}{5400}t},$$

由问题的实际意义可知 $x(t)$ 是减函数，故当 $t=30$ 时，

$$x=0.06\%\times 30\times 30\times 6=3.24,$$

于是可得 $M\approx 250\text{m}^3$.

注　用微元法或称区间法建立微分方程，要从变量在一个微小区间 $[x,x+\Delta x]$ 上的变化量入手，建立起变量在区间上的变化量与区间的长度之间的关系，即

$$y(x+\Delta x)-y(x)=\Delta y\approx f(x,y)\Delta x,$$

令 $\Delta x\to 0$，通过取极限并利用导数的定义即可得微分方程 $\dfrac{\mathrm{d}y}{\mathrm{d}x}=f(x,y)$.

例 11.30　在某一类人群中推广新技术是通过其中已掌握技术的人进行的.设该人群的总人数为 N，在 $t=0$ 时刻已掌握新技术的人数为 x_0，在任意时刻 t 已

掌握新技术的人数为 $x(t)$（将 $x(t)$ 视为连续可微变量），其变化率与已掌握新技术人数和未掌握新技术人数之积成正比，比例常数 $k>0$，求 $x(t)$.

分析　导数的实质即为函数的变化率，因此，$x(t)$ 的变化率为 $\dfrac{\mathrm{d}x}{\mathrm{d}t}$，据此问题不难求解.

解　由题意可知原问题等价于求解如下微分方程的初值问题：

$$\begin{cases}\dfrac{\mathrm{d}x}{\mathrm{d}t}=kx(N-x),\\ x(0)=x_0,\end{cases}$$

分离变量得

$$\int\frac{\mathrm{d}x}{x(N-x)}=k\int\mathrm{d}t+C_1,$$

即

$$\frac{1}{N}\int\left(\frac{1}{x}+\frac{1}{N-x}\right)\mathrm{d}x=kt+C_1,$$

可得 $\dfrac{x}{N-x}=C\mathrm{e}^{kNt}$，其中 $C=\mathrm{e}^{NC_1}$，由 $x(0)=x_0$ 可得 $C=\dfrac{x_0}{N-x_0}$，所以

$$\frac{x}{N-x}=\frac{x_0\mathrm{e}^{kNt}}{N-x_0},$$

即

$$x=\frac{Nx_0\mathrm{e}^{kNt}}{N-x_0+x_0\mathrm{e}^{kNt}}.$$

例 11.31　设有一高度为 $h(t)$（t 为时间）的雪堆在融化过程中，其侧面满足方程

$$z=h(t)-\frac{2(x^2+y^2)}{h(t)}$$

（设长度单位为 cm, 时间单位为 h），已知体积减少的速率与侧面积成正比（比例系数 0.9），问高度为 130 cm 的雪堆全部融化需多少小时？

分析　这是一道数学综合应用题，需正确理解题意. 要求能用三重积分求出体积 V，用二重积分求出侧面积 S，并根据题意建立数学模型，解出 $h(t)$，最后求出 $h(t)=0$ 时的 t 值.

解　记 V 为雪堆体积，S 为雪堆侧面积，$D_z=\left\{(x,y)\mid x^2+y^2\leqslant\dfrac{1}{2}[h^2(t)-h(t)z]\right\}$，则

$$V=\int_0^{h(t)}\mathrm{d}z\iint_{D_z}\mathrm{d}x\mathrm{d}y=\int_0^{h(t)}\frac{1}{2}\pi[h^2(t)-h(t)z]\mathrm{d}z=\frac{\pi}{4}h^3(t),$$

$$S = \iint_{D_{xy}} \sqrt{1+(z_x')^2+(z_y')^2}\mathrm{d}x\mathrm{d}y = \iint_{D_{xy}} \sqrt{1+\frac{16(x^2+y^2)}{h^2(t)}}\mathrm{d}x\mathrm{d}y$$

$$= \frac{2\pi}{h(t)}\int_0^{\frac{h(t)}{\sqrt{2}}} [h^2(t)+16r^2]^{\frac{1}{2}} r\mathrm{d}r = \frac{13\pi h^2(t)}{12},$$

其中 D_{xy}：$x^2+y^2 \leqslant \dfrac{h^2(t)}{2}$.

由题意知

$$\frac{\mathrm{d}V}{\mathrm{d}t} = -0.9S,$$

所以

$$\frac{\mathrm{d}h(t)}{\mathrm{d}t} = -\frac{13}{10},$$

因此

$$h(t) = -\frac{13}{10}t + C,$$

由 $h(0)=130$ 得

$$h(t) = -\frac{13}{10}t + 130.$$

令 $h(t) \to 0$ 得 $t=100$（h）.

因此高度为 130 cm 的雪堆全部融化所需时间为 100 h.

例 11.32 某种飞机在机场降落时，为了减少滑行距离，在触地的瞬间飞机尾部张开减速伞，以增加阻力使飞机迅速减速并停下. 现有一质量为 9000 kg 的飞机，着陆时的水平速度为 700 km/h. 经测试可知，减速伞在打开后飞机所受的总阻力与飞机的速度成正比（其中比例系数 $k=6.0\times10^4$）. 问从着陆点算起，飞机滑行的最长距离是多少？（注：kg 表示千克, km/h 表示千米每小时）

分析 从飞机接触跑道开始计时，设 t 时刻飞机的滑行距离为 $x(t)$，速度为 $v(t)$，飞机的质量为 m. 则由牛顿第二定律问题不难求解.

解法 1 由牛顿第二定律得 $m\dfrac{\mathrm{d}v}{\mathrm{d}t} = -kv$, 又 $\dfrac{\mathrm{d}v}{\mathrm{d}t} = \dfrac{\mathrm{d}v}{\mathrm{d}x}\dfrac{\mathrm{d}x}{\mathrm{d}t} = v\dfrac{\mathrm{d}v}{\mathrm{d}x}$，由以上二式知

$$\mathrm{d}x = -\frac{m}{k}\mathrm{d}v,$$

即

$$x(t) = -\frac{m}{k}v + C,$$

由 $v(0)=v_0$，$x(0)=0$ 得 $C=\dfrac{m}{k}v_0$，从而

$$x(t) = \frac{m}{k}[v_0 - v(t)],$$

当 $v(t)\to 0$ 时,

$$x(t)\to \frac{mv_0}{k}=\frac{9\ 000\times 700}{6.0\times 10^6}=1.05(\text{km}),$$

所以飞机滑行的最长距离为1.05 km .

解法 2　由牛顿第二定律得 $m\frac{\mathrm{d}v}{\mathrm{d}t}=-kv$，所以 $\frac{\mathrm{d}v}{v}=-\frac{k}{m}\mathrm{d}t$，两端积分得通解

$$v=C\mathrm{e}^{-\frac{k}{m}t},$$

由初始条件 $v\big|_{t=0}=v_0$ 得 $C=v_0$，故 $v(t)=v_0\mathrm{e}^{-\frac{k}{m}t}$，飞机滑行的最长距离为

$$x=\int_0^{+\infty}v(t)\mathrm{d}t=-\frac{mv_0}{k}\mathrm{e}^{-\frac{k}{m}t}\bigg|_0^{+\infty}=\frac{mv_0}{k}=1.05\ (\text{km}).$$

解法 3　由牛顿第二定律得

$$m\frac{\mathrm{d}^2x}{\mathrm{d}t^2}=-k\frac{\mathrm{d}x}{\mathrm{d}t},\quad \frac{\mathrm{d}^2x}{\mathrm{d}t^2}+\frac{k}{m}\frac{\mathrm{d}x}{\mathrm{d}t}=0,$$

其特征方程为 $r^2+\frac{k}{m}r=0$，得 $r_1=0,\ r_2=-\frac{k}{m}$，故 $x=C_1+C_2\mathrm{e}^{-\frac{k}{m}t}$．由

$$x\big|_{t=0}=0,\quad v\big|_{t=0}=\frac{\mathrm{d}x}{\mathrm{d}t}\bigg|_{t=0}=\frac{-kC_2}{m}\mathrm{e}^{-\frac{k}{m}t}\bigg|_{t=0}=v_0,$$

得 $C_1=-C_2=\frac{mv_0}{k}$，于是

$$x(t)=\frac{mv_0}{k}(1-\mathrm{e}^{-\frac{k}{m}t}),$$

当 $t\to+\infty$ 时,

$$x(t)\to\frac{mv_0}{k}=1.05\ (\text{km}),$$

所以飞机滑行的最长距离为 1.05 km.

注　对于力学问题, 依据物理规律, 对研究的对象进行受力分析, 依据牛顿第二定律 $F=ma$，列出微分方程, 这里 m 是所研究对象的质量, a 是加速度, 它是速度 v 对时间 t 的导数, 即 $a=\frac{\mathrm{d}v}{\mathrm{d}t}$，而速度 v 是位移 $x(t)$ 对时间 t 的导数, 故有 $v=\frac{\mathrm{d}x}{\mathrm{d}t},a=\frac{\mathrm{d}^2x}{\mathrm{d}t^2}$.

例 11.33　一物质 A 经化学反应, 全部生成另一物质 B, 设 A 的初始质量为 10 kg, 在 1 h 内生成 B 物质 3 kg, 试求:

（1）经过 3 h 后, A 物质起反应的量是多少?

（2）经过多长时间后, A 物质中 75%的量已经起反应了?

分析 化学反应的问题遵循化学反应的定律：化学反应的速率和当时还没有起反应的有效物质的质量或浓度成正比.

解 设在t时刻，生成B物质的质量为$x(t)$，则$M=10-x$是t时刻A物质参与反应的有效质量，由化学反应的定律得$\frac{\mathrm{d}M}{\mathrm{d}t}=-kM$（$k>0$为比例系数，由于$M$减少故有$\frac{\mathrm{d}M}{\mathrm{d}t}<0$，因而系数用$-k$）. 由题意可知问题等价于求解下面的初值问题：

$$\begin{cases}\dfrac{\mathrm{d}x}{\mathrm{d}t}=k(10-x),\\ x(0)=0,\end{cases}$$

求得其通解为$x=10-C\mathrm{e}^{-kt}$，由初始条件：$t=0$时$x=0$得$C=10$，再由条件$t=1$时$x=3$，得比例系数k满足$\mathrm{e}^{-k}=\frac{7}{10}$，即

$$x=10\left[1-\left(\frac{7}{10}\right)^t\right].$$

从而可以求出问题（1）与（2）的解.

（1）$x(3)=10\left[1-\left(\frac{7}{10}\right)^3\right]=6.57\ \mathrm{kg}$即为A物质起反应的量；

（2）75%的A物质（即7.5 kg）起反应生成B物质，即有等式

$$7.5=10\left[1-\left(\frac{7}{10}\right)^t\right],$$

求得$t\approx 3.89\ \mathrm{h}$.

11.4 自我测试题

A级自我测试题

一、选择题（每小题4分，共16分）

1. 下列方程中为可分离变量方程的是（　　）.

A. $y'=\mathrm{e}^{xy}$　　B. $xy'+y=\mathrm{e}^x$

C. $(x+xy^2)\mathrm{d}x+(y+x^2y)\mathrm{d}y=0$　　D. $yy'+y-x=0$

2. 下列方程中为可降阶的方程是（　　）.

A. $y''+xy'+y=1$　　B. $yy''+(y')^2=5$

C. $y''=xe^x+y$　　D. $(1-x^2)y''=(1+x)y$

3. 若连续函数 $f(x)$ 满足关系式 $f(x)=\int_0^{2x} f\left(\frac{t}{2}\right)\mathrm{d}t+\ln 2$，则 $f(x)$ 等于（　　）.

A. $\mathrm{e}^x\ln 2$　　B. $\mathrm{e}^{2x}\ln 2$　　C. $\mathrm{e}^x+\ln 2$　　D. $\mathrm{e}^{2x}+\ln 2$

4. 方程 $y''+y=\cos x$ 的一个特解形式为 $Y=$（　　）.

A. $Ax\cos x$　　B. $Ax\cos x+B\sin x$

C. $A\cos x+Bx\sin x$　　D. $Ax\cos x+Bx\sin x$

二、填空题（每小题 4 分，共 16 分）

1. 微分方程 $\frac{\mathrm{d}\rho}{\mathrm{d}\theta}+\rho=\sin^2\theta$ 的阶数为________.

2. 一阶线性微分方程 $y'+g(x)y=f(x)$ 的通解为________.

3. 微分方程 $y''-4y'+4y=0$ 满足初始条件 $y(0)=1$，$y'(0)=4$ 的解为_______.

4. 微分方程 $y''=y'+x$ 的通解为________.

三、求下列一阶微分方程的通解（每小题 5 分，共 30 分）

1. $\frac{\mathrm{d}y}{\mathrm{d}x}=y^2\cos x$.　　2. $(x^2+y^2)\mathrm{d}x-xy\mathrm{d}y=0$.

3. $\frac{\mathrm{d}y}{\mathrm{d}x}=\frac{y}{x+y^3}$.　　4. $xy''+y'=0$.

5. $y^{(5)}+2y^{(3)}+y'=0$.　　6. $y''+4y'+4y=\cos 2x$.

四、（8 分）　判断方程 $(1+\mathrm{e}^{2\theta})\mathrm{d}\rho+2\rho\mathrm{e}^{2\theta}\mathrm{d}\theta=0$ 是否为全微分方程，并求出其解.

五、（8 分）　设曲线 L 位于 xOy 平面的第一象限内，L 上任一点 M 处的切线与 y 轴总相交，交点记为 A. 已知 $|\overline{MA}|=|\overline{OA}|$，并且 L 过点 $\left(\frac{3}{2},\frac{3}{2}\right)$，求 L 的方程.

六、（8 分）　设对任意的 $x>0$，曲线 $y=f(x)$ 上的点 $(x,f(x))$ 处的切线在 y 轴上的截距等于 $\frac{1}{x}\int_0^x f(t)\mathrm{d}t$，求 $f(x)$ 的一般表达式.

七、（8 分）　设 $y_1(x),y_2(x),y_3(x)$ 均为非齐次线性方程 $y''+P_1(x)y'+P_2(x)y=Q(x)$ 的特解，其中 $P_1(x),P_2(x),Q(x)$ 为已知函数，并且 $\frac{y_2(x)-y_1(x)}{y_3(x)-y_1(x)}\neq$ 常数，试证：给定方程的通解为

$$y(x)=(1-C_1-C_2)y_1(x)+C_1y_2(x)+C_2y_3(x),$$

其中 C_1, C_2 为任意常数.

八、（6 分）　证明：$\dfrac{1}{x^2} f\left(\dfrac{y}{x}\right)$ 是微分方程 $x\mathrm{d}y - y\mathrm{d}x = 0$ 的积分因子.

B 级自我测试题

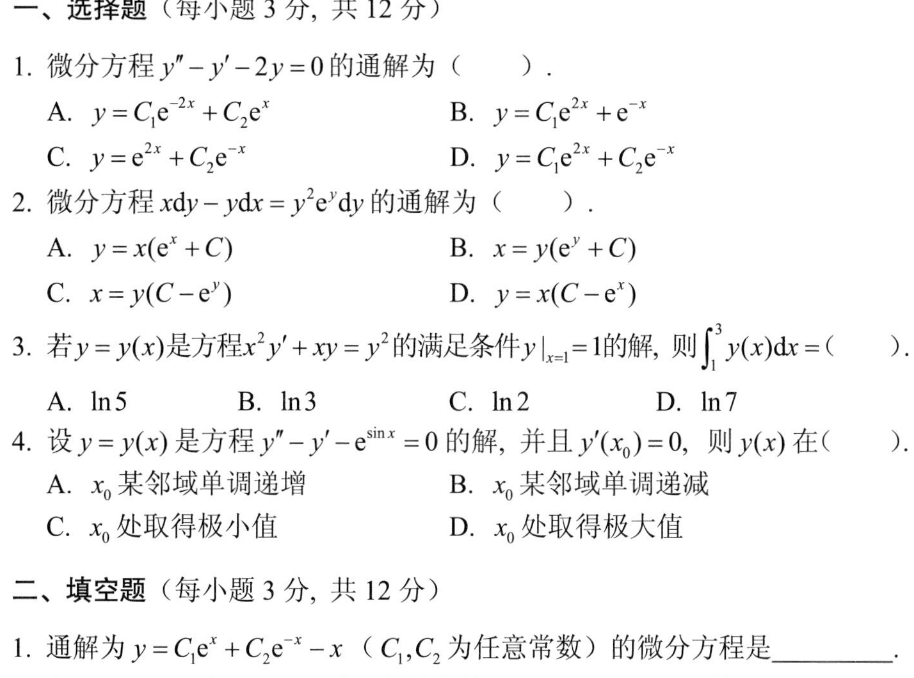

一、选择题（每小题 3 分，共 12 分）

1. 微分方程 $y'' - y' - 2y = 0$ 的通解为（　　）.

　A. $y = C_1\mathrm{e}^{-2x} + C_2\mathrm{e}^{x}$　　B. $y = C_1\mathrm{e}^{2x} + \mathrm{e}^{-x}$

　C. $y = \mathrm{e}^{2x} + C_2\mathrm{e}^{-x}$　　D. $y = C_1\mathrm{e}^{2x} + C_2\mathrm{e}^{-x}$

2. 微分方程 $x\mathrm{d}y - y\mathrm{d}x = y^2\mathrm{e}^y\mathrm{d}y$ 的通解为（　　）.

　A. $y = x(\mathrm{e}^x + C)$　　B. $x = y(\mathrm{e}^y + C)$

　C. $x = y(C - \mathrm{e}^y)$　　D. $y = x(C - \mathrm{e}^x)$

3. 若 $y = y(x)$ 是方程 $x^2y' + xy = y^2$ 的满足条件 $y|_{x=1} = 1$ 的解，则 $\int_1^3 y(x)\mathrm{d}x =$（　　）.

　A. $\ln 5$　　B. $\ln 3$　　C. $\ln 2$　　D. $\ln 7$

4. 设 $y = y(x)$ 是方程 $y'' - y' - \mathrm{e}^{\sin x} = 0$ 的解，并且 $y'(x_0) = 0$，则 $y(x)$ 在（　　）.

　A. x_0 某邻域单调递增　　B. x_0 某邻域单调递减

　C. x_0 处取得极小值　　D. x_0 处取得极大值

二、填空题（每小题 3 分，共 12 分）

1. 通解为 $y = C_1\mathrm{e}^x + C_2\mathrm{e}^{-x} - x$（$C_1, C_2$ 为任意常数）的微分方程是________.

2. 微分方程 $(1 + x^2)y'' = 2xy'$ 满足初始条件 $y|_{x=0} = 1$，$y'|_{x=0} = 3$ 的特解是________.

3. 方程 $xy' + 2y = x\ln x$ 满足 $y(1) = -\dfrac{1}{9}$ 的解为________.

4. 微分方程 $y'' - 2y' + 2y = \mathrm{e}^x$ 的通解为________.

三、求下列微分方程的通解（每小题 5 分，共 30 分）

1. $\dfrac{\mathrm{d}y}{\mathrm{d}x} = \dfrac{1}{x - y} + 1$.

2. $(y - 3x^2)\mathrm{d}x - (4y - x)\mathrm{d}y = 0$.

3. $y''' - 6y'' + 3y' + 10y = 0$.

4. $y'' = \dfrac{1}{x}y' + x\mathrm{e}^x$.

5. $y'' + y = \mathrm{e}^x + \cos x$.

6. $\dfrac{\mathrm{d}y}{\mathrm{d}x} - y = xy^5$.

四、（6 分）　设可导函数 $\varphi(x)$ 满足 $\varphi(x)\cos x + 2\int_0^x \varphi(t)\sin t\mathrm{d}t = x + 1$，求 $\varphi(x)$.

五、（6 分）　求方程 $y''+2y'+y=\cos x$, 满足初始条件 $y|_{x=0}=0$, $y'|_{x=0}=\frac{3}{2}$ 的特解.

六、（8 分）　设函数 $y(x)(x\geqslant 0)$ 二阶可导，并且 $y'(x)>0$，$y(0)=1$，过曲线 $y=y(x)$ 上任意一点 $P(x,y)$ 作该曲线的切线及 x 轴的垂线，上述两直线与 x 轴围成的三角形的面积记为 S_1，区间 $[0,x]$ 上以 $y=y(x)$ 为曲边的曲边梯形面积记为 S_2，并设 $2S_1-S_2=1$，求此曲线 $y=y(x)$ 的方程.

七、（8 分）　某湖泊的水量为 V，每年排入湖泊内含污染物 A 的污水量为 $\frac{V}{6}$，注入湖泊内不含污染物 A 的水量为 $\frac{V}{6}$，流出湖泊的水量为 $\frac{V}{3}$，已知 1999 年底湖中污染物 A 的含量为 $5m_0$，超过国家规定指标，为了治理污染，从 2000 年起，限定排入湖中污水的浓度不超过 $\frac{m_0}{V}$，问至少需经过多少年，湖泊中污染物 A 的含量降至 m_0 以内（设湖泊中污染物 A 的含量是均匀的）？

八、（8 分）　证明：若 $f(x)$ 满足方程 $f'(x)=f(1-x)$，则必满足方程 $f''(x)+f(x)=0$，并求方程 $f'(x)=f(1-x)$ 的解.

九、（10 分）　设函数 $f(u)$ 在 $(0,+\infty)$ 内具有二阶导数，并且 $z=f(\sqrt{x^2+y^2})$ 满足等式 $\frac{\partial^2 z}{\partial x^2}+\frac{\partial^2 z}{\partial y^2}=0$.

（1）验证 $f''(u)+\frac{f'(u)}{u}=0$;

（2）若 $f(1)=0$，$f'(1)=1$，求函数 $f(u)$ 的表达式.

参 考 文 献

陈文灯, 黄先开, 2002. 数学题型集粹与练习题集（理工类）[M]. 北京：世界图书出版公司.

方明亮, 郭正光, 2011. 高等数学（上册）[M]. 北京：高等教育出版社.

龚冬宝, 武忠祥, 毛怀遂, 等, 2008. 高等数学——典型题[M]. 3 版. 西安：西安交通大学出版社.

郭正光, 方明亮, 2012. 高等数学（下册）[M]. 北京：高等教育出版社.

韩松, 1999. 高等数学习题集[M]. 北京：科学技术文献出版社.

华东师范大学数学系, 1991. 数学分析[M]. 2 版. 北京：高等教育出版社.

吉米多维奇, 1958. 数学分析习题集[M]. 李荣冻译. 北京：人民教育出版社.

李正元, 李永乐, 袁荫棠, 2004. 数学历年试题解析（数学一）[M]. 北京：国家行政学院出版社.

罗卫民, 2004. 高等数学分级辅导[M]. 西安：陕西科学技术出版社.

邵剑, 陈维新, 张继昌, 2001. 大学数学考研专题复习[M]. 北京：科学出版社.

同济大学应用数学系, 2002. 高等数学[M]. 北京：高等教育出版社.

肖亚兰, 2003. 高等数学中的典型问题与解法[M]. 2 版. 上海：同济大学出版社.

附录　常用的基本公式表

1. 诱导公式（其中 $k \in \mathbf{Z}$）

角＼函数	sin	cos	tan	cot
$-\alpha$	$-\sin\alpha$	$\cos\alpha$	$-\tan\alpha$	$-\cot\alpha$
$\frac{\pi}{2}-\alpha$	$\cos\alpha$	$\sin\alpha$	$\cot\alpha$	$\tan\alpha$
$\frac{\pi}{2}+\alpha$	$\cos\alpha$	$-\sin\alpha$	$-\cot\alpha$	$-\tan\alpha$
$\pi-\alpha$	$\sin\alpha$	$-\cos\alpha$	$-\tan\alpha$	$-\cot\alpha$
$\pi+\alpha$	$-\sin\alpha$	$-\cos\alpha$	$\tan\alpha$	$\cot\alpha$
$2\pi-\alpha$	$-\sin\alpha$	$\cos\alpha$	$-\tan\alpha$	$-\cot\alpha$
$2k\pi+\alpha$	$\sin\alpha$	$\cos\alpha$	$\tan\alpha$	$\cot\alpha$

2. 倒数关系

（1）$\sin\alpha\csc\alpha=1$;　　（2）$\cos\alpha\sec\alpha=1$;　　（3）$\tan\alpha\cot\alpha=1$.

3. 商数关系

（1）$\tan\alpha=\dfrac{\sin\alpha}{\cos\alpha}$;　　（2）$\cot\alpha=\dfrac{\cos\alpha}{\sin\alpha}$.

4. 平方关系

（1）$\sin^2\alpha+\cos^2\alpha=1$;　　（2）$1+\tan^2\alpha=\sec^2\alpha$;　　（3）$1+\cot^2\alpha=\csc^2\alpha$.

5. 和差角公式

（1）$\sin(\alpha\pm\beta)=\sin\alpha\cos\beta\pm\cos\alpha\sin\beta$;

（2）$\cos(\alpha\pm\beta)=\cos\alpha\cos\beta\mp\sin\alpha\sin\beta$;

（3）$\tan(\alpha\pm\beta)=\dfrac{\tan\alpha\pm\tan\beta}{1\mp\tan\alpha\cdot\tan\beta}$.

6. 和差化积公式

（1）$\sin\alpha+\sin\beta=2\sin\dfrac{\alpha+\beta}{2}\cos\dfrac{\alpha-\beta}{2}$;

（2）$\sin\alpha-\sin\beta=2\cos\dfrac{\alpha+\beta}{2}\sin\dfrac{\alpha-\beta}{2}$;

（3）$\cos\alpha+\cos\beta=2\cos\frac{\alpha+\beta}{2}\cos\frac{\alpha-\beta}{2}$;

（4）$\cos\alpha-\cos\beta=-2\sin\frac{\alpha+\beta}{2}\sin\frac{\alpha-\beta}{2}$.

7. 倍角公式

（1）$\sin2\alpha=2\sin\alpha\cos\alpha$;

（2）$\cos2\alpha=2\cos^2\alpha-1=1-2\sin^2\alpha=\cos^2\alpha-\sin^2\alpha$;

（3）$\tan2\alpha=\frac{2\tan\alpha}{1-\tan^2\alpha}$;

（4）$\cot2\alpha=\frac{\cot^2\alpha-1}{2\cot\alpha}$;

（5）$\sin3\alpha=3\sin\alpha-4\sin^3\alpha$;

（6）$\cos3\alpha=4\cos^3\alpha-3\cos\alpha$;

（7）$\tan3\alpha=\frac{3\tan\alpha-\tan^3\alpha}{1-3\tan^2\alpha}$;

8. 半角公式

（1）$\sin\frac{\alpha}{2}=\pm\sqrt{\frac{1-\cos\alpha}{2}}$;　　（2）$\cos\frac{\alpha}{2}=\pm\sqrt{\frac{1+\cos\alpha}{2}}$;

（3）$\tan\frac{\alpha}{2}=\pm\sqrt{\frac{1-\cos\alpha}{1+\cos\alpha}}=\frac{1-\cos\alpha}{\sin\alpha}=\frac{\sin\alpha}{1+\cos\alpha}$;

（4）$\cot\frac{\alpha}{2}=\pm\sqrt{\frac{1+\cos\alpha}{1-\cos\alpha}}=\frac{1+\cos\alpha}{\sin\alpha}=\frac{\sin\alpha}{1-\cos\alpha}$.

9. 万能公式

（1）$\sin\alpha=\frac{2\tan\frac{\alpha}{2}}{1+\tan^2\frac{\alpha}{2}}$;　　（2）$\cos\alpha=\frac{1-\tan^2\frac{\alpha}{2}}{1+\tan^2\frac{\alpha}{2}}$;　　（3）$\tan\alpha=\frac{2\tan\frac{\alpha}{2}}{1-\tan^2\frac{\alpha}{2}}$.

10. 正弦定理

$\frac{a}{\sin A}=\frac{b}{\sin B}=\frac{c}{\sin C}=2R$.

11. 余弦定理

（1）$a^2=b^2+c^2-2bc\cos A$;　　（2）$b^2=c^2+a^2-2ca\cos B$;

（3）$c^2=a^2+b^2-2ab\cos C$.

12. 反三角函数的一些性质

（1）$\arcsin x=\frac{\pi}{2}-\arccos x$;　　（2）$\arctan x=\frac{\pi}{2}-\operatorname{arccot} x$;

（3）$\sin(\arcsin x)=x$，其中 $x\in[-1,1],\arcsin x\in\left[-\dfrac{\pi}{2},\dfrac{\pi}{2}\right]$；

（4）$\cos(\arccos x)=x$，其中 $x\in[-1,1],\arccos x\in[0,\pi]$；

（5）$\tan(\arctan x)=x$，其中 $x\in(-\infty,\infty),\arctan x\in\left(-\dfrac{\pi}{2},\dfrac{\pi}{2}\right)$；

（6）$\cot(\operatorname{arccot} x)=x$，其中 $x\in(-\infty,\infty),\operatorname{arccot} x\in[0,\pi]$；

（7）$\arcsin(-x)=-\arcsin x$，$x\in[-1,1]$；

（8）$\arccos(-x)=\pi-\arccos x$，$x\in[-1,1]$；

（9）$\arctan(-x)=-\arctan x$，$x\in(-\infty,\infty)$；

（10）$\operatorname{arccot}(-x)=\pi-\arctan x$，$x\in(-\infty,\infty)$.

13. 分数指数幂

（1）$a^{\frac{m}{n}}=\sqrt[n]{a^m}\,(a>0,m,n\in N,\text{且}n>1)$；

（2）$a^{-\frac{m}{n}}=\dfrac{1}{a^{\frac{m}{n}}}(a>0,m,n\in N,\text{且}n>1)$.

14. 幂的运算性质

（1）$a^m\cdot a^n=a^{m+n}(a>0,m,n\in\mathbf{Q})$；（2）$(a^m)^n=a^{mn}(a>0,m,n\in\mathbf{Q})$；

（3）$(ab)^n=a^nb^n(a>0,m,n\in\mathbf{Q})$.

15. 指数式与对数式的关系

$a^b=N\Leftrightarrow\log_a N=b.$

16. 对数恒等式：

$a^{\log_a N}=N(a>0,a\neq1,N>0).$

17. 换底公式

$\log_b N=\dfrac{\log_a N}{\log_a b}.$

18. 对数式的运算法则（其中 $M>0,N>0,a>0,a\neq1$）

（1）$\log_a(M\cdot N)=\log_a M+\log_a N$；（2）$\log_a\dfrac{M}{N}=\log_a M-\log_a N$；

（3）$\log_a M^n=n\log_a M$；（4）$\log_a\sqrt[n]{M}=\dfrac{1}{n}\log_a M$；

19. 一些不等式

（1）$a>b\Leftrightarrow b<a$；（2）$a>b,b>c\Rightarrow a>c$；

（3）$a>b\Rightarrow a+c>b+c$；（4）$a>b,c>0\Rightarrow ac>bc$；

（5）$a>b,c<0\Rightarrow ac<bc$；（6）$|a|-|b|\leqslant|a+b|\leqslant|a|+|b|$；

（7）$a^2\geqslant0$；（8）$a^2+b^2\geqslant2ab$；

（9）$\dfrac{a+b}{2} \geqslant \sqrt{ab} \geqslant \dfrac{2}{1/a+1/b}$;　　（10）$a^3+b^3+c^3 \geqslant 3abc$;

（11）$\dfrac{a+b+c}{3} \geqslant \sqrt[3]{abc} \geqslant \dfrac{3}{1/a+1/b+1/c}$　$(a,b,c \in \mathbf{R}^+)$;

（12）$\dfrac{a_1+a_2+\cdots+a_n}{n} \geqslant \sqrt[n]{a_1a_2\cdots a_n} \geqslant \dfrac{n}{1/a_1+1/a_2+\cdots+1/a_n}$.

20. 数列的一些公式

（1）等差数列通项公式：$a_n = a_1 + (n-1)d$.

（2）等差中项：$A = \dfrac{a+b}{2}$.

（3）等差数列前 n 项和公式：$S_n = \dfrac{n(a_1+a_n)}{2}$ 或 $S_n = na_1 + \dfrac{n(n-1)}{2}d$.

（4）等比数列通项公式：$a_n = a_1q^{n-1}$.

（5）等比中项：$G = \sqrt{ab}$.

（6）等比数列前 n 项和公式：$S_n = \dfrac{a_1 - a_nq}{1-q}$ 或 $S_n = \dfrac{a_1(1-q^n)}{1-q}$.

参考答案

第1章

A级自我测试题

一、1. D.　2. C.　3. D.　4. B.　5. C.　6. A.

二、1. $x \in [1,+\infty)$.　2. $\varphi(x)=\sqrt{\ln(1-x)}$. $x \in (-\infty,0]$.　3. e^6.

4. e^{-2}.　5. $n=5$.　6. -1.

三、1. -1.　2. $\left(\frac{2}{3}\right)^{10}$.　3. 1.　4. 4.　5. $\ln 2$.

四、$x=0$ 是 $f(x)$ 的第一类间断点（跳跃间断点），$x=1$ 是 $f(x)$ 的第二类间断点（无穷间断点）.

五、$a=2, b=1$.

六、1. 略.　2. 略.

B级自我测试题

一、1. A.　2. C.　3. D.　4. D.　5. B.　6. D.

二、1. $f[f(x)]=\begin{cases}2+x, & x<-1,\\ 1, & x\geqslant -1.\end{cases}$

2. 1.　3. 2.　4. $x=-1$ 与 $x=1$ 为函数 $f(x)$ 的间断点.

5. $a=2$，b 任意.

三、1. 1.　2. $-\frac{\sqrt{2}}{6}$.　3. 1. 4. e^2　5. 6.　6. $\frac{1}{4}$.　7. 1.

四、当 $a>0$ 时，$f(x)$ 在 $(-\infty,+\infty)$ 内连续；当 $a\leqslant 0$ 时，$f(x)$ 在 $(-\infty,0)\cup(0,+\infty)$ 内连续，在点 $x=0$ 处间断.

五、1. $\frac{3}{2}$.

2. 略.

第 2 章

A 级自我测试题

一、1. B.　2. C.　3. C.　4. A.　5. B.

二、1. 1.　2. 高阶无穷小.　3. $(-1)^n\cdot\dfrac{n!}{(1+x)^{n+1}}$.

4. $y-\dfrac{\pi}{4}=\dfrac{1}{2}(x-1)$，$y-\dfrac{\pi}{4}=-2(x-1)$.　5. $\cos\sqrt{x}$.

三、$f(x)$ 在区间 $\left[-\dfrac{\pi}{2},\ln 3\right)$，$(\ln 3,3)$ 上连续且可导，在 $x=\ln 3$ 处不连续，不可导.

四、1. $\dfrac{e^{\sqrt{x}}}{2\sqrt{x}(1+e^{2\sqrt{x}})}$.　2. $dy=\sqrt{x^2-a^2}\,dx$，$y''=\dfrac{x}{\sqrt{x^2-a^2}}$.

3. $-(x^3-270x)\cos x-(30x^2-720)\sin x$.

4. $e^{f(x)}\cdot f'(e^x)\cdot e^x+f(e^x)\cdot e^{f(x)}\cdot f'(x)$.　5. $\dfrac{(1-x)(1-5x)}{(1+x)^4}$.

6. $-\dfrac{1}{2}e^{-3t}$.　7. $-\dfrac{\sin(x+y)}{1+\sin(x+y)}$，$\dfrac{-y}{[1+\sin(x+y)]^3}$.

五、1. **证明**　由于 $f'(a)=\lim\limits_{x\to a}\dfrac{f(x)-f(a)}{x-a}=\lim\limits_{x\to a}\dfrac{(x-a)\varphi(x)}{x-a}=\lim\limits_{x\to a}\varphi(x)$，又 $\varphi(x)$ 为连续函数则有 $\lim\limits_{x\to a}\varphi(x)=\varphi(a)$．故 $f'(a)=\varphi(a)$．证毕.

2. **证明**　$\dfrac{dy}{dx}=\dfrac{dy}{dt}\dfrac{dt}{dx}=\dfrac{dy}{dt}\dfrac{1}{\sqrt{1-x^2}}$,

$$\frac{d^2y}{dx^2}=\frac{d}{dx}\left(\frac{dy}{dx}\right)=\frac{d}{dt}\left(\frac{dy}{dx}\right)\frac{dt}{dx}=\frac{d}{dt}\left(\frac{dy}{dx}\right)\frac{1}{\sqrt{1-x^2}},\tag{1}$$

其中
$$\frac{d}{dt}\left(\frac{dy}{dx}\right)=\frac{d}{dt}\left(\frac{dy}{dt}\frac{1}{\sqrt{1-x^2}}\right)=\frac{d^2y}{dt^2}\frac{1}{\sqrt{1-x^2}}+\frac{dy}{dt}\frac{d}{dt}\left(\frac{1}{\sqrt{1-x^2}}\right),\tag{2}$$

$$\frac{d}{dt}\left(\frac{1}{\sqrt{1-x^2}}\right)=\frac{d}{dt}(\sec t)=\sec t\tan t=\frac{x}{1-x^2},\tag{3}$$

将式（3）代入式（2）得 $\dfrac{d}{dt}\left(\dfrac{dy}{dx}\right)=\dfrac{d^2y}{dt^2}\dfrac{1}{\sqrt{1-x^2}}+\dfrac{dy}{dt}\dfrac{x}{1-x^2}$.　（4）

将式（4）代入式（1）得 $\dfrac{d^2y}{dx^2}=\dfrac{d^2y}{dt^2}\dfrac{1}{1-x^2}+\dfrac{dy}{dt}\dfrac{x}{\sqrt{(1-x^2)^3}}$.

将 $\frac{\mathrm{d}y}{\mathrm{d}x}$，$\frac{\mathrm{d}^2 y}{\mathrm{d}x^2}$ 代入原方程得 $\frac{\mathrm{d}^2 y}{\mathrm{d}t^2}+a^2 y=0$．证毕.

B 级自我测试题

一、1. D.　　2. B.　　3. D.　　4. B.

二、1. $n!$.　　2. $\frac{3}{4}\pi$.　　3. $n\sin n\theta$.

三、1. $y'=\frac{1}{27}[(1+\sqrt[3]{1+\sqrt[3]{x}})\cdot(1+\sqrt[3]{x})\cdot x]^{-\frac{2}{3}}$.　　2. $\frac{2(1+x\tan x)\ln(x\sec x)}{x}\mathrm{d}x$.

3. $\frac{1}{x^2}[f''(\ln x)-f'(\ln x)]$.　　4. $\frac{1}{3}\left[\frac{100!}{(x-4)^{101}}-\frac{100!}{(x-1)^{101}}\right]$.

5. $(\ln x)^x\left[\ln(\ln x)+\frac{1}{\ln x}\right]$.　　6. $\frac{1}{2}\left[\frac{1}{x}+\cot x+\frac{-\mathrm{e}^x}{2(1-\mathrm{e}^x)}\right]\cdot\sqrt{x\sin x\sqrt{1-\mathrm{e}^x}}$.

7. $\frac{\mathrm{e}^{\sin t}\cos t}{2t}$，$\frac{\mathrm{e}^t(t\cos\mathrm{e}^t-t\mathrm{e}^t\sin\mathrm{e}^t-\cos\mathrm{e}^t)}{4t^3}$.　　8. $\frac{f''}{(1-f')^3}$.

四、$-\frac{f^{(3)}(x)f'(x)-3[f''(x)]^2}{[f'(x)]^5}$.

五、1. **证明**　用数学归纳法.

当 $n=1$ 时，$\frac{\mathrm{d}^n}{\mathrm{d}x^n}\left(x^{n-1}\mathrm{e}^{\frac{1}{x}}\right)=\frac{\mathrm{d}}{\mathrm{d}x}\left(\mathrm{e}^{\frac{1}{x}}\right)=-\frac{1}{x^2}\mathrm{e}^{\frac{1}{x}}$ 成立.

假设当自然数 $n\leqslant 1$ 时，公式都成立，即 $\frac{\mathrm{d}^n}{\mathrm{d}x^n}\left(x^{n-1}\mathrm{e}^{\frac{1}{x}}\right)=\mathrm{e}^{\frac{1}{x}}\frac{(-1)^n}{x^{n+1}}$.

那么，当 $n=k+1$ 时，有

$$\frac{\mathrm{d}^{k+1}}{\mathrm{d}x^{k+1}}\left(x^k\mathrm{e}^{\frac{1}{x}}\right)=\frac{\mathrm{d}^k}{\mathrm{d}x^k}\left[\frac{\mathrm{d}}{\mathrm{d}x}\left(x^k\mathrm{e}^{\frac{1}{x}}\right)\right]=\frac{\mathrm{d}^k}{\mathrm{d}x^k}\left(kx^{k-1}\mathrm{e}^{\frac{1}{x}}-x^{k-2}\mathrm{e}^{\frac{1}{x}}\right)$$

$$=k\frac{\mathrm{d}^k}{\mathrm{d}x^k}\left(x^{k-1}\mathrm{e}^{\frac{1}{x}}\right)-\frac{\mathrm{d}}{\mathrm{d}x}\left[\frac{\mathrm{d}^{k-1}}{\mathrm{d}x^{k-1}}\left(x^{k-2}\mathrm{e}^{\frac{1}{x}}\right)\right]$$

$$=k\frac{(-1)^k}{x^{k+1}}\mathrm{e}^{\frac{1}{x}}-\frac{\mathrm{d}}{\mathrm{d}x}\left[\frac{(-1)^{k-1}}{x^k}\mathrm{e}^{\frac{1}{x}}\right]$$

$$=k\frac{(-1)^k}{x^{k+1}}\mathrm{e}^{\frac{1}{x}}-k\frac{(-1)^k}{x^{k+1}}\mathrm{e}^{\frac{1}{x}}+\frac{(-1)^{k+1}}{x^{k+2}}\mathrm{e}^{\frac{1}{x}}=\frac{(-1)^{k+1}}{x^{k+2}}\mathrm{e}^{\frac{1}{x}}.$$

即当 $n=k+1$ 时，等式也成立.

2. **证明**　由于对任何 x、$y\in(-\infty,+\infty)$ 有 $f(x+y)=f(x)\cdot f(y)$．取 $y=0$，则有

$$f(x)=f(x)\cdot f(0)\Rightarrow f(x)[1-f(0)]=0.$$

由 x 的任意性及 $f'(0)=1$，知 $f(0)=1$．所以对任何 $x\in(-\infty,+\infty)$ 有

$$\begin{aligned}f'(x)&=\lim_{\Delta x\to 0}\frac{f(x+\Delta x)-f(x)}{\Delta x}=\lim_{\Delta x\to 0}\frac{f(x)f(\Delta x)-f(x)}{\Delta x}\\&=\lim_{\Delta x\to 0}\frac{f(x)[f(\Delta x)-1]}{\Delta x}=\lim_{\Delta x\to 0}\frac{f(x)[f(\Delta x)-f(0)]}{\Delta x}=f(x)\cdot f'(0)=f(x).\end{aligned}$$

3. **证明** 利用参数形式所表示的函数的求导公式．得

$$\frac{\mathrm{d}y}{\mathrm{d}x}=\frac{a(\cos t-\cos t+t\sin t)}{a(-\sin t+\sin t+t\cos t)}=\tan t.$$

曲线在对应于参数 t 点处的法线方程为 $y-a(\sin t-t\cos t)=-\cot t(x-a(\cos t+t\sin t))$，化简后为 $\cos t\cdot x+\sin t\cdot y-a=0$，法线到原点的距离为 $\mathrm{d}=\left|\frac{a}{\cos^2 t+\sin^2 t}\right|=|a|$．

第 3 章

A 级自我测试题

一、1. B.　　2. C.　　3. D.　　4. D.　　5. D.

二、1. $\xi=\frac{1}{2}$.　　2. -1.　　3. $e^{\frac{2}{\pi}}$.　　4. 16；0.　　5. $\frac{1}{2}$.

三、1. $\frac{1}{2}$.　　2. $\frac{1}{6}$.

3. 在 $(-\infty,-1]$ 及 $\left[\frac{1}{2},5\right]$ 上单调减；在 $\left[-1,\frac{1}{2}\right]$ 及 $(5,+\infty]$ 上单调增．在 $x=-1$ 及 $x=5$ 处取得极小值，分别为 $f(-1)=0$ 及 $f(5)=0$，在 $x=\frac{1}{2}$ 处取得极大值 $f\left(\frac{1}{2}\right)=\frac{81}{8}\sqrt[3]{18}$．

4. $(-\infty,-1)$ 与 $(-1,1]$ 是曲线的凸区间；$[1,+\infty)$ 是曲线的凹区间．$(1,0)$ 是拐点．

5. $(x-1)+\frac{5}{2}(x-1)^2+\frac{6\ln\xi+11}{3!}(x-1)^3$.

四、用反证法，假设 $f(x)$ 在 $[0,1]$ 上有两个零点 x_1,x_2，不妨设 $x_1<x_2$，则 $f(x)$ 在区间 $[x_1,x_2]$，满足罗尔中值定理条件，于是至少存在一点 $\xi\in(x_1,x_2)\subset(0,1)$，使得 $f'(\xi)=0$，而当 $x\in(0,1)$ 时，$f'(x)=3x^2-3<0$，这与 $f'(\xi)=0$ 矛盾，故假设不成立，命题得证．

五、略．

六、提示：构造辅助函数 $F(x)=\ln f(x)$，对 $F(x)$ 在 $[a,b]$ 用拉格朗日中值定理即可证.

七、略.

八、略.

B 级自我测试题

一、1. C.　　2. D.　　3. D.　　4. C.　　5. C.

二、1. 1680.　　2. $-\frac{1}{2}$.　　3. 1.　　4. $-(n+1),-\frac{1}{e^{n+1}}$.　　5. $[1,e^{\frac{1}{e}}]$.

三、1. $\frac{1}{4}$.　　2. $-\frac{1}{2}\frac{f''(a)}{[f'(a)]^2}$.　　3. $-\frac{1}{12}$.

4. 单调增加区间 $(-\infty,1)$ 和 $(3,+\infty)$，单调减少区间 $(1,3)$，$(-\infty,0)$ 是凸的，$(0,1)$ 和 $(1,+\infty)$ 是凹的，极小值 $y|_{x=3}=\frac{27}{4}$，拐点 $(0,0)$，铅直渐近线：$x=1$，斜渐近线：$y=x+2$.

5. $a_7=\frac{23\sqrt{e}}{e^4}$.

四、提示：对 $f(x)$ 和 $g(x)=\frac{1}{x}$ 在 $[a,b]$ 上应用柯西中值定理即可得到所要证明的结果.

五、略.

六、略.

七、略.

八、略.

第 4 章

A 级自我测试题

一、1. B.　　2. C.　　3. B.　　4. D.　　5. B.

二、1. $-\sqrt{1-x^2}+C$.　　2. $x+C$.　　3. $\frac{1}{3}e^{3t}+C$.

4. $\ln|\csc x-\cot x|+C$.　　5. $e^x f(x)+C$.

三、求下列不定积分

1. $\frac{1}{2\ln 72}72^x+C$;

2. $-\cos x+\sec x+C$；

3. $\frac{1}{40}(4x-1)^{10}+C$；

4. $-\frac{\ln x+1}{x}+C$；

5. $\frac{2}{5}x^{\frac{5}{2}}+\frac{1}{2}x^2-x-2\sqrt{x}+C$；

6. $\ln(x-1+\sqrt{x^2-2x+5})+C$；

7. $\sqrt{2}\ln\left|\csc\frac{x}{2}-\cot\frac{x}{2}\right|+C$；

8. $\frac{\sqrt{x^2-1}}{x}+C$；

9. $3\ln|x+2|+\frac{1}{2}\ln(x^2+2x+2)-2\arctan(x+1)+C$；

10. $3[\ln|\sqrt[3]{x+1}+1|+\frac{3}{2}(\sqrt[3]{x+1}-1)^2]+C$；

11. $\frac{1}{3\cos^3 x}+\frac{1}{\cos x}+\ln\left|\tan\frac{x}{2}\right|+C$；

12. $-\frac{\ln x}{2(x^2+1)}+\frac{1}{4}\ln\frac{x^2}{x^2+1}+C$.

四、$\frac{\mathrm{e}^x(x-2)}{x}+C$.

五、$-2\sqrt{1-x}\arcsin\sqrt{x}+2\sqrt{x}+C$.

B 级自我测试题

一、1. A. 2. B. 3. C. 4. A. 5. C.

二、1. $2\mathrm{e}^{\frac{x-1}{6}}(x-7)+12$. 2. $\mathrm{e}^{-x^2}(-2x^2-1)+C$. 3. $-\frac{1}{3}(1-x^2)^{\frac{3}{2}}+C$.

4. $-\ln|1-x|-x^2+C$. 5. $-(\mathrm{e}^{-x}+1)\ln(1+\mathrm{e}^x)+x+C$.

三、

1. $\arcsin\mathrm{e}^x+\mathrm{e}^x\sqrt{1-\mathrm{e}^{2x}}+C$；

2. $x\cos\ln x+x\sin\ln x-\int\cos\ln x\,\mathrm{d}x$；

3. $\frac{1}{2}\arctan(x^2+1)^2+C$；

4. $\frac{1}{4}(\cos 6x+\cos 4x+\cos 2x+1)$；

5. $\frac{1}{\sqrt{2}}\arctan\frac{x\ln x}{\sqrt{2}}+C$；

6. $-\frac{1}{7}\ln|1+x^{-7}|+C$；

7. $-\frac{x}{e^x+1}-\ln|1+e^{-x}|+C$；

8. $-e^{-x}\ln(e^x+1)-\ln(e^{-x}+1)+C$；

9. $2e^{-\frac{x}{2}}\sqrt{\sin x}+C$；

10. $-\frac{1}{2}\cdot\frac{\ln(x+\sqrt{1+x^2})}{1+x^2}+\frac{1}{2}\frac{x}{\sqrt{1+x^2}}+C$；

11. $\frac{\arcsin x}{\sqrt{1-x^2}}+\frac{1}{2}\ln\left|\frac{1-x}{1+x}\right|+C$；

12. $\frac{x\ln x}{\sqrt{1+x^2}}-\ln|x+\sqrt{1+x^2}|+C$；

13. $2x\sqrt{e^x-2}-4\sqrt{e^x-2}+4\sqrt{2}\arctan\sqrt{\frac{e^x-2}{2}}+C$；

14. $-\frac{1}{\tan\frac{x}{2}+2}+C$.

四、$-\sin xf(\cos x)+C$.

五、$\sqrt{\frac{e^x}{1+x}}$.

六、
$$I_n=\int\tan^{n-2}x(\sec^2x-1)dx=\int\tan^{n-2}x\cdot\sec^2x dx-\int\tan^{n-2}x dx$$
$$=\int\tan^{n-2}x d\tan x-I_{n-2}=\frac{1}{n-1}\tan^{n-1}x-I_{n-2}.$$

七、$\frac{1}{2}\left[\frac{f(x)}{f'(x)}\right]^2+C$.

第5章

A级自我测试题

一、1. D.　　2. A.　　3. B.　　4. D.　　5. C.

二、1. $\frac{1}{3}$.　2. $\ln 2$.　3. $\frac{\pi}{4-\pi}$.　4. $2(e^2+1)$.　5. $\frac{3}{2}\pi a$.

三、1. -1.　2. 0.　3. $a=1,b=0,c=-2$. 或 $a\neq 1,b=0,c=0$.

4. $\varPhi(x)=\begin{cases}\sin x, & 0\leqslant x\leqslant \frac{\pi}{2},\\ 1+c\left(x-\frac{\pi}{2}\right), & \frac{\pi}{2}<x\leqslant \pi,\end{cases}$ $\varPhi(x)$ 在 $[0,\pi]$ 上连续.

5. $\arctan\frac{1}{2}$.　6. $\frac{e}{2}-1$.　7. $\frac{a}{2}$.　8. π.

四、1. $\frac{9}{4}$.　2. $\frac{1}{2}\pi a,\ 2\pi a^2,\ a\left(2\ln 2-\frac{1}{2}\right)\pi$.　3. $x_0=a\left(\frac{2}{3}\pi-\frac{\sqrt{3}}{2}\right),\quad y_0=\frac{3}{2}a$.

五、**证明**　根据积分中值定理得, 存在 $\xi_1\in(0,a)$ 与 $\xi_2\in(a,b)$ 满足

$$b\int_0^a f(x)\mathrm{d}x-a\int_a^b f(x)\mathrm{d}x=b\cdot af(\xi_1)-a\cdot(b-a)f(\xi_2)=ab[f(\xi_1)-f(\xi_2)]+a^2f(\xi_2)>0,$$

由 $f(x)>0$ 且递减, 即得 $b\int_0^a f(x)\mathrm{d}x>a\int_a^b f(x)\mathrm{d}x$.

B 级自我测试题

一、1. D.　2. D.　3. B.　4. B.　5. B.

二、1. $2x$.　2. 3.　3. $\frac{16}{3}$.　4. $\frac{b^4-a^4}{4}$.　5. $\frac{a\pi^2}{2}$.

三、1. $\frac{3}{16}\pi$.　2. $\frac{1}{6}(1-\sqrt{2})$.　3. π^2+2.　4. $2-2\ln 2$.

5. $e^2-\frac{1}{2}e^{\frac{5}{2}}$.　6. $\frac{\ln^2 x}{2}$.

四、1. $a=\frac{5}{4},\ b=\frac{-1}{6},\ c=0$.　2. $\frac{4}{5\pi}\mathrm{m/min}$.

五、1. 若令 $x^2=t$, 则 $\int_1^a f\left(x^2+\frac{a^2}{x^2}\right)\frac{\mathrm{d}x}{x}=\int_1^{a^2} f\left(t+\frac{a^2}{t}\right)\frac{1}{\sqrt{t}}\frac{\mathrm{d}t}{2\sqrt{t}}$

$$=\frac{1}{2}\left[\int_1^a f\left(t+\frac{a^2}{t}\right)\frac{\mathrm{d}t}{t}+\int_a^{a^2} f\left(t+\frac{a^2}{t}\right)\frac{\mathrm{d}t}{t}\right].$$

而若令 $\frac{a^2}{t}=u$, $\int_a^{a^2} f\left(t+\frac{a^2}{t}\right)\frac{\mathrm{d}t}{t}=\int_a^1 f\left(\frac{a^2}{u}+u\right)\frac{u}{a^2}\left(-\frac{a^2}{u^2}du\right)=\int_1^a f\left(u+\frac{a^2}{u}\right)\frac{\mathrm{d}x}{u}$. 于是证得左边 = 右边.

2. **证法 1**　由于

$$\int_a^b \frac{f(x+h)-f(x)}{h}\mathrm{d}x = \frac{1}{h}\int_a^b f(x+h)\mathrm{d}x - \frac{1}{h}\int_a^b f(x)\mathrm{d}x .$$

令 $x+h=u$，则 $\frac{1}{h}\int_a^b f(x+h)\mathrm{d}x = \frac{1}{h}\int_{a+h}^{b+h} f(u)\mathrm{d}u$ 于是

$$\begin{aligned}\int_a^b \frac{f(x+h)-f(x)}{h}\mathrm{d}x &= \frac{1}{h}\int_{a+h}^{b+h} f(x)\mathrm{d}x - \frac{1}{h}\int_a^b f(x)\mathrm{d}x \\ &= \frac{1}{h}\int_b^{b+h} f(x)\mathrm{d}x - \frac{1}{h}\int_a^{a+h} f(x)\mathrm{d}x.\end{aligned}$$

由积分中值定理与 $f(x)$ 的连续性可知

$$\lim_{h\to 0}\frac{1}{h}\int_b^{b+h} f(x)\mathrm{d}x = f(b),\quad \lim_{h\to 0}\frac{1}{h}\int_a^{a+h} f(x)\mathrm{d}x = f(a).$$ 原题得证.

证法 2　$$\lim_{h\to 0}\int_a^b \frac{f(x+h)-f(x)}{h}\mathrm{d}x = \lim_{h\to 0}\frac{\int_{a+h}^{b+h} f(x)\mathrm{d}x - \int_a^b f(x)\mathrm{d}x}{h}$$

$$= \lim_{h\to 0}[f(b+h)-f(a+h)] = 0 .$$

即 $\lim_{h\to 0}\int_a^b \frac{f(x+h)-f(x)}{h}\mathrm{d}x = f(b)-f(a)$.

3. 当 $x\geqslant 1$ 时，$f'(x)=\frac{1}{x^2+f^2(x)}>0$，故 $f(x)$ 在区间 $[1,+\infty)$ 上单调增加. 又 $f(1)=1$，则当 $x\geqslant 1$ 时，$f(x)\geqslant 1$．于是

$$\begin{aligned}f(x)-f(1) &= \int_1^x f'(x)\mathrm{d}x = \int_1^x \frac{1}{x^2+f^2(x)}\mathrm{d}x \\ &\leqslant \int_1^x \frac{1}{x^2+1}\mathrm{d}x = \arctan x - \frac{\pi}{4} \leqslant \frac{\pi}{2}-\frac{\pi}{4}=\frac{\pi}{4},\end{aligned}$$

得 $f(x)\leqslant 1+\frac{\pi}{4}$．由于 $f(x)$ 在区间 $[1,+\infty)$ 上单调增加且 $f(x)\leqslant 1+\frac{\pi}{4}$，根据单调有界定理知 $\lim_{x\to+\infty} f(x)$ 存在且有 $\lim_{x\to+\infty} f(x)\leqslant 1+\frac{\pi}{4}$.

第 6 章

A 级自我测试题

一、1. C.　　2. C.　　3. D.　　4. A.　　5. B.

二、1. $\frac{-26}{3}$；$\frac{2}{3}$.　　2. $\begin{cases}9y^2=10z,\\ x=0.\end{cases}$

3. 以原点为圆心, 2 为半径的圆周；以 $x^2+y^2=4$ 为准线, 母线平行于 z 轴的圆柱面.

4. $4x-y-3z+7=0$.　　5. $\frac{x-3}{-4}=\frac{y+2}{2}=\frac{z-1}{1}$.

三、$(8,8\sqrt{2},-8)$.

四、$(\widehat{\boldsymbol{a},\boldsymbol{b}})=\frac{\pi}{3}$.

五、$\begin{cases}x^2+5y^2+4xy-x=0,\\ z=0;\end{cases}$　$\begin{cases}x^2+5z^2-2xz-4x=0,\\ y=0;\end{cases}$　$\begin{cases}y^2+z^2+2y-z=0,s\\ x=0.\end{cases}$

六、$x-8y+5z+5=0$.

七、$P_2\left(\frac{10}{3},-\frac{5}{3},\frac{1}{3}\right)$.

八、$\theta=\arcsin\frac{33}{2\sqrt{713}}$, $\left(-\frac{17}{11},\frac{47}{11},\frac{10}{11}\right)$.

九、$20x-4y-5z+133=0$ 或 $20x-4y-5z-119=0$.

十、$\frac{x-1}{2}=\frac{y}{-1}=\frac{z+2}{2}$.

B 级自我测试题

一、1. D.　　2. C.　　3. C.　　4. C.　　5. C.

二、1. 2.　　2. -15.　　3. $\frac{x^2}{a^2}+\frac{z^2}{c^2}=1$, z; $\frac{y^2}{a^2}+\frac{z^2}{c^2}=1$, z.

4. $\frac{x-2}{3}=\frac{y+3}{5}=z-4$.　　5. $x-y+z=0$.

三、$\lambda=\pm\frac{1}{3}$, $\mu=\pm\frac{2}{3}$, $\boldsymbol{d}=\pm\left\{\frac{1}{3},\frac{4}{3},\frac{8}{3}\right\}$.

四、$\frac{x-1}{1}=\frac{y+2}{2}=\frac{z-3}{5}$.

五、$\frac{x-1}{1}=\frac{y+\frac{4}{3}}{2}=\frac{z+\frac{4}{3}}{-2}$; $d=1$.

六、$\begin{cases}x-9y+5z+20=0,\\ x-2y-5z+9=0.\end{cases}$

七、过 l 作平面 Π_1 垂直平面 Π, 则 Π_1 过点 $(1,0,1)$ 且法向量 $\boldsymbol{n}$ 垂直于 l 的方向

向量 $\{1,1,-1\}$ 及 Π 的法向量 $\{1,-1,2\}$．即 $\boldsymbol{n}=\begin{vmatrix} \boldsymbol{i} & \boldsymbol{j} & \boldsymbol{k} \\ 1 & 1 & -1 \\ 1 & -1 & 2 \end{vmatrix}=\{1,-3,-2\}$．

Π_1 的方程为 $(x-1)-3y-2(z-1)=0$，即 $x-3y-2z+1=0$. 从而 l_0 的方程为

$$\begin{cases} x-y+2z-1=0, \\ x-3y-2z+1=0. \end{cases}$$

消去 z 得 $x=2y$，消去 x 得 $y+2z-1=0$. l_0 的对称式方程为 $\dfrac{x}{2}=\dfrac{y}{1}=\dfrac{z-\frac{1}{2}}{-\frac{1}{2}}$．设 l_0 绕 y 轴旋转所成的旋转面上的点 (X,Y,Z) 是由 l_0 上的点 (x,y,z) 绕 y 轴旋转而得到的，故

$$Y=y,\ X^2+Z^2=x^2+z^2.$$

又 l_0 上的点 (x,y,z) 满足 $\begin{cases} x=2y, \\ z=-\dfrac{1}{2}(y-1), \end{cases}$ 故 $x^2+z^2=4y^2+\dfrac{1}{4}(y-1)^2$. 即曲面方程为

$$X^2+Z^2=4Y^2+\frac{1}{4}(Y-1)^2,$$

即 $4X^2-17Y^2+4Z^2+2Y-1=0$. 仍用 (x,y,z) 表示旋转面上的点，得方程为

$$4x^2-17y^2+4z^2+2y-1=0.$$

八、**解**　设点 M 的坐标为 $(x_0,\ y_0,\ z_0)$，则曲面在点 M 处的法向量 $\boldsymbol{n}=\{2x_0,4y_0,6z_0\}$，故过点 M 的切平面方程为 $2x_0(x-x_0)+4y_0(y-y_0)+6z_0(z-z_0)=0$，即 $x_0x+2y_0y+3z_0+z=21$. 由于切平面过直线 $\dfrac{x-6}{2}=\dfrac{y-3}{1}=\dfrac{2z-1}{-2}$，故直线的方向向量 $\boldsymbol{s}=\{2,1,-1\}$ 与 $\boldsymbol{n}$ 垂直，即 $2x_0+2y_0-3z_0=0$，①．且点 $\left(6,3,-\dfrac{1}{2}\right)$ 在切平面上，故 $6x_0+6y_0+\dfrac{3}{2}z_0=21$，②．又点 M 在曲面上，即 $x_0^2+2y_0^2+3z_0^2=21$，③．由①②③可得 $z_0=2,x_0^2+2y_0^2=9$，所以 $x_0=1,y_0=2,z_0=2$．故所求的切平面方程为 $2x+4y+6z=21$.

第 7 章

A 级自我测试题

一、1. B.　　2. D.　　3. A.　　4. B.　　5. B.

二、1. $\{(x,y)\,|\,x\geqslant 0, 2n\pi\leqslant y\leqslant(2n+1)\pi, n=0,\pm1,\pm2,\cdots\}\cup\{(x,y)\,|\,x\leqslant 0,(2n+1)\pi\leqslant y\leqslant(2n+2)\pi, n=0,\pm1,\pm2,\cdots\}$.

2. $f(x,y)=\dfrac{x^2-xy}{2}$. 3. $\dfrac{2}{9}\{1,2,-2\}$. 4. $\dfrac{\pi^2}{e^2}$. 5. $\dfrac{x-1}{2}=\dfrac{y+2}{-1}=\dfrac{z+2}{1}$.

三、1. $\dfrac{\partial z}{\partial x}=\dfrac{-1}{1-e^{z-y}}$, $\dfrac{\partial z}{\partial y}=\dfrac{-e^{z-y}}{1-e^{z-y}}$. 2. $\theta=\dfrac{3\pi}{4}$.

3. 极大值 $z=\left(\dfrac{\pi}{3},\dfrac{\pi}{6}\right)=\dfrac{3}{2}\sqrt{3}$. 4. $\dfrac{\partial^2 z}{\partial x\partial y}=-2f''+xg''_{12}+xyg''_{22}+g'_2$.

5. $2x+3y+2\sqrt{3}z-25=0$, $\dfrac{x-2}{2}=\dfrac{y-3}{3}=\dfrac{z-2\sqrt{3}}{2\sqrt{3}}$.

四、因为
$$\frac{\partial u}{\partial r}=\frac{\partial u}{\partial x}\frac{\partial x}{\partial r}+\frac{\partial u}{\partial y}\frac{\partial y}{\partial r}+\frac{\partial u}{\partial z}\frac{\partial z}{\partial r}=\frac{\partial u}{\partial x}\sin\theta\cos\varphi+\frac{\partial u}{\partial y}\sin\theta\sin\varphi+\frac{\partial u}{\partial z}\cos\theta$$
$$=\frac{1}{r}\left(x\frac{\partial u}{\partial x}+y\frac{\partial u}{\partial y}+z\frac{\partial u}{\partial z}\right)=0,$$
所以，u 与 r 无关.

五、$-\dfrac{2}{5}\sqrt{10}$.

六、$x+y+z=\dfrac{1}{3}$.

七、$\dfrac{\partial^2 z}{\partial x\partial y}=\dfrac{xz^2}{y(x+z)^3}$.

八、$\dfrac{1}{yf(x^2-y^2)}$.

B 级自我测试题

一、1. B. 2. C. 3. D. 4. B. 5. B.

二、1. $dz=dx-\sqrt{2}dy$. 2. $\sqrt{5}e^{-2}$.

3. $\dfrac{\partial z}{\partial x}=yx^{y-1}+y^{\arctan\frac{x}{y}}\left(\dfrac{y\ln y}{x^2+y^2}\right)$, $\dfrac{\partial z}{\partial y}=x^y\ln x+y^{\arctan\frac{x}{y}}\left(\dfrac{-x\ln y}{x^2+y^2}+\dfrac{1}{y}\arctan\dfrac{x}{y}\right)$.

4. $\left\{0,\sqrt{\dfrac{2}{5}},\sqrt{\dfrac{3}{5}}\right\}$ 5. 0.

三、1. -1. 2. $\dfrac{\partial u}{\partial x}=\dfrac{-2v}{1+4uv}$, $\dfrac{\partial v}{\partial y}=\dfrac{1}{1+4uv}$.

3. $z(-3,4)=125$，$z(3,-4)=-75$.　　4. $\dfrac{\mathrm{d}u}{\mathrm{d}x}=f'_x-\dfrac{f'_y g'_x}{g'_y}+\dfrac{f'_y g'_z h'_x}{g'_y h'_z}$.

5. 在点$(-2,0,1)$取极小值$z=1$；在点$\left(\dfrac{16}{7},0,-\dfrac{8}{7}\right)$取极大值$z=-\dfrac{8}{7}$.

四、$\dfrac{\partial u}{\partial x}=-\dfrac{y}{x^2}\varphi'+\psi-\dfrac{y}{x}\psi'$，

$$\frac{\partial^2 u}{\partial x^2}=\frac{2y}{x^3}\varphi'+\frac{y^2}{x^4}\varphi''-\frac{y}{x^2}\psi'+\frac{y}{x^2}\psi'+\frac{y^2}{x^3}\psi''=\frac{2y}{x^3}\varphi'+\frac{y^2}{x^4}\varphi''+\frac{y^2}{x^3}\psi'', \tag{1}$$

$$\frac{\partial^2 u}{\partial x\partial y}=-\frac{\varphi'}{x^2}-\frac{y}{x^3}\varphi''+\frac{\psi'}{x}-\frac{\psi'}{x}-\frac{y}{x^2}\psi''=-\frac{\varphi'}{x^2}-\frac{y}{x^3}\varphi''-\frac{y}{x^2}\psi'', \tag{2}$$

$$\frac{\partial u}{\partial y}=\frac{1}{x}\varphi'+\psi',\quad \frac{\partial^2 u}{\partial y^2}=\frac{1}{x^2}\varphi''+\frac{1}{x}\psi'', \tag{3}$$

将$(1)\times x^2+(2)\times 2xy+(3)\times y^2$即得所证的等式.

五、$a=-5, b=-2$.

六、$\sqrt{9+5\sqrt{3}}$，$\sqrt{9-5\sqrt{3}}$.

七、设曲面上任一点$M(x,y,z)$的法向量

$$\boldsymbol{n}=\left\{\frac{f'_1}{z-c},\frac{f'_2}{z-c},-\frac{f'_1(x-a)+f'_2(y-b)}{(z-c)^2}\right\},$$

这样，过任意点$M(x,y,z)$的切平面方程为

$\dfrac{f'_1}{z-c}(X-x)+\dfrac{f'_2}{z-c}(Y-y)-\dfrac{f'_1(x-a)+f'_2(y-b)}{(z-c)^2}(Z-z)=0$，即

$$(z-c)f'_1(X-x)+(z-c)f'_2(Y-y)-[f'_1(x-a)+f'_2(y-b)](Z-z)=0,$$

这样，对曲面上任意点$M(x,y,z)$，取$(X,Y,Z)=(a,b,c)$均能使上式恒满足，故切平面都通过定点(a,b,c).

八、令$u=tx$，$v=ty$，$w=tz$，则$\dfrac{\partial u}{\partial t}=x$，$\dfrac{\partial v}{\partial t}=y$，$\dfrac{\partial w}{\partial t}=z$，将关系式

$$f(tx,ty,tz)=t^k f(x,y,z)$$

两边对t求偏导，得$\dfrac{\partial f}{\partial u}\dfrac{\partial u}{\partial t}+\dfrac{\partial f}{\partial v}\dfrac{\partial v}{\partial t}+\dfrac{\partial f}{\partial w}\dfrac{\partial w}{\partial t}=kt^{k-1}f(x,y,z)$，即

$$x\frac{\partial f}{\partial u}+y\frac{\partial f}{\partial v}+z\frac{\partial f}{\partial w}=kt^{k-1}f(x,y,z).$$

将上式两边同乘以t，得　$tx\dfrac{\partial f}{\partial x}+ty\dfrac{\partial f}{\partial y}+tz\dfrac{\partial f}{\partial z}=kt^k f(x,y,z)$，即

$$u\frac{\partial f}{\partial x}+v\frac{\partial f}{\partial y}+w\frac{\partial f}{\partial z}=kf(u,v,w).$$

将 u,v,w 分别换写成 x,y,z，得 $x\dfrac{\partial f}{\partial x}+y\dfrac{\partial f}{\partial y}+z\dfrac{\partial f}{\partial z}=kf(x,y,z)$.

第 8 章

A 级自我测试题

一、1. C.　2. C.　3. D.　4. A.　5. C.　6. B.

二、1. $I=\int_0^{\frac{a}{2}}\mathrm{d}y\int_{\sqrt{a^2-2ay}}^{\sqrt{a^2-y^2}}f(x,y)\mathrm{d}x+\int_{\frac{a}{2}}^{a}\mathrm{d}y\int_0^{\sqrt{a^2-y^2}}f(x,y)\mathrm{d}x$.　2. $I_1<I_3<I_2$.

3. $\int_0^{\frac{\pi}{4}}\mathrm{d}\theta\int_0^{\sec\theta}\rho\mathrm{d}\rho\int_0^{\rho^2}f(\rho\cos\theta,\rho\sin\theta,z)\mathrm{d}z$.　4. $\left(-\dfrac{a}{2},\dfrac{8a}{5}\right)$.

5. $I=4\pi[(R^2-2R+2)\mathrm{e}^R-2]$.

三、1. $\dfrac{1}{3}(1-\cos 1)$.　2. $\dfrac{1}{2}(1-\mathrm{e}^{-1})$.　3. $\dfrac{\pi}{6}(2\sqrt{2}-1)$.　4. $\dfrac{a^6}{48}$.　5. 4π.

四、$\dfrac{41}{2}\pi$.

五、$\dfrac{\pi}{2}\ln 2$.

六、$I=-\dfrac{3}{4}$.

七、**证明**　先利用球面坐标计算 $F(t)$, 再求极限.

$$F(t)=\int_0^{2\pi}d\theta\int_0^{\pi}d\varphi\int_0^t f(r^2)r^2\sin\varphi\mathrm{d}r=4\pi\int_0^t f(r^2)r^2\mathrm{d}r,$$

$$\lim_{t\to0^+}\frac{F(t)}{t^5}=\lim_{t\to0^+}\frac{4\pi\int_0^t f(r^2)r^2\mathrm{d}r}{t^5}=\frac{4\pi}{5}\lim_{t\to0^+}\frac{f(t^2)}{t^2}=\frac{4\pi}{5}\lim_{u\to0^+}\frac{f(u)}{u}=\frac{4\pi}{5}f'(0)=\frac{4\pi}{5}.$$

八、$F_x=F_y=0$，$F_z=Gm\mu\pi(R_2-R_1)$.

九、**解**　以圆柱体与半球底面重合的平面为 xOy 平面, 底面圆心为原点建立空间直角坐标系（半球位于 z 轴正向），则圆柱体可表示为：$x^2+y^2\leqslant R^2$, $-H\leqslant z\leqslant 0$，半球体表示为：$x^2+y^2+z^2\leqslant R^2, z\geqslant 0$. 设此几何体的体密度为 μ, 根据题意, 其重心坐标中

$$\bar{z}=\frac{1}{M}\iiint_{\Omega}z\cdot\mu\mathrm{d}v=\frac{\int_{-H}^0 z\mathrm{d}z\int_0^{2\pi}\mathrm{d}\theta\int_0^R r\mathrm{d}r+\int_0^{\frac{\pi}{2}}\mathrm{d}\varphi\int_0^{2\pi}\mathrm{d}\theta\int_0^R r^3\sin\varphi\cos\varphi\mathrm{d}r}{\pi R^2H+\frac{2}{3}\pi R^3}=0,$$

整理可得 $-\dfrac{\pi R^2H^2}{2}+\dfrac{\pi R^4}{4}=0$，即 $H=\dfrac{\sqrt{2}}{2}R$.

B 级自我测试题

一、1. C.　2. D.　3. C.　4. B.　5. A.

二、1. $\int_0^1 \mathrm{d}y\int_{\sqrt{y}}^{3-2y} f(x,y)\mathrm{d}x$.　2. $1-\sin 1$.　3. $\int_0^{\frac{\pi}{2}}\mathrm{d}\theta\int_{2\cos\theta}^{2}\rho^3\mathrm{d}\rho$.

4. $\int_0^{\pi}\mathrm{d}\theta\int_{\frac{\pi}{6}}^{\frac{\pi}{2}}\sin\phi\mathrm{d}\phi\int_0^{\frac{\sin\theta}{\sin\phi}} r^2 f(r^2)\mathrm{d}r$.　5. $f(x,y)=\sin(x^2+y^2)+\dfrac{2\pi}{1-\pi^2}$.

三、1. $\dfrac{2}{9}$.　2. $\dfrac{2}{3}(\sqrt{2}+1)+\dfrac{\pi}{2}$.　3. $\dfrac{4}{3}$.　4. $\dfrac{1}{6}\pi a^3$.　5. $\sqrt{2}\pi$.

四、$\dfrac{\pi}{3}(2-\sqrt{3})(1-\cos R^3)$.

五、$\dfrac{512}{3}\pi$.

六、$\dfrac{9}{4}(\mathrm{e}^4-\mathrm{e})$.

七、12 cm.

八、$I(t)=\iint\limits_{D_{xy}}(x-t)^2 dxdy=\int_1^{\mathrm{e}}\mathrm{d}x\int_0^{\ln x}(x-t)^2\mathrm{d}y=t^2-\dfrac{1}{2}(\mathrm{e}^2+1)t+\dfrac{2}{9}\mathrm{e}^3+\dfrac{1}{9}$,

由 $I'(t)=2t-\dfrac{1}{2}(\mathrm{e}^2+1)=0$, 得 $t=\dfrac{\mathrm{e}^2+1}{4}$, 由 $I''(t)=2>0$ 可知，$t=\dfrac{\mathrm{e}^2+1}{4}$ 时 $I(t)$ 最小.

第 9 章

A 级自我测试题

一、1. D.　2. B.　3. C.　4. D.　5. A.

二、1. π.　2. 4π.　3. 18π.　4. $\dfrac{\pi}{3}$.　5. $2\boldsymbol{i}+4\boldsymbol{j}+6\boldsymbol{k}$.

三、1. $2\pi a^{2n+1}$.　2. $\dfrac{\pi R^4}{4}$.　3. πR^3.　4. $\dfrac{1}{3}(x^3-y^3)-xy^2+x^2y+C$.　5. -3π.

四、8π.

五、$\sqrt{3}(t_2-t_1)$.

六、$\dfrac{\sqrt{2}}{2}\pi$.

七、$f(x)=\mathrm{e}^x$.

八、**证明** 由高斯公式可知

$$\oiint_{\Sigma} x^2yz^2\mathrm{d}y\mathrm{d}z - xy^2z^2\mathrm{d}z\mathrm{d}x + (1+xyz)z\mathrm{d}x\mathrm{d}y = \iiint_{\Omega}(1+2xyz)\mathrm{d}x\mathrm{d}y\mathrm{d}z = V + 2\iiint_{\Omega} xyz\mathrm{d}x\mathrm{d}y\mathrm{d}z$$

由于Ω关于xOz平面对称，xyz是区域Ω上关于y的奇函数，故有$\iiint_{\Omega} xyz\mathrm{d}x\mathrm{d}y\mathrm{d}z=0$.

所以等式成立.

B 级自我测试题

一、1. A. 2. D. 3. C. 4. A. 5. D.

二、1. $12a$. 2. $\frac{3}{2}\pi$. 3. $\iint_{\Sigma} Q(x,y,z)y\mathrm{d}S$. 4. $(2-\sqrt{2})\pi R^3$. 5. $\frac{2}{3}$.

三、1. π. 2. $2\pi a^2$. 3. $\left(\frac{\pi}{2}+2\right)a^2b-\frac{\pi a^3}{2}$. 4. $-\pi$. 5. $1:7:2$.

四、-24.

五、2π.

六、$\xi=\frac{a}{\sqrt{3}},\eta=\frac{b}{\sqrt{3}},\zeta=\frac{c}{\sqrt{3}},\frac{\sqrt{3}}{9}abc.$

七、$\frac{3\pi}{2}$.

八、**证明**（1）由格林公式，有

$$\oint_L x\mathrm{e}^{\sin y}\mathrm{d}y - y\mathrm{e}^{-\sin x}\mathrm{d}x = \iint_D (\mathrm{e}^{\sin y}+\mathrm{e}^{-\sin x})\mathrm{d}x\mathrm{d}y,$$

$$\oint_L x\mathrm{e}^{-\sin y}\mathrm{d}y - y\mathrm{e}^{\sin x}\mathrm{d}x = \iint_D (\mathrm{e}^{-\sin y}+\mathrm{e}^{\sin x})\mathrm{d}x\mathrm{d}y,$$

由轮换对称性，有 $\iint_D \mathrm{e}^{\sin y}\mathrm{d}x\mathrm{d}y=\iint_D \mathrm{e}^{\sin x}\mathrm{d}x\mathrm{d}y,\iint_D \mathrm{e}^{-\sin y}\mathrm{d}x\mathrm{d}y=\iint_D \mathrm{e}^{-\sin x}\mathrm{d}x\mathrm{d}y$，因此

$$\oint_L x\mathrm{e}^{\sin y}\mathrm{d}y - y\mathrm{e}^{-\sin x}\mathrm{d}x = \oint_L x\mathrm{e}^{-\sin y}\mathrm{d}y - y\mathrm{e}^{\sin x}\mathrm{d}x.$$

（2）由（1）知

$$\oint_L x\mathrm{e}^{\sin y}\mathrm{d}y - y\mathrm{e}^{-\sin x}\mathrm{d}x = \iint_D (\mathrm{e}^{\sin y}+\mathrm{e}^{-\sin x})\mathrm{d}x\mathrm{d}y = \iint_D (\mathrm{e}^{\sin x}+\mathrm{e}^{-\sin x})\mathrm{d}x\mathrm{d}y \geqslant 2\iint_D \mathrm{d}x\mathrm{d}y.$$

第 10 章

A 级自我测试题

一、1. A. 2. B. 3. C. 4. D.

二、1. $a>1$.　2. R，$s'(x)$.　3. $[-2,2)$.　4. $\frac{\pi^2}{2}$.

三、1. 收敛且其和为$\frac{1}{12}$.

2. 当$p>1$时，级数收敛；当$0<p\leqslant 1$时，级数发散.

3. 当$a>2$时，级数收敛；当$0<a<2$时，级数发散，当$a=2$时，级数可能收敛也可能发散.

4. 绝对收敛.

四、1. $(-2,0]$.

2. $\frac{1}{2}\ln\frac{1+x}{1-x}\ (-1<x<1)$.

五、1. $-\frac{1}{3}\sum_{n=0}^{\infty}\left[1+\frac{(-1)^n}{2^{n+1}}\right](x-1)^n\quad(0<x<2)$.

2. $\sum_{n=1}^{\infty}\frac{n}{(n+1)!}x^{n-1}\quad(-\infty<x<+\infty,x\neq 0)$，$\sum_{n=1}^{\infty}\frac{n}{(n+1)!}=1$.

3. $f(x)=\pi^2+1+12\sum_{n=1}^{\infty}\frac{(-1)^n}{n^2}\cos nx\quad(-\infty<x<+\infty)$.

六、**证明**　因为级数$\sum_{n=1}^{\infty}a_n$，$\sum_{n=1}^{\infty}b_n$都收敛，故级数$\sum_{n=1}^{\infty}(b_n-a_n)$收敛. 又因为$a_n\leqslant u_n\leqslant b_n$，因此$0\leqslant u_n-a_n\leqslant b_n-a_n$，由比较审敛法可知正项级数$\sum_{n=1}^{\infty}(u_n-a_n)$收敛，而$u_n=a_n+(u_n-a_n)$，故级数$\sum_{n=1}^{\infty}u_n$也收敛.

B 级自我测试题

一、1. B.　2. C.　3. C.　4. B.　5. C.

二、1. $a>\frac{3}{2}$.　2. $R=4$.　3. $4+4(x-1)+(x-1)^2\ (-\infty<x<+\infty)$.　4. $\frac{2}{3}\pi$.

三、收敛.

四、条件收敛.

五、$1-\frac{1}{1+x}-\frac{x^2(3-x)}{(1+x)^3}\quad(|x|<1)$.

六、$\frac{5}{8}-\frac{3}{4}\ln 2$.

七、$S_1=\frac{1}{2}$，$S_2=1-\ln 2$.

八、$\sum\limits_{n=0}^{\infty}\frac{1}{3}\left[\frac{1}{2^n}+(-1)^{n+1}\right]x^n \quad (|x|<1)$.

九、$-\frac{8}{\pi^2}\sum\limits_{n=1}^{\infty}\frac{1}{(2n-1)^2}\cos\frac{2n-1}{2}\pi x \quad x\in[0,2]$.

十、1. **证明** 记$f_n(x)=x^n+nx-1$. 当$x>0$时，$f_n'(x)=nx^{n-1}+n>0$，故$f_n(x)$在$[0,+\infty)$上单调增加. 而$f_n(0)=-1<0$, $f_n(1)=n>0$，由连续函数的介值定理知$x^n+nx-1=0$存在唯一正实根x_n. 由$x_n^n+nx_n-1=0$与$1>x_n>0$，知$0<x_n=\frac{1-x_n^n}{n}<\frac{1}{n}$. 故当$\alpha>1$时，$0<x_n^\alpha<\left(\frac{1}{n}\right)^\alpha$. 而正项级数$\sum\limits_{n=1}^{\infty}\left(\frac{1}{n}\right)^\alpha$收敛，所以当$\alpha>1$时，级数$\sum\limits_{n=1}^{\infty}x_n^\alpha$收敛.

十一、**证明** 由$\lim\limits_{x\to0}\frac{f(x)}{x}=0$可得，$f(0)=0$, $f'(0)=0$. 由于$f(x)$在$x=0$的邻域内具有二阶连续导数，所以$\lim\limits_{x\to0}\frac{f(x)}{x^2}=\lim\limits_{x\to0}\frac{f'(x)}{2x}=\lim\limits_{x\to0}\frac{f''(x)}{2}=\frac{1}{2}f''(0)$，从而$\lim\limits_{x\to0}\left|\frac{f(x)}{x^2}\right|=\frac{1}{2}|f''(0)|$，由此得$\lim\limits_{n\to+\infty}\frac{\left|f\left(\frac{1}{n}\right)\right|}{\frac{1}{n^2}}=\frac{1}{2}|f''(0)|$. 因$\sum\limits_{n=1}^{\infty}\frac{1}{n^2}$收敛，所以$\sum\limits_{n=1}^{\infty}\left|f\left(\frac{1}{n}\right)\right|$收敛，即$\sum\limits_{n=1}^{\infty}f\left(\frac{1}{n}\right)$绝对收敛.

第 11 章

A 级自我测试题

一、1. C. 2. B. 3. B. 4. D.

二、1. 1 阶. 2. $y=e^{-\int g(x)dx}\left(\int f(x)e^{\int g(x)dx}dx+C\right)$，其中$C$为任意常数.

3. $y=(1+2x)e^{2x}$. 4. $C_1+C_2e^x-x-\frac{1}{2}x^2$.

三、1. $y=-\frac{1}{\sin x+C}$，此外还有解$y=0$. 2. $y^2=x^2(\ln x^2+C)$.

3. $x=Cy+\frac{1}{2}y^3$. 此外，还有解$y=0$. 4. $y=C_1\ln|x|+C_2$.

5. $y=C_1+(C_2+C_3x)\cos x+(C_4+C_5x)\sin x$.

6. $y=(C_1+C_2x)\mathrm{e}^{-2x}+\frac{1}{8}\sin 2x$.

四、是全微分方程，方程通解为 $\rho(1+\mathrm{e}^{2\theta})=C$.

五、$y=\sqrt{3x-x^2}$ $(0<x<3)$.

六、点 $(x,f(x))$ 处的切线方程为 $Y-y=y'(X-x)$，令 $X=0$，得截距 $Y=y-y'x$，由题设得方程 $\frac{1}{x}\int_0^x f(t)\mathrm{d}t=y-xy'$，即 $\int_0^x f(t)\mathrm{d}t=xy-x^2y'$，两边对 x 求导，得

$$f(x)=y+xy'-2xy'-x^2y'',$$

即 $xy''+y'=0$，亦即 $(xy')'=0$，$xy'=C_1$，
$f(x)=C_1\ln x+C_2$ 即为所求的一般表达式.

七、**证明**　把 $y(x)=(1-C_1-C_2)y_1(x)+C_1y_2(x)+C_2y_3(x)$ 代入原方程的右端得：

$$(1-C_1-C_2)y_1''(x)+C_1y_2''(x)+C_2y_3''(x)+P_1(x)[(1-C_1-C_2)y_1'(x)$$
$$+C_1y_2'(x)+C_2y_3'(x)]+P_2(x)[(1-C_1-C_2)y_1(x)+C_1y_2(x)+C_2y_3(x)],$$

又由于 $y_1(x),y_2(x),y_3(x)$ 为原方程的特解，故上式整理后等于 $Q(x)$，因此，

$$y(x)=(1-C_1-C_2)y_1(x)+C_1y_2(x)+C_2y_3(x)$$

是原方程的解，下面来证明它是原方程的通解.

$$y(x)=(1-C_1-C_2)y_1(x)+C_1y_2(x)+C_2y_3(x)$$

可以写成 $y(x)=C_1[y_2(x)-y_1(x)]+C_2[y_3(x)-y_1(x)]+y_1(x)$，由 $y_1(x),y_2(x),y_3(x)$ 为原方程的特解，因此，$y_2(x)-y_1(x),y_3(x)-y_1(x)$ 便是相应齐次线性方程

$$y''+P_1(x)y'+P_2(x)y=0$$

的两特解，又 $\frac{y_2(x)-y_1(x)}{y_3(x)-y_1(x)}\neq$ 常数，所以 $y_2(x)-y_1(x)$ 与 $y_3(x)-y_1(x)$ 线性无关，依据解的结构原理，原非齐次线性方程的通解为

$$\begin{aligned}y&=C_1[y_2(x)-y_1(x)]+C_2[y_3(x)-y_1(x)]+y_1(x)\\&=(1-C_1-C_2)y_1(x)+C_1y_2(x)+C_2y_3(x).\end{aligned}$$

八、**证明**　以 $\mu=\frac{1}{x^2}f\left(\frac{y}{x}\right)$ 乘以方程的两边得 $-\frac{y}{x^2}f\left(\frac{y}{x}\right)\mathrm{d}x+\frac{1}{x}f\left(\frac{y}{x}\right)\mathrm{d}y=0$，记 $P=-\frac{y}{x^2}f\left(\frac{y}{x}\right)\mathrm{d}x$，$Q=\frac{1}{x}f\left(\frac{y}{x}\right)\mathrm{d}y$. 则

$$\frac{\partial P}{\partial y}=-\frac{1}{x^2}f\left(\frac{y}{x}\right)-\frac{y}{x^3}f'\left(\frac{y}{x}\right)=\frac{\partial Q}{\partial x},$$

从而 $\mu x\mathrm{d}y-\mu y\mathrm{d}x=0$ 为全微分方程，故 μ 为原方程的一个积分因子.

B 级自我测试题

一、1. D. 2. C. 3. A. 4. C.

二、1. $y''-y-x=0$. 2. $y=x^3+3x+1$.

3. $y=\frac{1}{3}x\ln x-\frac{1}{9}x$. 4. $y=\mathrm{e}^x(C_1\cos x+C_2\sin x)+\mathrm{e}^x$.

三、1. $(x-y)^2+2x=C$, 2. $xy-x^3-2y^2=C$.

3. $y=C_1\mathrm{e}^{-x}+C_2\mathrm{e}^{2x}+C_3\mathrm{e}^{5x}$. 4. $y=(x-1)\mathrm{e}^x+\frac{1}{2}C_1x^2+C_2$.

5. $y=C_1\cos x+C_2\sin x+\frac{1}{2}\mathrm{e}^x+\frac{x}{2}\sin x$. 6. $\frac{1}{y^4}=-x+\frac{1}{4}+C\mathrm{e}^{-4x}$.

四、$\varphi(x)=\sin x+\cos x$.

五、$y=x\mathrm{e}^{-x}+\frac{1}{2}\sin x$.

六、曲线 $y=y(x)$ 上点 $P(x,y)$ 的切线方程为 $Y-y=y'(x)(X-x)$，故它与 x 轴的交点为 $\left(x-\frac{y}{y'},0\right)$，由于 $y'(x)>0$，又 $y(0)=1$，所以 $y(x)>0$，于是有

$$S_1=\frac{1}{2}y\left|x-\left(x-\frac{y}{y'}\right)\right|=\frac{y^2}{2y'},$$

又 $S_2=\int_0^x y(t)\mathrm{d}t$. 由关系式 $2S_1-S_2=1$，得 $\frac{y^2}{y'}-\int_0^x y(t)\mathrm{d}t=1$，对该方程两边关于 x 求导并整理得 $yy''=(y')^2$，此方程是不显含 x 的可降阶的高阶微分方程，令 $p=y'$，则有 $y''=\frac{\mathrm{d}y'}{\mathrm{d}x}=\frac{\mathrm{d}p}{\mathrm{d}y}\frac{\mathrm{d}y}{\mathrm{d}x}=p\frac{\mathrm{d}p}{\mathrm{d}y}$，代入方程 $yy''=(y')^2$ 得 $yp\frac{\mathrm{d}p}{\mathrm{d}y}=p^2$，由于 $p=y'>0$，所以有 $y\frac{\mathrm{d}p}{\mathrm{d}y}=p$，分离变量有 $\frac{\mathrm{d}p}{p}=\frac{\mathrm{d}y}{y}$, 两边积分得 $p=C_1y$，即有 $\frac{\mathrm{d}y}{\mathrm{d}x}=C_1y$, 于是 $y=\mathrm{e}^{C_1x+C_2}$, 并注意 $y(0)=1$, 在方程 $\frac{y^2}{y'}-\int_0^x y(t)\mathrm{d}t=1$ 中令 $x=0$，得另一初值条件 $y'(0)=1$，由此可得 $C_1=1,C_2=0$, 故所求的曲线方程为 $y=\mathrm{e}^x$.

七、$6\ln 3$.

八、**证明** 因 $f'(x)=f(1-x)$，求导得

$$f''(x)=f'(1-x)(-1)=-f'(1-x)=-f[1-(1-x)]=-f(x),$$

即 $f''(x)+f(x)=0$，解之得其通解为

$$f(x)=C_1\cos x+C_2\sin x,$$

又由于 $f'(x)=f(1-x)$，所以，

$$-C_1\sin x+C_2\cos x=C_1\cos(1-x)+C_2\sin(1-x),$$

令 $x=0$ 得 $C_2=C_1\cos1+C_2\sin1$，

则 $C_2=\dfrac{C_1\cos1}{1-\sin1}=\dfrac{C_1(1+\sin1)}{\cos1}$，从而方程 $f'(x)=f(1-x)$ 的解为

$$f(x)=C_1\left(\cos x+\frac{1+\sin1}{\cos1}\sin x\right).$$

九、证（1）$\dfrac{\partial z}{\partial x}=f'(\sqrt{x^2+y^2})\dfrac{x}{\sqrt{x^2+y^2}}$，$\dfrac{\partial z}{\partial y}=f'(\sqrt{x^2+y^2})\dfrac{y}{\sqrt{x^2+y^2}}$，

$$\frac{\partial^2 z}{\partial x^2}=f''(\sqrt{x^2+y^2})\frac{x^2}{(x^2+y^2)}+f'(\sqrt{x^2+y^2})\left(\frac{\sqrt{x^2+y^2}}{x^2+y^2}-\frac{x^2}{(x^2+y^2)\sqrt{x^2+y^2}}\right)$$

$$=f''(\sqrt{x^2+y^2})\frac{x^2}{(x^2+y^2)}+f'(\sqrt{x^2+y^2})\frac{y^2}{\sqrt{(x^2+y^2)^3}},$$

同理 $\dfrac{\partial^2 z}{\partial y^2}=f''(\sqrt{x^2+y^2})\dfrac{y^2}{(x^2+y^2)}+f'(\sqrt{x^2+y^2})\dfrac{x^2}{\sqrt{(x^2+y^2)^3}}a$，

将 $\dfrac{\partial^2 z}{\partial x^2}$ 与 $\dfrac{\partial^2 z}{\partial y^2}$ 代入 $\dfrac{\partial^2 z}{\partial x^2}+\dfrac{\partial^2 z}{\partial y^2}=0$ 中可得

$$f''(\sqrt{x^2+y^2})+\frac{f'(\sqrt{x^2+y^2})}{\sqrt{x^2+y^2}}=0,$$

即 $f''(u)+\dfrac{f'(u)}{u}=0$.

（2）令 $f'(u)=p$，则 $\dfrac{\mathrm{d}p}{\mathrm{d}u}=-\dfrac{p}{u}$，$\displaystyle\int\frac{\mathrm{d}p}{p}=-\int\frac{\mathrm{d}u}{u}+c$，$\ln|p|=-\ln|u|+c$，$f'(u)=p=\dfrac{c}{u}$. 因为 $f'(1)=1$，$c=1$，$f(u)=\ln|u|+c_2$，由 $f(1)=0$ 得 $c_2=0$，故 $f(u)=\ln|u|$.